普通高等学校能源与动力"十二五"规划教材

锅 炉 原 理

主 编 陈 刚

参 编 刘 豪　丘纪华　张世红
张小平　向 军　胡 松
方庆艳　张 成

华中科技大学出版社
中国·武汉

内 容 简 介

本书按照"锅炉原理"教学大纲的要求编写,密切结合热能动力专业的教学要求,全面系统地介绍了锅炉的工作原理、燃烧理论及计算方法。内容包括:锅炉的构成及主要系统;锅炉用燃料、燃料的燃烧计算和锅炉机组热平衡;煤粉制备;燃烧的基本理论及燃烧设备;燃烧污染控制及新型燃烧技术;自然循环和强制流动锅炉的汽水系统及水动力计算;受热面布置及工作特点;蒸汽净化;锅炉热力计算;各受热面主要运行问题;运行调节和启停方法等。结合工程实际,书中还介绍了近年来电站锅炉设备在设计、生产、运行中的新技术、新工艺,以及国内外锅炉技术的新成就。该书力求体现实践性、系统性和先进性。

本书是高等学校热能动力类专业本科(专科)的教材,也可供火力发电厂和锅炉制造行业的工程技术人员学习参考。

图书在版编目(CIP)数据

锅炉原理/陈　刚　主编.—武汉:华中科技大学出版社,2012.2(2021.1重印)
ISBN 978-7-5609-7498-9

Ⅰ.锅…　Ⅱ.陈…　Ⅲ.锅炉-高等学校-教材　Ⅳ.TK22

中国版本图书馆 CIP 数据核字(2011)第 232388 号

锅炉原理　　　　　　　　　　　　　　　　　　　　　　　陈　刚　主编

责任编辑:刘　勤
封面设计:潘　群
责任校对:朱　霞
责任监印:张正林
出版发行:华中科技大学出版社(中国·武汉)　　　电话:(027)81321913
　　　　　武汉市东湖新技术开发区华工科技园　　　邮编:430223
录　排:武汉楚海文化传播有限公司
印　刷:广东虎彩云印刷有限公司
开　本:710mm×1000mm　1/16
印　张:29.25
字　数:636 千字
版　次:2021 年 1 月第 1 版第 3 次印刷
定　价:49.80 元

前　言

本书是根据本专业教学改革的需要、按照热能动力类专业教学指导委员会锅炉教学组通过的教学大纲而编写的,力求反映我国锅炉方面科学研究最新科技成果,既能适应学时要求、又能拓宽读者的专业知识面。

本书以锅炉安全、经济运行为主导,重点介绍锅炉高效、低污染燃烧和工质流动、传热的基础理论和技术。在内容取材方面,反映了现代大型电站锅炉的结构、运行特点及本学科国内外技术发展的最新成就,以加强本教材的实践性、新颖性和综合性。

全书共分十二章。第 1 章为锅炉机组概述,介绍了锅炉的现状及发展趋势。第 2 章以固体燃料(煤)为主,介绍了燃料的成分及其对锅炉工作的影响;阐述了燃料的燃烧计算、锅炉机组热平衡及燃烧过程的基础理论。第 3 章主要介绍了煤粉的特性、磨煤机及制粉系统。第 4 章介绍了煤粉火焰高效燃烧技术、煤粉燃烧器及其布置、煤粉炉的点火装置及循环流化床燃烧技术。第 5 章介绍了燃烧污染物控制及新型燃烧技术。第 6 章介绍了锅炉水动力特性、传热与水循环的安全性、超(超)临界压力下汽水的理化特性对传热特性和水动力特性的影响,以及锅炉机组运行调节和启停方法。第 7 章及第 11 章分别介绍了锅炉受热面的结构形式、工作特点及受热面的运行问题。第 8 章介绍了蒸汽的净化。第 9 章、第 10 章和第 12 章分别介绍了锅炉的热力计算及电站锅炉的设计与布置。

本书由华中科技大学陈刚教授任主编,第 1 章、第 8 章、第 11 章由陈刚、张成编写,第 2 章由刘豪编写,第 3 章、第 9 章、第 10 章由方庆艳编写,第 4 章由丘纪华、张世红编写,第 5 章由向军、胡松编写,第 7 章由丘纪华编写,第 6 章、第 12 章由张小平编写。

本书在编写过程中参考了各院校相关的教材及各大型火电厂、锅炉厂、电力设计院和研究所的有关资料、文献,特向有关作者表示衷心的感谢。

限于编者水平,书中缺点和错误在所难免,恳请读者批评指正。

编　者

2011 年 8 月

目　　录

第1章 锅炉机组概述

火力发电厂的生产过程,实际上就是将一次能源(如煤、油及天然气等燃料)转化为二次能源(电力)的能量转换过程。其基本的生产过程为:燃料的化学能→蒸汽的热能→转子的机械能→电能。以上能量之间的转换分别在锅炉、汽轮机和发电机中实现。所以锅炉是火力发电厂的三大主机之一,它的作用是将水变成高温高压的蒸汽。

1.1 锅炉机组的构成及主要系统

电站锅炉的工作过程由燃料的燃烧放热过程(炉内过程)、燃烧产物(烟气)通过换热面向水、蒸汽等工质传热过程及工质的吸热汽化过程(锅内过程)所组成。

电站锅炉系统主要包括制粉和燃烧系统、汽水系统和烟风系统等,它们与各种辅助系统及其连接管道、炉墙构架等组成了锅炉机组。图 1-1 所示为一台自然循环煤粉锅炉的主要构成。下面分别介绍锅炉的几个主要系统。

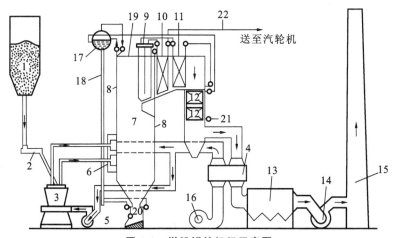

图 1-1 煤粉锅炉机组示意图

1—原煤仓;2—给煤机;3—磨煤机;4—空气预热器;5—排粉风机;
6—燃烧器;7—炉膛;8—水冷壁;9—屏式过热器;10—高温过热器;
11—低温过热器;12—省煤器;13—除尘器;14—引风机;15—烟囱;16—送风机;
17—汽包;18—下降管;19—顶棚过热器;20—排渣管;21—给水管道;22—过热蒸汽出口

1.1.1 制粉和燃烧系统

制粉和燃烧系统包括原煤仓、磨煤机、煤粉分离器、燃烧器、燃烧室(炉膛),以及相应的煤粉输送设备(送风机)及管路。该系统向锅炉提供符合要求的煤粉,组织煤粉和气流的合理流动,在炉内实现煤粉的良好燃烧。

由原煤仓 1 落下的煤经给煤机 2 送入磨煤机 3 磨制成煤粉。煤在磨制的过程中需要用热空气干燥和输送。送风机 16 将冷空气送入锅炉的尾部空气预热器 4,冷空气经过空气预热器后被烟气加热。热空气的一部分经过排粉风机 5 送入磨煤机,将煤加热干燥,同时作为输送煤粉的介质。从磨煤机排除的气粉混合物经燃烧器 6 进入炉膛 7 中燃烧。经过空气预热器的另一部分热空气则直接进入燃烧器参与燃烧。

1.1.2 汽水系统

锅炉机组的汽水系统是指水作为锅炉的传热介质,在锅炉内由给水变成过热蒸汽的过程中所流经的设备及系统。进入锅炉的水称为给水,由给水到过热蒸汽的中间要经历一系列的加热过程。首先是给水被加热到饱和温度,其次是饱和水的蒸发汽化,最后是饱和蒸汽的过热。加热给水的受热面为省煤器 12。饱和水转变为饱和蒸汽的受热面称为蒸发受热面,在炉内水冷壁 8 中完成。把饱和蒸汽加热为过热蒸汽的受热面称为过热器,温度由高至低可分为高温过热器 10 和低温过热器 11。依水、汽的流动方向,从给水管道 21 开始,经省煤器 12、汽包 17(下部水侧)、下降管 18、水冷壁 8 及其引出管、汽包(上部汽侧)和过热器 19,至过热蒸汽出口 22 为止;对于具有蒸汽再热的锅炉机组,汽水系统还包括再热器(图中未画出),同时也成为二次过热器。汽水系统的主要作用是将燃料所释放的热量,通过与相关受热面的热交换,安全可靠和高效地传递给受热面内的工质,使锅炉给水受热、蒸发汽化和过热,产生符合要求的过热蒸汽。再热器的作用则是把在汽轮机高压缸中做过功的蒸汽再次加热到较高的额定温度,重新返回汽轮机做功。

1.1.3 烟风系统

锅炉的烟风系统主要包括送风机、引风机、排粉风机、脱硫除尘装置和烟囱等设备。送风机的作用是为炉膛输送氧气,并且要使炉膛处于欠氧燃烧状态,以此来防止过多氮氧化物(NO_x)的生成。引风机的作用是保持炉膛微负压。排粉风机的作用是向炉膛输送煤粉。值得注意的是,输送到炉膛中的煤粉不可太细也不可太粗。太细则煤粉在炉膛燃烧时间太短,无法维持炉膛 1 300~1 400 ℃的温度;太粗则燃烧不完全,造成浪费。脱硫除尘装置包括除尘器和脱硫塔,其作用就是除去烟气中的粉尘和 SO_2。烟囱的作用就是排放烟气。现今火电厂的烟囱一般都在 200 m 以上,以此来达到使粉尘远飘的目的。

下面以某 2 100 t/h 亚临界参数自然循环固态排渣煤粉锅炉机组为例介绍锅炉的总体概况。

该锅炉本体采用单炉膛“Π”型布置,一次中间再热,燃用煤粉,燃烧制粉系统为中速磨直吹、四角布置双切圆燃烧方式,并采用直流式宽调节比摆动式燃烧器,固态机械排渣,控制循环,喷水和燃烧器喷嘴摆动调节蒸汽温度,平衡通风,构架为全钢结构,露天岛式布置。

锅炉布置总图如图 1-2 所示。

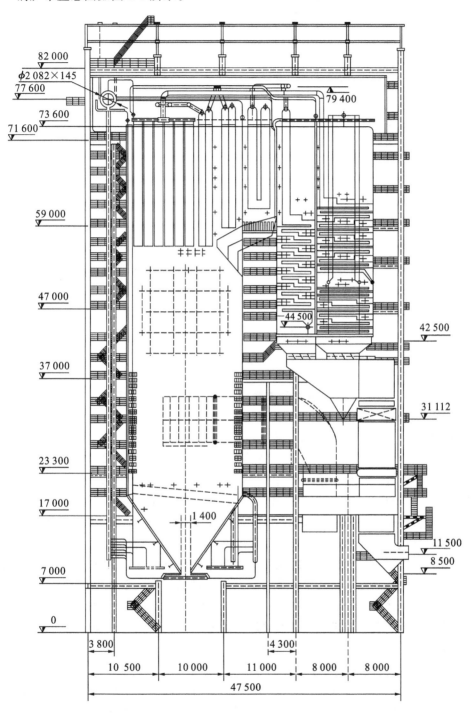

图 1-2　锅炉整体布置图

　　炉膛截面宽为 19.558 m,深为 16.432 5 m,其深宽比为 1∶1.19。炉膛四周布置由内螺纹鳍片管构成的膜式水冷壁,外径×壁厚为 51 mm×5.59 mm,管间距为63.5 mm,共有 1 094 根管子。前、后墙底部水冷壁各自在标高 18.548 m 处向炉内延伸,构成与水平面夹角为 50°的冷灰斗。后墙上部的水冷壁在标高 44.151 m 处向炉前延伸,构成与水平面夹角为 55°的折焰角,折焰角以上标高区域的前墙上布置墙式辐射再热器,在此区域内,自炉前到炉后方向分别布置了过热器分隔屏、屏式过热器和屏式再热器。一组低温过热器的墙式受热面作为包墙管(亦称包覆管)将炉顶和省煤器进口联箱标高以上尾部烟道(即后烟井)四壁包覆起来。炉墙均采用敷管炉墙形式。在炉前标高 67.055 m 处布置了汽包。封头呈半球形的汽包全长 28.91 m,汽包筒身长 27.127 m,内径为 1 778 mm,采用不同壁厚(上壁厚为 196.1 mm,下壁厚163.9 mm),材质为 SA-299,汽包总重量为 281.23 t。汽包内部有 116 个轴向旋流式分离器及波纹板分离器作为汽水分离装置。6 根外径为 406 mm 的下降管沿下行方向从汽包引出,并通过三台循环泵与外径为 914 mm 的环形水包连接。环形水包由前墙、后墙和左右侧墙四个水包构成,其内部流道是互通的,所有水冷壁管与环形水包相连。锅炉采用控制循环的汽水流动方式,三台循环泵接于 6 根下降管的中部,以增大循环的动力。在环形水包内,每根水冷壁管进口端均装有节流圈,用以控制水流量的分配。水冷壁的顶部与各自的上联箱连接,汽水混合物汇集到上联箱,然后通过引出管将汽水混合物引入汽包。

　　锅炉顶棚标高为 66.14 m,炉膛高度为 56.995 m,炉膛容积为 15 485 m³,炉膛截面积为 321.37 m²。4 个直流摆动式燃烧器按切圆燃烧方式布置炉膛四角。燃烧器分 6 层,每层燃烧的 4 个一次风(煤粉气流)喷口与同一台磨煤机连接供粉,投则同投、停则同停。6 台磨煤机各自构成基本独立的 6 个制粉子系统,并分别与 6 层燃烧器一次风喷嘴相对应,5 层投运已能满足锅炉最大连续蒸发量(MCR)的需要。因此,有一层燃烧器及其制粉子系统是备用的。各层燃烧器的一次风喷嘴、二次风(亦称辅助风)喷嘴及燃尽风喷嘴可以上下摆动,用以调节蒸汽温度。

　　由 2 台轴流式一次风机和 2 台轴流式送风机、2 台离心式引风机和 2 台受热面转动再生式空气预热器为主体,构成了两个基本独立的烟风系统。通过管路与挡板的交叉连接,既可并列或单独运转,也可完成各对应设备间的互换,以降低锅炉低负荷时的厂用电和提高在设备发生故障时运行方式的灵活性。空气预热器是一、二次风流道相互分隔的三分仓再生式空气预热器,可满足一、二次风的风压和风温不同的要求。在空气预热器与引风机之间串接静电除尘器,使烟气含尘浓度达到排放标准。

　　沿烟气下行方向的锅炉尾部烟道(截面深×宽为 11 176 mm×19 558 mm)内,依次布置低温对流过热器、省煤器和空气预热器。

　　从汽包产生的饱和蒸汽,依次流经顶棚过热器、低温水平对流过热器、低温悬吊屏对流过热器、过热器分隔屏和屏式过热器,最终使蒸汽温度达到额定蒸汽温度540℃。由汽轮机高压缸排汽,依次流经墙式辐射再热器、后屏式再热器和前屏式再热器,最终使蒸汽再热温度达到额定值 542.7 ℃。

锅炉所有承压受热面都通过自身的支吊、吊挂件由钢架支撑,膨胀方向向下。

除尘器、省煤器和炉膛冷灰斗下部的 3 组灰斗及磨煤机的石子煤排放口是锅炉的 4 组灰渣收集口,采用灰渣混除系统清除灰渣。

1.2　锅炉的参数及其主要特征指标

1.2.1　锅炉的参数

电站锅炉的参数主要包括锅炉容量、蒸汽参数及给水温度等。

1. 锅炉容量

锅炉容量是用来表征蒸汽锅炉供热能力的指标。

大型电站锅炉的容量,即锅炉蒸发量,分为额定蒸发量和最大连续蒸发量两种,单位为 t/h(或 kg/s),有时也用与配套汽轮发电机的出力相匹配的输出功率(MW)来表示锅炉的容量。

额定蒸发量(B-ECR)是指在额定蒸汽参数、额定给水温度下,使用设计燃料并保证热效率时所规定的锅炉蒸发量。

最大连续蒸发量(B-MCR)表示在额定蒸汽参数、额定给水温度下,使用设计燃料时,锅炉长期连续运行所能达到的最大蒸发量。最大连续蒸发量通常为额定蒸发量的 1.03～1.2 倍。

锅炉的设计蒸发量一般为最大连续蒸发量。

2. 参数

电站锅炉参数是表征锅炉供热品位的标志,包括额定蒸汽参数及额定给水温度。前者是指锅炉过热器主汽阀出口处的额定过热蒸汽压力、温度;后者则为给水进入省煤器入口处的温度。对于中间再热锅炉,还应同时说明再热器进、出口锅炉的流量、压力和温度。

1.2.2　锅炉主要技术、经济、环保性指标

电站锅炉技术、经济、环保性指标包括锅炉效率、安全可靠性、钢材消耗量及环保性能等。

1. 锅炉效率

由锅炉热平衡确定的锅炉热效率是指送入锅炉的全部热量被有效利用的百分比,用 η_{gl}(%)表示。它是衡量锅炉运行的经济性的主要指标。

为保证锅炉的正常运行,锅炉机组本身,如各种风机、泵、吹灰器及排污设备等还要消耗部分蒸汽及电力。从有效能量中减去这些自用能耗即可得到锅炉的净效率,用 η_j(%)表示。

锅炉的燃烧效率 η_r(％)则反映燃料燃烧的完全程度,取决于不完全热损失的大小,即

$$\eta_{gl} = \frac{Q_1}{Q_r} \times 100 \quad (\%) \tag{1-1}$$

$$\eta_j = (Q_1 - Q_q - Q_p)/Q_r \quad (\%) \tag{1-2}$$

$$\eta_r = 1 - (q_3 + q_4) \quad (\%) \tag{1-3}$$

式中:Q_1 为锅炉有效利用热,kJ/kg;Q_r 为锅炉在单位时间内所消耗的燃料的输入热量,kJ/kg;Q_q 为锅炉机组自身所需的热量,kJ/kg;Q_p 为锅炉机组自身电耗对应的热量,kJ/kg;q_3、q_4 分别为锅炉化学、机械不完全燃烧损失,％。

2. 钢材消耗量

锅炉钢材消耗量是衡量锅炉制造成本的重要指标,其定义为:锅炉单位蒸发量所用的钢材重量,单位为:$t \cdot h/t$。钢材消耗量与锅炉参数、循环方式、燃料种类及锅炉部件等因素有关。电站锅炉的钢材消耗量一般为 $2.5 \sim 5\ t \cdot h/t$。在保证锅炉安全高效运行的基础上,应尽可能降低锅炉的钢耗率。设计锅炉时,要协调这几个方面的要求,以求得最佳方案。

3. 安全可靠性

安全可靠生产始终是电力生产的首要任务。电厂锅炉不能发生任何人身及非人身重大事故,如人员伤亡、承压容器和燃烧系统爆炸、停运,燃烧系统的再燃等。不影响人身安全或不造成设备重大损伤的事故也应尽量减少。常用于锅炉工作可靠性分析的统计指标有

$$连续运行小时数 = 两次停炉(维修)之间的运行小时数$$

$$事故率 = \frac{事故停运小时数}{总运行小时数 + 事故停运小时数} \times 100\ \%$$

$$可用率 = \frac{运行总时数 + 备用时数}{统计期间总时数} \times 100\ \%$$

统计时间一般以一年作为一个周期,连续运行小时数越多、事故率越低、可用率越高,表示锅炉工作可靠性越高。电厂锅炉的连续运行小时数一般要求为 $5\ 000\ h$ 以上,可用率超过 $90\ \% \sim 95\ \%$。

4. 环保性能

我国的燃煤电厂每年消耗的煤炭约占全国煤炭消耗量的 $50\ \% \sim 60\ \%$,燃煤电厂是排放有害气体和粉尘的重要污染源。燃煤电厂排放的大气污染物主要有 NO_x、SO_x、CO_2 及粉尘等。燃煤锅炉产生的这些污染物在排入大气之前,必须经过严格的处理,以减少煤燃烧后排放的有害污染物对大气的危害。

燃煤锅炉产生的粉尘、SO_2 和 NO_x,可分别通过高效除尘装置、脱硫设备、低 XO_x 燃烧技术或同时加装脱硝设备得到有效的脱除和控制。目前对燃煤产生的 CO_2 的排放还缺乏有效的控制手段。减少化石燃料的应用、提高化石燃料的能源效率,是减少 CO_2 排放的主要方法;CO_2 在燃烧后的封存和捕集技术也是目前学术界研究的

热点。有关这些污染物的排放指标,国家制定了严格的排放标准。根据 2003 年颁布的 GB 13223—2003《火电厂大气污染物排放标准》,2004 年 1 月 1 日起新建、扩建和改建的火电厂锅炉 SO_2、NO_x 和烟尘的排放浓度,应不超过表 1-1 所规定的数值。

表 1-1　国内外污染物排放标准对比数据

国家及地区	SO_2/(mg/m³)	烟尘/(mg/m³)	NO_x/(mg/m³)
美国	184	20	135
欧盟	200	30	200
日本	200	50~100	200
中国(新标准)	200	30	200

1.3　锅　炉　分　类

1.3.1　按容量分类

按照蒸发量的大小,锅炉有小型、中型和大型之分。但它们之间只有相对意义,没有固定的分界。以往的大型锅炉,现在只能列为中小型了。一般认为,蒸发量小于 400 t/h 的是小型锅炉,蒸发量为 400~670 t/h 的是中型锅炉,蒸发量大于 670 t/h 的是大型锅炉。按 2002 年我国电力行业标准《大容量煤粉燃烧锅炉炉膛选型导则》(DL/T 831—2002),容量达 300 MW 的锅炉才能列为大容量锅炉,但据有关信息,我国从 2007 年开始,在电网覆盖范围内新建的纯凝汽式发电厂中,不允许再采用单机容量小于(含)300 MW 的机组了。

1.3.2　按蒸汽参数分类

按锅炉主蒸汽压力的高低,锅炉可分为低压($p \leqslant 2.45$ MPa)、中压($p = 2.94 \sim 4.92$ MPa)、高压($p = 7.84 \sim 10.8$ MPa)、超高压($p = 11.8 \sim 14.7$ MPa)、亚临界压力($p = 15.7 \sim 19.6$ MPa)、超临界压力($p > 22.1$ MPa)和超超临界压力等等级。对超临界压力锅炉和超超临界压力锅炉的分界点,目前还没有明确一致的说法。超临界压力锅炉的主蒸汽压力一般为 $p = 23 \sim 25$ MPa,我国目前文献上把 $p > 26$ MPa 定为超超临界压力。

锅炉压力与机组容量一般有某种对应关系,主蒸汽压力等级提高要求机组容量相应有所增大。表 1-2 列出了我国电站锅炉的参数、相匹配容量和循环方式。表中没有列出高压以下等级的锅炉,因为这些锅炉煤耗率高,已经或正在进入淘汰之列。为了提高能源利用率,应该增加高效率大容量锅炉的比例。

表 1-2　　我国电站锅炉的参数和容量

压力等级	主蒸汽压力 /MPa	蒸汽温度 （主/再）/℃	给水温度/℃	蒸发量 /(t/h)	配套机组功率/MW	循环方式
超高压	13.7	540/540	240	420	125(135)	自然循环
				670	200(210)	自然循环
亚临界	16.7～17.5	540/540	260	1 025	300(330)	自然循环
	17.5～18.3	540/540	278	2 008	600(650)	控制循环
超临界	25.4	543/569	289	1 950	600(650)	直流
	25.4	571/569	282	1 910	600(650)	直流
超超临界	26.25	603/605	296	2 950	1 000	直流

1.3.3　按燃烧方式分类

　　按燃料在锅炉中燃烧方式的不同,锅炉可分为层燃炉、室燃炉、旋风炉和流化床锅炉等,其示意图如图 1-3 所示。层燃炉具有炉排(或称炉箅),煤块或固体燃料主要在炉排上的燃料层内燃烧。所需空气由炉排下的风箱送入,穿过燃料层进行燃烧反

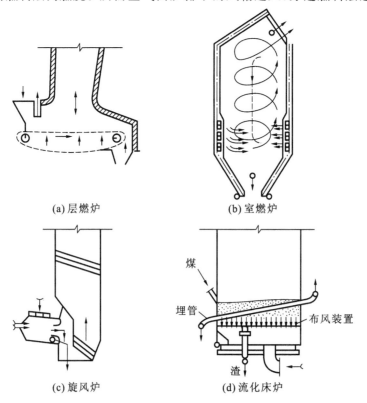

(a) 层燃炉　　　　　　　　　　　(b) 室燃炉

(c) 旋风炉　　　　　　　　　　　(d) 流化床炉

图 1-3　　不同燃烧方式的锅炉

应。这类锅炉多为小容量、低参数的工业用炉。

室燃炉是目前电厂锅炉的主要类型,燃油炉、燃气炉及煤粉炉均属于室燃炉。在燃烧煤粉的室燃炉中,燃料是悬浮在炉膛空间内进行燃烧的。根据排渣方式的不同,室燃炉又可分为固态排渣炉和液态排渣炉。在我国电厂锅炉中,固态排渣室燃炉占有绝对的优势。

旋风炉是以一个圆柱形旋风筒作为燃烧室的炉子。气流在筒内高速旋转,较细的煤粉在旋风筒内悬浮燃烧,而较粗的煤粒则贴在筒壁上燃烧。筒内的高速旋转气流使燃烧加速,并使灰渣熔化形成液态排渣。旋风筒有立式和卧式两种布置形式,可燃用较粗的煤粉或煤屑。

流化床炉又称沸腾炉,炉子的底部为一多孔的布风板,空气以高速穿经孔眼,均匀进入布风板上的床料层中。床料层中的物料为炽热的固体颗粒和少量煤粒,当高速空气穿过时床料上下翻滚,形成“沸腾”状态。在沸腾过程中煤粒与空气有良好的接触混合,着火燃烧速度快、效率高,床内安置有以水和蒸汽(或空气)为冷却介质的埋管,使床料层温度控制在 700~1 000 ℃之间。现代的流化床炉,为了提高燃烧效率减轻环境污染和对流受热面的磨损,在炉膛出口处将烟气中的大部分固体颗粒从气流中分离并收集起来,送回炉膛继续燃烧,称为循环流化床锅炉。沸腾炉可在常压下燃烧,也可在增压下燃烧。由增压沸腾炉出来的高温高压燃气,经除尘后可送入燃气轮机,而由埋管等受热面出来的蒸汽则送入蒸汽轮机,这样,就形成所谓燃气-蒸汽联合循环。

1.3.4　按水循环方式分类

按工质在蒸发受热面中流动的主要动力来源不同,一般可将锅炉分为自然循环锅炉、控制循环锅炉和直流锅炉。这几种不同类型的锅炉中工质流动方式如图 1-4 所示。

自然循环锅炉蒸发受热面内工质、流动方式如图 1-4(a)所示。蒸发设备由不受热的下降管 4、受热的蒸发管 6、联箱 5 和汽包 3 组成,它们连接成一个闭合的蒸发系统。给水经给水泵 1 流入省煤器 2、受热后进入蒸发系统。当水在蒸发管中受热时,部分水变成蒸汽。故蒸发管内工质为汽水混合物,而不受热的下降管内工质为单相的水。由于水的密度大于汽水混合物的密度。故在联箱 5 的两侧存在压力差,借以推动工质在蒸发系统中循环流动。水在下降管中向下流动,汽水混合物在蒸发管中向上流动直至进入汽包。水和蒸汽在汽包内被分离,蒸汽由汽包上部引出经过过热器 7 过热,而分离出来的水与进入汽包的给水混合,流入下降管进行往复循环。这种循环流动是由于下降管与蒸发管内工质的密度差而产生的,故称为自然循环。单位时间内进入蒸发管的循环水量同生成汽量之比称为循环倍率。自然循环锅炉的循环倍率为 4~30。亚临界压力以下的锅炉主要采用自然循环的方式。

控制循环锅炉蒸发受热面内工质、流动方式如图 1-4(b)所示。从结构上看,控制循环锅炉和自然循环锅炉有许多相似之处,而二者的主要区别在于控制循环锅炉在下降汇总管上设置了循环泵 8,以增强工质循环流动的推动力。控制循环锅炉的循环倍率在 3～10 之间,一般约为 4。

自然循环锅炉与控制循环锅炉的共同特点是都有汽包。汽包将锅炉的省煤器、蒸发设备、过热器分开,并使蒸发设备形成封闭的循环回路,蒸发受热面与过热器有固定的分界点。但汽包只适用于临界压力以下的工作压力。

直流锅炉蒸发面内工质流动方式如图 1-4(c)所示。直流锅炉没有汽包,工质一次流过蒸发受热面,全部转变为蒸汽,即循环倍率等于 1。另外,直流锅炉的省煤器、蒸发受热面和过热器之间没有固定的分界点。工质在蒸发受热面内流动的阻力是由给水泵提供压头来克服的。直流锅炉既可设计为临界压力以下,也可设计为超临界压力。

随着超临界压力锅炉的发展及炉膛热强度的提高,又发展了一种新的锅炉形式,即所谓复合循环锅炉。复合循环锅炉是由直流锅炉和控制循环锅炉发展而来的,是可同时采用直流和控制循环这两种循环方式的锅炉。复合循环锅炉的基本工作方式为:锅炉在低负荷时蒸发受热面内工质有循环,即循环倍率大于 1;锅炉在高负荷时按直流方式工作,即工质一次通过蒸发受热面,循环倍率等于 1。

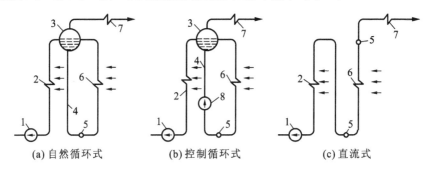

(a) 自然循环式　　　　(b) 控制循环式　　　　(c) 直流式

图 1-4　蒸发受热面内工质流动方式

1—给水泵;2—省煤器;3—汽包;4—下降管;5—联箱;
6—蒸发管;7—过热管;8—循环泵

1.4　国内外锅炉发展概况

1.4.1　我国电厂锅炉发展概况

解放前,我国没有电厂锅炉制造业,仅引进瑞士技术合作试制了两台与 2 000 kW 汽轮发电机组配套的蒸发量为 12 t/h 的锅炉。1949 年全国装机总容量仅 1.849 GW(其中火电装机容量为 1.686 GW),全国发电量约为 4.3×10^{10} kW·h。装机容量居世界第 21 位,发电量居世界第 25 位,人均年占有发电量仅 9.1 kW·h。

新中国成立以来,特别是改革开放以来,我国电力行业发展十分迅速,连续跨上两个台阶:1987 年发电容量达到 1 亿千瓦,1995 年又突破 2 亿千瓦。1988 年以来,连续 10 年投产大中型机组 1 000 kW 以上。2000 年底全国总装机容量已达 3.19 亿千瓦,2004 年突破 4 亿千瓦,2005 年突破 5 亿千瓦,2006 年又突破了 6 亿千瓦,达到 6.2 亿千瓦,其中火电机组约占 70 % 以上。2009 年全国总装机容量已达到 8.47 亿千瓦,火电装机容量为 6.52 亿千瓦,占 76.98 %,预计 2020 年,全国总装机容量将会达到 16 亿千瓦,火电装机容量占有率高于 70 %。

在短短的几十年时间里,我国电力工业从发电设备全部依赖进口到形成以哈尔滨、上海、东方三大火电厂动力设备生产基地为骨干的动力机械生产体系。20 世纪 80～90 年代,着重发展亚临界压力的 300 MW 和 600 MW 规模机组;21 世纪重点发展超临界压力的 600(650)MW 和超超临界压力 1 000 MW 机组,同时,也进口了一批超临界压力的 300 MW、500 MW 和 800 MW 机组。2006 年 11 月,我国首台 1 000 MW 超超临界机组在华能玉环电厂投入运行;2006 年 12 月华电邹县 1 000 MW 机组投入运行。至 2007 年底,共有 7 台 1 000 MW 机组投入运行。至 2007 年 6 月底,我国正在建设或制造中的超临界 6 000 MW 机组超过 100 台,超超临界 1 000 MW 机组共 30 台,超超临界 660 MW 机组共 26 台,超超临界 600 MW 机组共 8 台。我国电厂的运行管理水平也有了较大提高,全国平均供电标准煤耗逐年下降,已由 1989 年的 432 g/(kW·h)降低到 2009 年 341 g/(kW·h)。

但同时还应看到,我国幅员广、人口多,还是发展中国家,人均资源占有量仅为世界平均数的 1/2、美国的 1/10,我国人均装机容量及人均用电量水平仍然较低,仅为发达国家的 1/6～1/10。电能消费占终端能源消费的比例为 11 % 左右,远低于 17 % 的世界平均水平。电煤消费占煤炭总产量的比重约为 50 %,低于发达国家 70 %～80 % 的比重。同时,一次能源利用率较低,中小型机组所占比例较大,造成了煤耗较高、污染较严重。我国火电机组的年均供电标准煤耗与国外先进水平相比仍有较大差距,高达 30～50 g/(kW·h)。因此,要采取有效措施和先进技术降低煤耗,如增加高效大容量机组的比重,逐步关闭和淘汰小型机组,有条件的可改为热电联产或燃气-蒸汽联合循环。

1.4.2　电厂锅炉发展趋势

锅炉是火力发电厂的主要设备之一,技术、经济和社会的快速发展对电力工业提出了更高的要求,也明确了锅炉的发展方向。锅炉的发展趋势主要表现在下述几个方面。

1. 加快发展大容量、高参数锅炉

增大锅炉容量和提高蒸汽参数是电厂锅炉的主要发展方向。近几十年来,单台机组容量不断增长是一个总的趋势。扩大单机容量可使发电容量迅速增长,以适应社会经济发展的需要,同时,可以使基建投资和设备费用降低,减少运行费用及节约金属材料。由于电力工业的迅速发展,容量和燃烧效率上占有优势的煤粉炉得到很快的发展,在 20 世纪 50～70 年代间,大容量机组不断出现。美国率先投运了 1 300 MW 机组,锅炉容量为 4 398 t/h。其后,德国、日本等国也先后投运了单机容量 800

MW 以上的大型机组。前苏联于 1981 年投运了一台 1 200 MW 超临界压力直流锅炉、锅炉容量为 3 950 t/h。由于超大容量机组的运行灵活性较差、可用率较低,每年故障和计划检修停机时间较长,机组容量达到 1 300 MW 后就没有再增大。另外,由于发达国家电力工业接近饱和,不太需要容量太大的机组。因此,一般较大的火力发电设备单机容量停留在 500~800 MW。

2. 强化煤电的环境保护,发展洁净燃煤技术

大容量电站锅炉多燃用劣质煤,煤质多变且煤耗量大,污染严重,要求燃煤锅炉对煤种的适应性强,从而推动了劣质煤燃烧技术的发展。

低污染燃烧技术是燃煤锅炉发展的一大趋势。为了满足日益严格的环境保护要求,近二三十年来人们在解决锅炉燃烧生成的硫氧化物和氮氧化物的污染问题上取得了很大进展。目前,新建电厂都安装了烟气脱硫装置,燃烧中脱硫的流化床燃烧锅炉和炉内喷钙脱硫技术也取得了成功。展望未来的洁净煤发电技术,可以认为,对脱硫技术的研究主要将沿着两个方向进行:一是开发新的低污染的燃煤发电技术,如循环流化床锅炉常规发电、增压流化床燃烧联合循环(PFBC-CC)、整体煤气化联合循环(integrated gasification combined cycle,IGCC)发电技术等;二是在常规成熟和高效的煤粉燃烧发电技术基础上开展对燃烧污染物减排处理的研究,如煤粉燃烧后的脱硫、低 NO_x、超低 NO_x 燃烧,以及烟气脱硝、高效除尘技术等。前一个方向需解决的技术难题较多,只有常规循环流化床燃烧技术的研究有所进展,但相对于可靠性和经济性要求很高的发电技术来说,还有很大距离;后一个研究方向已取得了巨大的进展,商业煤粉锅炉脱硫装置的脱硫率可达 95 %,甚至更高,SO_2 排放量可控制在 100 mg/m³(标准状况下)以内。未配置脱硝设备的低 NO_x 燃烧设备的 NO_x 排放量可控制在 350~650 mg/m³(标准状况下),超低 NO_x 燃烧技术的 NO_x 排放量可控制在 50~100 mg/m³(标准状况下)。高效除尘装置的除尘效率可达 99 %以上。因此,超临界和超超临界压力燃煤火电机组加上高效除尘、脱硫、低 NO_x 或超低 NO_x 燃烧及脱硝技术,是目前技术最成熟,能源利用率最高,运行最可靠的洁净煤发电技术。

3. 提高运行的可靠性和灵活性

发电厂三大主机中,锅炉的事故率最高,直接影响到锅炉的安全经济运行。锅炉的可靠性涉及设计、设备制造、安装、运行、维护和生产管理等方面。20 世纪 60 年代中期,工业发达国家的电力工业就开始进行可靠性管理工作。1977 年,美国能源部成立以后,主要是结合设备的更新改造和检修来提高可靠性。同时,为确保锅炉的安全运行,还开发了故障诊断等技术,使机组运行的可靠性日趋完善。

运行灵活性要求大力发展中间负荷机组,以适应电网调峰需要。采用中间负荷机组既可以带低负荷,又可以两班制运行。世界各国都十分重视开发调峰机组。美国自 20 世纪 80 年代初就规定:凡今后生产的火电机组一律参加调峰运行。日本由于是以核电机组作为基本负荷机组,火电机组都必须承担调峰负荷。为了使大型锅炉适应变负荷运行需要,国外大型锅炉普遍在高热负荷区采用内螺纹管。螺旋管圈直流锅炉具有负荷调节范围大、启动快、调峰速度快及低负荷使用效率高等优点,因而备受青睐。

为了提高锅炉运行的可靠性和灵活性,对大容量锅炉一定要提高其可控性,配备完善的自动化测控装置。现代锅炉需要监视的信号及需要操作的阀门和挡板均很多,必须要有完善的检测和控制手段,并具有高度自动化水平。目前,已普遍使用计算机实时监控,并用数字及模拟技术实行机炉协调控制、锅炉调节控制、炉膛安全监控等,实现了许多辅机的顺序控制和就地控制,进一步提高了火力发电的自动化水平,实现了自动发电量控制(automatic generation control,AGC)及单元机组集控值班。

第 2 章　锅炉燃料燃烧及热平衡计算

2.1　煤的组成与分类

煤是古代植物埋藏在地下经历了复杂的生物化学和物理化学变化逐渐形成的固体可燃性矿物。煤炭是地球上蕴藏量最丰富,分布地域最广的化石燃料。据世界能源委员会的估计,至 2007 年底,世界煤炭可采资源量达 4.84×10^4 亿吨标准煤,占世界化石燃料可采资源量的 66.8 %。煤在全球的分布很不均衡,各个国家煤的储量也很不相同。世界煤炭探明储量为 8 475 亿吨,储采比为 133 年,其中储量居前五位的国家依次为美国、俄罗斯、中国、澳大利亚、印度。

我国能源资源的特点是富煤、贫油和少气,煤炭在一次能源消费结构中约占 70 %,是世界上为数不多的以煤为主要能源的国家,煤炭在能源结构的中主导地位在可以预见的时期内都难以动摇。

2.1.1　煤的化学成分与分析基准

煤的化学组成和结构十分复杂,它包括有机质和无机质两大类,以有机质为主体。煤中有机质是复杂的高分子有机化合物,主要由碳(C)、氢(H)、氧(O)、氮(N)、硫(S)等元素组成。无机质主要是指存在于煤中的所有无机的非煤物质,同时,也包括那些存在于煤中有机化合物中的无机元素成分。根据其成因,煤中的无机质可以分为三类,即原生矿物质、次生矿物质和外来矿物质。原生矿物质主要来源于形成煤的植物生长过程,次生矿物质主要来源于成煤过程中因地壳变动而混入煤层中的泥沙等,外来矿物质主要来源于煤的开采及运输过程中混入煤中的矿石等。

为了实用方便,一般采用元素分析和工业分析来确定煤中各成分的含量。

1. 煤的元素分析

煤中的元素种类多达几十甚至高达上百种,几乎自然界中所有的元素可以在煤中找到。根据其含量不同,通常可以将其分为三类:含量低于 100 ppm 的,称为痕量元素,多为重金属,如铅、铬、铜、锌等;含量在 100~1 000 ppm 之间的,称为次量元素,多为矿物质,如钙、硅、铝、铁、镁等;含量高于 1 000 ppm 的,称为主量元素,即碳、氢、氧、氮、硫等。

煤的元素分析是指对煤中的碳、氢、氧、氮、硫五种元素的分析,元素分析的结果表示为各种元素的质量分数,但是其并不能反映煤中有机化合物的组成。将元素分析结果与其他特性相结合,可以判断煤的化学性质,常用于指导锅炉设计、热工试验和燃烧计算等。在这五种元素之中,碳、氢、硫是可燃的,另外两种是不可燃的。

1) 碳和氢

碳是煤中主要可燃元素,也是煤的发热量的主要来源,每千克碳完全燃烧时可放出约 3.27×10^4 kJ 的热量。煤中碳含量随着成煤地质年代的变化而有所不同,地质年代长的无烟煤,其碳含量可达 70 % 以上,而年代浅的煤则不到 40 %。煤中碳的一部分与氢、氧、硫等结合成有机物,在受热时会从煤中析出成为挥发分;另一部分则呈单质态称为固定碳。煤地质年代越长,碳化程度越高,固定碳的含量就越多。固定碳不易着火燃烧,因此碳含量越高的煤,着火燃尽也越困难。

煤中氢的含量不多,大多在 3 %～6 %,碳化程度越深的煤,氢的含量越少。煤中氢多以碳氢化合物状态存在。氢是煤中发热量最高的可燃元素,热值可达 120×10^3 kJ/kg(燃烧产物为水蒸气)。氢及碳氢气体分子极易着火与完全燃烧,因此,氢含量高,则对煤的着火燃烧有利。

测定煤中碳和氢的方法是 800 ℃燃烧法(利比西法),其又分为添加催化剂的快速测定法和不加催化剂的常规测定法。该法是将装有一定煤样的瓷舟放入燃烧管中,在 800 ℃和有氧化铜存在的条件下,使煤样在氧气流中充分燃烧,生成的水和二氧化碳分别用吸水剂(如氯化钙、浓硫酸或过氯酸镁等)和二氧化碳吸收剂(如碱石棉、钠石灰或 40 %氢氧化钾溶液等)吸收。根据吸收剂的增重,计算煤中碳和氢的质量分数。

2) 硫

煤中的硫以三种形态存在,即有机硫(与 C、H、O 等结合成复杂的化合物)、黄铁矿硫(FeS_2)和硫酸盐硫($CaSO_4$、$MgSO_4$ 等)。硫酸盐一般不再氧化,表现为灰分。可燃硫只包括前面两种形态。我国多数煤中的硫酸盐硫含量很少,常将全硫当做可燃硫对待。硫能燃烧发热,但发热量很低,只有 9×10^3 kJ/kg。

煤中硫的含量一般小于 2 %,但是对于高硫煤来说,其含量可能超过 4 %,个别煤种高达 8 %～10 %。煤中全硫的测定方法主要有艾士卡法、库仑法和高温燃烧中和法。

硫是煤中的有害成分,对锅炉运行及生态环境都会造成危害,是造成酸雨的主要根源。

3) 氮和氧

氮和氧是煤中的不可燃元素。

煤中氧的含量变化很大,年代浅的煤质中氧含量较高,最高可达 40 %左右,碳化程度越高的煤,氧的含量越少,少的只有 1 %～2 %;煤中氮的含量一般很少,仅为 0.5 %～2.5 %,氮燃烧后会生成有害气体 NO_x,污染大气。

煤中氮的测量方法有半微量开氏法和半微量蒸汽法,开氏法主要适用于褐煤、烟煤、无烟煤和水煤浆,蒸汽法主要适用于烟煤、无烟煤和焦炭。开式法的原理是煤与浓硫酸在催化剂作用下加热分解,氮转化为硫酸氢铵,加入过量的氢氧化钠溶液后,氨逸出,由硼酸吸收,最后用酸滴定,计算出煤中的氮含量。

对于煤的元素分析,采用化学方法单独测定某种元素过程比较复杂,为方便快捷地对不同煤样进行分析,人们通常在专用元素分析仪上采用燃烧法自动测定有机物中的碳、氢、氮、硫、氧的含量。

2. 煤的工业分析

在煤的着火与燃烧过程中,水分最先被蒸发出来;温度继续上升,则煤中由氢、氧、氮、硫及部分碳组成的有机化合物分解,变成气体挥发出来,这些气体成为挥发分;挥发分析出后,剩下的便是焦炭,焦炭包括固定碳和灰分。煤的工业分析是测定煤中的水分(M)、灰分(A)、挥发分(V)和固定碳(FC)四种成分的质量分数。

1)水分

煤中的水分含量与成煤地质年代、开采方法、运输和储存条件等因素有关。原煤中的水分含量差别很大,低的仅有 2 %,高的可达 50 %以上。煤种的全水分(M)可分为外在水分(M_f)和内在水分(M_{inh})。外在水分是附在煤粒表面的外来水分,这部分水变化很大,易于蒸发,可以通过自然干燥的方法除掉。内在水分又称固有水分,需要在较高温度下才能从煤中除掉。

全水分的测定方法是将原煤样置于 105~110 ℃(褐煤相应温度稍高)的烘箱内约 2 h,使之干燥至恒重,采用质量差减法得到。

2)挥发分

将失去水分的煤样置于隔绝空气的环境中,加热至一定温度(900 ℃±10 ℃)时,保持一定的时间(一般 7 min),煤中有机质分解而析出的气体称为挥发分。挥发分主要是由各种碳氢化合物、氢、一氧化碳、硫化氢等可燃气体,以及少量的氧、二氧化碳、氮气等不可燃气体组成。

不同煤种的挥发分析出温度不同,且挥发分的含量、挥发分燃烧时的放热量也有所差别。挥发分是煤的重要成分,是对煤进行分类的主要依据,同时,挥发分又是气体可燃物,煤中挥发分含量高,则容易着火和燃尽。

3)固定碳和灰分

煤脱除挥发分后的剩余的固体物即为焦炭,焦炭的黏结性与强度称为煤的焦结性,它是煤的重要特性指标之一。

将焦炭加热至 850 ℃±10 ℃,待完全燃烧后失去的重量为固定碳(FC),剩下来的残留物就是灰分。灰分的主要成分是由硅、钙、铝、铁及少量的镁、钛、钾、钠等元素组成的化合物。不同煤的灰分含量差别很大,少的只有 10%左右,多的高达 50%以上。煤中灰分矿物质的行为特性是导致结渣、沾污、磨损的重要根源。

3. 煤的分析基准

由前面的分析可知,煤是由碳、氢、氧、氮、硫五种元素及水分、灰分组成。这些成分的含量都以质量分数表示,其总和为 100%。由于煤中的水分和灰分易受到外界环境的影响而变化,其他成分的质量分数也自然随之发生变化。因此,在给出煤中各成分含量时,应标明其分析基准才有实际意义。常用的基准有收到基(as received)、空气干燥基(air dry)、干燥基(dry)和干燥无灰基(dry and ash free)四种,相应的表示方法是在各成分符号右下角加角标 ar、ad、d、daf。

1)收到基

收到基以进入锅炉房的原煤为基准,以下标 ar 表示,其中包括全部水分;在锅炉热力计算中,一般采用收到基成分。原煤中所含有的水分也常用收到基表示,其表达式如下。

$$C_{ar}+H_{ar}+O_{ar}+N_{ar}+S_{ar}+A_{ar}+M_{ar}=100 \% \tag{2-1}$$
$$FC_{ar}+V_{ar}+A_{ar}+M_{ar}=100 \% \tag{2-2}$$

2)空气干燥基

空气干燥基以通过自然干燥去掉外在水分的煤为基准,以下标 ad 表示,其表达式如下。

$$C_{ad}+H_{ad}+O_{ad}+N_{ad}+S_{ad}+A_{ad}+M_{ad}=100 \% \tag{2-3}$$
$$FC_{ad}+V_{ad}+A_{ad}+M_{ad}=100 \% \tag{2-4}$$

3)干燥基

干燥基以去除全部水分的煤为基准,以下标 d 表示。显然,煤中水分含量的变化对干燥基中各成分的质量分数没有影响,因而,灰分的含量常以干燥基表示,其表达式如下。

$$C_d+H_d+O_d+N_d+S_d+A_d=100 \% \tag{2-5}$$
$$FC_d+V_d+A_d=100 \% \tag{2-6}$$

4)干燥无灰基

干燥无灰基以除去全部水分和灰分的煤为基准,以下标 daf 表示。

干燥无灰基因无水、无灰,剩下的成分不受水分、灰分含量变化的影响,是表示碳、氢、氧、氮、硫五种成分质量分数最稳定的基准,因而,可以作为燃料分类的基准。

$$C_{daf}+H_{daf}+O_{daf}+N_{daf}+S_{daf}=100 \% \tag{2-7}$$
$$FC_{daf}+V_{daf}=100 \% \tag{2-8}$$

煤的成分及各种分析基准之间的关系如图 2-1 所示。其中:S_{ly} 为硫酸盐硫,归入灰分;S_r 为可燃硫,通常也可认为是全硫;M_{inh}、M_f 分别为内在水分和外在水分。

由于煤质分析所使用的煤样是空气干燥基煤样,分析结果的计算是以空气干燥基为基准得出的,但在锅炉设计、计算时,是按实际进入锅炉的炉前煤即收到基进行计算的,所以需要对炉前煤的收到基水分全水分进行分析,并对煤的各种成分进行基准的换算。表 2-1 给出的各种分析基准之间的换算系数,用于各种煤不同分析基准之间的除水分之外的各种成分(如 C、H、O、N、S、灰分、挥发分)和高位发热量的换算,其换算公式为

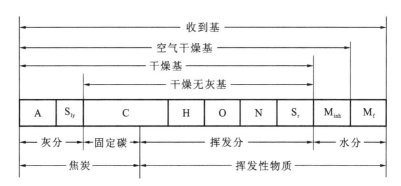

图 2-1　煤的成分与分析基准

表 2-1　煤的成分基准换算系数 K

已　　知	所　　　求			
	收到基	空气干燥基	干燥基	干燥无灰基
收到基	1	$\dfrac{100-M_{ad}}{100-M_{ar}}$	$\dfrac{100}{100-M_{ar}}$	$\dfrac{100}{100-M_{ar}-A_{ar}}$
空气干燥基	$\dfrac{100-M_{ar}}{100-M_{ad}}$	1	$\dfrac{100}{100-M_{ad}}$	$\dfrac{100}{100-M_{ad}-A_{ad}}$
干燥基	$\dfrac{100-M_{ar}}{100}$	$\dfrac{100-M_{ad}}{100}$	1	$\dfrac{100}{100-A_d}$
干燥无灰基	$\dfrac{100-M_{ar}-A_{ar}}{100}$	$\dfrac{100-M_{ad}-A_{ad}}{100}$	$\dfrac{100-A_d}{100}$	1

$$X_i = KX_0 \tag{2-9}$$

式中,X_i 为按新基准计算的同一成分的质量分数,%;X_0 为按原基准计算的某一成分的质量分数,%;K 为换算系数。

　　值得注意的是,该表中的换算系数可以用于各基准之间的百分数的换算,也可以用于各基准的高位发热量之间的换算,但是不能用于低位发热量和水分的换算。

　　对于不同基准下的低位发热量之间的换算,必须先化成高位发热量后,才能用表2-1中的换算系数进行。对于水分的换算,其计算式为

$$M_{ar} = M_f + M_{ad}\frac{100-M_f}{100} \tag{2-10}$$

式中:M_f 为外部水分,%。

2.1.2　煤的分类

　　煤是重要的一次能源,种类很多,性质各异。煤的分类是指把同类性质的煤划分在一起,以区别于其他不同类的煤。煤种的性质可以通过它的各种成分和多种特性指标表现出来。选择煤的分类指标,既要能反映煤的自然特性,又要考虑作为资源和

能源的煤炭在合理利用时,能反映各种工艺(如炼焦、燃烧、气化或液化等)对煤质的要求。

我国煤的主要分类指标是煤的干燥无灰基 V_{daf} 含量。另外,在电力工业中为了便于选用动力煤,又有发电用煤的分类方法。

1. 我国煤的分类

我国通常根据煤的煤化程度将煤分成三大类:褐煤、烟煤、无烟煤。一般,$V_{daf} \geqslant 37\%$ 的煤为褐煤,$V_{daf} \leqslant 10\%$ 的煤为无烟煤,介于它们之间的煤为烟煤(贫煤)。

在这三大类的基础上,对其中的每一类煤可进一步划分为小类,以考虑煤作为资源和能源的合理利用及各种工艺(如炼焦、燃烧、汽化或液化等)。其中,对无烟煤进行细分的指标还有反应无烟煤变质程度的指标氢的干燥无灰含量 H_{daf};烟煤则采用表征其工艺性能的指标,如黏结指数 G、胶质层最大厚度 Y 和奥亚膨胀度 b;褐煤还采用目视透光率 P_M 和恒湿无灰高位发热量 $Q_{maf,gr}$ 等指标(见表 2-2)。

表 2-2　我国煤炭分类简表

类　别		符号	包括数码	分类指标					
				$V_{daf}(\%)$	G	Y (mm)	b (%)	P_M (%)	$Q_{maf,gr}$ (kJ/kg)
无烟煤		WY	01,02,03	$\leqslant 10.0$	—	—	—	—	—
烟煤	贫煤	PM	11	$>10.0 \sim 20.0$	$\leqslant 5$	—	—	—	—
	贫瘦煤	PS	2		$>5 \sim 20$	—	—	—	—
	瘦煤	SM	13,14		$>20 \sim 65$	—	—	—	—
	焦煤	JM	24, 15,25	$>20.0 \sim 28.0$ $>20.0 \sim 28.0$	$>50 \sim 65$ >65	$\leqslant 25.0$	$\leqslant 150$	—	—
	肥煤	FM	16,26,36	$>20.0 \sim 37.0$	>85	>25.0		—	—
	1/3 焦煤	1/3JM	35	$>28.0 \sim 37.0$	>65	$\leqslant 25.0$	$\leqslant 220$	—	—
	气肥煤	QF	46	>37.0	>85	>25.0	>220	—	—
	气煤	QM	34 43,44,45	$>28.0 \sim 37.0$ >37.0	$>50 \sim 65$ >35	$\leqslant 25.0$	$\leqslant 220$	—	—
	1/2 中黏煤	1/2ZN	23,33	$>20.0 \sim 37.0$	$>30 \sim 50$	—	—	—	—
	弱黏煤	RN	22,32		$>5 \sim 30$	—	—	—	—
	不黏煤	BN	21,31		$\leqslant 5$	—	—	—	—
	长焰煤	CY	41,42		$\leqslant 35$	—	—	>50	—
褐煤		HM	51 52	>37.0	—	—	—	$\leqslant 30$ $>30 \sim 50$	$\leqslant 24$

无烟煤与煤化程度最深的烟煤的 V_{daf} 的临界值为 10%，即 $V_{daf}>10\%$ 的为贫煤。无烟煤没有黏结性，其工艺特性主要取决于煤的变质程度。研究表明，在无烟煤阶段，与 V_{daf} 相比，氢的干燥无灰基含量 H_{daf} 是表征无烟煤变质程度的较好指标，故在无烟煤小分类中采用 V_{daf} 和 H_{daf} 两个指标。

烟煤是煤类中的主要部分，烟煤的干燥无灰基挥发分 V_{daf} 是表征其变质程度的较好指标。煤的黏结性是各种工艺对煤质最广泛要求的工艺性质。大量研究表明，黏结指数 G 能较好反映煤的黏结性和焦炭强度。因此，一般以 V_{daf} 和 G，并辅以 Y、b，作为对烟煤进行细分的依据。

褐煤的地质年代较短，挥发分含量较高。从褐煤到长焰煤（变质程度最浅的烟煤）阶段，煤的性质不仅取决于煤化程度，还取决于成煤的原始物质和煤岩组成等因素。研究表明，V_{daf} 只在一定程度上表征年轻煤的煤化程度，因此，仅采用 V_{daf} 来区分褐煤、长焰煤和其他地质年代较短的煤是不够的。P_M 是表征年轻煤的煤化程度的较好指标，同时，也可以表征煤的岩相组成。

2. 动力用煤的分类

为适应火力发电厂动力用煤的特点，提出了能更好地反映煤燃烧特性的分类方法。该分类方法仍然以煤的干燥无灰基挥发分 V_{daf} 为分类的主要指标，其他的参考指标包括收到基低位发热量 $Q_{ar,net}$、收到基水分 M_{ar}、干燥基灰分 A_d、干燥基硫分 S_d 及灰的软化温度 ST 等。

根据中华人民共和国国家标准 GB/T 7562—1998（代替 GB/T 7562—1987《发电煤粉锅炉用煤质量标准》），发电煤粉锅炉用煤分类见表 2-3。

表 2-3　发电煤粉锅炉用煤分类

	符号	$V_{daf}/(\%)$	$Q_{ar,net}/(MJ/kg)$		符号	$Q_{ar,net}/(MJ/kg)$
按 V_{daf} 和 $Q_{ar,net}$ 分类	V_1	$6.5\sim10.00$	>21.0	按 $Q_{ar,net}$ 分类	Q_1	>24.0
	V_2	$10.01\sim20.0$	>18.5		Q_2	$21.01\sim24.00$
	V_3	$20.01\sim28.0$	>16.0		Q_3	$17.01\sim21.00$
	V_4	>28.0	>15.5		Q_4	$15.51\sim17.00$
	V_5	>37.0	>12.0		Q_5	>12.00
	符号	$M_{ar}/(\%)$	$V_{daf}/(\%)$		符号	$A_d/(\%)$
按 M_{ar} 和 V_{daf} 分类	M_1	$\leqslant8.0$	$\leqslant37.0$	按 A_d 分类	A_1	$\leqslant20.0$
	M_2	$8.1\sim12.0$	$\leqslant37.0$		A_2	$20.01\sim30.0$
	M_3	$12.1\sim20.0$	>37.0		A_3	$30.01\sim40.00$
	M_4	>20.0	—		—	—
	符号	$S_d/(\%)$	—		符号	ST/℃
按 S_d 分类	S_1	$\leqslant0.5$	—	按 ST 分类	ST_1	$1\,150\sim1\,250$
	S_2	$0.51\sim1.00$	—		ST_2	$1\,260\sim1\,350$
	S_3	$1.01\sim2.00$	—		ST_3	$1\,360\sim1\,450$
	S_4	$2.01\sim3.00$	—		ST_4	$>1\,450$

以下介绍几种主要动力煤的特点。

1）无烟煤

无烟煤俗称白煤，具有明亮的黑色光泽，机械强度较高，不易研磨，焦结性差。无烟煤的煤化程度最高，因此，其碳含量很高，大于 50%，最高可达 95%；水分较少，$M_{ar}=3\%\sim15\%$；灰分不多，$A_{ar}=6\%\sim25\%$；杂质较少。其发热量较高，大致为 21 000～25 000 kJ/kg。其由于挥发分含量很少，析出温度较高，着火和燃尽困难，燃烧时无烟，火焰短且呈现出青蓝色，储存时不易自燃。

2）烟煤

烟煤煤化程度次于无烟煤，表面呈灰黑色，有光泽，质松软。碳含量为 40%～70%，个别可达 75%，水分和灰分含量也不多，故发热量也较高，一般为 20 000～30 000 kJ/kg。烟煤挥发分含量高于无烟煤，为 20%～40%，故大部分烟煤都容易着火和燃烧，燃烧时火焰长，但某些灰含量较高的劣质烟煤则燃烧特性较差。对于 V_{daf} 大于 25% 的烟煤及其煤粉，在储存时应防止其发生自燃，制粉系统应考虑防爆措施。对劣质烟煤还应考虑受热面积灰、结渣和磨损等问题。

贫煤是变质程度最高的烟煤，其中 $V_{daf}=10\%\sim20\%$。作为动力燃料，它的性质介于无烟煤和烟煤之间，而且与挥发分含量有关。V_{daf} 较低的贫煤，在燃烧性能方面比较接近于无烟煤。

3）褐煤

褐煤外观呈褐色，机械强度低，质脆易风化，也很容易自燃，不易储存和远运。

褐煤煤化程度低于烟煤，碳含量为 40%～50%，V_{daf} 一般在 37% 以上，挥发分析出温度低，故着火和燃烧较为容易。但褐煤中水分和灰分较高，$M_{ar}=20\%\sim40\%$，$A_{ar}=6\%\sim40\%$，因而发热量较低，一般小于 16 750 kJ/kg。含水分较高、煤龄较短的褐煤，燃烧性能较差，且灰熔点也较低。

此外，固体动力燃料还包括泥煤、矸石、石煤和油页岩等。泥煤碳化程度比褐煤更浅，水分含量很高，发热量很低，$Q_{ar,net}=8\ 000\sim10\ 000$ kJ/kg，但挥发分很高，着火容易。煤矸石是采煤过程和洗煤过程中排放的固体废物，是一种在成煤过程中与煤层伴生的一种碳含量较低、比煤坚硬的黑灰色岩石。石煤生成于古老地层中，由菌藻类等生物遗体在浅海、泻湖、海湾条件下经腐泥化作用和煤化作用转变而成，是一种碳含量低、高灰分的低热值燃料。油页岩（又称油母页岩）是一种高灰分的含可燃有机质的沉积岩，灰分超过 40%，主要包括油母、水分和矿物质，它是由藻类等低等浮游生物经腐化作用和煤化作用而生成，其主要利用包括两个方面：①干馏制取页岩油，进一步加工成轻质油品以及多种化工产品；②直接用做锅炉燃料，产生蒸汽和电力。

上述高灰分的劣质燃料可以作为低热值燃料与其他煤掺烧，也可以单独用做流化床燃料燃烧。

2.1.3 煤的常规特性及其对锅炉工作的影响

煤的常规特性表征了煤的基本性质,可以作为分析煤的着火、燃烧性质和对锅炉工作影响的依据。这些特性主要包括挥发分、水分、灰分、硫分、发热量和灰渣的熔融特性等。

1. 挥发分

挥发分并不是以固有的形态存在于煤中的成分,而是煤在加热过程中分解而析出的产物。煤的挥发分含量与其地质年代有密切的关系,即煤的地质年代越短,则煤的碳化程度越浅,挥发分含量就越高。不同的煤,挥发分含量不同,同时,挥发分的初始析出温度也不同。比如地质年代较短的褐煤,其挥发分含量较高,在低于 200 ℃的温度下就迅速放出挥发分;而煤化程度较高的烟煤,挥发分含量较低,挥发分初始析出温度也高一些;煤化程度更高的贫煤和无烟煤,要在 400 ℃左右才开始释放出挥发分。

挥发分是煤燃烧的重要特性,它对锅炉的工作有很大的影响。挥发分是气体可燃物,其着火温度较低,着火容易。挥发分多,相对来说,煤中难燃的固定碳含量便低,使煤易于燃烧完全;大量挥发分析出,其着火燃烧后可放出大量热量,有助于固定碳的迅速着火和燃烧。因而,挥发分多的煤也易于着火和燃烧完全。如褐煤在 370 ℃即可着火,烟煤的着火温度为 470~600 ℃,而无烟煤的着火温度则在 700 ℃以上。挥发分析出后,煤呈现多孔结构,与助燃空气的接触面积相应增大,使反应速度加快,促进煤的完全燃烧。

挥发分的热值取决于组成成分及其含量。不同煤种的挥发分发热量差别很大,低的只有 17 000 kJ/kg,高的可达 71 000 kJ/kg,它与挥发分中的氧含量有关,因而,也与煤化程度有关。氧含量低、质量高的无烟煤和贫煤的挥发分发热量高,而褐煤中挥发分的发热量低。此外,煤中挥发分的成分和数量还与煤的加热速度和加热温度有关。

2. 水分

燃煤中的水分对锅炉的工作影响很大。燃煤水分多时,煤中可燃成分相对减少,燃烧时放出的有效热量就会减少,使炉膛温度下降;水分多,会增加着火热,推迟着火,甚至使着火困难,燃烧不完全,机械和化学不完全燃烧热损失会增加。

煤在炉膛中燃烧之后,水分吸热成为水蒸气并随同烟气排入大气,增加烟气量,使排烟热损失增大,降低锅炉热效率,增大引风机的电耗。水分也给低温受热面的积灰和腐蚀创造了外部条件。另外,水分多的煤还会给制粉系统带来困难,造成原煤仓、给煤机和落煤管黏结、堵塞及磨煤机出力下降等不良后果。

3. 灰分

灰分是煤燃烧后剩余的不可燃矿物杂质,它与燃烧前煤中的矿物质在成分和数量上有较大区别。灰分的含量在各种煤中的变化很大,少的只有 4%~5%,多的可

高达 $60\% \sim 70\%$。

灰分含量增加,煤中可燃成分就会相对减少,燃烧时放出的有效热量就会减少;另外,当煤燃烧时,高灰分将会造成以下不利影响:①煤中矿物质在燃烧过程中发生分解、熔融等物理化学变化,形成灰渣,并由排渣带走大量的物理显热;②燃料中灰分增加,理论燃烧温度降低,炉内火焰温度降低;炉膛温度下降,燃烧不稳定,用于加热灰分的热量消耗随之增加;③在煤粒表面形成灰分外壳,妨碍煤中可燃物质与助燃空气的接触,使煤不易燃尽,增大机械不完全燃烧损失;④灰粒随烟气流过受热面时,如果烟速高,会磨损受热面,特别是使尾部受热面磨损严重,而如果烟速低,会造成受热面积灰,使传热效果变差,排烟温度升高,增加排烟热损失,降低锅炉效率;⑤受热面的沾污严重,容易造成炉内结渣,过热器超温爆管,受热面腐蚀;⑥增加磨煤的能量消耗;⑦造成飞灰和炉渣的利用难题,带来大气颗粒物的排放,造成环境污染。

因此,对于一般的固态除渣煤粉炉,从燃烧稳定性运行的安全性考虑,燃煤灰分不宜超过 40%。

4. 硫分

煤中含硫的最大影响是造成低温受热面和高温受热面的腐蚀。此外,含有氧化硫的烟气排入大气,还会造成大气污染,形成酸雨。

全硫中的可燃硫(我国多数煤中的硫酸盐含量很少,常将全硫当成可燃硫看待)在燃烧后形成 SO_2,并有一部分继续氧化形成 SO_3。烟气中的 SO_2 对受热面的腐蚀没有明显的影响。但 SO_3 可与烟气中的水蒸气结合形成硫酸蒸汽,当低温烟道内受热面的壁温较低时,硫酸蒸汽就会凝结成硫酸,使低温受热面遭受腐蚀。煤中硫的含量越高,这种腐蚀就会越严重。另外,烟气中的氧化硫在一定条件下容易导致过热器、再热器的高温腐蚀。

此外,煤中的硫在高温火焰核心区局部严重缺氧的条件下会与氢结合,生成活性硫化氢气体 H_2S,它对高温区水冷壁会产生严重的腐蚀,当燃烧火炬或炉内气流贴墙时,这个腐蚀过程非常迅速。

煤中黄铁矿质地坚硬,在制粉系统中会加速磨煤部件的损耗,在炉内高温壁面容易造成结渣。通常在燃煤进入磨煤机之前或煤粉制备过程中,应设法将其分离除去。

5. 煤的发热量

煤的发热量是指单位质量的煤在完全燃烧时放出的全部热量,即煤的热值。在实际应用中,煤的发热量有高位发热量和低位发热量之分。当发热量中包括煤燃烧后所产生的水蒸气凝结放出的汽化潜热时,称为高温发热量(Q_{gr});反之,不包括水蒸气凝结放出的汽化潜热时,称为低位发热量(Q_{net})。

在一般的锅炉排烟温度($110 \sim 160 \ ℃$)下,烟气中的水蒸气通常不会凝结,即这部分热量不可能被锅炉有效利用。因此,锅炉热力计算中采用的是低位发热量,即 $1 \ kg$ 煤完全燃烧时所放出的热量,其中不包括燃烧产物中的水蒸气凝结成水所放出的汽化潜热。

煤收到基的高位发热量与低位发热量之间有如下关系。

$$Q_{ar,net} = Q_{ar,gr} - r\left(\frac{9H_{ar}}{100} + \frac{M_{ar}}{100}\right) \tag{2-11}$$

式中：$Q_{ar,net}$、$Q_{ar,gr}$为燃料收到基的低位、高位发热量，kJ/kg；H_{ar}、M_{ar}为燃料收到基的氢和水分，%；r为水的汽化潜热，通常的取值为 2 500 kJ/kg。

煤的发热量一般用氧弹量热仪来测定，没有测量数据的时候，可根据煤的元素分析成分用下列经验公式近似计算确定发热量。

$$Q_{ar,gr} = 339C_{ar} + 1\ 256\ H_{ar} + 109S_{ar} - 109O_{ar} \quad (kJ/kg) \tag{2-12}$$

$$Q_{ar,net} = 339C_{ar} + 1\ 031H_{ar} + 109S_{ar} - 109O_{ar} - 25M_{ar} \quad (kJ/kg) \tag{2-13}$$

各种煤的发热量相差很大，为了核算企业对能源的消耗量，便于比较和管理，需统一计算标准。规定以收到基低位发热量为 29 310 kJ/kg(7 000 kcal/kg)的煤作为标准煤。电厂煤耗常常以标准煤计算。例如，$Q_{ar,net} = 14\ 655$ kJ/kg 的煤，2 kg 可折合为标准煤 1 kg。

为了比较煤中有害成分(如水分、灰分及硫分等)对锅炉工作的影响，引入折算成分的概念，规定把相对于每 4 190 kJ/kg（即 1 000 kcal/kg）收到基低位发热量的煤中所含的收到基水分、灰分和硫分，分别称为折算水分($M_{ar,zs}$)、折算灰分($A_{ar,zs}$)和折算硫分($S_{ar,zs}$)，其计算公式为

$$M_{ar,zs} = \left(\frac{M_{ar}}{Q_{ar,net}}\right) \times 4\ 190 \quad (\%) \tag{2-14}$$

$$A_{ar,zs} = \left(\frac{A_{ar}}{Q_{ar,net}}\right) \times 4\ 190 \quad (\%) \tag{2-15}$$

$$S_{ar,zs} = \left(\frac{S_{ar}}{Q_{ar,net}}\right) \times 4\ 190 \quad (\%) \tag{2-16}$$

折算成分 $M_{ar,zs} > 8\%$，$S_{ar,zs} > 0.2\%$ 和 $A_{ar,zs} > 4\%$ 的燃料，分别称为高水分、高硫分及高灰分燃料。

煤的发热量是反映煤质好坏的一个重要指标。显然，煤的发热量越高，表明其可燃成分含量越大，灰分含量越低，理论燃烧温度和炉内温度就较高；反之，煤的发热量越低，炉内的温度越低，燃料的消耗量越大。当煤的发热量低到一定数值时，不仅会导致燃烧不稳、不完全燃烧热损失增加，而且会导致锅炉灭火。

6. 灰渣的熔融特性

煤中的矿物主要为黏土类矿物，此外，还有石英、碳酸盐类、云母、长石、硫化物、氧化物等，不同的煤种其中矿物的具体成分有些差异。当煤在炉膛燃烧时，煤中的矿物在高温下被加热，其形态、物相及组成等发生复杂的物理化学变化，最后，大部分变成了飞灰并随着烟气被除尘器捕获，少部分形成炉渣经过淬冷后由捞渣机带走，还有一部分灰分经过蒸发熔融、黏结和沉积在受热面上，形成渣层，给锅炉的正常运行带来危害。

煤中的矿物经过高温过程所形成的煤灰是由复杂的化合物和不同矿物组成的混合物,这种混合物并没有固定的熔点,而仅有一个熔化温度范围。煤灰的熔化过程较复杂,除煤灰中各矿物组分熔融外,矿物组分之间还会发生反应生成新矿物,且各组分间也会发生共熔现象,极大地影响煤灰的熔融性。

煤灰的熔融温度主要取决于煤灰的成分及各成分含量的比例。煤灰的氧化物组成成分主要有 SiO_2、Al_2O_3、FeO、Fe_2O_3、Fe_3O_4、CaO、MgO、K_2O、Na_2O 等。一般来讲,煤灰中的 SiO_2 和 Al_2O_3 的含量越高,则灰的熔融温度就越高;但是,在某些情况下,当游离的 SiO_2 含量过高时,在煤灰中易形成低温共熔体,会导致煤灰熔点降低。

煤灰所处的环境气氛也对灰的熔化温度有影响。对于同种煤质来说,还原性气氛下的灰熔融温度比非还原性气氛中的熔化温度要低,其原因是还原性气氛下高熔点的 Fe_2O_3 变成熔点较低的 FeO,FeO 最容易与灰渣中的 SiO_2 形成低熔点的 $FeO \cdot SiO_2$,从而使灰熔点降低。

煤灰的熔融特性通常采用角锥法测定。将灰样制成底边为等边三角形的锥体,底边长为 7 mm,锥高为 20 mm,在弱还原性气氛下逐渐加热锥体,通过观察灰锥在受热过程中的形态变化来测定它的三个熔融特征温度:变形温度 DT、软化温度 ST 和流动温度 FT。变形温度 DT,即灰锥尖端开始变圆或弯曲时的温度。软化温度 ST,即灰锥变形至下列情况时的温度:锥体弯曲至锥尖触及托板、灰锥变成球形和高度不大于底长的半球形。半球温度 HT,即角锥熔融为一体,形如半球状时的炉膛温度。FT 为流动温度,即灰锥熔化成液体或展开成高度在 1.5 mm 以下薄层时的温度。灰锥熔融过程如图 2-2 所示。

原形　　　　DT　　　　　　ST　　　　HT　　　　　　FT

图 2-2　灰锥熔融过程示意图

灰渣在高温下的熔融特性对锅炉的设计、运行有很大的影响。在高温火焰的中心,灰分一般会处于熔融或软化状态,这种具有黏性的灰粒如果接触到受热面或炉墙,就会黏附形成渣层;此外,煤灰中挥发物质也会在受热面上凝结沾污。沾污、结渣会降低炉内受热面的传热能力,使得炉膛出口烟温相应提高,进而引起过热器的沾污和腐蚀,造成炉内燃烧工况恶化,有时甚至会发生大块渣块落下砸坏冷灰斗的水冷壁的情况。尾部受热面省煤器和空气预热器的积灰容易导致烟道堵塞、传热恶化,从而提高排烟温度,降低锅炉运行经济性。

通常,利用煤灰的常规分析,如灰的化学成分、烧结、熔融和黏度特性来判别煤灰的结渣和沾污程度,这对指导锅炉设计和生产运行有重要意义。常用的判别准则有软化温度 ST、碱酸比(B/A)、硅铝比(SiO_2/Al_2O_3)、硅比(G)、铁钙比(Fe_2O_3/CaO)

等。对于 ST<1 200 ℃的煤种,宜采用液态排渣的方式;对于 ST>1 400 ℃的煤种,宜采用固态排渣的方式;ST 位于二者之间,通常也采用固态排渣的方式。

$$B/A = \frac{Fe_2O_3 + CaO + MgO + Na_2O + K_2O}{SiO_2 + Al_2O_3 + TiO_2} \tag{2-17}$$

$$G = \frac{SiO_2 \times 100}{SiO_2 + CaO + MgO + 当量\ Fe_2O_3} \quad (\%) \tag{2-18}$$

式中:当量 $Fe_2O_3 = Fe_2O_3 + 1.1FeO + 1.43Fe$。

2.2 油和气体燃料

2.2.1 燃料油的特性

液体燃料一般是指用石油炼制而得到的各种产品。锅炉常用的液体燃料主要是重油和渣油,它们是石油炼制后的残油。我国电站锅炉主要燃煤,但在点火及低负荷运行时使用燃油。当然,我国也有少量的燃油锅炉。

重油的成分几乎和煤一样,也包括碳、氢、氧、氮、硫、水分和灰分,其中水分和灰分主要来源于生产和运输过程中混入的杂质,含量很少。重油的各成分含量变化不大,主要成分是碳和氢,通常各成分的变化范围如下:碳的含量 C_{ar} 常在 81%~87%之间,氢的含量 H_{ar} 大致为 11%~14%,氧和氮的含量 $O_{ar} + N_{ar}$ 通常低于 1%,硫含量 S_{ar}<3%,水分含量 M_{ar}<4%,灰分含量 A_{ar}<1%,且发热量变化不大,一般在 37.7~44.0 MJ/kg。

由于重油中氢含量很高,因此着火和燃烧容易。重油加热到一定程度就能流动,故运送和控制都比较方便。但对重油应当注意防火问题。

重油的主要特性指标有黏度、凝固点、闪点、燃点、硫分、水分、灰分和机械杂质等。

1. 黏度

黏度是表征流体流动性能的指标,黏度越小,流动性越好。燃油的黏度通常用恩氏黏度计测量,用 $^{\circ}E$ 表示。重油在常温下黏度过大,故输送前应加热。同时,为了保证喷嘴前油的黏度小于 $2.77 \times 10^{-5}\ m^2/s(4^{\circ}E)$,以保证其喷雾质量,油温应保持在100 ℃以上。

2. 凝固点

凝固点是表征燃油丧失流动性能时的温度。将燃油样品放在倾斜 45°的试管中,经过 1 min 后,油面保持不变时的温度即为该油的凝固点。含石蜡高的燃油凝固点也较高。油的凝固点高将增加输送和管理的困难,我国重油的凝固点一般在15 ℃以上。

3. 闪点及燃点

在常压下,随着油温升高,油表面上蒸发出的油气增多,当油气和空气的混合物与明火接触会发生短促闪光时的油温称为燃油的闪点。闪点可在开口或闭口的仪器中测定,闭口闪点通常较开口闪点高 20~40 ℃。燃点是油面上的油气和空气的混合物遇到明火能着火燃烧并持续 5 s 以上的最低油温。闪点和燃点是燃油防火的重要指标。因此,储运时的油温,必须使敞口容器中的温度低于开口闪点 10 ℃以上,在压力容器中由于没有自由液面,则无此限制。重油不含易蒸馏的轻质成分,故闪点较高,常在 80~130 ℃之间。

4. 硫含量

石油中的硫,以硫化氢、单质硫和各种硫化物的形式存在。燃油中的硫含量高,会对锅炉低温受热面产生腐蚀。按油中硫含量的多少,燃油可分低硫油($S_{ar}<$ 0.5%)、中硫油($S_{ar}=$ 0.5%~2%)和高硫油($S_{ar}>$ 2%)三种。一般来说,当油中的硫含量高于 0.3%时,就应该注意低温腐蚀问题。

5. 灰分

重油的灰分虽少,但常含有钒、钠、钾、钙等元素的化合物。钒和钠在燃烧过程中生成熔点约为 600 ℃的钒酸钠,对壁温高于 610 ℃的受热面会生成对金属有腐蚀作用的液膜,造成高温腐蚀。

2.2.2　气体燃料

气体燃料是一种优质、高效、清洁的燃料,其着火温度相对较低,火焰传播速度快,燃烧速度快,燃烧非常容易和简单,很容易实现自动输气、混合、燃烧过程;但是气体燃料中的大多成分对人和动物是有窒息性或有毒的,同时与空气按一定比例混合会形成爆炸性气体,故其对安全性要求较高。

气体燃料一般也含有碳、氢、氧、氮、硫、水分和灰分,通常以各种气体的容积百分数来表示它的成分。各种气体燃料的成分和含量差别很大,一般来说,可燃成分主要有 H_2、CO、H_2S、CH_4 和 C_mH_n 等,不可燃成分有 N_2、CO_2、H_2O 等。气体的发热量以每标准立方米的热值表示。

气体燃料有天然气体燃料和人工气体燃料。

1. 天然气体燃料

天然气体燃料有气田煤气和油田伴生煤气两种。

气田煤气是纯气田中开采出来的可燃气体;油田伴生煤气是在油田的开采过程中获得的可燃气体。它们的主要成分都是甲烷 CH_4 及少量的烷烃 C_nH_{2n+2}、烯烃 C_nH_{2n}、二氧化碳、硫化氢及氮气等。气田煤气中甲烷的含量很高,一般可达 90%,而油田伴生煤气的甲烷含量则低一些,但是 CO 含量却较高,可达 5%。两者的发热量都很高,达 35.0~54.4 MJ/Nm³。

天然气是很好的动力燃料,其发热量高且燃烧经济性好。由于天然气是重要的化工原料,只有在产区附近的少数锅炉可将其作为燃料使用。

2. 人工气体燃料

人工气体燃料的种类很多,有高炉煤气、发生炉煤气、焦炉煤气、地下气化煤气和液化石油气等。除液化石油气外,其余的发热量都较低,为低热值煤气。

高炉煤气是炼铁高炉中焦炭部分燃烧和铁矿石部分还原而产生的可燃煤气,主要可燃成分为 CO 和 H_2,其中 CO 浓度为 $20\%\sim30\%$、H_2 浓度为 $5\%\sim15\%$。高炉煤气中氮和二氧化碳的含量很高,分别为 $45\%\sim55\%$ 和 $5\%\sim15\%$,所以高炉煤气的发热量很低,为 $3\,800\sim4\,200$ kJ/Nm^3。这种煤气带有大量熔点较低的灰粒和少量的水蒸气。高炉煤气是较低级的燃料,常与重油或煤粉混合使用,也可作为蓄热式加热炉的燃料。

焦炉煤气是炼焦生产工艺的副产品。焦炉煤气主要由氢气和甲烷构成,所占比例在 $70\%\sim80\%$ 之间,因而,其发热量较高。焦炉煤气多作为化工原料和各种加热炉的燃料,只有少数就地作为锅炉燃料使用。

地下气化煤气是利用煤的地下气化技术所得到的一种人工煤气。煤的地下气化技术就是向地下煤层供入一定量的空气,并使煤层在供氧不足的条件下燃烧,从而使煤转化为煤气的一种新型技术。地下气化煤气的成分取决于煤的成分及煤的燃烧条件。地下气化煤气的主要可燃成分是 CO 和 H_2,约占 30%,不可燃成分含量较高,因此发热量很低。

2.3　燃料的燃烧计算

燃料在炉膛内的燃烧程度,取决于供给空气(氧气)是否充足和空气与燃料的混合是否良好。如果供给空气不足或混合不好,则燃料中的碳将产生不完全燃烧而生成一氧化碳,所放出的热量也会减少。

$$2C+O_2=2CO+9\,270 \text{ kJ/kg} \tag{2-19}$$

如果炉膛中有充足的空气,碳燃烧充分时放出的热量会比上述值大得多,即

$$C+O_2=CO_2+32\,860 \text{ kJ/kg} \tag{2-20}$$

与此同时,燃料中的氢燃烧生成水蒸气,硫燃烧生成二氧化硫,并放出热量。在氧气不足时,生成的二氧化碳又会被还原成一氧化碳,形成未燃尽炭黑、焦炭及飞灰粒子。

炉内燃烧是复杂的物理化学过程,受诸多因素的影响。燃料燃烧计算是锅炉机组设计和计算的重要基础,主要是计算燃料燃烧所需空气量、生成的烟气量及烟气的热焓等。计算中把空气与烟气中的组成气体都当成理想气体,即在标准状态下(0.101 MPa大气压和 0 ℃),1 kmol 理想气体的容积等于 22.4m^3。

2.3.1　燃烧所需空气量与烟气量计算

1. 完全燃烧所需理论空气量

1 kg(或 1 Nm³)收到基燃料完全燃烧而又没有剩余氧存在时所需要的空气量，称为理论空气量，用符号 V^0 表示，单位为 Nm³/kg(或 Nm³/Nm³)。对于固体或液体燃料，这一空气量可根据燃料中的可燃元素(碳、氢、硫)和空气中的氧的化学反应进行计算，并以 1 kg 为计算基础。

由 $C+O_2=CO_2$ 可知，每 1 kg C 完全燃烧时，需消耗 1.866 Nm³O_2，并生成 1.866 Nm³CO_2。因此，1 kg 收到基燃料中所含碳为 $\dfrac{C_{ar}}{100}$ kg，完全燃烧所需氧气量为 $\dfrac{C_{ar}}{100}\times1.866$ Nm³/kg；

由 $2H_2+O_2=2H_2O$ 可知，每 1 kg H 燃烧需要 5.56 Nm³O_2，并生成 11.1 Nm³H_2O。因此，1 kg 收到基燃料中所含氢为 $\dfrac{H_{ar}}{100}$ kg ，完全燃烧所需氧气量为 $\dfrac{H_{ar}}{100}\times5.56$ Nm³/kg；

由 $S+O_2=SO_2$ 可知，每 1 kg S 燃烧需要 0.7 Nm³O_2，并生成 0.7 Nm³ SO_2。因此，1 kg 收到基燃料中所含硫为 $\dfrac{S_{ar}}{100}$ kg，完全燃烧所需氧气量为 $\dfrac{O_{ar}}{100}\times0.7$ Nm³/kg；

1 kg 收到基燃料中所含氧为 $\dfrac{O_{ar}}{100}$ kg，即 $\dfrac{O_{ar}}{100}\times\dfrac{22.4}{32}$ Nm³；

所以，扣掉燃料本身的含氧量(其也可以提供燃烧所需)外，1 kg 收到基燃料完全燃烧总共所需外界提供理论氧量 $V^0_{O_2}$ 为

$$V^0_{O_2}=1.866\,\frac{C_{ar}}{100}+5.56\,\frac{H_{ar}}{100}+0.7\,\frac{S_{ar}}{100}-0.7\,\frac{O_{ar}}{100}\quad(\text{Nm}^3)\qquad(2\text{-}21)$$

空气是多种气体的混合物，主要包括氧气和氮气，此外还有氩气、二氧化碳及水分等。在燃料计算中认为，干空气中氧气和氮气的组成比例分别为 $O_2=21\%$、$N_2=79\%$。则 1 kg 收到基固体或液体燃料完全燃烧所需要理论空气量 V^0 为

$$\begin{aligned}V^0&=\frac{1}{0.21}\Big(1.866\,\frac{C_{ar}}{100}+5.56\,\frac{H_{ar}}{100}+0.7\,\frac{S_{ar}}{100}-0.7\,\frac{O_{ar}}{100}\Big)\\&=0.0889C_{ar}+0.265\,H_{ar}+0.0333S_{ar}-0.0330O_{ar}\\&=0.0889R_{ar}+0.0265\Big(H_{ar}-\frac{O_{ar}}{8}\Big)\quad(\text{Nm}^3/\text{kg})\end{aligned}\qquad(2\text{-}22)$$

需要说明的是，V^0 是不含水蒸气的干空气，它只取决于燃料的成分，当燃料一定时 V^0 即为一常数。通常，碳和硫的完全燃烧反应可写成通式 $R+O_2\rightarrow RO_2$，其中 $R_{ar}=C_{ar}+0.375S_{ar}$，相当于 1 kg 燃料中"当量碳量"。

理论空气量用质量表示则为

$$m^0=1.293\,V^0$$

式中：1.293 为干空气密度，kg/Nm³。

2. 完全燃烧产生的理论烟气量

燃料燃烧生成的燃烧产物是指烟气及其携带的灰粒和未燃尽炭粒。烟气中的固体颗粒占容积的百分比很小,可以忽略不计。当 1 kg 的燃料完全燃烧时,若实际参加燃烧的湿空气中的干空气量等于理论空气量,则燃烧所产生的烟气量称为理论烟气量,记为 V_y^0,单位为 Nm^3/kg(气体燃料为 Nm^3/Nm^3)。根据燃烧计算可知,理论烟气中含有的成分为 CO_2、SO_2、N_2、H_2O,其相应的体积分别用 V_{CO_2}、V_{SO_2}、$V_{N_2}^0$、$V_{H_2O}^0$ 来表示。理论烟气量的计算公式表示如下。

$$V_y^0 = V_{CO_2} + V_{SO_2} + V_{N_2}^0 + V_{H_2O}^0 \quad (Nm^3/kg) \quad (2\text{-}23)$$

通常,采用 V_{RO_2} 表示 CO_2 和 SO_2 的容积之和,即

$$V_{RO_2} = V_{CO_2} + V_{SO_2}$$

则

$$V_y^0 = V_{RO_2} + V_{N_2}^0 + V_{H_2O}^0 \quad (Nm^3/kg)$$

采用 $V_{gy}^0 = V_{RO_2} + V_{N_2}^0$ 表示理论干烟气的体积,则

$$V_y^0 = V_{gy}^0 + V_{H_2O}^0 \quad (Nm^3/kg) \quad (2\text{-}24)$$

1)V_{CO_2} 的计算

1 kg 收到基燃料中所含碳为 $\dfrac{C_{ar}}{100}$ kg,完全燃烧所产生的 CO_2 为 $1.866\dfrac{C_{ar}}{100}$ Nm^3/kg。

2)V_{SO_2} 的计算

1 kg 收到基燃料中所含硫为 $\dfrac{S_{ar}}{100}$ kg,完全燃烧所产生的 SO_2 量为 $0.7\dfrac{S_{ar}}{100}$ Nm^3/kg。所以

$$V_{RO_2} = 1.866\frac{C_{ar}}{100} + 0.7\frac{S_{ar}}{100} = 1.866\frac{C_{ar} + 0.375S_{ar}}{100} \quad (2\text{-}25)$$

3)$V_{N_2}^0$ 的计算

$V_{N_2}^0$ 由两部分组成:一是理论空气量中所含的氮,二是燃料燃烧时本身释放的氮。假设燃料中的氮都变成氮气,则 1 kg 收到基燃料中所含氮为 $\dfrac{N_{ar}}{100}$ kg,完全燃烧所产生 N_2 量为 $\dfrac{N_{ar}}{100} \times \dfrac{22.4}{28}$ Nm^3/kg;通过理论空气量带入的 N_2 为 $0.79V^0$,因此

$$V_{N_2}^0 = 0.79V^0 + \frac{22.4}{28} \times \frac{N_{ar}}{100} = 0.79\,V^0 + 0.8\frac{N_{ar}}{100} \quad (2\text{-}26)$$

4)$V_{H_2O}^0$ 的计算

当燃用固体燃料时,$V_{H_2O}^0$ 由三部分构成:①收到基燃料中原水分蒸发形成的水蒸气;②燃料中氢气完全燃烧生成的水蒸气;③随同理论空气量带入的水蒸气。下面分别计算。

1 kg 收到基燃料中所含水分为 $\dfrac{M_{ar}}{100}$ kg,即所含 H_2O 量为 $\dfrac{M_{ar}}{100} \times \dfrac{22.4}{18}$ Nm^3/kg;

由 $2H_2 + O_2 = 2H_2O$ 可知,1 kg 收到基燃料中所含氢为 $\dfrac{H_{ar}}{100}$ kg,完全燃烧所产生 H_2O 量为 $\dfrac{H_{ar}}{100} \times \dfrac{22.4}{2}$ Nm^3/kg;

1 kg 收到基燃料燃烧随同理论空气量带入的水蒸气,其容积为 $\dfrac{22.4}{18} \times \dfrac{d}{1\,000} \times \rho_k V^0$,其中,$d$ 为 1 kg 干空气带入的水蒸气量(即空气的含湿量),一般为 $d = 10$ g/kg;干空气的密度 ρ_k 为 1.293 kg/Nm^3;因此,理论空气量带入的水蒸气体积为 0.016 1 V^0。

当燃用液体燃料时,除了上述三部分之外,如果采用蒸汽雾化燃油,燃烧后雾化蒸汽就成为烟气中水蒸气的一部分,其数值为 $\dfrac{22.4}{18} G_{wh} = 1.24 G_{wh}$,$G_{wh}$ 为雾化燃油时消耗的蒸汽量,kg/kg。

综合上述,燃用固体燃料时,

$$V_{H_2O}^0 = \frac{M_{ar}}{100} \times \frac{22.4}{18} + \frac{H_{ar}}{100} \times \frac{22.4}{2} + 0.016\,1\,V^0 \tag{2-27}$$

燃用液体燃料时(考虑重油的雾化)

$$V_{H_2O}^0 = \frac{M_{ar}}{100} \times \frac{22.4}{18} + \frac{H_{ar}}{100} \times \frac{22.4}{2} + 0.016\,1\,V^0 + 1.24\,G_{wh} \tag{2-28}$$

通过上述计算,可知

$$\begin{aligned}
V_y^0 &= V_{CO_2} + V_{SO_2} + V_{N_2}^0 + V_{H_2O}^0 \\
&= 1.866\,\frac{C_{ar}}{100} + 0.7\,\frac{S_{ar}}{100} + 0.79 V^0 + 0.8\,\frac{N_{ar}}{100} + \frac{M_{ar}}{100} \times \frac{22.4}{18} \\
&\quad + \frac{H_{ar}}{100} \times \frac{22.4}{2} + 0.016\,1\,V^0 + 1.24\,G_{wh} \\
&= 1.866\,\frac{C_{ar} + 0.375 S_{ar}}{100} + 0.79 V^0 + 0.8\,\frac{N_{ar}}{100} + 1.24\,\frac{M_{ar}}{100} \\
&\quad + 11.1\,\frac{H_{ar}}{100} + 0.016\,1\,V^0 + 1.24\,G_{wh} \quad (Nm^3/kg) \tag{2-29}
\end{aligned}$$

3. 实际供给空气量和过量空气系数

以上的计算过程都是按照化学反应方程式的化学当量比计算的,并假设通入的空气与燃料混合良好,由此而得到理论空气量和理论烟气量。但是,在实际燃烧设备中,燃料和氧气的混合均匀程度并不是理想的状态,为了保证燃料的充分燃烧,通入的空气量必然要大于理论计算值,超过的部分称为过量空气量或过剩空气量。实际供给的空气量用 V_k 表示,V_k 与 V^0 之比,称为过量空气系数,即

$$\frac{V_k}{V^0} = \alpha \text{ 或 } \beta \tag{2-30}$$

式中:α 为用于烟气量计算;β 为用于空气量计算。

由此可见，α 是取值大于 1 的数。

炉内过量空气系数 α，一般是指炉膛出口处的过量空气系数 α''_1，这是因为炉内燃烧过程是在炉膛出口处结束的。过量空气系数是锅炉运行的重要指标，太大会增大烟气容积使排烟热损失增加，太小则不能保证燃料完全燃烧。它的最佳值与燃料种类、燃烧方式及燃烧设备的完善程度有关。一般固态排渣煤粉炉炉膛出口过量空气系数在 $1.15\sim1.25$ 之间。

4. 实际烟气量

实际参加燃烧的湿空气中的干空气量 V_k 大于理论空气量 V^0（即 $\alpha>1$），且使 1 kg 的燃料完全燃烧时产生的烟气量称为完全燃烧时的实际烟气量，表示为 V_y。完全燃烧时实际烟气的组成成分为 CO_2、SO_2、N_2、O_2、H_2O，其相应的体积分别为 V_{CO_2}、V_{SO_2}、V_{N_2}、V_{O_2}、V_{H_2O}。与计算理论烟气量相比，通入实际空气量之后，实际烟气量和实际烟气成分都发生了变化，表现在比理论烟气量增加了以下两部分：第一，过剩空气量 $(\alpha-1)V^0$；第二，随过剩空气带入的水蒸气量 $0.016\ 1(\alpha-1)V^0$。

完全燃烧时实际烟气量的计算公式为

$$V_y=V_{CO_2}+V_{SO_2}+V_{N_2}+V_{O_2}+V_{H_2O}\quad(Nm^3/kg)\qquad(2\text{-}31)$$

若 $V_{CO_2}+V_{SO_2}$ 合并计算为 V_{RO_2}，则

$$V_y=V_{RO_2}+V_{N_2}+V_{O_2}+V_{H_2O}\quad(Nm^3/kg)$$

以 V_{gy} 表示干烟气的体积，则

$$V_{gy}=V_{RO_2}+V_{N_2}+V_{O_2}\quad(Nm^3/kg)$$

$$V_y=V_{gy}+V_{H_2O}\quad(Nm^3/kg)$$

实际烟气中 V_{CO_2}、V_{SO_2}、V_{N_2}、V_{O_2}、V_{H_2O} 的计算公式如下：

1 kg 燃料中的碳和硫完全燃烧，产生的 CO_2、SO_2 与理论烟气中完全相同，即

$$V_{CO_2}=1.866\frac{C_{ar}}{100}\quad(Nm^3/kg)$$

$$V_{SO_2}=0.7\frac{S_{ar}}{100}\quad(Nm^3/kg)$$

$$V_{RO_2}=V_{CO_2}+V_{SO_2}=1.866\frac{C_{ar}}{100}+0.7\frac{S_{ar}}{100}\quad(Nm^3/kg)$$

实际烟气中氮气的体积 V_{N_2} 为理论氮气量和过量空气中包含的氮气量之和，即

$$V_{N_2}=V^0_{N_2}+0.79(\alpha-1)V^0\quad(Nm^3/kg)\qquad(2\text{-}32)$$

实际烟气中氧气的体积 V_{O_2} 即为过量空气中包含的氧气的体积，即

$$V_{O_2}=0.21(\alpha-1)V^0\quad(Nm^3/kg)\qquad(2\text{-}33)$$

实际烟气中水蒸气的体积由两部分组成，理论水蒸气量 $V^0_{H_2O}$ 和随过量空气带入的水蒸气量，即

$$V_{H_2O}=V^0_{H_2O}+0.016\ 1(\alpha-1)V^0\quad(Nm^3/kg)\qquad(2\text{-}34)$$

需要说明的是，上述烟气容积的计算是以燃料完全燃烧为前提的。在这种情况

下,碳燃烧只生成 CO_2、硫燃烧生成 SO_2、氢燃烧生成 H_2O。当燃烧不完全时,碳燃烧除了生成 CO_2 外,还产生不完全燃烧产物 CO、H_2、$C_m H_n$ 等,其中 H_2、$C_m H_n$ 数量很少,在一般工程计算中忽略不计。因此可以认为,不完全燃烧产物只有 CO,则实际的烟气量为

$$V_y = V_{CO_2} + V_{SO_2} + V_{N_2} + V_{O_2} + V_{H_2O} + V_{CO} \quad (Nm^3/kg)$$

$$V_{gy} = V_{CO_2} + V_{SO_2} + V_{N_2} + V_{O_2} + V_{CO} \quad (Nm^3/kg)$$

式中,V_{SO_2}、V_{N_2}、V_{H_2O} 与完全燃烧时完全相同,只有 V_{CO_2}、V_{O_2}、V_{CO} 需要重新计算。

1 kg 燃料中含碳 $\dfrac{C_{ar}}{100}$ kg,假定其中有 $\dfrac{C_{ar,CO_2}}{100}$ kg 的碳燃烧生成 CO_2,有 $\dfrac{C_{ar,CO}}{100}$ kg 的碳燃烧生成 CO,即 $C_{ar} = C_{ar,CO_2} + C_{ar,CO}$,实际上根据碳的燃烧反应方程式,无论燃烧是否完全,烟气中 CO 的体积分数如何变化,总有如下等式成立:

$$V_{CO_2} + V_{CO} = 1.866 \frac{C_{ar}}{100} = 1.866 \frac{C_{ar,CO_2}}{100} + 1.866 \frac{C_{ar,CO}}{100} \quad (Nm^3/kg)$$

即 $V_{CO_2} + V_{CO}$ 的总量一定。

不完全燃烧时,烟气中的氧的体积等于过量空气中的氧的体积与不完全燃烧所消耗的氧的体积之和,即

$$V_{O_2} = 0.21(\alpha - 1)V^0 + 0.5 \times 1.866 \frac{C_{ar,CO}}{100} \quad (Nm^3/kg) \tag{2-35}$$

其中,$1.866 \dfrac{C_{ar,CO}}{100}$ 在数值上等于 V_{CO},故

$$V_{O_2} = 0.21(\alpha - 1)V^0 + 0.5 V_{CO} \quad (Nm^3/kg) \tag{2-36}$$

2.3.2 烟气分析

在锅炉运行中,烟气的成分及其含量是随着炉内的实际燃烧工况的变化而变化的。测定运行烟气中的成分和浓度含量,可以了解烟气中剩余可燃物的含量、炉膛空气供给量、烟道的漏风量等情况,这对于判断炉内燃烧工况、进行燃烧调整及改进燃烧设备都非常有必要。

进行烟气分析的方法很多,有化学吸收法、电气测量法、红外吸收法及色谱分析法等,以下简单介绍几种烟气分析仪的工作原理。

1. 奥氏烟气分析仪

奥氏烟气分析仪是基于选择性化学吸收法原理,采用某种化学药剂和烟气接触,选择性吸收烟气中的某种气体成分,根据其容积的减少,确定其体积含量。图 2-3 所示为奥氏烟气分析仪的结构示意图。吸收瓶 1 放氢氧化钾(KOH)溶液,吸收 RO_2;吸收瓶 2 放焦性没食子酸($C_6H_3(OH)_3$)的碱性溶液,吸收 O_2(同时也吸收 RO_2);吸收瓶 3 放氯化亚铜氨($Cu(NH_3)_2Cl$)溶液,吸收 CO(同时也吸收 O_2)。由于后两个瓶中的吸收剂有双重功能,故操作时必须按照吸收瓶的次序依次吸收,不可颠倒。通过在等温等压条件下,对送入一定烟气(100 mL)体积在各个瓶中减少量的测定,来得

到该气体的体积百分数。

含有水蒸气的烟气试样被吸入烟气分析仪后,一直是与水接触的,所以烟气试样内的水蒸气已达饱和状态。定温定压条件下,已经饱和的烟气试样中,其水蒸气的体积百分数是定值,即水蒸气和干烟气的体积比例是一定的。在某种气体成分被吸收时,水蒸气也成比例地凝出。这样,每次用量筒测的数值就是干烟气成分的体积百分数。测定主要步骤为:首先抽取烟气,经 U 形管过滤器,除去其中的灰和杂质后,将烟气通入量筒,用平衡瓶量得烟气量为 100 mL,关闭进口三通阀;然后将烟气依次通入三个吸收瓶,在每个吸收瓶进行吸收时,要使烟气多次反复进出吸收瓶,以使反应吸收充分。

由于烟气中的 CO 很少,同时氯化亚铜氨溶液也不稳定,吸收作用比较缓慢,不易测准,故一般只用奥氏烟气分析仪测量烟气中的 CO_2、SO_2、O_2。

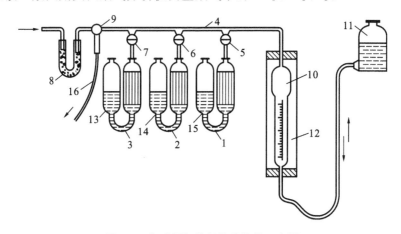

图 2-3　奥氏烟气分析仪的结构示意图

1,2,3—吸收瓶;4—梳形连通管;5,6,7—旋塞;8—过滤器;9—三通旋塞;
10—量筒;11—平衡瓶;12—水套管;13,14,15—缓冲瓶;16—抽气

2. 便携式烟气分析仪

随着现代工业技术的发展,设备的复杂程度日益提高,人们对生产运行的全过程监控也提出了更高的要求,需要实时掌握烟气成分的变化规律。而上述奥氏烟气分析仪的测量周期较长,难以在线使用,已不能满足工业应用要求。

便携式烟气分析仪可以同时测量多种组分并实时显示,具有精度高、安装维修方便、系统高度集成等特点,成为现代分析烟气成分的主要仪器。

便携式烟气分析仪大多应用电化学传感器分析原理。电化学传感器通过与被测气体发生反应并产生与气体浓度成正比的电信号来工作。典型的电化学传感器由传感电极(或工作电极)和反电极组成,并由一个薄电解层隔开。气体首先通过微小的毛细管型开孔与传感器发生反应,然后通过憎水屏障,最终到达电极表面。采用这种方法可以允许适量气体与传感电极发生反应,以形成充分的电信号,同时防止电解质漏出传感器。穿过屏障扩散的气体与传感电极发生反应,传感电极可以采用氧化机理或还原机理。这些反应由针对被测气体而设计的电极材料进行催化。通过电极间连接的电阻器,与被测气浓度成正比的电流会在正极与负极间流动。测量该电流即可确定气体浓度。电化学传感器通常对其目标气体具有较高的选择性。选择性的优良程度取决于传感器类型、目标气体及传感器要检测的气体浓度。最好的电化学传感器是检测氧气的传感器,它具有良好的选择性、可靠性和较长的预期寿命。其他电化学传感器容易受到其他气体的干扰。干扰数据是利用相对较低的气体浓度计算得出的。在实际应用中,干扰浓度可能很高,会导致读数错误或误报警。常用的该类烟气分析仪有英国凯恩综合烟气分析仪(见图 2-4)、德图烟气分析仪(见图 2-5)等。

图 2-4 英国凯恩 KM9106 烟气分析仪 图 2-5 德图 Testo 350XL 烟气分析仪

除了电化学传感测量原理外,基于红外光吸收原理所发展起来的便携式 FTIR 多组分烟气综合分析仪、NDIR 红外气体分析仪在连续污染物监测系统(CEMS)及机动车尾气检测应用也比较广泛。大多数分子都会吸收红外(IR)光,而不同的分子有各自特定的红外吸收光谱,并且分子吸收的红外光与其浓度成正比。FTIR 多组分烟气综合分析仪正是采用了这种原理:红外光源经过气体池传输到检测器,检测器同时检测红外范围内的波长信息,检测器信号被传输到电脑,经傅里叶变换运算转化为单光束光谱。

3. 烟气成分计算

如前所述,在不完全燃烧的情况下,干烟气组成成分为 CO_2、SO_2、O_2、N_2、CO。若以各气体的分子式来表示其体积分数,则有

$$CO_2 + SO_2 + O_2 + N_2 + CO = 100 \tag{2-37}$$

即

$$RO_2 + O_2 + N_2 + CO = 100$$

其中,

$$RO_2 = CO_2 + SO_2$$

$$CO_2 = \frac{V_{CO_2}}{V_{gy}} \times 100 \tag{2-38}$$

$$SO_2 = \frac{V_{SO_2}}{V_{gy}} \times 100 \tag{2-39}$$

$$O_2 = \frac{V_{O_2}}{V_{gy}} \times 100 \qquad (2\text{-}40)$$

$$N_2 = \frac{V_{N_2}}{V_{gy}} \times 100 \qquad (2\text{-}41)$$

$$CO = \frac{V_{CO}}{V_{gy}} \times 100 \qquad (2\text{-}42)$$

上述各式中，CO_2、SO_2、O_2、N_2、CO、RO_2 均表示相应气体的体积百分比。

由前述可知

$$V_{gy} = V_{CO_2} + V_{SO_2} + V_{N_2} + V_{O_2} + V_{CO}$$

$$V_{gy} = V_{RO_2} + V_{N_2}^0 + 0.79(\alpha - 1)V^0 + V_{O_2} + V_{CO}$$

$$V_{gy} = V_{RO_2} + V_{N_2}^0 + \frac{0.79}{0.21}(V_{O_2} - 0.5V_{CO}) + V_{O_2} + V_{CO}$$

根据上述关系可知，

$$21 = 0.21RO_2 + 21\frac{V_{N_2}^0}{V_{gy}} + O_2 - 0.185\frac{V_{CO}}{V_{gy}} \qquad (2\text{-}43)$$

结合上述 RO_2、CO、O_2 的定义式，可知

$$21 = RO_2 + O_2 + 0.605CO - 0.79CO - 0.79RO_2 + 0.21\frac{V_{N_2}^0(RO_2 + CO)}{V_{CO_2} + V_{CO} + V_{SO_2}} \qquad (2\text{-}44)$$

即

$$21 = RO_2 + O_2 + 0.605CO + \left[0.21\frac{V_{N_2}^0}{V_{CO_2} + V_{CO} + V_{SO_2}} - 0.79\right](RO_2 + CO)$$

根据前述 V_{CO_2}、V_{SO_2}、V_{CO}、$V_{N_2}^0$ 的计算公式及上式，得

$$21 = RO_2 + O_2 + 0.605CO + \left[2.35\frac{H_{ar} - 0.125O_{ar} + 0.038N_{ar}}{C_{ar} + 0.375S_{ar}}\right](RO_2 + CO)$$

令 $\beta = 2.35\dfrac{H_{ar} - 0.125O_{ar} + 0.038N_{ar}}{C_{ar} + 0.375S_{ar}}$，则上式改写为

$$21 = RO_2 + O_2 + 0.605CO + \beta(RO_2 + CO)$$

该式称为不完全燃烧方程式，由此可得

$$CO = \frac{21 - \beta RO_2 - (RO_2 + O_2)}{0.605 + \beta} \qquad (2\text{-}45)$$

式中：系数 β 称为燃料的特性系数，它只取决于燃料中 C、H、O、N、S 的含量，而与 M 和 A 无关。由 β 的计算式可知，β 是一个无因次的比例系数，因此它与燃料分析成分的表示基准也无关。对于固体燃料，由于其中 N 的含量相对较少，在计算 β 时，N_{ar} 常忽略不计。

完全燃烧时，CO=0，则上式为

$$0 = \frac{21 - \beta RO_2 - (RO_2 + O_2)}{0.605 + \beta}$$

即 $21 - \beta RO_2 - (RO_2 + O_2) = 0$，可改写为

$$RO_2 = \frac{21 - O_2}{1 + \beta} \tag{2-46}$$

该式称为完全燃烧方程式,如果经烟气分析测定的 RO_2 和 O_2 的体积分数满足完全燃烧方程式,说明燃烧完全,且当 $\alpha = 1$ 时候,则烟气中无剩余的氧气,此时,烟气中的三原子气体的体积成分将达到最大值 $RO_2{}^{max}$,即

$$RO_2{}^{max} = \frac{21}{1 + \beta} \tag{2-47}$$

由于 $RO_2{}^{max}$ 只取决于燃料的特性系数 β,所以也只取决于燃料的元素组成成分。对于烟煤,β 值常为 $0.10\sim0.15$;对于无烟煤,β 值常为 $0.02\sim0.09$;对于褐煤,β 值常为 $0.05\sim0.11$。

4. 空气过剩系数的计算

空气过剩系数对锅炉的燃烧和经济运行有很大影响。在锅炉运行中,它直接影响到炉内燃烧工况的好坏,以及排烟热损失的大小。对于运行中的锅炉,可以根据测量的烟气成分,来确定和调整空气过剩系数的大小。

根据空气过剩系数定义

$$\alpha = \frac{V_k}{V^0} = \frac{V_k}{V_k - \Delta V} = \frac{1}{1 - \dfrac{\Delta V}{V_k}} = \frac{1}{1 - \dfrac{(\alpha - 1)V^0}{\alpha V^0}} \tag{2-48}$$

式中:ΔV 为过量的空气量,Nm^3/kg。

根据前面的公式,将 $V_{O_2} = 0.21(\alpha - 1)V^0 + 0.5V_{CO}$,$V_{N_2}^0 = 0.79V^0 + 0.8\dfrac{N_{ar}}{100}$,$V_{N_2} = V_{N_2}^0 + 0.79(\alpha - 1)V^0$ 整理带入上式,并将 N_{ar} 近似为 0(固体液体燃料的 N 含量比较小),则有

$$\alpha = \frac{1}{1 - \dfrac{\Delta V}{V_k}} = \frac{1}{1 - \dfrac{0.79(V_{O_2} - 0.5V_{CO})}{0.21V_{N_2}}}$$

根据各烟气成分 O_2、CO、N_2 体积的表示,可得

$$\alpha = \frac{1}{1 - \dfrac{\Delta V}{V_k}} = \frac{1}{1 - \dfrac{79(O_2 - 0.5CO)}{21N_2}} \tag{2-49}$$

将 $N_2 = 100 - (RO_2 + CO + O_2)$ 代入式(2-49),可得:

当不完全燃烧时,过量空气系数的表达式为

$$\alpha = \frac{1}{1 - \dfrac{79(O_2 - 0.5CO)}{21N_2}} = \frac{1}{1 - \dfrac{79}{21} \times \dfrac{O_2 - 0.5CO}{100 - (RO_2 + O_2 + CO)}} \tag{2-50}$$

当完全燃烧时,$CO = 0$,则

$$\alpha = \frac{1}{1 - \dfrac{79}{21} \times \dfrac{O_2}{100 - (RO_2 + O_2)}} \tag{2-51}$$

根据完全燃烧时 O_2、RO_2 和 β 的相互关系,可知

$$RO_2 + O_2 = 21 - \beta RO_2; \quad O_2 = 21 - (1+\beta) RO_2$$

将以上两式带入 α 的计算公式,可知

$$\alpha = \frac{21 \times (79 + \beta RO_2)}{[79 \times (1+\beta) + 21\beta] RO_2} = \frac{\dfrac{79}{RO_2} + \beta}{\dfrac{79}{RO_2^{\max}} + \beta} \tag{2-52}$$

由于 β 的数值较小,在上式中忽略不计,则可以改写为

$$\alpha \approx \frac{RO_2^{\max}}{RO_2} = \frac{21}{(1+\beta) RO_2} = \frac{21}{21 - O_2} \tag{2-53}$$

由上式可知,空气过剩系数与烟气中氧的体积浓度基本对应,所以在运行中只要知道了烟气中的含氧量,就可以知道运行中的空气过剩系数。目前,在锅炉尾部烟道常加装氧化锆氧量计来测量烟气中的含氧量。

2.4　锅炉的热平衡

锅炉的热平衡是指在稳定工况下,输入锅炉的热量与锅炉输出热量的平衡关系。输入热量主要是燃料的燃烧放热,输出的热量主要是生产蒸汽或热水的有效利用热量,以及生产过程中的各项热损失。由于进入炉内的燃料不可能完全燃烧,同时,燃烧放出的热量也不会全部被有效利用,因此,研究热平衡可以弄清燃料放出的热量的有效利用份额、热损失是多少,以及热损失表现在哪些方面,进而判断锅炉的设计和运行水平,寻求提高锅炉经济性的有效途径。要定期对已投入运行的锅炉设备进行热平衡实验(通常称热效率试验),以查明影响锅炉效率的主要因素,作为改进锅炉的依据。

2.4.1　热平衡方程

锅炉热平衡是按 1 kg 固体或液体燃料(对气体燃料则是 1 Nm³ 标准状况)为基础进行计算的。在稳定工况下,锅炉热平衡方程式可写为

$$Q_r = Q_1 + Q_2 + Q_3 + Q_4 + Q_5 + Q_6 \tag{2-54}$$

式中:Q_r 为 1 kg 燃料的锅炉输入热量,kJ/kg;Q_1 为锅炉的有效利用热量,kJ/kg;Q_2 为排烟损失的热量,kJ/kg;Q_3 为化学不完全燃烧损失的热量,kJ/kg;Q_4 为机械不完全燃烧损失的热量,kJ/kg;Q_5 为散热损失的热量,kJ/kg;Q_6 为灰渣物理热损失的热量,kJ/kg。

上面的公式也常用比例的形式来表达,用各种能量占输入热量的比值来表示,即

$$100\% = (q_1 + q_2 + q_3 + q_4 + q_5 + q_6)\% \tag{2-55}$$

$$q_1 = Q_1/Q_r \times 100, q_2 = Q_2/Q_r \times 100, q_i = Q_i/Q_r \times 100 (i=1,2,\cdots,6)$$

式中:q_1 为锅炉的有效利用热量占输入热量的百分数;q_2 为排烟损失的热量占输入热量的百分数;q_3 为化学不完全燃烧损失的热量占输入热量的百分数;q_4 为机械不完全

燃烧损失的热量占输入热量的百分数;q_5为散热损失的热量占输入热量的百分数;q_6为灰渣物理热损失的热量占输入热量的百分数。

1. 输入热量 Q_r 的计算

对于 1 kg 固体或液体燃料,输入锅炉的热量 Q_r 包括燃料收到基低位发热量、燃料的物理显热、外来热源加热空气时带入的热量和重油雾化所用蒸汽带入的热量,其表达式为

$$Q_r = Q_{ar,net} + i_r + Q_{wh} + Q_{wr} \qquad (2\text{-}56)$$

式中:$Q_{ar,net}$ 为燃料收到基低位发热量,kJ/kg;i_r 为燃料的物理显热,kJ/kg;Q_{wh} 为雾化重油时所用蒸汽带入的热量,kJ/kg;Q_{wr} 为外来热源加热空气所带入的热量,kJ/kg。

i_r 的计算公式为

设计时 $\qquad\qquad i_r = c_{p,ar} t_r \quad (kJ/kg)$

运行时 $\qquad\qquad i_r = c_{p,ar}(t_r - t_0) \quad (kJ/kg)$

式中:$c_{p,ar}$ 为燃料的收到基定压比热容,kJ/(kg・℃);t_r 为燃料温度,℃;t_0 为基准温度,取送风机入口空气温度或取 30 ℃。

固体燃料的比热容 $c_{p,ar}$ 为

$$c_{p,ar} = c_{dr} \frac{100 - M_{ar}}{100} + 4.187 \frac{M_{ar}}{100} \quad (kJ/(kg \cdot ℃)) \qquad (2\text{-}57)$$

式中:c_{dr} 为燃料干燥基比热容,kJ/(kg・℃),其值见表 2-4。

表 2-4 燃料干燥基比热容 kJ/(kg・℃)

燃 料	温 度/℃				
	0	100	200	300	400
无烟煤和贫煤	0.92	0.96	1.05	1.13	1.17
烟煤	0.96	1.09	1.26	1.42	—
褐煤	1.09	1.26	1.46	—	—

对于煤粉炉,i_r 数值相对较小。若燃料未用外界热量加热,则只有当 $M_{ar} \geqslant \dfrac{Q_{ar,net}}{630}$ %时才必须计算这项热量。

雾化重油时所用蒸汽带入热量 Q_{wh} 的计算为

$$Q_{wh} = G_{wh}(h_{wh} - 2\,510) \qquad (2\text{-}58)$$

式中:G_{wh} 为雾化 1 kg 油所用的蒸汽量,kg/kg;h_{wh} 为雾化蒸汽在入口参数下的焓,kJ/kg;2 510 为雾化蒸汽随排烟离开锅炉的焓,取其值等于汽化潜热,即 2 510 kJ/kg。

当冷空气在进入锅炉之前采用外来热源进行加热时,如在前置预热器中用汽轮机抽汽加热空气,则该外来热源加热空气时所带入的热量 Q_{wr} 的计算公式为

$$Q_{wr} = \beta(h_k^0 - h_{lk}^0) \qquad (2\text{-}59)$$

式中:β 为空气预热器入口处的空气过剩系数;h_k^0 为按加热后空气温度计算的理论空气的焓,kJ/kg;h_{lk}^0 为加热器入口温度下的理论空气的焓,kJ/kg。

对于燃煤锅炉，如燃煤和空气都未利用外部热源进行预热，且燃煤水分 $M_{ar} <$ $\dfrac{Q_{ar,net}}{630}\%$，那么，输入热量 $Q_r = Q_{ar,net}$。

2. 锅炉各项热损失的计算

1）排烟热损失 q_2

排烟热损失是由于排烟温度高于外界空气温度所造成的损失。在锅炉中，排烟损失是所有损失中最大的一项，大中型锅炉正常运行时的 q_2 为 $4\% \sim 8\%$。

排烟热损失主要取决于排烟温度和排烟体积。排烟温度越高，排烟体积越大，则热损失就越大。通常，排烟温度升高 $15 \sim 20\ ℃$，会使 q_2 约增加 1%。降低排烟温度需要增加尾部受热面面积，增大金属消耗量和烟气的流动阻力，此外，由于酸露点的存在，为了避免低温腐蚀，排烟温度也不能降得太低。合理的排烟温度，应通过技术、经济比较来确定。近代大型电站锅炉的排烟温度为 $110 \sim 160℃$。

锅炉运行时，排烟热损失的计算如下：

$$Q_2 = Q_2^{gy} + Q_2^{H_2O} \quad (kJ/kg) \tag{2-60}$$

$$q_2 = \frac{Q_2}{Q_r} \times 100 \quad (\%)$$

（1）干烟气带走的热量为

$$Q_2^{gy} = V_{gy} c_{p,gy}(t_{py} - t_0) \quad (kJ/kg) \tag{2-61}$$

式中：t_{py} 为排烟温度，$℃$；t_0 为基准温度，取送风机入口空气温度，$℃$；$c_{p,gy}$ 为干烟气从 t_0 到 t_{py} 的平均定压比热容。

当已知烟气成分时，$c_{p,gy}$ 的计算式为

$$c_{p,gy} = c_{p,CO_2}\frac{RO_2}{100} + c_{p,O_2}\frac{O_2}{100} + c_{p,N_2}\frac{N_2}{100} + c_{p,CO}\frac{CO}{100} \quad (kJ/(m^3 \cdot ℃)) \tag{2-62}$$

由于 $RO_2 + O_2 + N_2 + CO = 100，\%$，其近似计算式为

$$c_{p,gy} = c_{p,CO_2}\frac{RO_2}{100} + c_{p,N_2}\frac{100 - RO_2}{100} \quad (kJ/(m^3 \cdot ℃))$$

式中：c_{p,CO_2}、c_{p,O_2}、c_{p,N_2}、$c_{p,CO}$ 分别为 CO_2、O_2、N_2、CO 的平均定压比热容，可根据表2-5查得或拟合计算获得，$kJ/(m^3 \cdot ℃)$。

V_{gy} 为每千克收到基燃料不完全燃烧生成的干烟气体积，Nm^3/kg。其值可根据前面相应的公式计算，但是考虑到碳的不完全燃烧，应使用燃料收到基实际烧掉的碳的百分含量 $C_{r,ar}$ 来代替；同时，对于计算中涉及的排烟过量空气系数，也需要考虑该问题，并进行折算。$C_{r,ar}$ 的计算公式为

$$C_{r,ar} = C_{ar} - \frac{A_{ar}}{100}\left(\frac{\alpha_{fh}C_{fh}}{100 - C_{fh}} + \frac{\alpha_{lz}C_{lz}}{100 - C_{lz}}\right) \tag{2-63}$$

（2）烟气中所含水蒸气的显热 $Q_2^{H_2O}$ 为

$$Q_2^{H_2O} = V_{H_2O} c_{p,H_2O}(t_{py} - t_0) \quad (kJ/kg) \tag{2-64}$$

式中：c_{p,H_2O} 为水蒸气从 t_0 到 t_{py} 温度间的平均定压比热容。一般情况下，可用水蒸气

从 0℃到 t_{py} 的平均定压比热容来表示,kJ/(m³·℃),可从表中获得。V_{H_2O} 为烟气中所含水蒸气体积,Nm³/kg,计算公式如前所述,但是在涉及收到基含碳量,以及排烟空气过剩系数计算时,需要将 C_{ar} 折算成 $C_{r,ar}$。

表 2-5　气体定压比热容

温度/℃	c_{p,CO_2}	c_{p,O_2}	c_{p,N_2}	$c_{p,CO}$	c_{p,H_2O}
0	1.599 8	1.305 9	1.294 6	1.299 2	1.494 3
100	1.700 2	1.317 6	1.295 8	1.301 7	1.505 2
200	1.787 3	1.335 2	1.299 6	1.307 1	1.522 3
300	1.867 2	1.356 1	1.306 7	1.316 7	1.542 4

2)化学不完全燃烧热损失 q_3

烟气中未燃烧的气体可燃物随烟气排走而损失的热量,称为化学不完全燃烧热损失,用 q_3 表示。在大型锅炉中,此项损失非常小。这些不完全燃烧气体主要是未完全燃烧的一氧化碳、微量的氢气和甲烷。

锅炉运行时,可以采用烟气分析仪测出烟气中 RO_2(CO_2+SO_2)、H_2、CO、CH_4 的体积含量,根据下式进行 q_3 的计算。

$$q_3 = \frac{Q_3}{Q_r} \times 100 = \frac{12\ 640 V_{CO} + 10\ 800 V_{H_2} + 35\ 820 V_{CH_4}}{Q_r} \left(\frac{100 - q_4}{100} \right) \times 100$$

$$= \frac{V_{gy}}{Q_r} (126.4CO + 108H_2 + 358.2CH_4)(100 - q_4)\% \tag{2-65}$$

式中:12 640、10 800、35 820 分别为 CO、H_2、CH_4 的体积发热量,kJ/Nm³;V_{CO}、V_{H_2}、V_{CH_4} 分别为 1 kg 燃料燃烧生成烟气中一氧化碳、氢气、甲烷的体积,Nm³/kg;V_{gy} 为干烟气的体积,Nm³/kg;CO、H_2、CH_4 分别为一氧化碳、氢气、甲烷占干烟气的体积百分数,%;$\frac{100 - q_4}{100}$ 是为考虑到 q_4 的存在,1 kg 燃料中有一部分燃料并没有参与燃烧及生成烟气,应对烟气中的一氧化碳的体积进行修正而给出的。

当燃用固体燃料时,考虑到烟气中 H_2、CH_4 等可燃气体的含量极微,为了简化计算,可认为烟气中的可燃气体只是 CO,则 q_3 可以写成

$$q_3 = \frac{V_{gy}}{Q_r} (126.4CO)(100 - q_4)\%$$

根据前述烟气成分体积百分数计算可知

$$CO_2 + SO_2 + CO = RO_2 + CO = \left(\frac{V_{CO_2}}{V_{gy}} + \frac{V_{SO_2}}{V_{gy}} + \frac{V_{CO}}{V_{gy}} \right) \times 100$$

$$V_{RO_2} + V_{CO} = 1.866 \frac{C_{ar} + 0.375 S_{ar}}{100}$$

故可得

$$q_3 = 126.4 \frac{CO}{Q_r} \left(1.866 \frac{C_{ar} + 0.375 S_{ar}}{RO_2 + CO} \right)(100 - q_4)$$

$$= 236 \frac{C_{ar} + 0.375 S_{ar}}{Q_r} \times \frac{CO}{RO_2 + CO}(100 - q_4) \quad (\%) \tag{2-66}$$

烟气中可燃气体越多,则 q_3 越大。影响烟气中可燃气体含量的主要因素是炉内空气过剩系数、燃料挥发分含量、炉膛温度及炉内空气动力场状况等。在进行锅炉设计计算时,q_3 可在下列经验数据中选用:固态排渣和液态排渣煤粉炉 $q_3 = 0$;燃油炉、燃气炉 $q_3 = 0.5\%$;烧高炉煤气的锅炉 $q_3 = 1.5\%$。

3)机械不完全燃烧热损失 q_4

机械不完全燃烧热损失是指部分固体燃料颗粒在炉内未能燃尽就被排出炉外而造成的热损失,这些未燃尽的颗粒包括炉渣中的未燃尽碳、炭灰中的未燃尽碳。

不同的燃烧方式下,机械不完全燃烧热损失包含的内容不尽相同。对于层燃炉,除了炉渣和飞灰含碳热损外,还需要考虑漏煤造成的热损失;对于流化床锅炉,需要考虑的是溢流灰、冷灰斗灰、烟道灰及飞灰中未燃尽碳的热损失。

对于煤粉炉,有

$$q_4 = q_4^{fh} + q_4^{lz} \tag{2-67}$$

$$q_4^{fh} = \frac{Q_4^{fh}}{Q_r} \times 100 = \frac{32\ 700 G_{fh} C_{fh}}{B Q_r} \quad (\%) \tag{2-68}$$

$$q_4^{lz} = \frac{Q_4^{lz}}{Q_r} \times 100 = \frac{32\ 7000 G_{lz} C_{lz}}{B Q_r} \quad (\%) \tag{2-69}$$

式中:q_4^{fh} 为飞灰的热损失占输入热量的百分数;q_4^{lz} 为炉渣的热损失占输入热量的百分数;Q_4^{lz} 为炉渣的不完全燃烧热损失,kJ/kg;Q_4^{fh} 为飞灰的不完全燃烧热损失,kJ/kg;G_{fh} 为锅炉单位时间飞灰的质量,kg/s;C_{fh} 为飞灰中可燃物含量的百分数,%;G_{lz} 为锅炉单位时间炉渣的质量,kg/s;C_{lz} 为炉渣中可燃物含量的百分数,%;B 为锅炉的燃料消耗量,kg/s;32 700 为纯碳的发热量,kJ/kg。

对于大容量锅炉,常采用水力除灰,飞灰和炉渣量都难以计量,一般可借助锅炉的实验统计资料,用灰平衡方程求得。灰平衡是指进入炉内燃料的总灰量应该等于飞灰和炉渣中的灰量之和。飞灰中的纯灰量百分数为 $100 - C_{fh}$;炉渣中的纯灰量百分数为 $100 - C_{lz}$,则灰平衡方程为

$$B \frac{A_{ar}}{100} = G_{fh} \frac{100 - C_{fh}}{100} + G_{lz} \frac{100 - C_{lz}}{100} \tag{2-70}$$

方程两边同时消去 $B \dfrac{A_{ar}}{100}$,得

$$1 = \frac{G_{fh}(100 - C_{fh})}{B A_{ar}} + \frac{G_{lz}(100 - C_{lz})}{B A_{ar}} = \alpha_{fh} + \alpha_{lz}$$

其中:

$$\alpha_{fh} = \frac{G_{fh}(100 - C_{fh})}{B A_{ar}}$$

$$\alpha_{lz} = \frac{G_{lz}(100 - C_{lz})}{B A_{ar}} \tag{2-71}$$

式中：α_{fh} 和 α_{lz} 为飞灰和炉渣中灰量占燃料总灰量的份额，分别称为飞灰份额和炉渣份额，对于不同类型的锅炉，飞灰份额和炉渣份额已有比较丰富的统计数据可供参考。对于固态排渣煤粉炉，飞灰份额和炉渣份额的推荐值分别为 0.9～0.95，0.05～0.10。

在 α_{fh} 和 α_{lz} 已知的情况下，可以反推得到 G_{fh}、G_{lz}，进而得到 q_4 的计算公式为

$$q_4 = \frac{32\ 700 A_{ar}}{Q_r} \left(\frac{\alpha_{fh} C_{fh}}{100 - C_{fh}} + \frac{\alpha_{lz} C_{lz}}{100 - C_{lz}} \right) \tag{2-72}$$

机械不完全热损失是锅炉主要损失之一，其大小仅次于排烟热损失。影响机械不完全燃烧热损失 q_4 的主要因素有：燃烧方式、燃料性质、煤粉细度、过量空气系数、炉膛结构及运行工况等。采用不同燃烧方式时 q_4 数值差别很大，层燃炉、沸腾炉的这项损失较大，旋风炉的较小，煤粉炉的则介于两者之间。

4）散热损失 q_5

锅炉运行时，由于保温材料并非完全绝热，炉墙、汽包、联箱、烟道等外表面温度会高于周围环境温度，这样，就会有热量通过自然对流和辐射的形式散失，该热量损失即散热损失，其符号为 q_5。

由于锅炉的散热损失通过试验来测定是比较困难的，所以通常是根据大量的经验数据来绘制出锅炉额定蒸发量 D_{ed} 与散热损失 $q_{5,ed}$ 的关系曲线，如图 2-6 所示；也可以按照下式来计算额定蒸发量时的散热损失 $q_{5,ed}$，即

$$q_{5,ed} = 5.82(D_{ed})^{-0.38} \tag{2-73}$$

q_5 的大小与锅炉容量有关，容量越大，q_5 越小。这是因为容量的增加与燃料消耗量成正比，虽然锅炉表面积也会随着增加，但其增加的幅度相对会小很多。这样，相对于每单位质量燃料的散热面积也会减少，即 q_5 随容量增加而减小。目前，蒸发量大于 900 t/h 的煤粉锅炉，q_5 取 0.2% 即可。

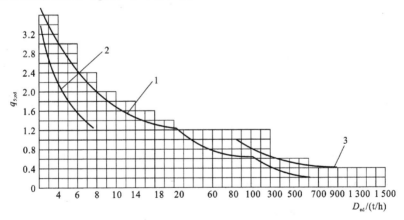

图 2-6　锅炉额定蒸发量与散热损失的关系曲线

1—有尾部受热面的锅炉机组；2—无尾部受热面的锅炉机组；
3—我国电站锅炉性能验收规程中有尾部受热面的锅炉机组的散热曲线

如果锅炉在低负荷下运行时,由于散热面积随温度的变化不大,但是相对应每千克的燃料的散热表面积却相应增加,因此 q_5 也增加了。可以近似地认为,散热损失和锅炉运行负荷是成反比的,即锅炉的低负荷运行时的 q_5 可以表示为

$$q_5 = q_{5,ed}\frac{D_{ed}}{D} \tag{2-74}$$

式中: D_{ed}, D 分别为额定蒸发量和实际蒸发量,t/h。

5)灰渣物理显热损失 q_6

灰渣物理热损失是炉膛排渣带走的热损失和烟气中飞灰的物理热损失,符号为 q_6。其计算公式为

$$q_6 = \frac{Q_6}{Q_r} \times 100 \quad (\%)$$

$$Q_6 = \frac{A_{ar}}{100}\left[\frac{\alpha_{lz}(t_{lz}-t_0)c_{lz}}{100-c_{lz}} + \frac{\alpha_{fh}(t_{py}-t_0)c_{fh}}{100-c_{fh}}\right] \tag{2-75}$$

式中: t_{lz} 为由炉膛排出的炉渣温度,℃,当不能直接测量时,固态排渣煤粉炉可取 800 ℃,液态排渣煤粉炉可取 $t_{lz}=t_3+100$ ℃ (t_3 为煤灰的熔化温度,℃); t_{py} 为飞灰排出时的烟气温度,℃; c_{lz}、c_{fh} 分别为炉渣与飞灰的比热容,kJ/(kg·℃),其数据可查表 2-6 获得; t_0——计算基准(参考)温度,℃。

表 2-6　固体燃料灰分的比热容

t/℃	c_h/(kJ/(kg·℃))	t/℃	c_h/(kJ/(kg·℃))	t/℃	c_h/(kJ/(kg·℃))
100	0.808	600	0.934	1 100	1.001
200	0.846	700	0.946	1 200	1.03
300	0.879	800	0.959	1 300	1.08
400	0.9	900	0.971	1 400	1.124
500	0.917	1 000	0.984	1 500	1.158

灰渣的物理热损失主要与燃料中的灰含量的多少、各部分灰排出的份额及其温度有关。因飞灰的排出温度较低,通常,q_6 的计算也可适当简化为只考虑炉渣的物理热损失,其大小主要取决于排渣量和排渣温度。煤粉锅炉排渣量、排渣温度主要与排渣方式有关,固态排渣煤粉炉的渣量较小,液态排渣煤粉炉的渣量较大;液态排渣煤粉炉的排渣温度要比固态排渣煤粉炉的排渣温度高得多,所以对液态排渣煤粉炉的 q_6 必须考虑。对于固态排渣煤粉炉,当燃煤的折算灰分小于 10%(即 $A_{ar,zs} = \left(\frac{A_{ar}}{Q_{ar,net}}\right) \times 4\,190 < 10\%$)时,可忽略灰渣的物理热损失;对于液态排渣炉,可忽略飞灰的物理热损失;对于燃油及燃气锅炉,$q_6=0$。

2.4.2　锅炉的热效率

锅炉的热效率是指有效利用的热量占输入锅炉热量的百分数,锅炉有效利用的热量是指水和蒸汽流经各受热面时吸收的热量。进入锅炉的助燃空气在空气预热器

中的吸热属于锅炉内部的热量循环,不计入锅炉有效利用热中。

锅炉热效率 η_{gl} 及锅炉有效利用热 Q_1 的计算公式为

$$\eta_{gl}=q_1=\frac{Q_1}{Q_r}\times100\quad（\%）\tag{2-76}$$

$$Q_1=\frac{1}{B}\big[D_{gr}(h''_{gr}-h_{gs})+D_{zr}(h''_{zr}-h'_{zr})+D_{zy}(h_{zy}-h_{gs})+D_{pw}(h'-h_{gs})\big]\quad（kJ/kg）$$

$$\tag{2-77}$$

式中:B 为燃料消耗量,kg/s;D_{gr}、D_{zr}、D_{zy}、D_{pw} 分别为过热蒸汽流量、再热蒸汽流量、自用蒸汽流量及排污水流量,kg/s;h''_{gr}、h_{gs} 分别为过热蒸汽焓和给水焓;kJ/kg;h''_{zr}、h'_{zr} 分别为再热器出口和进口蒸汽焓,kJ/kg;h_{zy}、h_{gs} 分别为自用蒸汽焓和给水焓,kJ/kg;h' 为饱和水焓,kJ/kg。

由上式可知锅炉燃料的化学热转化的蒸汽能和排污水的吸热量。排污水的吸热量大小与锅炉排污率有关,小型工业锅炉的排污水带走的热量较大,在电站锅炉中,排污量一般小于蒸发量的 2%,排污水的热耗可以忽略不计。

根据 Q_1 来计算锅炉效率的方法称为正平衡法,其实,锅炉所利用的热量还可以由热平衡方程得到,即

$$Q_1=Q_r-(Q_2+Q_3+Q_4+Q_5+Q_6)\tag{2-78}$$

$$\eta_{gl}=100-(q_2+q_3+q_4+q_5+q_6)\quad（\%）\tag{2-79}$$

利用上式求锅炉效率的方法称为反平衡法。在锅炉设计及热效率试验时常用反平衡法。

2.4.3　锅炉燃料消耗量

实际燃料消耗量为单位时间内实际使用的燃料量,用符号 B 表示,单位为 kg/s 或 t/h。根据上述正平衡计算锅炉效率的公式可知,

$$B=\frac{100}{\eta_{gl}Q_r}\big[D_{gr}(h''_{gr}-h_{gs})+D_{zr}(h''_{zr}-h'_{zr})+D_{zy}(h_{zy}-h_{gs})+D_{pw}(h'-h_{gs})\big]\quad（kg/s）$$

$$\tag{2-80}$$

对于大容量燃煤锅炉,考虑到燃料消耗量难以测准,故通常是在计算锅炉输入热量 Q_r、锅炉有效利用热量 Q_1 并按反平衡法求出锅炉效率的基础上,再计算燃料消耗量 B。

值得注意的是,在进行燃料运输系统和制粉系统计算时用 B 来计算,但是在锅炉运行时,由于 Q_4 的存在,部分燃料未能参与燃烧,实际上 1 kg 燃料中只有 $\left(1-\dfrac{q_4}{100}\right)$ kg 燃料参加了燃烧反应。因此,在计算燃烧所需空气量和生成的烟气量时,必须对 B 进行修正,即按照计算燃料消耗量 B_j 来计算,B_j 与 B 的换算关系为

$$B_j=B\left(1-\frac{q_4}{100}\right)\quad（kg/s）\tag{2-81}$$

2.4.4　锅炉热平衡试验方法

热平衡试验的目的是为了确定锅炉效率、锅炉的各项热损失的大小和不同工况下锅炉运行的各项经济指标。通常,对于燃煤电站锅炉,在下列情况下进行热平衡实验,也称为热效率试验:①在锅炉安装调试期间,检验锅炉的运行状态和达标情况;②设备改进或检修前后,判断设备运行的状态和经济性及改造的效果;③运行调整,通过调整锅炉的各项运行参数和规程,确定锅炉设备最有利的运行方式。

确定锅炉机组热效率的方法有正平衡法和反平衡法两种。

1. 正平衡法

采用正平衡法时需要确定输入锅炉的热量及锅炉的有效利用热,因此,需要测定工质的流量及状态参数,燃料消耗量、煤收到基低位发热量等数据。正平衡法要求在较长时间内保持锅炉压力、负荷、燃烧状况、汽包水位等工况稳定,这在实际运行中不易办到;对于大型锅炉,燃料消耗量的精确测定也是比较困难的;此外,用此法不能确定锅炉的各项热损失。因此,大型电站锅炉通常采用反平衡法来确定锅炉机组的效率。

2. 反平衡法

采用反平衡法时,需要确定各项热损失,在此过程中,需要测定许多数据,如煤的元素分析、发热量分析、烟气的成分和浓度分析、炉渣与飞灰的可燃物分析、排烟温度、过量空气系数等。这些数据虽多,但是比较容易取样和现场测试。

反平衡法不要求试验期间严格保持锅炉负荷不变,同时,可以确定锅炉的各项热损失,因而可以了解锅炉的工作情况并能找出提高锅炉效率的途径,因此该法得到较广泛应用。

3. 热效率实验的准备工作

在进行热效率试验之前,需要进行如下准备工作:

(1)熟悉锅炉机组的技术资料和运行特性;

(2)全面检查设备,使之处于正常工作状态;

(3)全面检查各类仪器参数仪表并校正;

(4)制订试验计划,内容包括试验任务和要求、试验准备工作、测试内容和力法、人员组织和进度等;

(5)编写试验准备工作的任务书;

(6)备好各种测试仪器,组织测试小组人员并进行相关培训。

2.5　燃烧化学反应动力学基础

燃料在燃烧过程中会以高速发生发光发热的剧烈化学反应,同时伴随着物质间的相互运动及传热、传质、能量的相互转化等一系列物理化学过程。燃料在燃烧装置中的停留时间是有限的,停留时间的长短主要取决于燃烧方式。对于电厂燃煤锅炉,燃料在炉内高温区的停留时间很短,一般不超过 4 s。为了使得在有限时间内燃料完全燃烧,就必须要求燃料进行化学反应的时间少于停留时间,这就需要了解化学反应速率受哪些因素的影响以及燃料的化学反应机理,即燃料燃烧的化学反应动力学。

化学反应动力学本身是一门完整的独立的学科,内容相当广泛,本节仅介绍与燃烧有关的一些化学反应动力学基础知识。

2.5.1　化学反应速度

通常,对于化学反应,可以用下面的化学方程式表示

$$a\text{A}+b\text{B} \Longrightarrow g\text{G}+h\text{H} \tag{2-82}$$

式中:a、b、g、h 为对应于反应物 A、B 和产物 G、H 的化学反应计量系数,都是正整数。对于燃料燃烧,反应物 A、B 分别表示燃料与氧化剂(氧气)。

所谓化学反应速度,是指单位时间内反应物(或生成物)浓度的变化量。在化学反应过程中,单位体积中的反应物(如燃料与氧化剂)与生成物(如燃烧产物)的数量都在不断地变化,化学反应进行得越快,则在单位时间内,单位体积中的反应物消耗得越多,生成物形成也越多。即使外界条件都不变化,反应速度也会随着时间发生变化,通常用微分形式表示反应速度,即

$$W = \pm \frac{\mathrm{d}C}{\mathrm{d}\tau} \tag{2-83}$$

式中:W 为化学反应速度,$\mathrm{mol}/(\mathrm{m}^3 \cdot \mathrm{s})$ 或 $\mathrm{kg/m}^3$,C 为反应物或生成物的浓度,$\mathrm{mol/m}^3$ 或 $\mathrm{kg/m}^3$;τ 为反应时间,s。对于反应物来说,其浓度随时间而减少,为了保证速度常数为正值,因而在用反应物浓度表示化学反应速度时要加"-"号。

根据化学反应方程式,用不同物质浓度表示的反应速度之间应有如下关系:

$$-\frac{1}{a}\frac{\mathrm{d}C_\text{A}}{\mathrm{d}\tau} = -\frac{1}{b}\frac{\mathrm{d}C_\text{B}}{\mathrm{d}\tau} = \frac{1}{g}\frac{\mathrm{d}C_\text{G}}{\mathrm{d}\tau} = \frac{1}{h}\frac{\mathrm{d}C_\text{H}}{\mathrm{d}\tau} \tag{2-84}$$

原则上可以用任一物质的浓度变化来表示反应速度。实际上,通常用较易测定的物质浓度的变化来表示反应速度。

2.5.2　影响化学反应速度的主要因素

化学反应速度不仅取决于参加反应的原始反应物的性质,而且与反应系统的条件有关,如反应物的浓度、温度、压力等;此外,还有催化剂及连锁反应等因素的影响。了解影响化学反应速度的因素,对组织和控制燃烧过程有重要的意义。如果化学反应速度过低,在有限时间内,燃料在燃烧装置内部不能完成整个燃烧过程,将导致燃料燃烧不完全。

1. 浓度对化学反应速度的影响

化学反应是在一定条件下,由不同反应物的分子彼此碰撞而产生的,分子碰撞次

数取决于单位容积中反应物的分子数,即物质浓度。化学反应速度与浓度的关系可以用质量作用定律来描述。

根据质量作用定律,对于均相反应,在一定温度下化学反应速度与参加化学反应的各反应物的浓度成正比,而各反应物浓度项的方次等于化学反应式中相应的反应系数。对于反应式:

$$aA + bB \rightleftharpoons gG + hH$$

其反应速度可以写成

$$w_A = -\frac{dC_A}{d\tau} = k_A C_A^a C_B^b \tag{2-85}$$

$$w_B = -\frac{dC_B}{d\tau} = k_B C_A^a C_B^b \tag{2-86}$$

$$n = a + b \tag{2-87}$$

式中:k_A、k_B 为反应物 A、B 的化学反应速度常数;a,b 为化学反应式中,反应物 A、B 的反应系数;n 为反应级数,若 $n=2$,则称为 2 级反应。

必须强调指出的是:质量作用定律只适用于简单反应和复杂反应中每一步基元反应。

2. 温度对化学反应速率的影响

在影响化学反应速度的诸因素中,温度对反应速度的影响最为显著。例如氢气和氧气的反应在常温下进行得非常缓慢,以至于无法测量反应速率。但是当温度上升到一定数值时,它们之间的反应可以成为爆炸反应,瞬间就可以完成。

1)范特荷夫规则

这是一条简单而近似的规则,它指出,在不大的温度范围和不高的温度时(在室温附近),温度每升高 10 ℃,反应速率增大 2～4 倍。这个规则只能决定各种化学反应中大部分的速率随温度变化的数量级。在粗略估计温度对化学反应速率的影响时有着较大的作用。

2)阿累尼乌斯定律

在 1889 年,阿累尼乌斯从实验结果中总结出一个温度对反应速率影响的经验公式,后来,他又用理论证明了该公式,该公式为

$$\ln k = -\frac{E}{RT} + \ln k_0 \tag{2-88}$$

也可改写为

$$k = k_0 e^{-\frac{E}{RT}} \tag{2-89}$$

式中:E 为反应活化能,kJ/mol;R 为气体的通用气体常数,(kJ/mol·K);T 为反应温度,K;k_0 为频率因子 kg/(m²·s·Pa);k 为化学反应速率常数,kg/(m²·s·Pa)。

阿累尼乌斯定律不仅适用于简单反应和复杂反应的每一步基元反应,而且也适用于具有明确反应级数和速率常数的复杂反应。阿累尼乌斯公式说明,当反应物的

浓度不变时,化学反应速度与温度呈指数关系,随着温度的升高,化学反应速度迅速加快。因此,在实际的炉内燃烧过程中,提高炉膛温度是加速燃烧反应、缩短燃烧时间的重要方法。

燃料的活化能表示燃料的反应能力。燃料分子之间发生反应必须相互碰撞和接触,然而并不是每一个分子的每一次碰撞都能起到有效作用,而是只有活化分子的碰撞才有作用。活化能是参与化学反应的物质达到开始进行化学反应状态(活化分子)所需的最低能量。在一定温度条件下,活化能越大,则活化分子数目越少,化学反应速度越慢;反之,活化能越小,反应速度就越快。在相同条件下,不同成分的煤,其活化能是不同的,高挥发分的煤活化能较小,低挥发分的煤的活化能较大。各类煤按照 $C+O_2=CO_2$ 反应的活化能的值分别为:褐煤 92~105 MJ/kmol、烟煤 117~134 kJ/kmol、无烟煤 140~147 MJ/kmol。

3. 压力对化学反应速率的影响

工程上的燃烧过程有时在较高压力下进行,例如增压锅炉的燃烧、增压流化床燃烧等。增压燃烧技术近年来正不断得到发展和推广。为此,必须了解压力对燃烧过程,即压力对化学反应速率的影响。为简便分析起见,现在考虑一个温度保持恒定的气相简单反应 $A+B+\cdots\longrightarrow$ 产物,并且气相反应遵循理想气体定律。

根据热力学给出的关系式:
$$PV=nRT \tag{2-90}$$
假定 p_A 表示 A 物质的分压力,n_A 表示 A 物质的量(单位为 mol),那么,就有
$$p_A V=n_A RT \tag{2-91}$$
其中,分压力 p_A 和总压力 p 之间的关系为 $p_A=x_A p$,x_A 为 A 物质的摩尔比。

对于 1 级反应,有
$$W=-\frac{dC_A}{d\tau}=k_1 C_A=k_1 x_A \frac{p}{RT} \tag{2-92}$$

对于 2 级反应,有
$$W=-\frac{dC_A}{d\tau}=k_2 C_A^2=k_2 x_A^2 \left(\frac{p}{RT}\right)^2 \tag{2-93}$$
或者
$$W=-\frac{dC_A}{d\tau}=k_2 C_A C_B=k_2 x_A x_B \left(\frac{p}{RT}\right)^2 \tag{2-94}$$

对于 n 级反应,有
$$W=-\frac{dC_A}{d\tau}=k_2 C_A^n=k_2 x_A^n \left(\frac{p}{RT}\right)^n \tag{2-95}$$

综上所述,对于 1 级反应,W 正比于 p;对于 2 级反应,W 正比于 p^2;对于 n 级反应,W 正比于 p^n。

温度不变而压力增高,意味着反应物浓度增加,化学反应速率增大,其增大的程度与化学反应级数密切相关。但对于实际的燃烧过程,化学反应级数不仅与化学反

应速率有关,还与散热、扩散等一系列因素有关。

4. 化学平衡

某一化学反应若存在逆反应,即正反应的产物是逆反应的反应物,则称该反应为可逆反应。严格来讲,任何反应都是可逆反应,都不可能完全进行到底。在高强度的燃烧室中可逆反应有可能引起不完全燃烧,一般锅炉的燃烧室中可逆反应的影响并不明显。

现以正、逆反应都是简单反应的可逆反应为例:

$$a\text{A}+b\text{B}\xrightleftharpoons[k_-]{k_+}g\text{G}+h\text{H} \tag{2-96}$$

按照质量作用定律,其正、逆反应的速率为

$$W_+=k_+C_\text{A}^aC_\text{B}^b \tag{2-97}$$

$$W_-=k_-C_\text{G}^gC_\text{H}^h \tag{2-98}$$

随着反应的进行,反应物浓度 C_A、C_B 下降,因而正反应速率 W_+ 下降,同时产物浓度 C_G、C_H 增加,逆向反应速率 W_- 上升。在某一时刻,正、逆反应速率相等,即 $W_+=W_-$,则体系达到化学平衡状态,即

$$k_+C_\text{A}^aC_\text{B}^b=k_-C_\text{G}^gC_\text{H}^h \tag{2-99}$$

那么,

$$K_C=\frac{k_+}{k_-}=\frac{C_\text{G}^gC_\text{H}^h}{C_\text{A}^aC_\text{B}^b} \tag{2-100}$$

式中:K_C 为化学平衡常数,因为它是以物质浓度表示的,所以又称浓度平衡常数。

如果正、逆反应为复杂反应,则不能运用质量作用定律,从而不能导出以上结果。若可逆反应为气相反应,则平衡常数也可以用各组分的分压力来表示。根据热力学中的结论,有

$$p_i=C_iRT \tag{2-101}$$

式中:p_i 为组分 i 的分压力;C_i 为组分 i 的浓度;R、T 分别为通用气体常数和热力学温度。那么,可以得到压力平衡常数

$$K_p=\frac{P_\text{G}^gP_\text{H}^h}{P_\text{A}^aP_\text{B}^b} \tag{2-102}$$

式中:K_p 为压力平衡常数,它与浓度平衡常数的关系为

$$K_p=K_C(RT)^{g+h-a-b} \tag{2-103}$$

必须指出,K_C 虽然称为浓度平衡常数,但它并不是物质浓度的函数,而是温度的函数。同时 K_p 也不是压力的函数,而是温度的函数。当可逆反应为异相反应,比如某一组分为固体时,可以认为异相反应发生于固相表面,其反应速率与气体反应物的浓度成正比而与物质的数量无关。上面关于平衡常数的概念仍能应用,只需忽略固相的浓度就可以了。

2.6　煤的燃烧特性

2.6.1　煤燃烧过程的四个阶段

煤在燃烧过程中要经历一系列不同的阶段,首先是煤中水分的蒸发使其变成干燥的煤,接着煤中的碳氢化合物以挥发分的形式逐渐析出并着火,然后就是焦炭的着火和燃烧,直至燃尽。

1. 干燥阶段

煤粉进入炉膛之后,首先被加热干燥,煤表面温度逐渐升高,当温度达到 100 ℃左右时,煤中的水分逐渐蒸发出来,直至完全烘干为止。煤炭的干燥是个吸热过程,需要从炉膛吸收热量,煤的水分越多,干燥所消耗热量就越多,这个热量供给情况是影响煤炭着火的首要因素。

2. 挥发分析出与着火阶段

烘干后的煤在炉内继续受热升温到一定值后,煤中的挥发分析出,同时生成焦炭(剩余的固态部分)。不同的煤,开始析出挥发分的温度是不同的(见表 2-7)。加热温度和加热时间对煤的挥发分产量有明显影响。同一种煤,加热温度愈高,加热时间愈长,其挥发分的产量就愈大。

表 2-7　挥发分开始析出温度

煤　种	褐　煤	烟　煤	贫　煤	无烟煤
析出温度/℃	130~170	170~260	>350	380~400

挥发分的主要成分是 H_2、CO 及各种碳氢化合物,均是很容易着火的气体。当它们与空气混合达到一定浓度并被加热到一定温度时,就会着火燃烧;此时的温度称煤的着火温度。不同煤的着火温度不同。

3. 挥发分与焦炭燃烧阶段

从煤中析出的挥发分,包围着焦炭,而且它还很容易燃烧。因此,达到着火温度后,挥发分首先燃烧,放出大量的热,同时加热焦炭,为焦炭燃烧提供温度条件。挥发分燃烧速度很快。一般煤从干燥、析出挥发分到挥发分基本烧完所用的时间,约占煤全部燃烧时间的十分之一。

当挥发分燃尽时,氧气扩散到炽热的焦炭表面,焦炭开始燃烧,放出大量的热。焦炭的燃烧是气固异相反应,是一个极为复杂的物理化学反应。焦炭是煤中的主要可燃物质,因此,焦炭的燃烧是煤炭燃烧的主要阶段,组织好这一阶段是优化整个燃烧过程的关键。

4. 燃尽阶段

随着焦炭由表及里地燃烧,在焦炭表面逐渐形成一层灰壳,且越来越厚,灰壳阻碍空气向里扩散,使得焦炭难以燃尽,产生机械不完全燃烧热损失(q_4)。特别是灰分多、熔点低的煤,形成的灰壳厚而密实,空气难以穿透。因此,加强拨火,除去灰壳,有利于燃尽。

燃尽阶段焦炭燃烧很缓慢,需要足够高的炉温和足够长的时间,才能使灰渣中的焦炭充分燃烧。

在程序升温的条件下,以上四个阶段基本上是依次先后进行的。实际上,上述各阶段并不是机械地串联进行的,将燃烧过程分为上述四个阶段主要是为了分析问题的方便。很多阶段是互有交叉的,而且不同燃料在不同条件下,各阶段进行情况也有差异。例如在燃烧阶段,仍不断有挥发分析出,只是析出数量逐渐减少。同时,灰渣也开始形成了。

2.6.2　煤的热解与挥发分燃烧

1.煤热解的基本概念

当煤粉颗粒加热超过一定温度以后,就进入了热分解阶段,这时煤粒释放出焦油和气体,并形成剩余焦炭。这些焦油和气体就是挥发分。挥发分是由可燃气体混合物、CO_2 和 H_2O 组成的,其中可燃气体包括 CO、H_2、气态烃类和少量酚醛等。

一般而言,煤的热解有两层含义:其一,是指煤的干馏,即在惰性气氛中加热时煤的挥发分析出的过程,称为“热解”;其二,是指在氧化性气氛中加热,在初期阶段煤的挥发分析出的过程,称为“脱挥发分”。由于实验方面的困难以及从火焰中获取数据的限制,大量关于挥发分析出的信息都来自于煤在惰性气氛中的热解。

由于加热速度不同,为了方便起见,一般可以把煤的热解分为快速热解和慢速热解两大类。

(1)快速热解　煤粒的升温速率大于 10^4 ℃/s 时,称为快速热解。颗粒直径小于 $100\,\mu m$ 的煤粉在炉膛中的热分解就属于快速热解,此时热解过程在 0.1 s 内完成,析出的挥发分能够在很短时间内从固体表面扩散出去。

(2)慢速热解　煤粒的升温速度小于 2 ℃/s 时称为慢速热解,此时整个过程可能持续几分钟甚至几小时。

由于热解过程较长,其析出的挥发分有可能在很高的浓度下和固体燃料表面或容器壁相接触。一般煤块的层燃和炼焦过程属于慢速热解。根据加热速率,可以将煤的热解细分为以下四类(见表 2-8)。

表 2-8　煤热解过程按加热速率的分类

分　类	加热速率/(℃·s)	对颗粒为 100 μm 的煤粒加热到 1 000 ℃所用的时间
慢速加热	≤2	20 min
中速加热	5~100	10 s~4 min
快速加热	500~100 000	10 ms~2 s
闪速加热	10^6	<1 ms

煤热解对燃烧的影响有直接作用和间接作用两种。

(1)直接作用　挥发分的释放一方面造成煤粒质量的直接消耗,同时,这些释放出来的挥发物质会在气相环境中或煤粒表面燃烧,产生的热量使环境气体温度升高,或者使煤粒本身被迅速加热,提高煤粒温度。

(2)间接作用　由于挥发分的释放,使煤粒的化学结构、表面形态及孔隙结构发生很大变化,从而改变了煤焦的反应性能。此外,由于挥发分的析出与燃烧抑制了氧化剂向煤粒表面和孔隙内部的扩散作用,从而改变了煤焦的燃烧速度。

2. 煤的热解机理

煤是高分子化合物的复杂聚合体,其大分子由在结构上类似但又不完全相同的单体——基本结构单元聚合而成。这些基本结构单元是一些聚合的环状结构。环状结构是以芳香环为主,再加上脂环结构,而且可能有含氧、含氮和含硫的环状结构,在环状结构周围存在着各种脂肪侧链和官能团。由于煤的结构非常复杂和不稳定,其热解产品的数量和性质都极易受到外界因素的影响,包括加热时的升温速率、加热温度、加热时间、周围气体的压力、成分,以及反应器的类型、煤粉的颗粒尺寸和流体动力条件等。煤的热解过程可归于两大类,即分解反应和缩合缔合反应,包括煤中有机质的裂解,裂解产品中轻质部分的挥发,残留部分的缔合。热解的趋势是使煤中的热不稳定部分不断地挥发,残留部分不断缔合增碳,形成具有热稳定性的产物。

一般来说,在煤的热解过程中,随着温度的升高,在 $105\ ℃$ 之前,主要析出吸附的气体和水分;在 $200\sim300\ ℃$ 时析出的水分称为热解水,同时,析出气态产物如 CO 和 CO_2 等,并有微量的焦油析出;在 $300\sim550\ ℃$ 时,开始大量析出焦油和气体,主要为 CH_4 及其同系物,以及不饱和烃及 CO、CO_2 等,这些称为初次挥发物,在初次挥发物扩散出来通过煤粒孔隙或染料层时,它们有可能再次分解或热解形成二次挥发物;在 $500\sim750\ ℃$ 时,半焦开始分解,此时开始大量析出含氢较多的气体;在 $750\sim1\ 000\ ℃$ 时,半焦继续热解,析出少量以含氢为主的气体,半焦变为高温焦炭。

3. 挥发分的燃烧

煤热解的产物很复杂,因此,挥发分的燃烧涉及各种气态或液态小分子组分的燃烧过程。对于碳氢化合物的氧化,可以简单地表示为两步过程:第一步,燃料分解为CO;第二步,CO 最后氧化为 CO_2。本节主要介绍 CO 的燃烧反应过程。

1)CO 的燃烧反应

CO 的燃烧反应是与 H_2 类似的分枝连锁反应,不过较 H_2 的连锁反应更为复杂,属于复杂连锁反应。CO 的燃烧反应之所以能成为连锁反应,主要是由于其中含有一定数量的原始水分和氢原子,它们对 CO 的燃烧反应起了触媒作用。把去掉水分和氢原子的纯净的 CO 和 O_2(或空气)接触,在 $700\ ℃$ 以下是不会起反应的,超过 $700\ ℃$ 则会发生缓慢的多相反应。

一般认为 CO 的氧化连锁反应机理是起活化中心作用的是 Ḣ、Ȯ 和 OḢ等原子或原子团,其中 H_2O 分子也被分解成 OḢ参与反应;在 OḢ等活化中心参与下,CO 的连

锁反应按下述方式展开,即

$$CO+\dot{O}H \longrightarrow CO_2+\dot{H} \tag{2-104}$$

$$\dot{H}+O_2 \longrightarrow \dot{O}H+\dot{O} \tag{2-105}$$

$$\dot{O}+H_2 \longrightarrow \dot{O}H+\dot{H} \tag{2-106}$$

$$CO+\dot{O}H \longrightarrow CO_2+\dot{H} \tag{2-107}$$

那么,CO 燃烧反应的一个连锁环节总的效果为

$$2CO+2\dot{O}H+H_2+O_2 \rightarrow 2CO_2+2\dot{O}H+2\dot{H} \tag{2-108}$$

从上式可以看出,每产生两个 CO_2 分子,同时也产生两个新的氢原子 $\dot{H}$,而这两个新的氢原子就是继续促使连锁分枝的根源。

上面只是简单介绍 CO 燃烧反应的一种理论,实际上 CO 的氧化反应机理是极其复杂的。理论和实践表明:CO 的氧化燃烧反应具有以下规律。

(1)燃烧反应速度与 CO 浓度成正比例,即

$$w_m = \frac{d}{dt}[CO] \propto [CO]$$

(2)燃烧反应速度在氧浓度低于 5%时与氧浓度成正比,而氧浓度大于 5%时,则与氧浓度没有关系,如图 2-7 所示。

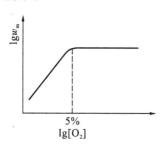

图 2-7　燃烧反应速度与氧浓度的关系

(3)燃烧反应速度和水蒸气的浓度成正比,即

$$w_m = \frac{d}{dt}[CO] \propto [H_2O]$$

(4)燃烧反应速度还遵循质量作用定律和阿雷尼乌斯定律,但这个关系主要由实验决定,这时的反应常数和活化能都只能是折算值。由不同实验测得的活化能出入很大,通常为 $80\sim120$ kJ/mol。

锅炉的炉膛出口至过热器区域的烟气温度都超过 700 ℃,过热器管束在气流中又产生湍动,加强混合的作用,所以 CO 只要能与氧气混合就能迅速地烧掉。

在锅炉烟气中如果发现 CO,完全应归咎于混合不良。如果在炉膛中产生数量很大的 CO 而没有烧掉,那么,这些 CO 流到过热器区域还会燃烧。这种现象称为后期燃烧。后期燃烧可能使过热器管壁超温而损坏。

2) 挥发分燃烧

煤的挥发分释放过程物理描述如下：当煤加热到足够高的温度时，煤先变成塑性状态，失去棱角，因而形状变得更加圆滑，同时开始释放挥发分；挥发分释放次序大体是 H_2O、CO_2、C_2H_6、C_2H_4、CH_4、焦油、CO、H_2；挥发分释放后留下的是一多孔的炭，挥发分释放过程中不同的煤有着不同程度的膨胀。

挥发分从煤颗粒析出后，会与煤粒周围的空气相混合。当混合物的浓度和温度达到一定值后，它会着火燃烧，而着火的发生是从煤粒表面附近的混合区开始的。由于挥发分的成分复杂，其释放过程受到加热温度和时间的影响，所以，通常只能对挥发分的燃烧时间进行估算。

对于煤粉颗粒释放的挥发分，若化学反应的时间可以忽略，则挥发分和氧气的燃烧时间取决于挥发分与氧气的混合扩散过程。这一混合扩散需要的时间估算是在毫秒数量级。若假定挥发分与氧气混合的速度比挥发分氧化燃烧速度快得多时，则挥发分燃烧主要取决于化学反应时间。实践研究表明，煤粉的挥发分燃烧时间非常短，对于煤粉锅炉的燃烧过程，通常认为，挥发分被煤粉释放后就立即燃烧掉了。

2.6.3　焦炭的燃烧

1. 焦炭燃烧的异相反应理论

焦炭的燃烧氧化反应是在炭粒表面上进行的，属于固体与气体之间的异相反应。

根据异相反应理论，现在较为一致的看法是，碳和氧的异相反应是氧分子溶入碳的晶格结构的表面部分，由于化学吸附络合在碳晶格的界面上。在炭粒表面上的吸附层只有单分子的厚度，该吸附层首先形成碳氧络合物，然后由于热分解或其他分子的碰撞而分开，这就成为解吸。解吸形成的产物扩散到空间，剩下的炭粒表面再度吸附氧气。整个炭粒表面上的气固异相反应包括以下的步骤：

(1) 参加反应的氧气扩散到炭粒表面；

(2) 扩散到炭粒表面的氧被表面吸附，它常作为化学反应的第一阶段；

(3) 吸附在炭粒表面上的氧在炭粒表面进行燃烧化学反应，形成产物；

(4) 反应产物从炭粒表面解吸；

(5) 解吸的产物从碳表面扩散出去。

以上五个阶段是依次发生的，整个炭粒表面上的反应速度取决于以上步骤中最慢的一个。

在焦炭的燃烧过程中，存在两类反应，分别称为一次反应和二次反应。一次反应主要是碳与扩散到其表面的氧之间的反应，生成的产物有 CO 和 CO_2，其反应式为

$$2C + O_2 \rightarrow 2CO \tag{2-109}$$

$$C + O_2 \rightarrow CO_2 \tag{2-110}$$

上述一次反应产物 CO、CO_2 可以通过炭粒周围的气体介质向外扩散出去，又可向炭粒表面扩散；CO 向外扩散时遇到氧气生成 CO_2；CO_2 向炭粒表面扩散时与碳发

生气化反应生成 CO,称为二次反应,其反应式为

$$2CO+O_2 \longrightarrow 2CO_2 \tag{2-111}$$

$$CO_2+C \longrightarrow 2CO \tag{2-112}$$

煤粉炉内的煤粉颗粒处于悬浮状态,空气流与煤粉粒子间的相对速度很小,可以认为,焦炭粒子是处于静止气流中进行燃烧的;对于旋风和流化床锅炉,还需要考虑气流对焦炭燃烧过程的冲刷作用。在静止空气中燃烧时,炭粒表面发生的燃烧反应与温度的关系较为密切。当温度低于 1 200 ℃时,炭粒表面的氧浓度和燃烧产物浓度的浓度变化如图 2-8(a)所示,由于温度较低,在炭粒表面生成的 CO_2 不能与碳进行气化反应,在炭粒表面所生成的 CO 向外扩散与 O_2 发生反应生成 CO_2,消耗了向炭粒表面扩散的 O_2,此时的反应可以这样描述:炭粒表面碳与氧气反应生成 CO、CO 与环境中的 O_2 反应生成 CO_2,反应式为

$$4C+3O_2 \longrightarrow 2CO+2CO_2 \tag{2-113}$$

当温度高于 1 200 ℃时,由于温度升高,加速了炭粒表面的氧化反应,生成较多的 CO;同时气化反应也因温度的升高速度显著提高,炭粒的燃烧开始转向如下反应:

$$3C+2O_2 \longrightarrow 2CO+CO_2 \tag{2-114}$$

应该说明的是,上述分析仅仅是描述炭粒表面的一次反应和二次反应的基本过程,实际上焦炭的燃烧过程是非常复杂的,不仅仅与温度、环境气氛有关,还与焦炭的孔隙结构等特性有关。

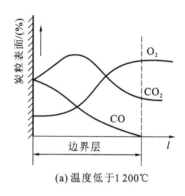 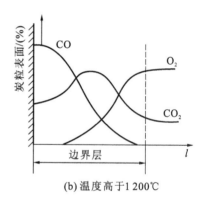

(a) 温度低于1 200℃　　　　　　　　　　(b) 温度高于1 200℃

图 2-8　炭粒表面燃烧过程

2. 焦炭燃烧的速度

炭粒的燃烧速度或表面反应速度,可以用单位时间内单位碳外表面的消耗量或氧气的消耗量来表示,即

$$k_B^C = \beta k_B^{O_2} \tag{2-115}$$

式中:k_B^C 为用碳的消耗量表示的表面反应速度常数,kg/($m^2 \cdot s \cdot Pa$);$k_B^{O_2}$ 为用氧的消耗量表示的表面反应速度常数,kg/($m^2 \cdot s \cdot Pa$);β 为化学当量比。

在焦炭的五个燃烧阶段中,吸附和解吸阶段进行得最快。焦炭的燃烧速度主要取决于氧向炭粒表面的扩散速度和在反应表面进行的燃烧化学反应,最终取决于其

中速度最慢的一个。当燃烧过程稳定时,氧的扩散速度与化学反应速度应该相等,并都等于燃烧速度。

通常采用氧气的消耗量来表示碳的表面反应速度,即

$$w_B = -\frac{dC_B}{dt} = kC_B = w_d = \alpha_d(C_0 - C_B) = w_r \tag{2-116}$$

式中:k 为化学反应速度常数,$kg/(m^2 \cdot s \cdot Pa)$;$C_B$ 为碳表面的氧气浓度,mol/m^3 或 kg/m^3;C_0 为气流中的氧气浓度,mol/m^3 或 kg/m^3;α_d 为氧气的扩散速度系数,$kg/(m^2 \cdot s \cdot Pa)$;$w_d$ 为氧的扩散速度,$kg/(m^3 \cdot s)$;w_r 为燃烧速度,$kg/(m^3 \cdot s)$。

此时,碳粒表面的氧浓度 C_B 固定不变,用 w_r 代替 w_d、w_B,并消去该两式中的 C_B,则碳粒的表面燃烧速度可以表述为

$$w_r = \frac{1}{1/\alpha_d + 1/k}C_0 \tag{2-117}$$

从上式可见,焦炭的燃烧主要取决于两个因素。

(1)焦炭与氧的化学反应能力,即 k 值的大小,k 符合阿累尼乌斯定律。

$$k = k_0 e^{\frac{E}{RT}} \tag{2-118}$$

不同煤的焦炭,k_0 和 E 是不同的,说明不同的焦炭有不同的反应特性。一般来说,含挥发分高的煤,挥发分析出后所形成的焦炭比较疏松,化学反应能力也比较强。温度对焦炭的化学反应能力影响很大,温度升高,焦炭的化学反应能力显著增强。

(2)氧气向焦炭表面的扩散能力 α_d,焦炭粒子直径越小,氧气越容易扩散到焦炭表面。对于同样大小的焦炭颗粒,气流与颗粒间的相对速度越大,氧气扩散能力也越强,即 α_d 也越大。

根据以上两个因素强弱不同,焦炭燃烧可以分为三种,即扩散燃烧、动力燃烧及二者之间的过渡区燃烧。

1)扩散燃烧

当温度很高时($>1\,400\,℃$),化学反应速度常数 k 随温度的升高而急剧增大,炭粒表面的化学反应速度很快,以致于消耗氧的速度远远超过氧的供应速度,该种情况下燃烧主要受到扩散的控制,该种燃烧反应区称为扩散燃烧区。对于扩散燃烧,化学反应能力远远大于扩散能力,即 $k \gg \alpha_d$,氧气只要一扩散到焦炭表面,立即与焦炭反应,燃烧速度取决于扩散能力,提高温度,即提高化学反应能力对燃烧速度影响不大。

一般情况下,当 $\frac{\alpha_d}{k} < 0.1$ 时即可视为扩散燃烧区。在此区域提高燃烧速度,主要提高气体速度。例如在层状燃烧中,温度较高,约 $1\,400\,℃$,k 较大,但同时煤块尺寸较大,扩散速度常数较小,此时就有可能出现 $\frac{\alpha_d}{k} < 0.1$ 的情况。

当温度很高时,提高燃烧速度的关键在于提高 α_d。由燃烧基础知识可知,提高空气与固体燃料表面之间的相对速度能够达到提高 α_d 的目的。例如,层燃炉与家用炉在正常运行中火床温度很高,燃烧处于扩散区。因此,如果要提高出力,就应该加强

鼓风。

2) 动力燃烧

当温度较低时(<1 000 ℃),化学反应速度常数 k 较小,炭粒表面的化学反应速度较慢,以致供氧的速度远远超过氧的消耗速度,这种情况下燃烧主要受到化学反应的控制。这种燃烧反应区称为动力燃烧区。

对于动力燃烧,扩散能力大大超过化学反应能力,即 $k \ll \alpha_d$,焦炭表面的氧气很充分,燃烧速度取决于化学反应能力。一般情况下,当 $\dfrac{\alpha_d}{k} > 10$ 时即可视为动力燃烧区。在此区域提高燃烧速度,应提高化学反应能力。例如,煤粉炉的炉膛出口,温度较低,约 1 000 ℃,k 较小,但由于煤粉颗粒小,α_d 较大,就有可能出现 $\dfrac{\alpha_d}{k} > 10$ 的情况。

当温度比较低时,提高燃烧速度的关键是提高温度。例如,对于家用煤炉,在升火点炉时应该抓住升高温度这个关键,不必连续大力扇风,以免降温。又如,对于火床炉,在升火点炉时,用引火物点燃火床时也不能大量鼓风。

3) 过渡燃烧

一般情况下,当 $0.1 < \dfrac{\alpha_d}{k} < 10$ 时,焦炭的燃烧可视为过渡燃烧区,在此区,为提高燃烧速度,应同时提高化学反应能力和扩散能力。

对于过渡燃烧,化学反应能力和扩散能力相差不大,燃烧速度既和化学反应能力有关,也和扩散能力有关。例如,煤粉炉的炉膛中,温度较高,k 较大,同时煤粉很细,α_d 也较大时就可能出现 $0.1 < \dfrac{\alpha_d}{k} < 10$ 的情况。

3. 煤粉燃烧完全的条件

根据煤的燃烧阶段及焦炭的燃烧特性,要想实现煤在炉内的完全燃烧,需要具备以下四个条件。

1) 适当的温度

根据阿累尼乌斯定律,燃烧反应速率与温度成指数关系,因此,提高炉温可以促进燃烧。但是炉温也不能过度提高,因为过高的炉温不但会引起炉内结渣,也会引起膜态沸腾,同时可能促进燃烧的逆反应进行,导致燃烧产物的二次还原,引起化学不完全燃烧热损失。通过试验证明,锅炉的炉温在中温区域(1 000～2 000 ℃)内比较适宜。

2) 充足而又合适的空气量

这是燃料完全燃烧的必要条件。空气量常用过量空气系数表示,直接影响燃烧过程的过量空气系数是炉膛出口过量空气系数 α''_1。α''_1 的大小要恰当。α''_1 过小,即空气量供应不足,会增大不完全燃烧热损失,使燃烧效率降低;α''_1 过大,会降低炉温,也会增加不完全燃烧热损失,会造成排烟损失增大。因此,要选择一个最佳的 α''_1,一般在 1.15～1.25 之间。

3) 空气和煤粉的良好扰动和混合

煤粉燃烧反应速度主要取决于煤粉的化学反应速率和氧气扩散到煤粉表面的扩散速度。因此,要做到完全燃烧,除保证足够高的炉温和充足而又合适的空气外,还必须使煤粉和空气混合充分。要达到这一点,就需要采用性能良好的燃烧器,优化配风,获得良好的炉内空气动力场特性。在燃烧的整个过程,助燃空气与煤粉不但要在着火、燃烧阶段充分混合,而且在燃尽阶段也要加强扰动混合。因为在燃尽阶段中,可燃质和氧的数量已经很少,而且煤粉表面被一层灰分包裹着,妨碍空气与煤粉可燃质的接触,所以此时要加强扰动混合,破坏煤粉表面的灰层,增加煤粉和空气的接触机会,以利于完全燃烧。

4) 煤粉在炉内足够的停留时间

在一定的炉温下,一定细度的煤粉要通过一定的时间才能燃尽。煤粉在炉内的停留时间是指从煤粉自燃烧器出口到炉膛出口这段行程所经历的时间。在这段时间内,煤粉要从着火一直到燃尽,实现完全燃烧,否则,将增大燃烧热损失,如果在炉膛的出口处煤粉还在燃烧,会导致炉膛出口烟气温度过高,使过热器结渣,运行不安全。煤粉在炉内的停留时间主要取决于炉膛容积、炉膛截面积、炉膛高度及烟气在炉内的流动速度,这都和炉膛容积热负荷和炉膛截面热负荷有关,即要在锅炉设计中选择合适的数据,而锅炉在运行时切不可超负荷。

第3章 煤粉制备及其系统

现代电站锅炉一般都采用煤粉燃烧。煤磨成煤粉后,表面积大大增大,与空气的接触面积增加,燃烧反应速率加快,因此,煤粉炉具有较高的燃烧效率。煤粉制备系统的基本任务是将原煤块磨制成合格的煤粉(包括颗粒尺寸和煤粉水分),并与煤粉燃烧器相配合,实现干燥风量、磨煤风量与一次风量之间的匹配和协调。因此,煤粉的特性和制粉系统与设备的选择直接关系到锅炉运行的经济性和安全性。

3.1 煤粉的特性及品质

电厂煤粉炉燃用的煤粉通常由形状很不规则、尺寸小于 $500~\mu m$ 的煤粒和灰粒组成,大部分为 $20\sim60~\mu m$ 的颗粒。刚磨制的疏松煤粉的堆积密度为 $0.4\sim0.5~t/m^3$,经堆存自然压紧后,其堆积密度约为 $0.7~t/m^3$。

由于煤粉颗粒小,比表面积大,能吸附大量空气,所以煤粉的堆积角很小,有很好的流动性,可采用气力方便地在管内输送。但是,也容易通过缝隙向外泄漏,造成对环境的污染。

因煤粉中吸附了大量空气,极易缓慢氧化,使煤粉温度升高,当达到着火温度时,便引起自燃。煤粉和空气的混合物在适当的浓度和温度下会发生爆炸。影响煤粉爆炸的因素有:煤的挥发分含量、煤粉细度、煤粉浓度和温度等。一般干燥无灰基挥发分小于 10% 的无烟煤煤粉,以及颗粒尺寸大于 $200~\mu m$ 的煤粉,几乎不会爆炸。当烟煤浓度为 $0.25\sim3~kg/kg$,空气温度为 $70\sim130~℃$ 时,一旦有火源,就会发生煤粉爆炸。

3.1.1 煤粉细度

煤粉的粗细程度用煤粉细度 R_x 表示。煤粉细度用一组由细金属丝编织的、具有正方形小孔的筛子进行筛分测定。方孔的边长称为筛子的孔径 x,煤粉的形状是不规则的,所谓煤粉颗粒直径是指在一定的振动强度和筛分时间下,煤粉能通过的最小筛孔的孔径。R_x 为在孔径 x 的筛子上的筛后剩余量占筛分煤粉试样总量的百分数,其计算式为

$$R_x = 100a/(a+b) \quad (\%) \tag{3-1}$$

式中:a、b 分别为留在筛子上和通过筛孔的煤粉质量,g。筛余量 a 越大,R_x 越大,煤粉就越粗。

国内电厂采用的筛子规格及煤粉细度的表示方法见表 3-1。通常,进行煤粉的全

筛分分析时,需用 5 只筛子叠在一起筛分,如选用孔径为 75、90、100、150 μm 和 200 μm 的筛子,则 R_{90} 表示在孔径大于或等于 90 μm 的所有筛子上的筛余量百分数的总和。电厂中常用 R_{90} 和 R_{200} 同时表示煤粉细度和均匀度,也有的电厂只用 R_{90} 表示煤粉细度。褐煤和油页岩磨碎后呈纤维状,颗粒直径可达 1 mm 以上,常用 R_{200} 和 R_{500}（或 R_1）来表示。

表 3-1 常用筛子规格及煤粉细度表示方法

筛 号	6	8	12	30	40	60	70	80	100
孔径/μm	1 000	750	500	200	150	100	90	75	60
煤粉细度符号	R_1	R_{750}	R_{500}	R_{200}	R_{150}	R_{100}	R_{90}	R_{75}	R_{60}

煤粉愈细,着火燃烧愈迅速,锅炉不完全燃烧损失愈小,锅炉效率就愈高,但对于制粉设备,磨煤消耗的电能增加,金属的磨损量增大。反之,煤粉愈粗,磨煤电耗及金属磨损愈少,但锅炉不完全燃烧损失愈大。选择合理的煤粉细度,可使锅炉不完全燃烧损失、磨煤电耗及金属磨损的总和最小,该细度即称煤粉经济细度。

影响煤粉经济细度的因素有:煤和煤粉的质量、燃烧方式等。如煤的挥发分较高,煤粉可粗些;制粉系统磨制的煤粉均匀性指数大,引起机械不完全燃烧损失的大颗粒煤粉少,煤粉的平均粒度可以大些;若炉膛的燃烧热强度大,进入炉内的煤粉易于着火、燃烧及燃尽,允许煤粉粗些。经济煤粉细度可用以下的推荐公式计算确定,即

$$R_{90}^{zj}=4+0.8nV_{daf} \tag{3-2}$$

式中:n 为煤粉颗粒分布均匀性的系数,它与磨煤机和分离器的形式及运行工况有关。

燃烧设备的形式和运行工况对燃烧过程影响很大,因此,在实际工作中对于不同的燃烧设备和不同的煤种,应通过燃烧调整试验来确定煤粉的经济细度。

3.1.2 煤粉的颗粒组成特性

煤粉是一种宽筛分组成、理论上可以包含最大粒径以下任意大小的煤粉。用全筛分得到的曲线 $R_x=f(x)$ 称为煤粉颗粒组成特性曲线,也称粒度分布特性。它既可用来直观地比较煤粉粗细,也可表示煤粉的均匀程度。煤的颗粒分布特性可用破碎公式(又称 Rosin-Rammler 公式)表示,即

$$R_x=100e^{-bx^n} \tag{3-3}$$

式中:R_x 为孔径为 x 的筛子上的全筛余量百分数,%;b 为细度系数;n 为均匀性指数。

若已知 R_{90} 和 R_{200},由式(3-3)可导出 n 和 b 的计算式,有

$$n=\frac{\lg\ln\frac{100}{R_{200}}-\lg\ln\frac{100}{R_{90}}}{\lg\frac{200}{90}} \tag{3-4}$$

$$b = \frac{1}{90^n} \ln \frac{100}{R_{90}} \tag{3-5}$$

由此可知,只要测得两种孔径筛子上的筛余量,即可求得 n 和 b,然后利用式(3-3)求得任一孔径筛子上的筛余量 R_x。

n 表征煤粉颗粒的均匀程度,由式(3-4)知,n 为正值。当 R_{90} 一定时,n 越大,则 R_{200} 越小,即大于 200 μm 的颗粒较少。当 R_{200} 一定时,n 越大,则 R_{90} 越大,即小于 90 μm 的颗粒较少。也就是说该煤粉大于 200 μm 和小于 90 μm 的颗粒都较少。由此可知,n 值大,煤粉粒度分布较均匀;反之,n 值小,则过粗和过细的煤粉较多,粒度分布不均匀。均匀性指数取决于磨煤机和粗粉分离器的类型,一般 $n = 0.8 \sim 1.2$。

b 值表示煤粉的粗细。由式(3-5)知,在 n 值一定时:煤粉越粗,R_{90} 越大,则 b 值越小;反之,煤粉越粗,R_{90} 越小,则 b 值越大。

3.1.3　煤粉水分 M_{mf}

煤粉的水分对煤粉流动性与爆炸性有较大的影响。水分过高,流动性差,输送困难,且易引起粉仓搭桥,同时也影响着火和燃烧。水分过低,则易引起自燃或爆炸,同时干燥耗能增加。磨煤机出口的煤粉水分与磨煤机出口的煤粉细度及煤粉温度有关,较可靠的数值应该通过试验或参照同类机组运行数据确定。一般要求烟煤磨制后的煤粉最终水分 M_{mf} 约等于空气干燥基水分 M_{ad},无烟煤 M_{mf} 约等于 $0.5M_{ad}$,褐煤 M_{mf} 约等于从 $M_{ad} + 8$。

3.1.4　煤的可磨性与磨损性

1. 煤的可磨性系数

可磨性系数表示煤被磨成一定细度的煤粉的难易程度。国家标准规定:煤的可磨性试验采用哈德格罗夫法(Hardgrove 法)测定哈氏可磨指数 HGI。其方法为:将经过空气干燥、粒度为 0.63~1.25 mm 的煤样 50 g,放入哈氏可磨性试验仪(见图 3-1);在钢球上施加大小为 284 N 的作用力,由电动机驱动进行研磨,旋转 60 转,将磨得的煤粉用孔径为 0.71 mm 的筛子在震筛机上筛分,并称量筛上与筛下的煤粉量。哈氏可磨指数的计算式为

$$HGI = 13 + 6.93G \tag{3-6}$$

式中:G 为孔径 0.71 mm 筛子筛下煤样质量,g,可由所用总煤样质量减去筛上筛余量求得。

我国动力用煤的可磨性系数 HGI 的取值范围一般为 25~129。通常认为,HGI 大于 86 的煤为易磨煤,HGI 小于 62 的煤为难磨煤。

Hordgrove 法在欧美普遍采用。原苏联全苏热工研究所(ВТИ)将煤的可磨性系数定义为:将质量相等的标准煤和试验煤由相同的初始粒度磨制成细度相同的煤粉时,所消耗能量的比值。由于要将两批煤磨成相同细度很难做到,实际应用时改用:

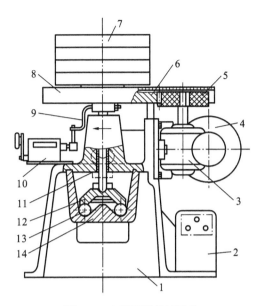

图 3-1　哈氏可磨性试验仪

1—机座；2—电气控制盒；3—蜗轮盒；4—电动机；5—小齿轮；6—大齿轮；7—重块；
8—护罩；9—拨杆；10—计数器；11—主轴；12—研磨环；13—钢球；14—研磨碗

在消耗相同能量的条件下，将标准煤和试验煤所得到的细度进行比较，求得煤的 BTИ 可磨性系数 K_{km}。其计算公式为

$$K_{km} = \left(\frac{\ln \dfrac{100}{R_{90}^b}}{\ln \dfrac{100}{R_{90}^s}} \right)^{1/p} \tag{3-7}$$

式中：p 为试验用磨煤机特性系数，对于上述球磨机，$p=1.2$；R_{90}^s 为试验煤样细度，%；R_{90}^b 为标准煤样细度，%。

原苏联标准规定顿巴斯无烟煤屑为标准煤。经空气干燥的 50 g 粒度为 1.25～3.2 mm 煤样，在容积为 1.3 L 的钢筒球磨机中研磨 6 min 后，其细度 $R_{90}=69.6\%$。

哈氏可磨指数和 BTИ 可磨性系数可用下列公式换算：

$$K_{km} = 0.0034(HGI)^{1.25} + 0.61 \tag{3-8}$$

我国原煤的可磨性系数 K_{km} 一般在 0.8～2.0 范围内。通常认为，$K_{km}<1.2$ 的煤为难磨煤，$K_{km}>1.5$ 的煤为易磨煤。褐煤和油页岩较易破碎，但由于它们破碎后成纤维状，不易通过筛孔，导致实测的 $K_{km}=1.0$，应归为极难磨的煤种，这显然不合理，因此必须通过工业试验确定。

关于混煤的可磨性指数，一般应以实测为准。

2. 煤的磨损指数

煤的磨损指数表示该煤种对磨煤机的研磨部件磨损轻重的程度。研究表明，煤在破碎时对金属的磨损是由煤中所含硬质颗粒对金属表面的微切削造成的。磨损指

数的大小,不但与硬质颗粒含量有关,还与硬质颗粒的种类有关。如煤中的石英、黄铁矿、菱铁矿等矿物杂质硬度较高,若其含量较高,磨损指数就大。磨损指数还与硬质矿物的形状、大小及存在形式有关。磨损指数的大小直接关系到工作部件的使用寿命,已成为磨煤机选型的一个依据。

　　国际上有的采用旋转磨损试验仪(见图 3-2)测定磨损指数。方法是将 2 kg 经空气干燥、粒径小于 6.7 mm 的煤样放入试验仪,埋住试片,使试验仪以 1 500 r/min 转速运转 12 000 r,测量试片被磨损的质量。磨损指数 K_{ms} 的计算式为

$$K_{ms} = \frac{(m_1 - m_2) \times 10^6}{m} \quad (\text{mg/kg}) \tag{3-9}$$

式中:m_1,m_2 为四片试片试验前后的总质量,g;m 为试验煤样质量,g。

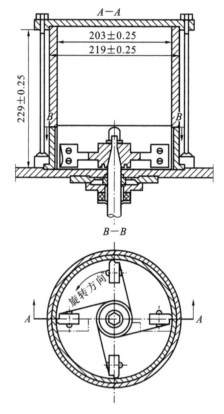

图 3-2　旋转式磨损试验仪

　　电力行业标准 DL 465—2007《煤的冲刷磨损指数试验方法》规定,采用冲刷式磨损试验仪测试煤对金属磨件的磨损性能。冲刷式磨损试验系统如图 3-3 所示。试验时将纯铁试片放在高速喷射的煤粒流中接受冲击磨损,测定煤粒从初始状态被研磨至 $R_{90} = 25\%$ 时的时间 τ(min)及试片的磨损量 E(mg),计算煤的冲刷磨损指数 K_e 的计算公式为

$$K_e = \frac{E}{A\tau} \tag{3-10}$$

式中：A 为标准煤在单位时间内对纯铁试片的磨损量。一般规定 $A = 10 \text{ mg/min}$。

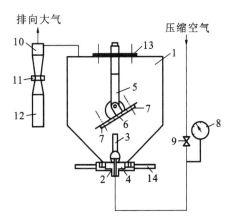

图 3-3　冲刷式磨损试验系统

1—密封容器；2—喷嘴；3—喷管；4—旁路孔；5—支架；

6—磨损试片；7—活动夹片；8—压力表；9—进气阀；

10—煤粉分离器；11—活接头；12—煤粉罐；13—螺母；14—底部托架

对我国煤种进行了大量测试后得到 K_e 与煤对金属磨件磨损性的定性关系。按煤的冲刷磨损指数大小，将其划分为 $K_e < 1.0$、$K_e = 1 \sim 1.9$、$K_e = 2 \sim 3.5$、$K_e = 3.5 \sim 5$ 和 $K_e > 5$ 五级，对应的磨损程度为轻微、不强、较强、很强和极强五级。试验结果与现场磨煤机磨损试验结果比较接近，可供磨煤机选型时参考。

3.2　磨煤机和制粉系统的选择

3.2.1　磨煤机的选择

磨煤机是把煤块磨制成煤粉的机械装置，它是制粉系统的主要设备。各种磨煤机采用击碎、压碎或碾碎等方法来将煤磨制成煤粉，一种磨煤机往往同时具有上述两种或三种作用，但通常以一种作用为主。

根据磨煤机工作转速，磨煤机可分为低速磨煤机、中速磨煤机和高速磨煤机三种。

（1）低速磨煤机　其转速为 $15 \sim 25 \text{ r/min}$，常用的如筒式钢球磨煤机。筒式钢球磨煤机又可分为单进单出钢球磨煤机和双进双出钢球磨煤机。

（2）中速磨煤机　其转速为 $50 \sim 300 \text{ r/min}$，常用的如中速平盘磨煤机、中速环球式磨煤机（又称 E 型磨），碗式磨煤机和 MPS 磨煤机。

（3）高速磨煤机　其转速为 $750 \sim 1\,500 \text{ r/min}$，如风扇式磨煤机。

磨煤机形式的选择关键在于煤的性质,特别是煤的挥发分、可磨特性、磨损特性及水分、灰分等,同时,还要考虑运行的可靠性、初投资、运行费用及锅炉容量、负荷性质等,必要时还要进行技术经济比较。原则上,当煤种适宜时,应优先选用中速磨煤机;当燃用褐煤时,应优先选用风扇式磨煤机;当煤种变化较大、煤种难磨而中、高速磨煤机都不适用时,一般选用筒式钢球磨煤机。

3.2.2　制粉系统的选择

制粉系统是锅炉设备的一个重要系统,其基本任务是将原煤干燥、碾磨,使之成为具有一定细度和水分要求的煤粉,并通过输送装置送入炉膛以满足锅炉燃烧的需要。制粉系统可分为直吹式系统和中间储仓式系统两种。在直吹式系统中,燃煤经过磨煤机磨成粉后被直接吹入炉膛内燃烧;而储仓式系统,是将磨煤机磨好的煤粉先储存在煤粉仓中,然后再根据锅炉运行负荷的需要,利用给粉机将煤粉由煤粉仓送入炉膛内燃烧。

1. 直吹式制粉系统

在直吹式制粉系统中,磨煤机磨制的煤粉全部被直接送入炉膛内燃烧,在运行中任何时刻锅炉的燃料消耗量均等于磨煤机的制粉总量。也就是说,制粉量是随锅炉负荷的变化而变化的。因此,制粉系统的工作情况将直接影响锅炉的运行工况。

直吹式制粉系统根据一次风机(或称排粉风机)相对于磨煤机先后位置不同,又可分为正压直吹式系统和负压直吹式系统。

当一次风机布置在磨煤机之后时,整个系统在负压状态下工作,该系统称为负压直吹式制粉系统;当一次风机布置在磨煤机之前时,整个系统在正压状态下工作,该系统称为正压直吹式制粉系统。负压系统的优点是磨煤机在负压下工作,不会向外冒粉,工作环境比较清洁;缺点是由于一次风机布置于磨煤机之后,磨煤机磨制的煤粉全部由一次风机送入炉膛内燃烧,因此,风机叶片极易磨损,叶片磨损后,风机效率降低,电耗增加,系统可靠性降低,维修工作量加大。

在正压直吹式系统中,一次风机可布置在空气预热器前,也可布置在空气预热器后。布置在空气预热器之后的一次风机称为热一次风机,该种布置方式将使风机效率下降,可靠性也降低;布置在空气预热器前的一次风机称为冷一次风机,该种布置由于进入冷一次风机的空气介质较为洁净且温度较低,因此可减少风机的磨损,提高风机效率。

在冷一次风机正压直吹式制粉系统中,由于一次风机安装在空气预热器前,采用热风干燥,使得系统中磨煤机干燥能力增强,对燃料的水分适应性较好,而且不存在叶片的磨损问题,克服了负压系统的缺点。但是,在正压直吹式系统中,由于磨煤机和煤粉管道都处在正压下工作,如果密封性不好,系统会向外冒粉,造成环境污染,严重的会引起自燃或爆炸。因此,必须在系统中加装密封风机。

2. 储仓式制粉系统

与直吹式制粉系统相比,中间储仓式制粉系统增加了细粉分离器、煤粉仓、锁气器、螺旋输粉机等设备。其工作原理为:原煤在落煤管中与用做干燥剂的热空气相遇,在落入磨煤机的过程中被干燥;经过磨煤机碾磨的煤粉,由干燥剂送至粗粉分离器,粗粉被分离出并落入磨煤机中继续碾磨,合格的煤粉被送至细粉分离器。在细粉分离器中,大部分细粉被分离出来,经锁气器和网筛落到煤粉仓,也可经螺旋输粉机送至其他锅炉的煤粉仓。煤粉仓中的煤粉,在运行需要时由给粉机送至一次风管,进入炉膛内燃烧。

中间储仓式制粉系统分为乏气送粉系统和热风送粉系统。由细粉分离器上部出来的干燥剂(也称磨煤乏气)中含有未被分离出来的少量细粉、低温空气和水蒸气,可作为一次风输送煤粉,经排粉风机送入炉膛燃烧,此即乏气送粉系统。该系统一般用于易着火的烟煤。而当燃用贫煤、无烟煤、劣质煤时,为稳定燃烧,常采用热空气作为一次风输送煤粉,称为热风送粉系统,此时由细粉分离器出来的磨煤乏气经燃烧器的专门喷口送入炉膛,称为三次风。

上述两种制粉系统有各自的特点。中间储仓式制粉系统可以采用热风送粉,这对无烟煤、贫煤和劣质烟煤的稳定燃烧是必要的。该系统可靠性高,系统出故障不会立即影响锅炉运行。锅炉负荷变化时,通过调节给粉机的给粉量,延迟性比较小,但储仓式制粉系统复杂,钢材、占地面积、投资及运行电量消耗都增加不少。直吹式系统简单、布置紧凑、省钢材、占地少、投资和运行电耗低,但系统可靠性差,负荷调节延迟性大,要求运行人员有较高的运行操作水平。由于中速或高速磨煤机及其相应的直吹式制粉系统初投资和运行费用都大为节省,故在煤种相宜条件下应当优先选用。对于无烟煤、$K_{km}<1.2$ 的烟煤及高灰分的劣质烟煤,一般首先考虑采用筒式钢球磨煤机储仓式制粉系统。

不同的制粉系统宜配置相应的磨煤机,直吹式制粉系统一般配置中速或高速磨煤机,中间储仓式制粉系统一般配置低速磨煤机。在目前的超(超)临界机组中,大多采用冷一次风机正压直吹式制粉系统。在磨煤机配置上,由于与钢球磨相比,中速磨煤机重量轻、占地少、制粉系统管路简单、投资省、电耗低、噪声小,因此,在大容量机组中得到了广泛的应用。目前,国内 1 000 MW 容量机组中,大部分选用中速磨煤机。

3.3　钢球磨煤机及制粉系统

钢球磨煤机(简称钢球磨)是国内燃煤电厂应用比较多的磨煤机,钢球磨的筒体通过大齿轮由电动机带动低速旋转,筒体内壁衬装波浪形锰钢护甲。筒内钢球和煤一起在离心力和摩擦力的作用下被提升到一定高度,在重力作用下跌落、滚动,将煤打碎并研磨成粉。送入筒内的热空气既是干燥剂,也是煤粉的输送剂。

单进单出钢球磨和双进双出钢球磨一般分别采用中间储仓式系统和直吹式系统。

3.3.1　单进单出钢球磨中间储仓式系统

采用单进单出钢球磨时,燃料和空气从圆筒的一端进入磨内,而磨成的煤粉被干燥剂(热空气流)从圆筒的另一端带出。显然,干燥剂气流速度越大,带出的煤粉量就越多,磨煤机的出力越大,煤粉也越粗。筒内的钢球被磨损后,可通过专门的装球设备,在不停炉的情况下补充钢球,以保证磨煤出力和煤粉细度的稳定。

钢球磨质量的好坏与钢球在圆筒内运动的情况有关,而钢球的运动又与磨煤机的转速有关。筒体转速过小,筒内钢球与煤只靠与筒壁的摩擦力被带上去,形成一个斜面。当球与煤堆的倾角等于或大于自然倾角时,球将沿斜面滑落,如图 3-4(a)所示,磨煤效果差。而且这时很难将磨好的煤粉从钢球堆中分离出来,使煤粉磨得过细,磨煤出力降低,电耗增加。若筒体转速过大,由于作用到钢球及煤粒上的离心力很大,以致球与煤不能脱离筒壁,而随其一同旋转,这时钢球对煤没有撞击作用,只有轻微的研磨,磨煤作用很小,如图 3-4(c)所示,产生这种状态的最低转速称为临界转速 n_{lj}。当筒体转速处于上述两者之间时,钢球被带到一定高度后,沿抛物线落下,如图3-4(b)所示,此时钢球对筒底的煤发生强烈的撞击作用。磨煤作用最大时的转速称为最佳工作转速 n_{zj},经验表明:$n_{zj}=(0.75\sim0.78)n_{lj}$。

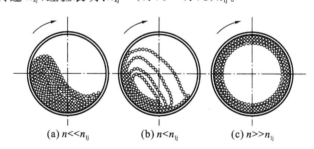

(a) $n \ll n_{lj}$　　　　(b) $n < n_{lj}$　　　　(c) $n \gg n_{lj}$

图 3-4　转速对钢球和煤运动状态的影响

钢球装载量直接影响磨煤机出力和电能消耗。钢球装载量通常用钢球充满系数 Ψ 来表示,是指筒内钢球体积占筒体容积的百分数。筒体内不同层钢球的磨煤能力各不相同,提升不同层钢球消耗的功率也不相同,因此,磨煤出力和磨煤电耗都与钢球充满系数不成线性关系。试验表明:在 $\Psi=10\%\sim35\%$ 时,磨煤单位电耗与 $\Psi^{0.3}$ 成正比。在通风量和热风温度同时增加时,提高钢球充满系数可以增加磨煤出力。若只提高 Ψ,不能使磨煤出力增加,而只能起到使煤粉磨得更细的作用。试验研究表明,磨煤电耗最小的最佳钢球充满系数 Ψ_{zj} 与筒体的转速 n 和临界转速 n_{zj} 有关,可按式 $\Psi_{zj}=0.12/(n/n_{lj})^{1.75}$ 计算。

钢球磨筒体内的通风量 V_{tf} 直接影响燃料沿筒体长度方向的分布和磨煤出力。V_{tf} 过小,筒内风速过小,不能及时将进口端的煤送入筒体后端,钢球能量得不到充分利用,只能带出少量的细煤粉,磨煤出力下降,单位磨煤电耗大;V_{tf}过大,筒内风速过大,磨煤机出口煤粉过粗,煤粉分离器回粉量增大,通风电耗增大。最佳通风量应为磨煤和通风电耗之和为最小时的通风量,其大小与煤的种类、煤粉细度、筒体容积及钢球充满系数等有关,可由下式计算确定。

$$V_{tf}^{zj}=\frac{38V}{n\sqrt{D}}(1\ 000\ \sqrt[3]{K_{km}}+36R_{90}''\ \sqrt{K_{km}}\ \sqrt[3]{\varPsi})\quad(\text{m}^3/\text{h})\qquad(3\text{-}11)$$

式中:V 为钢球磨筒体容积,m³;D 为钢球磨筒体内径,m;R_{90}''为粗粉分离器后煤粉细度,%;$\varPsi$ 为钢球充满系数;K_{km}为 BTИ 可磨性系数。

影响钢球磨工作的因素还有护甲的形状、钢球直径和筒内存煤量。

燃料在磨煤机内被研磨的同时被干燥,所以磨煤机的出力有两个,即磨煤出力 B_m 与干燥出力 B_g。磨煤出力 B_m 是指在电耗一定并保证所需的煤粉细度的条件下,磨煤机在单位时间磨制的煤粉量,由磨煤过程中的能量参数来确定。B_m 取决于圆筒尺寸、燃料特性及磨煤机的运行状况,如钢球装载量、通风量和零件磨损程度等。干燥出力 B_g 是指在单位时间内将煤由原有水分 M_{ar} 干燥到所要求的煤粉水分 M_{mf} 对应的煤粉量,由磨煤机的干燥条件确定。由此可见,磨煤机的运行出力受到磨煤条件和干燥条件的限制。对于高水分和较软的煤,$B_m>B_g$,而对于干和硬的煤,$B_g>B_m$。为了得到具有一定细度和干燥程度的煤粉量,应尽量使 $B_m=B_g$,可以通过调节进入磨煤机的干燥剂流量和温度来实现。因此,利用钢球磨几乎可以磨制任何种类的煤,包括低挥发分、高水分、高灰分、高可磨性与高磨损性的煤。

由于钢球磨筒体和内含的钢球重量比其中的煤粉要重得多,故随磨煤出力的降低,钢球磨的电耗量变化并不大,会使钢球磨低负荷下的单位电耗增加。为了提高单进单出钢球磨运行的经济性,多采用中间储仓式系统,这样,可保证钢球磨在高负荷下运行,而不受锅炉负荷的影响。在低负荷时,多余的煤粉可以储存在煤粉仓内。

在中间储仓式制粉系统中,由钢球磨送出的煤粉经粗粉分离器后所得到的合格的煤粉被送入细粉分离器,由细粉分离器将煤粉和干燥剂分开,分离出来的煤粉被送到煤粉仓。锅炉所需的煤粉由给粉机送入一次风管并由气流携带进入炉膛。含有10%左右极细煤粉的干燥剂(即磨煤乏气)由于含水分较大,温度较低(为 60～70 ℃),一般以两种方式被送入炉膛燃烧。

(1)作为一次风输送煤粉进入炉膛。相应的系统称为乏气送粉系统,多用于水分较低、挥发分较高的煤种,如图 3-5(a)所示。

(2)作为三次风,由专门的三次风喷口送入炉膛。此时,输送煤粉的一次风是由空气预热器出来的热空气,相应的系统称为热风送粉系统,如图 3-5(b)所示。热风送粉系统适用于无烟煤、贫煤和劣质烟煤。当磨制含高水分的原煤(如褐煤)时,因为乏气中含水分很大,送入炉内对燃烧不利,故常将其排入大气,相应的系统称为开式制粉系统。此时,必须采取相应的除尘措施,以免污染环境。

在中间储仓式制粉系统中,利用再循环管(见图 3-5 中的部件 31),使部分磨煤乏气经由排粉风机返回磨煤机,然后再回到排粉风机进行循环。由于再循环风温度低,因此,既可以调节磨煤机入口干燥剂的温度,又能增加磨煤的通风量,并能兼顾燃烧所需一次风的要求,从而可较好地协调磨煤、干燥和燃烧三方面的风量。

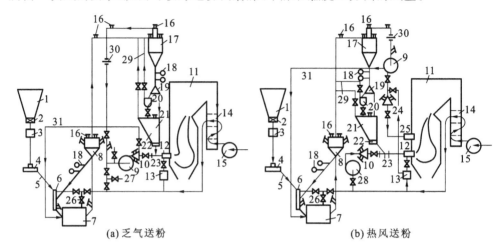

图 3-5　中间储仓式制粉系统

1—原煤仓;2—煤闸门;3—自动磅秤;4—给煤机;5—落煤管;6—下行干燥管;7—球磨机;
8—粗粉分离器;9—排粉机;10—一次风箱;11—锅炉;12—燃烧器;13—二次风箱;14—空气预热器;
15—送风机;16—防爆门;17—细粉分离器;18—锁气器;19—换向阀;20—螺旋输粉机;21—煤粉仓;
22—给粉机;23—混合器;24—三次风箱;25—三次风喷口;26—冷风门;27—大气门;28—三次风机;
29—吸潮管;30—流量计;31—再循环管

3.3.2　双进双出筒式钢球磨直吹式系统

双进双出筒式钢球磨工作原理和结构与普通的钢球磨相似,即利用圆筒的滚动,将钢球带到一定的高度,然后落下,通过钢球对煤的撞击,以及钢球间、钢球与滚筒衬板之间的碾压将煤粉磨碎。双进双出钢球磨的粗煤粉和热风从磨煤机的两端进入,同时,细煤粉又由热风从磨煤机的两端带出。就像在磨煤机的中间有一隔板一样,热风在磨煤机内循环,而不像在一般钢球磨中直接通过磨煤机。

目前,国外生产的双进双出钢球磨大致可以分为两大类型:一类是在钢球磨轴颈内带有热风空心圆管;另一类在轴颈内不带热风空心圆管。现分别简述如下。

1)轴颈内带热风空心圆管的双进双出钢球磨

这种双进双出筒式钢球磨由其中空轴装在两个轴承(每端一个)上的旋转筒体组成,如图 3-6(c)所示。每段中空轴进口有一个空心圆管,干燥介质(从一次风机来的热风)从两端空心圆管进入筒体。圆管外围有弹性固定的螺旋输送器,螺旋输送器和空心圆管随双进双出钢球磨筒体同步转动,煤由磨煤机两端的煤粉分离器中心管落下,通过螺旋输送器由端部不断地刮向筒体内。中空轴内壁与带螺旋的空心圆筒之间有一定的间隙,下部间隙用以通过煤块,而磨制好的煤粉气流混合物则与来煤逆向通过上部间隙进入煤粉分离器,然后被送至燃烧器。

对轴颈内带热风空心圆管的双进双出球磨机,其端部出口与粗粉分离器的连接一般有两种方式。一种是粗粉分离器与磨煤机为一个整体,称为 BBD1 型,如图 3-6(a)所示。在 BBD1 型双进双出钢球磨系统中,落煤管接粗粉分离器的下部,煤块从分离器中直接落到端部螺旋输送器的下半部,磨制后的风粉混合物从磨煤机端部的上半部间隙直接进入粗粉分离器入口。粗粉分离器无回粉管,回粉直接落入磨煤机端部,布置比较紧凑。另一种方式是将粗粉分离器与磨煤机分开布置,称为 BBD2型,如图 3-6(b)所示。在 BBD2 型双进双出钢球磨系统中,分离器与磨煤机之间有一定的垂直高度,一般在煤仓运行层,其落煤管单独连接,分离器有回粉管,本身就一定的重力分离作用,因此,其磨制的煤粉细度较前者的要好些。此外,因其落煤管是单独连接的,对于水分较高的煤种,布置热风和煤的预干燥混合装置比较有利。

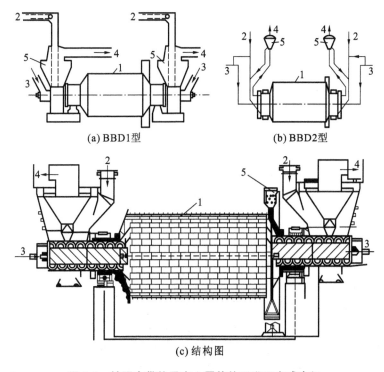

(a) BBD1型　　　　　　　　　(b) BBD2型

(c) 结构图

图 3-6　轴颈内带热风空心圆管的双进双出球磨机

1—球磨机筒体;2—进煤管;3—热风(干燥剂)进口;4—煤粉干燥剂出口;5—分离器

2)轴颈内不带热风空心圆管的双进双出球磨机

这种球磨机筒体两端各装有一个进、出口料斗,料斗从中间隔开,一边用来进煤,另一边来出粉,如图 3-7 所示。空心轴颈内衬有可更换的螺旋管护套,当磨煤机连同空心轴颈一起旋转时,来自于给煤机的原煤经进口料斗一侧沿护套螺旋管进入磨煤机,磨细的煤粉则随热风经进出口料斗的另一侧进入粗粉分离器。

双进双出钢球磨的独特之处是有两个相互对称又彼此独立的磨煤回路。两个回

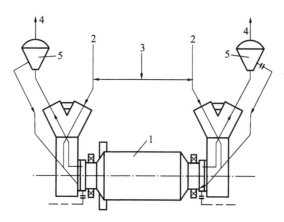

图 3-7　轴颈内不带热风空心圆管的双进双出球磨机

1—球磨机筒体；2—进煤管；3—热风(干燥剂)进口；4—煤粉干燥剂出口；5—分离器

路同时使用时磨煤机出力最大；也可以单独使用一个，这时可使磨煤出力降至 50%
以下，从而扩大了磨煤机的负荷调节范围。在低负荷运行时，由于磨煤机筒体内的通
风量减少，磨煤机出口及一次风管内的气粉混合物流速降低，只能带走更细的煤粉，
这对于燃用低挥发分煤的稳燃有利。

　　双进双出钢球磨煤机与其他研磨方式不同，其磨煤出力不是靠调整给煤机来控
制，而是靠调整通过磨煤机的一次风量控制。由于筒内存有大量的煤粉，当加大一次
风阀门的开度时，风量及带出的煤粉流量就会同时增加，因此，在不同负荷下，磨煤机
的风煤比(及煤粉浓度)始终保持稳定，且其响应锅炉负荷变化的时间非常短。试验
表明，双进双出钢球磨直吹式制粉系统负荷变化率每分钟可以超过 20%，其自然滞
留时间是所有磨煤机中最少的，只有 10 s 左右。

　　双进双出球磨机设有微动装置，可使磨煤机在停机或维修操作时以额定转速的
1/100 转速旋转，这样，在短时间停机时不必将筒内的剩煤排空，通过缓慢旋转可使
筒内存煤及时散热，防止因局部高温引起自燃。

　　与单进单出钢球磨煤机一样，运行中的磨煤机存煤量不随负荷变化。筒内的存
煤量约为钢球重量的 15%，相当于磨煤机额定出力的 1/4。对于双进双出钢球磨，可
采用检测制粉噪声或进出口差压的方法来控制筒内的存煤量。

　　综上所述，双进双出球磨机保持了钢球磨煤的煤种适应性广等优点，同时与单进
单出钢球磨煤机相比，体积又大大缩小，减少了占地面积，增加了通风量，降低了磨煤
机的功率消耗，适应锅炉负荷变化的能力增强。因系统简单、维护方便、运行可靠，双
进双出球磨机在磨制高灰分、高腐蚀性煤以及要求煤粉较细的情况下得到了广泛应
用，特别是近十几年来发展十分迅速。

　　双进双出球磨机多采用直吹式制粉系统，图 3-8 所示为采用冷一次风机的 BBD2
型双进双出球磨机的正压直吹式制粉系统。系统由两个相互对称又彼此独立的子系
统组成。煤从原煤仓经刮板式给煤机落入混料箱，与进入混料箱的高温旁路风(热

风)混合,在落煤管中进行预干燥,之后进入中空轴,由螺旋输送装置送入磨煤机筒内,进行粉碎。空气由一次风机送入空气预热器,加热后进入热风管道,一部分作为旁路风,一部分作为干燥剂,经由中空轴内的中心管进入磨煤机筒体。与筒体另一端进入的热空气流在筒体中部相对冲后,向回折返,携带煤粉从空心轴的环形通道流出筒体。煤粉空气混合物与落煤管出口煤预热旁路中的空气混合,进入粗粉分离器,分离出来的粗粉经返料管与原煤混合,返回磨煤机重新磨制;圆锥形粗粉分离器上部装有导向叶片,改变导向叶片的倾角可以调整煤粉细度。从分离器出来的一次风气粉混合物经煤粉分配器后进入一次风管道,再经燃烧器被送入炉内燃烧。

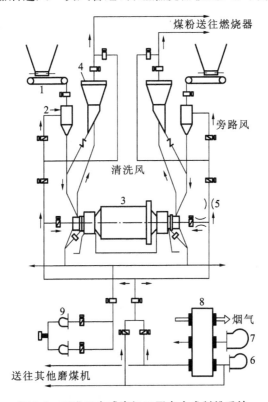

图 3-8　双进双出球磨机正压直吹式制粉系统

1—给煤机;2—混料箱;3—双进双出球磨机;4—粗粉分离器;5—风量测量装置;
6——次风机;7—二次风机;8—空气预热器;9—密封风机

3.4　中速磨煤机及制粉系统

3.4.1　中速磨煤机

目前,国内外运用的中速磨煤机有 RP、RH 及 E 型球环磨机,分别如图 3-9、图 3-10 和图 3-11 所示。由图可见,中速磨煤机均有两组相对运动的研磨部件,在弹簧力、液压力及其他外力的作用下,研磨件将其间的原煤挤压、研磨成煤粉。煤粉随着研磨部件的旋转杯被甩到风环的上部。流经风环室的热风(干燥剂)对煤粉进行干燥,并将煤粉带入磨煤机上部的粗粉分离器,其中合格的煤粉经煤粉分离器由干燥剂带出磨外,进入一次风管,通过燃烧器送入炉膛燃烧,过粗的煤粉则被分离下来重磨。煤中夹带的难以磨碎的少量石块、金属块等在磨煤过程中也被甩至风环上部后因重力落至杂物箱内。

　　RP 型碗式磨煤机(见图 3-9)采用浅碗形磨盘,三个独立的锥形磨辊相隔 120°安装于磨盘上方,磨辊与磨盘之间不直接接触,间隙可调。小型 RP 磨煤机用弹簧对磨辊加压,大型的则采用液力-气动加载装置。

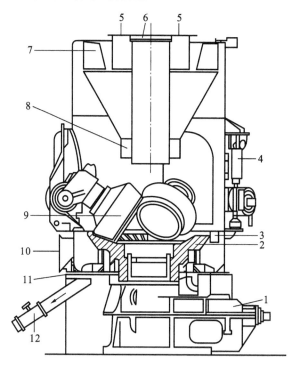

图 3-9　RP 型碗式中速磨煤机

1—减速箱;2—磨碗;3—风环;4—加压缸;5—气粉混合物出口;6—原煤入口;

7—粗粉分离器;8—回粉管;9—磨辊;10—热风进口;11—杂物刮板;12—杂物排放管

　　MPS 型磨煤机(见图 3-10)采用具有弧形凹槽滚道的磨盘,磨辊边缘也呈圆弧形。三个磨辊相对布置在相距 120°的位置上。磨辊尺寸大,可沿自身轴摆动,自动调整研磨位置。磨煤的研磨力来自磨辊、弹簧架及压力架的自重和弹簧的预压缩力。弹簧的预压缩依靠作用在弹簧盘上的液压缸加载系统来实现。

　　E 型磨煤机(见图 3-11)的碾磨部件为上、下磨环和夹在中间可自由滚动的大钢球。磨煤时钢球不断改变旋转轴线位置,在整个工作寿命中可始终保持球的圆度,以保证磨煤性能不变。E 型磨均采用加载系统,通过上磨环对钢球施加压力。中小容

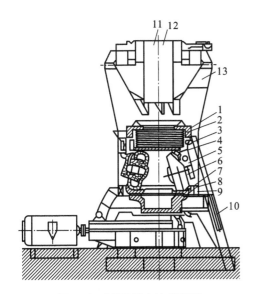

图 3-10 MPS 型中速磨煤机

1—弹簧压紧环;2—弹簧;3—压环;

4—滚子;5—压块;6—辊子;7—磨环;

8—磨盘;9—喷嘴环;10—拉紧钢丝;

11—原煤入口;12—气粉混合物出口;13—分离器

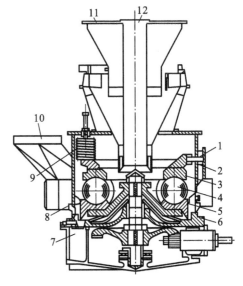

图 3-11 E 型中速磨煤机

1—导块;2—压紧环;3—上磨环;4—钢球;

5—下磨环;6—轭架;7—石子煤箱;

8—活门;9—压紧弹簧;10—热风进口;

11—煤粉出口;12—原煤进口

量 E 型磨用弹簧加载;大容量 E 型磨采用液压-气动加载装置,这种加载装置能在碾磨部件使用寿命期限内自动维持磨环上的压力定位值,从而降低因碾磨件磨损对磨煤出力和煤粉细度的影响。

中速磨煤机布置紧凑、耗钢量小、投资省、单位电耗小、对锅炉负荷适应性强。由于中速磨挤压的研磨方式和干燥条件,对煤中的水分、灰分及可磨损性有一定的限制,一般适宜磨 $M_{ar} < 20\% \sim 40\%$,$A_{ar} < 40\%$,$HGI \geqslant 50$,$K_e < 3.5$,$V_{daf} = 27\% \sim 40\%$ 的煤。国外经过试验研究及改进,中速磨对煤种的适应范围扩大,已应用于褐煤、甚至无烟煤,研磨煤种的 M_{ar} 和 A_{ar} 提高,而 V_{daf} 和 HGI 下降。但其对煤种的适应性显然不如钢球磨,而且结构较为复杂,研磨部件易磨损。

上述三种中速磨研磨部件的形状及结构各异,性能也各不相同。主要表现在以下几个方面。

1)制粉电耗

制粉电耗包括磨煤电耗和通风电耗两部分。

磨煤电耗取决于研磨方式和磨盘内煤层的厚度。在同样的煤质和煤粉细度条件下。MPS 磨由于采用了滚动阻力较小的磨辊及磨环,其磨煤电耗较低,RP 磨与 E 型磨的制粉电耗相近。

通风电耗主要用于克服磨煤机的阻力及管道阻力。如果管道阻力相同,则通风电耗取决于磨煤机本体,即喷嘴风环阻力,该阻力与风环形状有关。E 型磨的风环呈缝隙型,风环速度高,阻力大,通风电耗最大;MPS 磨的风环为斜叶片型,风速较小,电耗次之;RP磨的风环为斜叶片型与缝隙型相间布置,风环速度低,阻力小,故通风电耗小。

综上所述,MPS 磨和 RP 磨的制粉电耗相近,而 E 型磨的则偏高。降低制粉电耗的关键在于降低通风电耗,即降低制粉系统阻力。为此必须合理选择管道流速,采用高效的一次风机及煤粉分离器。

2)磨煤机研磨的煤粉细度

对煤粉炉,煤粉细度 R_{90} 与炉内燃烧状况密切相关,直接影响到煤粉的着火、燃烧和燃尽。试验表明,MPS 磨的 R_{90} 较大,但均匀性较好;E 型磨的 R_{90} 较小,但均匀性较差。

3)磨煤机碾磨件的寿命

中速磨煤机类型的选择主要取决于磨煤机碾磨件的寿命,而碾磨件的寿命取决于使用耐磨材料的性能、煤的磨损指数及有效碾磨量。后者与碾磨件之间的配合形式,即碾磨件型线失真程度有关。有效碾磨量愈大,使用寿命越长。在相同的材料与煤质情况下,由于 E 型磨的碾磨件是上、下磨环和滚球,钢球可在磨环间自由滚动,磨损均匀,相互配合型线均为圆弧且始终不变,故 E 型磨有效碾磨量大,碾磨件使用寿命长(可达 12 000~15 000 h),但 E 型磨碾磨件造价昂贵。MPS 磨的磨辊与磨环密切接触,其型线也为圆弧,磨损较为均匀,且当磨损到一定量时可翻面使用,碾磨件使用寿命较长,为 8 000~12 000 h。RP 磨的锥形磨辊、浅碗形磨盘磨损严重不均匀,磨损后期辊套形极度失真,有效碾磨量低,使用寿命只有 3 800~4 800 h。为提高 RP磨的使用寿命,国外在其结构及驱动方式上作了很大变动,采取了相应防磨措施,改型后的中速磨称为 RH 磨。RH 磨与 RP 磨相比,磨辊使用寿命大大延长,通风阻力进一步降低,同时,改善了煤粉颗粒分布的均匀性。

综上各因素,当煤种的冲刷磨损指数 $K_e < 1.2$ 时应优先选用 RP 磨或 RH 磨,$1.2 < K_e < 2$ 时则应首选 MPS 磨,E 型磨适用于 $K_e < 3.5$ 的情况。

3.4.2 中速磨制粉系统

目前,国内外中速磨大都采用直吹式制粉系统。按磨煤机所处的压力条件,中速磨煤机直吹式制粉系统分负压直吹式、正压热一次风机直吹式和正压冷一次风机直吹式三种类型。

图 3-12(a)所示为中速磨煤机负压直吹式制粉系统,排粉风机装在磨煤机出口,整个系统在负压下运行,煤粉不会向外泄露,对环境污染小,但漏风大,而且燃烧所需煤粉全部经过排粉风机,使磨损严重、效率低、电耗大、系统运行可靠性下降。

正压直吹式制粉系统的一次风机布置在磨煤机之前,系统处于正压状态下工作,外界冷空气不会漏入系统中,对保证磨煤机干燥出力有利,可提高锅炉运行的经济性。同时,由于风机输送的是干净空气,不存在煤粉磨损叶片的问题。但必须采取措施防止煤粉外泄造成的环境污染或自燃爆炸,为此,系统中专门设有密封风机,用高压空气对其进行密封和隔离。

正压系统根据风机中介质的温度又可分为热一次风系统和冷一次风系统。

图 3-12(b)所示为中速磨煤机正压热一次风机直吹式制粉系统。热一次风机布置在空气预热器与磨煤机之间,输送的是经空气预热器加热的热空气。由于空气温度高,比热容大,则风机体积较大,电耗高,还存在高温侵蚀,因此运行效率及可靠性较低。

国产大容量电站锅炉一般采用正压冷一次风机直吹式系统。图 3-12(c)所示为中速磨煤机正压冷一次风机直吹式制粉系统,其配置了三分仓回转式空气预热器。该系统具有一次风和二次风两条独立的空气通道,分别由单独风机输送。其中一次风机输送空气经空气预热器的一次风通道加热后再进入磨煤机,风机处于空气预热器之前,输送的是干净的冷空气,工作条件好、体积小、电耗低,并可采用压力较大的高效风机,高压头冷一次风机还可兼做磨煤机的密封风机,由此简化了系统。同时,因为干燥剂的热风温度不受一次风机的限制,可满足磨制较高水分煤种对干燥剂温度的要求。

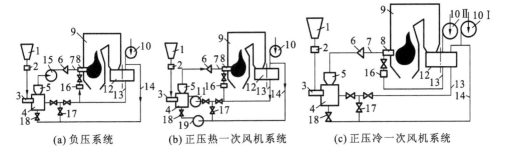

(a) 负压系统　　　　(b) 正压热一次风机系统　　　　(c) 正压冷一次风机系统

图 3-12　中速磨煤机直吹式制粉系统

1—原煤仓;2—自动磅秤;3—给煤机;4—磨煤机;5—煤粉分离器;6—一次风风箱;7—煤粉管道;
8—燃烧器;9—锅炉;10—送风机;11—热一次风机;12—空气预热器;13—热风管道;14—冷风管道;
15—排粉风机;16—二次风管道;17—冷风门;18—密封风门;19—密封风机

为了满足大容量机组调峰运行的需要,提高制粉系统对锅炉负荷变化响应速度及低负荷下运行的经济性,保证煤粉细度,中速磨煤机还可以采用储仓式制粉系统。这时,由于用中速磨煤机磨制的煤挥发分较高,着火和燃烧性能较好,故通常采用乏气送粉系统,如图 3-13 所示。

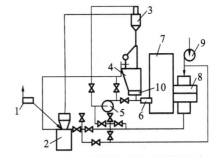

图 3-13　中速磨煤机储仓式制粉系统

1—给煤机;2—磨煤机;3—细粉分离器;4—煤粉仓;
5—排粉风机;6—燃烧器;7—锅炉;
8—空气预热器;9—送风机;10—给粉机

3.5　风扇式磨煤机及制粉系统

3.5.1　风扇式磨煤机

　　风扇式磨煤机属于高速磨煤机,其结构与风机相似。叶轮、叶片及蜗壳内壁的护板是风扇磨的主要磨煤部件,它们与置于叶轮以上的粗粉分离器组成一体(见图3-14)。原煤和干燥剂一起被吸入磨煤机内,受到高速旋转叶片的打击,护板的撞击及叶轮、叶片的摩擦被破碎。在高温干燥介质作用下,煤的脆性增加,更有利于煤的破碎。磨制的煤粉依靠本身产生的压头由干燥剂携带经粗粉分离器直吹如炉膛。

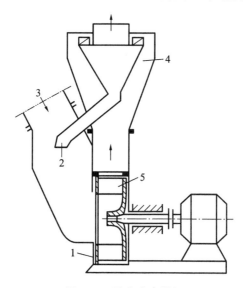

图 3-14　风扇式磨煤机

1—蜗壳;2—粗粉;3—燃料干燥剂入口;

4—粗粉分离器;5—磨煤叶轮

　　由此可见,风扇磨本身能同时完成燃料的磨碎、干燥介质的吸入以及煤粉的输送过程,系统简单,金属耗量小,负荷适应能力强。同时,高速旋转的风扇磨煤机具有较高的通风能力,而磨煤机内的煤粉几乎处于悬浮状态,干燥过程强烈。

　　风扇磨煤机运行中的主要问题是磨煤部件磨损严重,检修周期短,不宜磨制较硬的煤种。

　　综上所述,风扇磨煤机一般是以磨制高水分(M_{ar}可大于 30%)、$K_e < 3.5$ 的褐煤、烟煤。对于 K_e 值较大的褐煤,国外有的风扇磨煤机装置了一组前置式打击锤。国外风扇磨煤机有 S 型和 N 型两个系列,S 型系列适合磨制 $M_{ar} < 35\%$ 的烟煤,N 型系列适合磨制 $M_{ar} > 35\%$ 的褐煤。

3.5.2　风扇磨煤机制粉系统

风扇磨煤机一般采用直吹式制粉系统。根据煤的水分不同,风扇磨煤机制粉系统分别采用热风(单介质)、热风与高温炉烟(二介质)混合物和热风与高、低温炉烟(三介质)混合物作为干燥剂。利用热风掺炉烟作为干燥剂,不仅提高了制粉系统的干燥能力,而且由于烟气中惰性气体的混入,降低了干燥剂的含氧浓度及炉膛燃烧区域的温度水平,有利于防止高挥发分褐煤煤粉发生自燃或爆炸,并减少 NO_x 的生成。此外,当燃用低灰熔点褐煤时可避免炉内结渣。

磨制烟煤和水分不高的褐煤时,一般采用热风干燥直吹式系统,如图 3-15(a)所示。磨制高水分褐煤的风扇磨时则采用热风与高温炉烟混合物或热风与高、低温炉烟混合物作为干燥剂的直吹式制粉系统,其中高温炉烟取自炉膛上部,低温炉烟取自引风机出口(见图 3-15(b)、(c))。

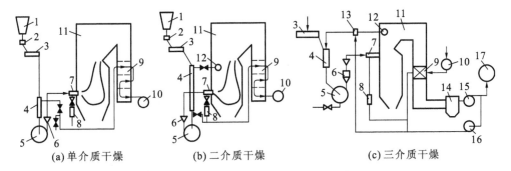

(a)单介质干燥　　　　　　　(b)二介质干燥　　　　　　　(c)三介质干燥

图 3-15　风扇磨煤机直吹式制粉系统

1—原煤仓;2—自动磅秤;3—给煤机;4—下行落煤管;5—磨煤机;6—煤粉分离器;7—燃烧器;
8—二次风箱;9—空气预热器;10—送风机;11—锅炉;12—抽烟口;13—混合器;
14—除尘器;15—引风机;16—冷烟风机;17—烟囱

3.6　制粉系统的其他部件

3.6.1　给煤机

给煤机是制粉系统的主要辅机之一,其任务是根据锅炉或磨煤机负荷的需要调节给煤量,将原煤连续、均匀地送入磨煤机中。为了组织合理的炉膛燃烧,要求给煤机有良好的调节性能,保证供煤的连续性、均匀性。常用的给煤机分为皮带式、刮板式和圆盘式三种类型。

(1)皮带式给煤机　当煤被送至给煤机皮带上时,皮带驱动机构转动,将煤运送到出口管。当煤通过皮带时,由称重辊来测量煤的重量,即给煤机皮带主动轮转一圈时,规定给煤量为一定值,当锅炉负荷变化时,可调整给煤机的转速来增减给煤量。

皮带式给煤机结构如图 3-16 所示。电子称重式给煤机的给煤量称重原理为：通过负荷传感器测量出单位长度皮带上煤的重量 G，再乘以由编码器测量出的皮带转速 V，得到给煤机在此时的给煤量 B，即 $B=GV$。

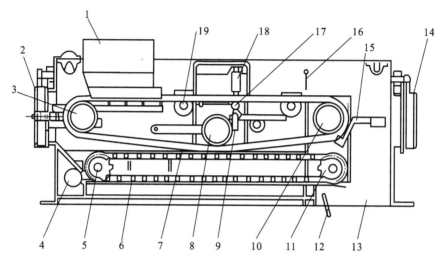

图 3-16　皮带式给煤机结构图

1—进料口；2—进料端门；3—张紧滚筒；4—密封空气进口；5—张紧链轮；

6—清洁刮板链；7—给料皮带；8—张力滚筒；9—承重校重量块；10—驱动滚筒；

11—驱动链轮；12—堵煤信号装置挡板；13—出料口；14—排出端门；15—皮带清洁刮板；

16—断煤信号装置挡板；17—称重托辊；18—负荷传感器；19—支承跨托辊

　　皮带式给煤机结构简单、维修方便，可将原煤长距离输送以便于原煤仓、磨煤机等设备的布置。但是，煤种杂质如石块、木头等容易使给煤机卡住，且容易损坏皮带。

　　(2)刮板式给煤机　刮板式给煤机是利用装在链条上的刮板来刮移燃料的，如图 3-17 所示。改变链条的速度或煤层的厚度均可调节给煤量。刮板给煤机调节范围大、煤种适应性广、密封性好且漏风小。

　　(3)圆盘式给煤机　圆盘式给煤机如图 3-18 所示。原煤自落煤管落到旋转圆盘的中央，以自然倾斜角向四周散开，电动机驱动圆盘带动原煤一起转动。煤被刮板从圆盘上刮下，落入通往磨煤机的下煤管。给煤量可以通过改变刮板的位置以增加或减少被刮煤层的面积，或改变圆盘的转速，或改变可调套筒的上下位置，以增加或减少圆盘上燃料的体积来调节。圆盘给煤机结构紧凑、漏风小，但是它对煤种的适应性差，如遇高水分或杂物较多的煤时，易发生堵塞。

3.6.2　煤粉分离器

1.粗粉分离器

　　干燥剂从磨煤机中带出的煤粉颗粒实际上是粗细不均的。此外，为了保证干燥、降低制粉电耗以及其他一些原因，带出的煤粉中往往不可避免地会有一些不利于完

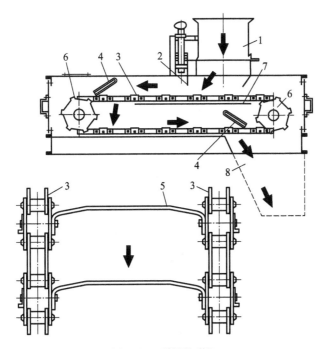

图 3-17　刮板给煤机

1—原煤进口管；2—煤闸；3—链条；4—挡板；5—刮板；6—链轮；7—平板；8—出口管

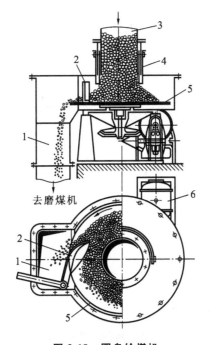

去磨煤机

图 3-18　圆盘给煤机

1—通往磨煤机的下煤管；2—可调刮板；3—原煤进口管；4—可调套筒；5—圆盘；6—电动机

全燃烧的大颗粒。因此,在磨煤机后一般都装有粗粉分离器,它的作用是将较粗的煤粉颗粒分离出来,送回磨煤机继续磨细,使通过分离设备的煤粉的细度都符合锅炉燃烧的要求。粗粉分离器的另外一个作用是调节煤粉细度,以便在运行中当煤种改变或磨煤机出力(或干燥剂量)改变时能保证一定的煤粉细度。

制粉系统中所用的粗粉分离器是利用重力、惯性力和离心力的作用把较粗的煤粉颗粒分离出来的。

1)离心式粗粉分离器

当携带煤粉的气流作旋转运动时,粗煤粉在离心力的作用下会脱离携带气流而被分离出来。旋转愈快,分离出来的粗煤粉颗粒就愈多,气流携带走的煤粉就愈细。分离器中是利用气流通过折向挡板或分离器部件本身的旋转来形成气流的旋转运动。运行中通过改变挡板的角度或旋转部件的转速,就可以改变气流的旋转强度,调节煤粉细度。

离心式粗粉分离器由内锥体、外锥体、回粉管和可调折向挡板等组成。由磨煤机出来的气粉混合物以 15～20 m/s 的速度自下而上从入口管进入分离器,如图 3-19(a)所示。在内、外锥之间的环形空间内,由于流通截面扩大,其速度逐渐降低至 4～6 m/s,最粗的煤粉在重力作用下首先从气流中分离出来,经外锥体回粉管返回磨煤机重磨。带粉气流则进入分离器的上部,经过沿整个圆周装设的切向挡板产生旋转运动,通过离心力使较粗的煤粉颗粒进一步分离落下,由内锥体底部的回粉管返回磨煤机,气粉混合物则由上部出口管引出。

应该指出,从分离器引出的气粉混合物中还有一些较粗的煤粉颗粒,被分离出的回粉中也会带一些细粉,这种现象无论对磨煤机还是锅炉的工作都是不利的。为了

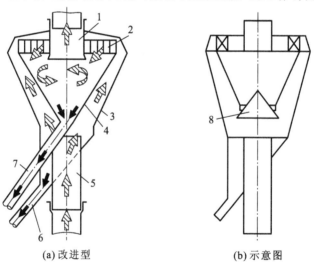

(a) 改进型　　　　　　　　　　(b) 示意图

图 3-19　离心式粗粉分离器

1—气粉出口管;2—可调折向挡板;3—外锥体;4—内锥体;5—气粉进口管;

6—外锥回粉管;7—内锥回粉管;8—回粉锁气器

减少回粉中细粉的含量和气粉混合物中粗粉的含量(即提高分离效率),改进型粗粉分离器(见图 3-19(b))将内锥体的回粉锁气器装在分离器内,这一方面可使入口气流增加撞击分离,另一方面也可使内锥体回粉在锁气器出口受到入口气流的吹扬,再次进行分离,减少回粉中夹带的细粉。

离心式粗粉分离器结构比较复杂,阻力也较大,但分离器后煤粉较细,且颗粒比较均匀,煤粉细度调节范围较宽。

2)回转式粗粉分离器

图 3-20 所示为回转式粗粉分离器。分离器上部有一个用角钢或扁钢做叶片的转子,由电动机驱动旋转。气粉混合物进入分离器下部,因流动截面扩大,气流速度降低,在重力作用下粗粉被分离。在分离器上部,气流被转子带动旋转。粗粉受到较大离心力作用再次被分离,沿筒壁下落经回粉管返回磨煤机重磨。当气流沿叶片间隙通过转子时,煤粉颗粒受到叶片撞击后又有部分粗粉被分离。改变转子的转速可调节煤粉细度,转速越高,分离作用越强,气流带出的煤粉就越细。分离器下部还装有切向引入的二次风,可使回粉再次受到吹扬,减少回粉中夹带的细粉,提高分离效率。

2. 细粉分离器(旋风分离器)

在中间储仓式制粉系统中,把煤粉从气粉混合物中分离出来是靠细粉分离器完成的。其工作原理如图 3-21 所示:自粗粉分离器来的气粉混合物切向进入细粉分离器圆柱体上部,一面旋转运动,一面向下流动;煤粉颗粒受离心力作用被甩向四周,沿筒壁落下;当气流转折向上进入内套筒时,再次分离出煤粉,分离出的煤粉经下部煤粉斗和锁气器进入煤粉仓。

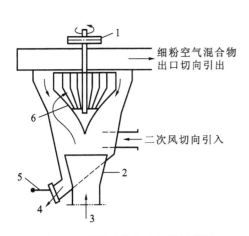

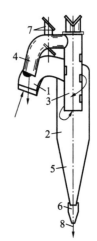

图 3-20 回转式粗粉分离器示意图

1—减速皮带轮;2—进粉管;

3—煤粉空气混合物进口;

4—粗粉出口(回磨煤机);

5—锁气器;6—转子

图 3-21 细粉分离器示意图

1—气体混合物入口管;2—分离器圆柱体部分;

3—内套筒;4—干燥剂(乏气)出口管;

5—分离器圆锥体部分;6—煤粉斗;

7—防爆门;8—煤粉出口

3.6.3　给粉机

在储仓式制粉系统中,煤粉仓里的煤粉通过给粉机按需要量被送入一次风管,再吹入炉膛。炉膛内燃烧的稳定性在很大程度上取决于给粉量的均匀性及给粉机适应负荷变化的调节性能。常用的主要是叶轮式给粉机,如图 3-22 所示。给粉量的调节可通过改变给粉机的转速来实现。自煤粉仓落下的煤粉在给粉机上部不断受到转板的推动,自上落粉口落下,由上叶轮将煤粉拨至中落粉口,再由下叶轮拨至煤粉出口,落到一次风管中。运行中煤粉仓内应保持粉位不低于一定高度,否则,由于一次风管内压力较高,空气可能穿过给粉机吹入粉仓,破坏正常供粉。

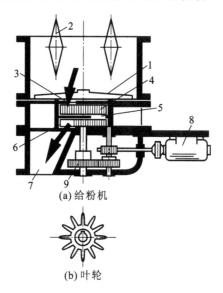

(a) 给粉机

(b) 叶轮

图 3-22　叶轮式给粉机

1—转板;2—隔断门;3—上落粉口;4—上叶轮;5—中落粉口;
6—下叶轮;7—煤粉出口;8—调速电动机;9—减速机构

第4章　燃烧设备和煤粉燃烧技术

燃料的燃烧方式不同,其锅炉设备也相应不一样。电站锅炉是耗用大量燃料的动力设备,其主要燃料是煤粉、油或天然气,燃料在炉内为悬浮状燃烧。在我国,煤炭资源比较丰富,而石油和天然气资源相对较贫乏,因此,我国的燃料政策规定,电站锅炉以燃煤为主,而且主要烧劣质煤,以满足国民经济建设各个方面的需要及能源的合理使用。劣质煤的燃烧是比较困难的,而且会给锅炉运行的安全性和经济性带来重大的影响。对于锅炉运行、管理人员来说,了解和掌握锅炉燃煤的特性是非常重要的,只有掌握有关的燃烧基本理论和燃烧设备的性能特点,才能提高锅炉的燃烧效率,节约能源消耗,降低发电成本,保证锅炉的安全运行。

4.1　煤粉高效燃烧技术

4.1.1　煤粉气流的着火及其影响因素

1. 燃烧过程的着火和熄火的热力条件

在温度很低时,各种燃料尽管和氧已接触,但只能缓慢氧化而不能着火燃烧。而将温度提高到一定值后,燃料和氧的反应就会自动加速,产生着火和燃烧。由缓慢氧化状态转变到迅速燃烧状态的瞬间过程称为着火,转变的瞬间温度称为着火温度。

煤粉与空气组成的可燃混合物的着火、熄火及燃烧过程的进行,都与燃烧过程的热力条件有关。因为在燃烧过程中,必然同时存在放热和吸热两个过程。这两个互相矛盾过程的发展,对燃烧过程可能是有利的,也可能是不利的,它会使燃烧过程发生(着火)或停止(熄火)。

下面以煤粉空气混合物在燃烧室内的燃烧情况为例,来分析燃烧过程的热力过程。

燃烧室内煤粉空气混合物燃烧时单位时间的放热量 Q_1 为

$$Q_1 = k_0 \mathrm{e}^{-E/RT} V C_{O_2}^n Q_r \tag{4-1}$$

在燃烧过程中,单位时间内燃烧向周围介质的散热量 Q_2 为

$$Q_2 = \alpha F(T - T_b) \tag{4-2}$$

则能量方程可写为

$$\rho_\infty c_p \frac{\mathrm{d}T}{\mathrm{d}t} = Q_1 - Q_2 = k_0 \mathrm{e}^{-E/RT} V C_{O_2}^n Q_r - \alpha F(T - T_b) \tag{4-3}$$

式中:k_0 为反应速度常数;ρ 为射流介质的密度;c_p 为平均比定压热容;E 为煤的活化能;R 为通用气体常数;C_{O_2} 为煤粉空气混合物中煤粉反应表面的氧浓度;n 为燃烧反

应式中氧的反应方次;V 为煤粉空气混合物体积;Q_r 为煤粉燃烧反应热;T 为反应系统温度;α 为燃烧室的综合放热系数,它等于对流放热系数和辐射放热系数之和;F 为燃烧室壁面面积;T_b 为燃烧室外部环境温度。

根据式(4-1)和式(4-2)可画出放热量 Q_1 和散热量 Q_2 随温度的变化情况的曲线,如图 4-1 所示。由图可见,放热曲线是一条指数曲线,散热曲线则为直线。

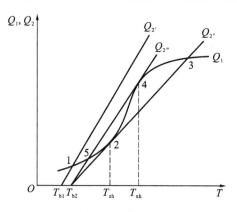

图 4-1　燃烧工况

当燃烧室壁面温度 T_{b1}(亦即煤粉气流的初始温度)很低时,此时的散热曲线为 $Q_{2'}$,它与放热曲线 Q_1 相交于点 1。由图可知,在点 1 以前的反应初始阶段,由于放热大于散热,反应系统开始升温,到达点 1 时达到放热和散热的平衡。而点 1 是一个稳定的平衡点,即不论反应系统的温度如何变化(升高或降低),它始终会回复到点 1 稳定下来。但点 1 处的温度很低,煤粉处于低温缓慢氧化状态,这时煤粉只会缓慢氧化而不会着火燃烧。

当改变某些条件,例如将煤粉气流的初始温度提高至 T_{b2},并减小 αF,则会有不同情况发生。此时相应的散热曲线为 $Q_{2''}$,由图可知,在反应初期,由于放热大于散热,反应系统温度逐步增加,至点 2 时达到平衡。但点 2 是一个不稳定的平衡点,因为只要稍稍地增加系统的温度,放热量 Q_1 就大于散热量 Q_2,使反应温度不断升高,一直到点 3 才会稳定下来。点 3 是一个高温的稳定平衡点,因此,只要保证煤粉和空气的不断供应,反应将维持在高速燃烧状态,点 2 对应的温度即为着火温度 T_{zh}。着火条件即放热曲线 Q_1 与散热曲线 Q_2 在点 2 相切,用数学形式描写为

$$\left.\begin{aligned} Q_1 &= Q_2 \\ \left|\frac{\partial Q_1}{\partial T}\right|_2 &= \left|\frac{\partial Q_2}{\partial T}\right|_2 \end{aligned}\right\} \tag{4-4}$$

对于处在高温燃烧状态下的反应系统,如果散热加大了,反应系统的温度便随之下降,散热曲线变为 $Q_{2'''}$,它与放热曲线 Q_1 线相交于点 4。由于点 4 前后都是散热大于放热,所以反应系统状态很快便从点 3 变为点 4,点 4 是一个不稳定的平衡点。只要反应系统温度稍微降低,便会由于散热大于放热,而使反应系统温度自动急剧地下

降,一直到点 5 才稳定下来。但点 5 处的温度已很低,此处煤粉只能产生缓慢地氧化,而不能着火和燃烧,从而使燃烧过程终止(熄火)。因此,只要到达了点 4 状态,燃烧过程即会自动中断,点 4 状态对应的温度即为熄火温度 T_{xh}。由图可知,熄火温度 T_{xh} 大于着火温度 T_{zh},但此时的熄火温度已与着火时的热力条件不同,不可相提并论。从研究分析和实际燃烧情况来看,熄火过程都有滞后性,即着火时的工况参数与熄火时的工况参数不相同,熄火要在比着火更差的条件下才能发生,这就是所谓的"滞后"现象。滞后现象的发生是由于在高温下的化学反应条件与常温下的化学反应之条件不同。

由上述分析可得出:散热曲线和放热曲线的切点 2 和 4,分别对应于反应系统的着火温度和熄火温度。然而点 2 和点 4 的位置是随着反应系统的热力条件(散热和放热)的变化而变化的。因此,着火温度和熄火温度也是随着热力条件的变化而变化的,并不是一个物理常数,只是在一定条件下得出的相对特征值。

在相同的测试条件下,不同燃料的着火、熄火温度不同,而对同一种燃料而言,由不同的测试条件也会得出不同的着火温度。但仅就煤而言,反应能力越强(V_{daf} 越高,焦炭活化能越小)的煤,其着火温度越低,越容易着火;反之,反应能力越低的煤,其着火温度越高,越难于着火。

由此可见,要加快着火,可以从加强放热和减少散热两方面着手。在散热条件不变的情况下,可以增加可燃混合物的浓度和压力,增加可燃混合物的初温,使放热加强;在放热条件不变时,则可采用加强燃烧室保温措施减少放热措施来实现。

2. 煤粉的着火

长期以来,人们根据煤块的燃烧,认为煤的燃烧过程如下:煤被加热和干燥,然后挥发分开始分解析出;如果炉内有足够高的温度,并且有氧气存在,则挥发分着火燃烧,形成火焰;这时,氧气消耗于挥发分的燃烧,不能到达焦炭的表面,而挥发分在焦炭周围燃烧,将焦炭加热,当挥发分接近燃尽时,氧气到达焦炭表面,焦炭立即剧烈燃烧。因此,挥发分能促进焦炭的燃烧,但挥发分和焦炭的燃烧基本上是分阶段进行的。

试验研究表明,煤粉的燃烧过程和上述概念大不相同。煤粉在炉中燃烧的实际情况是,煤粉进入炉膛后被迅速加热,很快达到足够高的温度,在挥发分还没有明显分解析出前,氧气已和炭表面直接接触,煤粉就可能直接着火燃烧。如图 4-2 所示的试验结果表明,挥发分只析出一部分即开始着火,以后挥发分和焦炭的燃烧是同时进行的,直到温度已很高,挥发分的析出仍未完成。

虽然如此,由于挥发分高的燃料着火温度比较低,在着火以后,挥发分的燃烧速度也比焦炭快。挥发分越高,着火越容易,这一基本概念仍然是正确的。

要使煤粉着火,必须有热源,以将煤粉加热到足够高的温度。这个热源主要是:煤粉气流卷吸回流的高温烟气;火焰、炉墙等对煤粉的辐射;燃料进行化学反应释放出的热量。在着火前,燃料进行化学反应释放出的热量可以略去不计。为了简化,假定煤粉的温度在整个容积内是均匀上升的。煤粉越细,这个假定越接近实际情况。

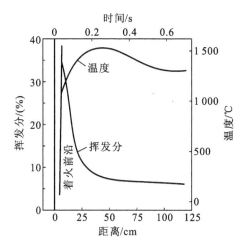

图 4-2　煤粉火焰中挥发分的析出曲线

这样,写出煤粉的加热方程式为

$$\frac{4}{3}\pi r^3 \rho_m c \frac{dT_m}{d\tau} = 4\pi r^2 a(T_y - T_m) + 4\pi r^2 \varepsilon \sigma_0 (T_h^4 - T_m^4) \tag{4-5}$$

式中:r 为煤粉的半径,m;ρ_m 为煤粉的密度,kg/m³;c 为煤粉的比热容,J/(kg·℃);T_m 为煤粉气流的温度,K;T_h 为火焰的温度,K;T_y 为回流烟气的温度,K;τ 为煤粉的加热时间,s;a 为烟气对煤粉的对流放热系数,W/(m²·℃);ε 为煤粉和周围介质的系统黑度;σ_0 为辐射常数,等于 5.67×10^{-8} W/(m²·K⁴)。

准确地求解上述方程是比较难的,以下讨论两种特殊情况。

(1)煤粉主要靠高温回流烟气的对流而加热,辐射可以略去不计,有

$$\frac{4}{3}\pi r^3 \rho_m c \frac{dT_m}{d\tau} = 4\pi r^2 a(T_y - T_m) \tag{4-6}$$

假设喷入炉内的煤粉空气温度为 T_0,把煤粉加热到着火温度 T_z 所需时间为 τ_z,则式(4-5)变为

$$\tau_z = \frac{r\rho_m c}{3a} \ln \frac{T_y - T_0}{T_y - T_z} \tag{4-7}$$

(2)火焰、炉墙等对煤粉的辐射为主要热源,烟气的对流加热可以略去不计。此外,取系统黑度 $\varepsilon \approx 1$,着火前 $T_m^4 \ll T_h^4$,前者可以略去不计,则式(4-5)变为

$$\frac{4}{3}\pi r^3 \rho_m c \frac{dT_m}{d\tau} = 4\pi r^2 \varepsilon \sigma_0 (T_h^4 - T_m^4) \tag{4-8}$$

解之得

$$\tau_z = \frac{r\rho_m c}{3\sigma_0 T_h^4}(T_z - T_0) \tag{4-9}$$

图 4-3 所示为根据式(4-7)和式(4-9)计算得到的煤粉颗粒的加热曲线。曲线 1 和曲线 2 分别是烟气温度为 1 000 ℃时,考虑对流加热和考虑辐射加热的加热曲线。在辐射加热时,煤粉周围的介质温度比较低,煤粉接受辐射热后,还将把一部分热量

传给周围介质,曲线 3 考虑了这一影响。由图可见:细煤粉的温度升高比粗煤粉快得多,因此,着火先从细煤粉开始;对于细煤粉,对流加热的作用比辐射加热快得多。此外,在煤粉气流中,只有表面一层煤粉可以接受到辐射加热,这就更说明了煤粉气流的着火主要是靠高温回流烟气的加热。

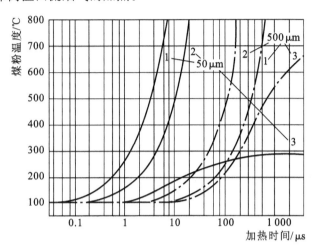

图 4-3　煤粉颗粒的加热曲线

3. 影响煤粉气流着火的因素

为了将煤粉气流更快地加热到煤粉颗粒的着火温度,总是不把煤粉燃烧所需的全部空气都与煤粉混合来输送煤粉,而只是用其中一部分来输送煤粉。这部分空气称为一次风,其余的空气称为二次风和三次风。

在锅炉燃烧中,一般希望煤粉气流在离开燃烧器喷口 $0.3 \sim 0.5$ m 开始着火。如果着火过早,可能使燃烧器喷口因过热被烧坏,也易使喷口附近结渣;如果着火太迟,就会引起炉内燃烧不稳定,炉膛负压波动较大,另外,着火太迟还会推迟整个燃烧过程,导致煤粉来不及烧完就离开炉膛,增大了机械不完全燃烧损失。

煤粉气流着火后就开始燃烧,形成火炬,着火之前是吸热阶段,需要从周围介质中吸收一定的热量来提高煤粉气流的温度,着火以后才是放热过程。将煤粉气流加热到着火温度所需的热量称为着火热,它包括加热煤粉及空气(一次风),并使煤粉中水分蒸发、过热所需要的热量。由于实际炉膛内煤粉气流的温度场、浓度场非常复杂,为了便于分析,通常假定煤粉气流主要是靠对流加热并且是均匀受热的,并将它作为一维系统来研究。

煤粉气流着火热 Q_{zh}(对于热风送粉)的计算式为

$$Q_{zh} = B_r \left(V^0 \alpha_r r_1 c_{1K} \frac{100 - q_4}{100} + c_d \frac{100 - M_{ar}}{100} \right) (T_{zh} - T_0)$$

$$+ B_r \left\{ \frac{M_{ar}}{100} [2\,510 + c_q(T_{zh} - 100)] - \frac{M_{ar} - M_{mf}}{100 - M_{mf}} [2\,510 + c_q(T_0 - 100)] \right\} \quad (4\text{-}10)$$

式中：B_r 为每台燃烧器的燃料消耗量，kg/h；V^0 为理论空气量，Nm^3/kg；α_r 为燃烧器
送入炉内的空气所对应的过量空气系数；r_1 为一次风所占份额；c_{1K} 为一次风比热，
$J/(Nm^3 \cdot K)$；q_4 为锅炉的机械不完全燃烧热损失，%；c_d 为煤的干燥基比热容，
$J/(kg \cdot K)I$；M_{ar} 为煤的收到基水分，%；T_{zh} 为着火温度，K；T_0 为煤粉一次风气流初
温，K；c_q 为蒸汽的比热容，$J/(kg \cdot K)$；M_{mf} 为煤粉的水分，%。

　　由上式可见，着火热随燃料性质（如着火温度、燃料水分、灰分、煤粉细度等）和运
行工况（如煤粉气流初温、一次风率和风速等）的变化而变化。此外，也与燃烧器结构
特性及锅炉负荷等有关。以下分析影响煤粉气流着火的主要因素。

　　1）燃料的性质

　　燃料性质中对着火过程影响最大的是挥发分含量 V_{daf}，煤粉的着火温度随 V_{daf} 的
变化规律如图 4-4 所示。挥发分 V_{daf} 降低时，煤粉气流的着火温度显著提高，着火热
也随之增大，这就是说，必须将煤粉气流加热到更高的温度才能着火。因此，低挥发
分的煤着火更困难，着火所需时间更长，而着火点离开燃烧器喷口的距离也增大。

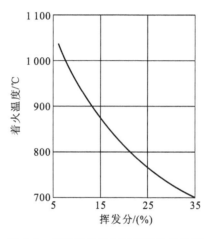

图 4-4　煤粉着火温度与挥发分的关系

　　当原煤水分增大时，着火热也随之增大，同时，水分的加热、汽化、过热都要吸收
炉内的热量，致使炉内温度水平降低，从而使煤粉气流卷吸的烟气温度及火焰对煤粉
气流的辐射热也相应降低，这对着火显然是更加不利的。采用热风送粉时，在制粉系
统中煤的水分蒸发形成的水蒸气不随同煤粉一起进入炉膛，可使着火热减少，从而有
利于着火。

　　原煤灰分在燃烧过程中不但不能放热，而且还要吸热。当燃用高灰分的劣质煤
时，由于燃料本身发热量低，燃料的消耗量增大，大量灰分在着火和燃烧过程中要吸
收更多热量，因而使得炉内烟气温度降低，同样使煤粉气流的着火推迟，也影响了着
火的稳定性。

　　煤粉气流的着火温度也随煤粉的细度而变化，煤粉愈细，着火愈容易。这是因为
在同样的煤粉浓度下，煤粉愈细，进行燃烧反应的表面积就会越大，而煤粉本身的热

阻却减小,因而在加热时,细煤粉的温升速度要比粗煤粉快,这样,就可以加快化学反应速度,更快地达到着火温度。所以在燃烧时总是细煤粉首先着火燃烧。由此可见,对于难着火的低挥发分煤,将煤粉磨得更加细一些,无疑会加快它的着火速度。

2)炉内散热条件

在实践中为了加快低挥发分煤的着火并使其燃烧稳定,常在燃烧器区域用耐火材料将部分水冷壁遮盖起来,构成所谓卫燃带。其目的是减少水冷壁吸热量,也就是减少燃烧过程的散热,以提高燃烧器区域的温度水平,从而改善煤粉气流的着火条件。实践表明,敷设卫燃带是加快低挥发分煤着火的有效措施。

3)煤粉气流的初温

由式(4-10)可知,提高初温 T_0 可减少着火热。因此,在实践中燃用低挥发分煤时,常采用高温的预热空气作为一次风来输送煤粉,即采用热风送粉系统。

4)一次风量和一次风速

由式(4-10)可知:增大煤粉空气混合物中的一次风量 $V^0\alpha_r r_1$,便可相应增大着火热,使着火延迟;减小一次风量,会使着火热显著降低。但是一次风量又不能过低,否则,煤粉会由于着火燃烧初期得不到足够的氧气,化学反应速度减慢,从而使着火燃烧的继续扩展受阻。通常一次风量的选取以满足煤粉着火初期所需要的氧量为准,对于容易着火的煤,一次风量要大,对于不易着火的煤,一次风量要小。另外,一次风量还必须满足输粉的要求,否则,会造成煤粉管道堵塞。

一次风速对着火过程也有一定的影响。若一次风速过高,通过单位截面积的流量增大,将降低煤粉气流的加热速度,使着火距离加长。但一次风速过低,会引起燃烧器喷口被烧坏,以及煤粉管道堵塞等故障,故应有一个最适宜的一次风速。它与煤种及燃烧器的形式有关。

5)燃烧器结构特性

影响着火快慢的燃烧器结构特性,主要是指一、二次风混合的情况。如果一、二次风混合过早,如在煤粉气流着火前就混合,就等于增大了一次风,相应使着火热增大,从而推迟着火过程。因此,燃用低挥发分煤种时,应适当地推迟一、二次风的混合时间。

燃烧器的尺寸也影响着火的稳定性。燃烧器出口截面积愈大,煤粉气流着火时至喷口的距离愈远,着火过程拉得就愈长。从这一点来看,采用尺寸较小的小功率燃烧器代替大功率燃烧器是合理的。因为采用小尺寸燃烧器既可增加煤粉气流着火的表面积,同时也能缩短着火扩展到整个气流截面所需要的时间。

6)锅炉负荷

锅炉负荷降低时,送进炉内的燃料消耗量相应减少,而水冷壁总的吸热量虽然也减少,但减少的幅度较小,相对于每千克燃料来说,水冷壁的吸热量反而增加了,致使炉膛平均烟温下降,燃烧器区域的烟温也降低,因而对煤粉气流的着火是不利的。当锅炉负荷降到一定程度时,就会危及着火的稳定性,甚至可能引起熄火。因此,着火稳定性条件常常限制了煤粉锅炉的负荷调节范围。

4.1.2　煤粉的燃烧及燃尽

要使燃烧过程良好,就是要尽量将煤粉燃尽,也就是在炉内不结渣的前提下,快速地燃烧而且燃烧完全,得到最高的燃烧效率。燃烧效率的计算式为

$$\eta_r = 100 - (q_3 + q_4) \tag{4-11}$$

式中:q_3 为化学不完全燃烧热损失,%;q_4 为机械不完全燃烧热损失,%。

要做到完全燃烧,须满足 2.6.3 节所介绍的煤粉完全燃烧的原则性条件。

4.1.3　烟气回流稳燃原理

由前文所述,煤粉着火前在炉内被加热的热源主要来自于对流换热,因此,可在旋流燃烧器或直流燃烧器的出口处装一个扩锥,又称稳焰器或钝体,利用煤粉气流流过它时,在它之后产生一个涡流区来增强煤粉与炉内高温烟气的对流换热量。涡流区可以分成顺流区和回流区(见图 4-5)。由于回流区内的压力较低,可以将炉内的高温烟气吸入到回流区里来对一次风煤粉进行加热。

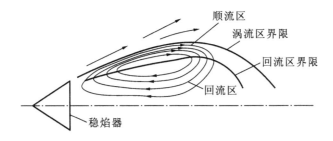

图 4-5　稳焰器后气流的回流

为了便于讨论回流区对着火的作用,可将图 4-5 所示的气流情况进行简化,如图 4-6 所示。如果煤粉气流的初温是 T_0,T_1 是未燃气流和回流烟气混合后的温度,T_2 是回流区后的烟气和未燃气流混合前的温度。

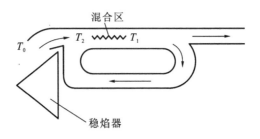

图 4-6　内回流的稳焰作用

显然,距离燃烧器越远,混入煤粉气流的回流烟气量越多,混合后的温度也越高。如果在某一点,混合后的温度 T_1 超过了着火温度,就在这一点开始着火燃烧。

未燃煤粉气流和回流烟气混合后的温度 T_1 可用热平衡方法求得,即

$$(1+x)T_1 = T_0 + xT_2 \tag{4-12}$$

式中:x 为每单位煤粉气流中混入的回流烟气量,即回流率。

将式(4-12)进行适当的变化,可得

$$T_1 = \frac{T_0 + xT_2}{1+x} = \frac{T_0 + xT_0 + x\Delta T}{1+x} = T_0 + \frac{x}{1+x}\Delta T \tag{4-13}$$

式中:ΔT 为回流烟气温度与煤粉气流初温的差,即 $\Delta T = T_2 - T_0$。

由式(4-13)可以看出,当回流烟气温度增高或回流率增大时,T_1 随之增加;当回流率 $x=0$ 时,$T_1=T_0$。由此可见,烟气的回流对提高煤粉气流的温度和着火是十分有益的。

4.1.4 浓淡偏差燃烧

将煤粉气流分成浓相和淡相两部分送入炉膛内燃烧。浓相中煤粉含量较大,通常煤粉气流的浓度为 0.7~1.2 千克煤粉/千克空气;淡相则相反,煤粉含量较少,煤粉气流的浓度为 0.2~0.4 千克煤粉/千克空气。由于浓相中煤粉浓度较高,着火较容易,从而改善了煤粉气流在炉内燃烧的条件。

浓相煤粉对着火过程的强化作用可解释如下。

1. 挥发分浓度增加的影响

煤粉气流进入炉膛受到加热后,挥发分析出继而燃烧放出热量,使得煤粉气流温度迅速升高,并促进焦炭的燃烧。由于挥发分的燃烧属均相燃烧,因此,释放出的挥发分浓度(即一次风的混合气氛中已释放出的挥发分所占比例)直接影响到其着火温度及火焰传播速度。对于低挥发分的煤来说,在通常使用的煤粉浓度下,释放出的挥发分量占一次风的比例很小,因而使得挥发分自身的着火温度较高,火焰传播速度较低,不利于挥发分的着火和燃烧。增大煤粉浓度后,已释放出的挥发分量相对增加,即挥发分的浓度增加,这使得挥发分着火温度降低,火焰传播速度加快,有利于挥发分的提前着火和稳定燃烧,促使煤粉气流的温度迅速升高,为煤粉的燃烧创造有利条件。

2. 减少着火热

提高煤粉浓度,相应使一次风量减少,从而减少了加热一次风所需的热量。在低挥发分煤的燃烧过程中,因其挥发分含量较少,满足挥发分完全燃烧所需的空气也较少,因此,适量地减少一次风量不会影响挥发分的完全燃烧,相反,挥发分燃烧释放出的热量可更有效地用来提高一次风温度,使得煤粉气流温度升高更快,进一步加速挥发分的释放、燃烧和焦炭的燃烧。

图 4-7 所示为浓缩煤粉燃烧试验中煤粉着火初期的燃烧温度与煤粉浓度的关系。由图可见,第 1 测点和第 2 测点的温度均随煤粉浓度的提高而增加,说明煤粉浓度提高后,着火初期的燃烧状况较好,反之则较差。

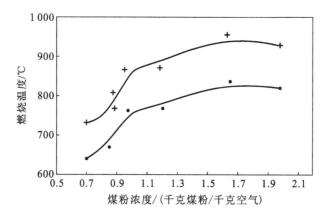

图 4-7　着火过程中同一测点上煤粉浓度与燃烧温度的关系
十—第一测点；·—第二测点

4.2　煤粉炉的炉膛及燃烧器

4.2.1　煤粉炉的炉膛

　　煤粉炉的炉膛是燃料燃烧的场所,它的四周护墙上布满了蒸发受热面(水冷壁),有时也敷设有墙式过热器和墙式再热器,因而炉膛也是热交换(主要是辐射能交换)的场所,所以炉膛是锅炉重要的部件之一。

　　煤粉炉的炉膛既要保证燃料燃尽,又要保证炉内热交换合理、受热面的布置合适,以满足锅炉容量的要求,并使烟气到达炉膛出口时冷却到其后的对流受热面不结渣和安全工作所允许的温度,炉膛出口的 NO_x 和 SO_x 排放量应符合环保要求。

1. 炉膛设计基本要求

　　(1)炉膛要有足够的空间,以保证燃料完全燃烧。

　　(2)合理布置燃烧器,使燃料能迅速着火,并有良好的炉内空气动力场,使各壁面热负荷均匀,即要使火焰在炉膛内的充满程度好,减少气流的死滞区和旋涡区,又要避免火焰冲刷墙壁,避免结渣。

　　(3)合理选择炉膛出口烟温,保证炉膛出口后的对流受热面不结渣和安全工作。

　　(4)能够布置合适的蒸发受热面,以满足锅炉容量的需要。

　　(5)炉膛的辐射受热面应具有可靠的水动力特性,保证其工作安全。

　　(6)生成的 NO_x 和 SO_x 排放量应符合环保要求。

　　(7)炉膛结构紧凑,金属及其他材料用量少,便于制造、安装、检修和运行。

2. 影响锅炉设计的主要因素

1)燃料特性

燃料特性主要指煤的挥发分、发热量、水分、灰分、碳含量,以及煤灰成分、熔融性和黏结特性等。它们与挥发分的释放特性,着火、燃烧、焦炭的燃尽特性,结渣和沾污特性,以及 NO_x、SO_x、粉尘排放量密切相关。煤的挥发分反映煤在燃烧过程中的化学活性;水分高、灰分高、发热量较低的劣质煤难以着火、燃烧和燃尽;碳化程度较高的无烟煤化学反应能力较差,挥发分析出的温度也较高,着火和燃尽较困难;高水分、低发热量、低灰熔点的褐煤,着火稳定性较差,还容易结渣。煤粉细度、颗粒特性、表面积和孔隙结构对煤粉着火和燃烧都有较大影响。由燃料中的 N 生成的 NO_x 和空气中的 N 在高温下与氧反应生成的 NO_x,以及高硫煤燃烧时生成的 SO_x 与锅炉的高、低温腐蚀和大气污染都密切相关。对结渣和沾污较严重的燃料,炉膛截面热负荷、容积热负荷、燃烧器区域壁面热负荷等都应选取较低值,炉膛必须布置吹灰器和打焦孔。炉膛设计随煤种而异:烟煤可采用角置式切圆燃烧炉膛或前墙布置、前后墙对冲布置燃烧器炉膛;褐煤和多灰分劣质烟煤可采用塔式炉膛;低挥发分无烟煤可采用 W 型炉膛;灰熔点和灰黏度较低的煤可采用液态排渣炉膛。

2)燃烧方式和排渣方式

炉膛类型与燃烧方式和排渣方式有关。煤粉炉膛的分类如图 4-8 所示,炉膛形式及燃烧方式和排渣方式如表 4-1 所示。我国的电站锅炉主要采用带直流式燃烧器、四角布置的、用切圆燃烧方式的正方形炉膛,炉膛的宽深比<1.2,以及采用旋流式燃烧器的前墙(或前后墙)布置的炉膛,后者通常为长方形炉膛。切圆燃烧方式的优点是炉膛四面水冷壁的热负荷比较均匀,改善了风粉混合状况,相邻火焰可以相互

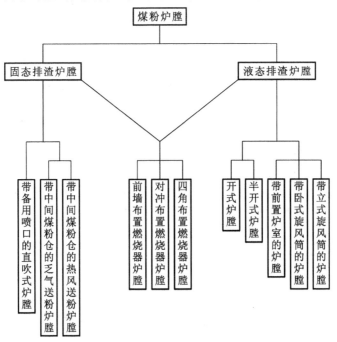

图 4-8　煤粉炉膛的分类

点燃,燃烧较稳定,对燃料的适应性较好。直流式燃烧器阻力较小,易于操作和调整。若采用摆动燃烧器,还可以调节炉膛中火焰中心位置。但四角切向燃烧的风粉管道布置较复杂,出口处的烟温因气流旋转未完全消失可能会使一侧烟温偏高。前墙布置或前后墙对冲布置燃烧器的优点是沿炉膛宽度方向的烟气温度和速度分布比较均匀,可使过热蒸汽温度偏差较小。当锅炉容量增大时,只需沿炉宽方向相应增加燃烧器只数。炉膛深度变化不大,易于实现锅炉系列化。

W型炉膛是为燃用低挥发分的无烟煤和贫煤而设计的。该炉在炉顶拱部布置燃烧器,炉顶拱下面的水冷壁上敷设卫燃带,形成着火的高温区,以利于着火。煤粉从顶拱的燃烧器送入,先向下流动着火燃烧,随后折转180°回来向上流动,燃烧生成的高温烟气进入上部的辐射炉膛,直至炉膛出口。

表 4-1　炉膛形式及燃烧方式和排渣方式

炉膛形式	Γ型炉	半开式Γ型炉	Γ型炉	Γ型炉	W型炉
燃烧方式	切向燃烧	切向燃烧	对冲(交错)燃烧	前墙燃烧	W型燃烧
图例					
排渣方式	固态	液态	固态	固态	固态
燃烧器形式	直流式	直流式	旋流式	旋流式	旋流式、直流式

4.2.2　固态排渣煤粉锅炉与液态排渣煤粉锅炉

1. 固态排渣煤粉锅炉

固态排渣是指从炉膛排出煤粉燃烧后灰渣为固态的。灰渣可分为飞灰和炉渣。飞灰由炉膛烟道排出,占燃煤灰渣的85%～95%,经除尘器脱除。炉渣由炉膛下部的灰斗排出,占燃煤灰渣的5%～15%,由底渣系统排入渣池。目前,固态排渣是煤粉锅炉的主要排渣方式。

2. 液态排渣锅炉

液态排渣锅炉是从炉膛中排出液态炉渣的锅炉。它必须有高温的燃烧区域,使得灰渣能熔化而流出,适用于低灰熔点的煤,对于一般的煤种,需要在煤中掺入一定量的石灰石来降低燃煤灰熔点。液态排渣锅炉一般设计有前置炉、二次燃烧室(炉膛)和尾部烟道。煤粉在前置炉内燃烧,炉内的温度可达2 000 ℃左右,灰渣在前置炉内熔化,顺着炉壁流入渣井。从前置炉出来的烟气进入二次燃烧室(炉膛)继续燃尽,并在炉膛内与水冷壁进行辐射换热。尾部烟道布置有过热器、省煤器和空气预热器,进一步吸收烟气中的热量。液态排渣锅炉的特点是机械不完全损失小,飞灰损失少,燃烧稳定且不易结焦,但负荷调节性能差,高温腐蚀、析铁和积灰等问题不易解决。高灰熔点的煤因流渣有困难,对高灰分煤,溶渣物热损失较大。另外,由于煤粉燃烧时的温度很高,因此 NO_x 的排放量也较高。

4.2.3　燃烧器

要组织好锅炉燃烧过程,除了从燃烧机理和热力条件方面来加以保证,使煤粉气流能迅速着火和稳定燃烧外,还要使煤粉与空气均匀地混合,使燃料与氧化剂及时接触,以使燃烧猛烈、燃烧强度大,并以最小的过量空气系数达到完全燃烧,提高燃烧效率,保证锅炉的安全、经济运行。在煤粉炉中,这一切都与燃烧器的结构、布置及其流体动力特性有关,即要有性能良好并能合理组织炉内气流的燃烧器。因此,燃烧器是煤粉锅炉的主要燃烧设备,其作用是将燃料与燃烧所需空气按一定的比例、速度和混合方式经燃烧器喷口送入炉膛,保证燃料在进入炉膛后能与空气充分混合、及时着火、稳定燃烧和燃尽。

为达到上述目的,送入煤粉炉燃烧器的空气不是一次集中送进的,而是按对着火及燃烧有利而合理组织、分批送入的。按送入空气的作用不同,可将送入燃烧器的空气分为三种,即一次风、二次风和三次风。

一次风即携带煤粉送入燃烧器的空气,主要作用是输送煤粉和满足燃烧初期对氧气的需要。一次风数量一般较少。

待煤粉气流着火后再送入的空气称为二次风。二次风用来补充煤粉继续燃烧所需要的空气,并起着组织炉内气流运动和混合的重要作用。

当煤粉制备系统采用中间储仓式热风送粉时,在磨煤机内干燥原煤后排出的乏气,因其中含有 10%～15% 的细小煤粉需要充分利用,故将这股乏气由单独的喷口送入炉膛燃烧,这股乏气称为三次风。

对煤粉炉燃烧器的基本要求:

(1)燃烧器出口燃料分配均匀,配风合理;

(2)能形成良好的炉内空气动力场,火焰在炉内的充满程度较好,且不会冲墙贴壁,避免结渣;

(3)能使煤粉气流稳定地着火燃烧,确保较高的燃烧效率;

(4)有较好的燃料适应性和负荷调节范围;

(5)流动阻力较小;

(6)能减少 NO_x 的生成,减少对环境的污染。

煤粉燃烧器按其出口气流特性可分为两大类:一类为直流燃烧器,其出口气流为直流射流或直流射流组;另一类为旋流燃烧器,其出口气流为旋转射流。

4.3　直流燃烧器及其布置

　　直流燃烧器由一组矩形或圆形的喷口组成,由喷口喷出的一、二次风都是不旋转的直流射流。直流燃烧器可以布置在炉膛四角、炉膛顶部或炉膛中部的拱形部分,从而形成四角切圆燃烧方式、U 型火焰燃烧方式和 W 型火焰燃烧方式。在我国的燃煤电站锅炉中,应用最广的是四角布置切圆燃烧方式。

4.3.1　直流射流的空气动力学特性

　　直流燃烧器各个喷口的射流一般均具有比较高的 $Re(Re \geqslant 10^5)$,射流射入的炉膛空间尺寸总是大于喷口的尺寸。这样,射流离开喷口后就不再受到任何固体壁面的限制,故称为湍流自由射流。根据流体力学理论可知:湍流射流沿着轴线方向运动,不断与周围介质进行湍流混合,射流不断扩展,截面一路增大,射流轴心线速度在初始段中保持与出口速度相同,在基本段中轴心速度也一路减小。射流中各截面上的轴向速度从轴心线上的最大值降低至达到射流外边界处的零值。射流的结构及速度分布如图 4-9 所示。

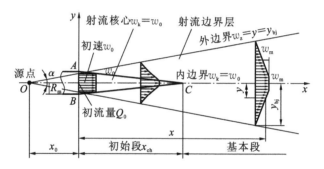

图 4-9　等温自由射流的结构特性及速度分布

　　射流自喷口喷出后,由于仅在边界层处有周围气体被卷吸进来,而在射流中心尚未混入周围气体的地方仍然保持初速 w_0,这个保持 w_0 速度的三角形区域称为射流核心区。在核心区维持初速 w_0 的边界称为内边界,射流与周围气体的边界(此处流速 $w_x \rightarrow 0$)称为射流的外边界。内、外边界间就是湍流边界层,湍流边界层内的流体由射流本身的流体以及卷吸进来的周围气体组成。射流从喷口喷出至达到一定距离时,核心区便消失,只在射流中心轴线上某点处尚保持初速 w_0,此处对应的截面称为射流的转折截面。在转折截面前的射流段称为初始段,在转折截面以后的射流段称为基本段,基本段中射流的轴心速度开始逐步衰减。

　　射流的内、外边界都可近似地认为是一条直线,射流外边界线的交点 O 称为源点,其交角 α 称为扩展角。扩展角的大小与射流喷口的截面形状和喷口出口速度分布情况有关。因为射流的初始段很短,仅为喷口直径的 2～4 倍,这段距离在煤粉炉中尚处于着火准备阶段。因此,在实际锅炉工作中,主要研究基本段的射流特性。

试验发现,射流在基本段中各截面的速度分布是相似的,无论对于喷口是矩形还是圆形截面的直流射流,都可用半经验公式加以描述,即

$$\frac{w_x}{w_m} = \left[1 - \left(\frac{y}{R_m} \right)^{3/2} \right]^2 \tag{4-14}$$

式中:w_x 为在距喷口 x 处与轴线垂直的截面上任意点的轴向速度,m/s;w_m 为上述截面上轴线的速度,m/s;y 为任意点到射流轴线的距离,m;R_m 为该截面的半宽度,即轴线与外边界的距离,m。

式(4-14)说明,在基本段内射流的速度是相似的。在基本段内,在轴线上的轴向速度 w_m 沿射流流动方向上的变化规律为

对于圆形喷口

$$\frac{w_m}{w_0} = \frac{0.96}{\dfrac{ax}{R_0} + 0.29} \tag{4-15}$$

对于矩形喷口

$$\frac{w_m}{w_0} = \frac{1.20}{\left(\dfrac{2ax}{b_0} + 0.41 \right)^{0.5}} \tag{4-16}$$

式中:w_0 为射流的初始速度,m/s;a 为湍流系数,对于圆形喷口,$a = 0.066 \sim 0.076$,对于矩形喷口,$a = 0.10 \sim 0.12$;R_0 为圆形喷口直径,m;b_0 为矩形喷口两边中的短边长度,m;x 为计算截面距喷口的距离,m。

直流射流的卷吸量是沿着射流运动方向不断增加的,对于射流的基本段,射流的流量变化情况为

对于圆形喷口

$$\frac{Q}{Q_0} = 2.22 \left(\frac{ax}{R_0} + 0.29 \right) \tag{4-17}$$

对于矩形喷口

$$\frac{Q}{Q_0} = 1.2 \left(\frac{ax}{b_0} + 0.41 \right)^{\frac{1}{2}} \tag{4-18}$$

式中:Q 为距喷口为 x 的基本段截面的射流流量,m³/s;Q_0 为射流的初始流量,m³/s。

射流的另一特性为衰减。所谓衰减是指射流某一截面上的轴向最大速度 w_{max} 与射流初始速度 w_0 的比值沿射流方向降低,衰减速度可以反映射流对周围气体的穿透能力。不同高宽比的矩形出口截面的射流速度衰减不同(见图 4-10)。射流的衰减较快,表明射流卷吸周围气体较多。

在实际的炉膛中射流为不等温受限射流,但受限射流和自由射流轴心速度衰减规律基本上是相同的,只是在 x/b 很大的情况下,受限射流轴心速度才小于自由射流。

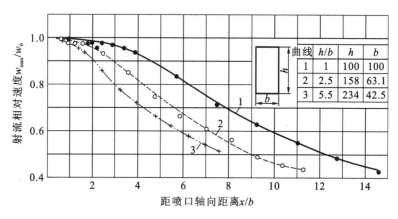

图 4-10　不同高宽比的矩形喷口截面的射流速度衰减情况

射流的扩展角决定了射流的外边界线,也就是决定了射流的形状。直流射流的扩展角用下列公式计算:

对于圆形喷口

$$\tan\frac{\vartheta}{2} = 3.4a \tag{4-19}$$

对于矩形喷口

$$\tan\frac{\vartheta}{2} = 2.4a \tag{4-20}$$

当射流的温度和成分与周围气体的温度及成分不同,而温差又不太大时,射流的浓度和温度变化的规律基本上也与速度变化的规律相类似。基本段上的变化规律,可用下列公式表示:

$$\frac{T-T_{\mathrm{w}}}{T_0-T_{\mathrm{w}}} = \frac{C-C_{\mathrm{w}}}{C_0-C_{\mathrm{w}}} = 1-\left(\frac{y}{R_{\mathrm{m}}}\right)^{3/2} \tag{4-21}$$

当喷口形状为圆形时,沿轴线的变化规律为

$$\frac{T_{\mathrm{m}}-T_{\mathrm{w}}}{T_0-T_{\mathrm{w}}} = \frac{C_{\mathrm{m}}-C_{\mathrm{w}}}{C_0-C_{\mathrm{w}} }= \frac{0.7}{\dfrac{ax}{R_0}+0.29} \tag{4-22}$$

当喷口形状为矩形时,沿轴线的变化规律为

$$\frac{T_{\mathrm{m}}-T_{\mathrm{w}}}{T_0-T_{\mathrm{w}}} = \frac{C_{\mathrm{m}}-C_{\mathrm{w}}}{C_0-C_{\mathrm{w}}} = \frac{1.04}{\left(\dfrac{ax}{b_0}+0.41\right)^{0.5}} \tag{4-23}$$

式中:T、C 分别为距喷口距离为 x 的截面上、距轴线距离为 y 处的温度和浓度;T_0、C_0 分别为射流在喷口出口处的温度和浓度;T_{w}、C_{w} 分别为周围气体的温度及浓度;T_{m}、C_{m} 分别为射流基本段内距喷口某一距离轴线上的温度和浓度。

在实际炉膛中往往使用的不是一个燃烧器,而是一列相互平行的射流组。假设各喷嘴的截面及出口速度均相同,各射流等距离布置,两相邻射流的中心距为 $2B_0$,各股平面射流宽度为 $2b_0$。试验表明,平面射流的各射流在混合以前的初始段比一般的自由射流缩短了。由于射流之间有较强的旋涡区,其湍流脉动比自由射流大,其边界层增厚也比较快。但平行射流组的无因次速度场仍服从自由射流的速度分布规律(见图 4-11),即

$$\Delta v = \frac{v - v_1}{v_m - v_1} = \left[1 - \left(\frac{\overline{y}}{2.27}\right)^{3/2}\right]^2 \tag{4-24}$$

$$\overline{y} = \frac{y}{y_{0.5}}$$

式中:y 为从射流轴线算起的横向坐标;$y_{0.5}$ 为从射流轴线算起至相应于纵向速度 $v = 0.5$ 处的距离;v_m 为喷嘴中心线处的速度最大值;v_1 为喷嘴之间位置处的速度最小值。

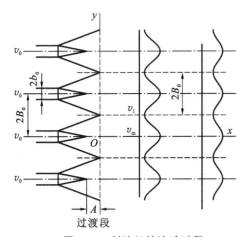

图 4-11　射流组的流动过程

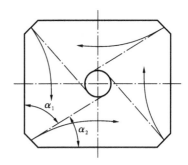

图 4-12　四角切圆锅炉内气流流动方向

4.3.2　直流燃烧器四角布置炉膛

直流燃烧器通常布置在炉膛四角,每个角的燃烧器出口气流的几何轴线均切于炉膛中心的假想圆,故称四角布置切圆燃烧方式。这种燃烧方式,由于四角的射流在炉内组成旋转的空气动力场,上游的火焰点燃下游煤粉,在炉内形成稳定的燃烧火球,有利于煤粉的稳定着火和强化燃烧,而且火焰在炉内的充满程度较好。图 4-12 所示为四角切圆锅炉内气流运动方向。

1. 配风方式

根据燃煤特性的不同,切圆燃烧方式直流燃烧器一、二次风喷口的排列方式可以分为均等配风和分级配风两种,如图 4-13 所示。

1)均等配风

其喷口的布置如图 4-13(a)所示,其布置特点是,一、二次风喷口相间布置,即在两个一次风喷口之间均等布置 1~2 个二次风喷口。沿高度间隔排列的各个二次风喷口的风量分配接近均匀,仅最上层二次风的风量较大。这样布置有利于一、二次风的较早混合,使一次风煤粉气流着火后就能迅速获得足够的补充空气,充分地燃烧。

这种布置方式,在国内外燃用高挥发分的烟煤和褐煤锅炉上应用较多,故常称为烟煤、褐煤型配风方式。

2)分级配风方式(或集中布置方式)

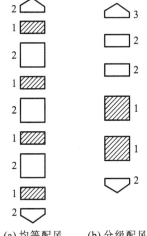

(a)均等配风　(b)分级配风

图 4-13　切圆燃烧方式直流燃烧器喷口的布置

其一、二次风喷口排列方式如图 4-13(b)所示。它的特点是,一次风喷口相对集中布置,并靠近燃烧器的下部。二次风喷口则分层布置,且一、二次风喷口边缘保持较大的距离,为 160~350 mm,目的是推迟一、二次风的混合,以保证混合前的一次风煤粉气流有较好的着火条件。这种配风方式,适合于低挥发分的无烟煤和贫煤的燃烧要求。燃用劣质烟煤时,为了稳定着火和燃烧,也常用这种配风方式。

3)直流燃烧器各层二次风的作用

直流燃烧器的二次风包括下二次风、中二次风、上二次风、燃尽风、周界风等。

下二次风的作用主要是防止煤粉离析,托住火焰使其不致过分下冲,避免未燃烧的煤粉直接落入灰斗。在固态排渣炉的二次风分配中它所占的百分比较小。

中二次风是煤粉燃烧阶段所需氧气和湍流扰动的主要风源。在均等配风方式中它所占的百分比较大。

上二次风的作用是提供适量的空气保证煤粉燃尽。在分级配风方式中它所占的百分比最高,是煤粉燃烧和燃尽的主要风源。

对于 300 MW、600 MW 以上的大容量锅炉,为减少炉内 NO_x 生成量,整组燃烧器的最上部(在三次风喷口之上)设置有两个燃尽风(over fire air)喷口,将 15% 的理论空气量从燃尽风喷口送入燃烧器顶部,将其余大约 85% 的理论空气量从下部燃烧器喷口送入炉膛,使下部炉膛风量小于煤粉完全燃烧所需风量(即富燃料燃烧),从而抑制燃烧区段温度,达到分级燃烧目的。运行时可根据工况需要在 0~15% 范围内调整燃尽风量。

周界风在锅炉燃烧器上也是常见的,它装在一次风喷口的四周。周界风的风层薄,为 15~25 mm;风量小,为二次风总量的 10% 左右。但周界风的风速却较高,为 30~45 m/s。周界风的主要作用是防止喷口被烧坏,并适应煤质变化。此外,依据不同的目的可布置的二次风还有侧二次风、边缘风、中心十字二次风和夹心风等。

2. 切圆燃烧方式直流燃烧器的布置

切圆燃烧时,射流在炉膛中央形成一个大的旋转气流,理想的炉内空气动力工况,要求这个旋转气流中心不偏离炉膛中央,也不贴壁冲墙,热负荷分布均匀,火焰充满度好。

设计要求如下。

(1)炉膛截面最好是正方形,尽可能保持 $A/B \leqslant 1.2$。

　　(2)假想切圆的直径 d_{jx} 与炉膛的周界 U 之比的范围 $d_{jx}/(U/4)=0.05\sim0.139$。固态排渣炉燃用高熔点劣质烟煤时,$d_{jx}$ 取较大值以利于着火;燃用低灰熔点煤时,d_{jx} 取较小值以防结渣。

　　切圆燃烧方式直流燃烧器的布置有多种形式,如图 4-14 所示。中小容量煤粉炉最常用的是正四角布置(见图 4-14(a)),采用这种布置方式的炉膛截面为正方形或接近于正方形的矩形,直流燃烧器布置在四个角上,共同切于炉膛中心的一个直径不大的假想切圆,这样,可使燃烧器喷口的几何轴线与炉膛两侧墙的夹角接近相等,因而射流两侧的补气条件差异很小,气流向壁面的偏斜较小,故煤粉火炬在炉膛的充满程度较好,炉内的热负荷也比较均匀,而且煤粉管道也可以对称布置。正八角布置(见图 4-14(b))也有同样的特点。现代大容量锅炉常采用大切角正四角布置(见图 4-14(c)),它是把炉膛四角切去,在四个切角上安装燃烧器。这种布置因为大容量锅炉的燃烧器喷口层数较多,整组的燃烧器高宽比较大,容易导致射流背火面补气不足,使煤粉气流冲刷水冷壁而引起水冷壁的结焦、磨损或高温腐蚀。采用大切角的正四角布置,增大了燃烧器喷口两侧的空间,使两侧补气条件的差异更小,射流不易偏斜。同向大小双切圆方式(见图 4-14(d))和两侧墙布置方式(见图 4-14(e))适用于截面深宽比较大的炉膛或由于炉膛四角有柱子,而不能做正四角布置的炉膛,燃烧器只能布置在两侧墙靠角的位置。该燃烧器喷口中的几何轴线和两侧墙间的夹角差异很大,射流的补气条件也有较大的差异,布置成大小切圆方式,可以改变气流的偏斜,并可防止实际切圆的椭圆度过大。正反双切圆方式(见图 4-14(f))是指在整组燃烧器中,部分二次风喷口的假想切圆与其他喷口假想切圆的大小和旋转方向相反。而由于这部分二次风的动量较大,炉内形成的气流会随着这部分二次风旋转。正反双切圆的作用就是让一次风煤粉的着火过程不受二次风的影响,且在着火后,一次风气流随二

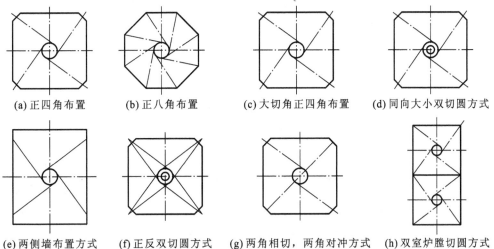

(a)正四角布置　　(b)正八角布置　　(c)大切角正四角布置　　(d)同向大小双切圆方式

(e)两侧墙布置方式　　(f)正反双切圆方式　　(g)两角相切,两角对冲方式　　(h)双室炉膛切圆方式

图 4-14　四角切圆燃烧方式直流燃烧器的布置方式

次风气流旋转,在炉内形成风包粉的火球,即二次风气流在外侧靠近水冷壁,一次风在炉膛中心燃烧。这种燃烧方式有利于劣质煤的着火,并可以减轻水冷壁的高温腐蚀和磨损。采用两角相切、两角对冲方式(见图 4-14(g))可以减小气流相切时实际切圆的直径,降低气流的旋转强度,防止气流的过分偏斜,避免炉膛水冷壁结渣,降低烟气出口残余旋转速度,减少过热器热偏差,但可能使燃烧后期的混合扰动情况变差,影响燃尽过程。一些大容量的煤粉锅炉有时设计成双室炉膛切圆方式(见图 4-14(h)),此时两个并排的炉膛(燃烧室)中间用双面水冷壁隔开,使每个炉膛截面都成为正方形或接近正方形的矩形,在各自的炉膛的四角布置直流燃烧器,形成切圆燃烧方式。双室炉膛的布置方式有正四角布置的特点,但是由于中间四组燃烧器的布置较为困难,只能布置为靠近角上,因而使燃烧器喷口的几何轴线与两侧墙的夹角相差较大,燃烧器出口射流两侧的补气条件差异也较大,因而气流容易偏斜。

3.切圆燃烧方式直流燃烧器的主要热力参数

切圆燃烧方式直流燃烧器的一次风喷口一般都是多层布置,而且随着锅炉容量的增大,一次风喷口的层数逐渐增加。这是因为燃烧器的功率选定与炉膛截面积和煤的软化温度 t_2 有关。随着锅炉容量的增大,单个一次风喷口的热负荷不可能成正比地增加,否则,会导致炉膛局部热负荷过高而引起结渣。因此,单个一次风喷口热负荷的增加是有限的,只有增加一次风喷口的数量,采用一次风喷口多层布置,以满足锅炉容量增大的需要。然而,随着锅炉容量的增大,炉膛的深度和宽度也会增大,这就要求一、二次风气流有较大的射程,来保证大容量锅炉的炉膛中煤粉燃烧的强度和气流旋转的强度,因此,适当地增加单个喷口的热负荷也是必要的,即要求相应地增加一次风喷口的尺寸和出口气流的速度,同时,为了配合好一次风煤粉的燃烧,在二次风的设计中也相应地要增加喷口层数、喷口尺寸及出口气流速度。

表 4-2 列出了切圆燃烧方式直流燃烧器一次风喷口的布置层数及其热负荷。

表 4-2　直流燃烧器一次风喷口的布置层数及其热负荷

机组电功率/MW	12	25	50	100,125	200	300	600
锅炉容量/(t/h)	60,75	120,130	220,230	400,410	670	1 000	2 000
一次风喷口层数	2	2	2~3	3~4	4~5	5~6	6
单个一次风喷口热负荷/MW	7~9.3	9.3~14	14~23.3	18.6~29	23.2~41	23.3~52	41~68

切圆燃烧方式直流燃烧器的一、二次风率主要是根据燃煤的 V_{daf} 值和着火条件而确定的,同时也考虑制粉系统的采用情况。表 4-3 列出了不同燃煤的直流燃烧器一次风率 r_1 及选取相应热风温度 t_{RF} 的推荐值。一次风率确定后,每个一次风喷口的风量通常是平均分配的。

表 4-3　直流燃烧器的一次风率 r_1 及热风温度 t_{RF}

煤　种		无烟煤	贫　煤	烟　煤		劣质烟煤		褐煤
				$20\%<V_{daf}\leqslant30\%$	$V_{daf}>30\%$	$V_{daf}\leqslant30\%$	$V_{daf}>30\%$	
风率/(%)	乏气送粉	—	—	$20\sim30$	$25\sim35$	—	25	$20\sim45$
	热风送粉	$20\sim25$	$20\sim30$	$25\sim40$	—	$20\sim25$	$25\sim30$	$20\sim25$
热风温度/℃		$380\sim430$	$330\sim380$	$280\sim350$		$330\sim380$		$300\sim380$

表 4-4 是固态排渣煤粉炉采用直流燃烧器时的一、二次风速的推荐值。一次风速 w_1 主要取决于煤粉的着火性能。对直吹式制粉系统或用乏气送粉的中间储仓式制粉系统取下限,热风送粉可取上限。二次风速 w_2 主要考虑气流的射程,以保证煤粉空气在燃烧后期混合良好并使之完全燃烧。一次风与二次风的速度比 w_2/w_1 为 $1.1\sim2.3$。三次风的风速一般选用得较高,主要使三次风有较大的穿透深度,能较好地与炉内火焰混合,以利其中少量煤粉的燃尽。三次风喷口一般放在燃烧器的最上层(有顶部二次风的除外),通常设计成向下倾斜 $5\sim15$。

表 4-4　固态排渣煤粉炉采用直流燃烧器时的一、二次风速的推荐值

煤　种	无烟煤	贫　煤	烟　煤	褐　煤
一次风出口速度/(m/s)	$20\sim24$	$20\sim24$	$22\sim35$	$18\sim25$
二次风出口速度/(m/s)	$35\sim50$	$35\sim50$	$40\sim55$	$40\sim55$
三次风出口速度/(m/s)	$40\sim60$	$40\sim60$	$40\sim55$	—

4.3.3　典型直流燃烧器

1. WR 燃烧器

美国 CE 公司研制的宽调节比(WR)燃烧器(见图 4-15)有如下技术特点。

(1)WR 燃烧器的结构简单,由喷嘴前端板、中间波纹扩流锥和喷嘴整体套装而成。波纹扩流锥可以形成回流区,增加回流区烟气与煤粉气流的接触面积,增大回流区边界的气流湍流强度,有利于回流区高温烟气对煤粉的加热着火。波纹扩流锥与中间分隔板一起将煤粉气流经转弯所分成的浓、淡两股粉流分隔开来,形成煤粉浓淡偏差燃烧,浓侧煤粉首先点燃,然后再点燃淡侧煤粉。

(2)在一次风喷嘴设有周界风,其风率为 $0\sim9\%$,它可以避免一次风喷口烧坏。同时,由于周界风和一次风先混合,可以调节一次风煤粉浓度,以适应煤种变化。

(3)WR 燃烧器的一、二次风喷嘴设计为可上下摆动约 $20°$,方便调节炉膛火焰中心高度位置,以保证主蒸汽参数达到设计值。

2. 百叶窗式浓淡煤粉燃烧器

百叶窗式浓淡煤粉燃烧器是哈尔滨工业大学研制的新型煤粉燃烧器,近年来在

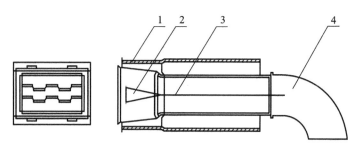

图 4-15　WR 煤粉燃烧器
1—喷口;2—波纹扩流锥;3—水平隔板;4—弯管分离

对国内电站燃煤锅炉的改造中的应用获得较大成功。

1)百叶窗式浓淡煤粉燃烧器基本结构

在四角切圆燃烧煤粉炉中,通过安装于燃烧器前一次风送粉管道上的百叶窗式叶片进行煤粉浓淡分离,把一次风在水平或垂直方向上分成浓淡两股气流。一次风管内的百叶窗式煤粉浓淡分离器结构简单,阻力适中,煤粉浓缩比大,浓淡分离效果好,能满足难燃煤种的需要。当在水平方向上进行煤粉浓淡分离时,在燃烧器的出口可以设置水平钝体和侧面风。百叶窗分离器的最后一级叶片设计成可调,用来调节实际运行过程中煤粉的浓缩比,以满足各种负荷和煤种变化的需要(见图 4-16)。在工程实际的应用中,水平浓淡方式已较广泛采用。

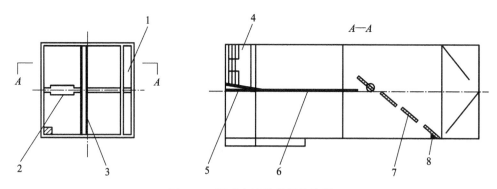

图 4-16　百叶窗浓淡煤粉燃烧器
1—侧面风;2、4—水平钝体;3、5—直立钝体;6—分隔板;7—浓淡分离叶片;8—挡板

2)百叶窗式水平浓淡煤粉燃烧器的原理

通过百叶窗式煤粉分离器,把一次风在水平方向上分成浓淡两股气流,其中一股为高浓度煤粉气流,含一次风中的大部分煤粉,另一股煤粉浓度很低,以空气为主。由于高浓度煤粉气流具有良好的着火稳定性,相邻火焰提供合适的着火条件,可形成稳定的着火源,保证整个火焰的燃烧稳定;低浓度煤粉气流位于高浓度煤粉气流和水冷壁之间,受到高浓度煤粉气流的引燃作用,在高浓度煤粉气流着火以后及时混入补充其燃烧所需要的氧;由于水冷壁附近煤粉颗粒浓度降低,水冷壁附近处于氧化性气氛中,减小了炉膛结渣的可能性,也抑制了烟气对管壁的高温腐蚀;浓淡两股气流均

在偏离化学当量比的条件下燃烧,还可有效抑制有害物 NO_x 的生成量。燃烧器出口的钝体用来形成一定的烟气回流,起稳燃作用,侧面风可进一步保护水冷壁避免高温腐蚀和结渣。

3. 稳燃腔煤粉燃烧器

稳燃腔煤粉燃烧器是由华中科技大学在钝体燃烧器的基础上研制的,已成功地应用于数十台不同容量的煤粉锅炉,适应于燃烧烟煤、贫煤和无烟煤,锅炉最低不投油稳燃负荷为额定负荷的 40%~50%。

1)稳燃腔煤粉燃烧器的结构

稳燃腔煤粉燃烧器是作为煤粉锅炉的主燃烧器使用,它直接与一次风管连接,其结构如图 4-17 所示,主要由稳燃腔腔体、钝体和煤粉浓淡分离三角滑块组成。由图 4-17 可见,一个三棱柱钝体置于稳燃腔煤粉燃烧器腔体内,腔体与一次风管连接,其出口截面积一般较原一次风喷口面积稍大,但因布置有钝体,故其流通最小截面较原来略有减小。

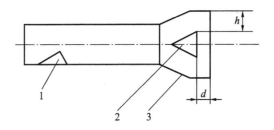

图 4-17　稳燃腔煤粉燃烧器结构
1—三角形滑块;2—钝体;3—腔体

2)稳燃腔煤粉燃烧器稳燃原理

(1)钝体的作用　将钝体置于稳燃腔煤粉燃烧器中,煤粉气流流经钝体后形成一个回流区,卷吸炉内的高温烟气来加热煤粉气流,使之提前着火燃烧。钝体后的回流区长度为钝体边宽的 2~2.5 倍,烟气的回流量为一次风量的 20%~30%。

(2)稳燃腔腔体的作用　腔体在稳燃腔煤粉燃烧器中所起作用是保证钝体后的回流区不被短路和避免钝体的烧坏。由于腔体两壁对煤粉气流的强迫作用,使得气流流经钝体后所产生的回流区是封闭的,保证煤粉气流经过钝体后一段距离仍汇合成一股气流,而不会改变炉内原有的气体动力场。另外,将钝体置于腔体内,降低了钝体所处的温度,并在钝体前腔体有一渐扩段,相对减低了气流的速度,因而,可以避免钝体的烧坏,减轻钝体的磨损。

(3)三角形滑块的作用　在煤粉气流进入腔体之前,利用一次风直管段中的三角形滑块进行煤粉的浓淡分离。由于煤粉颗粒的惯性较空气的惯性大,在经过三角形滑块一段流动之后,在燃烧器出口左右两侧便可以得到所需的浓相和淡相煤粉进入炉膛燃烧。通常浓相的煤粉布置在向火面,有利于提前着火和稳定燃烧。浓相的煤粉浓度可在 0.8~1.2 千克煤粉/千克空气范围选择。淡相煤粉布置在背火面燃烧,有利于避免炉内水冷壁的结焦、磨损和高温腐蚀。

4. 双通道煤粉燃烧器

清华大学发明的双通道煤粉燃烧器,将原来单个一次风喷口设计成为双一次风通道,并在两个一次风喷口之间布置腰部二次风,对燃烧过程进行调节。双通道燃烧器的主要原理如下。

(1)该燃烧器有两个一次风通道(见图 4-18),即在同一个燃烧器的上、下侧各开一个一次风口,两股一次风以贴壁射流形式进入一突扩室,在贴壁射流之间形成高温烟气回流。高温烟气回流使一次风粉获得较大热量,稳定了煤粉的着火和燃烧过程。

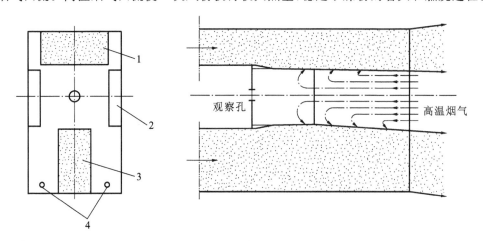

图 4-18　双通道煤粉燃烧器
1、3—一次风;2—腰部风;4—高速射流

(2)在两侧壁腰部布置了二次风,称为腰部风,它是调节煤粉着火点位置的重要手段。当腰部风全开时,对一次风形成的回流区起到屏蔽作用,使燃烧器内温度基本上等于一次风的温度,煤粉不提前着火。当腰部风全关时,则燃烧器内温度增加,煤粉在离开燃烧器不远就开始着火。当燃用低挥发分煤及低负荷运行时,为了使煤粉稳定燃烧,就要关小腰部风,使大量高温烟气回流至燃烧器,使煤粉提前加热、着火。因此,利用腰部风可以调节煤粉着火点的位置,即它可以使煤粉在燃烧器出口处着火,成为一个传统的燃烧器。

(3)对于极难燃煤种,该燃烧器在下一次风口两侧各装一个直径为 6～8 mm 的高速蒸汽射流管,其流速可在零至音速之间调节。由于高速气流会产生强烈回流,并与下一次风射流产生的烟气回流相重合,可进一步强化下一次风粉的加热与提前着火。根据不同煤种对着火热的不同要求,可以通过改变高速蒸汽射流的压力来改变高温烟气的回流量。高速蒸汽射流的压力(表压力)通常为 0.6～0.8 MPa。

由上述可知,双通道煤粉燃烧器采用改变腰部二次风风量和改变高速射流蒸汽压力来控制煤粉着火,达到稳定燃烧的目的。

4.4 旋流燃烧器及其布置

在旋流燃烧器中,携带煤粉的一次风和不携带煤粉的二次风是分别用不同的管道与燃烧器连接的。在燃烧器中,一、二次风的通道也是隔开的。二次风射流都是旋转射流,一次风射流可以是旋转射流或不旋转的直流射流,但燃烧器总的出口气流都是一股绕燃烧器轴线旋转的旋转射流。

4.4.1 旋流燃烧器的分类

旋流燃烧器的气流经过旋流器后一边旋转一边向前,作螺旋式的运动。这股旋转气流从燃烧器喷口喷入炉膛空间自由扩展,形成旋转的扩展气流。一、二次风通过旋流器形成的旋转射流,主要依靠中心回流区的内卷吸作用吸收炉内高温烟气热量,把煤粉气流加热至着火。此外,二次风与一次风间的早期湍流混合强烈,并向一次风中的煤粉燃烧提供氧气。

根据旋流器的结构不同,旋流燃烧器分蜗壳型和叶片型两大类。前者因采用蜗壳做旋流器故称为蜗壳式旋流燃烧器,后者用叶片做旋流器,故称叶片式旋流燃烧器。其分类及特性列入表 4-5 中。

表 4-5 旋流燃烧器分类及特性

类 型	旋 流 器	一 次 风	二 次 风
蜗壳型	双蜗壳	旋转	旋转
	单蜗壳	直流,带中心扩流锥	旋转
	叶片+蜗壳	经蜗壳旋转	经叶片旋转
叶片型	轴向叶片	直流或弱旋	旋转
	切向叶片	直流或弱旋	旋转

4.4.2 旋转射流空气动力特性

无论是蜗壳式还是叶片式旋流燃烧器,它们都可使出口射流产生螺旋运动(见图 4-19)。

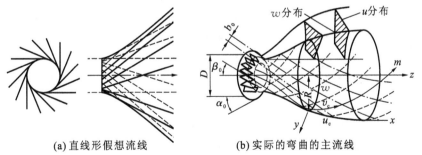

(a) 直线形假想流线   (b) 实际的弯曲的主流线

图 4-19 旋转射流流线

1. 旋转射流空气动力特性

旋转射流从燃烧器喷口喷入炉膛大空间,因不再受燃烧器通道壁面的约束而自由扩展,其扩展后的气流形状及结构取决于气流旋转的强烈程度。通常有以下三种情况。

(1)封闭式气流　当旋转较弱时,射流中心回流区较小,其中的负压低于周围环境的压力,主射流受到压缩而成封闭状,其特点是回流区很小而被包围在主射流中,如图 4-20(a)所示。

(2)开放式气流　当旋转增强,射流内、外侧的压力差很小时,旋转射流运动的衰减较慢,中心回流区延长到速度很低处,气流不再封闭而形成开放式的结构,如图 4-20(b)。

(3)全扩散(全开式)气流　随着射流旋转强烈程度增加,扩展角足够大时,主射流与炉墙间的外卷吸作用十分强烈,使外侧压力小于中心回流区的压力,整个射流向外全部张开,形成充分扩展的全扩散贴墙气流,如图 4-20(c)所示。形成全扩散气流后,外侧回流区全部消失,内侧面全部暴露在高温炉膛中,形成最大的中心回流区。

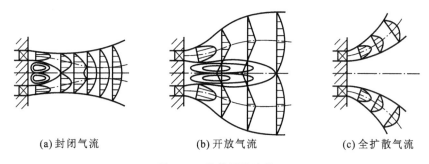

(a)封闭气流　　　　　　　(b)开放气流　　　　　　　(c)全扩散气流

图 4-20　旋转射流流线

从燃烧的要求来说,回流区对着火和火焰的稳定有很重要的意义。封闭式和全开式气流并不是理想的气流。前者回流区小,对着火和稳燃的作用很小;后者虽然回流区很大,但回流速度很低,卷吸高温烟气量并不最多,且火焰贴墙燃烧很容易烧坏喷口,导致结渣。尤其是燃用高挥发分、高热值的烟煤时,如果采用带大扩口角的喷口,或者在圆柱形喷口的出口处带有较大的曲率半径圆角,很容易形成全开式的充分扩展气流,导致燃烧器喷口烧坏。在锅炉冷态炉内空气动力工况试验中,当燃烧器出口气流为全开式气流时,运行后一次风套筒口全部烧坏。

根据对试验结果的研究,旋转射流有如下特征。

①旋流射流具有比直流式射流大得多的扩展角。射流中心形成回流区,其轴向速度为负值(即反流)。旋转愈强烈的气流,初始切向速度也愈大,相应的衰减就愈快,气流的旋转很快消失。以后射流基本上沿着轴向运动,而轴向最大速度相应衰减也愈快,故射流行程较短,后期湍动较微弱。

②从燃烧器喷出的气流具有很高的切向速度和足够大的轴向速度,故早期湍动

混合强烈。

2. 旋流强度的概念

表征旋转气流旋转强烈程度的特征参数是旋流强度 n，它是气流旋转动量矩 M 与轴向动量矩 KL 的比值。按此定义，有

$$n=\frac{M}{KL} \tag{4-25}$$

旋转动量矩　　　　　　　$M=\rho Q w_q r \tag{4-26}$

轴向动量　　　　　　　　$K=\rho Q w_x \tag{4-27}$

式中：ρ 为气流的密度，kg/m³；Q 为气流的体积流量，m³/s；w_q、w_x 分别为气流平均的切向和轴向速度，m/s；r 为气流旋转半径，m；L 为定性尺寸，m。

由不同的定性尺寸可以得到不同的旋流强度，旋转强度通常用燃烧器喷口直径的倍数来表示。

显然，旋转愈强烈，旋流强度 n 就愈大。将式（4-26）、式（4-27）代入式（4-25）可得到

$$n=\frac{w_q r}{w_x L} \tag{4-28}$$

从式（4-28）可知，旋流强度是出口气流切向速度 w_q 与轴向速度 w_x 比值的反映。如果取定性尺寸 $L=0.5d=r$ 时，n 就是切向速度和轴向速度的比值。

4.4.3　典型旋流燃烧器

使气流发生旋转并变成旋转射流的方法，一是将气流切向引入一个圆柱形导管（蜗壳），二是利用气流在轴向或切向流动中加装导向叶片。不同的燃烧器使用的方法是不同的。

常见的旋流燃烧器有以下几种。

1. 单蜗壳旋流燃烧器

这种燃烧器也称直流蜗壳式扩锥型旋流燃烧器（见图 4-21）。它的二次风气流通过蜗壳旋流器产生旋转，成为旋转射流。一次风则经中心管直流射出，不旋转。一次风中心管出口处有一个扩流锥，使一次风气流扩展开来，并在一次风出口中心处形成回流区，回流高温烟气，使煤粉气流着火、燃烧稳定。扩流锥可以用手轮通过螺杆来调节气流的扩展角。扩展角愈大，形成的回流区就愈大。一、二次风两股气流平行向外扩展，由于二次风的动量较大，故可与一次风混合，共同形成一股旋转射流。这种燃烧器的特点是一次风阻力小，射程远，初期混合扰动不如双蜗壳旋流燃烧器强，但后期扰动比双蜗壳燃烧器好，故对煤种的适应性较双蜗壳旋流燃烧器好，可以燃用较差的煤，但其扩流锥容易磨损烧坏。

2. 双蜗壳旋流燃烧器

该燃烧器的一、二次风都是通过各自的蜗壳而形成旋转射流的，如图 4-22 所示。

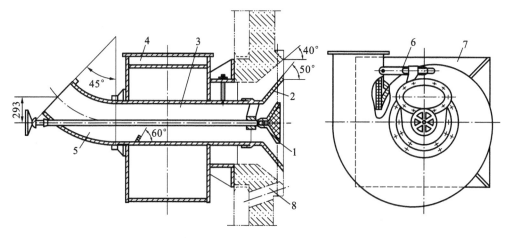

图 4-21　单蜗壳旋流燃烧器

1—扩流锥；2——次风扩散管口；3——次风管；4—二次风蜗壳；
5——次风连接管；6—二次风舌形挡板；7—连接法兰；8—点火孔

双蜗壳旋流燃烧器的一、二次风旋转的方向通常是相同的,因为这有利于气流的混合。燃烧器中心设有一根中心管,可以装置点火用油枪。在一、二次风蜗壳的入口处装有舌形挡板,可以调节气流的旋流强度。

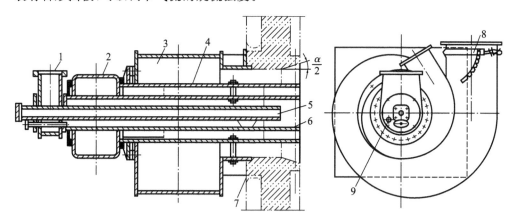

图 4-22　双蜗壳旋流燃烧器

1—中心风管；2——次风蜗壳；3—二次风蜗壳；4——次风通道；5—油枪管；
6——次风管；7—连接法兰；8—舌形挡板；9—火焰观察孔

　　这种燃烧器由于出口气流前期混合很强烈,且其结构简单,对于燃用挥发分较高的烟煤和褐煤有良好的效果,也能用于燃烧贫煤,所以我国的小型煤粉炉常采用它。

　　双蜗壳旋流燃烧器的舌形挡板调节性能不是很好,调节幅度不大,故对燃料的适应范围不广。同时其阻力较大,特别是一次风阻力较大,不宜用于直吹式制粉系统。蜗壳旋流燃烧器的速度沿圆周分布的不均匀性导致燃烧火焰向一侧偏斜,容易造成局部火焰冲墙和结渣,所以在燃用低挥发分的现代大、中型锅炉中很少用到。

3. 切向叶片旋流燃烧器

切向叶片旋流燃烧器的一次风一般是直流或弱旋流,二次风通过切向叶片旋流器产生旋转(见图 4-23)。切向叶片做成可调的,改变叶片的切向倾角可以调节气流的旋流强度,从而调节中心回流区的形状和大小。当叶片开度太大时,气流旋流强度下降,中心回流区几乎不再存在,中心区的温度急剧下降。煤粉气流在两倍一次风口直径的范围内难以实现着火。

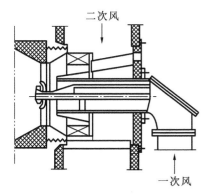

图 4-23　切向叶片旋流燃烧器

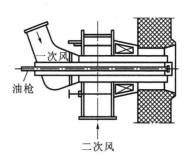

图 4-24　轴向叶片旋流燃烧器

4. 轴向叶片旋流燃烧器

利用轴向叶片使气流产生旋转的燃烧器称为轴向叶片式旋流燃烧器。这种燃烧器的二次风是通过轴向叶片的导向,形成旋转气流进入炉膛的。燃烧器中的轴向叶片可以是固定的,也可以是移动可调的。而一次风也有不旋转和旋转的两种,因而有不同的结构。

图 4-24 所示的轴向可动叶片旋流式燃烧器中,一次风不旋转,在出口处装有扩流锥以增大回流区,二次风为由轴向可动叶片形成的旋转气流。二次风通过轴向叶片产生较强的旋转,其旋流强度可通过改变叶片的轴向位置来加以调节。可动叶片的外环与锥形风道的锥度相同,一般锥角为 $30°\sim40°$。当叶片向外轴向拉出时,叶片与风道壳体形成间隙,于是部分空气不再通过叶片旋流器而从间隙直流通过,在叶片后部再与流经叶片而旋转的气流汇合,这样,总的旋流强度下降。叶片的轴向位移调节,对回流区的影响非常明显。

在一、二次风口的配合方面,对于高 V_{daf} 的煤,可以把一次风口缩向燃烧器内,留有长 $100\sim200$ mm 的预混合段。然而,预混段长,则一、二次风混合早,形成的回流区较小。

轴向叶片旋流燃烧器具有较好的调节性能和较低的一次风阻力,近年来在我国得到了一些发展。但其对煤种的适应性不如蜗壳燃烧器,且叶片制造较麻烦。目前,主要用于燃烧 $V_{daf}>25\%$,$Q_{ar,net}\geqslant16\ 800$ kJ/kg 的烟煤和褐煤。

5. 双调风旋流燃烧器

图 4-25 所示为双调风旋流燃烧器。二次风分由两个通道进入燃烧器,内二次风采用轴向叶片产生旋流,外二次风由切向叶片产生旋流。调节内二次风的叶片,可以

调整内外二次风量的分配比例。一次风通常设计为直流,在其出口布置有稳焰器。双调风旋流燃烧器可以说是切向叶片旋流燃烧器与轴向叶片旋流燃烧器的组合,它的作用是在煤粉稳定着火燃烧的前提下,将二次风分两部分送入,在燃烧区域形成分级燃烧,以达到降低 NO_x 生成量的目的。

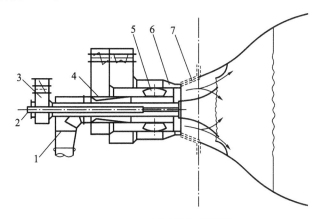

图 4-25　双调风旋流燃烧器

1——一次风;2—点火燃烧器;3—中心风;4—文丘利管;

5—内层二次风;6—外层二次风;7—燃烧器出口

6. 新型低 NO_x 旋流式煤粉燃烧器

新型低 NO_x 旋流式燃烧器是在燃烧器一次风管中设置了煤粉浓淡分离装置,一次风管出口装有环形稳焰器,在环形二次风管内装有隔板,如图 4-26 所示。

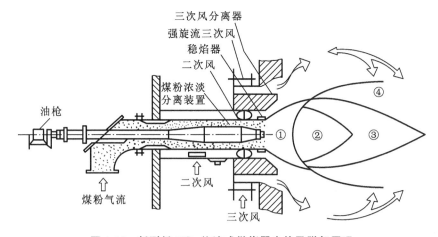

图 4-26　新型低 NO_x 旋流式燃烧器火焰及脱氮原理

①—挥发分燃烧区;②—还原区;③—NO_x 分解区;④—碳燃尽区

煤粉浓淡分离装置可将一次风内的煤粉按径向进行浓淡分离,在挥发分燃烧区域形成富燃区,抑制 NO_x 生成。环形稳焰器可确保着火区的高温烟气回流,促使煤粉快速、稳定着火。隔板的作用是将三次风(即外二次风)分割为两股,从不同位置送入着火后的煤粉气流中,实际上是推迟三次风与火焰的混合,以利于形成还原性气氛和宽广的还原区,促进 NO_x 的还原。在还原区后部送入二次风,促进还原区残留的未燃尽物与空气混合,实现完全燃烧。

新型低 NO_x 燃烧器在 1 000 MW 机组上的运行实际表明,无辅助燃料的稳燃能力可达到额定负荷(汽轮机侧)的 15%,与普通的双调风燃烧器相比,同一未燃尽物条件下,可减少 40% 的 NO_x。

4.4.4　旋流燃烧器的布置方式和要求

旋流燃烧器的布置方式对炉内的空气动力场有很大的影响。在选择旋流燃烧器的布置方式时,应尽量使火焰在炉膛内有良好的充满程度,保证烟气不冲墙贴壁。旋流燃烧器的布置方式有多种,常用的是前墙布置,前、后墙对冲或交错布置。另外,还有两侧墙对冲、交错布置、炉底布置和炉顶布置等,如图 4-27 所示。

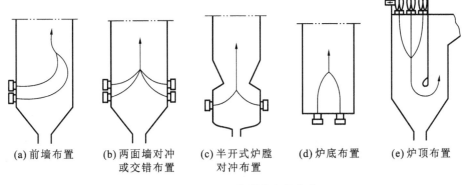

(a) 前墙布置　　(b) 两面墙对冲　　(c) 半开式炉膛　　(d) 炉底布置　　(e) 炉顶布置
　　　　　　　　　　或交错布置　　　对冲布置

图 4-27　旋流燃烧器的布置方式

旋流燃烧器布置在前墙时,可不受炉膛截面宽深比的限制,布置方便,特别适宜与磨煤机煤粉管道的连接,但其炉内空气动力场却在主气流上、下两端形成两个非常明显的停滞旋涡区,炉膛火焰的充满程度较差,而且炉内火焰的扰动性较差,燃烧后期的扰动混合不够理想。

燃烧器布置在前、后墙或两侧墙时,两面墙上的燃烧器喷出的火炬在炉膛中央互相撞击后,火焰大部分向炉膛上方运动,炉内的火焰充满程度较好,扰动性也较强。如果对冲的两个燃烧器负荷不相同,则炉内高温核心区将向一侧偏移,会形成一侧结渣。

旋流燃烧器布置在炉顶时,煤粉火炬可沿炉膛高度自由向下发展,炉内火焰充满程度较好。但缺点是引向燃烧器的煤粉及空气管道特别长,故实际应用不多,只在采用 W 火焰燃烧技术的较矮的下炉膛中才应用。

对于单只旋流煤粉燃烧器的结构,应能满足燃烧器出口气动力特性的要求,即出口气流的旋流强度应与燃料特性和燃烧要求相适应;出口气流有较大的扩散角及中心回流区,保证煤粉的着火和燃烧稳定;风粉射出喷口时,沿圆周分布均匀,火焰应能自由扩展,保证风粉均匀混合并尽量减少阻力。

　　各只燃烧器应尽可能都有单独的二次风道,便于调整风量。相邻燃烧器的气流不相互干扰,当炉墙上布置两个以上的旋流式燃烧器时,相邻燃烧器出口主气流的旋转方向彼此对称,反向旋转(见图 4-28)。

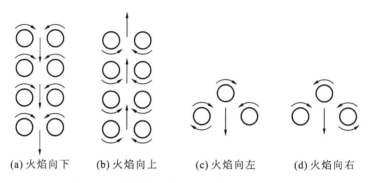

| (a) 火焰向下 | (b) 火焰向上 | (c) 火焰向左 | (d) 火焰向右 |

图 4-28　燃烧器旋转方向对火焰位置的影响

4.4.5　旋流燃烧器的运行参数

　　旋流燃烧器的性能除由燃烧器的形式和结构特性决定外,还与它的运行参数有关。旋流燃烧器的主要运行参数是一次风率 r_1 及一次风速 w_1,二次风率 r_2 及二次风速 w_2,一、二次风速比 w_2/w_1 和热风温度等。

　　一次风率 r_1 直接影响到煤粉气流着火的快慢,特别是燃用低挥发分的煤时,为加快着火,应限制一次风率,使煤粉空气混合物能较快地加热到煤粉气流的着火温度。同样,降低一次风速度,可以使煤粉着火的稳定性较好。在热风送粉的中间储仓式制粉系统中,热风温度也因燃煤种类不同而异。

　　旋流燃烧器一次风率、一次风速和二次风速及热风温度的选取,可参见表 4-6。由该表可看出,煤种不同,旋流燃烧器所采用的一次风率、一、二次风速及热风温度也不同。

表 4-6　旋流燃烧器一次风率、一、二次风速和热风温度

煤　　种	无 烟 煤	贫　煤	烟　煤	褐　煤
一次风率 r_1/(%)	15~20	15~25	25~30	50~60
一次风速 w_1/(m/s)	12~15	16~20	20~26	20~26
二次风速 w_2/(m/s)	15~22	20~25	30~40	25~35
热风温度 t_{RF}/℃	380~430	330~380	280~350	300~380

4.4.6　单只燃烧器的热功率

　　为了提高燃烧调节的灵活性和避免水冷壁及燃烧器喷口结渣,趋向于采用小功率燃烧器。因为单只燃烧器功率过大，会带来以下六个问题：

(1)炉膛受热面局部热负荷过高，易于结渣；

(2)炉膛受热面局部热负荷过高，易引起水冷壁的传热恶化和直流锅炉的水动力多值性；

(3)切换或启停燃烧器对炉内火焰燃烧的稳定性影响较大；

(4)切换或启停燃烧器对炉膛出口烟温的影响较大，从而影响过热器的安全性和汽温调节；

(5)一、二次风的气流太厚，不利于风粉混合；

(6)燃烧调节不太灵活。

表 4-7 列举了国内部分锅炉的燃烧器数目和单只燃烧器的热功率。

表 4-7　部分锅炉的燃烧器数目和单只燃烧器的热功率

机组功率 /MW	额定蒸发量 /(t/h)	蒸汽压力 /MPa	燃烧器数目 （前后墙或两侧墙布置）	单只燃烧器热功率 /MW
300	935	18.6	8～36	100～25
600	2 008	18.6～25.0	12～48	100～44
800	2 500	25.0	16～48	126～44
1 000	3 200	25.0	16～48	160～44

4.5　W 型火焰燃烧技术

4.5.1　W 型火焰燃烧方式的特点

为使低挥发分的无烟煤、贫煤稳定着火燃烧，需要在着火区保持较高温度，加速着火，并有足够长的燃烧行程，以利燃尽。在燃烧室顶部布置燃烧器，在炉顶拱下面着火炉膛的水冷壁上，敷设卫燃带，形成着火的高温区，以利于着火。让煤粉气流先向下流动着火燃烧，随后折转 180°回来向上流动，燃烧生成的高温烟气进入上部的辐射炉膛，直至炉膛出口，形成 W 型火焰。

采用 W 型火焰燃烧方式的固态排渣煤粉炉是美国福斯特·惠勒公司(FW)首创的，W 型火焰燃烧方式源于早期的 U 型火焰燃烧方式。由于 W 型火焰燃烧方式更适合于低挥发分煤的燃烧，许多国家都采用这种燃烧方式来燃用劣质烟煤、贫煤和无烟煤。

图 4-29 所示为英国拔伯葛公司设计的 1 160 t/h 燃用无烟煤的 W 型火焰锅炉示意图。如图所示，采用 W 型火焰燃烧方式的炉膛由下部的拱型着火炉膛和上部的辐射炉膛组成。拱型着火炉膛的深度比辐射炉膛大 80%～120%，着火炉膛前后突出部分的顶部构成炉顶拱，煤粉喷嘴和二次风喷嘴从炉顶拱向下喷射。由于着火炉膛

四周的水冷壁上敷有卫燃带,使得炉内烟气温度很高,十分有利于煤粉的着火过程。当着火的煤粉气流向下流动扩展,在着火炉膛的下部与三次风相遇后,再转弯向上流动,便形成 W 型火焰,向上流经辐射炉膛。

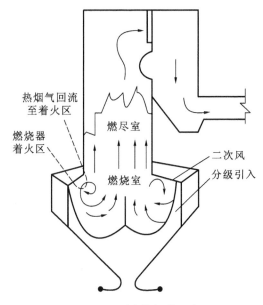

图 4-29 W 型火焰锅炉示意图

W 型火焰的炉内过程分为三个阶段:第一阶段为着火的起始阶段,煤粉在低扰动状态下着火和初步燃烧,空气被以低速、少量送入,以免影响着火过程;第二阶段为燃烧阶段,已着火的煤粉气流先后与以二次风、三次风形式送入的空气强烈混合,形成猛烈燃烧;第三阶段为辐射换热和燃尽阶段,燃烧生成的高温烟气向上流动进入上部辐射炉膛后,继续以低扰动状态使燃烧趋于完全,烟气一边流动一边与受热面进行辐射热交换。

国内外的实践经验表明,W 型火焰燃烧方式对燃用低挥分煤种是有效的,但采用这种燃烧方式的锅炉炉膛容积的大小和形状结构、卫燃带敷设的位置和敷设面积、一、二次风的配风比和风速比等因素,对 W 型火焰的燃烧都有显著的影响。

W 型火焰燃烧方式的主要特点如下。

(1)W 型火焰燃烧方式的燃烧中心就在煤粉喷嘴出口附近,煤粉喷出后就直接受到高温烟气的加热,可以提高火焰根部的温度水平,前后拱型炉墙的辐射传热也提供了部分着火热,而着火区敷设的卫燃带更是有利于低挥发分煤的着火和燃烧。

(2)空气可以沿着火焰行程逐步加入,易实现分级配风、分段燃烧,这不但有利于低挥发分煤的着火燃烧,还可以控制较低的过剩空气系数及较低的 NO_x 生成量。

(3)W 型火焰燃烧方式由于在炉膛内的火焰行程较长,即增加了煤粉在炉内的停留时间,有利于低挥发分煤的燃尽。

(4)火焰在下部着火炉膛底部转弯 180° 向上流动时,可使烟气中部分飞灰分离出来,减少了烟气中的飞灰含量。

(5)可以采用直流燃烧器或轴向可动叶片旋流燃烧器,也可采用高浓度煤粉燃烧器,有利于组织良好的着火及燃烧过程。

(6)由于在负荷变化时,下部着火炉膛中火焰中心温度变化不大,因而有良好的负荷调节性能,在较低负荷运行时可以不投油或少投油助燃。

4.5.2　W 型火焰燃烧方式所用的燃烧器

1. 旋风分离式燃烧器

旋风分离式燃烧器(见图 4-30)的工作原理是:煤粉空气混合物经过分配箱分成两路,各进入一个旋风分离器,在旋风分离器内,由于离心力的作用,煤粉与空气被分离成高浓度煤粉气流和低浓度煤粉气流;大约有 50％的空气和少量(占 10％～20％)的煤粉组成的低浓度煤粉气流,从旋风分离器上部的抽气管通过三次风燃烧器进入炉膛,其余 50％的空气连同大部分煤粉(煤粉浓度为 1.5～2.0 千克煤粉/千克空气)形成的高浓度煤粉气流从旋风分离器下部流出,然后垂直向下通过旋流燃烧器旋转

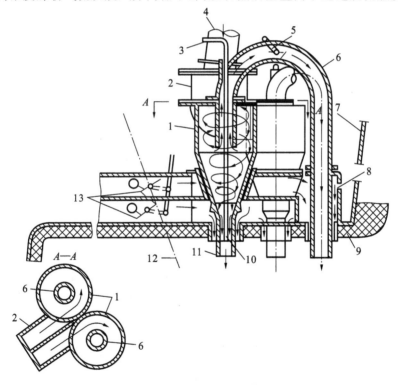

图 4-30　旋风分离式燃烧器

1—旋风子;2—分配箱;3—燃烧器叶片调节杆;4—一次风进口;5—抽气控制挡板;

6—抽气管;7—锅炉护板;8—风箱;9—耐火砖;10—叶片;

11—喷嘴;12—点火油枪中心线;13—风量挡板

进入炉膛;主燃烧器的两侧有高速的二次风气流同时喷入。该燃烧器的特点为:

(1)燃料以较低的一次风速($w \approx 15$ m/s)和较低的一次风率($r_1 = 5\% \sim 18\%$)从上向下送进炉膛,提高了火焰根部温度;

(2)二次风沿火焰行程根据燃烧各阶段的不同需要逐步分级送入;

(3)采用旋风分离器进行风粉混合物分离后,提高了一次风中的煤粉浓度,有利于着火,三次风率和风速可根据 V_{daf} 的大小、煤粉水分及磨煤机出力大小用乏气挡板开度调节,V_{daf} 愈低,该挡板的开度应愈大,以使抽出的乏气量增加,三次风口距主火嘴有一定距离,不干扰主气流,从上向下平行于主气流进入炉膛;

(4)前、后拱及炉膛下部两侧水冷壁大都敷设了卫燃带,因而成为高温区,增强了煤粉着火和燃烧的稳定性。

该燃烧器的二次风分级设置,使燃烧器的调节性能进一步提高(见图 4-31)。当燃烧处于高负荷状态或燃料挥发分变大时,减小分级风、增大燃烧器风量,可使火焰长度增加,延长燃料在燃烧区的停留时间,有利于燃尽。但对于难燃的煤,如果燃烧器二次风量大,会影响着火的稳定性,这时分级风就能起调节作用。增大分级风既可保证燃烧后期所需空气量,又可避免因火焰折转太晚而导致火焰冲击炉底、引起结

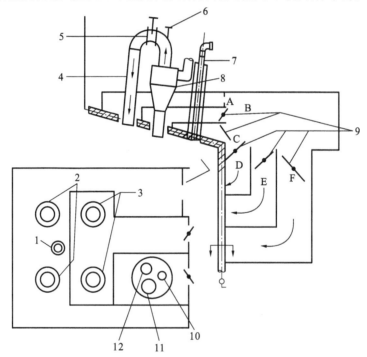

图 4-31 旋风分离式燃烧器的分级二次风

1—测孔;2—乏气口;3—煤喷口;4—抽气管;5—抽气控制挡板;6—调节杆;

7—油枪及点火器;8—旋风分离器;9—二次风调节挡板;

10—主火检;11—油火检;12—看火管

渣。当燃烧处于低负荷状态或燃料中挥发分减少时,应适当增大分级风,减小燃烧器二次风量;否则,着火初期二次风量过大,将使着火区温度降低,着火不稳定,甚至可能使火焰熄灭。在锅炉启动点火时,也应十分注意各股二次风及分级风的调节。运行表明,分级风对燃烧的影响很大。

实际上,分级风使二次风的送入进一步趋向多级化,这就能在燃烧过程的各个阶段中按需要送入适量的二次风,目的在于改善加热及着火条件,保证稳定燃烧。分级风尤其适用于低反应燃料的燃烧配风。

2. 一次风更换型旋流式燃烧器

一次风更换型旋流式燃烧器也称 PAX 燃烧器(见图 4-32)。PAX 燃烧器是一种煤粉浓淡分离的高浓度煤粉燃烧器,它的工作原理是:一次风煤粉气流通过燃烧器入口弯管时,在惯性力作用下大部分颗粒煤粉被浓缩到一次风管外侧,与经过增压风机送来的热风均匀混合,可将煤粉从 90℃ 加热到 170℃ 以上,然后喷入炉膛;另一部分经分离后被抽出的冷一次风气流中约含 10% 的煤粉,再从燃烧器下方以一定倾角射入炉膛,并补充着火后期所需空气量。

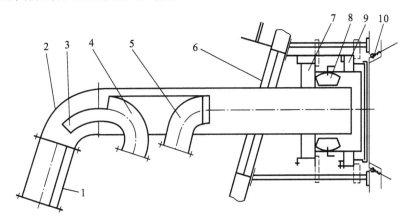

图 4-32　PAX 燃烧器的结构示意图

1—一次风管;2—PAX 弯头;3—偏心异径管;4—抽出风弯管头;

5—增压风弯管头;6—盖板;7—内调风口;8—旋转叶片;

9—外调风口;10—水冷壁管

3. 直流缝隙式燃烧器

图 4-33 所示为英国拔伯葛公司用于出力为 960 t/h 的 W 型火焰锅炉直流缝隙式燃烧器。在每个一次风喷口两侧都有一个二次风喷口,一、二次风喷口交错布置,喷口为长方形,喷出来的同样是扁平状气流,其较大的周界比有利于着火。三次风喷口距主燃烧器一定距离,三次风平行于主气流从上向下进入炉膛。另有一部分二次风从前后墙送入炉膛。

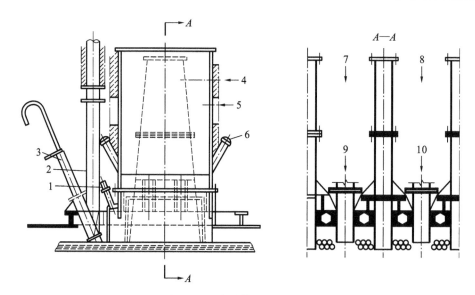

图 4-33　直流缝隙式燃烧器

1—火焰探测器;2—油燃烧器给风管;3—点火器及稳燃油枪;4——次风和煤粉;5—二次风;
6—窥视孔;7、8——次风和煤粉;9、10—二次风

4.6　煤粉炉的点火装置

　　煤粉炉的点火主要用油燃烧器(柴油或重油)点火装置和小油枪或等离子直接点燃煤粉装置。一般油燃烧器的耗油量大,出力在 1 000～1 500 kg/h。燃煤锅炉冷态启动时,炉温很低,直接投入煤粉不易着火,故首先投入油燃烧器,用于炉膛升温并保持稳定燃烧。经过几小时的加热,炉膛温度升高后,再投入煤粉。此外,在锅炉低负荷运行时,由于炉膛温度降低,煤粉着火不稳定,火焰发生波动,这时也需要投入油燃烧器来稳定燃烧。近年来,由于燃油价格上涨,为了降低点火成本,国内很多锅炉安装了小油枪或等离子直接点燃煤粉装置,利用少量燃油或电能点燃煤粉,煤粉燃烧后释放出的热量使冷炉升温,达到启动锅炉的目的。同样,小油枪或等离子点火装置也可以在炉内燃烧出现不稳定或低负荷运行时投入使用,以保持炉内的稳定燃烧。

4.6.1　油燃烧的特点

　　电站锅炉燃用油时,首先用雾化喷嘴将油雾化成很细小(200～250 μm)的雾状液滴群(即油雾),经过受热、蒸发,成为气态燃料。当气态燃油与空气混合并达到着火条件时,便开始着火。油旋转气流的燃烧过程如图 4-34 所示。

　　液体燃料的着火温度比其气化温度高得多,油滴在气化后才开始着火燃烧,所以,液体燃料的燃烧实际上转变为均相燃烧,其着火与燃尽自然比煤粉容易得多。

　　为了提高燃烧效率,必须保证油的雾化质量,即雾化后的液滴应细而均匀,并使液滴气化后迅速而均匀地与空气混合,避免火焰根部缺氧产生碳黑。当然,也应尽可能实现低氧燃烧,以减少 SO_2 向 SO_3 的转换的机会,即减少 SO_3 的转换率,降低烟气中硫酸蒸汽的浓度,减轻低温腐蚀。同时,也可减少 NO_x 的生成量。

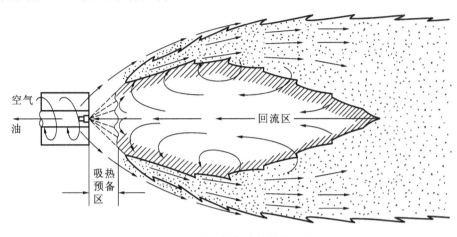

图 4-34　油旋转气流的燃烧过程

　　油燃烧器包括油喷嘴和调风器。油喷嘴的作用是把燃油雾化成细小的油雾群,并以一定的雾化角与空气相交混合,在油雾中心区形成回流区,卷吸热烟气,加热油雾。调风器的作用是组织油燃烧时的空气供给,并使空气与油雾充分混合。由于油雾燃烧时要求早期混合强烈,因此通常采用旋流叶片,使一次风产生强烈旋转,促进油雾与空气的混合。

4.6.2　油喷嘴

　　按照油的雾化方式,油喷嘴分为压力雾化式、蒸汽雾化式、空气雾化式等类型。

1. 压力雾化式油喷嘴

　　压力雾化式油喷嘴可使具有一定压力的燃油在油喷嘴内产生高速旋转,从油喷嘴射出后,油膜被撕裂,形成雾状小液滴。简单机械雾化油喷嘴通常分为简单压力式和回油式等。

　　1) 简单压力雾化式油喷嘴

　　使用简单压力雾化式油喷嘴时,油在一定压力下经过切向槽流入旋涡室产生强烈旋转,再经过喷孔喷出。由于离心力的作用,油雾化成一个空心的雾化锥,形成雾状小液滴。

　　简单压力雾化式油喷嘴的结构及雾化片尺寸如图 4-35 所示,表征油粒旋转强度的几何特征数如下:

$$A=\frac{\pi d_c(D-b)}{4nbh}=2.0\sim3.0 \tag{4-29}$$

　　对于最大喷油量<1 500 kg/h 的油喷嘴,A 值可以低于 2.0。

　　简单压力雾化式油喷嘴的喷油量是由油压来调节的,压力小,流量随着变小,而

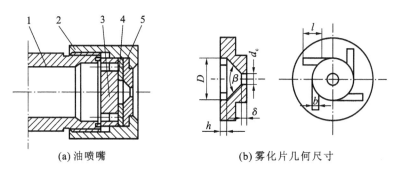

(a) 油喷嘴　　　　　　　　　　　(b) 雾化片几何尺寸

图 4-35　简单压力雾化式油喷嘴

1—油枪;2—压紧螺帽;3—分油嘴;4—旋流片;5—雾化片

此时雾化质量差。但这种油喷嘴结构及调节比较简单,适用于点火用油燃烧器。该雾化油喷嘴的主要参数如下:喷孔与旋涡室直径比 $d_c/D=0.25\sim0.4$;喷孔厚度 $\delta=0.15\sim0.5$;切向槽宽与槽深比 $b/h\leqslant1$;切向槽长度 $L/b=1.3\sim3.0$;切向槽数 $n=3\sim6$;锥角 $\beta=90°$。

　　2)回油式油喷嘴

　　这是一种可以调节流量特性的压力雾化式油喷嘴。一般通过在恒定进油压力下改变回油压力来调节流量,或者同时改变进、出口油压力以维持恒压差来调节流量,还可采用恒回油量或恒进油压力等调节方法。其结构特性与简单式油喷嘴相同,但几何特性数 A 值略小(取为 $0.5\sim2.5$),大容量喷嘴的切向槽数 n 可达 8。喷嘴的额定回油系数(最大喷油量和额定喷油量之比)为 $1.15\sim1.3$。

　　回油喷嘴按回油孔的布置方式可分为分散小孔回油和集中大孔回油两类,前者又可分为分散小孔内回油(见图 4-36)和外回油两种。回油孔所在节圆直径 D_2 与旋涡室直径之比为 $0.6\sim0.8$,回油孔总面积约为喷孔面积的 $1.0\sim1.5$ 倍,回油孔直径为 $2\sim3$ mm,孔数一般为 $6\sim10$(大容量的外回油喷嘴为 $16\sim24$)。其中的中心大孔回油油喷嘴的回油直径一般不小于喷孔直径的 1.13 倍,通常在 8.2 mm 以下。

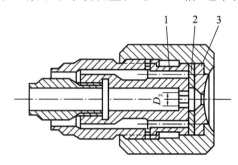

图 4-36　分散小孔内回油喷嘴

1—分油嘴;2—旋流片;3—雾化片

　　油经过切向孔进入旋涡室。压力雾化油喷嘴的旋涡室,有圆柱形和球形的两种,旋涡室也可分为简单式和回油式的两种。对于球形中心集中大孔回油喷嘴,回油孔直径等于喷油孔直径,喷油孔直径为 5~5.5 mm。

2. 蒸汽雾化油喷嘴

蒸汽雾化油喷嘴的结构如图 4-37 所示。它是利用高速蒸汽气流的喷射使燃油雾化的。油与蒸汽在混合孔内相互撞击,形成乳化状态的汽混合物,再喷入炉内便雾化成细小油滴。为了使空气和油雾很好地混合,喷嘴头上装有多个油孔。为了减少汽耗量并便于控制,蒸汽压力保持不变,而用调节油压的办法来改变喷油量。由于蒸汽雾化的效果好,因而这种喷嘴得到了广泛应用。

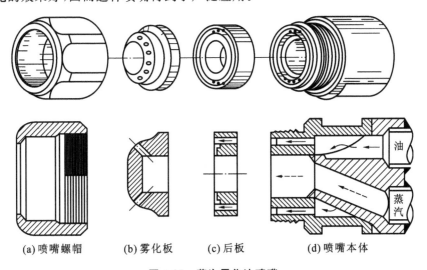

(a) 喷嘴螺帽　　　(b) 雾化板　　　(c) 后板　　　　(d) 喷嘴本体

图 4-37　蒸汽雾化油喷嘴

4.6.3　调风器

锅炉燃油时同样也需要合理组织配风,这一任务由调风器来完成。油燃烧器的调风器类型很多,普遍使用的有平流式调风器及旋流式调风器。

1. 平流式调风器

平流式调风器的结构如图 4-38 所示。二次风平行于调风器的轴线流动,为了加强后期的混合,风速很高,多为 50~70 m/s。一次风通过固定式旋流叶片强烈旋转,以满足火焰根部油雾与空气的混合要求并产生中心回流区。这样既能提供着火热源,又能防止产生碳黑。其燃烧过程如图 4-38(b)所示。

文丘里调风器是平流式调风器的一种特殊的类型,其特点是空气流经一个缩放形的文丘里管时,在喉部与调风器入口端产生较大的静压差,因而可根据此静压差,比较精确地控制过量空气系数。在负荷变化时,这种调风器燃烧调节的适应性较强。

平流式调风器的结构简单,操作方便,能自动控制风量,较适合于大型电站锅炉。

2. 旋流式调风器

旋流式调风器通常在安装油枪的风口,它采用了多层盘式结构(见图 4-39),其锥角约 75°,部分空气通过它后产生旋转。旋转的空气与油枪喷嘴喷出的油雾进行混合

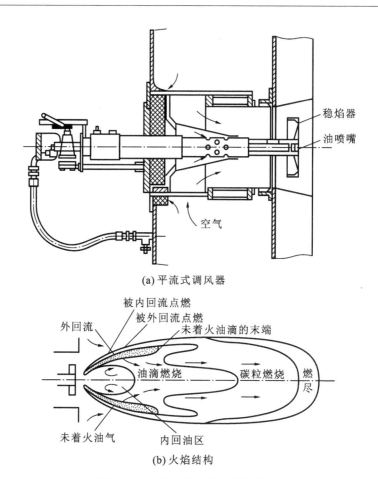

(a) 平流式调风器

(b) 火焰结构

图 4-38 平流式调风器及火焰结构

后燃烧,有利于油雾的燃尽,调风器后的气流形成一个回流区,以卷吸炉膛内高温烟气,从而可以稳定燃油火焰,故又称为稳焰器。

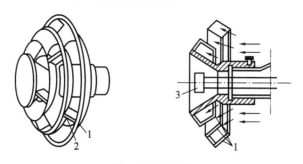

图 4-39 稳焰器

1—锥形圈;2—定位片;3—油喷嘴

在四角切圆燃烧锅炉中,调风器与油枪一起布置在紧邻一次风喷口的二次风中,既可用于在锅炉启动时预热锅炉,也可用于当锅炉出现燃烧不稳定或低负荷运行时对一次风煤粉进行稳燃。

　　在前后墙对冲燃烧的旋流燃烧器中,调风器与油枪一起布置在旋流燃烧器的中心管内,当炉膛升温或需要对炉内进行稳燃时,即可将油枪启动。

4.6.4　点火器

　　点火器是为实现油燃烧器自动点火的装置。煤粉锅炉启动点火时,一般先由点火器点燃油燃烧器的火焰,待炉膛温度达到煤粉气流的着火温度时,再投入煤粉,并用油燃烧器的火焰将煤粉气流点燃。煤粉气流着火后,油燃烧器和点火器自动退出。

　　图 4-40 所示为一种高能点火器,由点火激励器、点火电缆、导电杆、半导体火花塞、点火油枪、伸缩装置组成。伸缩装置配有两个汽缸,汽缸直径分别为 40 mm 和 60 mm,其作用是使导电杆和点火油枪产生推进或退出动作,并用单向节流阀控制活塞的进退速度。导电杆和点火油枪进、退到位时分别输出开关信号,可实现远程控制。其工作原理是:将半导体火花塞(电嘴)置于能量峰值很高的脉冲电压下,电嘴表面产生强烈的电火花,点燃油火焰。激励器输入 50 Hz 交流电,电压为 220±2 V,电流为 3～5 A,激励器单次输出功率为 20 J,火花放电频率为 14～18 次/秒,半导体火花塞发火电压为 1 200 V。

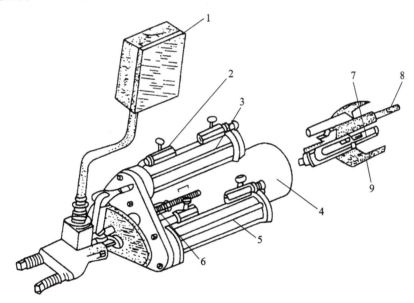

图 4-40　高能点火器结构

1—高能点火器动力箱;2—单向节流控制阀;3—点火杆头推进汽缸;
4—套管;5—油枪推进汽缸;6—接触开关;7—油枪喷嘴;
8—点火杆;9—火焰稳定器

　　高能点火器的类型比较多,但基本工作原理相同。点火器的类型还有电火花点火器和电弧点火器。目前,电站锅炉多数采用高能点火器。

4.6.5　点火器与油枪的参数及布置

　　锅炉的点火装置主要由点火器、油枪和稳燃器组成(见图 4-41)。目前,电厂使用较多的点火器是高能量电火花点火器、高压电火花点火器、高频高电压电火花点火器及高频电弧点火器。这些点火器的优点是点火可靠,能量大,电火花稳定连续性较好,不怕电极烧损和积炭。油枪通常为机械雾化式油枪。

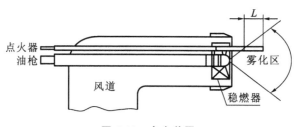

图 4-41　点火装置

1. 点火器及油枪出力

　　点火器的能量一般为油枪设计功率的 $1\%\sim2\%$。油枪功率为 $3\%\sim5\%$ BMCR。我国燃煤机组锅炉启动、暖炉、助燃用油枪的总容量,过去普遍采用为 $25\%\sim30\%$ BMCR。随着国产燃煤机组的主、辅机设备和燃烧系统自控水平日益完善和提高,点火容量有减少的趋势。目前,300 MW 和 600 MW 烟煤机组的启动、暖炉,助燃用的油枪的总容量一般为 $15\%\sim18\%$ BMCR,褐煤、无烟煤和劣质烟煤机组油枪的总容量一般为 $18\%\sim20\%$ BMCR。

2. 点火油枪的布置方式

1)布置在直流式燃烧器中(四角燃烧锅炉)

　　对于四角燃烧锅炉,点火油枪通常布置在上下邻近、有煤粉喷嘴的二次风喷口之中。作为点火油枪用的点火器大多与点火油枪一起平行布置在同一个下二次风喷口之中(见图 4-42)。我国 300 MW、600 MW 机组的四角切圆锅炉直流式燃烧器一般采用高能电弧点火系统,使用轻油或重油作为锅炉点火、启动、暖炉和助燃,每个角的燃烧器各装有 3 根油枪,沿高度方向分 3 层分别插装在各个二次风喷口中,四个角共有 12 根油枪。

2)布置在旋流式燃烧器中(前墙、前后墙燃烧锅炉)

　　对于旋流式燃烧器,每个燃烧器都布置有一支点火油枪。布置的方式有两种,一是点火油枪位于中心布置方式(见图 4-43),其优点为点火器容量可减小 1/3,所需助燃空气不需要专门风机供给;点火器和油枪易于支托、固定,布置紧凑,检修维护方便。其不足之处是中心管直径要求较粗,汽缸驱动的距离较长。另一种方式为点火器位于侧面的倾斜布置方式(见图 4-44),其优点是点火油枪直接插入燃料与空气的混合扩散区,可调节点火源与主燃烧器燃烧区的距离,其缺点是需要特别在风箱上开孔,设置一套点火装置的配风和冷却系统。

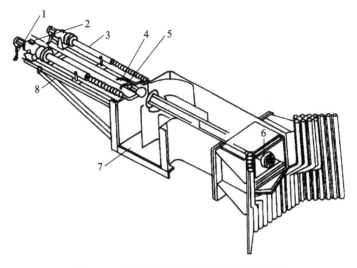

图 4-42　四角燃烧锅炉点火油枪布置方式

1—电源线；2—控制连线；3—电动推杆；4—点火器；5—油枪；

6—稳燃器；7—二次风入口；8—行程开关

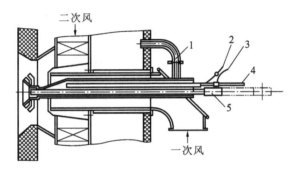

图 4-43　旋流式燃烧器点火油枪中心布置方式

1—点火空气；2—点火器套管；3—火焰检测器引线；4—点火连线；5—点火油枪

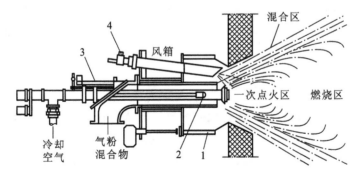

图 4-44　旋流式燃烧器点火油枪侧面倾斜布置方式

1—调风器挡板；2—火焰检测器；3—调风器操纵器；4—点火油枪

4.6.6　小油枪点火技术

为了节约点火用油,国内很多锅炉安装了小油枪点火及稳燃装置。该装置是用功率较小的油枪在一次风管内点燃煤粉,利用煤粉燃烧释放的热量加热炉膛,实现锅炉的冷炉启动。应用结果表明,对于燃用烟煤的锅炉,用小油枪实施对煤粉的点火,完全可以替代现有的大油枪点火技术,而实际用油量仅为大油枪的10%~20%,达到良好的节油效果。

依据锅炉燃煤不同,小油枪油耗控制在20~100 kg/h范围,挥发分高、易点燃的煤用油量少。

点火用小油枪可分为压力雾化式和空气雾化式小油枪。压力雾化式小油枪与前面介绍的压力雾化式油枪类似,只是雾化片的切槽和喷孔尺寸更小,从而满足在小油量条件下的雾化效果。

气化小油枪是利用压缩空气的高速射流将燃料油直接击碎,雾化成超细油滴然后进行燃烧的。图4-45给出了气化小油枪的结构示意图。由于采用压缩空气对油进行雾化,油的雾化效果及与空气的混合较好,点燃后火焰中心温度可高达1 500~2 000 ℃,为在一次风管道内进行煤粉的点燃提供了条件。

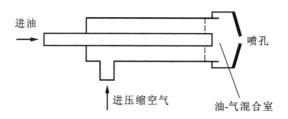

图4-45　气化小油枪结构示意图

小油枪直接点燃煤粉装置包括小油枪、点火器及高压风管等,与一次风管直接相连(见图4-46)。小油枪直接点火的工作原理是:燃油经雾化后被点燃,形成高温火焰进入一次风管内,将一次风中的煤粉点燃,被点燃的煤粉进入炉膛内继续燃烧。压缩空气主要用于点火时实现燃油雾化、正常燃烧时加速燃油气化及补充前期燃烧需要的氧量;高压风主要用于补充后期加速燃烧所需的氧量。

4.6.7　等离子点火技术

等离子点火技术是利用电能替代燃油直接进行煤粉点燃的点火技术,可实现锅炉的冷态启动而不需用油,是火力发电厂目前点火和稳燃的先进技术。等离子体点火装置已经较广泛地应用于烟煤锅炉的启动,对于挥发分较低的贫煤和无烟煤,其点火能力还有待提高。

1. 点火机理

等离子点火装置利用直流电流(280~350 A)在介质气压(0.01~0.03 MPa)的

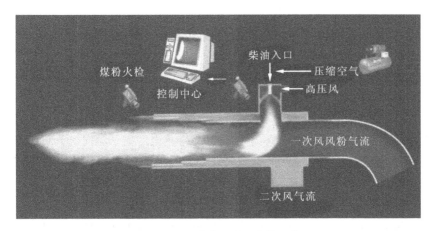

图 4-46　小油枪直接煤粉点燃示意图

条件下接触引弧,并在强磁场下获得稳定功率的直流空气等离子体,该等离子体在燃烧器的一次燃烧筒中形成温度大于 5 000 K 的梯度极大的局部高温区,煤粉颗粒通过该等离子"火核"受到高温作用,并在 10^{-3} s 内迅速释放出挥发物,使煤粉颗粒破裂粉碎,从而迅速燃烧。

等离子体内含有大量化学活性的粒子,如原子(C、H、O 等)、原子团(OH、H_2、O_2 等)、离子(O_2^-、H_2^-、OH^-、O^-、H^+ 等)和电子等,可加速热化学转换,促进燃料完全燃烧。

2. 等离子点火发生器及工作原理

等离子点火发生器为磁稳空气载体等离子发生器,它由线圈、阴极、阳极组成(见图 4-47)。其中阴极材料采用高导电率的金属材料或非金属材料制成,阳极由高导电率、高导热率及抗氧化的金属材料制成。线圈、阴极和阳极均采用水冷方式,以承受电弧高温冲击。线圈在高温 250 ℃情况下具有抗 2 000 V 的直流电压击穿能力,电

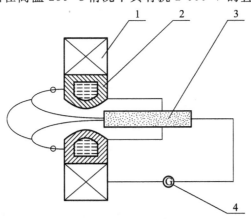

图 4-47　等离子发生器工作原理图

1—线圈;2—阳极;3—阴极;4—电源

源采用全波整流并具有恒流性能。其拉弧原理为:首先设定输出电流,当阴极同阳极接触后,整个系统具有抗短路的能力且电流恒定不变,当阴极缓缓离开阳极时,电弧在线圈磁力的作用下被拉出喷管外部;一定压力的空气在电弧的作用下,被电离为高温等离子体,其能量密度高达 $105 \sim 106$ W/cm^2,为点燃不同的煤种创造了良好的条件。

在等离子发生器的阳极组件和阴极组件之间加稳定的大电流,将电极之间的空气电离形成具有高温导电特性等离子体,其中,带正电的离子流向电源负极形成电弧的阴极,带负电的离子及电子流向电源的正极形成电弧的阳极。线圈通电产生强磁场,将等离子体压缩,并由压缩空气吹出阳极,形成可以利用的高温电弧。

1)阳极组件

阳极组件由阳极、冷却水道、压缩空气通道及壳体等构成。阳极导电面由具有高导电性的金属材料铸成,采用水冷的方式冷却,连续工作时间大于 500 h。为确保能够尽可能多地将电弧拉出阳极以外,在阳极上加装压弧套。

2)阴极组件

阴极组件由阴极头,外套管,内套管,驱动机构,进、出水口,导电接头等构成,阴极为旋转结构的等离子发生器还需要加装一套旋转驱动机构。阴极头导电面为具有高导电性的金属材料铸成,采用水冷的方式冷却,连续工作时间大于 50 h。

3)线圈组件

线圈组件由导电管绕成的线圈,绝缘材料,进、出水接头,导电接头,壳体等构成,导电管内通水冷却。

3. 点火过程

为了利用高温等离子体的有限能量点燃煤粉,在设计中采用了燃烧器多级放大的原理,使系统的风粉浓度、气流速度处于十分有利于点火的工况条件下,从而完成一个持续稳定的点火、燃烧过程(见图 4-48)。运用这一原理及设计方法可以使单个燃烧器的出力从 2 t/h 提升到 10 t/h。在建立一级点火燃烧过程中采用经过浓缩的煤粉垂直送入等离子火炬中心区,10 000 ℃的高温等离子体同浓煤粉的汇合及所伴随的物理化学过程使煤粉在受热瞬间释放的挥发分量大大提高,而其点火延迟时间不大于 1 s。

等离子点火燃烧器的性能决定了整个燃烧器运行的成败。在设计上该燃烧器出力为 $500 \sim 800$ kg/h,其喷口温度不低于 1 200 ℃。另外,利用第一级气膜冷却技术避免了煤粉的贴壁流动及挂焦,并同时解决了燃烧器的烧蚀问题。该区称为第Ⅰ区。

第Ⅱ区为混合燃烧区,在该区内一般采用"浓点浓"的原则,利用环形浓淡燃烧器将淡粉流贴壁而浓粉掺入主点火燃烧器燃烧。这样做既有利于混合段的点火,又有利于冷却混合段的壁面。如果在特大流量条件还可采用多级点火。

第Ⅲ区为强化燃烧区。在第Ⅰ、Ⅱ区内挥发分基本燃尽,为提高煤焦的燃尽率,

在第Ⅲ区采用提前补氧强化燃烧措施。提前补氧的作用在于提高该区的热焓,进而
提高喷管的初速,以达到加大火焰长度、提高燃尽度的目的。所采用的气膜冷却技术
也达到了避免结焦的目的。

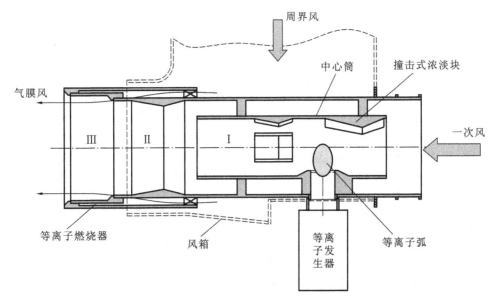

图 4-48　等离子燃烧器示意图

4. 燃烧系统

　　等离子燃烧器是借助等离子发生器的电弧来点燃煤粉的煤粉燃烧器。等离子燃
烧器在煤粉进入燃烧器的初始阶段就用等离子弧将煤粉点燃,并将火焰在燃烧器内
逐级放大,属内燃型燃烧器,可在炉膛内无火焰状态下直接点燃煤粉,从而实现锅炉
的无油启动和无油低负荷稳燃。

　　等离子燃烧器按功能可分为两类:①仅作为点火燃烧器使用的等离子燃烧器,这
种等离子燃烧器用于代替原油燃烧器,起到启动锅炉和在低负荷助燃的作用,采用该
种燃烧器需为其附加给粉系统,包括一次风管路及给粉机;②既作为点火燃烧器又作
为主燃烧器使用的等离子燃烧器,这种等离子燃烧器具有点火的功能,在锅炉正常运
行时又可作为主燃烧器投入,其不需要单独的给粉系统,只需将等离子燃烧器与一次
风管路直接连接即可。

　　等离子燃烧器属于内燃式燃烧器,运行时燃烧器内壁热负荷较高,为了保护燃烧
器,同时提高燃尽度,需设置等离子燃烧器气膜冷却风。气膜冷却风可以从原二次风
箱引取,也可从送风机出口引取。通过燃烧器气膜风入口引入燃烧器。对于气膜冷
却风的控制,冷态时一般在等离子燃烧器投入 0~30 min 内使开度尽量小,以提高初
期燃烧效率,随着炉温升高,逐渐开大风门,以防止烧损燃烧器,原则上以燃烧器壁温
在 500~600 ℃为宜。

4.7　流态化状态及特征

4.7.1　流态化现象

　　流态化是用来描述固体颗粒与流体接触时所表现出的类似流体状态的一种运动形式。

　　将固体颗粒盛于底部多孔的柱状容器内,当流体连续向上流过固体颗粒堆积的床层,在流体速度较低的情况下,固体颗粒静止不动,流体从颗粒之间的间隙流过,床层高度维持不变,这时的床层称为固定床。随着流体速度的增加,颗粒与颗粒之间克服了内摩擦而互相脱离接触,颗粒可沿任何方向运动或转动,固体散料悬浮于流体之中。颗粒扣除浮力以后的重量完全由流体对它的曳力所支持,于是床层显示出相当不规则的运动。床层的空隙率增加了,床层出现膨胀,床层高度也随之升高,并且床层还呈现出类似于流体的一些性质(见图 4-49)。这种固体颗粒在流体作用下表现出类似流体状态的现象,称为流态化现象,实现流态化的床层称为流化床。

　　流化床具有的类似流体的性质主要表现在以下方面。

　　(1)较轻的大物体可以悬浮在床层表面。

　　(2)不管床层如何倾斜,床层表面始终保持水平。

　　(3)床层容器的底部侧壁开孔时,能形成孔口出流现象。

　　(4)不同床层高度的流化床连通时,床面会自动调整至同一水平面。

　　(5)床层任一高度的静压约为此高度以上单位床截面内固体颗粒的质量。

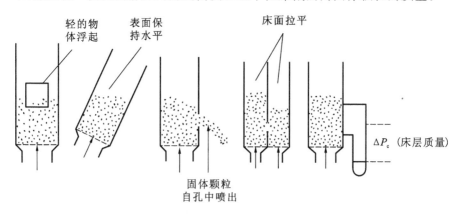

图 4-49　流化床性质示意图

　　对于气固两相流,流化床只是其中的一部分。广义上的气固系统可分为固定床、流化床、气力输送设备等,而流化床又可根据其运动特点做进一步划分,可分为鼓泡流化床、湍流流化床和快速流化床等。

4.7.2 流化床中的一些基本概念

1. 床层压降、膨胀比及空隙率

气体穿越床层时,料层对气流有阻力作用,导致气流进出床层的压力存在一个损失量,这就称为床层压降。

在流化床的气固两相流中,气相所占的体积百分比称为空隙率,用 ε 表示,则 (1−ε) 就是固相的体积百分比。

当流过床层的气体流速(指按照布风板面积计算的空床气流速度,也即表观速度,有时简称流速)不同时,固体床层将呈现不同的流动类型,气流通过床层的压降也不尽相同。为简单起见,假定一理想情况,即床层由均匀粒度颗粒组成。图 4-50 所示为理想情况下,不同状况床层的压降 Δp、床层空隙率 ε 与气体流速 u 的关系。

当流速很低时,流体通过床层,颗粒之间保持固定的相互关系而静止不动,流体经颗粒之间的空隙流过,床层处于固定床状态。随着气流速度的增加,床层厚度、空隙率 ε_0 不变,但阻力会随之而增加,此时床层高度称为固定床高 h_0。

当流速增大到某一确定值 u_{mf}(临界流化速度)时,床层中的颗粒不再保持静止状态,从固定床状态转为流化床状态,此转变点 T 即为临界流化状态。当空床流速继续增大时,床层膨胀得更厉害,固体颗粒上下翻滚,但并未被流体带走,而是在一定的高度范围内翻滚,床层仍有一个清晰

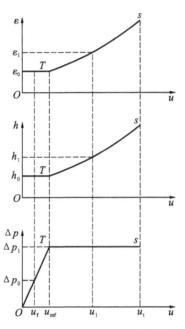

图 4-50 床层阻力、高度、空隙率与流速的关系

的上界面,此时整个床层具有流体的一些宏观特性,这就是流化床。

在流化床阶段,随着流速的增大,床层阻力保持不变,这是因为随着流速的增大,料层高度相应增大,亦即床层体积膨胀,空隙率增加,流体在床内颗粒间的流通截面增大,使流体通过颗粒间的真实流速基本不变,因此料层阻力也保持不变,这是流化床的重要特性之一。

随着气流速度的增加,空隙率 ε 将增加,床层高度 h 也随之增加。当气流速度超过 u_t 时,所有的固体颗粒都被气流带出燃烧室,此气流速度 u_t 称为飞出速度或输送速度,床层处于输送床状态。在理想情况下,床高为无穷大,此时床层压降在数值上等于床层颗粒重量,床层空隙率 ε 达到极大值,即 1.0。实际上,由于实际床高有限,因此在该阶段,床层压降突然降为很小,空隙率接近于 1.0。

上述理想情况基本上反映了实际床层颗粒在不同阶段的主要特征。实际床层与理想床层的主要区别主要是它对流化床的更为细致具体的刻画,如流化床阶段包括散式床、鼓泡床、湍流床和快速床等运动形状。实际流化床压降和流速的关系较复杂。由于受颗粒之间作用力、颗粒分布、布风板结构特性、颗粒外部特征、床直径大小等因素的影响,实际流化床压降和流速的关系偏离理想曲线而呈现各种状态。实际流态化过程可能出现的压降和流速曲线如图 4-51 所示。

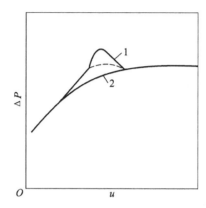

图 4-51　实际流化过程中压降与流速的关系
1—颗粒连锁;2—非流化区

为描述流化床层的膨胀程度,定义流化床流化前后床层的高度之比为膨胀比,即

$$R=h/h_0=\frac{1-\varepsilon_0}{1-\varepsilon}$$

式中:h_0、ε_0 分别为固定床的床高和空隙率;h、ε 则为现有状态的床高和空隙率。此式只适用于等截面床,对于变截面床,空隙率 ε 与膨胀比 R 间的关系需根据床层的结构参数进行推导。

流化床锅炉正常运行时,床层空隙率 $\varepsilon=0.5\sim0.8$。当 $\varepsilon>0.8$ 时,将出现不稳定状态,此时是向气力输送过渡的阶段,对于床径较小的流化床,腾涌现象多出现在这个阶段。对于细粒度窄筛分的料层,腾涌几乎是流化床向气力输送转化的必经过程;对于粗颗粒宽筛分的料层,腾涌则不易发生。随着空床流速的增大,$\varepsilon\to1$,这表明颗粒所占的份额达到最小,床料呈现气力输送状态。

2. 临界流化速度

临界流化速度 u_{mf} 是流化床操作的最低速度,是流化床的一个重要的流体动力特性参数。确定临界流化速度 u_{mf} 的方法主要有理论计算和实验测定两种。

由于实际流化床的复杂性,至今没有一个计算临界流化速度的理论公式,只有一些建立于实验上的经验公式。采用这些经验公式时,必须注意公式的使用条件和范围,以尽量减少误差。即使选用了合适的经验公式,算得的临界流化速度与实际值相比也往往存在一定的误差。经验公式如下:

对于非常小的粒子,有

$$u_{mf} = \frac{d_p^2(\rho_p - \rho_g)g}{150\mu} \frac{\varepsilon_{mf}^3 \Phi_p^2}{1 - \varepsilon_{mf}}, \quad Re_{mf} < 20$$

进一步简化为

$$u_{mf} = \frac{d_p^2(\rho_p - \rho_g)g}{1\,650\mu}, \quad Re_{mf} < 20$$

对于非常大的粒子，有

$$u_{mf} = \sqrt{\frac{d_p(\rho_p - \rho_g)g}{1.75\rho_g}\varepsilon_{mf}^3 \Phi_p}, \quad Re_{mf} = 1\,000$$

进一步简化为

$$u_{mf} = \sqrt{\frac{d_p(\rho_p - \rho_g)g}{24.5\rho_g}}, \quad Re_{mf} = 1\,000$$

雷诺数介于 20 和 1 000 时，简化公式为

$$u_{mf} = \frac{\mu}{d_p\rho_g}(\sqrt{1\,134 + 0.041Ar} - 33.7)$$

式中：ε_{mf} 为临界流态化时的床层空隙率；ρ_g 为气体密度，kg/m^3；ρ_p 为颗粒密度，kg/m^3；Φ_p 为颗粒的球形度；d_p 为颗粒直径，m；μ 为气体的动力黏度，$Pa \cdot s$。另外，临界雷诺数 $Re_{mf} = \dfrac{d_p u_{mf}\rho_g}{\mu}$，阿基米德数 $Ar = \dfrac{d_p^3\rho_g(\rho_p - \rho_g)g}{\mu^2}$。

确定临界流化速度 u_{mf} 的最好方法是通过实验测定，如图 4-52 所示。用降低流速法使床层自流化床状态缓慢地复原至固定床状态，同时记下相应的气体流速 u_0 和床层压降 Δp，在双对数坐标纸上标绘得到如图 4-52 所示的曲线。如图通过固定床区和流化床区的数据各自画线（撇开中间区数据），这两条曲线的交点即是临界流化速度 u_{mf}。其横坐标的值即是临界流化速度 u_{mf}。图中的 u_{bf} 为起始流态化速度，此时床层中有部分颗粒进入流化状态。u_{tf} 为完全流态化速度，此时床层中所有颗粒全部进入流化状态。对于粒度分布较窄的床层，u_{mf}、u_{bf}、u_{tf} 三者非常接近，很难区分。

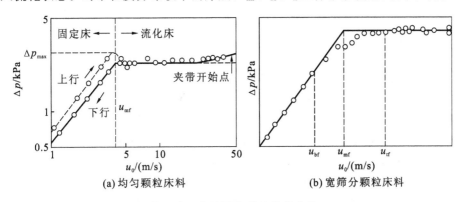

图 4-52　床层压降-流速特性曲线

3. 颗粒终端速度

在静止气体中开始处于静止状态的一个固体颗粒，由于重力的作用会加速沉降。

随着颗粒降落速度的增加,气体对颗粒的向上曳力也不断增大,当此曳力与颗粒扣除浮力后的重力相平衡时,颗粒便作等速降落,这时颗粒的速度称为颗粒的终端速度或自由沉降速度 u_t。由力的平衡方程式推导出单颗粒终端速度的计算公式为

$$u_t = \left[\frac{4}{3} \frac{g d_p (\rho_p - \rho_g)}{\rho_g C_d} \right]^{1/2}$$

式中:d_p 为颗粒平均直径,m;ρ_p 为颗粒密度,kg/m³;ρ_g 为流体密度,kg/m³;g 为重力加速度;C_d 为曳力系数,反映颗粒运动时流体对颗粒的曳力,为雷诺数 Re_t 的函数($Re_t = \rho u_t d_p / \mu$,$\mu$ 为气体的动力黏度,Pa·s),一般用实验方法确定。

从上式可以看出,计算单颗粒的终端速度 u_t 的关键在于曳力系数 C_d 的确定。由于实际燃烧过程中颗粒浓度较大,颗粒间的相互碰撞和摩擦的机会很多,必然给多相流动和燃烧带来较大影响。随着颗粒浓度的增大,空隙率减小,表面黏度将增大,颗粒团的终端速度明显降低。由于颗粒团的运动具有随机性,要准确计算这种影响很困难,因此,实际应用中一般采用经验性的准则方程式来确定 C_d,经验公式可查阅相关资料。

实际上,颗粒终端速度可理解为能将固体颗粒浮起并维持静止不动时上升气流的速度。尺寸和密度较大的颗粒具有较高的终端速度。流化床中的气流量,一方面受临界流化速度的限制,另一方面也受颗粒被夹带的限制。当流化床中上升气流的速度等于颗粒的终端速度时,颗粒就会悬浮于气流中而不会沉降;若气流速度稍大一点,颗粒就会被向上输送,因而流化床中气流带走颗粒的最小流速等于颗粒在静止气体中的终端沉降速度。为避免床层中的颗粒被带出,流态化操作时应使气流速度小于或等于颗粒终端速度。当发生夹带时,可使被夹带的颗粒经循环灰分离器分离后返回床内,或加入新的燃料,以维持稳定流态化。

通常,用颗粒终端速度与临界流化速度的比值 u_t / u_{mf} 来反映流化床的操作性能。比值大说明流态化操作速度的可调节范围宽,流化速度的改变不会明显影响流化床的稳定性,同时,宽的操作速度范围有利于最佳流化操作速度的获取;反之,意味着操作灵活性较差。

4. 夹带和扬析

夹带和扬析在循环流化床锅炉设计和运行中是非常重要的,这是因为锅炉燃烧的煤是由浓度在一定范围内的颗粒组成的,在燃烧和循环过程中,由于煤颗粒的收缩、破碎和磨损,有大量的微粒形成,这些微粒很容易被夹带和扬析。为了合理地组织燃烧和传热,保证锅炉有足够的循环物料,以及保证烟气中灰尘排放达到排放标准,必须从气流中分离回收这些细颗粒。而研究床层中逸出固体颗粒的质量流率和粒度分布,对于揭示床体的气固两相流的机理是很有必要的。

通常,流化床包括两个区域:颗粒浓度高的密相区和颗粒浓度低的密相区。两者间存在一个明显或不太明显的分界面,界面以上至床体出口之间的空间称为自由空域,其高度称为自由空域高度。

当流化床中呈现流态化时,床层内出现大量气泡,当气泡上升到床层表面时,会发生破裂并逸出床面。这个过程中,气泡顶部和尾部的颗粒将被抛入床层界面上的自由空域,并被上升气流携带走,这种现象称为夹带。

进入自由空域的固体颗粒包含了床内颗粒尺寸分布范围内所有尺寸的颗粒。由于不同粒径的颗粒的终端速度不一,一定流速的气流会起到一个分离的作用,较大的颗粒会落回到密相区,而较小的颗粒就被携带上升。所以,在悬浮区颗粒尺寸分布会随高度变化,这种细颗粒从混合物中分离出去的现象称为扬析。

由于在自由空域内固体颗粒浓度随高度递减,增加自由空域高度就会减少夹带。但是,存在着这样一个高度,高于它时夹带量就不再发生明显的变化,这个高度称为输送分离高度 H_{TD}。当气流出口高于输送分离高度时,颗粒尺寸分布和夹带率就接近于常数,如图 4-53 所示,其大小由气流在气力输送条件下的饱和携带能力来确定。

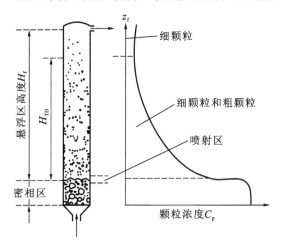

图 4-53　鼓泡床沿床高的颗粒浓度分布

夹带的形成包括两个基本内容:①从密相区到自由空域固体颗粒的输送;②颗粒在自由空域的运动。对于鼓泡床,输送起因于气泡在床层表面的破裂。大多数研究者认为,气泡破裂喷出的颗粒主要来自气泡尾涡,有实验资料表明:一般情况下,大约一半的气泡尾迹颗粒被气泡喷出,喷出的颗粒中的大颗粒的喷射速度高达气泡达到床面时速度的两倍。

4.7.3　固体颗粒的流态化性能与颗粒分类

流化床中,在相近的操作条件下,不同颗粒的流态化性能可能完全不同,这与颗粒的粒度以及颗粒与气体的密度差密切相关。譬如对于鼓泡流化床,采用细颗粒和粗颗粒时床层的流化状态存在明显的差异,如表 4-8 所示。因此,一般不能将某一种流化系统所得的结果直接用于另一性质不同的流化系统。

表 4-8　颗粒粗细对流化层的影响

特　征	细颗粒床	粗颗粒床
气泡	多为均匀的小气泡	大气泡,上升时发生聚并
乳化相	有环流	颗粒间相互运动,部分环流
稳定性	不易腾涌	易腾涌

　　通过对大量不同种类的颗粒床流化状态的研究,Geldart 于 1973 年提出了一种非常具有使用价值的颗粒分类方法,即根据颗粒平均粒径、颗粒与流化气体密度差将颗粒分为 C、A、B、D 四类,如图 4-54 所示(流化介质为空气、常温常压和流化速度小于 10 u_{mf} 时的情况)。同一类颗粒一般具有相同或相似的流化行为,而不同类别的颗粒将反映出不同的流化特性。某种颗粒的类别归属,主要取决于颗粒的尺寸和密度,同时也和流化介质有关,因此也与它的温度和压力有关。

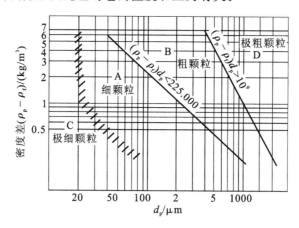

图 4-54　Geldart 颗粒分类法

1. C 类颗粒

　　C 类颗粒属超细颗粒或黏性颗粒,一般平均粒度小于 30 μm。此类颗粒由于粒径很小,颗粒间的相互作用力相对变大,极易导致颗粒团聚。另外,由于它具有较强的黏聚性,所以容易产生沟流,极难流化。传统上认为,这类颗粒不适用于流化操作,近年来,采取搅拌和振动的方式,也可以使 C 类颗粒顺利流化。

2. A 类颗粒

　　A 类颗粒粒度较细,粒径一般为 30～100 μm,表观密度较小($\rho_p < 1\,400\ \text{kg/m}^3$)。这类颗粒的初始鼓泡速度明显高于初始流化速度,并且在达到流化态之后、气泡出现之前床层就明显膨胀。形成彭泡床后,乳化相中空隙率明显大于初始流化时的空隙率。床层中气固返混较剧烈,相间气体交换速度较高。催化裂化催化剂(FCC)是典型的 A 类颗粒。

3. B 类颗粒

B 类颗粒具有中等粒度,粒径一般为 $100\sim600~\mu m$,其表观密度为 $1~400\sim4~000~kg/m^3$。这类颗粒的初始鼓泡速度与初始流化速度相等。因此,当气体流速达到初始流化速度后,床层内即出现鼓泡现象。其乳化相中的气固返混较弱,相间气体交换速度也较低。砂粒是典型 B 类颗粒。

4. D 类颗粒

D 类颗粒度和密度都最大,平均粒度一般在 0.6 mm 以上,有的甚至大于 1 mm。该类颗粒流化时易产生大气泡或节涌,使操作难以稳定,需要相当高的气流速度来流化,更适用于喷动床操作。大部分流化床锅炉用煤、玉米、小麦颗粒等属于这类颗粒。

四类颗粒的主要特征及其比较见表 4-9。

表 4-9　四类颗粒的主要特征及比较

特　　征	颗 粒 类 别			
	C	A	B	D
粒度($\rho_p=2~500~kg/m^3$)/μm	<30	$30\sim100$	$100\sim600$	>600
沟流程度	严重	轻微	可忽略	可忽略
可喷动情况	无	无	浅床时有	明显
最小鼓泡速度 u_{mb}	无气泡	$>u_{mf}$	$=u_{mf}$	$=u_{mf}$
气泡形状	只有沟流	平底圆帽	圆形有凹陷	圆形
固体混合	很低	高	中等	低
气体返混	很低	高	中等	低
气栓流	扁平面状气栓	轴对称	近似轴对称	近似贴壁
颗粒对流体动力特性的影响	未知	明显	微小	未知

4.7.4　流态化的典型形态

如图 4-55 所示,当气体通过布风板自下而上地穿过自然堆积的固体颗粒床层时,随着气流速度的逐渐增加,床层将依次经历固定床、鼓泡流化床、湍流流化床、快速流化床,最终达到气力输送状态。床层内颗粒间的气体流动状态也由层流开始,逐步过渡到湍流。

下面分别介绍上述流态化典型形态存在的条件及特征。

1. 固定床

当气体以低速通过从底部经布风板进入固体颗粒床层向上流动时,床料会在布风板上静止不动,此时的床层称为固定床。固定床的固体颗粒间是没有相对运动的。气流穿越床层时,床层对气流存在阻力作用,导致气流压降的产生,并且气流速度越

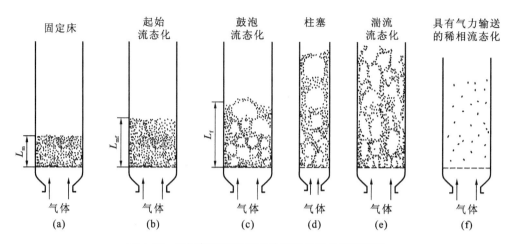

固定床　　　起始　　　　鼓泡　　　柱塞　　　湍流　　　具有气力输送
　　　　　　流态化　　　流态化　　　　　　　流态化　　　的稀相流态化

气体　　　　气体　　　　气体　　　气体　　　气体　　　　气体
(a)　　　　(b)　　　　(c)　　　(d)　　　(e)　　　　(f)

图 4-55　不同气流速度下固体颗粒床层的流动状态

大,压力损失也就越大。

移动床是一种跟固定床很相似的床层,移动床中固体颗粒整体相对于壁面移动,但颗粒间无相对运动,如循环流化床返料器中的立管。

2. 鼓泡床

通过固定床的气流速度增大,床层上、下压降持续上升,直至气流速度刚好使得床层流态化,也即床层处于临界流化状态,这时的气流速度为临界流化速度。气体速度超过临界流化速度以后,超过部分的气体不再是均匀地流过颗粒床层,而是以气泡的形式经过床层逸出,这就是所谓的鼓泡流化床,简称鼓泡床。鼓泡床的空隙率 ε 约为 0.45。

鼓泡床的床料内有大量气泡产生,气泡不断上移,小气泡聚集成较大气泡穿过料层并破裂,此时气固两相有较强烈的混合,与水被加热沸腾的情景相似,因此鼓泡床也称沸腾床。

鼓泡床由两相组成:一相是以气体为主的气泡相,虽然其中常常也携带有少数固体颗粒,但是它的颗粒数量稀少,空隙率较大;另一相由气体和悬浮于其间的颗粒组成,被形象地称为乳化相。通常认为,乳化相保持着临界流化的状态。显然,乳化相的颗粒密度比气泡相要大得多,而空隙率则要小得多。气泡相随着气流不断上升。由于气泡间的相互作用,气泡在上升的过程中,可能会与其他小气泡合并长大成大气泡,大气泡也有可能破碎分裂成小气泡。鼓泡流化床有个明显的界面,在界面之下气泡相与乳化相组成"密相区"。当气泡上升到床层界面时,发生破裂,并喷出或携带部分颗粒,这些颗粒被上升的气流所带走,造成所谓的颗粒夹带现象,于是在床层上部的自由空域形成"稀相区"。

3. 湍流流化床

当通过鼓泡流化床的气流速度继续增加时,气泡的破碎作用加剧,使得鼓泡床内的气泡尺寸越来越小,气泡上升的速度变慢,而床层的压力脉动幅度却变得越来越大,直到这些微小气泡与乳化相的界限分不出来为止,此时床层的压力脉动幅度达到极大值。于是床层进入湍流流态化,称为湍流流化床。湍流床仍然存在一个界面,但远不如鼓泡床的清晰,且下部密相区的床料浓度仍比上部稀相区的浓度大得多。

湍流流化床最显著的直观特征是"舌状"气流,其中相当分散的颗粒沿着床体呈"之"字形向上抛射,床面很有规律地上下波动。湍流流化床中的床层空隙率一般在 0.65～0.75 的范围内。

4. 快速流化床

在湍流床状态下进一步提高气流速度,气流携带颗粒量急剧增加,需要依靠连续加料或颗粒循环来不断补充物料,才不至于使床中颗粒被吹空,于是就形成了快速流化床。这时固体颗粒除了弥散于气流中之外,还集聚成大量颗粒团形式的絮状物。由于强烈的颗粒混返及外部的物料循环,颗粒团不断解体又不断重新形成,并向各个方向激烈运动。

快速流态化的主要特征是:床内气泡消失,无明显密相界面;固体颗粒团充满整个上升段空间,颗粒浓度呈现上稀下浓的不均匀分布,但床层的径向方向颗粒浓度分布均匀;存在颗粒成团与颗粒返混现象,床内具有特别好的气固接触条件和温度均匀性;床层底部压力梯度较高,而床的顶部较低。

另外,在快速流化床中,固体颗粒的粒度较细,平均粒径通常在 100 μm 以下,属于 Geldart 分类图中的 A 类颗粒,而运行操作的气流速度较高,可达颗粒终端速度的 5～15 倍,床层空隙率通常在 0.75～0.95 之间。

快速流化床与气固物料分离装置、颗粒物料回送装置等一起便可组成循环流化床。

5. 气力输送

如果在快速流态化下降流化风速继续增大到一定值或减少床料补给量,由于夹带作用的存在,床内颗粒浓度变稀,床层将过渡到气力输送状态,即所谓的悬浮稀相流状态。此时的流化风速称为气力输送速度。对于大颗粒,气力输送速度一般等于颗粒终端速度;对于小颗粒群,气力输送速度远高于颗粒终端速度。

在上行的悬浮稀相流中,颗粒明显地均匀向上运动并且不存在颗粒的下降流动,除加速区外,床层的压力梯度分布是均匀的。气力输送状态下,径向颗粒浓度分布是近壁浓中间稀。从快速流态化过渡到气力输送伴随着空隙率的增加,通常认为,从快速流态化过渡到气力输送的临界空隙率为 0.93～0.98。

在实际的流态化过程中,由于气体和固体颗粒的不均匀性,经常会有一些不正常的流化状态的出现,主要有以下几种。

(1)沟流　在床层中气流分布或固体颗粒大小分布及空隙率等不均匀而造成床层阻力不均匀的情况下,阻力小处气流速度较大,而阻力大处气流速度较小,有时大量的空气从阻力小的地方穿过料层,而其余部位仍处于固定床状态,这种现象称为沟流,如图 4-56 所示。

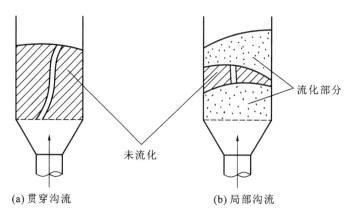

(a) 贯穿沟流　　　　　　　　　　(b) 局部沟流

图 4-56　沟流

　　沟流常出现在床层阻力不均匀、空床流速较低的情况下,如点火启动及压火再启动时,容易产生沟流,若在运行时发生高温结渣也会发生沟流。沟流不仅会降低固体颗粒的流化质量,使料层容易产生结渣,而且影响炉内传热和燃烧的稳定性。

　　(2)节涌　对于一个给定的床层,当流化风速或床层高度增加时,气泡尺寸也会

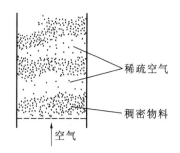

图 4-57　节涌

随之增大。如果床截面较小而又较深,气泡尺寸可能增大至与床直径或床宽度相差不大,料层会被分成几段,成为相互间隔的气泡层和颗粒层,颗粒层被气泡如柱塞状向上推动,如图 4-57 所示。达到一定高度后颗粒层崩裂,大量的细小颗粒被抛出床层,被气流带走,大颗粒则如雨淋般落下,这种现象称为节涌或腾涌。

　　　　　　　　　　　　节涌发生时,流化床很难维持正常运行,风压波动很剧烈,风机也受到冲击,床层底部会沉积物料,引起结渣,还会加剧磨损。另外,节涌对气固两相的接触极为不利,因此对燃烧和传热将产生不良影响,还会引起飞灰量增大,致使热损失增大,影响经济运行。

　　(3)分层　若流化床两层中大小不同的颗粒出现较严重的两极分化,即过粗和过细的颗粒所占比例均较大时,较多小颗粒集中在床层上部,而大颗粒则沉积在床层底部,这种现象称为分层。分层发生后,会造成上部小颗粒流化而底部大颗粒仍处于固定床状态的"假流化"现象,这是导致流化床锅炉结渣的原因之一。

4.7.5　流化床的特点

　　利用流化床具有液体的性能,可以设计出不同的气体与固体的接触方式。流化床的特性,既有有利的一面,也有不利的一面。表 4-10 给出了气固反应系统接触方式的比较。

表 4-10　气固反应系统接触方式的比较

类　别	固 定 床	移 动 床	流 化 床	平流气力输送
固体催化的气相反应	仅适用于缓慢失活或不失活的催化剂。严重的温度控制问题限制了装置规模	适用于大颗粒容易失活的催化剂。可能进行较大规模操作	用于小颗粒或粉状非脆性迅速失活的催化剂。温度控制极好,可以大规模操作	仅适用于快速反应
气固反应	不适合连续操作,间歇操作时产物不均	可用颗粒大小相当均匀的进料,没有或仅有少量粉末,可能进行大规模操作	可用有大量细粉的宽粒级固体。可进行温度均匀的大规模操作。间歇操作好,产物均匀	
床层中温度分布	当有大量热量传递时,温度梯度较大	以适量气流能控制温度梯度,以大量固体循环能使之减小到最低限度	床层温度几乎恒定。可通过热交换,或连续添加或取出适量固体颗粒加以控制	用足量的固体循环能使固体颗粒流动方向的温度梯度减小到最低限度
颗粒	相当大和均匀。温度控制不好,可能烧结并堵塞反应器	相当大和均匀。最大受气体上升速度所限,最小受临界流化速度所限	宽粒度分布且可带大量细粉。容器和管子的磨蚀,颗粒的粉碎及夹带现象均较严重	颗粒要求同流化床。最大粒度受最小输送速度所限
压降	气流低和粒径大,除了低压系统压降不严重	介于固定床和流化床之间	对于高床层,压降大,造成大量动力消耗	细颗粒时压降低,但对大颗粒则较可观
热交换和热量传递	热交换率低,所以需要更大的换热面积。这常常是扩大化中的限制因素	热交换效率低,但由于固体颗粒热容量大,循环颗粒传递的热量相当大	热交换效率高,由循环颗粒传递大量的热量,所以热问题很少是扩大化时的限制因素	介于移动床和流化床之间
转化	气体呈活塞流,如温度控制适当(很难),转化率可能接近理论值的100%	可变通,接近于理想的逆流和并流接触,转化率可能接近理论的100%	固体颗粒返混并且气体接触方式不理想,其性能较其他方式反应器为差,要达到高转化率,须进行多段操作	气体和固体的流动接近于并流活塞流,转化率可能较高

同其他气固接触方式相比,流化床具有如下优点。

（1）由于流化的固体颗粒有类似液体的特性，因此颗粒的流动平稳，其操作可连续自动控制。从床层中取出颗粒或向床层中加入新的颗粒特别方便，容易实现操作的连续化和自动化。

（2）固体颗粒混合迅速均匀，使整个反应器内处于等温状态。由于固体颗粒的激烈运动和返混，使床层温度均匀。此外，流化床所用的固体颗粒比固定床的小得多，颗粒的比表面积（即单位体积的表面积）很大，因此，气体与固体颗粒之间的传热和传质速率要比固定床的高得多。床层的温度分布均匀和传热速率高，这两个重要特征使流化床容易调节并能维持所需的温度，而固定床却没有这些特征。

（3）通过两床之间固体颗粒的循环，很容易提供（取出）大型反应器中需要（产生）的大量热量。

（4）气体与固体颗粒之间的传热和传质速率高。

（5）由于流化床中固体颗粒有激烈运动，其不断冲刷换热器壁面，使不利于换热的壁面上的气膜变薄，从而提高了床层对壁面的换热系数。通常，流化床对换热面的传热系数为固定床的十倍左右，因此，流化床所需的传热面积也较小，只需要较小体积的床内换热器，降低了造价。

由于颗粒浓度高、体积大、能够维持较低温度运行，这对某些反应是有利的，如劣质煤燃烧、燃烧中脱硫等。

与此同时，流化床也具有一些不利的缺点。

（1）气体流动状态难以描述，当设计或操作不当时会产生不正常的流化形式，由此导致气固接触效率的显著降低，当要求反应气体高效转化时，问题尤为严重。

（2）由于颗粒在床内混合迅速，因而在反应器中的停留时间不均匀。连续进料时，这将使产物不均匀，降低转化率，间歇进料时，则有助于产生一种均匀的固体产物。

（3）脆性固体颗粒易形成粉末并被气流夹带，需要经常补料以维持稳定运行。

（4）气流速度较高时床内埋件表面和床四周壁面磨损严重。

（5）对于易于结团和灰熔点低的颗粒，需要低温运行，从而降低了反应速率。

（6）与固体床相比，流化床能耗较高。

虽然流化床存在一些严重的缺点，但流化床装置总的经济效益是好的，特别是在煤燃烧方面，已经成规模地应用于工业领域，并呈现出良好的发展前景。对流化床的运动规律有了正确充分的了解之后，就能够最大限度地扬长避短，使流态化技术得到更好的推广和应用。

4.8　循环流化床锅炉工作原理和主要特点

循环流化床燃烧的基本原理是燃料在流化状态下进行燃烧。一般粗粒子在燃烧室下部燃烧，较细的粒子在燃烧室上部燃烧。被吹出燃烧室的细粒子经分离器收集下来之后,通过返料器送回燃烧室实现循环燃烧。

循环流化床是由一个流化床外加一个循环闭路组成的完整系统,流态化的状态一般是湍流床和快速床。由于湍流床和快速床的流化速度较高(一般在 4～6 m/s),气流携带作用很强,对这两种床必须加物料循环系统以组成循环流化床,否则,将无法保证燃料的完全燃烧。循环流化床锅炉之所以没有选取更高的流化速度,主要是因为更高的流速将会带来布风系统的阻力增大和严重的磨损问题,导致不经济性的产生与加剧。为了减小固体颗粒对受热面的磨损,物料和燃料粒径一般比鼓泡流化床锅炉小得多。

4.8.1　循环流化床锅炉的主循环回路构成

图 4-58 所示为典型循环流化床锅炉。炉膛下部床层为颗粒密集区,可以是鼓泡床、湍流床或快速床,它起稳定燃烧和组织物料循环的作用。温度较低的循环物料和给煤及脱硫用的石灰石在此被加热,煤受热后发生热解,释放挥发分,同时,部分挥发分和固定碳燃烧;石灰石发生煅烧反应,分解为 CaO 和其他物质。床层是主要燃烧区域之一。床层以上为过渡段和稀相区,一部分挥发分和固定碳在此燃烧,具有组织燃烧、传热和输送循环物料的功能。分离部分的分离器将烟气和热循环物料分离开。物料交汇及传送部分由立管和送灰器组成,阻断床层与分离部分的气路连通并有效地回送循环物料。

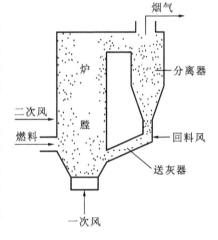

图 4-58　循环流化床锅炉原理简图

在循环流化床中,通常用物料循环倍率来反映物料循环的量化程度,其简单定义为:由循环灰分离器捕集下来并返送回炉内的物料量(循环物料量)与新加入的燃料量之比,即

$$R = \frac{G_h}{B}$$

式中:R 为物料循环倍率;G_h 为循环物料量,即经循环灰分离器返送回炉内的物料量,kg/h;B 为新加入的燃料量或燃煤量,kg/h。

此式表明,当锅炉燃料量 B 确定后,R 值的大小主要取决于循环物料量。在循环流化床锅炉运行中,给煤量一般容易控制,而循环物料量 G_h 的主要影响因素如下。

(1)一次风量　一次风量的大小,将直接影响循环物料量。一次风量过小,炉内物料的流化状态将发生变化,炉膛上部物料浓度降低,进入分离器的物料量也会减少,从而导致循环灰捕集量和回送量自然减少。

(2)燃料颗粒特性　当给煤的粒径分布向大粒径变化时,在一次风量不变的情况下,炉膛上部的物料浓度将降低,带来与一次风量过小时相同的结果。

(3)循环灰分离器效率　分离器效率对物料回送量的影响很大,即使运行条件一样,如果物料分离效率降低,也将使循环物料量减少。

(4)回料系统的可靠性　当回料系统运行不稳定时,循环灰分离器捕集到的物料将不能稳定及时送回炉内,循环物料量将发生变化。回料系统对物料返送量的影响主要取决于送灰器的运行状况,送灰器内结渣或堵塞和回料风压头过低都将使 G_h 值减小。

4.8.2　循环流化床锅炉燃烧的特点

循环流化床锅炉是在鼓泡流化床锅炉基础上发展起来的,它克服了鼓泡床锅炉燃烧效率不高的缺点。在烧高硫煤、劣质燃料和固、液废弃物方面,循环流化床锅炉较其他燃烧方式的锅炉(如煤粉锅炉、链条锅炉)有绝对的优势。

与鼓泡流化床锅炉相比,循环流化床锅炉燃烧的优点如下。

(1)燃烧效率高　在循环流化床锅炉中,高速运行的烟气与处于强烈湍流扰动中的固体颗粒密切接触发生流态化燃烧反应,并且有大量颗粒返混。同时,通过循环灰分离器将绝大部分高温固体颗粒捕集后回送到炉内在此参加燃烧,燃料颗粒在炉内的燃烧时间大大延长。因此,循环流化床锅炉的燃烧效率明显高于鼓泡流化床锅炉。

(2)燃料适应性好　循环流化床锅炉下部密相区的颗粒浓度虽然不如鼓泡流化床锅炉密相区的高,但是其物料浓度还是足够大,相当于炉内有一个很大的"蓄热池",温度在 $850 \sim 900 ℃$。当新燃料进入炉内后,立刻被灼热的惰性床料强烈地掺混和加热,能很快地着火燃烧。即便是不易着火和燃尽的高灰分、高水分、低热值、低灰熔点的劣质燃料,进入炉后也能燃烧和燃尽,这是因为新加入燃料量相对于床料来说比较少,其所吸收的热量只占床层总热容量的千分之几甚至万分之几,引起炉内的温度变化不大。另外,燃料在炉内的停留时间也远远大于其燃尽所需的时间。因此,只要颗粒特性满足锅炉燃烧的要求,在运行中调整适当,几乎所有的固体燃料都可以在循环流化床锅炉内燃尽。

(3)煤燃烧的清洁性　循环流化床锅炉可在炉内加入石灰石或者其他脱硫剂,在燃烧中直接除去 SO_2。由于燃烧温度可控制在最佳脱硫温度和脱硫剂的循环作用,当钙硫比为 $1.5 \sim 2.0$ 时,脱硫效率可达 $85\% \sim 95\%$,相对常规流化床和煤粉锅炉具有明显的优势。另外,循环流化床锅炉采用分级燃烧技术,并且燃烧温度控制在 $850 \sim 900 ℃$,可有效抑制 NO_x 的生成。

(4)负荷调节范围大、调节性能好　循环流化床锅炉由于采用飞灰循环燃烧和外部流化床热交换器,锅炉负荷能在 $25\% \sim 100\%$ 之间变化。负荷变化速率为 $5\% \sim 10\%/min$。当负荷变化时,只需调节给煤量、给风量和床料量就可满足负荷的变化。当负荷低于 30% 时,可视情况需要切断或不切断飞灰循环燃烧系统。为适应常规流化床锅炉大负荷的变化需采取分床压火技术。循环流化床煤粉锅炉低负荷时需要采用燃油助燃。这一特点使循环流化床锅炉作为电网中的调峰机组、热负荷变化大的热电联产机组和供热工业锅炉是特别适宜的。

但是,多年来的发展和实践表明,循环流化床锅炉自身也存在某些缺点,主要的问题是布风系统阻力大所导致的电耗大,存在颗粒的冲刷磨损等。这些缺点有的还在不断完善和克服,有的则是自身技术所固有的,难以克服。

4.8.3　循环流化床锅炉的燃烧系统及设备

循环流化床锅炉主要由燃烧系统和汽水系统组成。燃料在锅炉的燃烧系统中燃烧,完成化学能向热能的转变,进而加热工质;汽水系统的功能则是通过受热面吸收烟气的热量,使工质由水转变为饱和蒸汽、再受热变为过热蒸汽。

循环流化床锅炉的燃烧系统及设备主要包括两部分:燃烧系统和锅炉辅助系统。燃烧系统包括布风装置、燃烧室、物料循环系统等;锅炉辅助系统则包括给料系统、烟风系统、灰渣处理系统、点火系统等。循环流化床锅炉的两大类型分别如图 4-59、图 4-60 所示。图 4-59 所示为奥斯龙型,它不带有外部流化床热交换器;图 4-60 为鲁奇型,它采用了外部流化床热交换器。

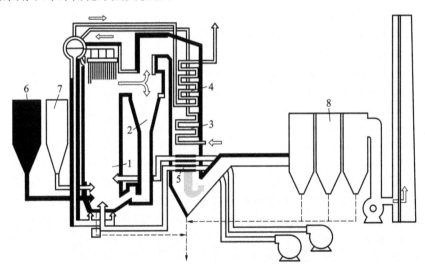

图 4-59　奥斯龙型循环流化床锅炉
1—燃烧室;2—高温旋风分离器;3—省煤器;4—过热器;
5—空气预热器;6—煤仓;7—石灰石仓;8—电除尘器

1. 布风装置

布风装置主要由风室、布风板和风帽等组成。它的主要作用是支撑床料并均匀分配进入燃烧室的流化空气,保证良好的床料流化质量。另外,还要防止床料漏入风室。布风装置有水冷型和非水冷型两种。风帽的形式有许多种,不同的锅炉制造厂采用不同形式的风帽。

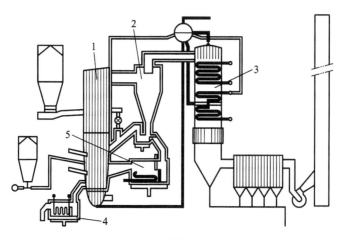

图 4-60　鲁奇型循环流化床锅炉

1—燃烧室;2—高温分离器;3—尾部烟道;4—冷渣器;5—外部流化床热交换器

2. 燃烧室

循环流化床锅炉燃烧室以二次风口为界分为两个区:二次风口以下是以大粒子为主的还原气氛燃烧区,二次风口以上是以小粒子为主的氧化气氛燃烧区。燃烧室下部布置有加煤口、返料口、人孔门及各种观测孔。燃烧室各面布置有受热面,在大型高压循环流化床锅炉燃烧室内还布置有附加受热面(没有外部流化床热交换器的循环流化床锅炉)。燃料的燃烧过程、石灰石的脱硫过程、NO_x 和 N_2O 的生成及分解过程主要在燃烧室内完成;床料和受热面之间的传热过程大部分也在燃烧室内完成。燃烧室既是一个流化设备、燃烧设备、热交换设备,也是一个脱硫、脱硝设备。燃烧室是流化床锅炉的主体,对燃烧室流化速度的选取和高度的确定是燃烧室设计中最重要的问题。

3. 物料循环系统

1)飞灰分离收集装置

循环流化床锅炉飞灰分离收集装置是循环流化床燃烧系统的关键部件之一,是循环流化床锅炉的心脏。飞灰分离收集装置的形式决定了燃烧系统和锅炉整体布置的形式和紧凑性。它的性能对燃烧室的气动力特性、传热特性、燃烧特性,对飞灰循环流量、燃烧效率和飞灰的碳含量,对锅炉出力和蒸汽参数,对石灰石的利用率和脱硫效率,对负荷的调节范围和锅炉启动所需的时间,对受热面的磨损,对锅炉散热损失和维修费用等均有重要影响。

国外普遍采用的飞灰分离收集装置是高温耐火材料内砌的旋风分离器、水冷或汽冷旋风分离器。在国内,除上述旋风分离器之外,华中科技大学发明的下排气中温旋风分离器、清华大学研制的方形水冷分离器、东北电力大学研发的炉内卧式旋风分离器也得到了较好的应用。某些惯性分离器,如槽形分离器、带落灰腔的分离器在小型循环流化床锅炉上也有应用。

　　从分离效率上来看,上排气高温旋风分离器收集效率高,下排气旋风分离器、方形水冷旋风分离器次之,各种惯性形式的分离器最低。惯性分离器一般与其他分离器组合成复合式分离器,很少单独采用。

　　提高循环流化床锅炉分离器的收集效率,特别是开发 600 MW 飞灰分离收集装置,是循环流化床锅炉发展过程中被普遍重视的研究课题。

　　对飞灰分离收集装置的基本要求是分离效率高,阻力损失小,体积小,质量轻,防磨性能好,便于维修且维修费用低,启动性能好等。

　　2)飞灰回送装置

　　飞灰回送装置也是循环流化床锅炉的重要部件之一。它的作用是将分离器收集下来的飞灰可控地送入燃烧室内,实现循环燃烧。

　　对飞灰回送器的基本要求是:有自动调节送灰量的功能,即来灰多、送入多,来灰少、送入少;维持料腿中料柱在一定高度的波动,防止回送装置被吹空,也不产生收集飞灰自流现象;飞灰回送装置内不发生超温结渣,飞灰不漏入送灰器的风室。

　　飞灰回送装置既是一个飞灰回送器,也是一个锁气器。如果这两者中任何一个失常,飞灰循环燃烧过程就建立不起来,锅炉变成了一个鼓泡床锅炉。锅炉达不到设计蒸发量,锅炉燃烧效率大大降低。

　　我国循环流化床锅炉采用的飞灰回送器品种多,但基本上都属于流化密封送灰器类型。

　　3)外部流化床热交换器

　　通过图 4-59、图 4-60 可以看出,鲁奇型循环流化床燃烧系统与奥斯龙型相比,增加了一个外部流化床热交换器。燃烧室内没有布置附加受热面。分离器收集下来的飞灰分两支,一支直接从返料器进入燃烧室内循环燃烧,另一支经控制进入外部流化床热交换器,冷却到 500 ℃左右,然后通过送灰器进入燃烧室内循环燃烧。

　　外部流化床热交换器实质上是一个细粒子鼓泡流化床热交换器。它的作用是解决高压大型循环流化床锅炉燃烧室包覆面上受热面布置不下的问题。外部流化床热交换器内有几个区,不同区内布置有蒸发受热面、过热器和再热器受热面。外部流化床热交换器的流化速度为 $0.3 \sim 0.45$ m/s,床料与埋管之间的传热系数较高,为 $398 \sim 568$ W/(m^2 · ℃),床料对埋管的磨损小。另外,外部流化床热交换器的采用为燃烧室温度、过热蒸汽及再热蒸汽温度的调节提供了很好的手段。外部流化床热交换器的采用加大了锅炉的负荷调节范围和对燃料的适应性。带外部流化床热交换器的循环流化床锅炉的缺点(与不带外部流化床热交换器的奥斯龙型循环流化床锅炉相比)是系统、设备及整体布置比较复杂,锅炉造价比较高。

　　目前,我国除引进的 300 MW 循环流化床锅炉采用外部流化床热交换器之外,其他 $50 \sim 135$ MW 循环流化床锅炉均为不带外部流化床热交换器的奥斯龙型。

　　4. 给料系统

　　循环流化床锅炉的给料系统包括煤制备系统、给煤系统和石灰石(脱硫剂)输送系统。它的任务是将原煤和石灰石破碎成以一定粒径分布的煤粒和石灰石粉,并分别送入炉膛。煤粒和石灰石粒的粒径分布,对锅炉运行经济性及脱硫效率影响很大。

目前,采用较多的破碎设备是钢棒滚筒磨和锤击式破碎机。

5. 烟风系统

烟风系统是为维持炉内燃烧工况所需空气以及排出燃料燃烧后所生成的烟气的系统。它主要包括送风机、引风机、高压风机、点火风机、石灰石粉输送风机、仪用空压机等,还包括风道、烟道、烟囱等。

6. 灰渣处理系统

除渣/除灰系统包括除渣装置、除尘器、输灰管路、除灰空压机、渣/灰库等。除渣装置是用来清除燃料燃烧后从燃烧室排出的灰渣。除渣装置具有冷却底渣、回收底渣余热和输送底渣的作用。除灰设备主要是除尘器,其作用是清除烟气中携带的飞灰,尽量减少随烟气从烟囱排出的飞灰量,以减轻飞灰对环境的污染和对引风机的磨损。渣/灰库的作用是临时存放渣/灰,并可以通过输渣/灰机将渣/灰卸到车上。整个除渣除灰系统的任务是排除锅炉排出的底渣和由除尘器分离出的细灰,并将其送往储灰场。

1) 除渣系统

除渣系统由排渣管、冷渣器(含进料控制阀、冷却器本体、排渣控制阀等)、二级冷渣器(一级冷却达不到设计温降时采用)及排出系统组成。

若灰渣温度较高(800~1 000 ℃),炉渣的输送方式一般采用冷风输送。冷风输送适用于未布置冷渣器、渣量不大的小型循环流化床锅炉;对于中、大容量的锅炉一般均布置有冷渣器,冷渣器通常把灰渣温度降至 200 ℃ 以下,此时灰渣可以采用埋刮板输送机把灰渣输送至渣仓内。对于温度低于 100 ℃ 的炉渣也可采用链带输送机输送,当然对于较低温度的灰渣也可采用气力输送方式。气力输送系统简单、投资小、易操作,但管道磨损较大。在电厂中最常用的输渣方式是埋刮板和气力输送。

常用的冷渣器主要有水冷绞龙和流化床式冷渣器两种。一般对于小容量、中低灰分燃料采用水冷绞龙,对于中大容量、高灰分燃料采用流化床式冷渣器。

2) 除灰系统

循环流化床锅炉除灰系统与煤粉炉没多大差别,多采用静电除尘器和浓相正压除灰系统。但由于循环流化床锅炉飞灰、烟气与煤粉炉存在差异,它不宜采用常规煤粉炉的电除尘器,必须特殊设计和实验,对于输灰也应考虑灰量的变化及飞灰颗粒特性的影响。

3) 冷灰再循环系统

为了便于调节床温,有时会将电除尘器灰斗收集的部分飞灰由仓泵经双通阀门送入再循环灰斗,再由螺旋卸灰机或其他形式的输灰机械排出并由高压风送入燃烧室。这个系统称为冷灰再循环系统。

冷灰再循环系统可作为维持炉膛内物料浓度的一个辅助手段,还可调节床温,使其保持在最佳的脱硫温度。更重要的是,冷灰再循环可以降低飞灰含碳量,提高燃烧效率,提高脱硫效率,从而达到提高经济性的目的。

7. 点火系统

循环流化床锅炉一般采用柴油点火。点火过程中,点火系统会自动运行炉膛吹扫、点火、火焰确定、点火头退缩冷却等程序。主要有如下三种点火方式。

(1)床上油枪流态化点火　点火油枪通常布置于炉膛水冷壁上,距布风板 2～3 m,下倾 25°～30°。当床料流化起来后,投运油枪,加热床料。床温升到燃煤着火温度后开始加煤,之后开始逐渐减少投油量而加大给煤量,床温达到 800～850 ℃时退出油枪。

(2)床下油枪预燃筒点火　油枪点火预燃筒位于风道和水冷风室之间。点火时,油枪投运并在预燃筒内产生高温烟气(约 1 500 ℃),并与流化空气混合成 900 ℃左右的热烟气进入水冷风室,经布风板送入炉内,使床料达到着火温度。

(3)床下、床上油枪联合点火方式　点火初期投入床下油枪,当床料升至一定温度时再投入床上油枪,从而可减少预燃室耐火层和非金属膨胀节损坏的风险,以及加热不均引起的床料结渣问题。

4.9　循环流化床锅炉的燃烧及运行

4.9.1　循环流化床锅炉炉内的气固流动

1. 循环流化床锅炉炉内气固流动的特点

循环流化床锅炉气固两相流动不再像鼓泡床那样具有清晰的床界面,并且有极其强烈的床料混合与成团现象。循环流化床气固两相动力学的研究表明,固体颗粒的团聚和聚集作用,是循环流化床内颗粒运动的一个特点。细颗粒聚集成大颗粒团后,颗粒团重量增加,体积增大,有较高的自由沉降速度。在一定的气流速度下,大颗粒团不是被吹上去而是逆着气流沿着炉墙向下运动。在沿着炉墙下降的过程中,气固间产生较大的相对速度,然后被上升的气流打散成细颗粒,接着被气流带动从炉膛中心向上运动,再聚集成颗粒团,最后沉降下来。这种颗粒团不断聚集、下沉、吹散、上升又聚集形成的物理过程,使循环流化床内气固两相间发生强烈的热量和质量交换。由于颗粒团的沉降和边壁效应,循环流化床内的气固流动使靠近炉壁处很浓的颗粒团以旋转状向下运动,炉膛中心则是相对较稀的气固两相向上运动,产生一个强烈的炉内循环运动,大大强化了炉内的传热和传质过程,使进入炉内的新鲜燃料颗粒在瞬间被加热到炉膛温度(约为 850 ℃),并保证了整个炉膛内纵向及横向都有十分均匀的温度场。剧烈的颗粒循环加大了颗粒团和气体之间的相对速度,延长了燃料在炉内的停留时间,提高了燃尽率。

如果循环流化床锅炉的燃料颗粒不是很均匀而是具有宽筛分的颗粒,通常为

0～8 mm,甚至更大,则炉内的床料也是宽筛分颗粒分布,相应于运行时的流化速度,就会出现以下现象:对于粗颗粒,该流化速度可能刚超过其临界流化速度,而对于细颗粒,该流化速度可能已经达到甚至超过其输送速度,这时炉膛内就会出现下部是粗颗粒组成的鼓泡床或湍流床、上部为细颗粒组成的湍流床、快速床或输送床的两者叠加的情况。当然,在上下床层之间,通常还有一定高度的过渡段。这是目前国内绝大部分循环流化床锅炉炉内的运行工况。由此可见,循环流化床锅炉燃料颗粒的粒度分布对其运行具有重要影响。

2. 下部密相区和上部稀相区

通常认为,循环流化床是由下部密相区和上部稀相区两个相区组成的。下部密相区一般是鼓泡流化床或湍流流化床,上部稀相区则是快速流化床。

尽管循环流化床内的气流速度相当高,但是在床层底部颗粒却是由静止开始加速,而且大量颗粒从底部循环回送,因此,床层下部是一个具有较高颗粒浓度的密相区,处于鼓泡流态化或湍流流态化状态。而在上部,由于气体高速流动,特别是循环流化床锅炉往往还有二次风加入,使得床层内空隙率大大提高,转变成典型的稀相区。在这个区域,气流速度远超过颗粒的自由沉降速度,固体颗粒的夹带量很大,形成了快速流化床甚至密相气力输送。在下部密相区的鼓泡流化床内,密相的乳化相是连续相,气泡相是分散相。当鼓泡床转为快速流化床时,发生了转相过程,稀相成了连续相,而浓相的颗粒絮状聚集物成了分散相。在快速流化床床层内,当操作条件、气固物性或设备结构发生变化时,两相区的局部结构不会发生根本变化,只是稀浓两相的比例及其在空间的分布相应发生变化。

3. 颗粒絮状物的形成

在快速流化床中,颗粒多数以团聚状态的絮状物存在。颗粒絮状物的形成是与气固之间及颗粒之间的相互作用密切相关的。在床层中,当颗粒供料速率较低时,颗粒均匀分散于气流中,每个颗粒孤立地运动。由于气流与颗粒之间存在较大的相对速度,使得颗粒上方形成一个尾涡。当上下两个颗粒接近时,上面的颗粒会掉入下面颗粒的尾涡。由于颗粒之间的相互屏蔽,气流对上面颗粒的曳力减小了,该颗粒在重力作用下沉降到下面的颗粒上。这两个颗粒的组合质量是原两个颗粒之和,但其迎风面积却小于两个单颗粒的迎风面积之和。因此,它们受到的总曳力就小于两个单颗粒的曳力之和。于是该颗粒组合被减速,又掉入下面的颗粒尾涡。这样的过程反复进行,使颗粒不断聚集形成絮状物。此外,由于迎风效应、颗粒碰撞和湍流流动等影响,在颗粒聚集的同时絮状物也可能被吹散解体。

由于颗粒絮状物不断地聚集和解体,使气流对于固体颗粒群的曳力大大减小,颗粒群与流体之间的相对速度明显增大。因此,循环流化床在气流速度相当高的条件下,仍然具有良好的反应和传热条件。

4. 颗粒返混

在循环流化床内,气固两相的流动无论是气流速度、颗粒速度,还是局部空隙率,沿径向或轴向的分布都是不均匀的。颗粒絮状物也处于不断的聚集和解体之中。特别是在床层的中心区,颗粒浓度较小、空隙率较大,颗粒主要向上运动,局部气流速度增大;而在边壁附近,颗粒浓度较大,空隙率较小,颗粒主要向下运动,局部气流速度减小。因而造成强烈的颗粒混返回流,也即固体物料的内循环,再加上整个装置颗粒物料的外部循环,为流化床锅炉造就了良好的传热、传质和燃烧、净化条件。

4.9.2 循环流化床锅炉的燃烧

1.流化床中煤粒的燃烧过程

煤粒在流化床中的燃烧,依次经历加热干燥析出水分、挥发分析出和着火燃烧、膨胀和一次破碎、焦炭着火和燃烧、二次破碎、磨碎等过程,如图 4-61 所示。

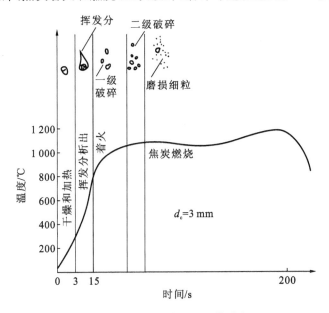

图 4-61 煤粒燃烧所经历的过程

1)干燥和加热

新鲜煤粒被送入流化床后,立即被大量灼热惰性床料包围并加热至接近床温。在这个过程中,煤粒被加热干燥,其水分被蒸发掉。加热速率一般在100～1 000 ℃/min范围内,加热时间依煤粒含水量而变化,在零点几秒到几秒之间。加热干燥所吸收的热量只占床层总热容量的千分之几,而且由于床料剧烈的混合运动使床温趋于均匀,因而煤粒的加热干燥过程对床层温度影响不大。

2)挥发分析出和燃烧

当煤粒被持续加热,升高到一定的温度时,煤粒就会分解,产生大量气态产物——挥发分。挥发分由多种碳氢化合物(焦油和气体)组成,其含量和成分构成受许多因素的影响,如煤粒的显微结构及组成、加热速率、初始温度、最终温度、在最终温度下的停留时间、煤的粒度和挥发分析出时的压力等。挥发分的析出时间与煤质、颗粒尺寸、温度条件和煤粒加热时间等因素有关。一般情况下,含高挥发分大颗粒的挥发分析出需要较长的时间,细小颗粒由于析出的路径较短,挥发分析出较快。

循环流化床的煤粒依在炉内停留的过程可分为三类,不能逃逸出炉膛的大颗粒、逃逸出炉膛且能被分离器分离的中等粒径颗粒和逃逸出炉膛不能被分离器捕捉的细小颗粒。粒径小于 20 μm 的细小煤粒,挥发分析出释放非常快,而且释放出的挥发物将细小煤粒包围并立即燃烧,产生许多细小的扩散火焰。这些细小的煤粒燃尽所需的时间很短,一般从给煤口进入床内到飞出炉膛时已经燃尽。而对于 50～100 μm 的小颗粒,分离器对它们的分离效率较低,所以在炉膛内停留时间很短,同时由于这一粒径档的颗粒主要在稀相区燃烧,循环床稀相区的气固混合较差,煤粒燃烧速率低,因此,这一粒径档的颗粒含碳量较高,构成了飞灰含碳量和锅炉固体不完全燃烧损失的主要部分。对于那些大颗粒,尽管一直滞留在炉膛高温区,其挥发分的析出也要慢得多,如平均直径为 3 mm 的煤粒需要近 15 s 的时间才能析出全部挥发分。研究人员在实验室装置上研究了循环床中不同粒径煤粒挥发分的析出时间,发现能够从炉膛逃逸且被分离器分离下来的颗粒为 0.5～0.63 mm,由于要经过温度相对于炉膛较低的灰循环回路,挥发分析出的时间要比一直滞留在炉膛内的 2～8 mm 的大颗粒的更长。

挥发分的析出与燃烧是重叠进行的,不能把两个过程完全分开。煤燃烧过程中挥发分的析出与燃烧改善了煤粒的着火特性,一方面大量挥发分的析出与燃烧,加热了煤粒,使煤粒的温度迅速升高;另一方面,挥发分的析出改变了煤粒的孔隙结构,改善了挥发分析出后焦炭的燃烧反应。

3)焦炭的燃烧

焦炭的燃烧过程通常是在挥发分析出完成后开始的,但这两个过程存在着重叠,即在初期以挥发分的析出与燃烧为主,后期则以焦炭燃尽为主。两者的持续时间受煤质和运行条件的影响,很难确切划分。一般认为:煤中挥发分的析出时间为 1～10 s,挥发分的燃烧时间一般小于 1 s,而焦炭的燃尽时间比挥发分的燃烧时间长两个数量级。因此,焦炭的燃烧时间控制着煤粒在循环流化床内的整个燃烧时间。

焦炭的燃烧是复杂的多相反应,在流化床中焦炭颗粒周围发生的系列反应方程式如下

$$C + O_2 \longrightarrow CO_2 + 406\ 957\ (kJ/kmol)$$

$$C + \frac{1}{2}O_2 \longrightarrow CO + 123\ 092\ (kJ/kmol)$$

$$CO + \frac{1}{2}O_2 \longrightarrow CO_2 + 283\ 446\ (kJ/kmol)$$

$$CO_2 + C \longrightarrow 2CO - 162\ 406\ (kJ/kmol)$$

足够长的反应时间、足够高的反应温度和充足的氧气供应是组织良好焦炭燃烧过程的必要条件。焦炭燃烧时,氧气必须扩散到焦炭颗粒表面,然后在焦炭表面与碳发生氧化反应生成 CO_2 和 CO。焦炭是多孔颗粒,有大量不同尺寸和形状的内孔,这

些内孔面积要比焦炭外表面积大好几个数量级,氧气会扩散到内孔并与内孔表面的碳产生氧化反应。

焦炭的氧化反应是一个比较复杂的过程,依炉内的燃烧工况和焦炭自身特性可分为动力控制燃烧、过渡燃烧和扩散控制燃烧三类。在动力控制燃烧中,化学反应速率远低于扩散速率;在过渡燃烧中,化学反应速率与扩散速率相当;在扩散控制燃烧中,氧气扩散到焦炭颗粒表面的速率远低于化学反应速率。

焦炭颗粒的粒度不同,其燃烧的条件会因此而存在差异。对于大颗粒焦炭,由于颗粒本身的终端沉降速度大,使烟气和颗粒之间的滑移速度大,颗粒表面的气体边界层薄,扩散阻力小,因此燃烧反应受动力控制;而对细小颗粒焦炭,其本身较小的终端沉降速度使得气固滑移速度小,颗粒表面的气体边界层较厚,扩散阻力大,因而燃烧反应受扩散控制。颗粒粒径越小,焦炭的氧化反应越趋于扩散控制。

我国开发的鼓泡流化床锅炉,颗粒粒径范围大,燃烧温度一般在 850～1 050 ℃,浓相区焦炭颗粒浓度大,粒径粗,焦炭反应受到动力控制和扩散控制的共同作用,即为过渡燃烧。而在鼓泡床的稀相区,燃烧份额很小,颗粒浓度很低,虽然焦炭颗粒粒径小,但温度比浓相区要低 100～250 ℃,与煤粉炉相比更低,因此,焦炭的燃烧趋于受动力控制。循环流化床锅炉的炉膛下部浓相区的流态与鼓泡流化床相似,动力控制作用与扩散控制作用相当,也为过渡燃烧。而在炉膛上部稀相区内,情况就比较复杂,因为焦炭颗粒在稀相区内的流动行为与煤粉炉内的运动行为有很大差异。在煤粉炉内,炉膛温度高,燃料本身的燃烧反应速度快,同时,煤粉颗粒处于气力输送状态,扩散阻力大,所以燃烧反应为扩散控制。在循环流化床上部稀相区内,炉膛温度相对较低,燃料的反应速度较慢,加之细颗粒会产生团聚而形成较大的颗粒团,从而加大滑移速度,减薄了颗粒团表面的气体边界层,减小了扩散阻力,提高了扩散速度。可见,与煤粉炉相比,循环流化床稀相区内焦炭的燃烧趋于动力控制。

简而言之,焦炭颗粒的燃尽取决于颗粒在炉内的停留时间和其自身的燃烧反应速率,停留时间越长,燃烧反应速率越快,颗粒就越容易燃尽。

2. 循环流化床锅炉的燃烧区域

循环流化床锅炉燃烧系统由以下四部分组成。

(1)燃烧室下部浓相床区域(二次风口以下区域)　此区为富燃料燃烧区,燃料的平均粒径比较大。流化空气为一次风,一次风一般占总风量的 50%～60%。

(2)燃烧室上部稀相区域(燃烧室变截面以上至炉顶区域)　此区为富氧燃烧区,燃料平均粒径较细,一般为循环物料组成。二次风在此区发挥燃烧作用。

(3)燃烧室下部浓相区与上部稀相区之间　此区为过渡燃烧区,床料浓度沿燃烧室高度变化较大,床料平均粒径居中。

(4)旋风分离器内残余挥发分和循环床料中碳粒的燃烧区　该区属悬浮燃烧,一般燃烧挥发分高的燃料,分离器内燃烧温升达 100 ℃左右;燃烧挥发分低的燃料,分离器内温升 50～70 ℃。分离器除了收集飞灰实现飞灰循环燃烧之外,还起了一个燃尽室的作用。中温分离器的燃尽作用小些,低温分离器就没有燃尽作用了。

4.9.3　循环流化床锅炉的运行

1. 循环流化床锅炉冷态特性试验

循环流化床锅炉在安装完毕点火启动前,应对燃烧系统包括送风系统、布风装置、料层厚度和物料循环装置进行冷态试验。其目的在于:

①考察各送风机性能,考察风量、风压是否能满足锅炉设计运行要求;

②检查引、送风机系统的严密性;

③检测布风板均匀性,测定布风板阻力和料层阻力,并由此确定冷态流化风量,从而可以估算热态运行时的最小风量;

④检测物料循环系统的性能和可靠性。

1)布风板阻力特性试验

布风板阻力是指布风板上无料层时,空气通过布风板的压力损失。要是空气按设计要求通过布风板形成稳定的流化床层,要求布风板具有一定的阻力。

进行布风板阻力测定时,首先关闭所有炉门,并将所有排渣管、放灰管关闭严密,启动引风机、送风机后,逐渐开大风门,缓慢均匀地增大风量,并调整引风,使炉膛负压表为零压。对于每一种工况,测量记录风量和风室静压一次。一般送风量每次增加额定值的 5%～7.5% 记录一次,一直做到最大风量,即上行试验。然后从最大风量逐渐减小,并记录相应的风量和风室静压,即下行试验。用上行和下行的数据平均值作为布风板阻力值,由此绘出空床阻力特性曲线,如图 4-62 所示。

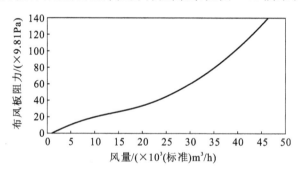

图 4-62　布风板阻力特性曲线

2)料层阻力特性试验

料层阻力是指空气通过布风板上的料层时的压力损失。其测定方法与布风板阻力的测定相同,改变风量测得风室静压。之后每改变一次料层厚度(通常选取 200、300、400、500、600 mm 五个厚度)重复一次风量-风室静压关系的测定,风室静压等于布风板阻力和料层阻力的总和,即

$$料层阻力＝风室静压－布风板阻力(对应同一风量下)$$

根据前面的布风板阻力特性试验与此处风室静压测定试验,可得出不同料层厚

度下阻力和风量间的关系,绘出料层阻力-风量特性曲线,如图 4-63 所示。

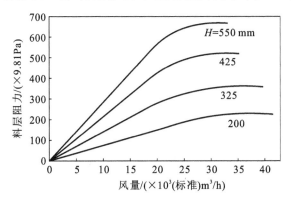

图 4-63　料层阻力-风量特性曲线

3)床内料层流化均匀性的检查

在布风板上铺上厚度为 300~500 mm 的床料。流化均匀性可用两种方法检查。一种是开启一次送风机,缓慢调节送风门,逐渐加大风量,直到整个料层流化起来,然后突然停止送风,观察料层是否平坦,若平坦,说明布风均匀;若料层表面高低不平,表明流化不均匀,高处风量小,低处风量大,应该停止试验,检查原因及时予以消除。另一种方法是当料层流化起来后,用较长的火耙把床内不断来回耙动,如手感阻力较小且均匀,说明料层流化良好;反之,布风不均匀,阻力小的地方畅通,阻力大的地方可能存在风帽堵塞。

4)临界流化风量的确定

确定临界流化风速,用以估计循环流化床锅炉低负荷运行的最低风量。低于该风量就可能结焦。最低运行风量一般与床料颗粒度大小、密度及料层堆积空隙率有关,可以进行计算,但更为直观可靠的方法是通过实验来确定,方法见 4.7 节临界流化速度相关内容。

5)物料循环系统性能试验

在燃烧室布风板上铺上厚度为 300~500 mm 的床料,其粒径为 0~3 mm。启动引风机,并将送风机风量开到最大,运行 10~20 min 后停止送风,此时绝大部分物料将扬析,飞出炉膛的物料经分离器分离后,立管中的存有一定高度的物料,然后启动回料阀,调节送风量,通过观察口观察回料阀出料是否畅通。左右返料阀逐个开通检查后,再调节返料风的风压和风量,如发现返料不畅或有堵塞情况,则应查明原因,消除故障。之后,再次启动返料阀继续观察回料情况,直到整个物料循环系统物料回送畅通、可靠为止。

对于不同容量和结构的循环流化床锅炉,回料形式可能有所不同。采用自平衡返料方式时,冷却试验只要观察物料通过回料阀能自行通畅地返回到燃烧室即可。对采用 U 形阀回料的,注意 U 形阀送风的地点和风量,有必要在 U 形阀送风管上设置转子流量计,就地监测送风量,通过冷态试验确定最佳送风量。必要时在锅炉试运行阶段对送风位置再进行适当调整,以后在运行初始即开启回料阀,保持送风量一般不再变动,这样,在热态运行时可尽量减少烟气回窜,防止在回料阀内结焦。

2. 循环流化床锅炉的启动和停炉

1)点火启动

循环流化床锅炉的点火,是指通过外部热源使最初加入床层上的料层温度提高到并保持在投煤运行所需的最低水平以上,从而实验投煤后的正常稳定运行。

循环流化床锅炉一般采用柴油点火,点火时床料处于流态化状态。它主要具有三种形式:床上点火、床下点火和床上床下油枪联合点火。这三种点火方式的操作方法在前面已稍作叙述,可参见循环流化床锅炉燃烧系统及设备中点火系统的介绍。

流态化点火简单方便、易于掌握、床料加热速度快,因此,较大容量的流化床锅炉一般采用这种点火方式,尤其是床下点火方式。

2)压火及停炉

当流化床锅炉由于某种原因需要暂停运行时,可对锅炉进行压火操作。压火是一种正常的停炉方式,通常用于锅炉计划停若干小时候再次启动的情况。对于较长时间的停炉,可采用压火、启动、再压火的方式来实现。

压火操作前,应先将锅炉负荷降至最低。压火时,首先关闭返料阀风、二次风机,然后停止给煤机,当炉内温度降至 800 ℃时,停掉引、送风机,关闭风机挡板,以使物料很快达到静止状态,并保持床层温度和耐火层温度不至于下降很快。压火后,应密切关注料层温度,若料层温度下降过快,需查明原因,从而避免料层温度太低,使压火时间缩短。压火时间的长短取决于静止料层蓄热量的多少。为延长压火时间,应使压火时物料温度高些,物料浓度大些,这样,静止料层就较厚、蓄热多、压火时间长。

循环流化床锅炉的停炉操作与其他锅炉操作相似。停止给煤后继续适当送风,直到炉内燃料完全燃尽或者不能维持正常燃烧、床温下降(一般在 700 ℃以下)后,关闭送风门,再停送、引风机,最后打开落渣管的放灰装置,将炉内炉渣排尽。

3. 循环流化床锅炉的运行和负荷调整

循环流化床锅炉从点火转入正常给煤后,运行操作人员要根据负荷要求和煤质情况,调整燃烧工况,以保证锅炉的安全运行。

循环流化床锅炉运行的负荷调节,以床温为主要参数进行,负荷调节手段主要是改变投煤量和相应的风量。为使锅炉在满足负荷要求的条件下能稳定运行,必须调整燃烧份额,使炉膛上部保持较高温度和一定的循环量。负荷变化时通常仅改变风量,一、二次风配比及给煤量。

循环流化床锅炉负荷调整时床温的正常范围是 760~1 000 ℃。当达到预期的蒸汽流量时,应将床温调整到额定运行温度。在所有情况下,都应确保送风量与给煤量的合理匹配,以保证炉内氧浓度处于适当水平。

循环流化床锅炉燃烧系统运行中,送风量,一、二次风量配比及床层高度、床层温度等是重要的运行操作因素。

1）送风量和一、二次风量配比

为减少 NO_x 的排放量，循环流化床锅炉燃烧采取分级送风，是燃烧始终在低过量空气系数下进行。一般情况下，一次风量占总风量的 55%～65%，二次风量占35%～45%。对挥发分较高的烟煤，一次风量比可取下限；对贫煤和无烟煤，一次风量比则取上限。

当负荷降低时，二次风可随之减少。在负荷从 100% 降至 70% 的过程中，仅减少二次风直至满足风口冷却，而播煤风和一次风不变；继续降低负荷过程中，一次风量要适当减少，一般为满负荷运行的一次风量的 90% 左右。这样，继续降低负荷时也能运行。但对 0～8 mm 宽筛分的燃料，冷态空截面流速不可低于 0.7～0.8 m/s，对应的风量即为一次风量的下限，也就是说，在低负荷时采用高过量空气系数运行。为了能稳定运行，一、二次风道和返料阀风道必须安装风量、风压表，并应考虑温度修正。

燃烧室风量的控制，可以冷态空塔速度 1.1 m/s 为依据。在流化床中，决定流化质量的是风速，而不是风室静压，只要有足够的流化速度，就能保持良好的流化状态，因此，运行中必须以风量为准。

2）料层厚度

为了满足循环流化床锅炉的运行需要，炉内床料必须维持在一定的厚度，而料层保持的厚度主要取决于送风机压头。料层厚度可根据风室静压的变化来判断：风量一定，静压增高说明阻力增大，料层增厚；反之，则说明料层变薄。当送风机压头给定时，运行料层厚度取决于床料密度和运行负荷，床料密度小，料层可能厚一些；密度大，料层薄一些。满负荷时，物料循环量大，料层厚；低负荷时，循环量小，料层薄。对于典型的循环流化床锅炉，料层厚度一般控制在 700～1 000 mm，可根据风室静压来调节，即根据冷态试验曲线，由风室静压来确定料层厚度。床层正常流态化时，风室静压呈周期性变化；当料层过厚，风室压力不再发生变化时，表明流化恶化，应适当放掉部分冷渣，降低料层厚度；当风室压力大幅波动时，可能出现结焦或炉底沉积大量冷渣，应及时排除。运行时若料层自行减薄，可适当外加床料。

循环流化床锅炉应尽量采取连续或半连续排渣的运行方式，勤排少排，即可保证床内料层稳定，有利于锅炉的稳定运行。

运行中，应随负荷增加维持一次风量不变。如料层厚度增加，风量表指示下降，应适当开大风门，维持一次风量不变，而不能采取任意开大风门仅靠静压来作为运行监测依据的方法。

3）料层温度

在运行中要时刻注意料层温度变化，温度过高（1 000 ℃以上）易结焦，也会影响 NO_x 排放和脱硫效果；温度偏低对燃尽不利，也影响出力；温度过低（600～700 ℃）就易灭火。正常运行温度为 850～900 ℃，此温度区间内 NO_x 排放低，脱硫效果好。对于不同煤种，可根据其灰熔点高低和着火难易作适当调整。

循环流化床锅炉的燃烧室是个很大的蓄热池，热惯性很大，所以料层温度的控制往往采用前期调节法、冲量调节法和减量调节法,它们根据不同的控制方法来调节给煤量,从而实现对温度的控制。

为保证循环流化床锅炉正常运行,除风量、风压、床温等多种因素外,更为重要的是要建立稳定可靠的物料循环过程。大量的循环物料量起传质和传热的作用,增加炉膛上部燃烧份额,并将大量热量带到整个炉膛,从而使炉膛上下温度梯度减小,增大了负荷调节范围。

循环物料主要由燃料中的灰、脱硫添加剂(石灰石)及外加物料(如炉渣、砂子)等组成。

对循环灰系统而言,要求在入炉前适当的位置设有一定容积的灰仓,储存一定量的合适粒径的物料。如燃料发生改变,原煤中含灰量很低时,补充的物料可通过灰仓随原煤一起进入炉内参与循环燃烧。负荷变化时,通过调整外加灰量随时调整物料循环量以满足正常燃烧的要求。

4.10　循环流化床锅炉的现状及发展趋势

4.10.1　国外循环流化床锅炉的发展

近年来,循环流化床锅炉以其优越的环保特性、燃料适应性和良好的运行性能受到广泛欢迎,并得到了迅猛发展。尤其是最近十年,机组大型化发展取得了突破性的进展。其代表作就是法国普罗旺斯(Provence)电站 250 MWe 循环流化床锅炉的成功投运。另外,近几年来,国际上 CFB 锅炉的发展出现了竞争十分激烈的局面:法国 GEC ALSTOM 收购了德国 EVT 公司、法国 Stein 公司和美国 ABB-CE 公司;美国 FW 公司兼并了芬兰的 Ahlstrom Pyropower 公司,不同流派的 CFB 燃烧技术在逐渐相互结合、相互渗透,在国外逐渐形成了美国 FW 公司和法国 GEC Alstom 公司两大 CFB 锅炉技术集团。

1. 德国鲁奇型循环流化床锅炉及 Alstom 公司的扩展

鲁奇(Lurgi)型循环流化床锅炉采用外置式换热器(EHE)设计,在有利于锅炉受热面布置、有利于炉膛温度及锅炉负荷控制、有利于再热器布置及汽温调节等方面做了成功的探索,同时,也为机组大型化创造了有利条件。特别是鲁奇公司将其 CFB 锅炉技术转让给 ALSTOM-Stein(原法国 Stein 公司)公司、ALSTOM-CE 公司(原美国 CE 公司)后,这项技术得到了进一步的发展和更广泛的应用。

ALSTOM-Stein 公司充分利用外置式换热器的优越性,主要致力于 CFB 锅炉的大型化工作。通过大量的试验研究工作,率先在世界上完成了大型化 CFB 锅炉的开发应用工作,其代表作就是艾米录希电站和 Gardanne(Provence)电站。艾米录希电站 125 MWe CFB 锅炉燃用干煤泥和湿煤泥两种燃料。Gardanne(Provence)电站是世界上第一座 250 MWe CFB 锅炉电站,1995 年顺利投运标志着大型化 CFB 锅炉技术已经成熟。该锅炉燃用褐煤,锅炉的整体布置型体和主要结构基本上是在艾米录希电站 125 MWe CFB 锅炉基础上的放大,采用单炉膛裤衩腿结构,四个分离器和四个外置式换热器。Gardanne(Provence)电站的成功投运为广大 CFB 锅炉工作者增添了更多信心,为 CFB 锅炉的进一步发展开辟了道路。

　　Gardanne 电厂位于法国南部的 Provence 省。该锅炉于 1996 年正式投入运行,并获得了美国电力杂志 1996 年最佳电站奖。Gardanne 电厂 250 MWe 循环流化床锅炉的主蒸汽流量为 194.44 kg/s,蒸汽压力为 16.9 MPa,主蒸汽温度为 567 ℃,再热蒸汽温度为 566 ℃,排烟温度为 140 ℃。

　　该锅炉的设计煤种为当地的高硫煤和其他煤,也可掺烧 50%(热值)的油渣。其燃料分析见表 4-11。该电站外观图如图 4-64 所示。该锅炉采用四个高温旋风分离器,两侧墙相对布置,分离器内衬耐火材料,底部支撑,直径为 7.4 m。床料循环回路上有外置鼓泡床换热器,共有四个。运行时,炉膛温度由两个布置有中温埋管过热器的外置换热器来调节和控制,再热蒸汽温度由两个布置有高温埋管再热器的外置换热器控制。过热蒸汽温度调节由喷水减温器控制。我国引进的 300 MWe 循环流化床锅炉就是基于 Gardanne 电厂的技术。

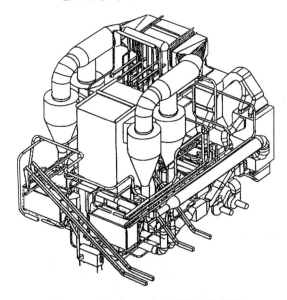

图 4-64　Gardanne 电厂的锅炉外观图

表 4-11　Gardanne 电厂燃料分析

成　　分	单　　位	Gardanne 煤	其他煤	掺烧油渣
Mar	%	11~14	<12	0.4
Aar	%	35	7~14	0.17
Sar	%	3.65~4.14	>3	>4.5

续表

成　　分	单　位	Gardanne 煤	其 他 煤	掺 烧 油 渣
Qnet.ar	MJ/kg	15.05	24.58	38.88
灰中 CaO 含量	%	57	<5	—
灰中 SO₂ 含量	%	14	—	—
入炉煤颗粒度	mm	$0\sim10(d_{50}=1)$	—	—

2. 奥斯龙型及 F&W 公司循环流化床锅炉的发展

芬兰奥斯龙(AHLSTROM)公司也曾是一个重要的 CFB 锅炉的制造商,它的锅炉为 Pyroflow 型。它不采用带外置式换热器的设计方案。该公司应用蒸汽旁通调节汽温的技术,解决再热蒸汽的调温问题,即一部分再热蒸汽直接进入低温再热器,而另一部分再热蒸汽在两级再热器之间送入,来调节再热汽温,从而避免了喷水调温降低机组效率。1993 年投运的加拿大 Nova Scotia 电站 165 MWe 机组就是采用这项技术。奥斯龙公司还为 Turow 电厂设计了三台 235 MWe CFB 锅炉,分别在 1998 年和 2000 年投运,该项目证明,不采用外置式换热器机组容量也可以达到 200 MWe 以上。

Turow 电厂位于波兰与德国和捷克交界处的 Bogatynia,有十台容量为 200 MWe 燃烧当地褐煤的老煤粉炉。该厂已有 30 年的历史,锅炉效率低,污染物排放严重。因此,决定采用循环流化床锅炉利用原来煤粉炉的位置对该电厂进行改造。改造计划为三台容量为 235 MWe 旋风分离器的循环流化床锅炉和三台容量为 260 MWe 的紧凑型循环流化床锅炉,整个改造计划于 2004 年完成,Turow 电厂的循环流化床锅炉的总容量将是 1 485 MWe,是世界上容量最大的循环流化床锅炉电厂。图 4-65 所示为 Turow 电厂 235 MWe 循环流化床锅炉的外观立体图。

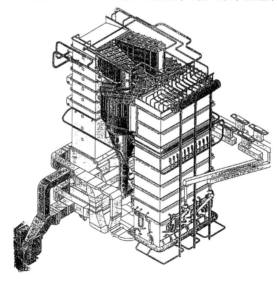

图 4-65　Turow 电厂 235 MWe 循环流化床锅炉外观图

　　Foster Wheeler 公司是美国三大电站锅炉制造商之一,它提出了汽冷式分离器和一体式返料换热器(INTREX™)技术。Foster Wheeler 供货的美国 JEA 电厂的两台 300 MWe CFB 锅炉,其设计燃料是要能够 100% 的燃烧煤和石油焦,或可以任何比例混烧煤和石油焦,分别于 2002 年 5 月和 7 月建成投产,是世界上首台 300 MWe 的 CFB 锅炉。该锅炉的炉膛高度为 35 m,炉膛宽度为 26 m,炉膛深度为 6.7 m,每台锅炉采用三个蒸汽冷却旋风筒分离器,分离器的直径为 7.3 m,如图 4-66 所示。JEA 电厂燃用高硫燃料,煤和石油焦的硫含量分别为 2.8% 和 6.7%,所以除了采用石灰石脱硫外,还采用了第二级烟气洗涤脱硫,利用飞灰中含有的大量未反应石灰和水反应生成 $Ca(OH)_2$,能够迅速将烟气中剩余的低浓度 SO_2 吸收,从而可进一步降低 SO_2 的排放。测试结果表明,锅炉本身的脱硫效率达到 98.85%,而洗涤塔喷水加湿活化可以进一步脱除 0.3% 的 SO_2。

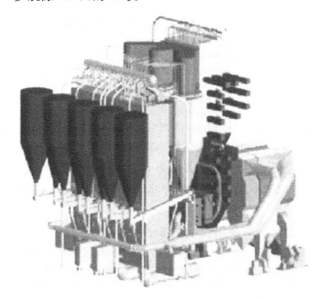

图 4-66　美国 JEA 电厂 2×300 MWe CFB 锅炉

　　为解决圆筒绝热旋风分离器给锅炉整体布置带来的困难,奥斯龙公司提出了紧凑式布置的概念,即将圆筒形改为方形,使其形状与方形的炉膛与尾部烟道相匹配,从而简化了锅炉的布置,节省钢耗量。1995 年 Foster Wheeler 公司收购了奥斯龙的 Parepower 公司后,两大技术流派合并、融合,将汽冷分离器和 INTREX™ 技术与紧凑式布置等技术巧妙结合在一起,形成了更具特色的 CFB 锅炉技术。在投运的 Turow 电厂 235 MWe 机组的基础上,FW 公司又为 Turow 电厂提供了三台 262 MWe CFB锅炉。

　　自 1994 年售出第一台商业化的紧凑型 CFB 锅炉以来,至今已售出近 60 台燃烧各种燃料的紧凑型锅炉,已售出的最大的紧凑型 CFB 锅炉的容量已达 460 MWe。2002 年 12 月,FW 为波兰的 Bedzin 的 PKE 电厂(Lagisza,Poland)提供一台 460

MWe本生直管炉膛变压超临界CFB直流锅炉(560 ℃/580 ℃,275 bar,已于2009年6月开始投入商业运行。这是世界上第一台超临界CFB锅炉,也是容量最大的循环流化床锅炉。图4-67所示为这台锅炉的三维立体图,它是紧凑型布置的CFB锅炉。

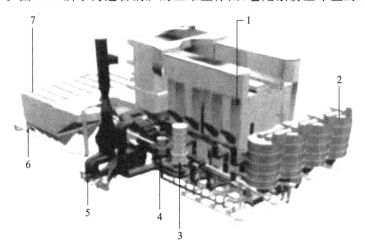

图 4-67　Lagisza 锅炉三维立体图
1—固体分离器;2—煤仓;3—石灰石仓;4—飞灰仓;5—二次风机;
6—烟气再循环风机;7—电除尘器

3. 美国 Babcock & Wilcox 公司内循环流化床锅炉的发展

瑞典Studsvik公司在1978年就开始研究循环流化床锅炉,在进行了大量的试验研究后,在1984年与美国Babcock & Wilcox公司共同生产了内循环循环流化床锅炉。

美国Babcock & Wilcox公司内循环流化床锅炉的主要特点是,采用两级分离系统,一级分离系统采用撞击式槽型分离器,布置在炉膛出口,实现内循环;二级分离循环系统采用多管式旋风分离器布置在省煤器的下部,形成外循环。不采用高温旋风分离器和外置式换热器。

这种炉型的主要优点是:结构紧凑;两级分离器都是金属结构件,不需耐磨材料,缩短了锅炉启动时间;采用了两级分离,对循环物料粒径控制范围较广。

4.10.2　国内循环流化床锅炉的发展

中国是世界上CFB锅炉装机容量最多的国家,近十多年来,大型循环流化床发展得特别快,中国完成了从高压、超高压到亚临界300 MWe循环流化床锅炉技术的飞跃。据不完全统计,截至2008年,国内410~480 t/h(100~150 MW)等级循环流化床锅炉达到150多台,已投运的300 MW循环流化床锅炉机组达到了13台,循环流化床锅炉的总装机容量为63 000 MW,占新建燃煤电站总容量的10%。"十二五"期间,经国家发改委审批,将建设50座300 MW CFB锅炉,以及更多的燃烧煤矸石的CFB锅炉,总装机容量可达2 000 MW。超临界600 MWe CFB锅炉已完成了全部技术设计,开始进入施工设计和部件制造阶段,此示范工程已于 2011 年在四川白马电站建成投运。

中国大型循环流化床锅炉的发展是两条腿走路的方针。一是在引进、消化、吸收国外先进技术的基础上开发大型循环流化床锅炉;二是高等学校、研究院与锅炉厂合作自主开发具有自己特色和专利技术的大型循环流化床锅炉。

1. 哈尔滨锅炉厂有限责任公司

哈尔滨锅炉厂有限责任公司(简称哈锅)1992 年与大连化学工业公司一起引进美国原 Pyropower 公司的 Pyroflow 型 220 t/h 高压循环流化床锅炉技术,哈锅分包了锅炉本体有关部件的生产制造。此首台 220 t/h CFB 锅炉于 1995 年 11 月在大连化学工业公司投产。

1999 年哈锅引进了 GEC-Alstom 公司 220~410 t/h(含中间再热)CFB 锅炉技术。在吸收、消化引进技术的基础上,优化设计,开发了 410、420、440、465、480 t/h 高压和超高压(中间再热)CFB 锅炉。首台 440 t/h 超高压带中间再热的 CFB 锅炉于 2003 年 2 月在新乡火电厂投运。

2003 年哈锅与东方锅炉股份有限公司(简称东锅)、上海锅炉股份有限公司(简称上锅)共同与法国 Alstom 公司签订了"200~350 MWe 等级循环流化床技术转让合同"。现已设计生产了四台燃用云南褐煤 300 MWe CFB 锅炉。

哈锅在 CFB 锅炉方面,不仅注意引进技术及消化吸收其优点,而且注意完全自主知识产权的研究开发,先后与清华大学合作设计 440 t/h CFB 和 670 t/h 锅炉,与西安热工研究院合作设计 100 MWe、200 MWe、300 MWe CFB 锅炉。

2. 东方锅炉股份有限公司

1992 年,东锅参加了四川内江高坝电厂从原芬兰奥斯龙公司引进的 410 t/h Pyroflow 型高压 CFB 锅炉的消化吸收。该锅炉烧高硫煤,于 1996 年 4 月并网发电。

1994 年东锅与美国 F&W 公司签订了大型循环流化床锅炉许可证技术转让合同。在消化、吸收国外技术的基础上,设计、制造了 220、410、450 t/h 高压 CFB 锅炉和 460 t/h 超高压、中间再热 CFB 锅炉。首台 220 t/h 高压 CFB 锅炉于 1997 年 5 月在宁波中华纸业有限公司投入运行。燃烧煤种为大同烟煤,锅炉热效率达 91.7%。之后,又开发了自主知识产权的 135 MWe 再热循环流化床锅炉,先后在四川宜宾、江苏大屯、山东华盛、河南神火等电厂扩建~135 MWe 项目提供 CFB 锅炉,并且出口到国外,都已顺利投运。

2003 年 2 月,国家计委组织的四川白马 300 MW CFB 技术引进工作获得批准,东锅、哈锅和上锅一起同法国 ALSTOM 公司正式签订了关于"200~350 MW 等级循环流化床技术转让协议"。由东锅自主研发设计制造的国内首台不带外置换热器、燃用劣质煤的 300 MW 循环流化床锅炉,于 2010 年 6 月在广东宝丽华电厂正式投运,锅炉各项技术指标达到了当今国内外先进水平。

3. 上海锅炉厂股份有限公司

20世纪90年代起,上海锅炉厂有限公司与日本石川岛播磨重工(IHI)、三井造船(MES)、美国 Foster Wheeler、芬兰 Ahlstrom、瑞典 Kvaerner 等公司合作,分包设计制造了多种容量(30~517 t/h)的近三十台 CFB 锅炉;与中科院热物理研究所和日本三井造船株式会社三方合作,制造了十余台 CFB 锅炉。

为了加速大型循环流化床锅炉的发展,上锅与 Alstom 公司于2001年8月签订了 Flextech 循环流化床锅炉技术转让合同。在消化引进技术的基础上至2000年已生产了二十余台大型 CFB 锅炉,含高压和超高压中间再热锅炉。首台465 t/h 循环流化床锅炉装在山东里彦电厂,于2003年投运。

与中国科学院合作,为内蒙古鄂尔多斯电厂设计制造了四台690 t/h 锅炉。另外,于2003年与哈锅、东锅共同与法国 Alstom 公司签订了"200~350MWe 等级循环流化床技术转让合同"。现已设计生产至少四台亚临界300 MW 机组。

4. 西安热工研究院有限公司

西安热工研究院有限公司(TPRI)从"六五"期间开始建成了一系列的科研开发试验装置,积累了丰富的研究开发成果。TPRI 和济南锅炉厂联合开发了220 t/h 高温分离型 CFB 锅炉。该型锅炉首台设备2000年6月在山西振兴电厂投入商业运行,以后有多台同容量锅炉投入运行。TPRI 和哈尔滨锅炉厂有限责任公司合作设计具有自主知识产权的410 t/h、670 t/h CFB 锅炉在江西分宜发电厂顺利投运。TPRI 和东方锅炉(集团)股份有限公司合作设计了420 t/h 再热型 CFB 锅炉,配125 MWe 汽轮发电机组配套,并设计了国产300 MWe CFB 锅炉。

5. 清华大学

清华大学是世界上最早进行流化床燃烧技术研究的单位之一。早在20世纪60年代初期,在广东茂名研制成功了中国第一台流化床锅炉,后又与江西锅炉厂合作,研制成功了第一台 CFB 锅炉。经过"六五"、"七五"、"八五"、"九五"、"十五"和"十一五"滚动科技攻关,先后开发了国产10~670 t/h CFB 锅炉,在此过程中,形成了完整的设计理论体系。鉴于清华大学 CFB 技术的杰出成就,美国机械工程师协会(American Society of mechanical engineers,ASME)曾授予最佳论文奖。目前正在进行完全自主知识产权的1 025 t/h CFB 锅炉和超临界600 MWe CFB 锅炉研究设计。

6. 中国科学院工程热物理研究所

中国科学院工程热物理研究所也是国内最早从事 CFB 锅炉研究单位之一,它与济南锅炉厂、杭州锅炉厂、无锡锅炉厂等有着长期的合作关系,开发设计了上百台75~480 t/h CFB 锅炉。甘肃窑街煤电公司4×130 t/h CFB 锅炉被列为国家节能综合利用示范项目,2000年点火投运,经过两年的严格考核,进行了多项试验,2002年通过国家示范工程验收和产品鉴定;山东省恒通化工集团有限公司240 t/h CFB 锅炉于2002年10月投入运行,是国内首台自主技术生产的220 t/h 级高温高压 CFB

锅炉,一系列指标均达到并超过了设计要求;广东江门 450 t/h CFB 锅炉 2005 年投运,燃用无烟煤,带有飞灰再循环系统;内蒙古乌达 2×480 t/h 再热 CFB 锅炉 2005 年 3 月投产发电。

7. 浙江大学

浙江大学于 20 世纪 90 年代中后期与南通万达锅炉厂密切合作,开发有 35～130 t/h CFB 锅炉系列产品,至今已有数十台产品进入市场,使用情况良好。其主要技术特点为:采用高效的高温旋风分离器;全膜式壁炉膛及部分膜式壁包墙烟道;非机械的 U 形回料装置;膜式水冷布风板,双鸭嘴定向风帽;床下热烟气风道点火;膜式省煤器,卧式空气预热器;采用可靠的防磨结构,防磨措施严密;采用风播煤等结构,保证进煤顺畅,同时防止烟气反窜。

8. 华中科技大学

华中科技大学早在 20 世纪 60～70 年代就开始从事流化床的研究,最初主要研究对象是鼓泡流化床。后随着流化床技术的发展,CFB 技术因其自身的各种优点逐渐受到人们的关注,为此,华中科技大学也对 CFB 的气固流动、传热、燃烧等方面进行了系统性的研究,并取得了一系列的成果,如获下排气中温旋风分离器技术、双通道惯性分离器技术、流化密封返料技术等三项专利。其中,下排气旋风分离器技术(见图 4-68)为国内外首创,在保持上排气旋风分离器分离效率高的优势的同时,又克服了其压力损失大、体积庞大、热惯性大、不利于锅炉整体布置等缺陷,成为了具有中国特色和自主知识产权、受到国内外公认的循环床锅炉技术流派。

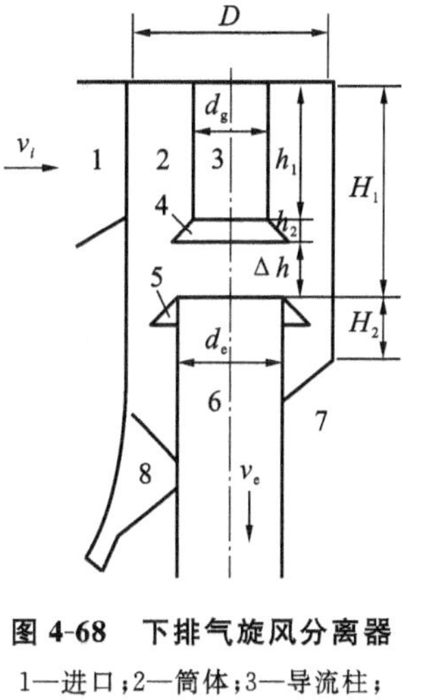

目前,由华中科技大学煤燃烧国家重点实验室与武汉天元锅炉有限责任公司共同开发的采用下排气旋风分离器的 CFB 锅炉,已有35～220 t/h 共 200 余台投入运行。

图 4-68　下排气旋风分离器

1—进口;2—筒体;3—导流柱;
4—导流锥;5—限流锥;6—排气管;
7—斜底板;8—灰斗

另外,除了上面已提到的科研单位和锅炉厂外,还有一批长期从事中小型 CFB 锅炉技术开发和设备制造的厂家,如无锡锅炉厂、济南锅炉厂、武汉锅炉厂、杭州锅炉厂、太原锅炉厂、北京巴威等,并在不断地技术引进、消化和发展中逐渐形成了自身的技术特点。

4.10.3　循环流化床的发展趋势

当今世界,能源短缺和环境问题日渐严峻。为了应对能源短缺问题,通常采取的方法是"开源"和"节流",即开发新能源和提高效率以减少能源的使用。由于新能源的开发技术尚不成熟、技术成本较高,目前较为有效的方法就是提高能源效率,因此,循环流化床锅炉的大型化已是 CFB 技术的重要发展方向之一。另外，主流观点认为，CO_2 是造成温室效应的主要原因，其中很大一部分来自于化石燃料燃烧，若不对 CO_2 的排放加以控制，温室效应加剧可能给地球环境和人类生活带来灾难性变化。为减少 CO_2 的排放，需对燃煤锅炉采用 CO_2 捕集技术。在众多 CO_2 捕集技术中，O_2/CO_2 燃烧技术发电成本增加比例较小，技术风险较低，电厂效率较高，且对新锅炉的设计和旧锅炉的改造都可适用，是目前最具希望低成本大规模应用的燃煤电站 CO_2 捕集技术，因此，CFB 技术与 O_2/CO_2 燃烧技术的结合也是今后的一个必然趋势。

1. 循环流化床锅炉的大型化

循环流化床(CFB)锅炉是近二十余年来发展起来的一种新型清洁煤燃烧技术。在近二十多年间，CFB 锅炉技术得到了迅速发展，其工程应用已由小型 CFB 锅炉发展到 460 MW 的电站级大型 CFB 锅炉，并在不断向更大容量和超临界参数发展。

主蒸汽压力超过临界压力 22.115 MPa 的锅炉称为超临界锅炉，大容量超临界煤粉锅炉主蒸汽压力约为 24.5 MPa，甚至更高。超临界机组比亚临界参数的机组热效率提高为 2%～2.5%。先进超临界机组热效率已达到 45%～47%。超临界循环流化床锅炉就是综合 CFB 技术和超临界发电技术，同时又兼备 CFB 锅炉清洁燃烧和超临界锅炉的优点，具有良好应用前景，是洁净煤发电技术的合理选择。

超临界 CFB 锅炉的机组发电效率较高，脱硫运行成本比煤粉炉尾部烟气脱硫(FGD)低 50% 以上，而投资最多与煤粉炉烟气脱硫技术持平，在无须采用其他技术措施的条件下，其 NO_x 排放水平较其他低 NO_x 燃烧技术还要低。

由于 CFB 锅炉内燃烧温度较低且沿炉高分布均一，炉内热流密度低于煤粉炉，热流密度较高区域对应于工质温度最低的炉膛下部，因此，水冷壁管内出现膜态沸腾和蒸干现象的可能性大为减小，使水冷壁中的工质可采用较低流速的。另外，CFB 锅炉炉内水冷壁由于灰颗粒的冲刷而较为清洁，无积灰和结渣，使水冷壁具有较好的传热性能，同样有利于避免发生二类传热恶化。为避免 CFB 锅炉炉内边壁下降颗粒流对管壁的磨损，要求管子的布置要平行于烟气和固体物料的流动方向，因此，超临界 CFB 锅炉的水冷壁采用的是低质量流量的垂直管屏结构(本生管)。

目前，法国阿尔斯通(ALstom)公司和美国福斯特惠勒(FW)公司正在致力于超临界 CFB 锅炉的研究开发。其中，FW 公司以其多台 CFB 锅炉的设计运行经验、三十余台超临界煤粉直流锅炉的经验及本生(Benson)垂直管变压直流锅炉专利技术的许可证为基础，研究开发了超临界 CFB 锅炉技术。国际上超临界 CFB 锅炉技术的最新进展，是 FW 公司于与波兰的 PKE 电力公司合作在波兰 Lagisza 电厂建造的世界首台 460 MW 的超临界 CFB 锅炉，已于 2009 年 6 月开始投入商业运行。另外，国内将在四川白马电站建设 600 MW 超临界 CFB 锅炉的示范项目，目前已由东锅完成了设计工作，正处于制造阶段。

2. 循环流化床 O_2/CO_2 燃烧技术

循环流化床 O_2/CO_2 燃烧技术集成了循环流化床燃烧和 O_2/CO_2 燃烧二者的优点,并且较之常规的 CFB 技术其具有更加优良的环保性能。在循环流化床 O_2/CO_2 燃烧技术中,由于采取了烟气再循环,其 CO_2 浓度高,有利于石灰石脱硫效率和钙利用率的提高,另外,烟气中的 NO_x 通过烟气循环进入炉膛后易在炉内的还原气氛中被还原,从而减少 NO_x 的排放。

循环流化床 O_2/CO_2 燃烧技术起步不久,目前,主要还处于理论研究阶段,离广泛的工业应用还存在一段距离。国际上的最新研究进展是西班牙 CIUDEN 富氧 CFB 示范项目,其发电功率为 30 MW,是一个中试规模的富氧燃烧厂。该项目由 F&W 公司承揽,预计将于 2011 年下半年建成。与燃烧前(IGCC 设施)或燃烧后碳捕集技术(胺类 CO_2 洗涤器设置于常规燃煤锅炉之后)不同,该技术可使锅炉产生富 CO_2 烟气,因此,可减少对昂贵的和耗能的 CO_2 气体分离设备的需求。

第5章 燃烧污染控制及新型燃烧技术

5.1 煤粉燃烧排放物对环境的污染

5.1.1 燃煤污染物排放概述

我国是世界上少数几个以煤炭为主要能源的国家,煤炭产量居世界第一位。我国煤炭中平均含硫量较高,煤炭燃烧每年产生大量的二氧化硫和氮氧化物。我国污染排放强度高,2004 年我国单位 GDP 排放 SO_2 分别是日本、德国、美国的 60 倍、26 倍、8 倍,单位 GDP 排放 NO_x 分别是日本、德国、美国的 27 倍、16 倍和 6 倍。世界银行有关机构测算认为,我国 20 世纪 90 年代中期经济增长的三分之二是靠透支生态环境实现的。全国烟尘排放量的 70%、SO_2 排放量的 90%、NO_x 排放量的 67%、CO_2 排放量的 70%都来自燃煤,是大气环境污染的主要原因。

燃煤污染物包括颗粒物和各种各样的悬浮物等,如烟气中的烟黑、飞灰、重金属蒸汽、硫氧化物(SO_2 和 SO_3)、未完全燃烧的碳氢化合物、氮氧化合物(NO、N_2O 和 NO_2)、温室气体 CO_2 等。

2009 年,我国二氧化硫排放量为 2.21×10^7 t,烟尘排放量为 8.47×10^6 t,工业粉尘排放量为 5.24×10^6 t,造成了严重的环境污染。

5.1.2 污染物带来的影响

大气中的一次污染物来自于直接排放烟气,二次污染物则是由一次污染物与大气之间的反应形成的,这些污染物从多方面影响我们的生活环境及人类的健康。研究表明,在对流层中空气污染带来的影响主要有四个方面:

(1)改变了空气的性质和降雨量;

(2)破坏植物生长;

(3)侵蚀和损坏物件和材料;

(4)增加人类疾病的发生率和死亡率。

由于含碳颗粒物、硫酸盐、硝酸盐、有机化合物及二氧化氮的存在,改变了空气的性质,使大气能见度降低。

高浓度的 SO_2 形成了硫酸小液滴,成为凝结的核心,这将导致雾的形成、降雨量的增加、光线辐射的减少,以及改变气温和风力分布。

SO_x 和 NO_x 的排放形成的酸雨(见图 5-1)。

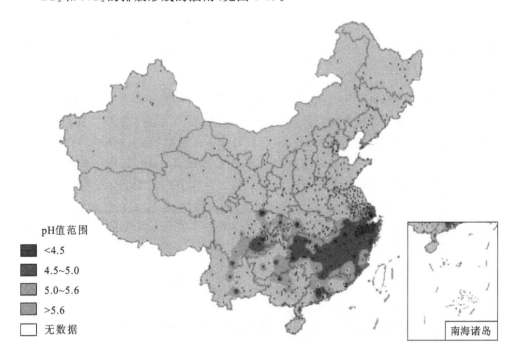

pH值范围
- <4.5
- 4.5~5.0
- 5.0~5.6
- >5.6
- 无数据

南海诸岛

图 5-1　2009 年全国降水 pH 年均值等值线图

温室气体产生温室气体效应,从而改变全球的气候,并影响湖泊和土壤。

植物被 SO_2 的毒素、硝酸盐、C_2H_4 等污染和破坏,这些毒素毁坏叶绿素,破坏植物的光合作用。

颗粒物会弄脏衣物、房屋和其他建筑物,破坏了环境的美丽,并且增加治理环境污染的费用。

一些酸性碱性颗粒,尤其是那些含有硫元素的颗粒,会腐蚀漆料、建筑物的砖石、电线、纺织品等,而臭氧会严重破坏橡胶。

大气污染会加大人类呼吸道疾病的发病率。在伦敦(1952 年)、纽约(1966 年)都曾发生过令人震惊的空气污染事件,造成大量伤亡和极坏影响。这些事件都是由于空气中同时含有高浓度的 SO_2 和颗粒物造成的。

光化学烟雾里的一些污染物(如臭氧、有机氮合物、烃化物等)能够引起眼的疾病。光化学烟雾最初是由氮氧化合物和各种烃化物之间的反应造成的。

含氮的碳基颗粒可能包含致癌物质。一氧化碳对健康也有明显的危害。

燃煤锅炉等工业设备将 NO_x 排入大气同温层,能够加速同温层臭氧层的破坏,同温层臭氧的破坏会引起更多有害的紫外线穿透地球表面。因此,发展洁净燃烧技术已受到国内外政府和企业的极大关注。

5.2　二氧化硫(SO₂)的生成机理和控制技术

5.2.1　概述

燃煤烟气中的二氧化硫是我国目前最主要的二氧化硫污染源,对大气二氧化硫的防治以烟气脱硫的方法为主。我国的烟气脱硫行业具有巨大的市场前景,任务相当艰巨。根据国家经贸委和电力部门制订的计划,在我国实施目前最成熟的石灰石-石膏烟气脱硫技术,并在自主消化吸收的基础上掌握其设计、制造和维护,投资按300元/千瓦计,需安装脱硫装置的火电机组按4亿千瓦计,总计投资需要1 200亿元。电厂配备烟气脱硫装置后,其发电成本将明显增加,按1 kW·h增加0.025元测算,4亿千瓦发电机组年平均按5 000 h的运行时间计算,烟气脱硫增加的电价成本在我国将超过500亿元/年。我国开展烟气脱硫脱硝只能通过技术创新,研究开发新的、适合我国国情的技术,选择使用投资及运行成本低、技术先进、装置能稳定运行的烟气脱硫脱硝方法。高效化、资源化、综合化、经济化是我国烟气脱硫脱硝技术发展的重要方向。通过燃煤烟气污染控制工艺和装置的"高效化",以减少设备投资和原材料费用;通过污染控制过程中的产物的"资源化"以减少二次污染,同时,用副产品的收益冲抵部分污染控制费用;通过对现有各种污染物分别进行单一的处理转变为"综合化"的脱硫、脱硝、脱碳、除尘的系统化处理,也将使燃煤烟气污染控制装置的建造和运行费用大为降低。通过"高效化"、"资源化"、"综合化",将可能最终实现烟气脱硫低成本的"经济化"目标。这既是目前世界各国烟气净化技术发展的大势,更是用高新技术取代传统技术的必然选择。

5.2.2　燃煤烟气中 SO₂ 的生成机理

煤中的可燃硫有两种,即有机硫和无机硫。有机硫构成煤分子的一部分,在煤中均匀分布。无机硫的主要成分是 FeS_2(黄铁矿),颗粒尺寸小,它在煤中通常呈独立相弥散分布。据统计分析,低硫煤中主要是有机硫,约为无机硫的8倍;高硫煤中主要是无机硫,约为有机硫的3倍。

煤在燃烧过程中,其中的硫化物受热分解,硫与氧发生化学反应,形成 SO₂,随烟气排入大气中,造成环境的污染。

5.2.3　国内外燃煤烟气脱硫技术的现状

美国和日本早就注意到燃烧污染的严重性,重点放在消烟除尘方面,重点治理 SO_x 污染,如制定排放标准,燃料脱硫,烟气脱硫等。20 世纪 70 年代开发出了一系列脱硫技术,并对燃煤电站锅炉大规模安装脱硫装置。

发展中国家对 SO₂ 排放控制起步较晚,并且进展缓慢。我国于 20 世纪 70 年代开始烟气净化研究,目前已具有自主知识产权的完全国产化的脱硫技术。为了缓解燃煤烟气对附近地区的严重危害,新建电厂全部采用高烟囱排气,致使 SO_2 排放量与日剧增。20 世纪 90 年代后,我国先后引进各种类型的 FGD 技术,到 1999 年底,有 10 套引进的 FGD 示范工程投入运行,结合大气污染物排放标准(GB 13223－2003)的实施,SO_2 排放增长趋势基本得到控制。但目前的形势并不容乐观,我国 62% 的城市环境空气 SO_2 平均浓度超过国家《环境空气质量标准》二级标准、日平均浓度超过国家《环境空气质量标准》三级标准;从投产的国产烟气脱硫设备的运行情况看,整套系统的技术水平尚需提高。加快步伐,坚持自主开发,研究出适合我国国情的工艺和设备装置是解决我国燃煤污染的根本途径。

5.2.4　常见烟气脱硫技术及其特点

煤粉炉的燃烧温度太高,不利于有效地从燃烧中脱硫。烟气离开炉膛时,几乎所有的硫都转换成为 SO_2。烟气脱硫通常使用石灰或石灰石进行反应,这种工艺流程应用最广的是湿法石灰石石膏脱硫工艺。此外,工业应用的脱硫工艺还包括旋转喷雾干燥脱硫、电子束脱硫脱硝法、炉内喷钙尾部增湿烟气脱硫、海水洗涤、半干法循环流化床脱硫、氨洗涤法、钠碱法等。

1. 湿法石灰石石膏脱硫工艺

在位于静电或布袋除尘器烟气下游的吸收塔中,石灰或石灰石浆液与烟气接触。浆液连续从吸收塔底部流至其顶部再循环,SO_2 被吸收生成亚硫酸钙。如进一步把空气注入浆液,亚硫酸钙转变成硫酸钙。硫酸钙干燥脱水从浆液中取出即为石膏。这种石膏通常回收作为有价值的副产品,可供化学或建筑工业使用。

化学反应过程如下。

在水溶液中,气相 SO_2 被吸收生成硫酸,即

$$SO_2(g) \longrightarrow SO_2(l)$$
$$SO_2(l) + H_2O \longrightarrow H^+ + HSO_3^-$$
$$HSO_3^- \longrightarrow H^+ + SO_3^{2-}$$

产生的 H^+ 促进了 $CaCO_3$ 的溶解,生成一定浓度的 Ca^{2+}。

Ca^{2+} 与 SO_3^{2-} 或 HSO_3^- 结合,生成 $CaSO_3$ 和 $Ca(HSO_3)_2$,即

$$Ca^{2+} + SO_3^{2-} \longrightarrow CaSO_3$$
$$Ca^{2+} + 2HSO_3^- \longrightarrow Ca(HSO_3)_2$$

在反应过程中,一部分 SO_3^{2-} 和 HSO_3^- 被氧化成 SO_4^{2-} 和 HSO_4^-,即

$$SO_3^{2-} + \frac{1}{2}O_2 \longrightarrow SO_4^{2-}$$
$$HSO_3^- + \frac{1}{2}O_2 \longrightarrow HSO_4^-$$

通入空气将最后吸收液中存在的大量 SO_3^{2-} 和 HSO_3^- 强制氧化为 SO_4^{2-},生成石膏结晶。

$$Ca^{2+} + SO_4^{2-} + 2H_2O \longrightarrow CaSO_4 \cdot 2H_2O$$

2. 炉内喷钙尾部增湿烟气脱硫

该系统用石灰石等碱性钙质吸收剂,直接向锅炉炉膛内烟气温度约为 1 100 ℃ 的高温区喷入,经煅烧后生成有着极高反应接触面的许多 CaO 细小颗粒,在高速烟气流的带动下这些颗粒进入较低温度区。在较低温度区(700～1 000 ℃)内 CaO 颗粒不再结晶,在有氧条件下 CaO 吸收烟气中的 SO_2。其化学反应式为

$$CaCO_3 \longrightarrow CaO + CO_2$$

$$CaO + SO_2 + \frac{1}{2}O_2 \longrightarrow CaSO_4$$

3. 钠碱法

钠碱法是采用碳酸钠或氢氧化钠等碱性物质来吸收烟气中的二氧化硫,化学过程如下。

使用碳酸钠作为吸收剂,有

$$2Na_2CO_3 + SO_2 + H_2O \longrightarrow 2NaHCO_3 + Na_2SO_3$$

$$2NaHCO_3 + SO_2 \longrightarrow Na_2SO_3 + H_2O + 2CO_2$$

$$Na_2SO_3 + SO_2 + H_2O \longrightarrow 2NaHSO_3$$

使用氢氧化钠作为吸收剂,有

$$2NaOH + SO_2 \longrightarrow Na_2SO_3 + H_2O$$

$$Na_2SO_3 + SO_2 + H_2O \longrightarrow 2NaHSO_3$$

亚硫酸钠吸收二氧化硫是主要的反应,溶液中的亚硫酸氢钠不具备吸收二氧化硫的能力,所以当吸收液中亚硫酸氢钠含量达到一定值时,吸收液要进行解吸。

分解温度在 100 ℃ 左右,解吸反应为

$$2NaHSO_3 \longrightarrow Na_2SO_3 + SO_2 \uparrow + H_2O$$

通过解吸,高纯度的二氧化硫得到回收利用。此法中钠碱吸收剂吸收能力大,吸收剂用量小,吸收效率高,但是与氨碱和钙碱相比,钠碱成本比较高。

4. 半干法循环流化床脱硫

半干法反应在气、液、固三相中进行,吸收液中的水分被烟气加热蒸发,最终产物为干粉状,具有干法脱硫的一些优点。常见的烟气半干法脱硫有喷雾干燥法(SDA)、烟气循环硫化床脱硫技术(CFB)等。

半干法是新型脱硫技术。据统计,1996 年已安装的发电容量已超过1 200 MW,约为全世界 FGD 容量的 0.5%。该脱硫系统主要由以下几部分构成:

①吸收反应器,为脱硫系统主体,装有石灰浆喷嘴;

②旋风分离器,用来分离反应器循环脱硫剂;

③石灰浆制备系统,用来把块状石灰或生石灰转化为反应器所需石灰浆;

④除尘器,用来分离烟气中的飞灰及反应副产品。

烟气在离开锅炉尾部空气预热器后从反应器底部进入反应器。在反应器底部,烟气与表面附着有石灰浆的循环固体颗粒悬浮接触。新鲜石灰浆通过布置在反应器中央的单个两相流喷嘴进入反应器,石灰浆由压缩空气进行雾化。烟气所携带的热量导致石灰浆水分的蒸发,与此同时,烟气中的 SO_2 与石灰的吸收反应也在进行着。石灰浆液滴与干态固体颗粒发生碰撞并附着在其表面,避免了由于浆液碰到反应器壁面而引起的固体颗粒的聚积,循环固体颗粒对反应器壁面的冲刷作用进一步减少了壁面的结垢。反应器内向上流动的烟气流使固体颗粒在反应器内呈悬浮状态,湍动强化了气液间的接触,使 SO_2 被附着在固体颗粒表面的石灰浆薄层吸收。净化后的烟气和悬浮状固体反应物颗粒在反应器内向上流动直至旋风分离器,在旋风分离器内,大多数的固体颗粒,包括钙盐、飞灰及尚未反应的石灰进一步吸收烟气中的 SO_2,使石灰耗量降到最低。剩余约 1% 的固体颗粒随烟气一并离开旋风分离器,之后,进入除尘器进行最后除尘,除尘器可以是静电除尘器或布袋除尘器,除尘后净烟气被排入大气。

反应器内的主要化学反应如下:

$$Ca(OH)_2 + SO_2 \longrightarrow CaSO_3 \cdot 12H_2O + 12H_2O$$
$$CaSO_3 + 12O_2 \longrightarrow CaSO_4$$

此工艺可用于燃高硫煤的电厂,脱硫率可高达 95%。

5. 海水脱硫法

天然海水含有大量的可溶盐,其主要成分是氯化物和硫酸盐,也含有一定量的碳酸盐,因其含有碳酸氢钠和碳酸氢镁,使其 pH 值达 7.5~8.5,呈碱性,海水与二氧化硫反应最终生成硫酸盐。

海水 FGD 主要的化学反应如下:

$$SO_2 + \frac{1}{2}O_2 + 2HCO_3^- \longrightarrow SO_4^{2-} + H_2O + 2CO_2$$

烟气海水脱硫技术利用天然海水,无须加任何添加剂,也不产生任何附加产品,具有工艺简单、技术成熟、系统运行可靠、脱硫效率高、维护费用低等特点。

6. CuO/Al_2O_3 干法烟气脱硫技术

CuO/Al_2O_3 是一种负载型过渡金属氧化物催化剂,它的优点之一就是可以同时脱除 SO_2 和 NO_x。新鲜的和硫酸盐化的催化剂的最佳脱硝温度约为 380 ℃,其中硫化催化剂的脱硝效率比新鲜催化剂的高。SO_2 与 CuO 和 Al_2O_3 反应形成硫酸铜和硫酸铝,NO_x 在催化剂作用下与注入的氨发生选择性催化还原反应(SCR),被还原为 N_2 和水,从而达到同时脱除 SO_2 和 NO_x 的目的。硫化的催化剂通过注入还原性气体,如 H_2、CH_4、CO 等,将 $CuSO_4$ 还原为铜,把硫酸铝还原为 Al_2O_3。还原后的催化剂在下一个硫酸盐化过程中被烟气中的氧气迅速氧化,从而实现催化剂的再生。

7. 各种烟气脱硫技术经济性比较

CuO/Al_2O_3 烟气干法脱硫技术与当今已经成熟的烟气脱硫技术和正在开发的烟

气脱硫新技术(如 SNRB、SNOX、NOXSO 等)相比,投资和运行费用见图 5-2。

图 5-2 中 CuO 即指 CuO/Al₂O₃ 脱硫工艺,初始投资和运行成本低于 NOXSO、SNOX 和 SNRB。传统烟气脱硫技术(如 LSFO、MglLime、LSDA 和 LIDS 等)和气体悬浮吸收技术(GSA)(美国能源部 CCT 示范项目)如果要实现同时脱硫脱硝两种功能,脱硝若按 20 世纪 90 年代兴起的选择催化还原技术(SCR)折算,累加后的脱硫脱硝总成本也不低。虽然,CuO/Al₂O₃ 烟气脱硫技术具有经济性优势,但目前看,将该技术大规模工业应用还有一段路要走。

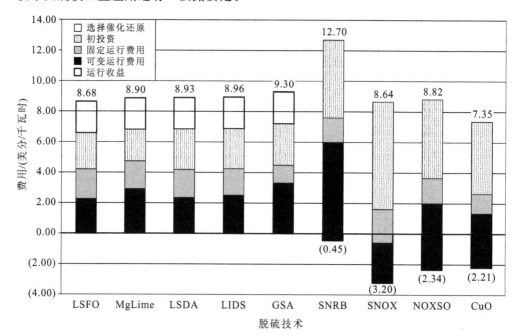

图 5-2　各种脱硫技术的经济性比较

(图例说明:本图所有费用按 500 MW 机组燃 3% 高硫煤计算;LSFO—喷钙脱硫法;
MglLime—氧化镁-石膏法;LSDA—喷雾干燥法)

5.3　氮氧化物的生成机理和控制技术

5.3.1　氮氧化物生成机理

煤燃烧过程中产生的氮氧化物(NO_x)主要是 NO 和 NO_2。此外,在流化床锅炉燃烧中,由于燃烧温度较低,还会产生一定量的 N_2O。在通常的燃烧温度下,煤燃烧生成的 NO_x 中,NO 占 90% 以上,NO_2 占 5%～10%,而 N_2O 只占 1% 左右。

由于氮的键能不同,以及燃烧过程中与氮进行反应的介质成分不同,煤燃烧过程中 NO_x 的生成主要有三种不同的机理:热力型 NO_x,它是燃烧过程中空气里的 N_2 在高温下氧化而生成的氮氧化物,它占生成氮氧化物总量的 20%～50%;快速型 NO_x,

它是燃料中的碳氢化合物与空气中的 N_2 反应生成的氮氧化物,在实际燃烧装置中,快速 NO_x 的量很少,就煤粉炉而言,小于 5％;燃料型 NO_x,它是燃料中的含氮化合物在燃烧过程中氧化生成的氮氧化物,它占生成氮氧化物总量的 60％～80％。

1. 热力型 NO_x

在高温火焰中,空气中的氧分子裂解成氧原子,并与空气中的氮分子反应生成 NO 和 N,而 N 又与 O_2 反应生成 NO 和 O。这部分 O 又可与空气中的 N_2 作用生成 NO 和 N。上述这组不分支的连锁反应机理即为热力型 NO_x 的生成机理,称为捷里多维奇(Zeldovich)机理,即

$$O_2 + M \longrightarrow 2O + M$$
$$N_2 + O \longrightarrow N + O \quad (E_1 = 314(kJ/mol), E_{-1} = 0)$$
$$O_2 + N \longrightarrow NO + O \quad (E_2 = 29(kJ/mol), E_{-2} = 165 (kJ/mol))$$

上述反应中,当 O_2 不足时(富燃料火焰),还有以下反应发生:

$$N + OH \longrightarrow NO + H$$

从热力型 NO_x 的反应机理可以看出,影响热力型 NO_x 生成的主要因素是温度、氧浓度及在高温区的停留时间。随温度、氧浓度及在高温区的停留时间的增加,热力型 NO_x 的浓度增加。其中温度对热力型 NO_x 生成速率的影响最大,热力型 NO_x 的生成速率与温度几乎呈指数关系。在温度小于 1 200 ℃时,热力型 NO_x 的生成量很小;只有当温度高于 1 200 ℃以上时,热力型 NO_x 的生成反应才逐渐明显,NO_x 的生成量才逐渐增大。当燃烧温度高于 1 500 ℃时,温度每增加 100 ℃,热力型 NO_x 生成反应速度将增加 6～7 倍。在高温区停留时间较短时,热力型 NO_x 随停留时间的增加而增加,但超过一定时间后,热力型 NO_x 不再受停留时间的影响。因此,要控制热力型 NO_x 的生成,就需要降低燃烧温度,避免产生局部高温区;缩短烟气在高温区的停留时间;降低烟气中氧浓度和使燃烧在偏离理论空气量的条件下进行。

2. 快速型 NO_x

快速型 NO_x 是 1971 年费尼莫尔(Fenimore)通过实验发现的,即在碳氢化合物燃料燃烧过程中,当燃料过浓时,在反应区附近会快速生成 NO_x。按照 Fenimore 的观点,快速型 NO_x 是燃料燃烧时产生的 CH_i 基团等撞击空气中的 N_2 分子形成 CN、HCN、NH_i,然后这些含氮组分进一步氧化生成 NO_x。快速型 NO_x 生成不是在火焰的下游,而是在火焰面内部,因其生成速度快,故被称为快速型 NO_x,其总体生成过程如图 5-3 所示。

快速型 NO_x 是由燃烧空气中的 N_2 经氧化而生成的 NO_x。从 NO_x 中氮的来源看,它类似热力型 NO_x,但其反应机理和热力型 NO_x 很不相同。快速 NO_x 只有在燃烧时碳氢化合物 CH_i 类基团较多,氧气浓度相对较低的富燃料燃烧时才发生。因此在燃煤锅炉中,其生成量很小,一般在 5％以下。快速型 NO_x 对温度的依赖性很弱,一般情况下,对不含氮的碳氢燃料在较低温度燃烧时,才考虑快速型 NO_x。降低快速型 NO_x,只要保持足够的氧量供应,就能阻止燃烧过程中分解生成的 CH、CH_2 和

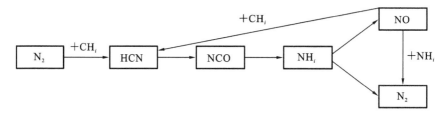

图 5-3　快速型 NO_x 的生成途径

C_2 等中间产物与空气中的 N_2 的反应,以减少 HCN 和 NH_i 等的生成,便可降低快速型 NO_x。

3. 燃料型 NO_x

燃料型 NO_x 是燃料中含有的氮化合物在燃烧过程中热分解进而氧化生成 NO_x。煤燃烧时为 $60\%\sim90\%$ 的 NO_x 是燃料型 NO_x。因此,燃料型 NO_x 是煤燃烧时产生的 NO_x 的主要来源。燃料型 NO_x 的生成机理非常复杂,其生成和破坏机理至今仍不是完全清楚。这是因为燃料型 NO_x 的生成和破坏过程不仅和煤种特性、煤的结构、燃料中的氮受热分解后在挥发分和焦炭中的比例、成分和分布有关,而且大量的反应过程还和燃烧条件如温度和氧及各种成分的浓度等密切相关。通常,当挥发分析出量占煤质量的 $10\%\sim15\%$ 时,燃料中的氮有机化合物首先热分解成氰化氢(HCN)、氨(NH_3)和 CN 等中间产物,它们随挥发分一起从燃料中析出,称为挥发分 N。挥发分 N 析出后残留在焦炭中的氮化合物,称为焦炭 N。煤燃烧时由挥发分 N 生成的 NO_x 占燃料型 NO_x 的 $60\%\sim80\%$,由焦炭 N 所生成的 NO_x 占到 $20\%\sim40\%$。有学者认为,燃料型 NO_x 的生成机理如图 5-4 所示。

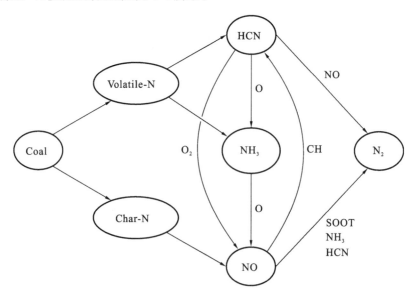

图 5-4　燃料型 NO_x 生成的简化机理

图中,在挥发分中最主要的氮化合物为 HCN 和 NH_3。挥发分氮化物析出后,可能有两条反应途径,取决于所处的气氛条件。HCN 会被进一步氧化成 NO,同时又能与已生成的 NO 进行还原反应,使 NO 还原成 N_2;对于挥发分中的 NH_3,它可与 OH、O 和 H 等基团反应而进一步氧化生成 NO,同时,也能通过一定反应途径使 NO 还原成 N_2。

煤中焦炭 N 的反应过程也比较复杂。图 5-4 中表示焦炭 N 是通过焦炭表面多相氧化反应直接生成 NO_x。也有一种观点认为,焦炭 N 和挥发分氮一样,是首先以 HCN 和 NH_3 等的形式析出后再和挥发分 NO_x 的生成途径一样氧化成 NO_x。由于焦炭 N 生成 NO 反应的活化能比碳的燃烧反应活化能大,所以焦炭 NO_x 是在火焰尾部焦炭燃烧区域生成的,此时 O_2 浓度低,焦炭颗粒因温度高而熔结,使孔隙闭合、反应表面积减少,故焦炭 NO_x 生成速度要比挥发分 NO_x 生成速度慢得多,因而焦炭 NO_x 生成量较少。此外,已生成的 NO_x 还会在焦炭表面及煤灰中 CaO 的催化作用下,被还原成 N_2。

通过以上分析可以看出,煤中 N 向 NO_x 的转换包含了两个互相竞争的反应过程,最初生成的 NO_x 的浓度,并不等于其排放浓度,因为随着燃烧条件的改变,有可能将已生成的 NO_x 破坏掉,将其还原成 N_2。最终的燃料型 NO_x 生成量取决于 NO_x 的生成反应和 NO_x 的还原反应这两个反应过程的竞争结果。控制燃料型 NO_x 的生成量的主要措施就是减少过量空气系数、改善燃烧方式、在 NO_x 的生成阶段采用富燃料燃烧等。

5.3.2　NO_x 控制技术

针对煤燃烧过程中 NO_x 形成和转化机理的不同,国内外发展了许多控制煤燃烧过程中 NO_x 排放的技术措施。目前主要可分为两大类:一类是通过改变燃料的燃烧条件,从而控制燃烧过程中 NO_x 的生成,即低 NO_x 燃烧技术;另一类是对燃烧后生成的 NO_x 进行处理,即烟气脱硝技术。

1. 低 NO_x 燃烧技术

低 NO_x 燃烧技术是指通过改变燃烧条件,控制燃烧区的温度和空气量,以达到阻止 NO_x 生成及降低其排放的目的。在各种降低 NO_x 排放的技术中,低 NO_x 燃烧技术是采用最广、相对简单和经济的方法,目前已经使用的低 NO_x 燃烧技术主要有低 NO_x 燃烧器、浓淡偏差燃烧、烟气再循环及分级燃烧(包括空气分级和燃料分级)等。

1)低 NO_x 燃烧器技术

对煤粉锅炉来说,煤粉燃烧器是锅炉燃烧系统中的关键设备,不但煤粉是通过燃烧器送入炉膛的,而且煤粉燃烧所需要的空气也是通过燃烧器进入炉膛的。煤粉气流的着火过程、炉膛中的空气动力和燃烧工况,主要是通过燃烧器的结构及其在炉膛上的布置来组织的。因此,从燃烧的角度看,燃烧器的性能对煤粉燃烧设备的可靠性和经济性起着主要作用。另一方面,从 NO_x 的生成机理看,占 NO_x 绝大部分的燃料

型 NO_x 是在煤粉的着火阶段生成的。因此,通过特殊设计的燃烧器结构,以及通过改变燃烧器的风煤比例,可以将空气分级、燃料分级和烟气再循环降低 NO_x 浓度的原理用于燃烧器,以尽可能地降低着火区氧的浓度,适当降低着火区的温度,达到最大限度地抑制 NO_x 生成的目的,这就是低 NO_x 燃烧器技术。研究表明,低 NO_x 燃烧器技术可降低 $20\%\sim50\%$ 的 NO_x 排放量。图 5-5 所示为 Babcock 公司开发的 DS 型低 NO_x 旋流燃烧器。

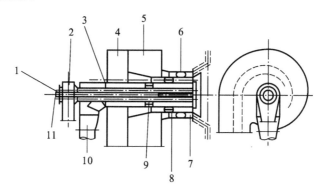

图 5-5 DS 型低 NO_x 旋流燃烧器

1—点火油枪;2—中心风;3,11—火焰监测器;4—内二次风;5—外二次风;
6,8,9—旋流叶片;7—火焰稳定器;10——次风煤粉

2)浓淡偏差燃烧技术

浓淡偏差燃烧技术是让一部分燃料在空气不足的条件下燃烧,即燃料过浓燃烧,另一部分燃料在空气过剩的条件下燃烧,即燃料过淡燃烧。无论是过浓燃烧还是过淡燃烧,其过剩空气系数 α 都不等于 1。过浓燃烧中 $\alpha<1$,而过淡燃烧中 $\alpha>1$,故又称非化学当量燃烧或偏差燃烧。浓淡燃烧时,燃料过浓部分因氧气不足,燃烧温度不高,所以,燃料型 NO_x 和热力型 NO_x 生成量都会减少。燃料过淡部分因空气量过大,燃烧温度低,热力型 NO_x 生成量会减少。所以,采用浓淡偏差燃烧技术总的结果是 NO_x 生成量低于常规的燃烧技术。

3)烟气再循环技术

烟气再循环技术通常是指从省煤器后抽取 $20\%\sim30\%$ 的烟气量,将这部分烟气与燃烧空气相混合送入炉内或燃烧器内。这样,就减少了与燃料混合的空气量,同时,也降低了火焰温度,进而达到降低热力 NO_x 生成的目的。由于燃煤锅炉中热力 NO_x 在总 NO_x 排放中占的份额较小,所以在燃煤锅炉中,单独采用烟气再循环技术措施仅可使 NO_x 排放降低约 20%。

4)空气分级燃烧技术

炉内空气分级技术通常又称两级燃烧(two stage combustion,TSC),主要是通过减少燃烧区空气量,同时为了保证一定的总过剩空气量而将一部分空气在燃烧区后送入炉内以完成燃尽过程。通常,这部分空气是从燃烧器上部的燃尽风喷口

(OFA)送入炉内,炉内空气分级需要将燃烧空气分成主燃风与燃尽风两部分。主燃风(占总风量的 70%~90%)与燃料混合反应后会形成燃烧温度较低、氧量不足、燃料富集的燃烧区域,从而抑制了 NO_x 的生成。燃尽风(占总风量的 10%~30%)则通过独立布置在燃烧器上部的燃尽风喷嘴送入炉内,从而实现分级燃烧,在这一区域完成燃尽过程,从而在温度相对较低的燃尽区进一步抑制了 NO_x 的生成。

　　5)燃料分级燃烧技术

　　燃料分级技术又称再燃技术,其燃烧过程分为主燃烧区、再燃区和燃尽区,在主燃区中已生成的 NO_x 在再燃区中遇到烃基 CH_i 和未完全燃烧产物 CO、H_2、C 和 C_nH_m 时,会发生 NO_x 的还原反应。利用这一原理,将占入炉热量 80%~85% 的燃料喷入主燃烧区,在过量空气系数 α 大于 1 的条件下,燃料氮在主燃烧区会生成氮氧化物,在过量空气系数 α 小于 1 的还原性气氛下,主燃烧区中生成的 NO_x 在再燃区被还原成分子氮。在再燃区中不仅使得已生成的 NO_x 得到还原,同时还抑制了新的 NO_x 的生成,可使 NO_x 排放浓度降低 50% 以上。图 5-6 所示为空气分级燃烧技术与燃料分级燃烧技术的原理示意图。

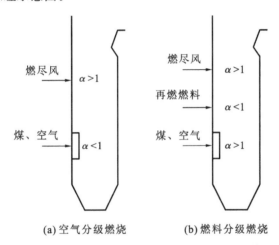

(a) 空气分级燃烧　　　　(b) 燃料分级燃烧

图 5-6　空气分级燃烧技术与燃料分级燃烧技术原理示意图

2. 烟气脱硝技术

　　低 NO_x 燃烧技术是降低燃煤 NO_x 排放比较经济的技术措施。但是一般情况下,采用低 NO_x 燃烧技术只能降低 NO_x 排放量的 50% 左右,无法满足愈加严格的环保法规要求。要进一步降低 NO_x 的排放,就必须采用烟气脱硝技术。烟气脱硝技术按照其作用原理的不同,可分为还原、吸收和吸附三类,按照工作介质的不同可分为干法、半干法和湿法三类。烟气脱硝技术中得到大规模工业应用的有选择性催化还原法(SCR)和选择性非催化还原法(SNCR)。图 5-7 所示为目前燃煤锅炉中典型的 NO_x 排放控制技术。

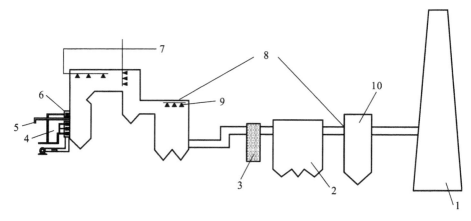

图 5-7　典型的燃煤锅炉 NO_x 排放控制技术

1—烟囱；2—烟气脱硫装置；3—空气预热器；4—低氮燃烧器；5—再燃；

6—燃尽风；7—选择性非催化还原；8—选择性催化还原；

9—氨喷入点；10—NO_x/SO_x 联合控制

1）选择性催化还原（SCR）脱硝技术

SCR 脱硝技术是将还原剂（主要是 NH_3）注入烟道与烟气混合，还原剂在催化剂作用下能在较低温度选择 NO_x 发生化学反应，将其还原为氮气和水，从而使烟气中 NO_x 含量降低。主要化学反应为

$$4NH_3 + 4NO + O_2 \longrightarrow 4N_2 + 6H_2O$$

$$8NH_3 + 6NO_2 \longrightarrow 7N_2 + 12H_2O$$

NH_3 的喷入量十分重要，NH_3 量不足会导致 NO_x 的脱除效率降低，但 NH_3 过量又会带来 NH_3 对环境的二次污染，通常，喷入的 NH_3 量随着机组负荷的变化而变化。SCR 反应主要在催化剂表面进行，所以催化剂是 SCR 工艺的核心，而贵金属催化剂会增加系统运行成本。

2）选择性非催化还原（SNCR）脱硝技术

SNCR 脱硝技术是将氨水或尿素等还原剂，喷入到温度为 900~1 100 ℃的烟气中，在不需要催化剂的情况下，还原剂迅速热分解成 NH_3 及其他副产物，NH_3 与烟气中的 NO_x 进行还原反应生成氮气和水。在向燃烧烟气喷氨而不采用催化剂的条件下，NH_3 还原 NO_x 的反应只能在 900~1 100 ℃这一狭窄的温度范围内进行，因此，称为选择性非催化还原法。而温度为 900~1 100 ℃的烟气位于炉膛上部，所以 NH_3 的喷射点也应选择在炉膛上部相应的位置。

氨为还原剂时，

$$4NH_3 + 6NO \longrightarrow 5N_2 + 6H_2O$$

该反应主要发生在 950 ℃的温度范围内，但当温度更高时则发生正面的竞争反应为

$$4NH_3 + 5O_2 \longrightarrow 4NO + 6H_2O$$

目前的趋势是用尿素$(NH_4)_2CO$代替NH_3作为还原剂,使得操作系统更加安全可靠,尿素作为还原剂时,有

$$(NH_4)_2CO \longrightarrow 2NH_2 + 2CO$$
$$2NH_2 + NO \longrightarrow N_2 + H_2O$$
$$CO + NO \longrightarrow N_2 + CO_2$$

在 SNCR 法的应用中温度窗口的选择是至关重要的,温度过高或过低都不利于对污染物排放的控制。温度低于 900 ℃时,反应不完全,氨逃逸率高,造成新的污染。温度超过 1 100 ℃时,NH_3会被氧化成 NO,反而造成NO_x排放浓度增大。SNCR 技术的脱硝效率一般在 50% 左右,最高可以达到 80%,但相对于 SCR 技术来说,该方法不用催化剂,设备运行费用低,具有一定的优势。

5.4　循环流化床 N_2O 的生成机理与控制技术

N_2O(氧化亚氮,俗称"笑气"),是氮氧化物中另一种重要的污染气体,对环境主要有两个方面的影响:一方面,N_2O对红外辐射有很强的吸收作用,造成温室效应,研究表明,N_2O的温室作用比同浓度的CO_2强 200~300 倍;另一方面,N_2O和同温层中的臭氧破坏有关,N_2O在大气对流层中相当稳定,存活期达 150 年以上,因此N_2O有机会进入到同温层中,和游离态的氧发生反应生成 NO,后者参与了把臭氧转化为O_2的化学反应循环。每年人类活动产生的N_2O占每年全世界生成总量的31%,其中人类活动产生的N_2O中有 80% 以上来自化石燃料的燃烧。大气中N_2O的浓度逐年增加,目前,大气中的N_2O体积浓度已达到 300 ppbv,并以每年 0.2%~0.3% 的速度增加。因此,N_2O对于循环流化床(CFB)燃烧技术的发展目前看来起着决定性的作用,能否合理地解决这个问题将会制约循环流化床技术在我国的应用。

5.4.1　CFB 锅炉燃烧条件下 N_2O 的生成机理

在 CFB 锅炉燃烧条件下,燃烧产物中的氮氧化物主要产生于煤中的氮。煤中的氮含量一般在 0.5%~2.5% 之间,煤的燃烧经历两个阶段,即挥发分燃烧过程和焦炭燃烧过程。进入炉膛的煤颗粒,被炉膛加热,随着煤颗粒温度的升高,煤中的小分子结构析出,首先是焦油类物质析出,随着温度进一步升高,HCN 和 NH_3 从煤中释放出来,NH_3 和 HCN 统称为挥发分 N。挥发分 N 析出后,仍残留在焦炭中的氮称为焦炭 N。在 O_2 环境中,焦油中的 N 也会转化成 HCN 和 NH_3,HCN 和 NH_3 与 O_2 发生反应,最终生成 NO、N_2O 和 N_2。在燃烧过程中,焦炭 N 通过复杂的均相和非均相反应最终也生成 NO、N_2O 和 N_2。在 CFB 锅炉中,氮的转化路径如图 5-8 所示。

如图 5-8 所示,在煤的挥发分中,NH_3 和 HCN 氧化生成的产物不同,NH_3 氧化生成的氮氧化物主要是 NO,而 HCN 氧化时更容易生成 N_2O。挥发分中 NH_3 和 HCN

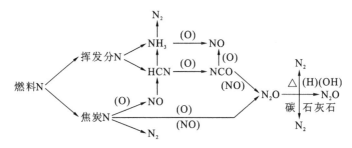

图 5-8　煤中氮的转化途径

之比,与煤中 N 的存在方式有关。研究表明,褐煤、烟煤及生物质燃烧挥发分中 NH_3
较多,而低挥发分的烟煤和无烟煤挥发分中 HCN 较多。NH_3 和 HCN 的比例,也与
煤热解析出挥发分的条件有关,温度和加热速度通常会影响烟气中的 NO 和 N_2O 的
排放浓度。

关于 N_2O 的生成机理,目前尚不十分透彻,还没有统一的描述。一般认为,N_2O
的生成过程是通过均相反应和多相反应两种途径来完成。

1. N_2O 生成均相反应

循环流化床燃烧温度为 $800\sim950\ ℃$,属于低温燃烧,煤被加热后,煤中挥发分氮
以 HCN 形式析出后通过下述反应生成 N_2O,即

$$HCN+O \longrightarrow NCO+H$$
$$NCO+NO \longrightarrow N_2O+CO$$

HCN 还可以与 OH 反应生成 NCO,进而生成 N_2O,即

$$HCN+OH \longrightarrow HNCO+H$$
$$HCNO+OH \longrightarrow NCO+H_2O$$
$$NCO+NO \longrightarrow N_2O+CO$$

以 NH_3 形式析出的挥发分氮与 NO 反应生成 N_2O,步骤为

$$NH_3+OH \longrightarrow NH_2+H_2O$$
$$NH_2+H \longrightarrow NH+H_2$$
$$NH+NO \longrightarrow N_2O+H$$

2. N_2O 生成多相反应

1)焦炭氮与氧和 NO 的多相反应

焦炭氮与通过物理吸附或化学吸附被吸附在焦炭表面的氧发生氧化反应,生成
中间产物($-N$),然后与 NO 生成 N_2O,即

$$\frac{1}{2}O_2+(-CN) \longrightarrow (-N)+CO$$
$$2(-N)+O_2 \longrightarrow 2NO$$
$$(-N)+NO \longrightarrow N_2O$$

中间产物也可能是($-CNO$),反应路径为

$$O_2 + (-CN) + (-C) \longrightarrow (-CNO) + (-CO)$$

$$NO + (-CNO) \longrightarrow N_2O + (-CO)$$

或者　　　　　　　$$(-CN) + (-CNO) \longrightarrow N_2O + 2(-C)$$

在上述几条途径中,氧和 NO 对 N_2O 的生成起着重要作用。

2)焦炭氮与 NO 的多相反应

NO 分子被吸附在焦炭颗粒表面,然后与焦炭表面的 $(-CN)$ 反应生成 N_2O,即

$$(-CN) + NO \longrightarrow N_2O + (-C)$$

3)NO 分子在焦炭表面的反应

一个 NO 分子被吸附在焦炭表面,然后与另一个 NO 分子反应生成 N_2O,即

$$2NO + 焦炭 \longrightarrow N_2O$$

也有写作

$$2(-NO) \longrightarrow N_2O + (-O)$$

实际上,均相反应和多相反应有时是难以截然分开的,它们常常是互相影响,相互依存的。

5.4.2　CFB 锅炉燃烧条件下 N_2O 分解机理

在 N_2O 生成的同时,也存在着 N_2O 的均相分解和多相分解反应。

1. 均相分解

(1)N_2O 与 H 或 OH 基发生均相反应。

$$N_2O + H \longrightarrow N_2 + OH$$

$$N_2O + OH \longrightarrow N_2 + HO_2$$

这是最重要的两个反应,反应速率为 $R_{18} = 1.9 \times 10^6 \times T^{2.47} \exp(-13\,500/RT)$ 和 $R_{19} = 2.0 \times 10^{12} \exp(-100/RT)$。由上面两个表达式可以看出:燃烧温度 T 升高,反应速率加快。

(2)分子与气体分子碰撞实现热分解。

$$N_2O + M \longrightarrow N_2 + O + M$$

式中:M 代表气体分子,如 N_2,CO_2,O_2 等。

2. 多相分解

在焦炭表面,N_2O 通过与焦炭中的活性碳 $(-C)$ 和活性原子团 $(-CO)$ 的气-固反应被分解

$$N_2O + (-C) \longrightarrow N_2 + CO$$

$$2N_2O + (-C) \longrightarrow 2N_2 + CO_2$$

$$N_2O + (-CO) \longrightarrow N_2 + CO_2$$

3. 固体表面的催化还原

在流化床运行温度范围内,许多固体,如 CaO、$CaSO_4$、Fe_2O_3、MgO 和床料等,都能起到催化剂的作用,使 N_2O 在其表面发生还原反应。其中,CaO 活性最高,可使

N_2O 还原为 N_2 和 O_2，即

$$2N_2O \longrightarrow 2N_2 + O_2$$

因此，N_2O 的排放浓度，实际上是生成反应与分解反应达到动态平衡时的综合效应。

5.4.3　N_2O 生成量的影响因素

影响 CFB 锅炉燃烧 N_2O 生成量的因素主要有：燃烧温度、过量空气系数、煤种和煤质、石灰石炉内脱硫等。

1. 燃烧温度的影响

N_2O 的生成量随温度的升高而下降，而 NO 的生成量则随温度的升高而升高。煤中氮转化成 N_2O 和 NO 的转化率也具有同样的变化趋势。N_2O 浓度随温度升高而下降，其原因是生成反应的速率随温度升高而减慢，而分解反应的速率随温度升高而加快。因而，温度越高，生成量越小。煤粉燃烧由于燃烧温度高（1 000～1 600 ℃），因而 N_2O 的生成量很小，而流化床燃烧温度为 800～950 ℃，属低温燃烧，因而 N_2O 生成量较大。

2. 过量空气系数的影响

过量空气系数小于 1.0 时，N_2O 生成量并不大。随着过量空气系数增加，N_2O 的生成量明显增加。煤中氮转化为 N_2O 的转化率也明显升高。因为 HCN 生成 NCO 的过程是需氧反应，由焦炭通过多相反应生成 NO、(—N) 和 (—CNO) 也需要氧参加，氧量不足，直接影响中间产物的生成量，进而影响 N_2O 的生成量。

3. 煤种的影响

研究结果表明：在流化床燃烧温度范围内，煤中 N 转化为 N_2O 的转化率的大小明显依赖于煤种，即无烟煤＞烟煤＞褐煤。在 700～800 ℃，转化率的大小顺序是：烟煤＞褐煤＞无烟煤；在 850～950 ℃，烟煤＞无烟煤＞褐煤。因此，煤种不同，N_2O 的生成量也不同，而且，其相对大小还受燃烧温度的影响。

4. 煤质的影响

1）氮含量的影响

煤的氮含量越高，N_2O 的生成量也越高，具有明显的依赖关系。说明煤燃烧过程中产生的 N_2O 主要是由煤中氮生成的。

2）碳含量的影响

煤的碳含量越高，N_2O 的生成量也越高，具有明显的规律性。

3）挥发分的影响

各种煤的挥发分含量与 N_2O 的生成量之间没有明显的规律性，挥发分含量不能作为判断 N_2O 生成量的指标。在 700～1 000 ℃ 的温度范围内，最重要的四个因素是氮含量、碳含量、固定碳含量和氮在焦炭中的分配。

5. 石灰石对 N_2O 的影响

CFB 锅炉电厂在不加入石灰石脱硫和加入石灰石脱硫时, N_2O 排放浓度的对比如图 5-9 所示。数据表明,加入石灰石脱硫,CFB 锅炉烟气中 N_2O 浓度通常有所减小。在不同的运行条件下, N_2O 的浓度减少的量不同,减小幅度最大的达到 25%。CaO 除了引起 HCN 向 NH_3 转化,抑制燃烧过程中 N_2O 的生成,还能促进 N_2O 的热分解,造成烟气中 N_2O 的排放浓度降低。

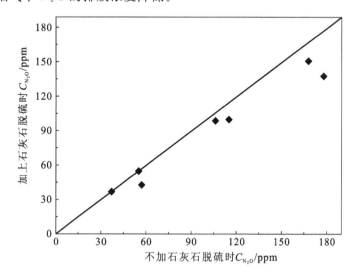

图 5-9　石灰石对 N_2O 排放浓度的影响

5.4.4　CFB 锅炉燃烧条件下 NO/N_2O 控制技术

为了有效减少 CFB 燃煤过程中 NO/N_2O 的排放,国内外研究者开发了许多行之有效的技术。对公认较为成熟的抑制 NO/N_2O 排放的技术进行总结和比较,对开发新型高效抑制 CFB 燃煤过程 NO/N_2O 排放技术或新型 CFB 燃煤工艺无疑是十分重要的。

1. 低氧燃烧技术

过剩空气系数较大,CFB 中 O_2 浓度较高,燃烧温度升高,有助于 HCN、NH_3 及半焦 N 的氧化,NO 排放浓度较高。过剩空气系数降低时,NO 排放明显下降。在某些场合,当过剩空气系数由 1.3 变为 1.1 时,NO 排放浓度可以下降 80~150 ppm。

2. 烟气再循环技术

将温度已降低的部分烟气引入 CFB 的烟气再循环技术,是通过降低炉内 O_2 浓度和火焰温度,以抑制 NO/N_2O 的生成。采用烟气再循环技术,由于烟气量明显增加,将引起燃烧状态不稳定,可能增加未完全燃烧的热损失。因此,CFB 电站锅炉的烟气再循环率一般不超过 20%。

3. 分级燃烧技术

CFB 燃煤过程的分级燃烧技术,旨在使 CFB 锅炉自下而上形成富燃料(煤)区、部分燃烧区、燃烧区。该技术有利于抑制 CFB 燃煤过程,特别是高挥发分煤燃烧过程的 NO 排放。NO 的排放浓度与一次空气供应量有关。通常,一次空气量为理论燃烧空气量的 $65\%\sim85\%$ 之间时对降低 NO 排放最有利。

4. SNCR 和 SCR 技术

在 CFB 的烟气出口处注入 NH_3、尿素、氰尿酸等含 N 物质,不使用固体催化剂就达到降低 N 排放的选择性非催化还原(selective non-catalytic reduction,SNCR)技术主要在 $900\sim1\,100\ ℃$ 温度范围进行,通过以下反应达到 NO 还原生成 N_2 和 H_2O 的目的。

$$6NO+4NH_3\longrightarrow 5N_2+6H_2O$$

SNCR 技术一般可以脱除 50% 的 NO。

SNCR 和 SCR 均有 NH_3 逸氨的缺点,这使燃烧含 Cl 量较高的煤种时可能从烟囱排出 NH_4Cl,或泄漏的 NH_3 与尾气中的 SO_3 生成 NH_4HSO_4 堵塞管道。因此,注 NH_3 时应十分小心。另外,由于 NH_3 存在储藏和运输等方面的困难,通常优先应用尿素,在小型装置上更是如此。

5. 再燃技术

分段供给燃料和空气到燃烧系统中的再燃技术,旨在通过在炉内形成三个不同的燃烧段,即由下至上分别为富氧区、富燃料区和富氧区,实现降低 N 排放的目的。在一次燃烧段,主要燃料煤粉在过量的空气中燃烧,与空气中 N_2 形成 NO_x。二次燃料,又称再燃燃料,通常是天然气或煤粉,在主燃烧段上方喷入,形成富燃料的“再燃”段。从这一区段的再燃燃料中释放出来的烃基与主燃烧段中形成的 N 反应,NO_x 被部分还原为 N_2,部分转化为 HCN。最后,在再燃段上方喷入空气,形成贫燃料的“燃尽”区,从而完成了燃烧全过程。通常,再燃燃料的热量占总输入热量的 $10\%\sim30\%$,再燃技术可以减少约 50% 的 NO_x。

5.4.5　有前景的减少 NO_x 和 N_2O 排放工艺

以上总结的各种减少 CFB 燃煤过程 NO 和 N_2O 排放的技术各有特点,随着近年 CFB 燃煤技术的不断发展,一些新型 CFB 燃煤工艺的概念设计及减少 NO 和 N_2O 排放的技术不断涌现,现对有明显研究意义和应用前景的减排 NO 和 N_2O 的新型 CFB 燃煤工艺简述如下。

1. 反向分级燃烧技术

传统 CFB 分级燃烧是将燃烧空气分别自锅炉底部和中部加入,较低的一次空气比率旨在锅炉下部形成低氧还原区域,有利于抑制 NO 排放,而二次空气加入口上部和烟气分离器处的氧化区域有利于实现较高脱硫效率和较高燃烧效率。然而,传统 CFB 分级燃烧存在以下三个问题:①随着床温升高,N_2O 排放降低,但 NO 排放升高,炉内脱硫效率迅速下降;②若降低过剩空气系数,N_2O 和 NO 排放均降低,但脱硫效率下降较快;③若降低一次空气比率,NO 排放降低,但脱硫效率迅速下降。因此,在传统 CFB 分级燃烧条件下,降低一种污染物排放的操作常引起另外一种或几种污染物排放升高。

在 CFB 锅炉下部形成的 N_2O 易在后部被还原分解,而在锅炉上部和烟气分离器处形成的 N_2O 迅速排出,对最终 N_2O 排放贡献较大。同时,与锅炉上部相比,锅炉下部的环境对脱硫效率的影响更重要。因此,控制锅炉下部为较强氧化环境可保证脱硫效率,控制锅炉上部和烟气分离器为低氧环境可降低 N_2O 排放。

基于以上分析,提出了反向分级燃烧技术。该技术的关键是从锅炉底部引入绝大部分燃烧空气,并严格控制燃烧空气量,使锅炉炉体和烟气分离器中的过剩空气系数接近 1,同时在烟气分离器出口处加入一定量的燃烧空气以保证完全燃烧,总过剩空气系数保持在 1.2 左右。炉内 O_2 浓度分布下部较高,上部较低;而且由于整个炉内过剩空气系数约为 1.0,在炉内自下而上逐渐消耗,因此,锅炉上部和烟气分离器处 O_2 浓度较低。

在反向分级燃烧条件下,锅炉下部形成的富氧环境对脱硫有利,对 N_2O 排放无影响,而锅炉上部和分离器处的低氧环境可抑制 N_2O 和 NO 排放;同时,烟气分离器出口处的高温"燃尽"区可有效分解 N_2O。

2. CFB 解耦燃烧工艺

燃煤过程 N、S 转化的特点有:①在隔绝空气的环境中,煤热解气相产物中 N 主要以还原性物质 NH_3 的形式存在;而在有 O_2 的环境中,气相产物中的 N 则以 NO 的形式存在;②在 SNCR 反应条件下,NO 与 NH_3 发生 NO 还原反应。因此,将热解产物中的 NH_3 与半焦燃烧产生的 NO 混合则可降低 NO 排放量;③在热解和燃烧过程中,CaO 均可脱除生成的含硫化合物。基于以上分析,提出了解耦燃烧的概念。

如图 5-10 所示,原煤加入热解区,用分离器返回的含有一定脱硫剂的高温灰来加热原煤。原煤热解过程中释放的含硫气体 H_2S 和 COS 等被脱硫剂捕获,热解产生的半焦进入燃烧区下部脱硫区,热解气引入到燃烧炉中部,半焦燃烧生成的 NO_x

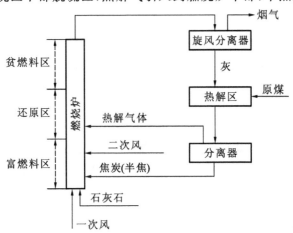

图 5-10　CFB 解耦燃烧技术示意图

与热解产生的含氮化合物 NH_3 在燃烧区上部反应而脱除 NO_x,同时引入燃烧炉的热解气燃烧形成高温区域,对 N_2O 进行热分解,最终实现同时降低 SO_2、NO 和 N_2O 三种气体排放的目的。通过对解耦机理的进一步研究,对传统 CFB 进行改造,可逐步实现在大型 CFB 上的应用,因此,这将是一种非常有前景的技术。

5.5　重金属(汞)的排放与控制

5.5.1　燃煤电厂重金属(汞)排放概述

汞是一种在生物体内和食物链中具有永久性累积的有毒物质,对人类的健康威胁较大。燃煤过程中汞的排放,尤其是大型燃煤电站汞的排放在局部循环中具有相当的危害。作为全球范围的有毒污染物,汞污染问题给人类带来了很多危害,例如,水俣病公害,因而为人们所重视。联合国 2003 年发布的《全球汞污染报告》再次强调了大气中汞输送对全球汞沉降的贡献。根据全球排汞清单,固定燃烧源是大气汞的最大贡献源,其中又以燃煤过程中释放出的汞最为突出。美国环保署(EPA)已于 2005 年 3 月颁布了汞排放控制标准(clean air mercury rule,CAMR),成为世界上首个针对燃煤电站汞排放实施限制标准的国家。据 2002 年联合国环境规划署(UN-EP)的评估报告,我国已经是全球范围内汞污染最为严重的地区之一,大气中汞的平均值为 $5\sim22$ t/a,平均沉降值大于 70 $\mu g/m^2$。

与常规污染物 SO_2 和 NO_x 相比,Hg、As 和 Se 等痕量元素在燃煤烟气中的浓度不高,但由于煤炭的大规模利用和痕量元素的积累效应,它们对环境的危害甚大。有学者利用所消耗的燃料和详细的汞排放因子估算了 1995—2003 年中国汞排放的情况;2003 年,我国总汞排放量达 696(±307)t,其中元素汞(Hg^0)为 395 t,二价汞(Hg^{2+})为 230 t,颗粒态汞(Hg^p)为 70 t;煤炭燃烧由 1995 年的 202 t 增加为 2003 年的 257 t,年平均增长速度为 3.0%。

同我国的汞排放类似,世界范围内的汞排放量也在逐年增加。而今人类和野生动物等受高毒物质甲基汞的危害正在增加,如不加紧制定汞排放控制的政策法规或保持现有政策不发生变化,2005—2020 的 15 年间汞排放量将会增加 30%。图 5-11 所示为 Pacyna 等人绘制的 2005 年世界范围人为汞排放分布图。可以看出,亚洲、欧洲和北美洲国家是全球主要的汞排放源。如 Streets 所预测,到 2050 年,随着社会经济和科学技术的发展,全球汞排放量将会增加。相对于 2006 年的 2 480 Mg,2050 年全球汞排放量将在 2 390~4 860 Mg 之间;汞排放增长的主要压力将来自于发展中国家燃煤电站的汞排放,特别是亚洲国家。作为亚洲最大的发展中国家,中国的汞排放量也将是较多的。

大气环境中的汞污染是全球循环性问题,已在世界范围内引起了广泛关注。1953 年发生在日本熊本县水俣湾的"水俣病"就是汞污染造成的,截至 1978 年 3 月,

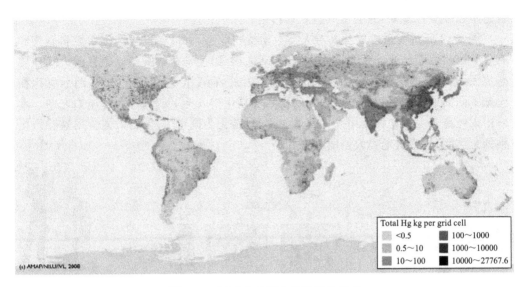

图 5-11　2005 年全球人为汞排放分布

日本官方确认水俣湾附近和阿贺野川流域,水俣病患者共 2 227 人,其中死亡人数达 255 人。鉴于 Hg、As 和 Cd 等痕量元素对环境的重大危害,许多国家都已经制定了明确的排放标准。

　　通过 10 年的研究,克林顿政府时期的美国环境保护署(EPA)认为,燃煤电站进行汞排放的控制是"正确和必须的",计划在 2007 年达到 90％的汞控制率。布什政府时期废除了这个计划。2005 年 3 月 15 日,美国 EPA 签署了"清洁空气汞规定"。该规定计划在 2010 年达到 20％的汞排放控制率,并可以交易;最终于 2018 年达到 70％的汞排放控制率。2008 年,美国上诉法庭判决:布什政府败诉,取消"清洁空气汞规定"并责成布什政府时期的 EPA 制定更严格的汞控制法规。为了减小燃煤电站汞排放污染,美国的部分州(如 New Jersey,Massachusetts,Connecticu 和 Illinois 等)已经行动起来,着手制定较联邦政府更严格的汞排放规定,要求境内的燃煤电站加强汞排放控制。从 2003 年开始,美国阿贡国家实验室就与清华大学合作研究中国人为汞排放情况,以期对中国汞的排放有更深入的了解。随着经济和社会的发展,我国对燃煤电站烟气汞排放的控制也将受到极大重视。

5.5.2　汞的赋存形态、迁徙规律及危害

　　地壳中汞总量达 1 600 亿吨,其中 99.98％呈稀疏状态分布,0.02％富集在汞矿中。大气中的汞污染主要由有色金属冶炼和煤炭燃烧等排放造成。燃煤烟气中汞的存在形式为单质汞(Hg^0)、二价汞(Hg^{2+})和颗粒态汞(Hg^p)。Hg^{2+} 可由现存的脱硫装置脱除,Hg^p 可由静电除尘等设备脱除。Hg^{2+} 和 Hg^p 的生命周期为一天或一周,这意味着它们主要沉积在当地或排放源附近。与这两类汞相比,Hg^0 因熔点低、易挥发和难溶于水等性质,很难从烟气中除去;Hg^0 的生命周期有 $180 \sim 720$ d 之久,这意味

着它可以在全球传播,并会造成全球汞污染。

图 5-12 所示为汞排放及其对人类与动植物危害。可以看出,经化石燃料燃烧和有色金属冶炼而排放的汞先进入大气圈,对人类、野生动植物等赖以生存的大气环境造成污染;氧化态的汞沉积在当地或排放源附近,而 Hg^0 则在全球循环,而后沉积在全球不同的地方。沉积在地表的汞经雨水等作用渗入地下或流入江河湖泊之中。水体中汞经鱼等水生动物食用并在其体内富集,转化为剧毒甲基汞;人类食用这些汞污染的鱼类后,将严重危害人们的健康。

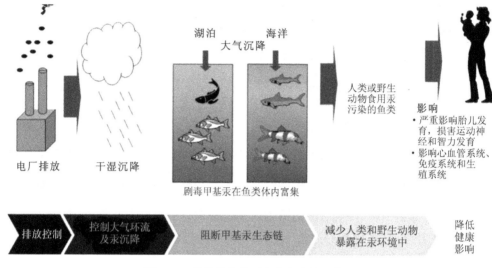

图 5-12　汞排放及其对人类危害的示意图

单质汞(Hg^0)通过呼吸进入人体,因其较高的扩散作用,可以通过生物膜从肺进入组织;然后,被氧化为离子态的汞或二价汞。因为 Hg-C 之间的结合能力较强,所以烷基汞化合物很稳定,很难从人体内清除掉;甲基汞和乙基汞化合物被认为是毒性最大的汞化合物。经常暴露在这些汞化合物中,会严重损害胎儿的发育;还会致使肿瘤的发生。汞及其化合物可以通过呼吸、食物、皮肤渗透或者偶尔暴露在汞环境中进入人体;还可以通过胎盘进入胎儿体内,严重影响胎儿的健康。

5.5.3　国内外燃煤汞控制技术研究进展

针对燃煤电站锅炉汞排放的控制,主要包括对煤的前处理和烟气处理。又可分为燃烧前脱汞,燃烧中脱汞和燃烧后脱汞。

1. 燃烧前脱汞

目前对煤的前处理主要为洗煤和热处理技术。

1)洗煤技术

洗煤原本是为了满足锅炉对煤的发热量、灰含量及硫含量的要求,但它同时能降低煤中许多重金属的含量,包括汞。由于汞在煤中主要存在于无机矿物特别是黄铁矿中,因此洗煤过程能除去煤中部分汞。

根据美国环境保护署对四个州的调查(伊利诺斯、宾夕法尼亚、肯塔基、阿拉巴马),洗煤对煤中汞的去除率从 0~64%,平均值为 21%。目前,还出现了改进的洗煤技术,即选择性凝聚法和柱状泡沫浮选法。有研究表明,改进的洗煤方法能进一步降低煤中汞的含量(去除率为 30%~60%)。

洗煤技术存在的问题在于洗煤后产生的浆的处理。目前,还没有足够的数据评价浆中汞的释放及其对环境的污染。

2)热处理技术

此法是在不损失有机碳的温度条件下,将煤温和热解,从而降低汞的排放量。有研究人员研究了煤中的汞燃烧前的预脱除过程。结果显示,在 280 ℃时,大约 80%(质量分数)的汞可以被脱除,在此工艺温度下,煤中只有少量挥发性物质损失,温和热解去除有害物的观点为我们提供了一种新的污染防治措施。

2. 燃烧中脱汞

燃烧中脱汞的方法为燃烧前将 Cl 或 Br 盐添加到煤中,高温下产生的 Cl 或 Br 与 Hg 发生化学反应,生成易溶于水的二价汞(Hg^{2+}),然后用湿法将其脱除。炉前溴化添加剂的脱汞技术如图 5-13 所示。

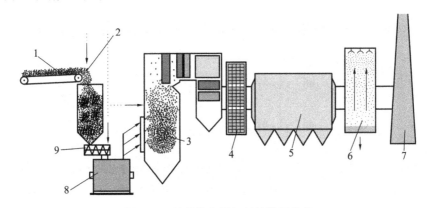

图 5-13　炉前溴化添加剂的脱汞技术

1—给煤皮带;2—炉前溴化添加剂;3—炉膛;4—脱硝装置;5—静电除尘器;
6—二价汞脱除装置;7—烟囱;8—磨煤机;9—给煤机

燃煤电厂炉前溴化添加剂脱汞技术就是在电厂输煤皮带上或给煤机里加入溴化盐溶液,也可直接将溶液喷入锅炉炉膛。在烟气中溴离子氧化元素汞形成二价汞,脱硝装置可加强元素汞和溴的氧化形成更多的二价汞,二价汞溶于水被脱硫装置所捕获,从而达到除汞目的。这种技术对装备了脱硫装置的燃煤电厂脱汞效果好,成本低。由于加入煤里的溴相对煤里本身含有的氯很少,所以添加到煤里的溴化盐不会对锅炉加重腐蚀。现在很多装备了 SCR 和 WFGD 的美国燃煤电厂正在测试这种脱汞技术,其中一些电厂已取得了很好的脱汞效果。

3. 燃烧后脱汞

烟气处理技术是燃煤电站锅炉控制汞排放的主要方法。目前,开发出多种技术控制烟气中汞的排放,而脱除汞的有效性取决于烟气中汞的形态分布,即烟气中汞以何种形式存在。

1) 固体吸附剂脱汞

当前的研究中,以固体吸附剂吸附法研究得最为广泛,表 5-1 所示为近年来研究最多的吸附剂的总结。

表 5-1　吸附剂的总结

名称	类型	研究人员	通信作者所属国家	烟气成分	主要结论及脱汞效果
活性炭吸附剂	S-AC(活性炭)	Yoshlo Otanl	日本	空气	脱汞效果良好;吸附汞的量与 S 的含量成正比
	AC	Eswaran S	美国	模拟烟气	脱汞效果一般,证明吸附剂为化学吸附,研究了 SO_2 的影响
	$CuCl_2$ 浸渍的 AC	Sang-Sup Lee	美国	模拟烟气	经 Cl 改性后,其脱汞能力有了较大提高,证实不同的浸渍溶解对汞的形态有不同的影响
	HNO_3、$KClO_3$、Na_2S 等改性的活性焦	熊银伍	中国	氮气和氧气	发现含 Cl 化合物改性样品极大地促进了脱汞能力,并对其化学吸附机理进行了深入分析,表明 C=O 官能团在吸附脱汞过程中起到非常重要的作用
	I/Cl-AC	Sung Jun Lee	韩国	氮气	发现少量的 I 和 Cl 可以极大提高汞的容积量,并用 EDAX 和 XPS 测到了 Hg 的存在
	原始 AC 和 S-AC	Si-Hyun Lee	韩国	氮气	发现硫的形态和温度对脱汞有较大的影响,属化学吸附
	生物质和废弃橡胶制备的 AC	G. Skodras	希腊	氮气	脱汞效果一般,研究表明,表面官能团对 Hg^0 的脱除有重要作用
	AC	骆仲泱	中国	模拟烟气	脱汞效果一般,并研究了吸附剂的稳定性。发现吸附剂对 Hg^0 的吸附强度较 Hg^{2+} 强
	AC-Cl	S. Behrooz Ghorishi	美国	模拟烟气	经盐酸改性后,其脱汞能力增加很大,而经弱碱性处理过后,吸附剂的脱汞量反而有所降低
	AC-Cl	曾汉才	中国	空气	经 $ZnCl_2$ 处理后,其脱汞能力有很大提高,其脱汞容量可达 $800 \sim 900~\mu g/g$
	AC	Si Hyun Lee	韩国	氮气	利用大型设备进行脱汞,接近实际电厂,对吸附剂的实际利用有一定的帮助
	CeO_2-AC	田利辉	中国	氮气	脱汞效果一般,但本文提出一种新的方法,将 CeO_2 与 AC 联合
	AC	Krishnan S V	美国	氮气	根据各吸附剂的物理化学属性,其脱汞效果不同,吸附量在 $20 \sim 800~\mu g/g$ 不等

续表

名称	类　　型	研究人员	通信作者所属国家	烟气成分	主要结论及脱汞效果
飞灰	炼油的飞灰	Teom Baek	韩国	氮气	发现飞灰中的 S 元素是主要的活性位,最大脱汞效率较高,但总的脱汞效率不高
	燃煤飞灰	王立刚	中国	氮气	载气气相 Hg 浓度与 Hg 吸附量成非线性正相关关系,燃煤飞灰炭粒多孔隙结构有利于吸附 Hg
	飞灰	M. Antonia Lo′pez-Anto′n	西班牙	空气	研究了飞灰大小对吸附剂量的影响,但该吸附剂的脱汞效果并不是很好($<10\ \mu g/g$)
金属氧化物及其化合物	氧化钙	任建莉	中国	模拟烟气	对 Hg^0 效果较差
	氧化钙	郭欣	中国	实际烟气	有一定的脱汞效果,效果一般
	Fe_2O_3、TiO_2、FeS_2	吴圣姬	日本	模拟烟气	H_2S 和 HCl 的参与下脱汞效果较好
	N-doped $CuCoO_4$	Zhijian Mei	中国	模拟烟气	经 Cu 和 Co 改性后,脱汞效率有较大提高,该吸附剂还有较好的抗 SO_2 中毒的作用
	Al_2O_3-SH	Makkuni A	美国	氮气	脱汞效果一般,但在低温下脱汞效果较好
	V_2O_5/TiO_2	Woojin Lee	韩国	氮气	较高汞浓度下拥有较好的脱汞效果。作者利用 XPS 观察到了 Hg 的特征峰
	MnO_x/Al_2O_3	乔绍华	中国	模拟烟气	脱汞效果一般,单位吸附剂的吸附量约为 $78\ \mu g/g$
	VO_x/TiO_2	Hiroyuki Kamata	日本	模拟烟气	利用 DRIFT 研究了吸附剂的表面变化,脱汞效果良好
矿物类吸附剂	S-沸石	Yoshlo Otanl	日本	空气	脱汞效果良好;吸附汞的量与 S 的含量成正比
	S-海泡石	Mendioro Z S	西班牙	空气	脱汞效果良好
	Cu-Cl_2-膨润土	Sang-Sup Lee	韩国	模拟烟气	开发了一个横式的流化床,脱汞效果一般。该吸附剂制备简单,成本较低廉
	S-沸石	Tongsoo Turng	日本	氮气	改性后吸附剂的脱汞效率有较大提高

名称	类　　型	研究人员	通信作者所属国家	烟气成分	主要结论及脱汞效果
贵金属吸附剂	Ag-磁性纳米材料	Jie Dong	加拿大	氮气	所设计的吸附剂再生效果良好,可回收,脱汞效果良好
	Ag-4A(分子筛)	TsoungY Yan	美国	氮气	同上
	Ag-AC	况敏	中国	氮气	脱汞效果较好,但成本较高

2)其他脱汞方式

(1)除尘设备　主要指电除尘器及布袋除尘器。

以颗粒态形式存在的汞比例较低,且这部分汞大多存在于亚微米级颗粒中,而一般的电除尘器对该粒径范围内的颗粒脱除效果较差,因此电除尘器的除汞能力有限。

布袋除尘器在脱除高比电阻粉尘和细粉尘方面有独特效果。由于细颗粒上富集了大量的汞,因此布袋除尘器有很大潜力,能够除去约 70% 的汞。但由于受烟气高温影响,同时布袋除尘器自身存在滤袋材质差、寿命短、压力损失大、运行费用高等局限性,限制了其使用。

(2)脱硫装置　脱硫装置温度较低,有利于 Hg^0 的氧化和 Hg^{2+} 的吸收,是目前除汞最有效的净化设备。特别是在湿法脱硫系统中,由于 Hg^{2+} 易溶于水,容易与石灰石或石灰吸收剂反应,能除去约 90%(质量分数)的 Hg^{2+}。

(3)脱硝工艺　选择性催化还原(SCR)和选择性非催化还原(SNCR)是两种常用的脱硝工艺。该工艺能够加强汞的氧化,增加后续烟气脱硫(FGD)对汞的去除率。经德国电站测试发现,烟气通过 SCR 反应器后,Hg^0 所占份额(质量分数)由入口的 40%~60% 降到了 2%~12%。

5.6　颗粒物的形成及除尘技术

目前,颗粒物是城市大气环境的重要污染物之一,煤燃烧产生的颗粒物是大气中细颗粒物的主要来源。煤燃烧后产生的超细颗粒物表面富集了许多痕量重金属元素,进入大气后,对环境危害极大。大量研究表明,许多有毒痕量元素在超细颗粒物中明显富集,并且随颗粒粒径的减少而增加。根据颗粒物空气动力学直径的大小定义,粒径小于 10 μm、2.5 μm 和 1 μm 的颗粒物分别为 PM10、PM2.5 和 PM1。PM10 能够进入人体的呼吸系统,称为可吸入颗粒物,PM2.5 和 PM1 称为超细颗粒物。现有的除尘设备对超细颗粒物的捕集效率相对较低。这部分细颗粒物有较大的数量和表面积,吸附和富集了大量有毒的重金属元素,这部分毒性更大的 PM2.5 可以进入人的肺泡,沉积在肺中被称为可入肺颗粒物。超细颗粒物不仅危害人体健康,还增加致病率和死亡率,降低大气的能见度。基于此,许多国家已经制定了相关的政策和法规限制颗粒物的排放,例如美国、日本和澳大利亚等国已经将 PM2.5 的排放标准纳入国家大气排放标准。目前,PM2.5 和 PM1 已经成为人类重点关注和研究的对象。

5.6.1　燃煤颗粒物的形成

在煤粉燃烧过程中有两类不同的飞灰生成:一类飞灰的空气动力学直径在 0.1 μm 附近,一般小于 0.4～0.6 μm,最大不超过 1 μm,称为亚微米灰,占飞灰总量的 0.2%～2.2%,主要是由无机矿物的气化-凝结过程形成;另一类飞灰的空气动力学直径大于 1 μm,主要是燃烧完成后残留下来的固体物质,称为残灰。这两种飞灰具有完全不同的生成机理和过程,各种条件对其影响也不相同,以下进行较详细的介绍。

1. 亚微米灰(PM1)的形成

亚微米颗粒的形成是一个十分复杂的物理化学过程。首先,在高温和局部还原性气氛下,煤中原子态无机质及矿物中易挥发成分(0.2%～3%)以原子或次氧化物的形式气化,气化产物在向焦炭颗粒外部环境扩散的过程中遇氧发生反应生成对应的氧化物。当燃烧烟气中的无机蒸汽达到过饱和状态时,会通过均相成核形成大量细小微粒(<0.01 μm)。这些细小微粒通过两种途径逐渐长大,一种途径是微粒与微粒之间因相互碰撞、凝并,合而为一,形成较大颗粒,其体积和组成由发生碰撞的微粒所决定;另一途径就是无机蒸汽在已经形成的微粒表面发生非均相凝结,使颗粒体积增加。当烟气温度降低时,颗粒增长逐渐减缓,发生碰撞的颗粒烧结在一起形成空气动力学直径大于 0.36 μm 的团聚物。由此可见,无机物的气化和随后的重新凝结是亚微米颗粒形成中两个十分重要的过程。

(1)气化　煤中无机元素以无机矿物或原子状态存在,它们的气化行为与煤种、燃烧温度、元素的分散状态等因素密切相关。研究发现,火焰温度越高,还原性气氛越强,元素气化越容易,从而有利于亚微米灰的形成。随着温度的升高,首先碱金属和一些易挥发的痕量元素在很低的温度下便可以从煤粒中挥发出来,当煤粉颗粒温度高于 1 800 K 时,煤粒表面的碳氧化速率很快,导致煤粒内部的氧分压很低,在煤粒内部形成局部还原气氛。煤中矿物质热解产生的一些难熔性氧化物,如 SiO_2、Al_2O_3、CaO、MgO、FeO 等,会通过化学反应生成易挥发的次氧化物(如 SiO,Al_2O 等)或金属单质(如 Fe,Ca,Mg 等)蒸汽,这些蒸汽通过煤中孔隙向外扩散。这些矿物在焦炭内分散得越细,气化的程度就越高。

(2)凝结　在煤燃烧过程中,无机蒸汽不断生成,蒸汽压力可大于饱和蒸汽压力而直接发生均相成核形成许多粒径在 0.01～0.03 μm 之间的细微颗粒,称为一次亚微米颗粒;其均相成核主要发生在温度较高的焦粒边界层中。同时,飞灰细颗粒还可成为无机蒸汽的凝结核,当无机蒸汽遇到这些细微颗粒时,会以它们为凝结核在表面发生异相成核。另外,一次亚微米颗粒可彼此发生碰撞,通过凝并或聚结生长,凝并发生在焦炭边界层中,发生碰撞的细粒子形成一个具有规则外形的较大颗粒。聚结过程在较低温度下发生,相互碰撞的细粒子彼此烧结、缠绕在一起,形成具有不规则外形的聚结灰。

2. 残灰颗粒的形成

在煤燃烧排放的颗粒物中,从颗粒数量和表面积来看,亚微米颗粒占主导地位。但是从质量上分析,残灰颗粒占主导地位。这两类颗粒物的形成机理具有较大差异。如上所述,亚微米颗粒主要通过无机物的气化-凝结过程形成,同时颗粒凝并、聚结及表面凝结/反应促进颗粒生长,决定了亚微米颗粒的最终粒径分布;而残灰颗粒来源于煤中大部分矿物(>99%),是焦炭燃尽后的固体残渣。在焦炭燃烧过程中,由于表面碳的氧化,包含其中的矿物颗粒裸露出来,在焦炭表面熔化形成球状灰滴。随着燃烧的进行,焦粒直径不断减小,邻近的灰粒可能相互接触,聚合在一起生成更大的灰粒。如果焦炭颗粒在燃烧中不发生破碎,那么,燃烧完成后颗粒中所含矿物会聚合在一起,生成一颗 $10 \sim 20~\mu m$ 的飞灰。但是,在实际燃烧过程中,焦炭颗粒会发生破碎,生成许多大小不一的飞灰颗粒,如 Sarofim 等人的实验室研究发现,由于焦炭破碎,每个焦炭颗粒会产生 $3 \sim 5$ 个大于 $10~\mu m$ 的灰颗粒,而在典型煤粉燃烧条件下($1~750~K$),每个焦炭颗粒会产生 $200 \sim 500$ 个 $1 \sim 10~\mu m$ 的灰颗粒。因此,残灰颗粒的粒径分布是表面灰粒的聚合和焦炭颗粒的破碎这两个过程相互竞争的结果。除此之外,外在矿物的直接转化及其破碎行为,表面灰的脱落都有可能对残灰颗粒的粒径分布产生重要影响。

5.6.2　常见除尘技术简介

在实际工业应用中,根据除尘机理的不同,习惯上将除尘技术分为以下四类:①机械式除尘技术;②静电除尘技术;③湿式除尘技术;④过滤除尘技术。

1. 机械式除尘技术

机械式除尘技术根据采用的机械力的不同包括重力沉降室、惯性除尘器、旋风除尘器等。

1)重力沉降室

重力沉降室的主要特点是结构简单、维护容易、阻力小、投资省、施工快、钢材使用少、维护费用低、经久耐用、除尘效率较低,适用处理中等气量的常温或高温气体。

2)惯性除尘器

惯性除尘是利用气流中粉尘惯性力大于气体的惯性力而使粉尘与气体分离的除尘技术。惯性除尘器的工作机理是:使气流在惯性除尘器内急速转向,或冲击在挡板上再急速转向,利用尘粒的惯性效应,其运动轨迹与气流轨迹不同,从而使其与气流分离。

常用的惯性除尘器是百叶式除尘器。一般包括百叶沉降式除尘器、钟罩式除尘器、蜗壳浓缩分离器和百叶窗式除尘器四种。

3)旋风除尘器

旋风除尘技术是利用含尘气体旋转时所产生的离心力将粉尘从气流中分离出来的一种干式气-固相分离装置,具有结构简单、操作维修方便、能耗低、耐高温、处理量大、对粉尘负荷适应性强、分离效率高等特点。常用的旋风分离器分为切流式和轴流式两种。

2. 电除尘技术

电除尘器的原理为含尘气体在通过高压电场进行电离过程中,使尘粒带电,并在电场力的作用下,使尘粒沉积在集尘极上,将尘粒从含尘气体中分离。整个除尘过程可划分为荷电、定向移动、黏附和冲洗四个阶段。

电除尘器优点是除尘效率高,阻力损失小,处理烟气量大,能捕集腐蚀性很强的物质,运行费用低,对不同粒径的烟尘有很好的分类富集作用,容易适应操作条件的变化。其缺点为应用范围受粉尘比电阻的限制,对制造、安装和运行水平要求较高,钢材消耗量较大,占地面积也较大。

3. 湿式除尘技术

湿式除尘技术是借助于水或其他液体与含尘烟气接触,利用液网、液膜或液滴使烟气得到净化的技术。

湿式除尘器的工作原理是含尘气流通过水或其他液体,利用惯性碰撞、拦截和扩散等,尘粒留在水或其他液体内,而干净气体则通过水或其他液体。

根据湿式除尘器的除尘原理,可将其大致分为重力喷雾洗涤器、旋风洗涤器、自激喷雾洗涤器、板式洗涤器、填料洗涤器、文丘里洗涤器、机械诱导喷雾洗涤器。

湿式脱硫除尘器的特点:①工艺新,流程简单,运行可靠,管理方便;②无须大面积沉淀池;③除尘废水可循环回用;④可集脱硫、除尘于一体;⑤可与中小型链条炉、沸腾炉等燃煤锅炉配用;⑥可部分吸收锅炉排烟酸性气体。

4. 过滤除尘技术

过滤除尘是利用多孔介质来进行除尘的。当含尘气流通过多孔介质时,粒子黏附在介质上,而与气体分离。过滤式除尘器,又称空气过滤器,是使含尘气流通过过滤材料将粉尘分离捕集的装置。在过滤式除尘器中,袋式除尘器的除尘效率最高,捕集粒径范围最大,能适应高温、高湿、高浓度、微细粉尘、吸湿性粉尘、易燃易爆粉尘等不利工况条件,因此,它的应用范围也最为广泛。

(1)袋式除尘工作原理　当含尘气体进入除尘器时,粗粉尘因受导流板的碰撞作用和气体速度的降低而落入灰斗中,其余细小颗粒粉尘随气体进入滤袋室,受滤料纤维及织物的惯性、扩散、阻隔、钩挂、静电等作用,粉尘被阻留在滤袋内,净化后的气体逸出袋外,经排气管排出。

(2)袋式除尘器的特点　袋式除尘器的优点为:①除尘效率高,特别是对细微粉尘也有较高的效率;②适应性强,可以捕集不同性质的粉尘;③使用灵活,处理风量可由每小时数百立方米到每小时数万立方米,甚至更大;④工作稳定,便于回收干粉尘,没有污泥处理、腐蚀等情况,维护简单。其缺点则表现在:①用于处理相对湿度高的含尘气体时,应采取保温措施(特别是冬季),以免结露造成"糊袋";②用于净化有腐蚀性气体时,应选用适宜的耐腐蚀滤料;用于处理高温烟气时,应采取降温措施,将烟温降到滤袋长期运转所能承受的温度以下,并尽可能采用耐高温的滤料;③压力损失较大,一般压力损失为 1 000～1 500 Pa,能耗较高;④对脉冲阀等关键部件性能要求高。

在实际的除尘过程中,采用单一的除尘技术并不能达到理想的除尘效果,这就需要将各种除尘技术结合起来,开发出复合式除尘器。目前,常见的复合式除尘器主要为电-袋复合式除尘器。

5. 电-袋复合式除尘器

电除尘与布袋除尘结合方式不同,其除尘原理也不一样。比较常见的有两种方式:一种是在电除尘后再接一个布袋除尘器,通过电除尘之后剩余的比较细小的粉尘颗粒由布袋除尘除掉,这种方式是目前最常见的电袋除尘器结构形式,某热电厂某锅炉采用该种形式电袋除尘器,运行稳定、性能优异,综合除尘效率可达 99.99%;第二种结构,是电除尘和布袋除尘并列运行,原理相对复杂些,电布单元不分先后对烟气处理,只是烟气必须通过布袋除尘过滤才能排放,其主要优点是清灰时能相互弥补,真正地解决二次扬尘问题,但目前还处于开发阶段,工业化应用的较少。

电-袋复合式除尘器的优点:①适应性强,可以捕集不同性质的粉尘,能在烟气参数发生较大波动时稳定工作,无二次扬尘和飞灰现象;②设备体积小,滤袋使用寿命长,设备阻力在 1 000 Pa 以下,电能消耗低,运行费用省;③经过预处理和电除尘部分的冷却,有效避免了糊袋、烧袋现象的发生,保证系统正常运行;④清灰周期长、气源能耗较低;⑤一次性投资少,运行维护费用较低。

5.7　CO_2减排技术

5.7.1　CO_2减排的必要性与紧迫性

1. 温室效应

大气层中的气体,如水蒸气、CO_2等,对来自于太阳的可见光波段的辐射(短波辐射)几乎不吸收,而对地球所发出的红外波段的辐射(长波辐射)吸收很少,从而为地球保留了热量,使得大气被加热,地球变暖,这种现象就称为温室效应。能够产生温室效应的气体称为温室气体。

工业革命以来,人类大量使用化石燃料,向大气中排放了大量的 CO_2。CO_2是造成温室效应最主要的气体,其浓度增加所造成的气候变暖,远远超过其他温室气体。图 5-14 所示为全球温度变化预测图。研究表明,目前地表和大气温度上升,约有60%～70%是由于大气中 CO_2增加所造成的,现在每年全球工业产生的 CO_2高达 60亿吨,减少 CO_2排放十分紧迫。

2. 国际行动

1990 年 12 月 21 日,联合国第 45 届大会通过了第 45/212 号决议,决定设立气候

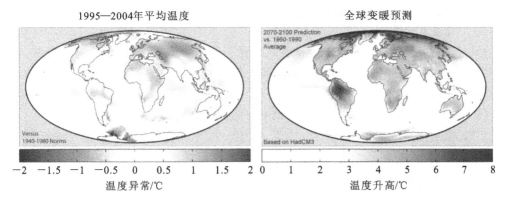

1995—2004年平均温度　　　　　　　　　　全球变暖预测

温度异常/℃　　　　　　　　　　温度升高/℃

图 5-14　全球温度变化预测图

变化框架公约政府间谈判委员会,正式启动《联合国气候变化框架公约》(UNFCCC)的谈判进程。

　　1997 年 12 月,149 个国家和地区的代表在日本召开了《联合国气候变化框架公约》缔约方第三次会议。会议通过了旨在限制发达国家温室气体排放量以抑制全球变暖的《京都议定书》。2005 年 2 月,《京都议定书》正式生效。

　　2007 年 12 月,《联合国气候变化框架公约》第 13 次缔约方大会和《京都议定书》第 3 次缔约方会议在印尼巴厘岛举行,会议达成了"巴厘岛路线图"。

　　2009 年 12 月,联合国气候变化大会在丹麦哥本哈根召开,大会发表了《哥本哈根协议》,决定延续"巴厘岛路线图"的谈判进程,授权《联合国气候框架公约》及《京都议定书》两个工作组继续进行谈判,商议后京都时代碳减排方案。

3. 我国政府的承诺

　　我国政府始终坚持《京都议定书》中提出的"共同但有区别的责任原则",在哥本哈根会议召开之前,就确定了 2020 年我国控制温室气体排放的行动目标——单位国内生产总值二氧化碳排放比 2005 年下降 40%～45%,并决定将其作为约束性指标纳入国民经济和社会发展中长期规划。

5.7.2　CO_2 减排措施

1. 来源控制

　　CO_2 的排放绝大部分来源于化石燃料的使用,因此,减少对化石燃料的依赖,降低化石燃料的使用量,能够有效地减少 CO_2 的来源,这主要有两个途径:一是节约能源,提高能源的利用率和转化的效率;二是大量开发使用低碳的化石燃料、可再生燃料和新能源。

　　1) 节约用能

　　提高能源的利用率和转化的效率,是减少 CO_2 排放的最佳途径,也是成本最低的途径。能源的利用率和转化的效率增加一倍,就意味着 CO_2 的排放减少一半。在我国,建筑耗能、工业耗能和交通耗能是主要的耗能用户,其节能潜力巨大。

2)开发新的能源

与使用煤炭相比,使用天然气,在发热量相同情况下,其排放的 CO_2 量较少。利用核能、风能、水能、地热能、太阳能、潮汐能等进行发电,生产过程中几乎没有 CO_2 的排放。使用可再生燃料如生物质等,由于生物质中的碳都来源于光合作用所吸收的空气中的 CO_2,故其 CO_2 排放为零。以上措施都能大量减少 CO_2 的排放量。

2. 末端控制

CO_2 的末端控制是指将 CO_2 从化石燃料的利用过程中分离回收并加以储存,而不是直接将其排入大气。事实上,绿色植物通过光合作用固定空气中的 CO_2,是 CO_2 减排中最环保节能、成本最低的方式,但这种方式固定 CO_2 的速度远远赶不上燃烧化石燃料排放 CO_2 的速度。所以,必须对 CO_2 的排放进行人工的分离回收。现在比较安全可行的技术为燃烧前分离、燃烧后分离和富氧燃烧分离。

1)燃烧前分离

燃烧前分离是先将化石燃料转化为氢气和二氧化碳的混合气体,然后二氧化碳被液体溶剂或固体吸附剂吸收,再通过加热或减压得以释放和集中。该技术的关键是转化制氢及高温下氢气的膜分离系统。其优点在于 CO_2 的压力和浓度相对较高,便于分离,同时后续的能源利用可采用效率较高的新系统。

2)燃烧后分离

燃烧后分离是指从化石燃料燃烧后产生的废气中采用物理或化学的方式将二氧化碳分离出来。如使用液氨或碱性溶液吸收 CO_2 再加热分离 CO_2,使用填充沸石的滤床吸收 CO_2 再减压分离 CO_2,使用聚合薄膜分离 CO_2 等。其优点在于可低成本实现对现有系统的改造。

3)富氧燃烧分离

富氧燃烧分离是指利用空分系统获得富氧甚至纯氧,再与纯 CO_2 以一定比例混合后送入炉膛与燃料混合燃烧。这样,由于除去了氮,就可以在排放气体中产生高浓度的 CO_2,通过烟气再循环装置去稀释纯氧,重新回注燃烧炉,烟道中 CO_2 含量很高,可直接通过冷凝压缩将排放烟气中的 CO_2 进行分离。其优点在于能实现规模化碳减排。

3. CO_2 的捕获封存技术(CCS)

将含有 CO_2 的废气通过一个装有三维网筛的烟囱,废气在上升的过程中与从上方喷淋下来的化学溶剂相遇,CO_2 气体被溶剂吸收,随后再将其从溶剂中提取出来进行压缩,然后用泵注入地下储存。由于地球储存 CO_2 的潜力十分巨大,因而地质封存被普遍认为是未来主流的封存方式,而其中最有存储潜力的地质结构是正在开采或已枯竭的油田和气田、盐水层、深煤层及煤层气层,通常深度可达几百至几千米。由于该方法减排效果较好(可捕集 90% 以上的 CO_2 的排放),加之地球储存 CO_2 的潜力巨大且对环境友好,因而受到了越来越多的国家的广泛重视。特别在一些西方发达国家,CCS 技术的研究工作取得了一定的进展,一些示范性和商业性项目初步取得了成功。在我国,已将"CO_2 的捕集与封存技术"列入"十二五"国家科技支撑计划重点项目。该项目将开发富氧燃烧技术,并针对我国的陆地或海底地质咸水层的 CO_2 封存技术进行研究,瞄准国外发展的最新动向,发展适合我国地质条件的低成本 CO_2 封存技术。

地下封存技术也有一定的局限性。首先,它存在一定的环境风险,比如,溶解的 CO_2 会对地下水的化学性质产生影响,浅层地下和近表面环境处气态 CO_2 高浓度产生的直接效应,以及 CO_2 泄漏和盐水取代对地下水的危害、对陆地和海洋生态系统的危害、诱发地震、引起地面沉降或升高等;其次,能耗大、成本高。从捕集到运输再到储存,每一个环节都要耗能,如果将该技术用于电力生产,电的费用估计会增加 $0.01 \sim 0.05$ \$/kWh,减排 CO_2 的成本是 $30 \sim 70$ \$/t。由此可见,该技术能否获得广泛应用,还取决于环境、技术、资金以及政策等问题。随着技术的不断成熟,CCS 技术将成为未来 CO_2 减排的重要手段。

5.7.3　各国的 CO_2 减排技术政策和规划

2008 年,各国根据本国的实际情况,依托技术实力,纷纷出台了减排的技术政策并进行了长期规划。作为人均排放量最高的国家之一,澳大利亚宣布将着眼于温室气体排放的海底碳封存,并于 2011 年起颁布海上石油法,将允许对燃煤电站排放的 CO_2 进行海床封存。澳大利亚拥有很大的地质封存潜力,尤其在海上沉积盆地。澳大利亚将成为世界上有法规允许的碳捕集和封存规范的第一批国家之一。

另一方面,澳大利亚希望继续保持煤炭在本国能源组合中的地位,因为与其他具有低人力成本优势的国家相比,低成本煤炭有助于保持澳大利亚的竞争力。为了加速推进这一计划,澳大利亚煤炭协会的采矿公司自愿缴纳了一项税款。该协会称这将在未来十年筹措到 10 亿澳元的资金。而为了给那些有意减排温室气体的项目提供资金支持,澳大利亚政府也向一基金注资超过 4 亿澳元。该基金支持的项目中包括一个由 CS Energy 开发的"氧燃料"设备,CS Energy 是一家昆士兰州所有的电力公司。这一项目的目标是改变煤炭的燃烧方式,从而使发电厂更容易地分离出 CO_2 并将之储存。清洁燃料的支持者们正密切关注"氧燃料"项目,因为他们相信,这项技术可能有助于发电厂对现有设备进行改造而无须建设新的工厂。

美国正在推广一个名为"FutureGen"的大型研究项目,许多矿业公司都参与其中,包括英国-瑞士的采矿公司 Xstrata PLC、英国的 Anglo American PLC、美国的 Peabody Energy Corp,以及英澳公司必和必拓(BHP Billiton Ltd.)和力拓(Rio Tinto)。这个项目包括建设一个类似 Kwinana 和 ZeroGen、能够分离 CO_2 并将其永久掩埋于地下的设施。不过美国的这个项目距离最终完成还有很长时间,而预计投资也从开始的 10 亿美元增长到了 15 亿美元。

法国与沙特阿拉伯也于 2008 年 4 月 22 日宣布,双方将在太阳能及燃烧化石燃料而产生的 CO_2 捕集技术方面进行合作,并组建研究集团投资大规模太阳能技术及碳捕集与封存(CCS)技术。开发的 CCS 技术将于 2014 年建成。

德国 2008 年 6 月底宣布,将开始进行 CO_2 地下封存作业。在柏林外围的 Ketzin 地区实施欧盟 CO_2 封存项目之一,以应对全球变暖。将在两年内使 60 000 t 温室气体注入深度超过 600 m 的多孔咸水岩层中。

欧盟 2008 年 6 月中旬宣布,欧洲将推进化石燃料发电厂碳捕集与封存(CCS)技术。按照所提出的方案,欧盟到 2015 年 CCS 技术将捕集与封存 90% 的碳排放。另外,要求到 2025 年将所有现有的化石燃料发电厂都改造采用 CCS 技术。这一方案已于 2008 年 5 月 12 日通过议会环境委员会的讨论。在今后五年内欧盟计划新建 50 座发电厂,因采用 CCS 技术,将使新的化石燃料发电厂可大大减少碳排放。这些碳排量减少将相当于设置 2 000 台以上的风力发电机。

5.8　新型燃烧技术

我国煤利用的主要形式是直接燃烧,直接燃煤量占用煤总量的 80% 以上。燃煤设备的容量差异很大,由小到大依次为民用(含商用)炉灶,工业(含供暖)锅炉和工业窑炉,热电站及自备电站锅炉,大型火力发电锅炉,小时燃煤量由几百克到数百吨。

目前的中小燃煤设备(小时燃煤量 5 t 以下)燃用着总用煤量的 40% 以上。它们的燃烧效率及热效率不高,民用炉灶热效率约为 16% 左右,工业炉窑效率仅 40% 左右,工业及供暖锅炉热效率也仅 50%~65%。以高效技术改造后,可节约我国总用煤量的 10% 左右。

大型燃煤设备指电站锅炉,我国大型电站逐渐采用超临界参数的蒸汽循环机组,若供电效率达 40%~45%,则电站可节约我国总用煤量的 7%~10%。

直接燃煤也是我国大气污染物的主要来源。目前,我国已对粉尘、SO_x、NO_x、汞等排放有严格的排放标准。

为了实现燃煤的高效洁净利用,除了对现有设备的技术改进外,另一个重要方法就是采用新型洁净燃烧技术,其中包括 O_2/CO_2 循环燃烧技术、增压流化床燃气-蒸汽联合循环(PFBC-CC)技术、整体气化联合循环(IGCC)和化学链燃烧技术(CLC)等。本节将逐一予以介绍。

5.8.1　O_2/CO_2 循环燃烧技术

O_2/CO_2 循环燃烧技术是指使用燃烧中所生成的 CO_2 代替空气中的氮气、循环使用,再加入纯氧作为助燃剂,以提高和保持烟气中的高 CO_2 含量(80%~95%),对此烟气再采用压缩、冷凝、膨胀的方法使 CO_2 气体固化、制成干冰,而后进行存放处理或加以利用,以此消除燃烧过程所产生的 CO_2 向大气中排放,如图 5-15 所示。

O_2/CO_2 循环燃烧技术的特点如下。

(1)烟气富含 CO_2(体积比达 80%~95%),易于分离或直接用于驱油 EOR。

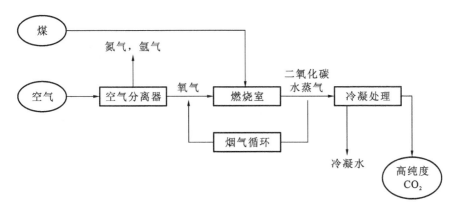

图 5-15　O_2/CO_2 循环燃烧过程示意图

（2）具有较低的污染物排放（尤其是 NO_x）。

（3）既可用于新建锅炉，也可用于旧锅炉改造，技术和经济的风险性较低。

总之，O_2/CO_2 循环燃烧技术是当前最容易为工业界所接受的 CO_2 减排技术之一。

国内外的专家对 O_2/CO_2 燃烧技术已经进行了多年研究，中试规模的研究发现，煤粉 OXY-FUEL 燃烧是可行的。在中试尺度上研究没有明显的技术障碍，同时，OXY-FUEL 燃烧可以达到洁净煤燃烧（降低 NO_x、增强 SO_x 的脱除、可能有较低的汞排放和增加 CO_2 浓度利于分离等）。

为此，华中科技大学煤燃烧国家重点实验室搭建了燃煤量为 35.5 kg/h 的 O_2/CO_2 循环燃烧实验台，可以实现空气燃烧 O_2/CO_2 烟气循环燃烧、炉内喷钙增湿活化脱硫、分级燃烧降低 NO_x 等功能，如图 5-16 所示。

图 5-16　O_2/CO_2 循环燃烧实验台

5.8.2　增压流化床燃气-蒸汽联合循环(PFBC-CC)技术

联合循环是 1974 年由英国的 ASEA STAL 公司提出来的。1976 年,美国的 AEP 参加了 STAL 的研究计划,要求以增压流化床联合循环方案来改造美国俄亥俄州的 Tidd 电厂,希望能够高效低污染地燃烧高硫而多灰的煤。瑞典的 Malm 建立了 ASEA PFBC-CC 部件试验厂。

增压流化床燃烧(PFBC)技术从原理上同常压流化床燃烧(AFBC)大体一致(见图 5-17)。采用增压(6～20 atm)燃烧后,燃烧效率和脱硫效率得到进一步提高。燃烧室热负荷增大,改善了传热效率,锅炉布置紧凑。除了可在流化床锅炉中产生蒸汽使汽轮机做功外,从 PFBC 燃烧室(也就是 PFBC 锅炉)出来的增压烟气,经过高温除尘后,可进入燃气轮机膨胀做功。通过燃气/蒸汽联合循环发电,发电效率得到提高,目前,可比相同蒸汽参数的单蒸汽循环发电提高 3%～4%。因此,采用增压流化床燃烧联合循环(PFBC-CC)发电能较大幅度地提高发电效率,并能减少由于燃煤对环境的污染。

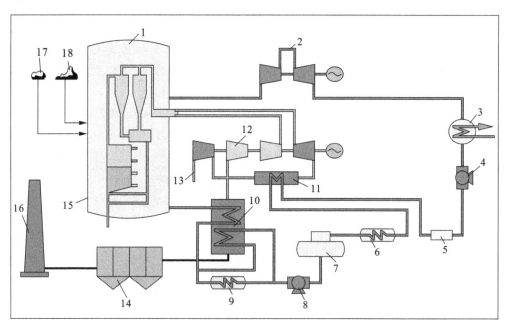

图 5-17　增压循环流化床燃烧联合循环示意图

1—燃烧室;2—蒸汽轮机;3—凝汽器;4—凝结水泵;5—除盐装置;6—低压加热器;7—除氧器;8—给水泵;
9—高压加热器;10—省煤器;11—中间冷却器和灰渣冷却器;12—燃气轮机;13—空气;
14—除尘装置;15—灰渣;16—烟囱;17—石灰石;18—煤

增压流化床燃气-蒸汽联合循环(PFBC-CC)技术的优点首先是污染排放能满足环保要求。其次是适用于改造已有的蒸汽电站,改造后,电站出力提高约 20%,效率提高 3%～5%。此外,PFBC-CC 也适用于新建电站。最后是 PFBC 炉因工作压力高,使其体积尺寸比一般锅炉小得多,电站占地面积和厂房建筑高度将比一般电站小很多。

这种燃烧方式存在着一定的缺点,为了防止燃气透平的叶片被磨损,由增压流化床锅炉排向燃气轮机的含有大量飞灰的高温燃气,必须在高温条件下进行除尘处理,使燃气中的含尘量减少到 200 mg/Nm³ 以下,目前高温除尘技术存在一定困难。

5.8.3 整体煤气化联合循环(IGCC)技术

整体煤气化联合循环(integrated gasification combined cycle,IGCC)发电系统,是将煤气化技术和高效的联合循环相结合的先进动力系统。它由两大部分组成,即煤的气化与净化部分和燃气-蒸汽联合循环发电部分。

第一部分的主要设备有气化炉、空分装置、煤气净化设备(包括硫的回收装置)。第二部分的主要设备有燃气轮机发电系统、余热锅炉、蒸汽轮机发电系统。IGCC 的工作原理如下:煤经气化成为中低热值煤气,经过净化,除去煤气中的硫化物、氮化物、粉尘等污染物,变为清洁的气体燃料,然后送入燃气轮机的燃烧室燃烧,加热气体工质以驱动燃气透平做功,燃气轮机排气进入余热锅炉加热给水,产生过热蒸汽驱动蒸汽轮机做功(见图 5-18)。

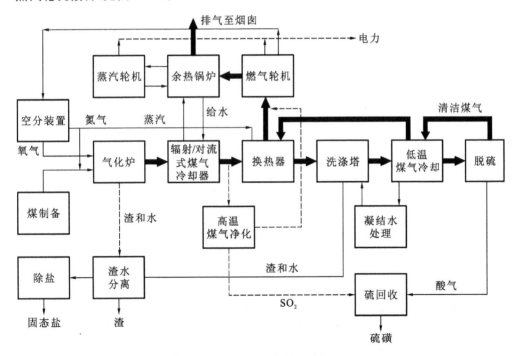

图 5-18 典型 IGCC 的工作原理

从系统构成及设备制造的角度来看,这种系统继承和发展了当前热力发电系统几乎所有技术,将空气分离技术、煤的气化技术、煤气净化技术、燃气轮机联合循环技术,以及系统的整体化技术有机集成,综合利用了煤的气化和净化技术,较好地实现了煤化学能的梯级利用,使其成为高效和环保的发电技术,被公认为是世界上最清洁的燃煤发电技术,从根本上解决我国现有燃煤电站效率低下和污染严重的主要问题。

目前,IGCC 正逐步从示范向商业应用阶段过渡,到 2006 年,世界上已经投入运行和正在建设的 IGCC 电站达 30 座以上,装机容量超过 8 GW,其中,美国占了一半。在约 30 座 IGCC 电站当中,有近 20 座是建在化工厂内部或附近的。2004 年美国能源部正式启动了未来电力项目,该项目由政府主导、企业等多方参与,共同投资近 10 亿美元,计划花 10 年时间,设计、建造并运营世界上第一座以煤为原料的近零排放示范电站。

随着对发电效率及环保要求的不断提高,人们在 IGCC 系统热力循环研究思路上有了很大突破,采用不同循环、不同技术、不同产品有机结合,产生出新的复合 IGCC 发电技术,如日本整体煤气化燃料电池联合循环(IGFC)计划。该计划通过煤气化,利用燃料电池、燃气轮机和蒸汽轮机技术,提高资源利用效率,降低污染物排放浓度,全厂发电效率可达 60%。

5.8.4　化学链燃烧技术(CLC)

化学链燃烧技术(chemical-looping combustion,CLC)在 20 世纪 80 年代就被提出来作为常规燃料的替代技术。化学链燃烧技术原理如图 5-19 所示。化学链燃烧技术的能量释放机理是通过燃料与空气不直接接触的无焰化学反应,打破了自古以来的火焰燃烧概念。这种新的能量释放方法是新一代的能源环境系统,它提出了回收 CO_2 的新途径。日本、韩国、瑞典、挪威和中国等很多国家和机构都在进行探索性的研究。

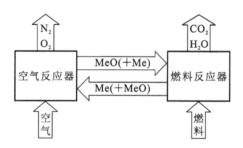

图 5-19　化学链燃烧原理示意图

如图 5-19 所示,系统包括两个反应器:空气反应器(即氧化反应器)、燃料反应器(即还原反应器)。载氧体是参与反应传递氧的物质,以下以金属氧化物载氧体(MeO)为例,讨论在燃料反应器内金属氧化物(MeO)与燃料气体发生还原反应,即

$$燃料+MeO(金属氧化物)\longrightarrow CO_2+H_2O+Me(金属)$$

在燃料反应器内被还原的金属颗粒(Me)回到空气反应器并与空气中的氧气发生氧化反应,即

$$Me(金属) + O_2(空气) \longrightarrow MeO(金属氧化物)$$

金属氧化物(MO)与金属(M)在两个反应之间循环使用,一方面分离空气中的氧,另一方面传递氧,这样,燃料从 MO 获取氧,无须与空气接触避免了被 N_2 稀释。燃料侧的气体生成物为高浓度的 CO_2 和水蒸气,采用物理冷凝法即可分离回收 CO_2,燃烧分离一体化节省了大量能源。

由于化学链燃烧中燃料与空气不直接接触,空气侧反应不产生燃料型 NO_x。另外,由于无焰的气固反应温度远远低于常规的燃烧温度因而可以控制热力型 NO_x 的生成。

第6章 锅炉水动力特性与传热

6.1 锅炉水动力学基础

6.1.1 概述

锅炉的蒸发系统可以分为自然循环、直流和强制循环三种。自然循环是靠下降管组和上升管组之间的工质密度差所产生的运动压头来推动工质循环的蒸发系统。直流循环是靠给水泵的压头使水和汽水混合物在管内进行一次性强制流动的蒸发系统。强制循环是在循环回路内设置再循环泵来推动工质进行循环的蒸发系统。强制循环又可分为三种类型，即从自然循环基础上发展起来的多次强制循环（循环倍率大于3）；从带有汽水分离器的直流锅炉基础上发展起来的低倍率循环（循环倍率在1.2~2之间），以及部分负荷再循环（负荷在65%~80%以上时循环倍率为1）。前两者是靠下降管组和上升管组之间的工质密度差所产生的运动压头加上再循环泵压头来克服循环系统阻力进行循环的，而部分负荷循环仅在低负荷时才靠再循环泵压头来克服循环系统阻力进行循环。

锅炉水动力学的任务是研究锅炉蒸发受热面的水动力特性，保证锅炉水循环的可靠性。要使锅炉安全可靠地运行，所有受热面都应受到工质足够的冷却，以确保受热面金属管壁工作温度不超过所用钢材的最高允许温度。通过锅炉水动力的计算，可得到锅炉受热面管内工质（水、蒸汽和汽水混合物）的水动力特性及流动阻力。正常的水动力特性应使受热管内工质流动稳定，才能使受热面金属管壁得到良好的冷却，以确保金属管壁安全，这是锅炉工作可靠性的一项主要技术依据。管内流动阻力是否合理，是衡量结构设计的指标之一。随着锅炉容量的增大和参数的提高，锅炉水动力的计算显得更为重要。

6.1.2 管内汽液两相流体的流动结构和传热

在锅炉上升管（水冷壁）中流动的工质为汽水混合物，在其上升受热过程中，汽相与液相的数量也在不断变化。由于汽相与液相间的相对运动，使管内汽液两相流体的流动比单相流体的流动要复杂得多。两相流体的流动结构不同，其在管内的流动阻力和传热强弱也有较大的区别，因此，汽液两相流的流动结构对传热过程有较大影响。

1. 管内汽液两相流体的流动结构

管内汽液两相流体的流动特性取决于两相流体的流动结构，而两相流体的流动结构与汽水混合物速度、容积含汽量、压力及流动的方向等有关。蒸汽密度比水小，在上升管中，在相同压力作用下，汽的速度比水速快，水在管中流动的速度分布是中间大、两边小。如果汽在靠近管边，汽水相对速度大，阻力就大；汽在管中间，阻力就小。汽泡总是往阻力小的地方运动，所以汽泡都往中间运动，这个现象称为汽泡趋中效应。

　　汽水之间存在相对速度，汽的平均流速比水快，但随着压力增加，汽与水的密度差减小，汽水间的相对速度减小。

　　根据试验观察，当汽水混合物在垂直管中作上升运动时，大致可以有泡状、弹状、环状及雾状四种流动结构型式，如图 6-1 所示。

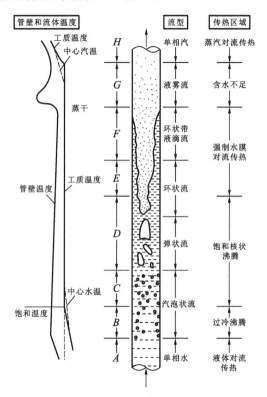

图 6-1　垂直上升管中汽水混合物流动结构与传热区域

　　当汽水混合物中蒸汽含量小时，蒸汽呈细小的汽泡，主要在管子中心部分向上运动，这是泡状的结构；当蒸汽含量增大时，汽泡开始合并成弹状大汽泡，形成弹状结构；蒸汽含量继续增大时，弹状汽泡汇合成汽柱并沿着管子中心流动，而水则成环状沿着管壁流动，这是环状结构（或称为柱状结构）；当蒸汽含量及流速再增大时，管壁上水膜变薄，汽流将水膜撕破成小水滴分布于蒸汽流中被带走，汽与水形成雾状混合物，称为雾状结构。

　　影响汽水混合物流动结构的因素很多，其中主要因素是流体的压力、混合物的流速及混合物中蒸汽的含量。试验表明,弹状结构仅在低压时发生,随着压力增加,弹状结构逐渐消失。在 3 MPa 时,仅发生泡状弹状流动结构,压力超过 10 MPa 以上时,弹状结构已不存在,随着工质含汽量增加,由泡状结构直接转变为环状结构。弹状结构随压力增加而逐渐消失的原因是由于压力增加时汽水分界面上的表面张力减小,因而不能形成尺寸较大的弹状汽泡。

　　根据试验结果表明,在 3 MPa 时,混合物的容积流量含汽率 $\beta<80\%$(质量含汽率 $x\approx0.07$)时,为泡状结构;当 $\beta>80\%$ 时,为泡状弹状结构;当 $\beta>90\%$($x\approx0.15$)转变成环状或雾状结构。在 10 MPa 时,当 $\beta<95\%$($x\approx0.6$)均为泡状结构,到 $\beta>95\%$ 以上,则直接转变成环状或雾状结构。

　　当汽水混合物在垂直管中向下流动时,也会发生和上升运动类似的流动结构。但是由于汽泡受到浮力的作用,使汽的平均流速比水的流速低。若混合物的流速较小,则汽泡可能发生停滞或上升。在压力为 3~18 MPa 范围内,能将汽泡带着往下运动的最小流速约为 0.1~0.2 m/s。压力增高时,由于汽水密度差减小,这一最小流速也小些。

　　当汽水混合物在水平管中流动时,在流速高时,流动结构与垂直上升管中相类似,但由于水重汽轻,在浮力的作用下,管子上部蒸汽偏多,形成不对称的流动结构。随着流速减小,流动结构的不对称性增加,当流速小到一定程度时,将形成分层流动,如图 6-2 所示。此时蒸汽在管子上部流动,水在管子下部流动。在产生汽水分层时,管子上部将与蒸汽相接触,使管壁温度升高,可能过热损坏;在汽水分层的交界面处,由于汽水波动,可能产生疲劳损坏。因此,在正常工作条件下,应避免出现汽水分层流动结构。

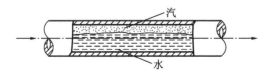

图 6-2　水平管中汽水分层流动

　　汽水混合物流速、蒸汽含量、压力和管子内径对于形成汽水分层均有影响。流速愈大,则愈不易发生分层;蒸汽含量增加,容易发生分层;压力增加,汽水分层的范围扩大;管子内径愈大,愈易发生分层。在直流锅炉中,一般都是用提高流速的方法来防止汽水分层;在自然循环锅炉中,蒸发受热面和过热受热面则应避免采用水平管。增加管子的倾角 θ,将使分层流动的范围缩小,一般当 $\theta>10°\sim15°$ 时,分层流动就很少发生。在自然循环锅炉中,对于顶部受热强烈的管子,在设计锅炉时一般建议管子倾角应大于 30°,以防止发生分层流动。

2. 管内汽液两相流的传热

　　锅炉受热面的金属管在机械强度上都应留有一定的裕量,不应产生氧化皮,且金属管壁温度不应波动过大。金属管壁温度取决于管中流动工质的温度、内壁换热、水垢和局部热负荷等因素。受热管中工质的温度变化不大,但工质的流速和流动结构对管内放热系数的影响却很大。因此,受热金属管壁温度就取决于某些参数的组合,如压力、质量流速、热负荷、含汽率和管径等。

当沿管长均匀受热时,随着蒸发过程的进行,两相流体的结构将发生变化,传热情况也因此发生改变,管内壁上的放热系数 a_2 也就发生变化。图 6-3 中示出了七种不同热负荷下管内壁的放热系数 a_2 与含汽率 x 的变化关系。

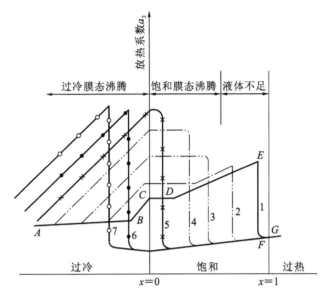

图 6-3　不同负荷下放热系数 a_2 与含汽率 x 的关系

曲线 1 中的 AB 段为单相水的对流传热段,其放热系数基本不变,只是随水温的升高,水的物性发生改变,放热系数稍有增加;BC 段为过冷膜态沸腾段,沿管长随过冷沸腾核心数目的增多,放热系数成直线增大;CD 段为饱和核态沸腾段,放热系数保持不变;DE 段为强制水膜对流传热段,沿管长随管内壁液膜的减薄,放热系数不断增大;点 E 为"蒸干"点,由于管内壁液膜消失,传热改变为接近于由管壁至干饱和蒸汽的对流传热,放热系数突然下降,而管壁温差突增,即出现所谓传热恶化;FG 段为液体不足段,管壁上没有水膜但汽流中仍有水滴,随含汽率 x 的增大放热系数略有增大;点 G 以后为过热段,其中的放热系数对应于单相过热蒸汽。

当热负荷增大时,放热系数的变化如图 6-3 中曲线 2 所示。过冷沸腾提前出现,在过冷和饱和核态沸腾区中的放热系数增大,两相强迫对流区中的放热系数基本不变,蒸干点出现在含汽率 x 更低处。热负荷再大,过冷沸腾出现更早,并且当含汽率 x 达到某一数值时,将不经两相强迫对流区而直接由核态沸腾转入传热恶化区,如曲线 3 所示。热负荷很大时,过冷沸腾出现更早,可能在含汽率 x 很低处甚至热负荷不太高时就会出现传热恶化,只不过热负荷低时壁温升高较少而已。

6.1.3　管内汽液两相流体的特征参数

1. 流量

汽水混合物的质量流量 G(kg/s)等于进入上升管的循环流量 M_0，或等于上升管中蒸汽流量 D 与饱和水的流量 M 之和，即

$$G = M_0 = M + D \tag{6-1}$$

汽水混合物的容积流量 V(m³/s)等于上升管中水的容积流量 V' 和蒸汽的容积流量 V'' 之和，即

$$V = V' + V'' \tag{6-2}$$

2. 流速

单位时间内流经单位流通截面的工质质量称为质量流速，用下式计算：

$$\rho w = \frac{G}{F} \tag{6-3}$$

式中：G 为流经管组工质的质量流量，kg/s；F 为管组的截面面积，m²；ρ 为工质密度，kg/m³；w 为工质的流速，m/s。

3. 循环流速

在进入上升管时水的流速称为循环流速 w_0(m/s)，按下式计算：

$$w_0 = \frac{G}{F\rho'} \tag{6-4}$$

4. 折算流速

由于汽水混合物中汽和水的流速不同，因此，为计算方便采用折算流速。假定饱和水占有管子全部截面时计算所得的饱和水流速称为该截面的饱和水折算流速，按下式计算：

$$w_0' = \frac{G-D}{F\rho'} \tag{6-5}$$

如果假定蒸汽占有管子全部截面时计算所得的蒸汽流速称为该截面的蒸汽折算流速，按下式计算：

$$w_0'' = \frac{D}{F\rho''} \tag{6-6}$$

式中：F 为流动截面积，m²；ρ'、ρ'' 分别为饱和水和蒸汽的密度，kg/m³。

蒸汽折算流速 w_0'' 表示蒸汽占据管子全部截面时的速度，这显然不符合实际情况，是假想出来的，因此也称为假想蒸汽流速。同样，水的折算速度 w_0' 表示饱和水占据管子全部截面时的速度，称为假想饱和水流速。

5. 混合物流速

在上升管中汽水混合物流速 w_h 为

$$w_h = \frac{V}{F} = \frac{V'+V''}{F} = \frac{G}{F\rho_h} \tag{6-7}$$

式中：ρ_h 为汽水混合物密度。

引入蒸汽折算流速 w_0'' 和饱和水折算流速 w'_0，则式(6-7)为

$$w_h = \frac{G-D}{F\rho'} + \frac{D}{F\rho''} = w'_0 + w_0'' \tag{6-8}$$

由于管内流动是质量守恒的，故有

$$w_0\rho'F = w'_0\rho'F + w''_0\rho''F \tag{6-9}$$

$$w_0 = w_0' + w_0''\frac{\rho''}{\rho'} \tag{6-10}$$

$$w_0' = w_0 - w_0''\frac{\rho''}{\rho'} \tag{6-11}$$

代入式(6-8)得

$$w_h = w_0 + w_0''\left(1-\frac{\rho''}{\rho'}\right) \tag{6-12}$$

6. 含汽率

在汽水混合物中，蒸汽的质量流量与工质的质量流量之比称为质量含汽率 x，即

$$x = \frac{D}{G} = \frac{Fw_0''\rho''}{Fw_0\rho'} = \frac{w_0''\rho''}{w_0\rho'} = \frac{h-h'}{r} \tag{6-13}$$

式中：h、h' 分别为工质的焓和饱和水的焓，kJ/kg；r 为水的汽化潜热，kJ/kg。

若以蒸汽的容积流量与汽水混合物的容积流量之比表示含汽率，则称为容积含汽率 β，即

$$\beta = \frac{V''}{V} = \frac{Fw_0''}{Fw_h} = \frac{w_0''}{w_h} \tag{6-14}$$

将式(6-12)和式(6-13)代入式(6-14)得

$$\beta = \frac{w_0''}{w_0 + w_0''\left(1-\frac{\rho''}{\rho'}\right)} = \frac{1}{1+\frac{\rho''}{\rho'}\left(\frac{1}{x}-1\right)} \tag{6-15}$$

7. 截面含汽率

无论用 x 或 β 表示的含汽率都没有反映出管中真正的蒸汽含量，它们都只反映了水速和汽速相等条件下的蒸汽含量，而没有考虑汽水之间存在的相对速度的影响。

表示管中真实含汽率的特性参数称为截面含汽率 φ。截面含汽率表示蒸汽所占管子截面积 F'' 与总截面积 F 之比。图 6-4 所示为一段长为 dh 的垂直上升管，假设蒸汽在管子中部流动，蒸汽的实际流速为 w''，水沿管壁四周流动，水的实际流速为 w'，并假设管子截面积为 F，蒸汽所占的管子截面积为 F''，水所占的管子截面积为 F'。在这段管子容积中，w' 和 w'' 的表达式为

$$w' = \frac{V'}{F'} = \frac{G-D}{F'\rho'} \tag{6-16}$$

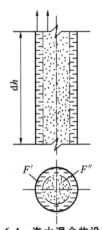

图 6-4　汽水混合物沿管截面分布示意图

$$w'' = \frac{V''}{F''} = \frac{D}{F''\rho''} \tag{6-17}$$

截面含汽率可表示为

$$\varphi = \frac{F''}{F} \tag{6-18}$$

此外，

$$\beta = \frac{V''}{V'' + V'} = \frac{w''F''}{w_h F} = \frac{w''}{w_h}\varphi$$

由此可得

$$\varphi = \frac{w_h}{w''}\beta = C\beta \tag{6-19}$$

其中

$$C = \frac{w_h}{w''}$$

在定义 β 和 w_h 时，都把它们看做是流量参数，也就是并没有考虑两相之间的速度差别。在实际两相流体中，两相之间存在速度差别，例如，在上升流动中，$w'' > w'$，因而 $w'' > w_h$，所以 $C < 1$，即 $\varphi < \beta$；在下降流动时，$w'' < w'$，因而 $w'' < w_h$，所以 $C > 1$，$\varphi > \beta$。如果取汽和水的流速相等，即 $w'' = w'$，则 $C = 1$，这时 $\varphi = \beta$。

比例系数 C 说明混合物流速 w_h 与蒸汽真实流速 w'' 之比，因而也就考虑到了蒸汽和水的相对流速。随压力的升高，汽和水的相对流速减小，在接近临界压力时 $C \to 1$，而 $\varphi \to \beta$。

8. 密度

按工质质量流量 G 和容积流量 V 计算的汽水混合物密度为

$$\rho_h = \frac{G}{V} = \frac{M + D}{V} = \frac{\rho'V' + \rho''V''}{V} = \rho''\beta + \rho'(1 - \beta) = \rho' - \beta(\rho' - \rho'') \tag{6-20}$$

按工质质量流量 G 和容积流量 V 计算的汽水混合物比热容为

$$v_h = \frac{V}{G} = \frac{V' + V''}{G} = \frac{v'M + v''D}{G} = v''x + v'(1 - x) = v' + x(v'' - v') \tag{6-21}$$

实际情况下，常用汽水混合物的真实密度 ρ_{zs} 表示。如图 6-4 所示，汽水混合物充满高度为 dh 的管段中，汽和水所占截面分别为 F'' 和 F'，而管子的总截面为 F，汽和水的质量分别为 $F''\rho''dh$ 和 $F'\rho'dh$，混合物的总质量为 $F\rho_{zs}dh$。这样，有

$$F''\rho''dh + F'\rho'dh = F\rho_{zs}dh \tag{6-22}$$

汽水混合物的真实密度为

$$\rho_{zs} = \rho' - \varphi(\rho' - \rho'') \tag{6-23}$$

在上升流动时，汽水的相对流速使蒸汽所占截面份额 φ 减小，则混合物的真实密度 ρ_{zs} 将大于流量密度 ρ_h。随压力的升高，两者之差逐渐减小。

6.1.4　管内汽液两相的流动压降及阻力

工质在受热面管中流动的阻力，包括管段上升或下降产生的压差损失，以及摩擦阻力和局部阻力产生的压降。在下降管及上升管中加热水区段的工质为单相水，按单相流体的计算公式计算；上升管中含汽区段的工质为汽水混合物，按两相流体计算

公式计算。

工质在管内流动时的总压降

$$\Delta p = \Delta p_{zw} + \Delta p_{ld} + \Delta p_{js} \tag{6-24}$$

$$\Delta p_{ld} = \Delta p_{mc} + \Delta p_{jb} \tag{6-25}$$

式中：Δp_{zw} 为重位压差，Pa；ΔP_{ld} 为流动压力损失，Pa；Δp_{js} 为流体加速压降，Pa；Δp_{mc} 为摩擦压力损失，Pa；Δp_{jb} 为局部流动处的压力损失，Pa。

1. 重位压差

对于单相流体

$$\Delta p_{zw} = \bar{\rho} g h \tag{6-26}$$

式中：$\bar{\rho}$ 为工质的平均密度，kg/m^3；g 为重力加速度，m/s^2；h 为计算管段的高度，m。

对于两相流体

$$\Delta p_{zw} = \bar{\rho}_{zs} g h \tag{6-27}$$

式中：$\bar{\rho}_{zs}$ 为管内汽水混合物的实际平均密度（kg/m^3），其计算式为

$$\bar{\rho}_{zs} = \bar{\varphi} \rho'' + (1 - \bar{\varphi}) \rho' \tag{6-28}$$

其中，$\bar{\varphi}$ 为管段内平均截面含汽率。

在计算管段中的流动阻力时，根据工质的流动方向，重位压差可能为正值也可能为负值。

2. 摩擦压力损失

对于单相流体

$$\Delta p_{mc} = \lambda \frac{l}{d_n} \frac{\rho' w^2}{2} \tag{6-29}$$

式中：λ 为摩擦阻力系数；d_n 为管段内径，m；l 为管段长度，m。

对于两相流体

$$\Delta \rho_{mc} = \lambda \frac{l}{d_n} \frac{\rho' w_0^2}{2} \left[1 + \overline{X} \psi \left(\frac{\rho'}{\rho''} - 1 \right) \right] \tag{6-30}$$

式中：ψ 为摩擦阻力修正系数；$\overline{X}$ 为管段的平均质量含汽率。

1）管内摩擦阻力系数 λ

工质在管内流动时，摩擦阻力系数

$$\lambda = \frac{1}{4 \left[\lg \left(\dfrac{3\,700\,d_n}{\Delta} \right) \right]^2} \tag{6-31}$$

式中：d_n 为管子内径，m；Δ 为管子内壁的表面粗糙度，mm。对碳素体钢管及珠光体合金钢管，取 $\Delta = 0.08$ mm，对奥氏体钢管，取 $\Delta = 0.01$ mm。

2）摩擦阻力修正系数 ψ

摩擦阻力修正系数可根据汽水混合物的质量流速不同分别进行计算，即

当 $\rho w = 1\,000$ $kg/(m^2 \cdot s)$ 时，

$$\psi = 1$$

当 $\rho w < 1\,000\ \mathrm{kg/(m^2 \cdot s)}$ 时,

$$\psi = 1 + \frac{x(1-x)\left(\dfrac{1\,000}{\rho w} - 1\right)\dfrac{\rho'}{\rho''}}{1 + x\left(\dfrac{\rho'}{\rho''} - 1\right)} \qquad (6\text{-}32)$$

当 $\rho w > 1\,000\ \mathrm{kg/(m^2 \cdot s)}$ 时,

$$\psi = 1 + \frac{x(1-x)\left(\dfrac{1\,000}{\rho w} - 1\right)\dfrac{\rho'}{\rho''}}{1 + (1-x)\left(\dfrac{\rho'}{\rho''} - 1\right)} \qquad (6\text{-}33)$$

ψ 可用线算图查取。

(1)对不受热管段　从图 6-5 查取。

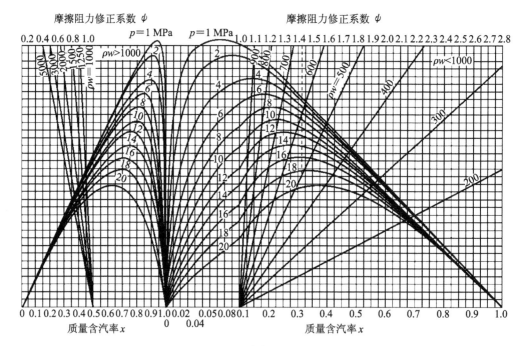

图 6-5　不受热管摩擦阻力修正系数 ψ

(2)对受热管段　可分以下两种情况。

① $x_c - x_r < 0.1$ 时(x_c, x_r 分别为管段的出口与入口的质量含汽率),

$$\psi = \frac{1}{6}(\psi_c + \psi_r + 4\overline{\psi}) \qquad (6\text{-}34)$$

式中:$\overline{\psi}$、ψ 分别根据平均质量含汽率 $x = \dfrac{1}{2}(x_c + x_r)$ 和管段出口处含汽率 x_c,从图 6-5 中查取。

② $x_c - x_r \geqslant 0.1$ 时,

$$\psi = \frac{\psi_c x_c - \psi_r x_r}{x_c - x_r} \tag{6-35}$$

式中：ψ_c、ψ_r 分别根据 x_c 和 x_r、压力、质量流速从图 6-6 中查取。

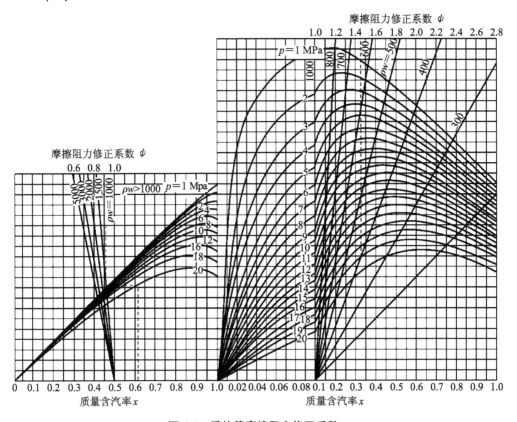

图 6-6　受热管摩擦阻力修正系数 ψ

3. 局部流动处的压力损失

对于单相流体流动，局部阻力包括管子的入口阻力、管子的出口阻力、弯头阻力、阀门阻力、分叉管阻力和汽包内旋风分离器阻力等。局部阻力压力损失计算式为

$$\Delta p_{jb} = \xi \frac{\rho w^2}{2} \tag{6-36}$$

式中：ξ 为单相流体的局部阻力系数，主要用实验方法测定。计算时所用流速 w 是对应于一定管子截面中的流速，选用时应予以注意。

局部阻力系数与 Re、壁面粗糙度和部件几何形状等有关。所谓局部阻力，并非完全集中在某一截面上，而是发生在某段管长中。但在计算中常把这种阻力当成集中在某一特定截面上。如对于具有转弯的管段，先测定出包括转弯在内的总阻力，扣除按把管段拉直所算得的直管段阻力后，剩余部分就认为是弯头的局部阻力损失。

关于各种情况下的局部阻力系数 ξ，可由有关手册中查得。

对于两相流体流动

$$\Delta p_{jb} = \xi' \frac{\rho' w_0^2}{2}\left[1 + x\left(\frac{\rho'}{\rho''} - 1\right)\right] \tag{6-37}$$

式中：ξ' 为两相流体的局部阻力系数，其值一般比单相流体局部阻力系数稍大，可根据不同局部情况由有关手册或水力计算标准方法书中查出。

4. 流体加速压降的计算

当流体在管中受热或压力变动时，由于动量增加而引起静压下降，这就是加速度的压降。某一管段中的加速度压降等于管段出口截面的动量与管段进口截面动量之差。对于汽水两相流，截面中的动量等于汽相动量与液相动量之和。

在均相模型中（即假定汽水混合物均匀混合），加速压降为

$$\Delta p_{jb} = \rho w(w_2 - w_1) \tag{6-38}$$

式中：ρw 为质量流量，$\rho w = \rho' w_0$；w_1、w_2 分别为管子进口截面和出口截面的混合物流速。

若分别以管子进口处的含汽率 x_1 和出口处的含汽率 x_2 表示汽水在管内流动时，因受热引起动量变化所引起的加速压降，其计算式为

$$\Delta p_{js} = \rho_2 w_2^2 - \rho_1 w_1^2 = (\rho w)^2\left(\frac{1}{\rho''} - \frac{1}{\rho'}\right)(x_2 - x_1) \tag{6-39}$$

在热负荷不大的管段内，一般情况下加速压降较小，可以略去不计。

6.2　自然循环锅炉的水循环及其计算

要保证锅炉安全可靠地运行，锅炉的所有受热面管都应受到工质足够的冷却，以保证金属管壁温度不超过所用钢材的最高允许温度。对自然循环锅炉的蒸发受热面而言，必须保证正常的水循环，使管内壁有连续的水膜流动以冷却管壁。如果在受热管中出现流动的停滞、倒流、汽水分层、膜态沸腾等现象，管壁冷却的条件就会遭到破坏，受热管就可能因超温或热疲劳而引起损坏。在自然循环锅炉的下降管中，如果工质大量的带汽或汽化，使含汽量过大时，会使循环减弱而影响锅炉的安全运行。因此，锅炉水循环的可靠性是保证锅炉安全工作的重要前提之一。为了保证锅炉水循环可靠，通常，应对新设计的锅炉或循环系统改变较大的锅炉进行水循环计算。水循环计算的目的是确定合理的回路结构，校验蒸发受热面的可靠性，拟定提高受热面可靠性的措施。

6.2.1　循环回路

循环回路主要由汽包、下降管、分配水管、下联箱、上升管、上联箱、汽水引出管、汽水分离器组成，如图 6-7 所示。在这个循环系统内，水由汽包进入下降管，而在上升管中吸热蒸发产生蒸汽。

自然循环锅炉是由一系列上述循环回路所组成。各个循环回路具有独立的下降管系和上升管组,只有汽包为各循环回路所共有。因此,循环回路又分为简单回路和复杂回路两种。简单回路如图 6-8 所示,由汽包、一根或一组管径相同的并联下降管、联箱和一组截面尺寸相同和吸热情况相同的并联的上升管组成;简单回路为相对独立的循环系统,除下降工质入口焓外与其他循环系统间无相互关联,各循环系统间的影响甚微。复杂回路由几个回路所组成,在其中有某些环节是几个回路共用的,如图 6-9 所示,其中前墙和侧墙水冷壁共用一根大直径下降管供水,后墙上升管在对流管排部分各管的形状和受热情况都不相同。

由于在复杂回路中各回路的工作相互关联,受工况变化的影响,各回路间流量分配不固定,因此其工作可靠性较差,所以在设计时尽可能使回路不要太复杂。但是,近代的采用大直径下降管的自然循

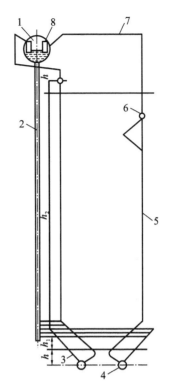

图 6-7　自然循环锅炉蒸发系统回路

1—汽包;2—下降管;3—分配水管;4—下联箱;
5—上升管;6—上联箱;7—汽水引出管;8—旋风分离器

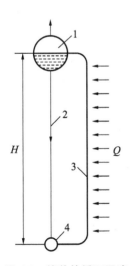

图 6-8　简单的循环回路

1—汽包;2—下降管;3—上升管;4—联箱

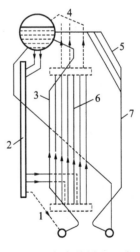

图 6-9　复杂的循环回路

1—水引入管;2—大直径集中下降管;3—前墙水冷壁;
4—汽水引出管;5—对流排管;6—侧墙水冷壁;7—后墙水冷壁

环锅炉都是复杂回路,为了保证锅炉运行的可靠性,应借助于计算机,对锅炉运行中可能出现的各种工况进行详细的水循环计算。

在循环回路中进入下降管的循环水量 G 与上升管中产生的蒸汽量 D 之比称为循环倍率 K,即

$$K = \frac{G}{D} \qquad (6\text{-}40)$$

每一个循环回路都有它自己的循环倍率,整台锅炉有一个总的循环倍率,一根蒸发管也有一个循环倍率,这几个循环倍率一般是不相等的。受热较强的回路一般循环倍率要低些,同一回路中受热强的管子其循环倍率一般也较低。蒸发管的循环倍率即等于蒸发管出口处汽水混合物质量含汽率的倒数。循环倍率是衡量锅炉水循环可靠性的指标之一,如循环倍率太小,则说明上升管中汽水混合物中的质量含汽率 x 较大,对亚临界压力锅炉和高热强度超高压锅炉,可能出现沸腾传热恶化现象。

每一个循环回路有它自己的循环流速 w_0,每一根上升管也有自己的循环流速,这些循环流速一般也是不相同的。受热弱的循环回路,一般循环流速要低些;同一回路中受热弱的管子,其循环流速一般也要低些。故循环流速也是衡量锅炉水循环可靠性的指标之一,如受热弱的管中循环流速太低,可能出现循环停滞现象;如回路的循环流速太低,当 $w_0 < 0.4$ m/s 时,则可能造成管内污垢沉积。

6.2.2　自然循环工作原理

如果在联箱内放一块分隔板(见图 6-8),若上升管不受热,这时上升管、下降管里工质的密度是一样的,假设为 ρ,并设汽包压力为 p,这时分隔板左侧和右侧的压力均为 $p + H\rho g$,即没有力推动这个板运动,水是静止的。当上升管受热,上升管内部分水蒸发,管内工质变成汽水混合物。设上升管汽水混合物的密度为 ρ_h,下降管里的水接近饱和水,密度为 ρ',这时分隔板左侧压力为:$p + H\rho' g$,分隔板右侧压力为 $p + H\rho_h g$,由于蒸汽密度比水的密度小,即 ρ_h 小于 ρ',因此,分隔板右侧压力 $p + H\rho_h g$ 小于左侧压力 $p + H\rho' g$,左侧压力比右侧大 $H(\rho' - \rho_h)g$,即分隔板受到推动力,这个力称为循环推动力。如果分隔板是可以运动的,它就会和水一起流动。也就是说,工质能够流动,是由于工质受热产生的密度差所引起的。

自然循环的工作原理是:由于上升管中汽水混合物的密度比下降管中水的密度小,因此形成两侧的重位压差 $H(\rho' - \rho_h)g$,依靠此压差使工质在循环回路中产生环形流动,此流动即称为自然循环。这里需要指出的是:蒸汽走的路线不是闭合的路线,在回路里,只有水在循环流动,所以此循环又称水循环。

考虑循环管道内工质流动时所产生的阻力,对于图 6-8 所示的简单循环回路,可以写出下降管侧和上升管侧在下联箱和汽包间的压差平衡方程式为

$$H\bar{\rho}_{xj}g - \Delta p_{xj} = \sum H_i \bar{\rho}_i g + \Delta p_s \qquad (6\text{-}41)$$

式中:H 为下降管的高度(即循环回路的高度),m;$\bar{\rho}_{xj}$ 为下降管中工质的平均密度,

kg/m³；Δp_{xj} 为下降管的流动阻力损失，Pa；H_i 为上升管各区段(包括受热前及受热后区段)高度，m；$\bar{\rho}_i$ 为上升管各区段工质的平均密度，kg/m³；Δp_s 为上升管的流动阻力损失，Pa。

式(6-41)又可改写为

$$H(\bar{\rho}_{xj} - \sum \bar{\rho}_i)g = \Delta p_{xj} + \Delta p_s \tag{6-42}$$

式(6-42)左端即下降管与上升管的重位压头之差值，它用来克服流动阻力使工质循环，故称为流动压头，可用 S_{yd} 表示。循环回路的流动压头越大，则回路的循环流速也越大，即它可以克服更大的上升管和下降管中的流动阻力。

式(6-42)还可改写为

$$H(\bar{\rho}_{xj} - \sum \bar{\rho}_i)g - \Delta p_s = \Delta p_{xj} \tag{6-43}$$

式中：左端流动压头与上升管的阻力之差称为有效压头，可用 S_{yx} 表示。有效压头等于下降管的流动阻力。

式(6-41)、式(6-42)和式(6-43)是通过不同的物理概念来描述自然循环回路中各压头的相互关系，其实质是完全相同的，按上述三式计算的水循环数据也是完全相同的。

在我国制定的《电站锅炉水动力方法》中，从简化出发，并照顾到与直流锅炉和强制循环锅炉的计算方法一致，采用式(6-41)这一压差法进行自然循环锅炉水循环计算。

对于复杂循环回路，必须找出独立循环回路进行计算，才能求解出来。因为独立循环回路方程组是封闭的。独立循环回路的特征是：在这个回路里，它的组成部件里的工质是独立的(只属于这个回路)，除了在汽包里与其他回路的工质发生联系外，不与其他回路里的工质有任何联系。例如：有一根大直径下降管向上升管三个管屏供水，如图 6-10 所示。这个下降管和这三个管屏组成一个独立的循环回路。不能把其中一个管屏(例如 a 管屏)与大直径下降管组成的回路当成独立回路。因为下降管内工质流量一定，若 b、c 管屏的流量大，则 a 管屏的流量就小；反之，a 管屏的流量则大。即 a 管屏里的工质与另外的 b、c 管屏的工质流动有关。

对于图 6-9 所示的采用大直径集中下降管和水引入管、汽水引出管高出汽包正常水位以上并配内置式旋风分离器的复杂循环回路，集中下降管的计算下标高(各水引入管与集中下降管连接孔心的平均高度)处到汽包的集中下降管侧和上升系统侧压差的平衡方程式为

$$H_{xj}\bar{\rho}_{xj}g - \Delta p_{xj} = \pm H_{yr}\rho_{yr}g + \sum(H_i\bar{\rho}_i g) + H_{yc}\rho_{yc}g$$
$$+ \Delta p_{yr} + \Delta p_s + \Delta p_{yc} + \Delta p_{cg} + \Delta p_{fl} \tag{6-44}$$

式中：H_{xj} 为从汽包正常水位到集中下降管计算下标高的下降高度，m；$\bar{\rho}_{xj}$ 为集中下降管中工质的平均密度，kg/m³；Δp_{xj} 为集中下降管的流动阻力损失，Pa；H_{yr} 为从集中下降管计算下标高到下联箱中心的引入管高度，m；若下联箱低于集中管标高，取负值；ρ_{yr} 为引入管中工质的密度，kg/m³；H_{yc} 为汽包正常水位到上联箱中心的引出管高

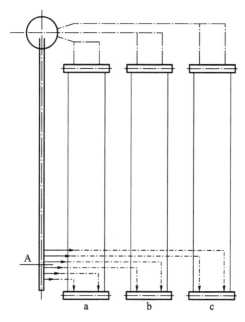

图 6-10　独立循环回路

度,m;ρ_{yc} 为引出管中工质的密度,kg/m³;Δp_{yr} 为引入管的流动阻力损失,Pa;Δp_{yc} 为引出管的流动阻力损失,Pa;Δp_{cg} 为汽水混合物提升到超过汽包正常水位的压差,Pa;Δp_{fl} 为分离装置阻力损失,Pa。

6.2.3　确定水循环工作点的图解法

图解法是手工进行水循环计算的重要手段。各种锅炉的汽水受热面系统都是由许多串联和并联的管子或管组所组成。各串联管组在同一流量下工作,各并联管组在同一压差下工作。水循环计算需要求出各管子或管组的工作流量(循环流速或工质入口流速)和压差。

代表各管组内或管组之间的流量和压差的关系式是一些非线性方程和方程组。除最简单的系统外,要直接求解这些非线性方程或方程组,只能借助于计算机进行计算。如用手工计算时一般采用图解法或试凑法。

水循环的图解法就是根据事先假设的整台锅炉循环倍率值(为确定下降管入口工质参数)和各回路的循环流速,算出各管组的压差与流量的关系值,画出其关系曲线,然后将各曲线合并,得出回路下降管和上升系统的压差,两曲线的交点即是循环回路的工作点。

合并的水循环特性曲线基于两个基本原理:一是工质的物质平衡,即串联各管组的流量相等,并联各管组的流量和等于总流量;二是作用于工质上的力平衡,即并联各管组的两端压差相等,串联管组的总压差等于各管组的压差之和。按此原理得特性曲线的合并方法为:并联各管组的特性曲线是在同一压差下流量相加;各串联管组的特性曲线则在同一流量下压差相加。

1. 简单循环回路的循环特性曲线

图 6-8 所示的简单循环回路的循环特性曲线如图 6-11 所示。

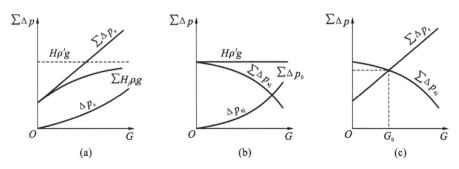

图 6-11　简单循环回路的循环特性曲线

图 6-11(a)中绘出了当上升管入口工质焓值一定时的上升管特性曲线。图中曲线 $\sum H_i \rho_i g$ 为重位压差曲线,由于吸热量一定,上升管中的蒸发量基本不变(当进口工质有欠焓时,用于加热水的热量随流量增加而增大,蒸发量随流量增加而减少),故重位压差随流量增大而增大,并且在流量很大时它趋近于直线 $H\rho'g$。曲线 Δp_s 为上升管的流动阻力损失曲线,它也随流量增加而增大。将此两曲线按压差相加得上升管的总压差 $\sum \Delta p_s$ 与循环流量 G 的关系曲线。

图 6-11(b)为下降管的特性曲线。图中直线 $H\rho'g$ 是工质为饱和水时下降管的重位压差(当汽包工质有欠焓时,重位压差稍大),曲线 Δp_{xj} 为下降管的流动阻力损失曲线。两者在流量相同下压差相减得下降管的总压差 $\sum \Delta p_{xj}$ 与循环流量 G 的关系曲线。

图 6-11(c)是将上升管和下降管的特性曲线合并画在同一坐标图上,按照上升管和下降管压差平衡和流量平衡的原理,两曲线的交点即为循环回路的工作点。由此点可得到回路的工作总压差和循环流量分别为 $\sum \Delta p_0$ 和 G_0。

2. 复杂循环回路的循环特性曲线

采用大直径集中下降管的复杂循环回路示意图及其循环特性曲线如图 6-12 所示。在回路中,对于两个并联的上升系统 I 和 II 与大直径下降管的共用压差点为汽包和集中下降管的计算下标高点 A。在作图时首先绘制系统 I 的水引入管曲线 3、水冷壁管曲线 1 和汽水引出管(包括了汽水混合物提升到超过汽包正常水位的压差 Δp_{cg} 和分离装置阻力损失 Δp_{fl})曲线 5 的压差与流量的关系,再将此三曲线在相同流量下按压差相加得上升系统 I 的总特性曲线 $\sum \Delta p_{ss,I}$。用同样方法再绘制上升系统 II 的总特性曲线 $\sum \Delta p_{ss,II}$,再将此两曲线在同一压差下按流量相加,合并成整个上升系统的特性曲线 $\sum \Delta p_{ss,I+II}$,它与集中下降管的特性曲线 $\sum \Delta p_{xj}$ 的交点即为循环回路的工作点。

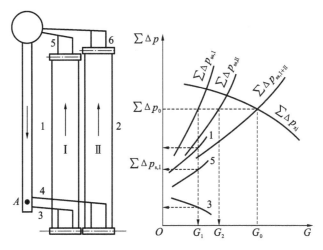

图 6-12　复杂循环回路的循环特性曲线

再从工作点引等压线与 $\sum \Delta p_{ss,I}$ 和 $\sum \Delta p_{ss,II}$ 曲线相交,从两交点引等流量线即可求出每个上升系统的流量和各管段的工作压差。该复杂循环回路的集中下降管和整个上升系统的总压差为 $\sum \Delta p_0$,回路总流量为 G_0,上升系统 I、II 的流量分别为 G_1 和 G_2,上升系统 I 中的水冷壁管工作压差为 $\sum \Delta p_{s,I}$。

6.2.4　上升管段的热力特点分析

1.上升管区段的划分

锅炉中实际的上升管是受热的,蒸发量 D 沿着上升管不断增加,质量含汽率 x

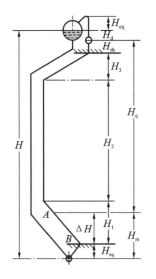

图 6-13　上升管系统区段划分

也不断增加,即各个截面的两相流动参数不同。在计算上升管压差时可采用近似计算方法:分区段进行计算,把结构、受热相同的归为一段,差别大的归为另外区段,用参数平均值进行计算。下面介绍常见的上升管系统的区段划分方法,如图 6-13 所示。

(1)热水段要分开计算　上升管进入炉膛后,水不一定马上沸腾,需要确定沸腾点位置。从下联箱到沸腾点是热水段 H_{rs},应该采用单相流动计算公式。

(2)热后段是否分出　上升管除热水段以外,其余全是含汽段,要采用两相流体公式进行计算。上升管离开炉膛后,不再受热,上升管离开炉膛上联箱为热后段,当热后段长度 H_{rh}＞上升管总长度 10% 时,要分开进行计算。

(3)含汽段的分段　在下列情况下要将含汽段进

一步分段:热负荷变化超过平均热负荷 50% 以上时;有卫燃带、炉底铺耐火砖且长度大于上升管总长度 10% 以上时;管径改变超过 10% 或流通截面改变超到 20% 时;倾斜角度与管子其他部分倾斜角度之差大于 20%,且长度大于上升管总长度 10% 时。对于导汽管一般不分段,但当导汽管引入汽包汽空间时,导汽管最高点到超过水位那一段高度为提升段高度,应与导汽管分开计算。

2. 热水段高度的计算

锅水进入炉膛时就开始受热,但不会马上沸腾,其原因是:①汽包里的水不一定是饱和水,若汽包里的水是非饱和水,流到炉膛入口处仍然是非饱和水;②如果汽包里的水是饱和水,水流入炉膛入口处,由于静压的不断增大,饱和水也会变成非饱和水。在锅水进入炉膛后,由于吸热而使焓值增加,当焓值增大到该点压力对应下饱和水焓时,才开始沸腾。

根据上面的分析,可用数学方法求出热水段高度。设锅水欠焓为

$$\Delta h_{qh} = h'_g - h_g \tag{6-45}$$

式中:h'_g 为汽包压力下的饱和水焓,kJ/kg;h_g 为锅水的焓值,kJ/kg。

当锅水流到炉膛入口处时,若不考虑静压的变化,下降管没有受热情况下,锅水欠焓仍为 Δh_{qh}。当锅水流到炉膛入口处,由于静压增加 Δp,饱和水焓值增加 $\Delta p(\partial h'/\partial p)$,$\partial h'/\partial p$ 为饱和水的焓值随压力增大而增大的梯度,这时锅水欠焓为

$$\Delta h = \Delta h_{qh} + \frac{\partial h'}{\partial p}\Delta p \tag{6-46}$$

静压变化 Δp 可由图(6-13)根据伯努利方程求得,即

$$p_1 + H\rho'g = p_2 + H_{rq}\rho'g + \Delta p_{xj} + \Delta p_{rq}$$
$$\Delta p = p_2 - p_1 = (H - H_{rq})\rho'g - \Delta p_{xj} - \Delta p_{rq} \tag{6-47}$$

式中:Δp_{xj}、Δp_{rq} 分别为下降管系统、热前段流动阻力,Pa;p_1、p_2 分别为汽包压力、炉膛入口处压力,Pa。

将 Δp 代入式(6-46)的 Δh 中,得

$$\Delta h = \Delta h_{qh} + [(H - H_{rq})\rho'g - \Delta p_{xj} - \Delta p_{rq}]\frac{\partial h'}{\partial p} \tag{6-48}$$

当锅水进入炉膛后,如到点 A 沸腾,这时锅水吸热而引起焓增为

$$\Delta h_r = \frac{Q_1}{H_1 G}\Delta H \tag{6-49}$$

式中:H_1、ΔH 分别为受热一段、炉膛入口至点 A 高度,m;Q_1 为受热一段吸热量,kW;G 为工质流量,kg/s。

由于因压力减少而引起饱和水焓的减少为 $\Delta H\rho'g(\partial h'/\partial p)$,此段没有考虑摩擦阻力。在点 A 沸腾,则表示点 A 锅水欠焓为 0,即

$$\Delta h_A = \Delta h_{qh} + \Delta p\frac{\partial h'}{\partial p} - \frac{Q_1}{H_1 G}\Delta H - \Delta H\rho'g\frac{\partial h'}{\partial p} = 0 \tag{6-50}$$

将 Δp 代入此式,经整理得

$$\Delta H = \frac{\Delta h_{qh} + \left[(H - H_{rq})\rho' g - \Delta p_{xj} - \Delta p_{rq}\right]\dfrac{\partial h'}{\partial p}}{\dfrac{Q_1}{H_1 G} + \dfrac{\partial h'}{\partial p}\rho' g} \tag{6-51}$$

由图 6-13，得

$$H_{rs} = H_{rq} + \Delta H \tag{6-52}$$

将 ΔH 代入此式，得

$$H_{rs} = H_{rq} + \frac{\Delta h_{qh} + \left[(H - H_{rq})\rho' g - \Delta p_{xj} - \Delta p_{rq}\right]\dfrac{\partial h'}{\partial p}}{\dfrac{Q_1}{H_1 G} + \dfrac{\partial h'}{\partial p}\rho' g} \tag{6-53}$$

3. 下降管出口水的欠焓

1）影响下降管出口水欠焓的因素

汽包压力下饱和水的焓值为 h_g'，只取决于压力。汽包水空间锅水焓值为 h_g，h_g 与下列因素有关。

（1）省煤器出口水焓值 h_{sm}'' 若出口水为饱和水，则 $\Delta h_{qh}' = 0$；若为非饱和水，还要看其他情况。

（2）蒸汽和给水、锅水接触情况 当锅炉给水或锅水处于非饱和状态时，当蒸汽与其接触时，蒸汽凝结放热，加热给水或锅水。当采用蒸汽清洗装置时，蒸汽与被清洗的锅炉给水接触，加热给水，接触情况用清洗水份额 η_{qx} 表示，即

$$\eta_{qx} = \frac{G_{qx}}{G_g} \tag{6-54}$$

式中：G_g、G_{qx} 分别为锅炉给水量、清洗水流量，kg/s。

当上升管有一半以上接到汽包水容积时，$\Delta h_{qh} = 0$。采用内置式旋风分离器时，由于疏水带下一部分蒸汽，蒸汽与过冷的锅水相接触时，会迅速冷凝，这种情况用汽包水室凝汽率 x_{nq} 表示，即

$$x_{nq} = \frac{G_x - D_1}{G} \quad （\%） \tag{6-55}$$

式中：G、G_x 分别为循环流量和上升管产汽量，kg/s；D_1 为水室水面流走蒸汽量，kg/s。

（3）水循环倍率影响 如果蒸汽与锅水、给水没有接触，锅水状态就是 1 kg 给水和 K kg 饱和水混合状态。

（4）分段蒸发影响 净段来水是锅炉给水，盐段来水是净段的锅水。净段锅水状态是 1 kg 给水和 K kg 饱和水混合后状态；盐段锅水状态是 1 kg 净段锅水和 K kg 饱和水混合后状态。

2）锅水欠焓为"0"情况

（1）省煤器来水为饱和水。

（2）全部给水进入蒸汽清洗装置时。

（3）上升管有一半以上进入汽包水容积时。

（4）汽包水室凝结放热可把炉水加热到沸腾时。

3）锅水欠焓的计算公式

根据热平衡方程可推导出表 6-1 锅水欠焓公式。

表 6-1　锅水欠焓 Δh_{qh} 的计算公式

不分段蒸发锅炉	无蒸汽清洗	部分给水进入主蒸汽清洗装置
不考虑汽包水室凝汽	$\Delta h_{qh}=\dfrac{h'-h''}{K}$	$\Delta h_{qh}=\dfrac{h'-h''_{sm}}{K}-\dfrac{1-\eta_{qx}}{1+\eta_{qx}\dfrac{h'-h''_{sm}}{r}}$
考虑汽包水室凝汽	$\Delta h_{qh}=\dfrac{h'-h''_{sm}}{K}-x_{nq}(h'-h'')$	$\Delta h_{qh}=\dfrac{(1-x_{nq}K)(h'-h''_{sm})-\eta_{qx}(h'-h'')-r}{K\left(1+\eta_{qx}\dfrac{h'-h''_{sm}}{r}\right)}$

6.2.5　循环倍率

在自然循环回路中，循环倍率有时也作为一安全性指标。根据循环倍率（见式 6-40）和质量含汽率（见式（6-13））的定义，可知

$$K=\frac{1}{x} \tag{6-56}$$

当上升管出口的质量含汽率 x 越大时，则循环倍率 K 就越小。一般说来，锅炉的工作压力增高，饱和水与饱和汽的密度差减小，为使回路有足够的循环流速，就必须设法增大上升管中的质量含汽率。

但是蒸发管中的质量含汽率过大时，又会使管子中的流动阻力增加过快，因而循环流速降低，如图 6-14 所示曲线峰值后的线段。锅炉在 w_0 下降范围内工作会造成水循环故障，因为这时随热负荷的增大，即 x 增大，循环流速 w_0 反而减小。因此，存在一个保证锅炉水循环安全的最高循环流速，通常把最高循环流速对应下的循环倍率称为界限循环倍率 K_j。

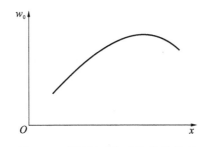

图 6-14　循环速度与含汽率的关系

由自然循环锅炉循环流速与锅炉蒸发量的关系可知，当吸热量增加时，运动压头增加，循环流速也增大。但是，当吸热量增加到一定值以后，负荷继续增加时，总折算阻力系数反而比运动压头增加得快，因此循环流速不再继续增大，而开始下降

（见图 6-14）。这种随吸热量增大，循环流速也增加的特性称为自然循环的自补偿能力。

在压力不十分大时（超高压以下），$K > K_j$，自然循环具有自补偿能力，即吸热量增加，w_0 增加。受热强的管子由于 w_0 增大而能更好冷却，这是一种良好的循环特性。但当 $K < K_j$ 时，自然循环失去补偿能力，且循环流速降低较多，易出现循环故障，此时循环是不稳定的，可能造成危险。

按已有经验，表 6-2 示出了各种参数锅炉循环倍率和循环流速的推荐值。当锅炉在低于额定负荷下工作时，可按下式估算循环倍率 K，即

$$K = \frac{1}{0.15 + 0.85 \frac{D}{D_e}} K_e \tag{6-57}$$

式中：D_e、D 分别为锅炉额定蒸发量和实际蒸发量；K_e 为额定负荷下的循环倍率。

在计算锅炉水的欠焓时，可按表 6-2 中推荐循环倍率取用。

表 6-2 界限循环倍率和循环流速推荐值

	汽包压力/MPa	3.92～5.88	10.2～11.76	13.73～15.69	16.67～18.63
	锅炉蒸发量/(t/h)	35～240	160～420	400～670	≥800
	界限循环倍率	10	5	3	>2.5
推荐循环倍率	燃煤	15～25	7～15	4～8	4～6
	燃油	12～20	7～12	4～6	3.5～5
循环流速 /(m/s)	对直接引入汽包水冷壁	0.5～1	1～1.5	1～1.5	1.5～2.6
	有上联箱水冷壁	0.4～0.8	0.7～1.2	1～1.5	1.5～2.5
	双面水冷壁	—	1～1.5	1.5～2	2.5～3.5
	蒸发管束	0.4～0.7	0.5～1	—	—

6.2.6 水循环的计算步骤

1.水循环计算的内容和范围

水循环计算的主要内容包括：①计算各个回路的平均循环流速 w_0、回路循环倍率；②计算锅炉总循环倍率；③检验循环可靠性。水循环计算通常只对额定负荷和额定压力条件下进行自然循环计算，只有当结构或运行条件超出一般范围，才需要作其他工况的计算。因为一般锅炉负荷变化为 70%～100% 时，水循环特性变化不大。原则上水循环计算应对每一个回路进行，但对结构和受热情况基本一致的独立回路，可以选择其中一个回路进行计算，即选择一个从受热均匀性、热负荷和结构特点来看工作条件最差的回路进行计算。

2.水循环的计算步骤

手算的水循环计算步骤如下。

(1)收集原始数据(包括锅炉的结构数据和热力计算数据);划分回路和管段并进行吸热量的分配;画出水循环系统示意图和列出循环回路结构特性表。

(2)选取循环倍率范围,即假设一个整台锅炉的循环倍率值,并算出锅水的欠焓值。

(3)对每一个循环回路的各上升管组,按循环流速的范围取三个循环流速 w_0 值。选取三个循环流速时,要考虑到计算出的循环流速也应在选取循环流速范围内,且为提高计算结果的准确性,三个流速的差值不宜太大。根据 w_0 值和各上升管组的总流通截面算出各管组三个相应的循环流量 G 值。

(4)计算各下降管组的重位压差 $H_{xj}\rho_{xj}g$ 和三个相应下降管流量的流动阻力损失 Δp_{xj}。再按此两者之差得各下降管组的下降管总压差 $\sum \Delta p_{xj} = H_{xj}\rho_{xj}g - \sum \Delta p_{xj}$。

(5)计算各引入管组的重位压差 $\pm H_{yr}\rho_{yr}g$ 和三个相应引入管流量的流动阻力损失 Δp_{yr}。再按此两者之和得各管组三个相应引入管的总压差,$\sum \Delta p_{yr} = \pm H_{yr}\rho_{yr}g + \Delta p_{yr}$。

(6)求各上升管组的开始沸腾点高度、热水段高度和各含汽段高度。各值均按三个循环流量计算。

(7)计算各管组各上升管段末及上升管出口处的蒸汽流量,并算出在各区段中的平均质量含汽率、截面含汽率和平均密度,各值均按三个循环流量计算。

(8)计算各上升管组各管段的重位压差 $H_i\rho_i g$ 和流动阻力损失 Δp_i,其各段上述二值相加,则可得对应三个上升管流量 G 的三个重位压差 $\sum H_i\rho_i g$ 和上升管流动阻力损失 Δp_s 之和的上升管总压差,$\sum \Delta p_s = \sum H_i\rho_i g + \Delta p_s$。

(9)计算各汽水引出管组的三个相应汽水引出管循环流量的重位压差 $H_{yc}\rho_{yc}g$、流动阻力损失 Δp_{yc},两者之和为汽水引出管总压差,$\sum \Delta p_{yc} = H_{yc}\rho_{yc}g + \Delta p_{yc}$。

(10)计算各汽水引出管组的三个相应汽水引出管循环流量的汽水混合物提升到超过汽包正常水位的压差 Δp_{cg}。

(11)计算各汽水引出管组的三个相应分离器入口截面循环流速的汽水分离器阻力损失 Δp_{fl}。

(12)计算各上升系统对应三个循环流量的上升系统总压降,$\sum \Delta p_{ss} = \sum \Delta p_{yr} + \sum \Delta p_s + \Delta p_{yc} + \Delta p_{cg} + \Delta p_{fl}$。

(13)各循环回路按图 6-11 所示的方法画出各管组上升系统和上升管总压差曲线和下降管总压差曲线,然后将该循环回路的各管组的上升系统总压差合并得到回路的上升系统总压差。该曲线与下降管总压差曲线的交点即循环回路的工作点。

(14)从回路循环特性曲线可求出回路的循环流量、各管组的循环流量、回路总压差和各水冷壁上升管的总压差。

(15)根据求得的循环流量可算出各回路的循环流速 w_0、质量流速 ρw、下降管入

口水速 w_{xj}、回路蒸发量 D 和回路循环倍率 $K_{hl}=\dfrac{G}{D}$。

(16)根据求得的各回路循环流量和蒸发量可得到整台锅炉的循环倍率 $K_g = \sum G \Big/ \sum D$。根据求得的 K_g 值计算汽包中锅水的欠焓值。若预先取用的和计算所得的锅水的欠焓值之差不超过 12.6 kJ/kg,且相对误差不超过 30%,则计算合格;如不满足,则需重新进行步骤(2)至步骤(16)项计算。

(17)进行循环可靠性校验并提出提高可靠性的措施。

6.3　自然循环故障及可靠性校验

为保证水循环的可靠性,在水循环计算中需校核是否出现循环的停滞、自由水面、倒流,校核循环倍率及下降管带汽、汽化等问题。

6.3.1　循环停滞、自由水面和倒流及其校验

1. 停滞、自由水面和倒流现象

并联的上升管组总是在共同的压差 $\sum \Delta p_s$ 下运行的。因此,当管组中各管受热不均匀时,受热弱的管中就可能出现循环停滞和自由水面的现象。当上升管上端直接引入汽包的汽空间时,受热弱的管子因产汽量少,工质的平均质量大,在管组的平衡压力 $\sum \Delta p_s$ 下,水位未达到上升管的最高点,就出现了自由水面;在自由水面以下区域内,产生少量蒸汽,而在自由水面以上的区域内,为缓慢流动的蒸汽。当上升管上端引入汽包的水空间时,受热弱的管子循环流速会低些,而当低到只能补充该管所蒸发掉的水量时,即 $G=D$ 时,这根管的工质就出现了停滞现象。

当管屏压差 Δp 小于受热弱管子液柱重 $H \rho_h g$ 时,此时,受热管中的水就自上往下流,称为倒流。在倒流情况下,只有当水的倒流速度与汽泡上浮速度相等,即汽泡处于不上不下状态而形成蒸汽塞时,会把管子烧坏,而这种情况是很少发生的。当上升管接到汽包汽空间时,不会发生倒流,而是出现自由水面。由于自由水面上下波动,同样会引起疲劳破坏。若管子在自由水面以上部分受热,管子则被烧坏。

2. 循环停滞及自由水面的校验范围

(1)循环停滞和自由水面只需校验上升管组中受热最弱的一根或几根管子。

(2)引入汽包汽空间的上升管要校验自由水面,引入汽包水空间的上升管要校验循环停滞。

(3)循环停滞的判别。

当被校验管子满足下列条件时,就不会出现停滞现象。

$$\frac{\sum \Delta p_s}{\sum \Delta p_{tz}} \geqslant 1.05 \tag{6-58}$$

当被校验管子满足下列条件时,就不会出现自由水面。

$$\frac{\sum \Delta p_s}{\Delta p_{tz} + \Delta p_{cg}} \geqslant 1.05 \tag{6-59}$$

式中:$\sum \Delta p_s$ 为被校验管所属上升管组的工作压差,Pa,在管组循环特性计算时可求得该值,这里指的是管屏或管束的工作压差,而非上升系统的总压差 $\sum \Delta p_{ss}$;Δp_{tz} 为校验管在循环停滞状态下的压差,Pa;Δp_{cg} 为引导汽水混合物进入汽包的导汽管最高点超过汽包正常水位的压差,Pa。

被校验管停滞压差计算公式为

$$\Delta p_{tz} = H_{rq}\rho'g + \sum [(1-K_a\phi_{tz})\rho' + K_a\phi_{tz}\rho'']H_{sr}g + [(1-\phi_{cc})\rho' + \phi_{cc}\rho'']H_{rh}g \tag{6-60}$$

式中:K_a 为校验管各管段的倾斜角修正系数;ϕ_{tz} 为校验管各受热段的停滞截面含汽率;ϕ_{cc} 为校验管各受热后段的停滞截面含汽率。

故 $\sum \Delta p_{tz}$ 的计算问题就转化为求 ϕ_{tz}、ϕ_{cc}。

根据经验公式,在停滞的状态下,$\phi = w_0''/w''$,而 w'' 和 w_0'' 有简单的线性关系:

对于受热管

$$w'' = Aw_0'' + B \tag{6-61}$$

对于不受热管

$$w'' = 0.95w_0'' + B \tag{6-62}$$

式中:w_0'' 为校验管中平均折算蒸汽速度,表示蒸汽占管子全部截面时的平均速度,m/s;A、B 分别为与压力有关的试验常数,见表 6-3。则停滞上升管受热段截面含汽率 ϕ_{tz} 和热后段截面含汽率 ϕ_{cc} 可求得。

表 6-3　计算停滞截面含汽率的常数 A、B 值

压力/MPa	1	2	3	4	6	8	10	12	14	16	18	20
A	0.965	0.985	0.993	1.000	1.020	1.075	1.088	1.116	1.138	1.197	1.223	1.304
B	0.66	0.611	0.650	0.471	0.380	0.300	0.240	0.174	0.120	0.094	0.090	0.080
式(6-61)的有效范围	$w_0'' < 10$									<4.75	<3	
式(6-62)的有效范围	计算出的值 ϕ_{cc} 大于 1 时,令 $\phi_{cc} = 1$											

3. 倒流的校验范围

1)倒流的判别

在校验倒流出现的可能性时,对受热弱的校验管由上向下求出各段折算蒸汽流速,求出倒流管在不同倒流流速下的压差 $\sum \Delta p_d$ 的曲线(见图 6-15)。当倒流曲线

的最高值 $\sum \Delta p_{\mathrm{d}}^{\max}$ 小于上升管组的共同工作压差 $\sum \Delta p_{\mathrm{s}}$ 时,倒流将不会出现;反之,当 $\sum \Delta p_{\mathrm{d}}^{\max} > \sum \Delta p_{\mathrm{s}}$ 时,则校验管内工质的流量为 $-G_1$ 或 $-G_2$ 或 G_3,也就是校验管可在高速倒流、低速倒流和低速正流三者之一的工况下工作,即可能出现循环倒流。

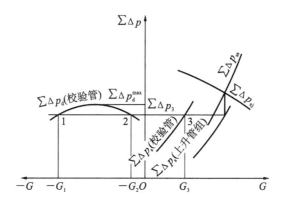

图 6-15　校验管循环倒流示意图

2)倒流的校验范围

(1)循环倒流只需校验上升管组中受热最弱的一根或几根管子。

(2)引入汽包汽空间的上升管不校验倒流。

(3)下联箱中装有邻炉蒸汽加热装置的水冷壁,因锅炉启动时,校验管内工质是正流,可不必进行循环倒流的校验。

(4)对带有上联箱的水冷壁,如个别管子发生倒流现象,则倒流的水必然要带汽,导致 $\sum \Delta p_{\mathrm{d}}$ 曲线降低,使该管的工质从倒流跳到稳定的正流,因此,带上联箱的水冷壁可不必进行循环倒流的校验。

6.3.2　水冷壁管内传热恶化及其校验

1.水冷壁管内传热恶化

水冷壁管内饱和沸腾可分为核沸腾和沸腾传热恶化两种工况。核沸腾时由于汽泡的强烈扰动,传热性能良好,使内壁温度接近水的饱和温度,金属管壁能得到良好的冷却。当出现沸腾传热恶化时,则表面传热系数急剧下降,金属管壁温度急剧增加,会造成管子金属过热而烧坏。沸腾传热恶化的现象按其机理可分为两类:第一类传热恶化为膜态沸腾,是由于热负荷较高,汽化中心密集,在管壁上形成连续的汽膜,使管壁得不到液体的冷却,表面传热系数显著下降,受热面的热负荷对这类传热恶化起决定性影响。第二类传热恶化发生在热负荷比前者较低、含汽率较高时,此时管内水膜很薄,由于汽流将水膜撕破或因蒸发使水膜部分或全部消失,管壁直接与蒸汽接触而得不到液体的足够冷却,表面传热系数明显下降,这类现象又称为蒸干。第二类传热恶化时壁温的增值较第一类小,其变化速度也较慢。

自然循环锅炉水冷壁管的质量流速一般不会太高,如出现第一类传热恶化,将导致水冷壁管超温爆管,如出现第二类传热恶化,虽然开始时壁温不会太高,但含盐量较高的炉水水滴润湿管壁时,盐分将沉集在管壁上,进而也会造成超温爆管。

对自然循环锅炉防止传热恶化的措施有以下两种。

(1)采用内螺纹管水冷壁　内螺纹管的作用是使传热恶化大大推迟,其 $x_{lj} \approx$ 0.8,则在水冷壁中完全可避免出现沸腾传热恶化。

(2)采用大直径水冷壁管　采用大直径水冷壁管可使循环回路的循环倍率 K 增加,则沿水壁高度各点的质量含汽率 x 降低,也可避免出现沸腾传热恶化。

2. 水冷壁管内传热恶化的计算(亚临界压力以下 $p < 19.61$ MPa,大管径 $d_n > 15$ mm)

对于沿周界均匀受热的垂直管内出现传热恶化的条件,随压力 p、质量流速 ρw 和热负荷 q 等参数的不同,可分为四个区域(见图 6-16 和图 6-17)。

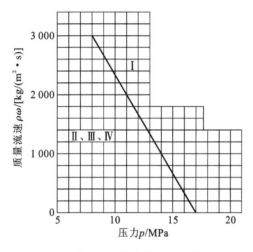

图 6-16　第一、二类传热恶化区划分图

Ⅰ—第一类传热恶化(膜态沸腾)区;

Ⅱ、Ⅲ、Ⅳ—第二类传热恶化区,可按汽流中的水滴是否润湿管壁而划分三个区

沿周界均匀受热的垂直管出现传热恶化的临界含汽率 x_{lj} 的计算式为

对于区域 Ⅰ

$$x_{lj} = x_1 C_d - \left(\frac{q_n}{1.163} \times 10^5 - 4 \right) C_q \qquad (6\text{-}63)$$

对于区域 Ⅱ

$$x_{lj} = x_2 C_d \qquad (6\text{-}64)$$

对于区域 Ⅲ

$$x_{lj} = x_2 C_d \left(\frac{q_n - q_2}{1.163} \right) \times 10^5 C_q \qquad (6\text{-}65)$$

对于区域 Ⅳ

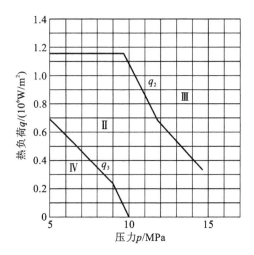

图 6-17　二类传热恶化区划分图

Ⅱ—汽流中的水滴不润湿管壁,传热恶化的临界含汽率与热负荷无关;

Ⅲ、Ⅳ—汽流中的水滴润湿管壁,传热恶化的临界含汽率与热负荷有关

$$x_{\text{lj}} = x_2 C_{\text{d}} \left(\frac{q_{\text{n}} - q_3}{1.163} \right) \times 10^5 C_{\text{q}} \tag{6-66}$$

式中:x_1 为热负荷 $q_{\text{n}} = 465 \times 10^3$ W/m²、管内径 $d_{\text{n}} = 20$ mm 的管中第一类传热恶化的临界含汽率,按图 6-18 查取;x_2 为管内径 $d_{\text{n}} = 20$ mm、第二类传热恶化中与热负荷无关区域中的临界含汽率,按图 6-19 查取;q_{n} 为管子内壁热负荷,W/m³;q_2、q_3 分别为第二类传热恶化中的临界含汽率不随负荷变化的上、下限热负荷值,W/m²,按图 6-17 查取;C_{d} 为管径修正系数,按图 6-20 查取;C_{q} 为热负荷修正系数,按图 6-21 查取。

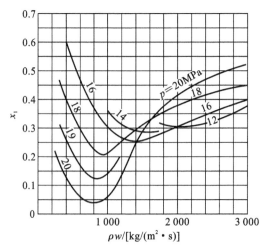

图 6-18　第一类传热恶化(Ⅰ区域)的临界含汽率图

$$q_{\text{n}} = 465 \times 10^3 \text{ W/m}, d_{\text{n}} = 20 \text{ mm}$$

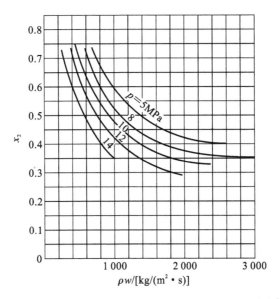

图 6-19　第二类传热恶化中与热负荷无关区域的临界含汽率图

$d_n = 20$ mm

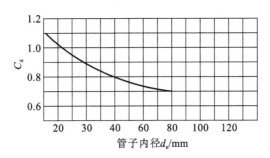

图 6-20　管径修正系数图

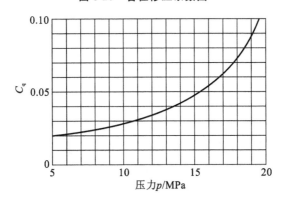

图 6-21　热负荷修正系数图

3. 水冷壁管内沸腾传热恶化校验的步骤

(1)从管组循环特性计算中取该管组的热力参数和结构数据,以及上升管组的工

作压差值 $\sum \Delta p_s$。

（2）根据管组中管间在炉膛区的吸热不均情况和水冷壁的布置特点,选在炉膛区吸热最强的管子或循环流速最低的管子作为被校验管。

（3）沿管高传热恶化最危险点一般位于炉膛沿管高吸热最高点上 2～3 m 处。为提高计算结果的准确性,最好在炉膛吸热最高点及其上 2～3 m 处把校验管分开,其上、下管段分属不同的区段。

（4）取校验管的三个循环流速 w_0,求校验管的对应三个开始沸腾点高度、热水段高度,并求出其后各含汽段的高度。

（5）计算各段三个蒸发量、平均质量含汽率、截面含汽率。

（6）计算校验管的三个重位压差 $\sum H_i \rho_i g$、流动阻力 Δp_s 和总压差 $\sum \Delta p_s$ $= \sum H_i \rho_i g + \Delta p_s$。

（7）画出校验管总压差与其循环流速或循环水量的关系曲线。该曲线与上升管组工作压差的水平线的交点即为校验管的工作点,由图可得该管的循环流速和循环水量。

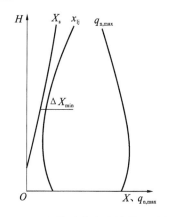

图 6-22　沿校验管高度的蒸汽质量含汽率和传热恶化临界含汽率曲线图

（8）根据所求循环水量可算出校验管各段的蒸发量及各段出口处的蒸汽质量含汽率 x。

（9）按校验管单位投射面积的平均热负荷 $\sum Q_i / \sum s l_i$（其中 s 为水冷壁节距）,考虑到管外、内径比 d_w / d_n 和管子正面内壁均流系数可算出管子向火面内壁沿高度平均的热负荷 q_n。

（10）按水冷壁管内传热恶化计算公式,算出各管段出口处的传热恶化临界含汽率 x_{lj}。

（11）画出校验管沿高度的蒸汽质量含汽率和传热恶化临界含汽率曲线（见图 6-22）,并求出最小含汽率裕度。如两条线相碰或含汽率裕度太小,则认为不合格。在采取必要的结构措施之后从新进行计算。

6.3.3　下降管带汽与汽化

在自然循环锅炉中,如果下降管中工质含汽及汽化,会使下降管中工质密度减小,重位压力降低,阻力增大,因而对水循环不利。

锅炉下降管中产生蒸汽的来源有下列几种。

（1）汽包水进入下降管时,因进口有流阻和加速产生的压降,使进水发生自汽化。

（2）在下降管进口截面的上部形成涡漩漏斗状,使蒸汽被吸入下降管中。

（3）汽包水容积内含汽,被带入下降管中。

(4)下降管受热产生蒸汽。

如果下降管进口重位压力和局部阻力损失超过下降管进口以上的水柱静压,则进口饱和水将沸腾而产生蒸汽,在进口处形成汽穴,阻碍水的进入。为防止进口自汽化,应满足的条件为

$$\rho' h g > (1 + \xi_j) \frac{\rho' w_{xj}^2}{2} \tag{6-67}$$

式中:h 为下降管进口以上到正常水位的水柱高度,m。

如取进口阻力系数 $\xi_j = 0.5$,则进口水柱高度应满足:

$$h > 1.5 \frac{w_{xj}^2}{2g} \tag{6-68}$$

由此可见,在下降管进口之上必须保证一定的水柱高度,故下降管应尽量装在汽包的底部;同时,下降管水速不能过大。在一般条件下,进口自汽化的蒸汽量很少,在水循环计算时,可以不必校核。

当汽包水进入下降管时,由于受到下降管的抽吸作用,在下降管进口截面上部可能形成涡漩漏斗,使下降管大量带汽,对水循环影响很大。为防止出现漩涡漏斗,当采用分散下降管时,对中压以下锅炉,其进口截面上部的水柱高度不小于 4 倍下降管的内径,进口水速不应超过 3 m/s,否则,应在入口处加装栅格板;对高压以上锅炉,则均应装设栅格板;当采用大直径集中下降管时,应在入口处加装十字板或栅格板。

6.4　强制流动锅炉及其水动力特性与传热

6.4.1　强制流动锅炉的工作原理

锅炉的类型很多,如按工质在管内循环方式可分为自然循环锅炉和强制流动锅炉。自然循环锅炉蒸发受热面内工质的流动是依靠汽水密度差来实现的;而在强制流动锅炉内,则是借助水泵的压力。强制流动锅炉又有三种类型:直流锅炉、控制循环锅炉和复合循环锅炉。

1.强制流动锅炉出现的原因

提高锅炉参数,可提高机组热经济性,因此,锅炉向高参数发展是锅炉发展的必然趋势。当压力提高时,汽水密度差 $\rho' - \rho''$ 下降,自然循环推动力下降,故需要采用强制流动。压力进一步提高,汽水分离困难,因此必然取消汽包,所以强制流动锅炉出现是锅炉发展的必然结果。

早在 20 世纪 30 年代,各国就广泛采用中参数中容量(2~4 MPa,1~25 MW)锅炉,使锅炉走上了近代化的道路,并准备向高参数大容量锅炉过渡。但此期间自然循环锅炉遇到了下述三个困难:①由于压力提高,密度差 $\rho' - \rho''$ 下降,循环推动力下降,自然循环可靠性变差;②由于压力提高,汽包体积大、壁厚,而厚钢板制造工艺困难;

③给水处理技术落后和锅内腐蚀严重。为此,各国先后提出了各种不同类型的锅炉,企图解决上述问题。在 20 世纪 30 年代苏联、德国、瑞士提出了直流锅炉并在 20 世纪 40 年代提出的强制循环锅炉,给出了现代锅炉的发展方向。到了 20 世纪 60 年代末,由于给水处理技术和自动调节的发展,强制流动锅炉被广泛采用。

2. 强制流动锅炉的工作原理

强制流动锅炉的主导思想是企图解决第一个困难。由于压力提高,$\rho' - \rho''$ 下降,循环推动力下降。为提高循环推动力,在循环回路下降管系统增加了循环泵,这样,蒸发受热面工质流动的驱动力是:循环泵的压头和汽水密度差或借助于给水泵的压头。因此,强制流动锅炉有下述特点:①由于增加了水泵推动力,工质流量可以人为地控制,水流量可以小些,即循环倍率 K 可以小一些,一般为 1.5~8(通常 K 为 4 左右);②可采用小直径水冷壁;③可采用小直径的旋风分离器,因而可减小汽包直径。

6.4.2　直流锅炉的工作原理和特点

1. 工作原理

与自然循环锅炉不同,直流锅炉没有汽包。

图 6-23 所示为直流锅炉的工作原理。给水在给水泵压头的作用下,依次流过热水段、蒸发段和过热段等受热面进行加热后,一次性将给水全部变成过热蒸汽,故蒸发区的循环倍率 $K=1$。此外,由于直流锅炉没有汽包,所以蒸发段和过热段之间就不像汽包锅炉那样有固定的分界点。图 6-24 中的折线表示沿管子长度工质的状态和参数大致的变化情况:在热水段,水的焓和温度逐渐增高,比热容略有加大,压力则由于流动阻力而有所降低;在蒸发段,汽水混合物的焓继续提高,比热容急剧增加,压力降低较快,相应的饱和温度随着压力的降低亦降低一些;在过热段,蒸汽的焓、温度和比热容均在增大,压力则由于流动阻力较大而下降更快。在直流锅炉运行中,不论

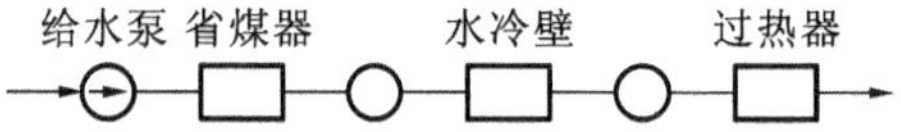

给水泵　省煤器　　水冷壁　　过热器

图 6-23　直流锅炉的工作原理

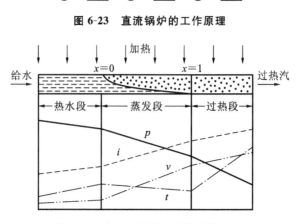

图 6-24　直流锅炉中工质的吸热过程

何种原因引起的工况变动都可能影响汽水通道内各点的工质参数的变化,从而改变热水、蒸发和过热等各区段的长度。

2. 直流锅炉的工作特点

(1)由于没有汽包进行汽水分离,也就是蒸发受热面和过热器没有中间分离容器隔断,因此水的加热、蒸发和过热的受热面并没有固定的界限。例如,锅炉吸热和其他条件都不变时,若减小给水量(见图 6-25),则只需吸收较少的热量就可使水达到沸点,故开始沸腾点前移,即加热水段(省煤段)的长度 l_1 缩小,蒸发段长度 l_2 也会缩小,但锅炉受热管的总长度是不变的,所以过热段的长度 l_3 势必相对增大,也就是增大了用作过热器的受热面,因而过热温度上升;反之,给水量增大时,过热蒸汽温度会下降。

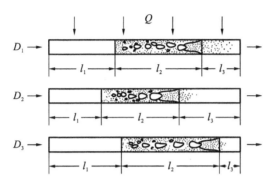

图 6-25　给水量变化时,加热、蒸发、过热受热面界限的变化

(2)直流锅炉由于没有汽包,水容量及其相应的蓄热能力大为降低,一般为同参数汽包锅炉的 $1/2 \sim 1/4$,因此当负荷发生变化时,锅炉压力变化速度也比较快,这就要求直流锅炉有更灵敏的控制技术。

(3)由于没有汽包,直流锅炉一般不能连续排污,给水带入锅炉的盐类除了蒸汽带走一部分外,其余的都将沉积在锅炉的受热面中,因此,直流锅炉对给水品质的要求很高。

(4)在直流锅炉的蒸发受热面中有时会出现一些如流动不稳定、脉动等问题,这些直流锅炉所特有的流动现象会直接影响到锅炉的安全运行。

(5)汽包锅炉中由于循环倍率高,蒸发受热面出口的蒸汽含量 x 是很低的,蒸发受热面管内的换热都属于泡状沸腾,因而受热面的壁温只略高于工质温度,在直流锅炉的蒸发受热面中,水要从开始沸腾一直到完全蒸发,在高压、高含汽量的条件下,锅炉蒸发受热管内的换热就可能处于膜态沸腾状态下,这时受热面的壁温就会急剧升高,使受热面工作不安全。因此,防止膜态沸腾的发生是直流锅炉设计和运行中必须注意的问题。

(6)在直流锅炉中,蒸发受热面进口和出口并不像汽包锅炉中那样汇合在一个压力下,而是存在着压差,其数值为蒸发受热面的流动压降,因此,直流锅炉需要较高的给水泵压头。

（7）启动时，自然循环锅炉中的蒸发受热面是靠锅炉水的自然循环而得到冷却保护，在直流锅炉中则设有专门的保护系统（启动旁路系统），以便在锅炉启动时有足够的水量通过蒸发受热面，保护受热面管壁不致被烧坏。

（8）在直流锅炉中蒸发受热面不构成循环，无汽水分离问题，因此当压力增高，汽水密度差减小，直至超临界压力时，直流锅炉仍能可靠地工作。

3.直流锅炉的优点

与汽包锅炉相比，直流锅炉有以下优点。

（1）因为没有汽包，又不采用或少用下降管，可节省钢材 20%～30%。由于同样的原因，直流锅炉制造工艺比较简单，制造工时可减少 20%；造价降低约 25%；检修劳动费用可降低 30%～40%；运输安装也比较方便。

（2）由于直流锅炉没有厚壁的汽包，在启动和停炉过程中锅炉各部分的加热和冷却都容易达到均匀，所以启动和停炉都可以比较快，冷炉点火后 40～45 min 就可供给额定压力和温度的蒸汽，而一般自然循环汽包锅炉需 2～4 h，停炉则需 18～24 h。

（3）由于直流锅炉是强制流动，因而蒸发受热面可以较任意布置，不必受自然循环所必须的上升管、下降管直立布置的限制，因而容易满足炉膛结构的要求。

（4）直流锅炉不受压力的限制。当压力接近或超过水的临界压力 22.0 MPa 时，由于蒸汽和水的密度差别很小或完全无差别，不能产生自然循环，故只能采用直流锅炉形式。

4.直流锅炉的缺点

（1）直流锅炉对给水品质要求较高。因为直流锅炉一般都没有排污，因此，给水中的盐分不是沉积在锅炉受热面内就是被蒸汽带入汽轮机中，影响锅炉及汽轮机的经济和安全运行。目前，虽然化学除盐水的品质已超过了一般凝结水的质量，保证直流锅炉所要求的给水品质已不成问题，但水处理系统的投资和运行费用较高。

（2）直流锅炉的水容积小，所以对负荷变动较敏感。因无汽包，水的加热段、蒸发段和过热段间无一定界限，若燃料、给水等比例失调，就不能保证供给合格蒸汽，因此，对燃料、给水和空气的自动控制及调节系统要求较高。

（3）直流锅炉给水泵的压头要求较高，消耗电能较大。

6.4.3　控制循环（辅助循环）锅炉的工作原理和特点

1.控制循环锅炉的工作原理

与自然循环锅炉回路比较，控制循环回路主要增加了循环泵，起增加运动压头作用（见图 6-26）。为控制流量，在上升管入口装节流孔圈。其他原理与自然循环相同。

在控制循环中，除了依靠水与汽水混合物之间密度差以外，主要利用在蒸发受热面的下降管和上升管之间的循环泵，用来提高循环回路的流动压力。自然循环运动压头一般只有 0.05～0.1 MPa，而炉水循环泵压头为 0.25～0.35 MPa，比自然循环

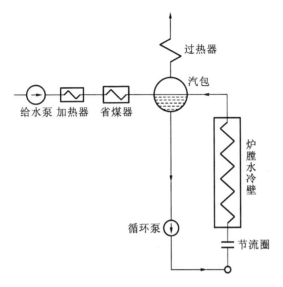

图 6-26　控制循环示意图

大好几倍。因此,控制循环锅炉蒸发受热面布置较为自由,水冷壁的管径可以缩小,一般取 42~51 mm;可使管壁减薄,壁温降低。循环倍率一般为 3~5。水冷壁入口设置节流圈,可保证各循环回路热偏差减小,汽包直径减小,因循环推动力增大,循环倍率减小,循环水量减小,允许阻力大,可采用蒸汽负荷高、旋转强度大的涡流式汽水分离装置。

　　由于循环泵处于锅炉工作压力及接近相应饱和温度下运行,因此,控制循环的可靠性主要取决于循环泵的可靠性。国外大容量亚临界压力锅炉采用这种炉型比例很大。国内生产的 300~600 MW 机组中,控制循环锅炉已占有相当大的比例。

2. 控制循环特性曲线

　　图 6-27 中的 Δp_{hl} 是整个回路的流动压降(其中下降管中的重位压差取负值),已包括通过循环泵、节流孔圈等处的阻力,Δp_b 是循环泵的压头。不难看出,对于自然循环锅炉,稳定工况下 $\Delta p_{hl}=0$,而在控制循环中的 Δp_{hl} 值,是指靠自身运动压头还不

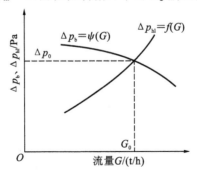

图 6-27　简单控制循环回路的特性曲线

够的那部分阻力值,所以需引入循环泵使之达到平衡,保证循环进行,图中两曲线交点即为工作点(Δp_0,G_0)。

假如若干个不同并联回路合用一台循环泵,则其特性曲线要复杂得多。现代大型控制循环锅炉,通常几台泵接入同一个大直径下联箱,使之各处的工质压力近乎相等,各上升管通过节流孔圈,按预定的热负荷分配曲线,人为地控制流量分布、上升管间的压降差别,通过节流孔圈使之均衡,从而把极复杂的回路变成相当于图 6-27 所示的简单回路,简化了设计。然而为了使上升管压降与总流量同循环泵匹配以及变工况等,仍然有相当复杂的计算工作量。

3. 控制循环锅炉的特点

控制循环锅炉自 20 世纪 40 年代问世以来,得到了较快发展与广泛运用。70 年代后期,将内螺纹管防止膜态沸腾的优越性使用到了控制循环锅炉,从而使其更具特色。

(1)蒸发系统布置比较自由　控制循环锅炉是利用循环泵提供额外辅助循环动力。因此,炉膛断面的选取比较自由,受周界热负荷大小的约束较小。

(2)启、停快　采用循环泵后,蒸发系统内各部分允许有较高的阻力,这就为汽包内部的布置提供了有利条件。锅炉汽包的汽水空间内可布置内夹套,由水冷壁来的汽水混合物从汽包的顶部处引入,通过汽包内壁和夹套之间的夹层向下流动而进入涡轮式分离器进行一次分离,这是控制循环锅炉结构上的重要特点。由于汽包内壁全部与同一温度的相同介质所接触,因而不论在任何工况下,汽包上、下壁的温度是一致的,这就极大地改善了锅炉受压件中最重部件的温度工况,为加快启、停速度和提高变负荷速率创造了条件。

(3)锅炉启动时先循环,后点火,使水冷壁膨胀均匀。

(4)锅炉熄火后保持循环,蒸发系统得以强制冷却,有利于事故处理。控制循环锅炉在熄火停炉后,一台循环泵仍保持运行,炉水继续循环;同时,送、引风机也继续运行。这样使整台锅炉,特别是蓄热量最大的循环系统得到强制冷却,加速了停炉过程,对事故处理尤为重要。

(5)容许锅炉在较低循环倍率条件下运行　内螺纹管膜态沸腾的临界含汽率远高于光管,通过节流孔圈可以控制各上升管的流量及冷态或低负荷时流过水冷壁的质量,使蒸发系统总循环倍率降到 2~2.5,个别回路可以小于 2,同样可确保锅炉安全运行。

6.4.4　复合循环锅炉的特点

1. 复合循环锅炉的工作原理

复合循环锅炉是在直流锅炉和控制循环锅炉的基础上发展起来的,它综合了控制循环锅炉和直流锅炉的特点。复合循环与控制循环相比,它没有汽包,代之以简单的汽水分离器。与普通直流锅炉的区别在于,复合循环锅炉通常在省煤器和水冷壁之间装设循环泵、混合器和分配器等,在一定负荷以下(一般在 60%~85% 额定负荷下),使炉膛水冷壁系统内工质进行再循环,避免在水冷壁内形成膜态沸腾,超过此负荷时切换为直流运行方式。

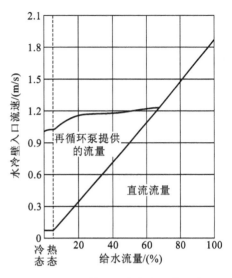

图 6-28　再循环系统水冷壁的流速

图 6-28 中的对角线表示直流锅炉本身产生的流量,由给水泵供给。此流量与负荷成正比,在一定负荷(约 68% 额定负荷)以下投再循环泵,使之通过蒸发受热面的流量几乎是常数,而与锅炉负荷无关。

复合循环锅炉适合亚临界和超临界参数,它依靠循环泵的压头将蒸发受热面出口的部分或全部工质进行再循环。锅炉蒸发系统中除直流流量外,还有循环泵提供的循环流量。

2. 复合循环锅炉的特点

(1)阻力小　由于在低负荷时有再循环流量,当高负荷按直流方式运行时,可选用较低的 ρw,而在低负荷时利用再循环来得到足够的 ρw,这将使汽水系统压降减小,复合循环锅炉的压降仅为直流锅炉的 1/4~1/3,这减少了给水泵压头和功率,从而可节省运行费用。

(2)工质温升小　通常直流锅炉水冷壁中工质温升在额定负荷时为 60~70 ℃,当负荷降低时,给水温度降低,而炉膛内辐射较强,使水冷壁出口工质温度增加,工质温升甚至达 140℃ 以上。而复合循环锅炉低负荷时循环倍率加大,使水冷壁入口水温提高,有效地降低了水冷壁中工质温升,提高了安全性。

(3)低负荷不受限制,启动流量小　由图 6-27 可以看出,无论启动或低负荷运行,再循环泵可提供足够流量通过水冷壁以保证安全运行,仅从循环系统来看,低负荷不受限制,而且启动时热量可以回收,基本上无热损失。

(4)水冷壁结构简单　由上述特点,水冷壁可以按垂直管屏设计,内径可以选择稍大,不用或少用内螺纹管,也无须中间混合联箱,对制造和安装都带来方便。

(5)滑压运行仅限于超临界压力范围　由于蒸发系统通常由几部分串联而成,低于临界压力时易产生两相流汽水分配不均。

3. 全负荷复合循环和部分负荷复合循环

全负荷复合循环又称低倍率循环,它是复合循环的特例,即在全部负荷范围内实行再循环。部分负荷复合循环即通常所指的复合循环。全负荷复合循环与部分负荷再循环的区别是:全负荷复合循环在整个负荷范围内具有固定蒸发终点,水冷壁工质出口平均干度小于1,额定负荷时的循环倍率为 1.2~1.4。部分负荷复合循环只在一定的额定负荷范围内按再循环方式运行,超过一定负荷后则采用直流方式运行。

图 6-29 给出了全负荷复合循环和部分负荷复合循环的系统示意图,两者在系统上的差别主要在控制阀的装设位置不同。前者控制阀只起节流作用,在整个负荷范围内,投入循环泵运行;后者当锅炉负荷达到一定值(30%~70%额定负荷)后,关闭控制阀,循环泵作为给水泵起增压作用,按直流锅炉方式运行。全负荷复合循环与部分负荷复合循环相比,再循环泵略大些,经济性影响不大,但它能较好的防止传热恶化,因此在亚临界参数下,部分负荷复合循环锅炉应用极少,而以全负荷复合循环锅炉代之。

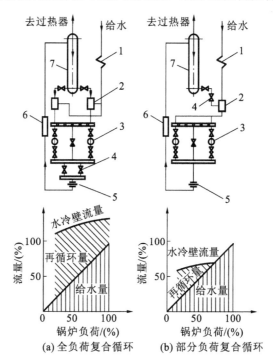

图 6-29　复合循环系统

1—省煤器;2—混合器;3—循环泵;4—控制阀;5—节流圈;6—水冷壁;7—汽水分离器

4. 串联式和并联式复合循环

超临界压力复合循环锅炉按循环泵的连接方式分串联式和并联式两种(见图 6-30)。在串联系统中,循环泵持续工作到75%~80%额定负荷,负荷更大时按直流锅炉运行。在并联系统中,循环泵一直持续工作到约90%额定负荷。若按再循环负荷大小划分,这两种均属于部分负荷复合循环。

1)串联式复合循环

循环泵装在混合器后与给水泵成串联运行。图 6-31 所示为串联式复合循环锅炉的汽水系统及工作原理图。

省煤器出口混合器点 A 处压力为

$$p_A = p_C + (p_A - p_B) + (p_B - p_C) \tag{6-69}$$

因为循环泵的工作压头

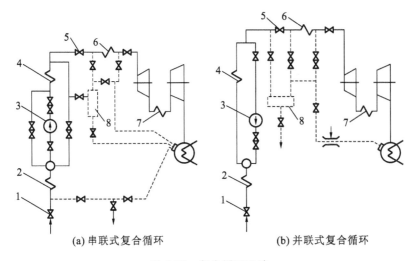

(a) 串联式复合循环　　　　　　　　　　(b) 并联式复合循环

图 6-30　复合循环系统

1—给水调节阀；2—省煤器；3—循环泵；4—水冷壁；5—截止阀；6—过热器；

7—启动分离器；8—启动分离器

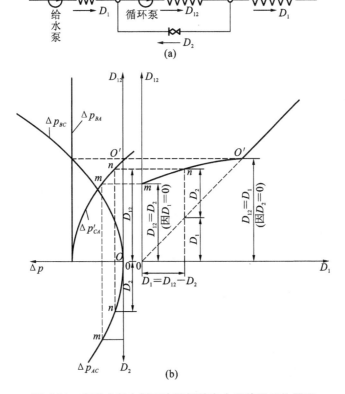

图 6-31　串联式复合循环直流锅炉汽水系统及工作原理

$$\Delta p_{BA} = p_B - p_A$$

水冷壁的流动阻力

$$\Delta p_{BC} = p_B - p_C \qquad (6\text{-}70)$$

所以式(6-69)可以写成

$$p_A = p_C - \Delta p_{BA} + \Delta p_{BC} \qquad (6\text{-}71)$$

由上式可得出：

(1)当 $\Delta p_{BA} > \Delta p_{BC}$，则 $p_C > p_A$，再循环管路中就会有循环流量 D_2，通过水冷壁的流量 $D_{12} = D_1 + D_2$；

(2)当 $\Delta p_{BA} = \Delta p_{BC}$，则 $p_C = p_A$，再循环管路中无流量通过，$D_2 = 0$，通过水冷壁的流量 $D_{12} = D_1$；

(3)当 $\Delta p_{BA} < \Delta p_{BC}$，则 $p_C < p_A$，这时由于再循环回路上装有止回阀，也无流量通过，通过水冷壁的流量 D_{12} 仍等于给水流量 D_1，此时为直流运行。

图中：Δp_{BA} 为循环泵的特性曲线；Δp_{BC} 为水冷壁的流动特性曲线；$\Delta p'_{AC} = \Delta p_{BA} - \Delta p_{BC}$ 为水冷壁管路系统的流动特性曲线；Δp_{AC} 为再循环管路的流动特性曲线。

图 6-31(b)所示为复合循环锅炉的流量特性图，表示锅炉不同负荷通过水冷壁工质的流量。由图分析，得出以下两种极限情况。

①当 $p'_{CA} = 0$，因 $p_C = p_A$，再循环管路中流量等于零，即 $D_2 = 0$，这时通过水冷壁的流量就等于给水流量，在图中即为点 O'。超过点 O' 后，$p'_{CA} < 0$，但因止回阀的作用，再循环管路中流量 $D_2 = 0$，通过水冷壁的流量总等于给水流量。

②当 $D_1 \approx 0$（启动时），因 $p'_{CA} > 0(p_C > p_A)$，再循环管路中的流量为 D_2，这也是通过水冷壁的流量，即 $D_{12} = D_2$，即图中的点 m。

③在 m 与 O' 之间的任意点，如图中点 n，因 $p'_{CA} > 0$，再循环管路中流量为 D_2，这时通过水冷壁的工质总流量为 D_{12}，$D_{12} = D_1 + D_2$。

总之，串联式复合循环的流量特性是由循环泵特性、水冷壁流动特性及再循环管流动特性所决定，设计中主要是组合好上述三个特性，就能获得预期的复合循环流量特性。由图看出，如提高循环泵的工作压头或者降低水冷壁的流动阻力（如采用较低的质量流速）就可把点 O' 移向更高的锅炉负荷处，即提高了复合循环负荷。如降低再循环管路的流动阻力，就可以提高点 m，即提高在低负荷下通过水冷壁的工质流量。

2)并联式复合循环

并联式复合循环的循环泵装在再循环管路上，与给水泵并联运行。图 6-32 所示为并联式复合循环直流锅炉的汽水系统。

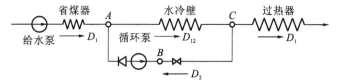

图 6-32　并联式复合循环直流锅炉汽水系统

当采用相同的循环泵、相同的水冷壁和再循环管道结构时,并联式和串联式的流量特性基本上是相同的,但在其他方面存在以下区别。

(1)串联式的再循环泵接在混合器后,适于布置在锅炉下部,目前,在超临界复合循环锅炉上运用广泛。

(2)并联式的再循环泵接在混合器前,混合器一般布置在炉顶以利用混合器后冷工质的重位压头,这就使再循环泵也要放在很高地方,并使泵在抽吸工况下工作,对布置与运行都不利;流量变化幅度大,从 $0 \sim D_2$,对循环泵的特性要求高;由于只通过再循环流量,加上工质温度高,密度降低,泵所耗功率比串联系统低;若不采取专门措施,则应保证在各种情况下循环泵总有工质通过,因此,它较适合于超临界压力低倍率循环锅炉。

6.4.5　直流锅炉蒸发受热面中水动力和传热特性

在省煤器和过热器中,工质分别为单相的水和蒸汽。单相流体的水动力学和传热问题比较简单。因为,在工质和烟气的热交换过程中,只有温度的升高而无状态的变化。但在蒸发受热面(水冷壁)中,工质为两相流体,它的水动力特性较为复杂,在热交换过程的同时,还伴随着工质状态的不断变化(进口是水,随加热的进行逐渐被汽化,至出口变为饱和蒸汽)。从水动力学的角度来看,直流锅炉与自然循环锅炉的本质区别在于炉膛蒸发受热面内的流动特性不同。

1. 水动力不稳定性

锅炉受热面是由许多根平行管子组成的。各管的热负荷及工质流量可能有所不同,只要其中的一根被烧坏,整个受热面就不能正常工作。因此,必须从结构方面和运行方面消除受热不均匀和工质分配不均匀。直流锅炉蒸发受热面的受热不均匀是由炉内燃烧工况决定的,但工质分配不均匀则由各种因素引起。

1)水平管中水动力特性

对于水平管,重位压差 $\Delta p_{zw}=0$,忽略加速压降 Δp_{js}(Δp_{js} 的数值一般约为蒸发受热面总压降的 3.5%),则管子进出口压差 Δp 等于管子流动阻力 Δp_{lz},即

$$\Delta p = \Delta p_{lz} = \Delta p_{rs} + \Delta p_{zf} \tag{6-72}$$

对于热水段流动阻力 Δp_{rs}

$$\Delta p_{rs} = \lambda \frac{L_{rs}}{d} \frac{w_0^2 \rho'}{2} = \lambda \frac{L_{rs}}{d} \frac{(\rho w)^2}{2\rho'} \tag{6-73}$$

对于蒸发段流动阻力 Δp_{zf}

$$\Delta p_{zf} = \psi\lambda \frac{L-L_{rs}}{d} \frac{(\rho w)^2}{2\rho'} \left[1+\bar{x}\left(\frac{\rho'}{\rho''}-1\right)\right] \tag{6-74}$$

式中:ρw 为工质在受热面管中的质量流量;ψ 为两相流摩擦阻力校正系数;$\bar{x}$ 为蒸发段平均质量含汽率。

由热水段热平衡方程可求得热水段的长度 L_{rs}

$$L_{rs} = \frac{d\Delta h(\rho w)}{4q} \tag{6-75}$$

式中:q 为受热面平均热负荷,kw/(m^2 · s);Δh 为进口处工质欠焓,$\Delta h = h' - h$,kJ/kg。

由蒸发段热平衡方程可求得蒸发段平均质量含汽率为

$$\overline{x} = \frac{q\pi d L_{zf}}{2rG} = \frac{q\pi d(L - L_{rs})}{2rG} = \frac{2qL}{(\rho w)rd} - \frac{\Delta h}{2r} \tag{6-76}$$

把 L_{rs} 和 $\overline{x}$ 代入式(6-73)和式(6-74),整理得

$$\Delta p = A(\rho w)^3 + B(\rho w)^2 + C(\rho w) \tag{6-77}$$

式中

$$A = \frac{\lambda \Delta h \psi}{8q\rho''}\left[\frac{1}{\psi} - 1 + \frac{\Delta h}{2r}\left(\frac{\rho'}{\rho''} - 1\right)\right]$$

$$B = \frac{\lambda L \psi}{2d\rho''}\left[1 - \frac{\Delta h}{r}\left(\frac{\rho'}{\rho''} - 1\right)\right]$$

$$C = \frac{\lambda L^2 q \psi}{d^2 \rho'' r}\left(\frac{\rho'}{\rho''} - 1\right)$$

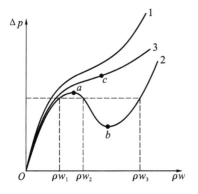

图 6-33　水动力特性曲线

1,3—单值特性曲线;2—多值特性曲线

式(6-77)为水动力特性方程式,是一个三次方程,如图 6-33 所示。工质流动特性呈现哪种曲线图形,取决于 A、B、C 三者的数值。如果出现图 6-33 曲线 2 图形,即表示在一个压差下,对应有 2~3 流量,表明水动力特性是多值性,即对于每一根管子来说,它的流量有 2~3 个可能值。对于蒸发管组来说,即使热负荷相同、几何条件完全相同,管子里的流量也是不同的,称为水力不均。流量小的管子冷却差,因而温度高,有可能烧坏管子,应设法避免。

2)水动力特性单值性和多值性

A、B、C 三者的数值不同,曲线形状也不同。图 6-33 中曲线 2 有两个驻点 a、b,即曲线 2 对应的方程有二个实根;曲线 3 有一个驻点点 c,即曲线 3 对应的方程有一个实根;曲线 1 没有驻点,即曲线 1 对应的方程没有实根。因此,水动力单值性条件为没有实根或只有一个实根,即

$$\frac{d\Delta p}{d(\rho w)} = 3A(\rho w)^2 + 2B(\rho w) + C = 0 \tag{6-78}$$

上式求解可得

$$\rho w = \frac{-B \pm \sqrt{B^2 - 3AC}}{3A} \tag{6-79}$$

因此单值性条件为

$$B \leqslant \sqrt{3AC} \tag{6-80}$$

令 $\psi=1$，把 A、B、C 代入式(6-80)，整理可得

$$B \leqslant \frac{7.46r}{\dfrac{\rho''}{\rho'}-1} \tag{6-81}$$

由图 6-33 可见，曲线 2 有一下降段 ab，即当 ρw 增加时，亦即 L_{rs} 增加、L_{zi} 减少时，D 减少、$\bar{x}$ 减少，$\bar{x}$ 减少的影响比 ρw 增加影响大，因此，水动力多值性这一特性产生的原因从物理上可解释为：流量增加相当于混入冷水，使产生的蒸汽量减少，工质体积减小，混合物流速减小，因而流动阻力减小。

3)垂直管中水动力特性

在垂直管蒸发受热面中，重位压头的影响很大，有时成为压降的主要部分，因此在分析垂直管中水动力特性时，必须同时考虑流动阻力和重位压头之和与流量的关系。

重位压头 Δp_{zw} 对水动力特性的影响如图 6-34 所示。重位压头是单值的，因此，对总的水动力特性起稳定作用。在垂直上升管中，如重位压头占主要影响，则其水动力特性一般是单值。如果重位压头不足，要达到稳定则必须在管子入口处装节流圈，以保证水动力特性的稳定。

在垂直上升管中，除校核水动力特性以外，还应该校核停滞和倒流问题，其基本原理与自然循环锅炉相似。

在一次垂直上升管屏中，各管的受热总是不均匀的，受热弱的管子中工质平均含汽率 x 必然

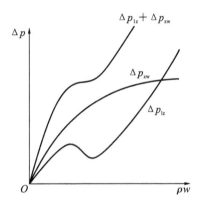

图 6-34　垂直管圈水动力特性

较小，则该管内工质的平均密度就大于管屏中其他各管的平均密度。这样，受热弱的管子的重位压头就大于管组中其他各管的平均重位压头。然而，由于同一管组内各管压降应是相等的，因而受热弱管子中的流动阻力必然减小，也即流量一定减少。当受热弱管子的热负荷低到使其 Δp_{zw} 增加到恰好等于管组总压降 Δp 时，则此管中工质流动停滞，这时水阻力等于零，热负荷低至一定程度，甚至发生倒流，工质由上联箱流入此管，倒流入下联箱，被吸入其他受热强的管子中。

4)消除不稳定流动的方法

(1)提高锅炉工作压力　压力提高时，汽水密度差变小，当达到临界压力时，则汽水比容差 $\rho'-\rho'' \rightarrow 0$。这样，式(6-77)的三个系数 A、B、C 中，$A=0$，$C=0$。这时水动力特性方程变成 $\Delta p = B(\rho w)^2$，对应一个压差就只有一个流量，所以流动特性就稳定了。由此可见，直流锅炉的压力愈高，则流动特性就愈稳定，计算证明，当压力超过 16.4 MPa 时，就可以得到稳定的流动特性。不过对于超临界压力直流锅炉，由于工

质性质有一些特殊变化,实践证明仍然存在流动的稳定性问题,依靠提高压力来消除流动不稳定性,实际上要受到具体设计条件的限制。

(2)减小蒸发受热面入口处的过冷度　减小进口处工质欠焓 Δh,使入口联箱 $\Delta h = 0$ 当然最好,但 $\Delta h = 0$ 时,会使入口联箱流量分配不均,特别是在压力变化时,故不能采用 $\Delta h = 0$。唯有选用 Δh 尽可能小些,当 $\Delta h \leqslant 7.46\ r/(\rho'/\rho'' - 1)$ 时水动力特性是稳定的。由于该公式在推导过程中有一些近似,故以系数 a 对公式进行修正,即

$$\Delta h \leqslant \frac{7.46r}{a\left(\dfrac{\rho'}{\rho''} - 1\right)} \tag{6-82}$$

为实用计算方便,将式(6-82)直接绘成图 6-35。只要管中的工质进口焓在图中稳定区内(曲线以下区域),水动力特性就是单值的。

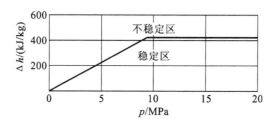

图 6-35　无节流时水动力稳定条件

(3)蒸发受热面入口处装设节流圈　降低入口水的过冷度(提高给水温度)虽能改善或消除流动特性的不稳定,但这往往受具体设计与运行条件的限制而不能达到。如果入口水温过于接近饱和,工况稍有变动,就容易汽化而使水量分配不均,实际上不好操作。因此,目前有效而又被普遍采用的方法是在蒸发受热面管子入口处加装节流圈。

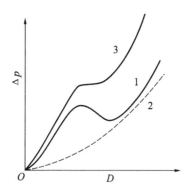

因为节流圈装在管子的进口处,流过的是水,所以它的阻力 Δp 总与流量平方成正比,即 $\Delta p \propto D^2$,如图 6-36 中曲线 2 所示。从图中可以看出加

图 6-36　装节流圈后水动力特性变化 装节流圈后,流动特性不稳定的曲线 1 就变成了流动特性稳定的曲线 3(曲线 3 是在同一流量下由曲线 1 和曲线 2 相加所得),在一个压差下只对应有一个流量。

2. 管间的脉动及其消除

1)管间脉动的现象及产生原因

在直流锅炉蒸发受热面中,并联管组间还存在一种不稳定水动力现象,即脉动现象。当锅炉工况变动时,在并联工作的管组间,某些管子的进口水流量周期性地在平均流量值上下波动,当一部分管子的水流量增大时,另一部分管子的水流量则减小。

与此同时,这些管子出口的蒸汽量也相应地发生周期性变化。当进口水流量最大时,其出口蒸汽量为最小。所以脉动现象是指流量随时间发生周期性变化(见图 6-37)。由于流量脉动,引起了管子出口处蒸汽温度或热力状态的周期性波动,而整个管组的进水量及蒸汽量却无多大变化。

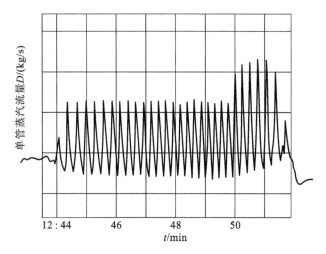

图 6-37　管间脉动时蒸汽流量变化图

脉动频率一般为 1~10 次/分钟,频率的大小取决于管子的受热情况、结构形式及工质参数。水流量与平均流量的最大偏差称为脉动振幅 A,相邻两个最大(或最小)水流量间的间隔时间称为脉动周期 T。

脉动现象与水动力不稳定性的区别在于,前者是周期性的波动,而后者是非周期性波动。由于直流锅炉各受热面之间无固定分界,脉动将引起水流量、蒸汽量及出口汽温的周期波动,流量的忽多忽少使加热、蒸发、过热区段的长度发生变化,因而不同受热交界处的管壁交变地与不同的工质接触,致使该处的金属壁温发生周期性的波动,导致金属的疲劳损坏。

脉动现象有全炉(整体)脉动、管组(管前)间脉动、管间(同级各管之间)脉动三种,而以后两者,尤其是最后一种居多。整体脉动是整个并联管子中流量同时都发生周期性波动,这种脉动在燃料量、蒸汽量、给水量急剧波动时,以及给水泵-给水管道-给水调节系统不稳定时可能发生,但当这些扰动消除后即可停止。

引起管间脉动的原因很复杂,影响因素众多,目前,对于这个问题还没有彻底解决,在这里仅介绍相对说来比较合理而简明的一种解释。由于脉动时两联箱间的压差并不改变,而各管流量则在波动,因此,在管内必须有压力波动,试验也证明,在开始蒸发点处压力的波动最大(见图 6-38),因炉内放热多少总有一些变动,如燃料供给不均匀、燃烧中心变化等,这就可能使得并联蒸发管组中某些管子的吸热增强,产生大大多于正常数量的蒸汽,因而使这些管子的开始蒸发点附近形成一个压力峰(如图中 p_0)。因这时进口联箱内的压力不变,所以进入这些管子的水流量就要减少;若压

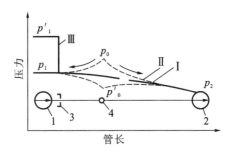

图 6-38　管间脉动压力峰及加装节流圈后压力的变化
Ⅰ—无脉动时压力线；Ⅱ—无脉动时压力线；Ⅲ—在节流圈处的压降
1—入口联箱；2—出口联箱；3—节流圈；4—开始蒸发点

力峰值很高,甚至超过联箱中的压力时,即 $p_0 > p_1$,这些管子的水便向进口倒流;另一方面,又以比原来更大的压差($p_0 - p_2$)把大量汽水混合物压向出口。由于整个管组的总给水量并无变化,因此,当某些管子的给水量减小时,另一些管子的给水量必然增大。与此同时,在水流量降低的管子中,由于流速降低使得从管壁到工质的放热系数减小,而压力增高使得水的饱和温度增高,因此,在外部传热条件不再改变的情况下,这些管子的金属壁温必然有所增高,也就是说,有部分热储蓄在管子金属和水中,随后,这些管子由于进来的工质少,出去的工质多,给水倒流时甚至有出无进,因而在管内形成"抽空"现象,压力猛降至 p_0',这样又使得这些管子的给水量重新增大,这时由于流速增高使管内放热增强,压力降低又使水的饱和温度下降,因而使原来储蓄在金属和水中的热量放出,这些蓄热又使管子的蒸发量增大,如此重复进行而形成周期性脉动。因此,只要经过一次扰动后,管间脉动就可依靠蓄热而持续下去。

发生管间脉动时,管壁的换热强度发生周期性的变化,开始时蒸发点附近的金属壁温波动很大,可以达到 $100 \sim 150\ ℃$,持续不断的脉动将使管子因热疲劳而损坏。因此,管间脉动是直流锅炉运行中必须避免的一种不正常现象。

2)管间脉动的消除

目前,通常采用的消除管间脉动的方法有以下三种。

(1)在管子入口处加装节流圈　加装节流圈的作用就相当于增加了预热水段的阻力,如图 6-38 所示。加装节流圈后入口联箱内压力由 p_1 提高到 p_1',使 $p_1' \gg p_0$。因此当一旦发生压力峰时,对入口水流量变化的影响就较小,当然更不会产生水向入口倒流的现象,也就是说,节流圈起了稳定流量的作用。

(2)采用逐级放大的管径　利用逐级放大的管径(变管径),以增加预热水段(省煤段)的阻力,它的工作原理和加装节流圈是一样的。此外,在入口段采用较高的质量流速也有利于消除管间的脉动。

(3)加装呼吸联箱(见图 6-39)　呼吸联箱的作用是可以均衡某些管子中产生的压力峰,因此可以消除管间脉动。它的安装的位置最重要,一般在蒸汽干度 $X = 10\% \sim 15\%$ 附近处,否则,对均衡压力峰的作用就较小。

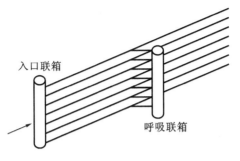

图 6-39　呼吸联箱

3. 直流锅炉蒸发受热面的膜态沸腾问题

在一般情况下,锅炉沸腾管中的换热系数 α_2 高达 10^4 W/(m^2 · ℃)。只要管内流动正常,金属管壁温度仍远低于钢材的极限允许温度。近几十年来,锅炉工作压力已提高到亚临界、超临界及超超临界,锅炉炉膛受热面热负荷也增高。实践表明,即使在未发生水动力多值性、汽水流量脉动及过大的热偏差等情况下,也可能发生沸腾管管壁超温烧损的问题。其原因是由于沸腾管内侧的放热过程在一定条件下发生了传热恶化。此时 α_2 急剧降低,金属管壁温超过允许值。

1)核沸腾与膜态沸腾

饱和水在管内受热沸腾时,随着管壁的热负荷、管内工质的质量含汽率及工质质量流速的不同,可能出现两种沸腾情况,一种是核沸腾,一种是膜态沸腾。

当热负荷、含汽率比较低,而质量流速又足够高时,汽泡在管壁表面产生后很快就脱离,管壁表面主要为饱和水所湿润,而且又不断受到汽泡脱离过程的扰动,这时的沸腾状态称为核沸腾。它的特点是沸腾放热系数很高,因而管壁的内壁温度仅稍高于饱和温度。

随着热负荷的提高或工质中含汽率的提高,受热表面产生的汽泡愈来愈多,最后终于达到汽泡互相汇合,并形成一层汽膜把水和管壁面隔离开来,这时的放热取决于汽膜,所以称为膜态沸腾。膜态沸腾时要通过蒸汽膜来进行传热,由于蒸汽的导热系数很低,所以这时的沸腾放热系数就很低,相应受热面的管壁温度就要急剧升高。

2)直流锅炉蒸发受热管内的沸腾放热过程及膜态沸腾时的管壁温度工况

工质在管内受热沸腾时,沸腾放热情况和两相流体的流动有密切的关系。图 6-40所示为在正常传热情况下水进入管内受热沸腾后,随着含汽量的不断增加,流动结构、流体温度及管壁温度的变化。

水由下部进入时,低于饱和温度。在 A 段内温度不断升高,但还是单相的,因此仍按单相流体强制运行来计算放热系数。随着流体温度的升高,在靠近壁面处边界层内液体的温度总是比整个流体的平均温度要高些。从某一截面开始(B 段),管壁温度超过了饱和温度,这些紧贴壁面的液体边界层内就有了形成汽泡核心及产生蒸汽泡的条件,但汽泡一旦离开壁面后进入过冷水中又被凝结,这一区段(B 段)称为单

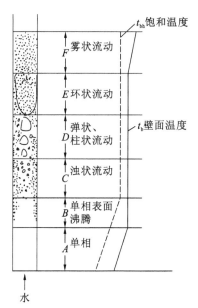

图 6-40　水在管内受热沸腾时
流动结构的变化

相表面沸腾区。

当流体温度达到饱和温度后（实际上比饱和温度还要稍高一些），汽泡脱离壁面后就不再凝结了，水夹带着汽泡称为浊状流动（C 段）。随后由于含汽率的增加，蒸汽泡愈来愈多，而汇合成比较大的汽弹或汽柱，称为弹状或柱状流动（D 段）。在 E 段，蒸汽逐渐增多而形成整个流体的主要部分，这时水以环状膜的形式分布在壁面，以较低的速度流动，同时蒸汽夹带一部分水滴在中心以较高的速度流动，这一区段称为环状流动。环状流动时，在管道内仍有液体的径向流动，水滴落到壁面的液膜上后，由于表面张力的作用而可以被吸附住。

水膜中汽泡的增长速度非常快，所以除了蒸发以外，部分液体要被汽泡带出。当质量含汽率增大、速度进一步增长时，水、汽两相分界面之间的摩擦力大到可以把靠近壁面的水膜撕破。水膜被撕破后，液体全部进入了汽流，变成蒸汽夹带水滴的流动，称为雾状流动（F 段）。雾状流动时，水滴可不断地撞落在受热面壁面上。

在蒸发受热面的管中，蒸汽的形成及汽泡的运动通常是断续或带有一定脉动的，因此上述各种流动结构的边界也常会变动，是不稳定的。

对每一种流动结构来说，随着热负荷的高低不同，都有核沸腾及膜态沸腾两种情况，即都有发生"传热恶化"的问题。

一般来说，在浊状流动及弹状柱状流动时（一般是质量含汽率较低时），当热负荷超过临界值后，因核沸腾转变为膜态沸腾，管壁和汽水混合物之间被一层蒸汽膜隔开，即发生第一类传热恶化。其特点是：①当增加工质的质量流速时，汽泡脱离受热壁面的力增大了，汽泡汇合形成一个蒸汽膜较困难，因此，临界热负荷随着质量流速的增加而增大；②临界热负荷值比较高；③当发生膜态沸腾时，管壁温度急剧升高。

在环状流动或雾状流动时，因水膜撕破或因"烧干"使传热恶化，即发生第二类传热恶化。环状流动时，当热负荷超过临界值，因环状水膜被撕破，管壁和蒸汽膜直接接触，而使传热恶化。对于环状流动，随着质量流速的增加，一方面由于壁面处水膜速度的增加，降低了水膜的稳定性；另一方面，由于加大了中心汽流和水膜之间的速度差，增大了两相分界面之间的切向作用力，因而加速了水膜的破坏。所以随着质量流速的增加，在比较低的热负荷时就会出现传热危机，或者在一定热负荷的条件下，随着质量流速的加大，出现传热危机的临界质量含汽率 x_{lj} 反而降低。雾状流动时，正常的沸腾放热情况是汽流中的水滴不断撞落在受热壁面上，而使壁面温度保持在正常的水平。当热负荷超过临界值后,壁面和雾状汽水流之间为一层蒸汽膜所隔开,水滴已不能落到壁面上,因而使得传热恶化,壁面温度升高。由于水滴的动能随着质量流速的增加而增加,所以在雾状流动时,临界热负荷随着质量流速的增加而增加。

3)防止膜态沸腾发生、降低管壁温度的措施

为防止发生膜态沸腾及降低管壁温度,目前,国内外采用的措施主要有三种。

(1)采用内螺纹管　采用内螺纹管后的效果如图 6-41 所示。与普通的光管相比较,在同样的热负荷条件下,内螺纹管推迟了膜态沸腾的发生,降低了管壁温度。内螺纹管的结构尺寸对效果的大小影响很显著,目前,都是通过试验研究来寻找理想的结构尺寸。

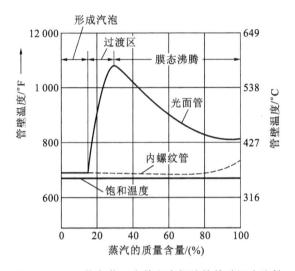

图 6-41　同一热负荷下光管和内螺纹管管壁温度比较

(2)管内加装扰流子　这是又一种在锅炉实际运行中有实际效果的推迟膜态沸腾发生的措施。扰流子就是塞在管子里的扭成螺旋状的金属片,如图 6-42 所示。加装扰流子后,流动阻力有所增加,截面中心与沿管壁的流体则因受振动而混合得更加充分,导致膜态沸腾的推迟。

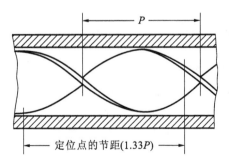

图 6-42　扰流子

无论是加装扰流子或是采用内螺纹管都会使受热面的结构复杂化。

（3）提高工质的质量流速　在浊状、柱状、雾状流动时,提高工质质量流速可以提高临界热负荷,防止膜态沸腾的发生。而在发生膜态沸腾后,提高质量流速可以显著提高膜态沸腾放热系数,把管壁温度限制在材料允许工作温度范围以内。提高质量流速这一方法的缺点是增加了整个锅炉的流动阻力,使给水泵的能量消耗增大。

由于管内沸腾放热现象的复杂性,因此,无论是对这一现象物理过程的本质或是对它进行精确计算的方法,到目前为止还没有被人们完全掌握。随着直流锅炉技术的不断发展,今后一定能较好地掌握复杂的沸腾放热现象,并总结出更符合实际、更精确的计算方法。

4. 直流锅炉蒸发受热面的热偏差

在直流锅炉水冷壁中,因蒸汽含量高,在亚临界压力（或超临界压力）及高热负荷的条件下,就容易发生膜态沸腾（或类膜态沸腾）,因此必须限制热偏差。

1）影响热偏差的因素

（1）吸热不均　锅炉炉膛内烟气温度分布是不均匀的,加上锅炉的结构特点、燃烧方式和燃料种类的不同,会造成蒸发受热面热负荷不均匀和蒸发受热面管内工质吸热不均匀。锅炉运行时,如再发生火焰偏斜、炉膛结渣等,就会使蒸发受热面产生很大的热偏差。在直流锅炉蒸发受热面中,吸热多的管子,由于管内工质比容大、流速高,因而流动阻力也大,使得管内工质流量减少,而流量的减少反过来又促使工质的焓增更大,比热容更大,这会导致严重的热偏差。这种因并联管中各根管子吸热不同而引起的流量偏差,称为热效流动偏差。

（2）流量不均　造成流量不均的主要原因是由于并联各管的流动阻力不同、重位压头不同及沿进口或出口联箱长度上压力分布特性的不同,此外,水动力不稳定和脉动也是引起流量不均的原因。

其一,流动阻力的影响。对于水平围绕及螺旋式管圈,由于流动阻力远超过重位压头和联箱中压力变化对流量不均的影响。因此,对于这种形式的受热面只需考虑流动阻力对流量不均的影响。

管内工质流量与管圈阻力系数及管内工质的平均比热容有关。吸热多的个别管圈的阻力系数及工质平均比热容比同组各管圈相应的平均值大时,将引起该管圈中的流量降低,从而导致热偏差增大。

同样规格的管子,由于长度的差异、管内的表面粗糙度不同、弯曲度不同及管内焊瘤等,都会造成各管阻力系数不同。

吸热不同会引起管内工质平均比热容的不同。在流动阻力起主要作用的水平管圈中,平均比热容较大的管子内工质流量必然较小。在两相流体的比热容随焓值的增加而剧烈增加的情况下,因吸热不同而引起的流量偏差很大,即使阻力系数相同,也将导致很大的热偏差。

其二,重位压头的影响。在垂直上升管屏中,如果流动阻力损失很大（高负荷时）当个别管圈热负荷偏高时,因偏差管中工质平均比热容的增大将引起流动阻力增大,并导致其流量降低。但在同时,因偏差管中工质密度减小而使其重位压力降低,又促使其流量回升。因此,在垂直上升管屏中,重位压力降有助于减小流量偏差。但是,如果流动阻力损失在管屏总压降中所占比例较小(低负荷时),则重位压力降将引起不利影响。此时,受热弱的偏差管中由于平均密度很大,且重位压力降也很大,就会导致该管发生流动停滞。

　　2)减轻和防止热偏差的措施

　　(1)加装节流圈(阀)可有效地减小热偏差。

　　(2)对于一次上升垂直管屏的 UP 型直流锅炉,一方面是在水冷壁进口加装节流圈(阀),另一方面是减小管屏宽度,增加中间混合联箱等方法来减小各水冷壁管的热偏差。

　　(3)对螺旋管圈,由于各管工质在炉膛内的吸热量比较均匀,其热偏差小,因此其水冷壁进口不需加装节流圈(阀)和增加中间混合联箱,使锅炉更适宜于变压运行。

5. 超(超)临界压力下汽水的理化特性

　　1)超(超)临界参数定义

　　工程热力学将水的临界状态点的参数定义为:压力为 22.115 MPa,温度为 374.15 ℃。当水的状态达到临界点时,汽化潜热为零,汽和水的密度差也等于零,该压力称为临界压力,水在该压力下的温度称为临界温度(即相变点),在饱和水和饱和蒸汽之间不再有汽、水共存的二相区存在。当水蒸汽参数值大于上述临界状态点的压力和温度值时,则称其为超临界参数。超超临界参数的概念实际是一种商业性的称谓,以表示发电机组具有更高的压力和温度。各国、甚至各公司对超超临界参数的开始点定义也有所不同,例如:日本的定义为压力大于 24.2 MPa,或温度达到 593 ℃;丹麦定义为压力大于 27.5 MPa;西门子公司的观点是应从材料的等级来区分超临界和超超临界机组等。我国电力百科全书则将超超临界定义为:蒸汽压力高于 27 MPa。

　　2)超(超)临界压力下汽水的理化特性

　　在临界压力和临界温度时,水冷壁管内工质存在着相变过程或称最大比热容区,而且对应于不同的压力和温度区域,水冷壁管内工质具有不同的比热容,与较低参数的状态不同,这时水的传热和流动特性也会发生显著的变化。在临界压力或超临界压力下,水的汽化潜热为零,水变成蒸汽的温度即为相变点温度,随着压力增加,相变点温度稍有增加。相变点温度与压力的关系如图 6-43 所示。

　　(1)超临界压力水蒸气比体积　比体积定义为:1 kg 水或蒸汽所具有的容积,单位为 m³/kg。在压力低于临界压力时,1 kg 水

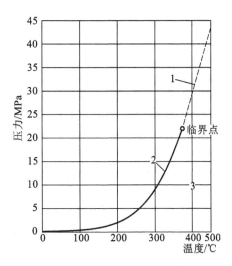

图 6-43　超临界压力相变点轨迹

被加热之后变成饱和蒸汽,其容积会增加很多倍,容积增大的倍数与压力有关。当压力达到临界压力时,水和蒸汽的比体积相等,临界比热容为 0.003 17 m^3/kg。由图 6-44可知,在临界压力以下时,水在达到饱和温度并蒸发时工质的比体积以近似垂直线方式急剧上升;而在临界压力和超临界压力时,工质的比体积上升平缓,但在相变点附近,工质的比体积也增加得相当快,即密度显著减小。

（2）超临界压力水蒸气比热容　　比热容定义为:在特定的热工过程中,使 1 kg(或 1 m^3)工质的温度升高 1 ℃所需要的热量。工质在等容加热过程中,1 kg(或 1 m^3)工质温度升高 1 ℃所需要的热量称为比定容热容(c_V)。工质在等压加热过程中,1 kg(或 1 m^3)工质的温度升高 1 ℃所需要的热量称为比定压热容(c_p)。图 6-45 所示为30～50 MPa 超临界压力下工质的比定压热容。由图可见,超临界压力水的比热容随温度的提高而增加,而蒸汽的比热容随温度的提高而减小;在相变点附近,当温度变化时,五个不同超临界压力所对应的比热容有很大变化,且都有一个最大比热容区,随着压力的提高,在最大比热容区比热容的变化逐渐变缓。

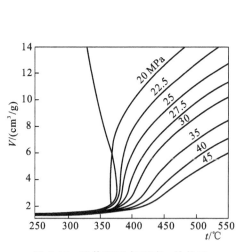

图 6-44　比体积 V 与温度 t 的关系

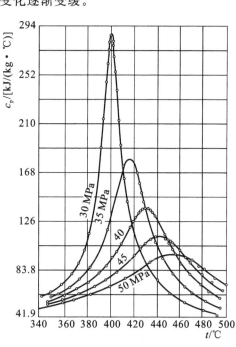

图 6-45　超临界压力工质的比定压热容

（3）超临界压力水蒸汽焓　　焓定义为:使工质从 0 ℃达到规定的热力状态参数(p、t、x)时总共吸收的热量称为热焓(简称焓)。对于超临界压力,焓是压力和温度的函数,如图 6-46 所示。从图中可以看出,临界压力和超临界压力在相变点附近,同样当温度变化时,焓值变化很大,但是超过一定压力以后,焓值变化变缓。

（4）超临界压力水蒸气其他特性　　超临界压力水蒸气在相变点附近除了工质的比体积、比热容、焓有明显变化之外,工质的动力黏度 μ、导热系数 λ 均有显著的降

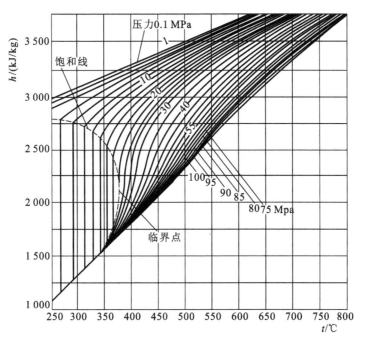

图 6-46　热焓与温度的关系

低,而普朗特数 pr 明显增大,如图 6-47 至图 6-49 所示。由图可知,随着温度不断升高,动力黏度 μ 和导热系数 λ 先是下降,而后略有上升,而普朗特数 pr 在达到最大值后,随着温度升高而降低。

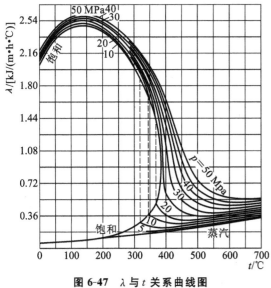

图 6-47　λ 与 t 关系曲线图

图 6-48　普朗特准则数 pr 变化情况

1—饱和水线;2—饱和蒸汽线

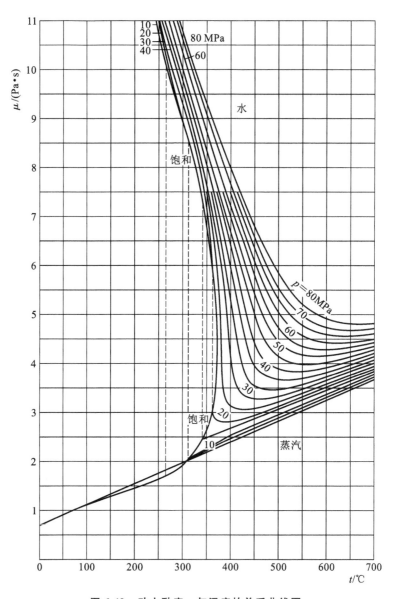

图 6-49　动力黏度 μ 与温度的关系曲线图

6.5　直流锅炉的启停特点

　　不同于自然循环锅炉(又称汽包锅炉),直流锅炉的结构和工作原理有其特殊性,因而其启停过程也独具特点。

6.5.1　直流锅炉的启停特点

与汽包锅炉相比,直流锅炉的启动过程主要有以下特点。

(1)直流锅炉汽水流程特点　直流锅炉从结构方面来说,有多种不同的设计,如盘管型、管屏型、多次上升型、一次上升型等。有的直流锅炉有分离器,有的没有分离器。有的在高负荷时按直流方式运行,在低负荷时,则按复合循环方式运行。从蒸汽参数方面的差别来说,主要有亚临界参数及超临界参数的区分。各种不同类型的直流锅炉,其运行性能、运行系统及动态特性都是不同的。然而从直流锅炉的汽水流程方面来看,最简单而又具有一般代表性的物理模型可以用一根均匀受热的蒸发管来研究其基本的动态特性。

图 6-50 所示为亚临界参数直流锅炉的一般模型。进口的工质是未饱和的过冷水,而出口则是过热蒸汽。整个单管受热面因而可以分为三段:①水加热段;②蒸发段;③过热段。其中①、③两段都是单项介质,而②段则是蒸发过程中的汽-水两相混合物。

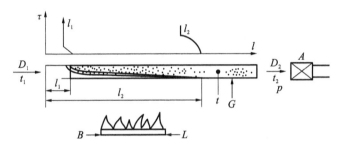

图 6-50　直流锅炉中汽水流程示意图

直流锅炉与汽包锅炉最主要的不同之处,便是加热过程中的起始蒸发点及蒸发终点的位置是不确定的,其蒸发段的长度也是可变的。因此在工况变动时,直流锅炉管系中介质的存储量会发生相当幅度的变化,由此也会引起出口介质流量及相应参数的变化。图 6-50 中的斜线面积就表示在输入热量增大时,水的存储量减少。图中,l_1、l_2 分别表示起始蒸发点及蒸发终点的位置。图中上部表示 l_1 及 l_2 的变化过程。在系统输入流量 D_1 及压力 p 不变的情况下,输入热量的增大将使水加热段长度及蒸发段长度按比例缩短。随着介质的流动,水加热段长度 l_1 先达到新的稳态值,而蒸发终点达到新的稳态值的时间要长一些。随着管内蒸发段长度 l_2-l_1 的缩短及水加热段 l_1 的缩短,储水量的减少使出口蒸汽流量 D_2 在短时间内大于入口给水流量 D_1。此外,系统内压力的变化、入口给水流量及给水焓的变化等因素,也都会使蒸发区相变点的位置有相应的变动。

直流锅炉因为没有汽包,所以其总的工质储量及热量储存要比同容量的汽包锅炉少很多。直流锅炉因为全部采用强制流动,因而其汽-水流程的总流动阻力也要大于同容量的汽包锅炉。这些都使得在同样幅度的扰动下直流锅炉的压力变动速度及可能的变化幅度要比同容量的汽包锅炉要快得多或大得多,相应地使蒸汽流量及温度都会有所变化。

在汽包锅炉中由于有汽包的缓冲作用,给水流量的变化短时间内对于蒸汽压力、蒸汽流量和过热蒸汽温度只有微弱的影响,或者几乎没有影响。而在直流锅炉中则不同,给水流量的单独变化,直接影响着系统中的压力、蒸汽流量和出口的蒸汽温度。只有给水流量与燃料量较好的协调,才能适应外界对于蒸汽产量的要求并保持蒸汽压力与温度的稳定。

(2)厚壁部件的热应力是限制机组启停速度的主要因素,而直流锅炉没有汽包,只有集箱、阀门等少量厚壁部件,因此它的启停速度可以比汽包锅炉快一些。另外,现代大型机组均采取滑参数启动方式,其启动速度还要受到汽轮机的限制。

(3)直流锅炉启动一开始就必须建立一定的工质流量和压力,以保证受热面安全工作。同时,为减少热量损失和工质损失,设置了启动旁路系统。

(4)升温速度　由于直流锅炉没有汽包,且水冷壁各并联管的工质流速较快,故其允许升温速度比自然循环锅炉高,但是高参数大容量直流锅炉的联箱、混合器、汽水分离器等部件的壁厚尺寸也不是很小,升温速度也要受到一定的限制。表6-4给出了各类锅炉的允许升温速度。

表 6-4　各类锅炉的允许升温速度

名　　　称	允许升温速度/(℃/min)
自然循环锅炉汽包内工质	1~1.5
一次上升型直流锅炉下辐射区出口工质	2.5
控制循环锅炉汽包内工质	3.7

(5)启动水工况及循环清洗　直流锅炉没有连续排污系统,给水通过受热面一次蒸发完毕,水中杂质只有四个去向:①沉积在受热面内壁;②沉积在蒸汽管道及阀门内壁;③沉积在汽轮机通流部分;④进入凝汽器。其中,①、③两项较多,②、④两项较少。

锅水中的杂质除了来自给水,还有管道系统及锅炉本体内的沉积物和氧化物被溶入锅水。因此,每次启动要对管道系统和锅炉本体进行冷、热态循环清洗。

直流锅炉给水由凝结水和补充水组成。凝结水100%经过过滤器、阴阳离子混合床除盐。补充水采用沉淀、过滤、阴阳离子除盐。

炉前给水系统管道中的杂质对水造成污染,使省煤器进口水的品质下降。因此,启动前首先要对炉前给水系统进行冷态循环清洗。

锅炉本体氧化铁等杂质也会污染水质,使蒸发受热面出口水中杂质含量大于省煤器入口水中杂质含量。因此,启动时还要对锅炉本体系统进行冷态循环清洗。要求蒸发受热面出口水的铁含量合格后才能点火。

　　锅炉点火后水温逐渐升高,锅内氧化铁等杂质进一步溶解于水,故点火后还要进行热态循环清洗。在热态循环清洗过程中,蒸发受热面出口水的铁含量大于100 $\mu g/L$ 时应限制水温在 288 ℃以下。这是因为水温高于 288 ℃时,水中所含的铁在受热时在壁面上的沉积量明显增多,416 ℃时达到最大值。水质合格后才允许继续升温。

　　(6)工质与热量的回收　直流锅炉点火前要进行冷态循环清洗,点火后要进行热态循环清洗,启动过程中的给水流量不能低于启动流量,汽轮机冲转后还要将汽轮机用不完的多余蒸汽排放掉。可见,启动过程中直流锅炉的汽、水排放量是很大的,如果不进行回收,就会造成较大的工质和热量损失。因此,一般直流锅炉都设置了专门的启动旁路系统,用以回收工质和热量。

　　例如,某直流锅炉启动过程中热量和工质回收途径及回收工质品质标准是:水中铁含量小于 80 $\mu g/L$ 时可经启动旁路系统回收进入除氧器水箱,以回收热量和工质;水中铁含量大于 80 $\mu g/L$ 时可经启动旁路系统回收进入凝汽器,以回收工质;水中铁含量大于 1 000 $\mu g/L$ 时可直接排入地沟不予回收。蒸汽可回收进入除氧器或加热器,用以加热给水,多余部分经启动旁路系统排入凝汽器。启动过程中的热量回收除了经济意义外,还可提高给水温度,改善除氧效果。

　　(7)受热面区段变化与工质膨胀　汽包锅炉的省煤器、水冷壁及过热器等受热面之间有汽包作为固定的分界点,而直流锅炉不同,这些受热面依次串联。虽然在结构上是分清的,但是工质状态没有固定的分界点,它随着工况的变化而变化。

　　启动过程中水的加热、蒸发及蒸汽的过热三段受热面是逐渐形成的。整个过程经历三个阶段。

　　第一阶段　启动初期,全部受热面用于加热水。在这一阶段中工质温度沿着受热面逐渐上升,工质相态没有发生变化,从锅炉出口流出来的是热水,其质量流量等于结水质量流量。

　　第二阶段　水冷壁最高热负荷处工质温升最快,当工质温度升至饱和温度时开始汽化。此时,汽化点以后的受热面内的工质仍为水。由于蒸汽密度比水小得多,汽化点附近的局部压力升高,将汽化点以后的水从锅炉内挤出并排入启动分离器,使锅炉排出的质量流量大大超过给水质量流量,这种现象称为直流锅炉启动中的工质膨胀。当汽化点以后的受热面中的水都被汽水混合物排挤出锅炉时,锅炉排出流量回复到与给水流量一致进入了第二阶段,这一阶段的受热面分成水的加热和水的汽化两个区段。

　　第三阶段　锅炉出口工质变成过热蒸汽时,锅炉受热面形成水的加热、汽化和蒸汽过热三个区段。

　　锅炉工质膨胀是直流锅炉启动过程中的重要现象。汽包锅炉实际上也有类似的工质膨胀现象,如水冷壁内工质温度升至饱和温度时有部分水变成蒸汽,锅内工质体积膨胀,但由于汽包空间的吸收作用只是使压力和水位略有上升而已。直流锅炉工质膨胀过程中,单位时间多排出的水量称为膨胀强度,膨胀过程中多排出的总水量称为总膨胀量。为了便于对不同容量的锅炉进行比较,膨胀强度和膨胀总量用相对于BMCR给水流量的倍数来表示。

限制启动过程中的工质膨胀量对直流锅炉的安全启动有着十分重要的意义。如果在短时间内出现较大的膨胀量,就会使锅炉内的工质压力和启动分离器水位难以控制。

锅炉贮水量对工质膨胀量有很大的影响。贮水量的定义为汽化起始点至排出口之间的锅炉受热面内空间所贮存的水量。它与锅炉类型、燃烧效率、工质压力等因素有关。如适当降低燃烧效率、提高工质压力、降低给水温度等,都会使汽化点位置后移,贮水量减少,膨胀量减小。此外,降低燃烧效率还会使产汽量减少,产汽速度减缓,从而减小了膨胀强度;工质压力提高还会使蒸汽密度增大(比热容减小),膨胀量减小。

6.5.2　直流锅炉的启动旁路系统

直流锅炉的启动旁路系统是直流锅炉特有的辅助系统,主要由汽水分离系统和热量回收系统两部分组成。现代变压运行超临界直流锅炉毫无例外地都采用内置式分离器启动系统。所谓内置式,是指自锅炉点火至正常运行期间,分离器始终接入汽水系统,在锅炉启动和最低直流负荷以下,分离器对饱和汽水进行分离为湿态运行,在最低直流负荷以上转为干态运行,此时汽水分离器仅作为蒸汽通道使用。

1. 直流锅炉启动旁路系统的作用

直流锅炉设置启动旁路系统的目的是为了满足对锅炉和给水系统进行循环清洗、建立启动压力和启动流量、回收工质和热量等要求,同时,还能起到保证锅炉各受热面参数正常和满足汽轮机各种状态启动的作用。

(1)辅助锅炉启动　辅助建立冷态与热态循环清洗工况;辅助建立启动压力和启动流量,或建立水冷壁质量流速;辅助减小工质膨胀及其影响;辅助管道系统暖管。

(2)协调机、炉工况　满足直流锅炉启动过程自身要求的工质流量与工质压力等;满足汽轮机启动过程需要的蒸汽流量、蒸汽压力与蒸汽温度。

(3)工质与热量回收　借助启动旁路系统回收启动过程中锅炉排放的工质和热量。

(4)安全保护　启动系统能辅助锅炉、汽轮机安全启动。有的启动系统还能用于机组甩负荷保护、带厂用电运行或停机不停炉等。

2. 直流锅炉启动旁路系统的类型

直流锅炉的启动旁路系统有内置式分离器启动系统和外置式分离器启动系统两大类型。我国一次上升型直流锅炉常采用外置式分离器启动系统,CE-Sulzer 螺旋管圈型直流锅炉常采用内置式分离器启动系统。

1)外置式分离器启动系统

外置式分离器是一个中压或低压分离器,它只是在机组启动及停运过程中使用,正常运行时与系统隔绝,处于备用状态,故又称启动分离器。

图 6-51 所示为简化的外置式分离器启动系统。启动分离器位于蒸发受热面与过热器之间。启动过程中过热器进口隔绝阀 A 关闭,启动分离器出口隔绝阀 C 开启,通过启动分离器进口调节阀 B 进行节流调节,节流管束 J 用来减小 B 阀的压降,改善阀门的工作条件。蒸发受热面工质通过 B 阀节流减压后进入启动分离器,在启动分离器中扩容、汽化和汽水分离,蒸汽通过 C 阀进入过热器,其余的汽和水可分别回收。这样,蒸发受热面可保持较高的启动压力,启动分离器处于中压或低压状态,其压力根据汽轮机的进汽参数要求和工质排放能力确定。启动分离器使蒸发受热面与过热器受热面之间的界限固定下来了,与汽包锅炉类似,故具有汽包锅炉的汽温特性。启动进行到一定阶段,启动分离器要从系统中分离出来,工质直接通过 A 阀进入过热器,锅炉转入纯直流运行方式,称为"切除启动分离器"。

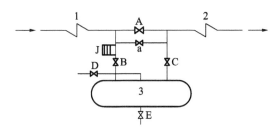

图 6-51　外置式启动分离器启动系统简图
1—省煤器与水冷壁;2—过热器;3—启动分离器;
A—过热器进口隔绝阀;B—启动分离器进口节流调节阀;C—启动分离器蒸汽出口隔绝阀;
D—蒸汽回收阀;E—饱和水回收阀;J—节流管束

外置式分离器启动系统在启停过程中要有切除启动分离器和投运启动分离器的操作,增加了启停的复杂性。但是启动分离器的优点明显,除能充分地回收热量和工质之外,还能解决机、炉之间的蒸汽流量和参数要求不一致的矛盾,与内置式分离器比较,启动分离器的压力低,设计、制造方便,运行操作水平要求也较低。

2)内置式分离器启动系统

螺旋管圈型直流锅炉都配置内置式分离器启动系统。分离器与水冷壁、过热器之间的连接无任何阀门。一般在 35%～37%BMCR 负荷以下,由水冷壁进入分离器的工质为汽水混合物,在分离器内进行汽水分离,分离器出口的蒸汽直接送入过热器,疏水通过疏水系统回收工质和热量或排入大气、地沟。当负荷大于 35%～37%BMCR 时,由水冷壁进入分离器的工质为干蒸汽,分离器只是作为一个蒸汽通道,蒸汽通过分离器直接进入过热器。

分离器疏水系统大致有三种类型(见图 6-52),即扩容型、疏水热交换器型和辅助循环泵型。

(1)扩容型疏水系统如图 6-52(a)所示,分离器疏水品质合格时通过 ANB 阀排入除氧器水箱,回收工质和热量;当分离器大流量疏水(如工质膨胀峰值)或水质不合格时,疏水通过 AA、AN 阀排入大气式扩容器,扩容器的疏水可回收入凝汽器或排入地沟。扩容型疏水系统适用于带基本负荷的机组。

(2)疏水热交换器型疏水系统如图 6-52(b)所示,分离器疏水通过热交换器加热给水回收热量;通过热交换器后的合格疏水排入除氧器,除氧器热量饱和时排入凝汽器,水质不合格时也直接排入凝汽器;为了适应工质膨胀峰值的大流量疏水,有一条疏水热交换器旁路,以减小排放阻力。

(3)辅助循环泵型疏水系统如图 6-52(c)所示,分离器疏水水质合格时通过辅助循环泵打入给水系统,维持水冷壁最低质量流速,这样就可降低给水流量。分离器疏水水质不合格时通过扩容器排放或排入凝汽器。

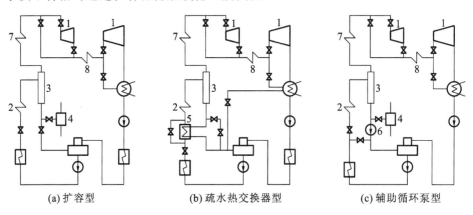

(a)扩容型　　　　　(b)疏水热交换器型　　　　　(c)辅助循环泵型

图 6-52　内置式分离器疏水系统

1—汽轮机;2—水冷壁;3—分离器;4—扩容器;5—热交换器;

6—辅助循环泵;7—过热器;8—再热器

6.5.3　直流锅炉的启停过程

启动锅炉的目的就是要向汽轮机供应蒸汽。单元机组直流锅炉大多采用压力法滑参数启动,即机炉启动是联合进行的。由于设备类型和其他条件的不同,因此不可能制定出标准的启动程序。但无论哪种启动程序,一般由上水、吹扫、点火暖管、冲转暖机和升速并网、升负荷等几个过程组成。现以某厂 DG 2000/26.15-Ⅱ 2 型超临界直流锅炉为例,具体介绍超临界直流锅炉的启动过程。

1. 设备简介

某厂装设两台 660 MW 超临界汽轮机发电机组。锅炉为超临界参数变压运行直流炉、单炉膛、一次再热、平衡通风、露天布置、固态排渣、全钢构架、全悬吊结构Ⅱ型锅炉。设计煤质采用 40%丰城煤矿和 60%裴沟煤矿的混煤,校核煤质Ⅰ采用丰城矿煤,校核煤质Ⅱ采用淮南谢桥矿煤。锅炉的主要参数为:锅炉出口蒸汽参数为 26.25 MPa/605/603 ℃,对应汽轮机的入口参数为 25.0 MPa/600/600 ℃。汽轮机额定功率(TRL)660 MW。采用带启动循环泵的启动系统,设计容量为 25%BMCR。

锅炉设内置式启动系统,主要由启动循环泵及其附件、启动分离器、贮水箱、疏水扩容器、排汽管道、疏水泵、疏水箱、水位控制阀、截止阀、管道及附件等组成。

2. 锅炉的启动过程

(1)启动前完成锅炉机组的准备和检查工作。

(2)锅炉的冷态启动(温态、热态、极热态启动视情况可不需要进行冷态清洗和热态清洗)。

锅炉的冷态启动流程为:准备启动→启动前置泵或启动给水泵→给水管道冲洗、确认高加出口水质合格→锅炉上水、确认贮水箱水位→启动锅炉循环泵进行冷态开式清洗、确认水质合格→启动疏水泵回收工质→冷态闭式清洗、确认水质合格→锅炉吹扫→油泄漏试验合格→点火条件满足准备点火(用油枪或使用等离子点火)→升温、升压→热态清洗、水质合格→锅炉升压至汽轮机冲转参数→汽轮机冲转→并网→升负荷→干、湿切换→启动另一台给水泵→升至额定负荷。

①准备启动时的工作　启动前置泵或启动给水泵,进行给水管道冲洗,确认高加出口水质合格。

②锅炉上水　启动时若投入锅炉循环泵,锅炉上水或水清洗前应确认给水品质符合规定。上水前已完成凝汽器、低压管道、除氧器清洗。

③锅炉冷态开式清洗(投炉水循环泵)　锅炉冷态开式清洗程序:

冷凝器→低压加热器→除氧器→给水泵→高压加热器→省煤器入口→水

　　　　　┌─────锅炉循环泵─────→┘

冷壁→分离器→储水箱→储水箱疏水阀→大气扩容器→扩容器疏水箱→地沟。

④锅炉冷态循环清洗　冷态再循环清洗程序:

冷凝器→低压加热器→除氧器→给水泵→高压加热器→省煤器入口→水

　　　　　┌─────锅炉循环泵─────→┘

冷壁→分离器→储水箱→储水箱疏水阀→大气扩容器→扩容器疏水箱→疏水泵→凝汽器。

⑤锅炉冷态开式清洗(不投炉水循环泵)　清洗程序:

凝汽器→低压加热器→除氧器→给水泵→高压加热器→省煤器→水冷壁→分离器→储水箱→储水箱疏水阀→扩容器→地沟。

⑥锅炉冷态闭式循环清洗　当汽水分离器出口铁含量$<500\ \mu g/L$、$SiO_2<200\ \mu g/L$可启动锅炉疏水泵,回收进凝汽器,节约用水。循环清洗程序:凝汽器→低压加热器→除氧器→给水泵→高压加热器→省煤器→水冷壁→分离器→储水箱→储水箱疏水阀→扩容器→疏水泵→凝汽器。

⑦锅炉点火　完成锅炉点火前的准备工作和炉膛吹扫工作,并完成锅炉点火前的检查工作,点火条件满足后准备点火(用油枪或使用等离子点火)。

⑧锅炉升温升压　锅炉点火后给水流量应维持 409 t/h,始终都不能<399 t/h。点火后当主汽压力升至 0.2 MPa 时,应关闭有关空气门、疏水门及各自前隔门(电动

门可群控操作)。采用前置泵上水尽快启动汽动给水泵以满足锅炉升温升压的要求。锅炉升温过程中,当水冷壁出口温度(中间点温度)接近 190 ℃时应停止增加燃料,当水冷壁出口温度达 190 ℃时,锅炉即进入热态清洗阶段。

⑨锅炉的热态清洗　热态清洗阶段应控制锅炉的燃料量,维持水冷壁出口温度在 190 ℃。当水冷壁出口温度升高时,应适当减少燃料量,以便水冷壁出口温度能维持在 190 ℃。当分离器储水箱出口水质 Fe<50 μg/L 热态清洗结束,锅炉可继续按"冷态启动曲线"增加燃料而升温。在升温升压过程中,仍应按"冷态启动曲线"控制燃料量,使各受热面工质温度升温速率≤2 ℃/min。

⑩汽轮机冲转　当主汽压力为 8.9 MPa、主汽温度为 360~380 ℃,且主蒸汽的 Fe≤20 μg/kg、Na≤20 μg/kg、SiO$_2$≤50 μg/kg、电导率≤1 μs/cm 符合冲转要求时,汽轮机开始冲转。汽轮机中速暖机结束后,升速至 2 900 r/min,并进行阀切换。阀切换结束后升速至 3 000 r/min 并进行有关试验。之后,机组并网、升负荷。

⑪湿/干态转换　当产汽量超过最低给水量时,即转入干态运行,此时循环泵停运且锅炉运行模式从湿态切换到干态。由于储水箱水位和分离器入口过热度等参数的不稳定造成很难定义切换点,因此升负荷过程中不要在 20%~30%ECR 之间停留。随负荷的升高逐渐关小高压旁路的开度,当其全关后用煤水比控制主汽压力,而不再用高压旁路的开度来控制主汽压力。干态运行时,停止启动循环泵运行,开启减温水旁路关断阀,通过旁路进行暖泵。启动循环泵停止运行后要及时严密关闭过冷水电动一、二次门,以防止分离器储水箱水位上升较快难以控制。当负荷升至 170 MW 左右时,且储水箱水位到零,分离器 361 调节阀开度为 0 后,停止疏水泵,严密关闭疏水泵出口至凝汽器电动门,防止漏真空。当分离器储水箱水位降至零,启动系统处于热备用状态。此外,在干态运行时,通过给水量调节主汽压力,通过煤水比来调节分离器入口过热度,控制分离器进口温度 310 ℃左右。增加煤量时应相应减少燃油量或停用油枪,以保持煤水比稳定。

⑫锅炉冷态启动曲线　由图 6-53 所示的锅炉冷态启动曲线可见,整个冷态启动的过程是较长的,从锅炉点火到汽机冲转需 180 min,从冲转到带满负荷约需 260 min,其中冲转及暖机仅用 60 min(与汽轮机结构特点有关)。从燃烧率看,冷态启动时的变化是比较缓慢的。从锅炉升温升压情况来看,由于停炉后时间较长,汽温汽压接近于冲转参数的时间较长。

(3)锅炉热(温)态启动步骤如下。

①完成锅炉热态启动前的准备工作。

②锅炉热态进水并建立启动流量　锅炉上水时要根据水冷壁和启动分离器内介质温度和金属温度控制上水流量,上水流量控制在 200 t/h。当启动分离器前受热面金属温度和水温降温速度不高于 2 ℃/min,水冷壁范围内受热面金属温度偏差不超过 50 ℃可适当加快上水速度,但不大于 400 t/h。热态启动时当主汽压力超过 12 MPa时应开启汽轮机旁路降低主汽压力,当压力低于 12 MPa 后再启动汽动给水

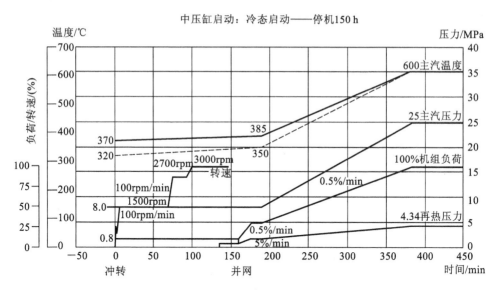

图 6-53　锅炉冷态启动曲线

泵,给水流量控制在 80~100 t/h,并根据省煤器、水冷壁、汽水分离器的工质温度和金属温度的温降来控制给水流量,当温降速度<2.0 ℃/min 和水冷壁出口各金属温度的偏差不超过 50 ℃时,可逐步增加给水流量至 399 t/h,并维持在 399~404 t/h。由于 361 阀设计运行压力为 8.892 MPa,在对锅炉小流量进水时还应继续降低主汽压力至 8.892 MPa 以下,在分离器压力超过 8.892 MPa 时,禁止开启 361 阀,防止361 阀汽蚀。相关条件满足后,启动循环泵。

③锅炉点火　完成锅炉点火前的准备工作和炉膛吹扫工作,并完成锅炉点火前的检查工作。当点火条件满足后准备点火。

④汽轮机的冲转升速　汽轮机的冲转参数要求见表 6-5。

表 6-5　汽轮机的冲转参数要求

状　态		停机时间/h	汽轮机金属温度/℃	冲转时的主汽压力/MPa	冲转时的主汽温度/℃
冷态		大修后	<120	5.1	360
		>72	120~280	5.1~8.92	360
温态		10~72	280~415	5.1~8.92	400
热态		1~10	415~450	8.92	450
极热态		<1	>450	8.92	555

锅炉热态启动在点火后水冷壁的出口温度≤190 ℃时,应按锅炉冷态启动进行热态清洗。当水冷壁出口温度>190 ℃时则不进行热态清洗。当主蒸汽参数符合汽轮机冲转的要求,并且主蒸汽的品质 Fe≤20 μg/kg、Na≤20 μg/kg、SiO$_2$≤50 μg/kg、电导率 γ≤1 μS/cm 时,按冷态启动进行汽机的冲转、升速、暖机和阀切换。

升速率和暖机时间按启动曲线或表中规定进行。

⑤锅炉热态启动曲线如图 6-54 所示。

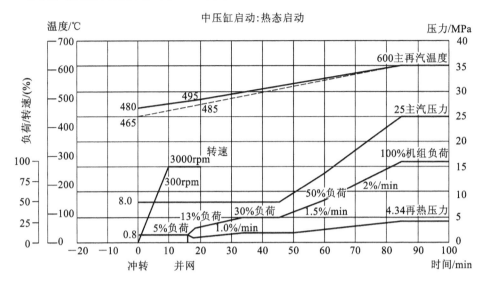

图 6-54　锅炉热态启动曲线

由图 6-54 所示的锅炉热态启动曲线可见,从点火到冲转只需 40 min,从冲转到满负荷需 110 min。从燃烧率看,热态启动时的变化是比较快的,而在升温升压过程中,由于停炉后时间较短,汽温汽压接近于冲转参数,因此,升温升压过程很短,一般情况下,点火到达冲转参数,只需 10 min。点火约 20 min 后,高压旁路即可关闭。

3. 锅炉的停运

锅炉的停运可分为计划停运和非计划停运。计划停运即按预定的计划将机组停止运行,其中包括大修、小修和备用。非计划停运也称强迫停运,是指机组发生事故造成的跳闸停机或机组重要设备发生故障,机组不能维持运行所造成的停机,其中包括机组紧急停运和申请停运。

锅炉停运的全部操作程序与锅炉启动程序相反。一般规定,对于采用滑参数方式停运要求按启动曲线的相反方向进行滑参数御负荷。

(1)正常停运前完成锅炉机组的停炉准备和检查工作。

(2)锅炉停运的步骤如下。

①锅炉机组由满负荷分步降至 300 MW→180 MW→120 MW。然后按规定降低蒸汽参数和汽轮机负荷。

②干、湿态转换　当贮水箱水位＞7.5 m 延时 10 s,机组负荷＜120 MW 时,启动循环泵运行方式从干态切换到湿态模式,机组解列。

③机组负荷由 120 MW 减至 30 MW　在此过程中维持负荷变化速率为 5 MW/min,锅炉主、再热汽温仍以≤2 ℃/min 速率降温至 360 ℃。继续通过汽轮机旁路、汽轮机调门和燃料量控制主汽压力至 8.92 MPa。

④发电机解列、汽轮机停机、锅炉熄火　在机组负荷降至 30 MW,且汽轮机主汽门和调节级温度均≤360 ℃后检查并确认"机跳炉"保护已退出,再进行发电机解列和汽轮机的脱扣。之后,通过降低燃料量和开大汽轮机旁路减压门来控制主汽压稳定。检查 361 阀水位设定值在 12 m,将 361A、B 阀投入自动,检查分离器储水箱水位正常,并关闭有关阀门。在磨煤机全停后,可停用密封风机和一次风机。MFT 动作后,应进行跳闸后吹扫,即维持 35% 的风量对炉膛进行 300 s 的通风吹扫,经跳闸并吹扫后方可停用送、引风机。检查并确认过热减温总门、再热减温总门和一、二级减温和再热减温阀门关闭,以防止减温水漏进一、二次汽系统。

(3)滑参数停炉后的操作　锅炉熄火后停止进水,且给水流量减至"0",此时,停用给水泵和循环泵,并关闭 361 阀。开启"汽轮机旁路减压门"进行主蒸汽的降压操作,降压速率应小于 0.30 MPa/min。开启高温再热器出口疏水门,进行再热蒸汽的降压操作,降压速率也应小于 0.30 MPa/min,当再热蒸汽压力不超过 0.2 MPa 时,开启相关阀门。当锅炉需要进行热炉放水时,待水冷壁出口温度小于 180℃后,即可开启所有放水门进行放水。空气预热器进口烟温降至 100 ℃ 以下,方可停止空气预热器的运行。当炉膛温度小于 50 ℃时,停用冷却风机。

第7章 锅炉受热面及其工作特点

7.1 锅炉蒸发受热面及系统

7.1.1 水冷壁的作用与结构

1. 水冷壁的作用

锅炉的蒸发受热面主要由炉膛四周的水冷壁管组成,当水在水冷壁管内流动时,受到炉内燃料燃烧传递给水冷壁管的热量,使水加热而蒸发汽化。锅炉的蒸发系统可以分为自然循环、直流和强制循环三种。自然循环是靠炉外下降管组和水冷壁组成的上升管组之间的工质密度差来推动水循环的蒸发系统。直流是靠给水泵的压头使水和汽水混合物在管内进行一次性强制流动的蒸发系统。强制循环是在循环回路内装设再循环泵以辅助锅炉进行循环的蒸发系统,它是依靠下降和上升管组之间的工质密度差加上再循环泵压头来克服循环系统阻力进行循环的。

锅炉蒸发受热面正常和可靠运行,在很大程度上取决于水冷壁管的冷却情况,为保证可靠的管壁冷却,必须使水冷壁管内壁有一层连续的水膜流过,使管壁温度保持在允许范围内。若管壁温度超过管子材料的极限允许温度,管子就可能损坏。若壁温有周期性的波动,即使管壁温度低于极限允许温度,管子也有可能受交变温度应力而产生疲劳破坏。

对于蒸发受热面,在一定热负荷下,管子外壁温度主要取决于工质的放热系数。由于沸腾水的放热系数很大,其管壁温度只比饱和温度略高,管壁不会超温。但当管内汽水混合物流动不良使水不能连续地冲刷管子内壁时,工质的放热系数将显著降低,将导致管壁超温。

2. 水冷壁的类型与管屏结构特点

1) 水冷壁的类型

水冷壁由水循环回路的上升管组成,是锅炉的主要辐射受热面,同时具有保护和减轻炉墙的功能。

按管子外形可分为光管与鳍片管,鳍片管又分为轧制鳍片管和焊接鳍片管。按管子内表面分为光管与内螺纹管。

对于超临界锅炉,通常整个炉膛的水冷壁分为下组管屏和上组管屏。下组管屏有垂直管屏和螺旋管屏两种,水在管内吸收热量蒸发汽化。上组水冷壁管为垂直管屏,汽化后的水继续吸收热量成为过热蒸汽。

按组成管屏分为光管水冷壁和膜式水冷壁,膜式水冷壁按组成方式又可分为轧制或焊接鳍片管组成、光管加扁钢和烧熔焊等(见图7-1)。

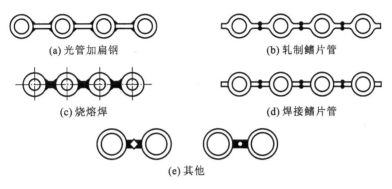

(a) 光管加扁钢　　　　　　　　　　　(b) 轧制鳍片管

(c) 烧熔焊　　　　　　　　　　　　(d) 焊接鳍片管

(e) 其他

图 7-1　膜式水冷壁类型

轧制鳍片管由于价高且货源困难已逐渐被光管加扁钢所替代,而光管加扁钢的管径,节距选择较自由,既适于自动焊,也可手工焊。烧熔焊法适于小直径、小节距的膜式壁,有较复杂的技术,美国 CE、日本三菱和意大利托西等均用之。

光管管屏由于气密性差,炉墙既重又不便敷设、金属耗量大、易结焦、蓄热量大、不利于停炉后快速检修等缺点,在大型锅炉上极少采用,甚至小锅炉上近来亦有采用膜式壁的。

内螺纹管是一种将内壁加工成螺旋线的无缝钢管,主要用于亚临界参数及超临界参数的锅炉水冷壁上,它能改善内表面传热条件,即使在较高热负荷与蒸汽干度下,也不易发生传热恶化。内螺纹管的断面如图7-2所示。国内外对几种内螺纹管承受内压进行了破坏试验,并对电站锅炉的管子定期割管检验,结果表明如下。

(1)多头内螺纹管中的螺纹对裂纹的发展有终止作用,对强度则无增进作用,即强度计算中只能用最小壁厚。

(2)运行中有腐蚀现象,但其微观组织、硬度及高温强度都与使用前差别不大,材料特性保持良好,可以继续正常使用。

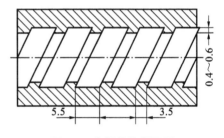

图 7-2　内螺纹管断面图

2)管屏结构特点

由于水冷壁管屏的尺寸较大,又处在高温高压下工作,因此对制造公差的要求较严,特别是宽度与节距公差对安装质量影响较大。为了便于工地组装,在水冷壁管的上下对接处管端宜在制作时割去 25～50 mm 的鳍片,并留出 250～500 mm 长的鳍片焊缝先不焊,待现场安装时进行焊接。若是光管加扁钢,则制作时可留出适当长度不焊扁钢。另外,管屏边鳍片宜做成半鳍片形式,以利工地组装,在吊装发运中不易损坏。

对于布置成为上、下管屏的的超临界锅炉,在上、下管屏的过渡处设置有过渡集箱。过渡集箱的结构如图7-3所示,对工质混合、消除热力与水力偏差有利,但结构复杂。在倾斜管转到水平引出管进入集箱及由集箱再水平引出转到直立管时的弯头采用锻造带翼板结构(见图7-3),该类弯头优点在于除了正常的管子对接外,在膜式翼板之间只有气密焊接,焊接时既不会损坏弯头也较方便。

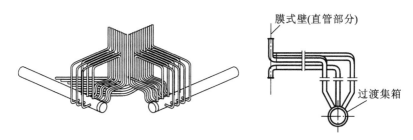

膜式壁(直管部分)

过渡集箱

图7-3　下部螺旋水冷壁管屏与上部垂直水冷壁管屏的过度集箱

3. 折焰角的功能及其结构

为了改善炉内气流分布,水冷壁在炉膛后墙出口处制作成先向内凸出而后向后延伸形状部分,称为折焰角(见图7-4)。

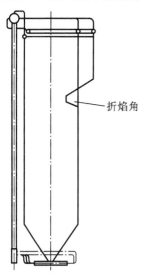

折焰角

图7-4　锅炉水冷壁的折焰角

1)折焰角的功能

折焰角的主要功能是改善炉膛内的烟气流动状况,以避免涡流与死角,提高炉膛辐射受热面的利用程度。折焰角的深度加大,可使靠近前墙的烟气轴向上升速度加大,从而改善水平烟道中烟温沿高度方向分布不均状况,使水平烟道上、下烟温差减小。

增加折焰角水平连接烟道长度,在不增加锅炉深度的情况下,可布置更多对流受热面。

折焰角与水平夹角的增大,除对炉内烟气流动有影响外,对减少折焰角处水冷壁管爆管事故十分有利。若折焰角与水平夹角太小,折焰角管内容易引起沉积物,特别是管子粗糙和焊接处不光洁时沉积更容易发生,引起流动不畅造成爆管。另外,管内流动不畅还会引起氢损伤(严格讲是氢原子损伤)造成水冷壁爆管事故。因此,从运行安全的角度考虑,折焰角与水平的夹角应不小于30°。

2)折焰角的结构

图7-5给出了折焰角最常见的结构及支吊类型。图7-5(a)所示的三叉管型是在部分或全部上升管转折处装三叉管,直管与集箱相连,集箱上部再引出若干管子与上集箱相连,为保证大部分工质通过折焰角弯管部分,在直管入集箱处装设节流孔圈。此结构适于高压及以下锅炉,因这种类型不仅需三叉管,且对水循环不利;图7-5(b)

所示的圆钢支吊型最简单,国内 200 MW、部分 300 MW 及国外某些公司均用此结构,其缺点是,启停时支吊圆钢与水冷壁管之间存在温差及温差应力,因此吊杆处必须敷设炉墙保温,尽可能减少温差,据国内运行实践、测试与理论分析,均认为是安全的;图 7-5(c)所示的管子支吊型是从水冷壁抽出一部分管子,如从 3 根中抽出 1 根,直接引向上方作吊挂管,其余弯折到炉内形成折焰角,由于抽出管子后必须调整节距,使设计、加工与密封等复杂化了,但消除了温差应力。国内部分 600 MW 与300 MW锅炉均用之。

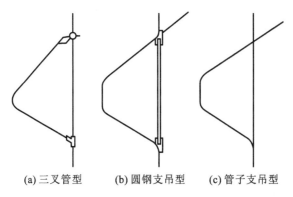

(a) 三叉管型　　　(b) 圆钢支吊型　　　(c) 管子支吊型

图 7-5　折焰角支吊类型

7.1.2　自然循环锅炉汽水循环系统

1. 循环回路

自然循环汽水系统通常是由汽包,大直径集中下降管,分配器,供水管,下集箱,前墙、后墙、侧墙水冷壁,后墙水冷壁悬吊管,后墙排管,上集箱,导汽管等部件组成。

为了提高水循环的可靠性,循环回路的合理划分与布置是非常重要的。由于炉内温度沿炉膛宽度和深度分布是不均匀的,故水冷壁各部位的吸热也是不均匀的,甚至悬殊很大。对四角布置燃烧器锅炉来说,水冷壁中间部位的热负荷较两边要高,尤其是燃烧器区域附近的热负荷最大,而炉膛四角和下部受热最弱。为了提高自然循环的可靠性,需要将水冷壁受热面按其受热情况和结构划分成独立的循环回路,如炉膛截面设计成八角形,炉角管单独形成循环回路,以减少受热不均等。

将每面墙水冷壁分成若干组,同一组水冷壁管结构和受热情况尽可能接近,单独同上、下集箱连接,形成独立循环回路,以避免将热负荷不同的管子并列在一起。显然,划分循环回路数越多,每个循环回路中并列的管子数就越少,受热就越均匀,对水循环越有利,但循环系统越复杂。按此原则,SG-1025/18.1-M319 型和 DG-1000/16.7-I型锅炉各划分 32 个循环回路。由英国引进的 1160/17.5 型锅炉划分 22 个循环回路。图 7-6(a)、(b)和(c)所示分别为它们的循环回路布置示意图。

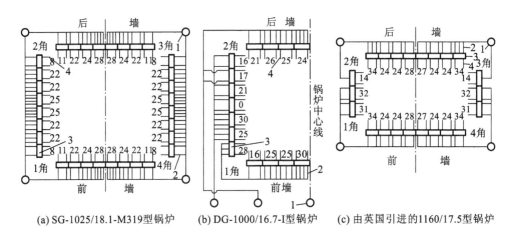

(a) SG-1025/18.1-M319型锅炉　　(b) DG-1000/16.7-I型锅炉　　(c) 由英国引进的1160/17.5型锅炉

图 7-6　循环回路布置示意图

1—集中下降管；2—供水管；3—水冷壁下集箱；4—水冷壁管

注：图中标的数字是对应各下集箱所接出的水冷壁数目

2. 汽水循环系统

SG-1025/18.1-M319 型锅炉水冷壁循环系统如图 7-7 所示，来自省煤器的未沸腾水经布置在汽包内给水分配管分 4 路分别进入 4 根大直径集中下降管。在 4 根集中下降管的下端均接一个分配器，并与 96 根供水管相连，供水管把欠焓水送入水冷壁的下集箱，然后经 648 根膜式水冷壁管向上流动，水被加热并逐渐形成汽水混合物，通过 106 根导汽管被引入汽包中，并由轴流式旋风分离器和立式波形板将汽水进行分离，饱和蒸汽由 18 根连接管引入顶棚过热器进口集箱。

DG-1000/16.7-I 型锅炉的汽水循环系统与 SG-1025/18.1-M319 型锅炉基本相同。集中下降管有 6 根，水冷壁管有 698 根。

由英国引进的 1160/17.5 型锅炉也是类似的汽水循环系统，其汽水流程线路框图如图 7-8 所示。

3. 亚临界自然循环的特性

亚临界压力自然循环可靠性的主要矛盾是循环倍率较低的问题，必须给以重视。循环倍率的选取应首先考虑使锅炉具有良好的循环特性，即当锅炉负荷变动时，应始终保持较高的循环水量，使水冷壁得到充分地冷却。而当热负荷增加时，各循环回路的循环水量也能随之增加，也就是自补偿能力要好，即要保证循环倍率 K 要大于界限循环倍率 K_{jx}，否则，自然循环将失去自补偿能力，使水循环破坏。此外，循环倍率过低，则水冷壁管内蒸汽质量含汽率增加，在亚临界压力下，当热负荷高时，就有可能发生传热恶化，也就是安全性差的管子将是受热最强的管子。一般配 300 MW 及以上容量机组的自然循环锅炉，水冷壁内的质量流速都接近或超过 1 000 kg/(m² · s)，而最大热负荷一般不超过 524 kW/m²，如能保持上升管出口质量含汽率不大于 0.4，即循环倍率不小于 2.5，则水冷壁中工质由于膜态沸腾而导致传热恶化是可以避免

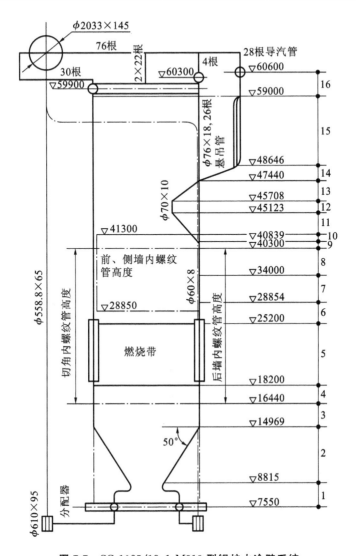

图 7-7　SG-1025/18.1-M319 **型锅炉水冷壁系统**

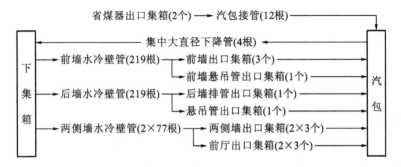

图 7-8　由英国引进的 1160/17.5 型锅炉水冷壁系统

的。所以,控制适当的循环倍率,即可保证锅炉具有良好的循环特性,随热负的高低既能自动调节循环水量,又可防止传热恶化。

7.1.3　直流锅炉蒸发受热面

1. 直流锅炉的类型

直流锅炉是没有汽包的锅炉,在给水泵压头的作用下,工质按顺序一次通过预热、蒸发和过热受热面。工质在锅炉内强制流动,并不进行水循环。直流锅炉的特点是适用于各种压力,蒸发受热面的布置也比较自由。直流锅炉启停迅速、调节灵敏。但是,直流锅炉的给水品质及自动调节要求较高,蒸发受热面阻力较大,给水泵耗电也较大。

根据水冷壁的结构型式和系统不同,目前,国内外直流锅炉可分为水平围绕管圈型、多次垂直上升管屏型、回带管屏型、一次垂直上升管屏、下部水平围绕管圈、上部一次垂直上升管等五种类型。

1)水平围绕管圈屏(拉姆辛型)

水平围绕管圈型水冷壁结构最早由前苏联拉姆辛锅炉制造厂生产,故称拉姆辛型直流锅炉,如图 7-9 所示。其结构特点是水冷壁由许多根并联的微倾斜或部分微

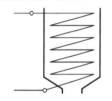

图 7-9　水平围绕管圈型

倾斜、部分水平的管子,沿整个炉膛周壁盘旋上升,不需下降管。盘旋的方式可分为在一面墙上倾斜,三面墙上水平;或两面墙上水平,另两面墙上倾斜;或所有水冷壁管沿炉墙四周倾斜盘旋上升,后者为螺旋式水冷壁。由于管子长度比上升高度大得多,汽水摩擦阻力远大于重位压头,因此,重位压头常略去不计。管圈的数目与锅炉容量有关,容量大的锅炉常将管子分成双管圈或多管圈,目的是使每一管圈不致过宽,以减小管子间因受热不均匀而产生的热偏差。水平围绕管圈式水冷壁的主要优点是:没有不受热的连接管,也没有中间联箱,故金属用量少;易于将工质焓较高的管段布置在热负荷较低处,有利于防止该管段金属超温;便于滑压运行,各管屏受热均匀;相邻管带外侧两根相邻管子间的壁温差较小,宜于整焊膜式壁结构;燃料适应性广。其主要缺点是:安装组合率低,现场焊接工作量大,水冷壁支吊结构复杂,沿炉膛高度方向的热负荷不均匀会增大管圈间的热偏差等。这些缺点对大容量锅炉尤为突出。

2)多次垂直上升管屏

多次垂直管屏型水冷壁结构最初由德国本生锅炉制造厂生产,所以也称本生型,它的结构与自然水循环锅炉的水冷壁相似,如图 7-10 所示。其结构特点是:在炉膛四周布置多个垂直管屏,每个垂直管屏由若干根并联的垂直上升管及其上下联箱组成,屏宽 2～3 m,管屏之间用 2～3 根炉外根不受热的下降管连接,将它们串联起来,工质在管屏内多次上升流动。整台锅炉的水冷壁可串联成一组或几组,工质顺序流过组内的各管屏,组与组之间并联。这种结构对于容量较小的锅炉,可以保证水冷

壁管内有足够的工质质量流速。

这种管型的优点是:便于在制造厂装配成组件,工地安装方便,支吊结构简单。其缺点是:金属耗量大,相邻管屏外侧两根相邻管子间的管壁温差大,不利于采用膜式壁(膜式壁相邻管壁温差一般要求不大于 50 ℃),由于压力变动时中间集箱中工质状态发生变化会引起汽水分配不均,故不适应于滑压运行要求。目前,往往只在炉膛下辐射区做成几次串联,以减少每屏的焓增,从而减小相邻管屏外侧两根相邻管子间的壁温差,同时,可保证较小容量锅炉管内工质足够的质量流速以避免流动异常和传热恶化。而炉膛上部则做成一次垂直上升管屏,这时工质常为过热蒸汽,比体积较大,可保证足够的工质流速,炉膛上部热负荷也较低,同样可以适应整焊膜式壁的要求。

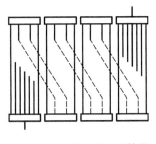 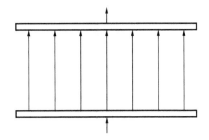

图 7-10 多次垂直上升管屏   图 7-11 一次垂直上升管屏

3)一次垂直上升管屏(UP 型)

蒸发受热面采用一次垂直上升管屏,垂直上升的相邻管屏之间不相串联,仅在上升过程中做几次混合,如图 7-11 所示。该管屏主要优点是:金属消耗量少,结构简单,流动阻力小,相邻垂直管屏外侧管间壁温差较其他垂直上升管屏水冷壁小,适宜采用整焊膜式结构,且水力特性较为稳定。在大容量锅炉中得到广泛应用。其缺点是:工质一次上升,只有容量足够大,周界相对小时,才能保证管内工质的质量流速足够大,以避免出现传热恶化,但负荷调节性能差。300 MW 机组锅炉采用 $\phi22\times5.5$ mm 的带内螺纹小管子以增加流速,才刚满足水冷壁可靠运行的要求。采用小管径可以减小壁厚,但影响水冷壁刚度,且对管子内径偏差、管屏制造、安装要求高,否则易造成水力偏差。

4)迂回管屏(苏尔寿型)

迂回管屏型直流锅炉最早由瑞士苏尔寿公司制造,故称苏尔寿型直流锅炉,如图 7-12 所示。其结构特点是:由若干根平行的管子组成的管带,沿炉膛内壁上下迂回或水平迂回。故管屏可分为水平迂回和垂直升降迂回两种。

该管屏形式的主要优点是:能适应复杂的炉膛形状,如在炉底用水平迂回管屏,燃烧器区域用立式迂回管屏,中间集箱少用,甚至取消,没有下降连接管,金属耗量较少。迂回管圈型直流锅炉的优点是钢材用量少。其缺点是两联箱间管子特别长,热偏差大,不利于管子自由膨胀,管屏每一弯道的两行程之间相邻管子内工质流向总是相反的,所以温差大,对膜式壁结构特别不利。垂直迂回管圈的流动稳定性较差,且不易疏水和排汽,当工质流速低时还可能发生停滞和倒流。

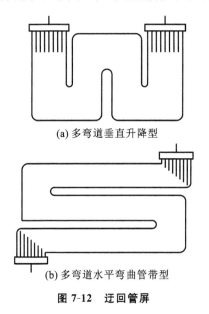

(a) 多弯道垂直升降型

(b) 多弯道水平弯曲管带型

图 7-12　迂回管屏

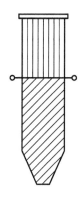

图 7-13　下部水平围绕管屏、上部一次
垂直上升管屏

5)下部水平围绕管屏、上部一次垂直上升管屏

炉膛下部回路为水平倾斜、围绕着炉膛盘旋上升的螺旋管屏组成膜式水冷壁(见图 7-13),以保证必要的工质质量流速和受热均匀性,炉膛上部通过中间联箱或分叉管过渡成垂直上升管。该结构具有以下特点。

(1)布置与选择管径灵活,易于获得足够的质量流速　与一次垂直上升管屏相比,在满足同样的流通断面以获得一定质量流速条件下,该型水冷壁所需管子根数和管径,可通过改变管子水平倾斜角度来调整。管子根数大大减少,使之获得合理的设计值,以确保锅炉安全运行与水冷壁自身的刚性。

(2)管间吸热偏差小　螺旋管在盘旋上升的过程中,管子绕过炉膛整个周界,途经宽度方向上不同热负荷区域。因此,对于螺旋管的各管,以整个长度而言吸热偏差很小。

(3)抗燃烧干扰能力强　当切圆燃烧的火焰中心发生较大偏斜时,各管吸热偏差与出口温度偏差仍能保持较小值,与一次垂直上升管屏相比,要有利得多。

(4)可不设置水冷壁进口节流圈　一次垂直上升管屏为了减小热偏差的影响,必须在水冷壁进口按照沿宽度上的热负荷分布曲线设计配置流量分配节流圈,甚至节流阀。这一方面增加了水冷壁的阻力。而采用螺旋管屏,由于吸热偏差很小,设计上使各根管子的长度与弯头尽量接近,因此已无须设置节流圈,从而减少了阻力。

(5)适应锅炉变压运行要求　低负荷时易于保证质量流速及工质从螺旋管屏进

入中间混合联箱时的干度已足够高,当转入垂直管屏时不难解决汽水分配不均的问题,使该型锅炉易于适应变压运行。

(6)支吊系统与过渡区结构复杂　螺旋管屏的承重能力弱,需附加炉室悬吊系统,最终通过过渡区结构使之下部重量传递到上部垂直管屏上,整个结构均比较复杂。

(7)设计、制造和安装复杂　螺旋管屏本身及其复杂的支吊系统,增加了设计与制造难度和工作量。螺旋管屏四角均需焊接及吊装次数的增加,给工地安装增加了难度与工作量。

2. 超(超)临界锅炉蒸发受热面

1)超(超)临界锅炉蒸发受热面工质特点

从物理意义上讲,水的物性只有超临界和亚临界之分,超超临界和超临界只是人为的一种区分。常规亚临界发电循环的典型参数为 16.7 MPa/538 ℃/538 ℃,对应发电效率约为 38%。超临界发电循环的典型参数为 24.1 MPa/538 ℃/566 ℃,对应发电效率约为 41%。超超临界参数实际上是在超临界参数基础上向更高压力和温度提高的过程,通常认为,超超临界是指压力达到 30~35 MPa,温度达到 593~650 ℃或更高的参数,并具有二次再热的热力循环。例如日本川越电厂 700 MW 超超临界机组,参数为 31.0 MPa/566 ℃/566 ℃。另一种观点认为,温度 566 ℃是超临界参数的准则,任何超临界新蒸汽温度或再热蒸汽温度超过这一数值时即被认为是超超临界参数。例如日本电力开发公司投运的松浦 2 号 1 000 MW 的超超临界机组,参数为 24.1 MPa/593 ℃/593 ℃。

由水蒸气的性质可知,随着压力的提高,水的饱和温度相应增加,汽化潜热却随之减少,饱和水与饱和蒸汽的密度差也随之减少。当压力为 22.115 MPa 时,汽化潜热等于零,密度差也等于零。在此压力下,水加热到温度为 374.15 ℃时被全部汽化,再加热时只见蒸汽过热,不再有温度不变的湿饱和蒸汽阶段,即汽水混合阶段,可以认为,此点的饱和水与饱和蒸汽不再有区别。此点被称为水的临界点,相应各项参数即水的临界参数,其具体数值如下:

临界压力　$p_c = 22.115$ MPa;

临界温度　$t_c = 374.15$ ℃;

临界比体积　$v_c = 0.003\ 17$ m³/kg;

临界热熔　$h_c = 2\ 095.2$ kJ/kg。

在超临界压力锅炉内,当压力提高到临界压力时,汽化潜热为零,汽和水的密度差也等于零,水在该压力下加热到临界温度时即全部汽化成蒸汽。参数本身的特点决定了超临界压力锅炉只能采用直流锅炉。超临界压力直流锅炉由水变成过热蒸汽经历了两个阶段,即加热和过热,工质状态由水逐渐变成过热蒸汽,不再存在汽水两相区。

超临界锅炉的一些问题正是由于工质的这一特性变化引起的。由于汽水密度差在超临界压力时消失,所以无法进行汽水分离,因此,超临界压力锅炉不能使用带汽包的具有水循环的锅炉,只能使用直流锅炉或其他类似于直流锅炉的锅炉。然而,超临界锅炉在低负荷运行时将在临界压力以下的压力工作,因此,亚临界锅炉常常出现的一些问题,超临界锅炉也无法避免。

2)超临界压力下水和水蒸气的热物理特性

在超临界压力区,水冷壁管内工质具有大比热容特性,而且对应于不同的压力和温度区域,水冷壁管内的工质具有不同的比热容。对应定压比热容值最大位置处的工质温度称为拟临界温度。在拟临界温度两侧,工质的状态不同,在拟临界温度左边的工质是水;在拟临界温右边的工质是汽。可见,在拟临界温度附近的大比热容区内,工质比体积直接发生急剧变化,但工质温度变化不大。

充分认识超临界压力下工质的大比热容特性对水冷壁工作特性的影响是十分重要的。在大比热容区内,工质温度随吸热量变化不大,但热负荷过高会孕育隐性的传热恶化,即类膜态沸腾导致的传热恶化出现时,管内工质温度并没有明显升高,但壁温出现大幅升高或壁温偏差增大;而在大比热容区外,工质温度随吸热量变化很大,随热负荷提高,会同时出现明显的工质温度升高和壁温升高现象。

随着水冷壁工作压力的提高,拟临界温度向高温区推移,影响水冷壁工作特性的工质热物理特性参数(即比热容、比体积、温导系数等)逐渐减小。

超临界压力下对于水冷壁传热起影响作用的工质的热物理特性如图 7-14 至图 7-17 所示(根据最新的 1997 年国际水蒸气性质标准计算值绘制)。

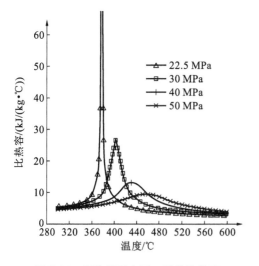

图 7-14　超临界压力下工质的比热容

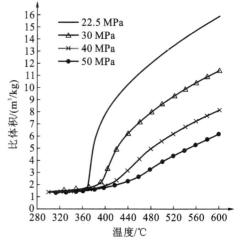

图 7-15　超临界压力下工质的比体积

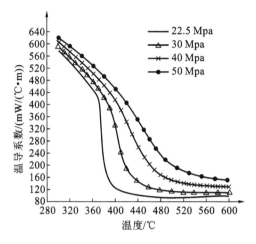

图 7-16　超临界压力下工质的温导系数

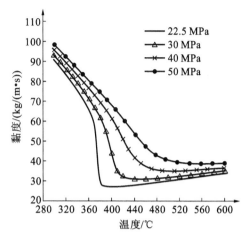

图 7-17　超临界压力下工质的黏度

通过计算可知,在 30 MPa 的压力下,水冷壁中工质温度由 400 ℃ 提高到410 ℃,焓值增加 243.468 kJ/kg,相对增加了 13%;温导系数 λ 由 333.51 mW/(m · ℃)降低到 243.37 mW/(m · ℃),相对于变化初始值降低了 27%;比体积 v 相对增加了 42.5%;定压比热容 c_p 相对减小了 23.7%;动力黏度 μ 相对减小了 19.5%。可见,工质热物性对水冷壁传热特性和流动特性的影响极大。其中由于工质处于拟临界温度(即定压比热容最大处的工质温度)附近的大比热容特性决定了即使工质温度提高 10 ℃,引起管内工质流动稳定性变差和管子内壁面的传热恶化的可能性就会增大。

3)现代超(超)临界锅炉水冷壁设计特点

(1)变压运行超临界锅炉水冷壁的特点和设计形式　现代超临界直流锅炉普遍采用下炉膛螺旋管圈水冷壁和上炉膛垂直管水冷壁的组合方式(见图 7-18),一方面可满足变压运行性能的要求;另一方面,可在水冷壁的顶部采用结构上成熟的悬吊结构。

螺旋管圈与垂直管屏采用中间混合集箱的过渡形式(见图 7-3),中间混合集箱能保证汽水两相分配的均匀性,且在结构上不受螺旋管与垂直管转换比的限制。

中间混合集箱布置在低负荷时螺旋管圈出口蒸汽干度在 0.8 以上的标高上,在这个蒸汽干度下中间混合集箱的汽水均匀分配没有问题。在这个位置炉膛热负荷已明显降低,垂直管屏在较低的质量流速下能够得到可靠的冷却。

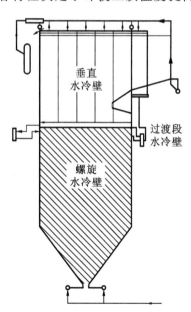

图 7-18　超临界直流锅炉下炉膛螺旋管圈水冷壁和上炉膛垂直管水冷壁的组合

冷灰斗吸热量约占炉膛总吸热量 10%,故冷灰斗吸热不均引起的热偏差不可忽视。冷灰斗采用螺旋管圈时,出口工质几乎没有温度偏差,这是垂直管冷灰斗不可比拟的。

综上所述,采用螺旋管圈冷灰斗和中间混合集箱由螺旋管圈向垂直管屏过渡的水冷壁系统,是适合变压运行最优组合形式,因此,国际上大多数锅炉制造商都采用该设计方案。

(2)在进行螺旋管圈水冷壁设计时,应合理地选取以下主要参数。

①水冷壁管工质质量流速 在锅炉变压运行时,从额定负荷变化至最低直流负荷,锅炉运行压力将从超临界压力降至亚临界、超高压和高压。水冷壁内工质由单相变为双相,工质的温度也有很大变化。因此,水冷壁系统设计的关键是要防止发生传热恶化和出现不稳定的流动。对于变压运行超临界直流锅炉,在进行水冷壁设计时必须考虑不同负荷参数下的传热特性。

在超临界压力下,管内单相介质的传热系数比亚临界双相介质低,流体温度高,因此水冷壁壁温最高。

在近临界区域,工质的物性变化大,需控制在高热负荷区不发生蒸干。

在亚临界区域,对下炉膛高热负荷区水冷壁,要防止膜态沸腾的产生;而在上炉膛垂直管屏,则要抑制水冷壁蒸干区域壁温的升高幅度。

在启动和低负荷运行时,压力降低使得汽水密度差别增大,容易产生较大的热偏差和不稳定流动。

为保证在各种运行工况下水冷壁运行的安全性,一方面,水冷壁管材选用 SA-213T12 耐热低合金钢,使得运行管壁温度有较大的安全裕度;另一方面,选取较高的质量流速,在任何工况下都要大于相应热负荷下的最低界限质量流速,以保证水冷壁管有足够的冷却能力。

②水冷壁出口过热度和入口欠焓 对于直流锅炉,蒸发受热面与过热受热面之间没有一个固定的分界点,因此,水冷壁出口工质过热度的合理确定是十分重要的。在额定负荷下,水冷壁出口温度的选取主要取决于内置式汽水分离器的设计温度和水冷壁管材的使用温度。

水冷壁出口温度选取过高,分离器材质就要升级或增加壁厚,对水冷壁管也一样。所以,对于过热器出口压力为 25 MPa 的超临界压力锅炉,水冷壁出口(即内置式分离器入口)工质温度一般选取在 450 ℃ 以下。水冷壁出口温度选取过低也不可取,由于在最低直流负荷时水冷壁出口工质仍需有一定过热度,如果水冷壁出口温度选取过低,将造成低负荷下本生点提高,甚至造成过热器带水。

另一方面,水冷壁进口工质的温度(过冷度)也有一定限制,水冷壁进口水必须有一定的欠焓,绝对不允许工质汽化造成水冷壁传热工况恶化。但入口欠焓又不允许过大,欠焓过大,又会给水冷壁系统水动力的稳定性带来问题。

变压运行直流锅炉对水冷壁进口工质欠焓的要求主要在最低直流负荷下,因为,此时运行压力低,工质容易汽化。特别在启动工况下,随着运行压力提高,分离器水温度也提高,进入除氧水箱的热量增加,此时应特别注意防止水冷壁进口工质汽化。一般水冷壁进口工质过冷度不得少于5℃。

避免水动力不稳定的主要措施是水冷壁进口工质的欠焓要小于产生水动力不稳定的界限欠焓,所以在最低直流负荷下水冷壁进口工质的欠焓也不宜过大。

(3)进一步减小水冷壁出口温度偏差的措施　实际运行中,由于管间吸热偏差和结构上的偏差而引起管间工质温度、压力、干度的差别。直流锅炉具有较强的强制流动特性,对于热负荷高的偏差管,管内工质的流量降低,出口工质的温度升高。一方面流量降低致使炉内管壁温度升高,甚至产生传热恶化;另一方面,出口温度升高加大了管间的热应力,致使管屏变形甚至损坏。原则上,螺旋管圈的圈数愈多,水冷壁出口温度偏差就愈小,但水阻力却增大,因此,需选择一个合理的圈数。

对于上炉膛垂直管屏,由于螺旋管圈出口汽水混合物的干度已在0.8以上,因此,中间混合集箱的汽水分配已不成问题,不会因汽水分配不均而引起垂直管屏过大的热偏差。

Ⅱ型布置对冲燃烧的锅炉后水冷壁结构较复杂,前、后墙与两侧墙之间热负荷偏差也较大,为此通过炉膛水冷壁出口下降管又实现一次工质混合,而后经折焰角、水平烟道斜坡、对流管速和水平烟道两侧墙引出,避免后墙水冷壁与两侧墙水冷壁之间产生过大的热应力,保证水冷壁工作的安全性。

7.1.4　强制循环锅炉蒸发受热面

强制循环锅炉也有汽包,立式水冷壁等,其结构与自然循环锅炉基本类同,它与自然循环锅炉主要区别在于强制循环锅炉是依靠循环泵使工质在蒸发受热面中进行强制流动的。由于采用了循环泵,既能增加流动压头,又便于控制循环回路中的工质流量。循环倍率一般可控制在3~5,质量流速ρw在1 000~1 500 kg/(m² · s)范围内,以保证蒸发受热面得到足够的冷却,还可使循环稳定,不致使受热弱的管子发生循环停滞或倒流。

强制循环锅炉蒸发受热面管子进口装有节流圈,以避免出现水动力不稳定性、流体的脉动、循环停滞、倒流和过大的热偏差。

强制循环锅炉最根本特点是在循环回路中接有循环泵。一般大容量锅炉配有3~4台循环泵,其中一台备用,其备用储量为20%~30%。循环泵垂直布置,装在集中下降管的汇总管道(汇集箱)上。循环泵布置位置(离汽包的高度距离)和引进管尺寸很重要,因为如果运行中压力变化速度过大,下降管中工质会产生汽化,使循环泵的效率降低,甚至不能正常工作。每台循环泵进口装有截止阀,出口装有止回阀和截止阀,这样,当循环泵停用时可与锅炉循环系统切断。

在立式水冷壁循环系统中,除了由汽水密度差所形成的运动压头外,还有循环泵提供的压头。自然循环所产生的运动压头只有0.05~0.1 MPa,而循环泵可提供的压头在 0.25～0.5 MPa 之间。显而易见,强制循环锅炉的循环推动力要比自然循环大得多,因此,可采用小管径管子并能更自由布置水冷壁受热面。这样,既可采用较薄的管壁,使整个水冷壁重量减轻,又可使工质质量流速增加,管壁温度和热应力降低,增加了水冷壁工作的可靠性。

强制循环锅炉由于循环倍率小,循环压头高,汽水混合物流速大,故可采用尺寸较小的高效汽水分离装置,汽包直径比自然循环锅炉要小些。

在亚临界压力范围内,自然循环锅炉要做到循环可靠不太容易,直流锅炉则易在蒸发管中产生膜态沸腾,使传热恶化,而强制循环锅炉则可用循环泵保证循环可靠,并具有一定的循环倍率以避免膜态沸腾的产生。因此,压力在 16～19 MPa 范围内,尤其是大容量锅炉,采用强制循环将更为有利。

循环泵一般采用离心泵,并由感应电动机拖动。由于循环泵工作介质是高温高压的锅水,泵的轴封的严密性就成为一个严重问题。目前已有三种解决方法:

(1)采用普通电动机,而循环泵轴端上用水力轴封;

(2)采用湿式电动机拖动循环泵;

(3)采用屏蔽式电动机拖动循环泵。

现今世界上许多国家。尤其是美国,都有这种形式的锅炉。我国引进意大利的1 050 t/h 亚临界压力锅炉和用引进 CE 技术设计制造的 1 025 t/h 亚临界压力锅炉等均是强制循环锅炉。

1. 强制循环系统蒸发受热面

1)循环系统及其工质流程

图 7-19 所示为 1 025 t/h CE 强制循环锅炉蒸发系统。系统中的部件包括一个汽包、4 根大直径下降管、一个下降管出口汇集箱、3 台循环泵、一个环形下水包(由前、后、左、右四侧水包组成)、890 根上升管(即水冷壁管)、5 个上集箱和 48 根导汽管。

前墙一个上集箱,连接 245 根水冷壁,用 13 根导汽管将汽水混合物引入汽包。后墙有两个上集箱,一个为 25 根悬吊管的出口集箱,由两根导汽管将汽水混合物送入汽包;另一个为后墙排管(对流管束)的出口集箱,连接 160 根后墙排管和 11 根导汽管。两侧墙各有一个上集箱,每个集箱都连接 200 根水冷壁管和 11 根导汽管。

该锅炉水循环系统工质流程线路框图如图 7-20 所示。

省煤器再循环管($\phi76\times11$)两端分别与环形下水包和省煤器进口集箱相连接,在锅炉启动时,开启再循环阀以实现工质如下循环:汽包→下降管→循环泵→下水包→再循环管→省煤器进口集箱→省煤器→汽包。

该锅炉装有三台 CE-KSB 低压循环泵,用两台循环泵即可满足锅炉最大连续蒸发量(MCR)的要求,另一台备用。当两台泵同时发生故障时,一台泵运行仍可以维持锅炉的负荷为 60%MCR。

下降管及循环泵的布置如图 7-21 所示。4 根 $\phi368\times42$ 的下降管从汽包底部引出并与汇集箱($\phi406\times45$)连接,循环泵通过吸入短管与汇集箱相接,每台泵通过两根

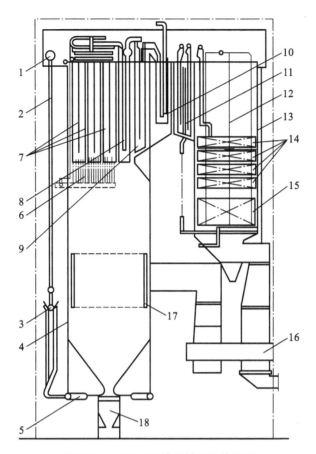

图 7-19 1 025 t/h 控制循环锅炉总图

1—汽包；2—下降管；3—循环泵；4—水冷壁；5—下水包；6—墙式再热器；7—分隔屏过热器；
8—后屏过热器；9—屏式再热器；10—末级再热器；11—末级对流过热器；
12—省煤器悬吊管；13—烟道后墙包覆管；14—低温过热器；
15—省煤器；16—空气预热器；17—燃烧器；18—除渣装置

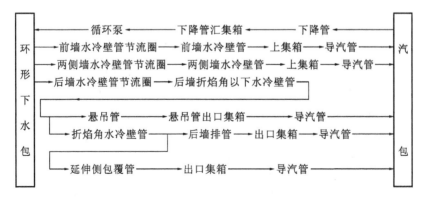

图 7-20 强制循环锅炉水循环流程框图

出水管(ϕ273×32)和前下水包相连接。

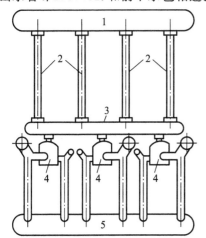

图 7-21　下降管及循环泵布置示意图
1—汽包;2—下降管;3—下降管汇集箱;
4—循环泵;5—前下水包

循环泵台数与下降管根数不等,下降管汇集箱可起到连接两者的作用。同时,下降管中的水通过汇集箱分配到各循环泵,可均衡循环泵的入口流量,有利于提高循环泵运行的可靠性。在汇集箱的下部装有吊耳,可通过吊杆将循环泵悬吊在汇集箱上。

下水包为前后左右相通的环形水包,四侧水包之间用直角大弯头连接,共 4 个弯头,每个弯头上设置一个人孔,供检修用。环形下水包直径为 914 mm、厚度为 100 mm,材料为 SA-299。

在前后下水包上,各有 245 个水冷壁入口管接头,后下水包还有一个接省煤器再循环管的管接头。两侧下水包上,各有 200 个水冷壁入口管接头。

下水包内每根水冷壁管入口均装有节流圈。节流圈最大孔径为 17.48 mm,最小孔径为 11.13 mm。节流圈材料为 SUS321。

该锅炉的设计循环倍率为 2.371,真实循环倍率为 1.816,水冷壁管内质量流速 ρw 接近 1 000 kg/(m² · s)。

2)循环回路的划分和分析

划分循环回路的目的,是防止由于水冷壁管间存在较大热偏差而使受热弱的管子发生循环停滞或倒流现象。所以,划分循环回路的依据是水冷壁的热负荷。在自然循环锅炉中,通常,将热负荷基本相同的水冷壁管连接在同一个下集箱中,与相应的下降管组成一个循环回路。循环系统中下集箱的个数与循环回路的个数一致。在 1 025 t/h CE 强制循环锅炉系统中,以环形下水包取代了分散和独立的下集箱,锅水在环形下水包中可以流通,因此,强制循环系统中循环回路的划分方法与自然循环锅炉不相同,它是根据电脑的精确计算,890 根水冷壁管中共有 55 种热负荷,该锅炉整个水冷壁系统被划分成 55 个循环回路。

该锅炉的循环回路是以精确的水冷壁热负荷划分的。由于炉内燃烧工况及水冷壁管结构的差异,即使处在同一区段的管子,热负荷也不一定相同,因此,编在同一循环回路的管子可能相距较近,也可能相距较远。不同的循环回路采用不同孔径的节流圈。热负荷高的管子采用较大孔径的节流圈;反之,则采用较小孔径的节流圈,利用节流圈来调节各循环回路的流量,防止水冷壁管产生热偏差。

3)水冷壁管节流圈孔径分布特点

在 1 025 t/h CE 强制循环锅炉的 55 个循环回路中共有 890 个节流圈,其节流圈孔径只有 16 种;前墙有 9 个回路,245 根水冷壁管有 6 种孔径的节流圈;后墙有 18 个回路，245 根水冷壁管有 13 种孔径的节流圈；两侧墙各 14 个循环回路，每面各 200 根水冷壁管各有 6 种孔径的节流圈。

节流圈孔径的选择主要根据水冷壁管受热强弱程度和水冷壁管几何特性（如管径、管子长度、弯头数目等）。节流圈孔径大小决定了节流圈阻力的大小。控制循环锅炉通常要求节流圈阻力等于或大于上升管的阻力，以保证在各种运行工况下流量的合理分配。

4）水冷壁结构与布置

强制循环锅炉的水冷壁采用光管加扁钢焊接而成的膜式壁。其水冷壁管的构造，从管内壁来区分又有光管和内螺纹管两种。由于工质在内螺纹管中产生强烈的扰动，提高了对管壁的冷却效果，可使循环倍率和管内工质的质量流速降低，与光管相比有诸多优点：有效地防止膜态沸腾；减小循环泵压头和台数，泵的电耗显著降低；能缩短锅炉的启动和停炉时间；当水冷壁发生爆管时，能减少工质的泄出量等。

前墙水冷壁的上部及两侧墙水冷壁上部的前侧，管子的热负荷较低，水冷壁管可用光管而不需要用内螺纹管。在冷灰斗处，因要承受炉渣的重量，所以水冷壁管壁厚些。炉室部分用内螺纹管，冷灰斗部分用光管。

后墙水冷壁的结构较为复杂。后墙水冷壁包括炉膛膜式壁、折焰角、悬吊管、折焰角延伸底及两侧延伸水冷壁和由折焰角延伸而成的后墙管束，相应的管子规格也有多种。

后墙炉室部位水冷壁采用内螺纹管。悬吊管由于悬吊后墙水冷壁较重，且炉膛出口处热负荷较高，管内含汽率高，故仍需采用内螺纹管。

2. 强制循环系统的工作特点

1）系统的安全性能增加

强制循环锅炉的主要技术是低压头循环泵＋内螺纹管水冷壁＋水冷壁入口装节流圈。低压头循环泵为循环流动提供足够的循环压头；内螺纹管用来抵抗膜态沸腾；节流圈用来控制流量分配，防止产生水动力多值性和脉动。因此，在强制循环系统中，锅炉蒸发受热面的安全性能有较大提高。

另外，由于锅筒内设置夹层，汽水混合物可由锅筒顶部引入，沿夹层向下流入汽水分离器。夹层内充满汽水混合物，避免了温度低的给水直接与锅筒壁接触，减小了锅筒上、下壁温差。且启动初期可用锅水循环泵加快建立水循环，进一步减小了锅筒壁温差。

2）循环倍率

为了尽量减小循环泵的体积，必须限制循环泵的流量，在蒸发流量一定的条件下，只能减少蒸发回路的循环流量，因此，控制循环锅炉的循环倍率比较小，一般为 $K=2\sim2.5$。循环倍率降低意味着水冷壁管内工质的质量含汽率被提高，质量含汽率的变化范围达到 $X>0.4\sim0.5$，使水冷壁循环流量降低。可采用小管径水冷壁，提高传热性能，降低壁温，减轻水冷壁的高温腐蚀。

3）强制循环的经济性

与自然循环锅炉相比,强制循环锅炉水冷壁的金属储热量和工质的储热量减少,使蒸发系统的热惯性减小;在锅炉尚未点火之前先启动锅水循环泵,建立水循环,然后再点火,因而水冷壁的吸热均匀,水冷壁温差减小,可保持同步膨胀。由于创造了这些有利条件,允许加快燃料投入速度,有利于提高启动和变负荷速度。以适应机组调峰的需要,并节省启动燃料。

循环回路中循环流量与锅炉负荷关系不大,主要取决于循环泵的投入台数,其次随循环系统的水动力特性略有变化。

由于强制循环系统增设了循环泵和入口调节阀以及出口逆止阀,一台锅炉配置三台循环泵和六个阀门,提高了造价成本和运行耗电量。300 MW 锅炉配置的控制循环泵用电量为 198 kW/台。

循环泵在高温高压循环水回路中工作,具有高压冷却水回路和低压冷却水回路。且压力变动时,循环泵入口可能产生汽化,因而出现故障的可能性增大,要求提高自动化水平。

7.2　过热器与再热器

7.2.1　概述

1. 过热器和再热器的作用

蒸汽过热器和蒸汽再热器是现代锅炉的重要组成部分,它们的作用是提高电厂循环热效率。过热器把饱和蒸汽加热到具有一定过热度的合格蒸汽,并要求在锅炉负荷变动时,保证过热蒸汽的温度在允许范围内波动;再热器把从汽轮机高压缸出来的排汽再次加热到具有一定温度的蒸汽(称为再热蒸汽),并且在锅炉负荷变动时,保证再热蒸汽的温度在允许范围内波动。

为了提高电厂循环热效率,蒸汽的初参数不断提高,蒸汽压力的提高要求相应提高过热蒸汽的温度,否则,会使蒸汽在汽轮机内膨胀终止时的湿度过高,影响汽轮机运行的经济性与安全性。但过热蒸汽温度的提高又受到合金钢材高温强度性能的限制,因此,为了提高循环效率和减少排汽湿度,因而采用中间再热系统。通常,再热蒸汽压力为过热蒸汽压力的 20%,再热蒸汽的温度与过热蒸汽的温度相近。采用一次再热可使循环热效率提高 4%～6%。采用二次再热可使循环热效率进一步提高 2%。

随着蒸汽参数的提高,过热蒸汽及再热蒸汽的吸热量份额增加。在高参数锅炉中,过热器和再热器的吸热量将占工质总吸热量的 50% 以上。因此,过热器、再热器受热面在锅炉总受热面中占了很大比例,必须从水平烟道前伸到炉膛内,从而形成了复杂的辐射-对流式多级布置系统。另外,过热器及再热器又是锅炉中工质温度最高的部件,而过热蒸汽、特别是再热蒸汽的吸热能力(即冷却管子的能力)较差,这就使它们成为锅炉受热面中工作条件最恶劣的部件。其工作可靠性与金属材料的高温性能有关。

对于直流锅炉,蒸发受热面与过热受热面之间没有一个固定的分界点,因而合理确定水冷壁出口工质过热度是十分重要的。在额定负荷下,水冷壁出口温度的选取主要取决于内置式汽水分离器的设计温度和水冷壁管材的使用温度。

为了降低锅炉成本,尽量避免采用高等级钢材,设计过热器和再热器时,选用的管子金属几乎都处于其温度极限值。因此,如何保证管子金属长期安全工作就成为过热器和再热器设计与运行中必须考虑的重要问题。

2. 过热器和再热器的分类

按照传热方式,过热器可分为对流、辐射及半辐射三种形式。在大型电站锅炉中通常采用上述形式的多级布置的过热器系统。按过热器在锅炉布置中所处位置及结构,又可分为:在炉膛壁面的墙式过热器;在炉膛上部不同位置的分隔屏和后屏;在对流烟道中的垂直式过热器和水平式过热器;构成水平烟道和尾部烟井的包墙过热器。

再热器一般布置在烟温稍低的区域,多数采用对流形式,在亚临界控制循环锅炉中也采用辐射吸热的墙式再热器及辐射-对流吸热的屏式再热器。

再热器主要有以下特点。

(1)再热蒸汽的放热系数比过热蒸汽小,对管壁的冷却能力差。同时,为了减少再热器中蒸汽的流动阻力,提高热力系统效率,再热器常采用较小的质量流速($\rho w = 150 \sim 400 \ \text{kg}/(\text{m}^2 \cdot \text{s})$),因此再热器管壁冷却条件差。

(2)再热蒸汽压力低、比热容小,对汽温偏差比较敏感,即在同样的热偏差条件下,其出口汽温偏差要比过热蒸汽大。

(3)再热器进口蒸汽温度随负荷变化而变化,因此,其汽温调节幅度比过热器大。

(4)在锅炉启动、停炉及汽轮机甩负荷时,再热器中无蒸汽流过,可能被烧坏。因此,在过热器和再热器,以及再热器和凝汽器之间分别装有高、低压旁路及快速动作的减温、减压阀。在启、停和汽轮机甩负荷时,将高压过热蒸汽减温、减压后送入再热器进行冷却。再热器出口的蒸汽再经减温、减压后排入凝汽器或大气。

(5)再热器系统阻力对机组热效率有很大影响。由于再热器串接在汽轮机高压缸和中压缸之间,故再热器系统阻力会使蒸汽在汽轮机内做功的有效压降相应减小,从而使机组汽耗和热耗都增加,因此再热器系统应力求简单,多采用一次中间再热。结构上通常采用管径较大并列管较多的蛇形管束,以减小流动阻力。一般整个再热器的压降不应超过再热器进口压力的 10%。

7.2.2　过热器和再热器的结构形式

1. 对流式过热器和再热器

1)对流过热器和再热器的布置及结构

在大型锅炉中,采用复杂的过热器及再热器系统,但对流受热面仍然是其中的主要组成部分。

对流受热面布置在锅炉的对流烟道中,主要依靠对流传热从烟气中吸收热量。对流受热面由进、出口集箱及许多并列布置的蛇形管组组成。蛇形管束通常由外径为 38~57 mm 的无缝钢管弯制而成。为了提高刚性,减少工质流动阻力,在大型机组锅炉对流受热面常采用较大直径,如 $\phi60$、$\phi63$。对流受热面管子的壁厚由强度计算确定,多为 5~10 mm。管材的选用则取决于管壁温度(见表 7-1)。

表 7-1　过热器用钢材的允许温度

钢　号	受热面管子允许壁温/℃	集箱及导管允许壁温/℃	钢　号	受热面管子允许壁温/℃	集箱及导管允许壁温/℃
20 钢	500	450	Cr6SiMo	—	800
12CrMo,15MnV	540	510	4Cr9Si2	—	800
15CrMo,2MnMoV	550	510	25Mn18A15SiMoTi	—	800
12Cr1MoV	580	540	Cr18Mn11Si2N	—	900
12MoVWBSiRe（无铬 8 钢）	580	540	Cr20Ni14Si2	—	1 100
12Cr2MoWVB（钢研 102）	600~620	600	Cr20Mn9Ni2Si2N	—	1 100
12Cr3MoVSiTiB（∏11 钢）	600~620	600	TP-347H	704	—
Cr5Mo	—	650	TP-304H	704	—

按对流过热器受热面布置方式,对流式过热器可分为立式和卧式两种。立式通常布置在"∏"型炉膛出口的水平烟道中,这种布置结构简单,可用吊钩把蛇形管的上弯头吊挂在锅炉钢架上,且不易积灰,故得到广泛应用(见图 7-22)。其缺点是停炉时管内凝结水不易排出,增加了停炉期间的腐蚀;升炉时则由于管内存积部分水及空气,在工质流量不大时,可能形成气塞将管子烧坏,因此,在升炉时应控制过热器的热负荷,在空气未排净前,热负荷不应过大。

布置在"∏"型和"T"型锅炉尾部烟道中的对流过热器及在塔式或半塔式锅炉中的对流过热器,通常采用蛇形管水平放置方式(卧式)。其优点是易于疏水排气。但管子上易积灰且支吊比较困难。对处于高烟温区的大量支吊件,为防止它们过热烧坏,需采用高合金钢制作,因此,常采用有水或蒸汽冷却的受热面管子作为它的悬吊管,以节省优质钢材(见图 7-23)。过热器的重量通过悬吊管支撑在炉顶的过渡梁上。

对流受热面的蛇形管可做成单管圈、双管圈和多管圈,这主要取决于锅炉的容量及管内的蒸汽流速。

为了保证过热器管子金属得到足够的冷却,管内工质应保证一定的质量流速,速度越高,管子的冷却条件就越好,但工质的压力损失则越大。整个过热器的压降一般不应超过其工作压力的 10%,因此,建议高温过热器最末级的质量流速采用 $\rho w = 800 \sim 1\ 100$ kg/($m^2 \cdot$ s)。大型锅炉对流受热面的蛇形管一般采用多管圈结构。

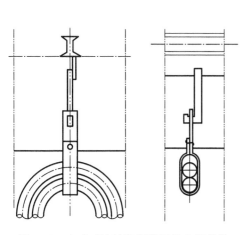

图 7-22　立式对流过热器管子的支吊结构

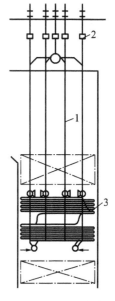

图 7-23　卧式对流过热器管子的吊挂结构
1—悬吊管;2—过渡梁;3—过热器

　　对流受热面中的烟气流速则应在保证一定的传热系数前提下,根据既减少磨损,又不易积灰的原则,通过技术经济比较确定。对于燃煤锅炉,炉膛出口水平烟道内,烟气流速常采用 $10\sim12$ m/s。

　　根据烟气和管内蒸汽的相对流向,对流受热面而分为逆流、顺流和混合流三种流动方式。为了保证受热面安全经济运行,其高温段常采用顺流或混合流布置;低温段则采用逆流布置。根据管子的排列方式,对流受热面可分为顺列和错列两种。在条件(烟气流速等)相同的情况下,错列横向冲刷受热面时的传热系数比顺列高,但积灰难以吹扫。一般高温水平烟道采用受热面顺列布置,而在尾部烟道则采用受热面错列布置。

　　2)部分制造厂生产的锅炉过热器和再热器

　　SG1 025 t/h 亚临界参数自然循环锅炉的对流过热器包括低温对流过热器和高温对流过热器。低温对流过热器布置在尾部双烟道的后烟道内,采用卧式布置、逆向流动。由三段蛇形管组及一垂直管段及进、出口集箱组成,每段间留有 900 mm 的检修高度(见图 7-23)。平行于侧墙布置,可增加管子的刚度,便于支吊。低温过热器蛇形管分别为 $\phi 57\times6.5$ mm 和 $\phi 57\times7$ mm,呈顺列排列,三管圈,沿烟道宽度方向有114 排,故低温过热器共有并列蛇形管 342 根。根据各区段不同的管壁温度,低温过热器蛇形管采用了不同的钢材,分别为 20G、15CrMo、12CrlMoV(见图 7-24)。高温过热器布置在炉膛折焰角上方的水平烟道中,采用立式布置,顺流流动,由进、出口集箱及蛇形管束组成(见图 7-25)。

　　高温过热器布置在炉膛折焰角上方的水平烟道中,高温过热器呈顺列排列、八管圈。外圈管子直径为 60,壁厚为 7.5～10 mm。其余管因管径为 54 mm,壁厚为 8～9 mm。沿烟道宽度方向有 38 片,故高温过热器共有并列蛇形管 304 根。各蛇形管不同区域的壁温不同,采用的管材也不同,分别为 SA-213、钢研 102、T91、TP-347H。

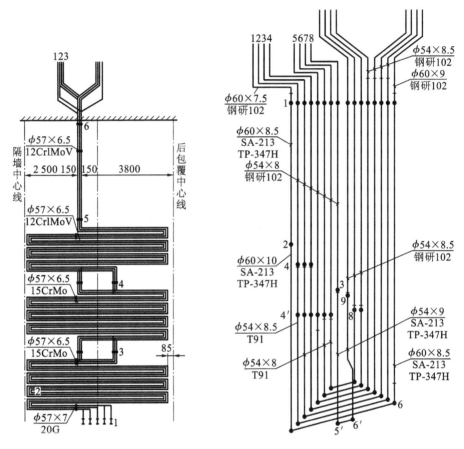

图 7-24 SG 1 025 t/h 自然循环锅炉低温　　**图 7-25** SG 1 025 t/h 自然循环锅炉高温
　　　　过热器结构示意图　　　　　　　　　　　　过热器结构示意图

SG 1 025 t/h 亚临界参数自然循环锅炉对流再热器亦为高温再热器和低温再热器二级布置。低温再热器布置在尾部双烟道的前烟道内,采用卧式布置方式。由四段蛇形管组和一垂直管段及进、出口集箱组成。每段间留有 1 000 mm 检修高度,采用平行侧墙布置。低温再热器蛇形管为 $\phi63\times4$ mm、四管圈,呈顺列排列、逆向流动。沿烟道宽度方向有 57 排,故低温再热器共有并列管 456 根。金属管材按受热不同,分别采用了 20G、15CrMo 及 12CrlMoV。高温再热器布置在水平烟道内,采用立式布置方式,由进、出口集箱及蛇形管组成。高温再热器蛇形管为 $\phi57\times4$ mm、八管圈,呈顺列排列,顺流。沿烟道宽度方向有 57 排蛇形管束,故高温再热器共有并列蛇形管 456 根。金属材料按受热不同,分别采用了 T91 及钢研 102。

1 160 t/h 拔伯葛亚临界参数自然循环锅炉低温对流过热器布置在竖井烟道上部,它由蛇形管及其进、出口集箱组成。蛇形管沿竖井高度分成三段(见图 7-26)。入口段和中段呈水平布置,出口段位于转向室,为增强传热效果,采用立式布置。

该锅炉再热器为单级布置的立式对流受热面,布置在水平烟道内。再热器由进、出口集箱及后厅、前厅蛇形管组成。中间没有集箱,系统简单,大大减少了蒸汽的流动阻力,其结构如图 7-27 所示。

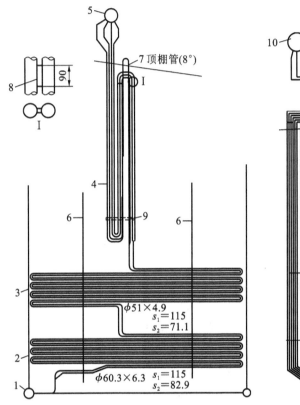

图 7-26　1 160 t/h 拔伯葛自然循环锅炉低温
过热器结构

1—环形集箱;2—入口段;3—中间段;
4—垂直段;5—出口集箱;6—悬吊管;
7—密封板;8—连接板;9—管夹

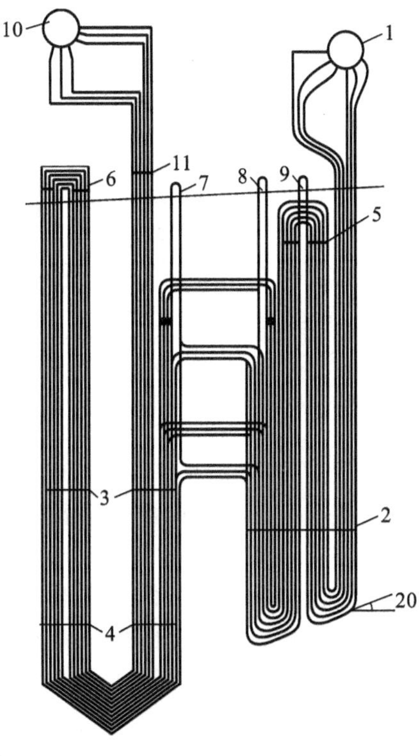

图 7-27　1 160 t/h 拔伯葛自然循环锅炉
再热器结构

1—进口集箱;2、3、4—管夹;5、6—连接板;
7、8、9—密封片;10—出口集箱;11—焊点

再热器呈顺列布置,六管圈,沿烟道宽度方向 87 排,共有 522 根并列管,管子横向节距为 230 mm。每隔两根顶棚管布置一排蛇形管。管子纵向节距在后厅回路和前厅入口段为 79 mm,在前厅倒转回路和出口段为 71.1 mm。管材均为 BS 3059,但采用了不同的等级,从而使昂贵的耐热合金钢材得到经济合理的利用。

924 t/h 苏尔寿亚临界参数直流锅炉系半塔式布置,其过热器为两级布置的对流过热器。蛇形管水平布置在炉膛出口上方的垂直烟道内,垂直于前、后墙。烟气从炉膛出来,依次流过Ⅰ、Ⅱ级过热器。过热器采用顺流布置,其结构如图 7-28 所示。

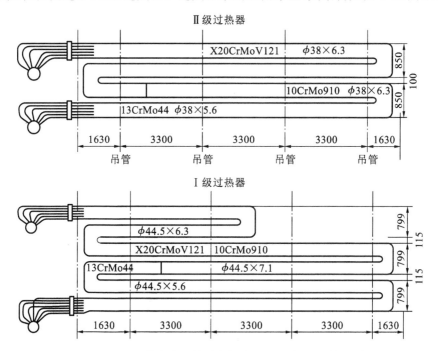

图 7-28　924 t/h 苏尔寿亚临界参数直流锅炉过热器结构示意图

Ⅰ级过热器为 7 管圈,沿烟道宽度方向 34 排,故Ⅰ级过热器共有并列管 238 根。过热器分段采用了不同的管径及金属材料;$\phi44.5\times5.6$ mm 管子采用 13CrMo44;$\phi44.5\times7$ mm 管子采用 10CrMo910;$\phi44.5\times7.1$ mm 管子采用 X20CrMoV121。

Ⅰ级过热器布置在炉膛出口处,烟气温度高,横向节距大,可以认为,该过热器是一种水平布置的屏式过热器,具有半辐射特性,既吸收烟气对流热,又吸收部分炉膛和屏间气室的辐射热,因此具有较好的汽温调节特性。

Ⅱ级过热器为 6 管圈,沿烟道宽度方向 68 排,故Ⅱ级过热器共有并列管 408 根。过热器所处区域烟温已降低,且过热器蛇形管横向节距较小,故为该锅炉的低温对流式过热器。根据不同的管壁温度,过热器分段采用不同的管径及管材;$\phi38\times5.6$ mm 管子采用 13CrMo44;$\phi38\times6.3$ mm 管子采用 10CrMo910;$\phi38\times6.3$ mm 管子采用 X20CrMoV121。

924 t/h 苏尔寿直流锅炉的再热器为两级布置的对流式受热面,烟气依次流过Ⅰ、Ⅱ级再热器,逆流布置。其结构与上述过热器相似。

2. 辐射式过热器和再热器

辐射式过热器和再热器直接吸收炉膛辐射的热量,其受热面称为辐射式受热面。辐射式受热面常设置在炉膛内壁上,称为墙式受热面;或布置在炉顶,称为顶棚式受热面;也可以悬挂在炉膛上部靠近前墙处,称为前屏受热面。

由于炉膛内热负荷很高,这种受热面是在恶劣的条件下工作的。尤其在启动和低负荷运行时,问题更为突出。为了改善其工作条件,常采用的措施如下。

(1)辐射式受热面常布置在远离火焰中心的炉膛上部,这里的热负荷较低,管壁温度也可相应降低。对于墙式辐射受热面,将使这面墙上的水冷壁蒸发管的高度缩短,影响水循环的安全,设计时应引起注意。

(2)根据运行经验,在正常的工作条件下,辐射式过热器中最大的管壁温度可能比管内工质温度高出 $100 \sim 200\ ℃$。为了保证受热面运行的安全性,常将辐射式受热面作为低温受热面。

(3)采用较高的质量流速,使受热面金属管壁得到足够的冷却。一般 $\rho w = 1\,100 \sim 1\,500\ kg/(m^2 \cdot s)$,为此,需尽量减少受热面并列管子的数目,将受热面分组布置,增加工质的流动速度。

辐射式受热面可满足因蒸汽参数提高、蒸汽过热和再热吸热份额增加的需要,同时,可改善锅炉的汽温特性,节省金属消耗。

1)辐射式过热器

SG 1 025 t/h 亚临界参数自然循环锅炉采用了前屏过热器。四大片屏式受热面纵向布置在靠近炉膛前墙的上部,对炉膛出口烟气起阻尼和分割导流作用,有助于消除气流的残余旋转,减少沿烟道宽度的热偏差,故称分隔屏过热器。它可有效吸收部分炉膛辐射热量,降低炉膛出口烟温,改善高温过热器管壁温度工况,避免结渣。其前屏结构如图 7-29 所示。

为了减少前屏每片屏最里圈和最外圈的流量偏差,从而减少每片管屏的热偏差,每片分隔屏由六小片管屏组成,其中每三小片管屏组成一组。制造厂共分为八组屏出厂。每小片管屏由八根 U 形管子组成,四片屏共 192 根管子,管径为 51 mm、管厚分别为 6.0 mm 和 6.5 mm。管间节距为 60 mm,屏间平均节距为 2 972 mm。分隔屏两只进口集箱布置在炉顶左右两侧,每一集箱接两大片分隔屏,蒸汽在管圈内作"U"形流动加热后,被引入两只分隔屏出口集箱。经计算,该锅炉分隔屏最外圈底部及最内圈向外绕管子底部管壁温度最高,约为 511 ℃。为确保安全,这部分管子金属材料为 T91、12CrlMoV,其他管子材料为 15CrMo。

1 160 t/h 拔伯葛亚临界参数自然循环锅炉的前屏过热器由两个进口集箱、两个出口集箱及 30 片管屏所组成,其结构如图 7-30 所示。

该炉前屏过热器纵向布置在炉膛的上部靠近前墙处。由于炉膛不均匀的温度场,沿炉膛宽度方向的不同位置采用了不同的横向节距,以减少过热器热偏差(见图7-31)。每片屏有并列管 23 根,管径为 38 mm,壁厚为 6.5 mm。前屏入口管段材料为 BS3059-622-490-S2,出口段管材 BS3059-762-S2。并列管管间节距 $s_2 = 42.5$ mm。入口段和出口段之间的空档便于吹灰器的伸入和拔出,以确保受热面在工作过程中保持清洁状态。两段之间的距离为 948 mm。前屏过热器底部的一些水平管子采用鳍片管,以防止屏底积灰后结焦并挂在屏底。

前屏过热器的进、出口集箱呈纵向平行布置在炉膛顶部。进口集箱为 $\phi408.5$ mm×

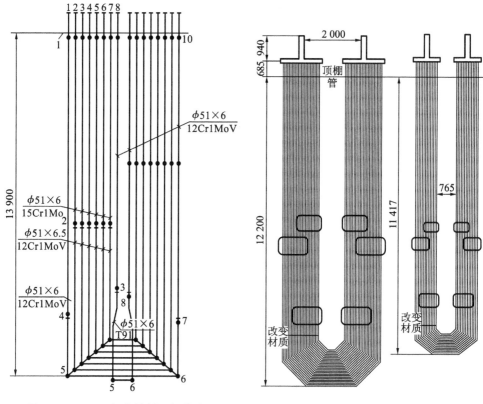

图 7-29　1 025 t/h 自然循环锅炉分隔屏
　　　　结构示意图

图 7-30　1 160 t/h 拔伯葛自然循环锅炉前屏
　　　　及末级过热器结构示意图

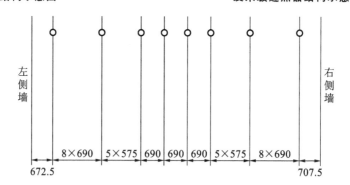

图 7-31　1 160 t/h 拔伯葛亚临界参数自然循环锅炉前屏过热器横向截距示意图

41.55 mm,出口集箱为 ϕ510.2 mm×90 mm。前屏进出口集箱分别与 30 片管屏的进出口短管箱相连,进口短管为 ϕ168.3 mm×28 mm,接管为 ϕ139.7 mm×15 mm,出口短管箱为 ϕ193.7 mm×34 mm,接管为 ϕ168.3 mm×22 mm。

　　直流锅炉的水冷壁出口一般均处于微过热状态,因此炉膛上部部分水冷壁实际上可视为辐射式过热器。

924 t/h苏尔寿直流锅炉为半塔式布置,炉膛上部是对流烟道,没有顶棚过热器及前屏过热器。

2)辐射式再热器

亚临界参数300 MW机组锅炉的再热器一般采用高温布置,即采用了墙式再热器及屏式再热器,以辐射换热为主。这是近年来由于锅炉燃用较差的煤质放大炉膛尺寸的一个措施。可同时改善受热面的汽温特性及机组对负荷的适应性。

SG 1 025 t/h强制循环锅炉的墙式再热器布置在炉膛上部的前墙和两侧墙前部,紧靠在水冷壁之前,将水冷壁遮盖。水冷壁被遮盖部分按不吸热考虑。墙式再热器管都是穿过水冷壁管进入炉膛的,所以这部分水冷壁管必须拉稀。墙式再热器结构示意图如图7-32所示。

该锅炉墙式再热器的进、出口集箱均呈L形。前墙再热器管共有212根,位于前墙标高41 020 mm处,沿宽度方向布满前墙。前墙再热器紧靠水冷壁管,将部分水冷壁遮挡住。两侧墙再热器管共有198(2×99)根管子,与前墙再热器管同在一个高度,但只占两侧墙的前部分,紧靠水冷壁管布置。墙式再热器管均为$\phi 54$ mm×5 mm,管间的节距为57 mm,其材料全部用15CrMo,墙式再热器的蒸汽由4根$\phi 457$ mm×16 mm的大管

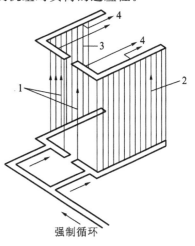

图7-32 SG 1 025 t/h强制循环锅炉墙式再热器结构示意图

1—前墙再热器管;2、3—侧墙再热器管;
4—墙式再热器引出管

子分别从上部两个L形出口集箱引出,并进入屏式再热器的进口集箱。

3. 半辐射式过热器

既吸收烟气的对流传热、又吸收炉内高温烟气及管间烟气辐射传热的过热器称为半辐射式过热器,又称屏式过热器。对同时还具有前屏过热器的锅炉,则称该过热器为后屏过热器。后屏过热器在大型锅炉中得到广泛应用。这是因为受热面辐射吸热比例的增大,改善了过热汽温的调节特性和机组对负荷变化的适应性。同时,由于屏式过热器布置在炉膛出口,热负荷相当高,从而可减少受热面的金属耗量,并可有效地降低炉膛出口烟气温度,防止密集对流受热面的结渣。但另一方面,因屏式过热器中各管圈的结构和受热条件差别较大,使其热偏差增大,为了保证受热面安全运行,屏式过热器通常也作为低温级过热器,且采用较高的质量流速[$\rho w = 700 \sim 1\,200$ kg/(m²·s)],使其管壁能够得到足够的冷却。

亚临界参数大型锅炉的后屏过热器一般悬吊在炉膛出口处。SG 1 025 t/h自然循环锅炉的后屏过热器共有20片管屏,每片屏由14根U形管组成,共280根管子。根据各区段管子不同的工作条件和管壁温度,分别采用了不同的管径、壁厚和金属材料(见图7-33)。后屏过热器最外圈管子的底部及最内圈向外绕管子底部因直接受到

炉膛的热辐射,壁温最高,可达 610 ℃左右。为确保安全,此两段材料采用 TP347H
不锈钢,其他部分金属材料分别为 SA-213、12CrlMoV、钢研 102 及 T91。受热面管
径则分别为 54 mm、60 mm,壁厚为 8～9 mm。

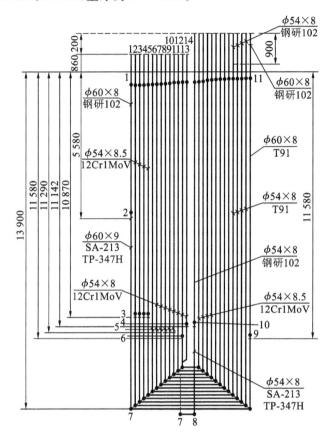

图 7-33 SG 1 025 t/h 自然循环锅炉后屏过热器结构

1 160 t/h 拔伯葛亚临界参数自然循环锅炉的屏式过热器是末级过热器,末级屏
式过热器纵向布置在炉膛出口处。为了减少过热器沿炉膛宽度的热偏差,不同位置
的屏采用了不同的横向节距,$s_1＝460/575$ mm。屏管为 $\phi44.5\times10$ mm,纵向节距
$s_2＝62.3$ mm。

该锅炉的末级屏式受热器由入口段管屏和出口段管屏组成,入口段、出口段管屏
均在制造厂焊接而成。入口段、出口段管材分别为 BS3059-622-490-S2 和 BS3059-
762-S2,两段管屏内圈管中心线之间的距离为 765 mm,作为吹灰器的运行空间。

末级屏式过热器下部水平段管子也采用鳍片管,以防止过热器底部积灰,进而发
展成挂渣。末级屏式过热器有两个进口集箱,尺寸为 $\phi424.2\times47$ mm。它经 40 根
$\phi193.7\times42$ mm 的入口短管分别与 40 个入口的短管箱连接,其出口短管箱由$\phi193.7\times$
27 mm 的出口短管与出口集箱相连,出口集箱尺寸为 $\phi465.6\times55$ mm。

924 t/h 苏尔寿直流锅炉半辐射受热面是布置在炉膛出口的卧式受热面(见图 7-28)。

4. 炉顶和包覆管过热器

亚临界参数大型锅炉为了采用悬吊结构和敷管式炉墙,防止漏风,通常在炉顶布置炉顶过热器,在水平烟道和后部竖井的内壁,像水冷壁那样布置过热器管,称为炉顶及包覆管过热器。这样,可将炉顶、水平烟道和后部竖井的炉墙直接敷设在包覆管上,形成敷管炉墙,从而可减轻炉墙的重量,简化炉墙结构,采用比较简单的全悬吊锅炉构架。

炉顶及包覆管紧靠炉墙,此处烟气温度较低,辐射吸热量小,主要受烟气的单面冲刷,但烟速较低,而且由于炉膛上部、水平及尾部烟道中布置了较多的受热面,因此,这些炉顶过热器及包覆管过热器传热效果较差,吸热量很小,蒸汽偿增也不大。

此外,大型机组蒸汽参数高,锅炉的过热蒸汽系统尤其是包覆管过热器的蒸汽流程较为复杂。

SG 1 025 t/h 强制循环锅炉按设计值,炉顶过热器进口集箱内饱和蒸汽温度为 369 ℃,经炉膛和水平烟道炉顶管加热后进入出口集箱的蒸汽温度只有 378 ℃,温升仅 10 ℃左右,故前炉顶管的管材可用 15 CrMo,后炉顶管只需用 20 G 钢。而经全部包覆管加热后的蒸汽温升只有 17 ℃,所以包覆管的管材全部采用 20G 钢。

该锅炉炉顶及包覆管过热器结构特性及布置如图 7-34 所示。由图 7-34 可见,该锅炉尾部烟道侧包覆管的上、下集箱分为前、后集箱。前集箱蒸汽来自水平烟道炉顶过热器管,后集箱蒸汽来自顶棚旁路管。蒸汽分别在前侧墙包覆管和后侧墙包覆管

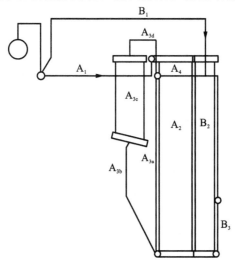

图 7-34 强制循环锅炉炉顶和包覆管过热器系统布置

A_1—水平烟道炉顶管;A_2—尾部烟道前侧墙包覆管;A_4—后炉顶管及后墙上包覆管;

A_{3a}—前墙包覆管;A_{3c}—水平烟道包覆管;A_{3b}、A_{3d}—蒸汽连接管;

B_1—顶棚旁路管;B_2—尾部烟道后侧墙包覆管;B_3—后墙下包覆管

中吸热后,前侧墙包覆管出口蒸汽分成两部分。一部分进入前墙包覆管,另一部分进入 60 根水平烟道包覆管,其中 30 根管子从水平烟道底部绕到左侧水平烟道,构成水平烟道的底包覆管和左侧墙包覆管,其余 30 根管子在右墙直接上升,构成右侧包覆管。这两部分蒸汽汇合在尾部烟道前墙包覆管上集箱,然后经尾部烟道炉顶管及后墙上包覆管进入低温过热器进口集箱。后侧墙包覆管出口蒸汽则送至后墙下包覆管,也进入低温过热器进口集箱。

1 160 t/h 拔伯葛亚临界自然循环锅炉的顶棚过热器由进出口集箱及 176 根并列管所组成。管子外径为 63.5 mm,平均节距 $s=115$ mm。顶棚管自顶棚过热器进口集箱引出,从炉膛前墙顶部呈水平方向并列延伸至再热器之后的顶棚过热器出口集箱,即包覆管过热器进口集箱。

为提高炉顶的严密性,顶棚管间隙处均装有盖板,盖板由双头螺栓固定。顶棚管系之上则铺有罩板,盖板双头螺栓和罩板之间的空隙处充填耐火材料。此外,在顶棚管与炉膛和锅炉侧墙管接合处,将耐火材料浇灌在盖板螺栓上,一直到顶棚管上表面,形成一个密封层。过热器和再热器管的穿顶棚处,也采用了各种不同形式的密封装置。

锅炉包覆管过热器由进、出口集箱及转向室顶部包覆管,尾部烟道前、后墙包覆管及两侧墙包覆管组成。包覆管外径均为 44.5 mm,节距为 115 mm。

包覆管过热器进口集箱横卧在转向室顶部的入口部位。其出口的部分蒸汽引入 87 根单排对流管束,成为水平烟道和尾部烟道的结合面。对流管束外径为 44.5 mm,管节距 $s=230$ mm。对流管束在到达尾部烟道前墙时,每根管子分叉为两根管,构成了 175 根前墙包覆管。

尾部烟道后墙包覆管过热器是由转向室顶部包覆管延伸,并在后墙处改变方向而成,所以管子的数目、节距及管径均与转向室顶部包覆管相同。蒸汽由包覆管过热器进口集箱引入。

尾部烟道两侧墙包覆管共 2×66 根管。蒸汽来源于包覆管过热器进口集箱两端六个进口短管箱,即为两侧墙包覆管进口集箱。

924 t/h 苏尔寿直流锅炉没有炉顶管过热器。该锅炉的垂直管水冷壁布置在炉膛出口到省煤器的竖直烟道内,这种垂直水冷壁实际上就是包覆管过热器。其管内是微过热蒸汽,因此属于过热受热面。由于这种受热面布置在烟道的四壁,烟温低、烟气流速低、传热差,故垂直水冷壁中蒸汽温升只有 5 ℃。依靠垂直水冷壁将盘旋水冷壁支吊起来。在垂直水冷壁上敷设炉墙,可使炉墙又简又轻,形成敷管炉墙。

垂直管屏采用两种管径和节距,管屏分上、下两段,中间用带鳍片的变径三通连接。每面墙上的各段均由五片管屏在工地进行组合焊接而成。

(1)下段垂直水冷壁管屏。下段垂直水冷壁每面墙有 280 根管子,每片管屏由 56 根 $\phi25\times4.5$ mm 的焊接鳍片管焊接组成。管子横向节距为 47 mm,管子和鳍片均为 13CrMo44 合金钢。

下段垂直水冷壁前墙管屏留有 Ⅰ、Ⅱ 级过热器蛇形管穿墙孔,后墙留有炉内悬吊管穿墙孔。两侧墙留有蒸汽吹灰器穿墙孔,下部开有四个测量孔。

(2)上段垂直水冷壁管屏。上段垂直水冷壁每面墙仍由五片管屏组成膜式结构水冷壁,共有 140 根管子。每片管屏由 28 根 $\phi 38 \times 5$ mm 焊接鳍片管组成,材料均为 15Mo3 合金钢。

上段垂直水冷壁前墙管屏鳍片间开有省煤器、再热器穿墙管孔,后墙留有低温再热器出口和高温再热器进口的穿墙管孔,两侧墙开有蒸汽吹灰器管孔和 4 个 $\phi 492$ 人孔门。

垂直水冷壁的四个出口集箱水平布置在炉墙四周,采用 $\phi 244.5 \times 16$ mm、由 15MiCu1Nb5 材料制成的连接管,切向引入炉前立式布置的汽水分离器内。

7.2.3　蒸汽温度影响因素及调节

在锅炉运行中,各种扰动因素都能引起汽温的变化,而维持稳定的过热蒸汽温度与再热蒸汽温度是机组安全、经济运行的重要保证。汽温过高将引起管壁超温、金属蠕变寿命降低,会影响机组的安全性;汽温过低将引起循环热效率的降低。根据计算,过热器在超温 10～20 ℃下长期工作,其寿命将缩短一半以上;汽温每降低 10 ℃,循环热效率降低 0.5%,而且汽温过低,会使汽轮机排汽湿度增加,从而影响汽轮机末级叶片的安全工作。通常,规定蒸汽温度与额定温度的偏差值在 −10～+5 ℃ 范围内。

1. 汽温特性

过热器或再热器出口汽温随锅炉负荷的变化规律称为过热器或再热器的汽温特性。过热器的汽温特性如图 7-35 所示。

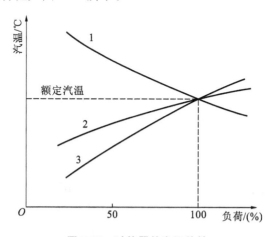

图 7-35　过热器的汽温特性

1—辐射式过热器;2、3—对流式过热器 $\vartheta'_2 > \vartheta'_3$

随着锅炉负荷的变化,辐射式过热器的汽温特性与对流式过热器相反。当锅炉负荷增加时,燃料消耗量和过热器中蒸汽的流量都相应增大,由于炉内火焰温度变化不大,辐射式过热器吸收的炉膛辐射热增大不多,相对于每千克蒸汽的辐射吸热量反而减小,因此,辐射式过热器的出口汽温随锅炉负荷的增大而降低。辐射式过热器的汽温特性见图 7-35 中的曲线 1。当锅炉负荷增大时,燃料消耗量增大,烟气流速增大,烟温升高、对流传热量增加,相对于每千克蒸汽的对流吸热量增加,因此,对流式过热器的出口汽温随锅炉负荷的增大而增大。对流式过热器的汽温特性见图 7-35 中曲线 2、3,过热器离炉膛越远,过热器进口烟温 ϑ' 就越低,烟气对过热器的辐射换热份额越少,汽温随负荷增加而上升的趋势更加明显。因此,曲线 3 比曲线 2 更陡些。由于屏式过热器以炉内辐射和烟气对流两种方式吸热,因此屏式过热器的汽温特性将稍微平稳些。高压、超高压锅炉过热器由辐射式、半辐射式及对流式过热段组成,由于辐射吸热份额不大,整个过热器的汽温特性为对流式。

再热器的汽温特性与过热器的汽温特性相似。由于再热器的进口汽温随汽轮机负荷降低而降低,因此,再热器需要吸收更多的热量;另外,由于再热器布置在较低烟温区,并且再热蒸汽的比热容较小,因此,再热汽温的波动较过热汽温大。

单元机组滑压运行时,过热蒸汽与再热蒸汽压力随着负荷的降低而降低,蒸汽的比热容减小,加热到相同温度所需的热量减少。因此锅炉负荷降低时,机组滑压运行时的过热汽温和再热汽温比机组定压运行时的汽温更易保持稳定。

2. 影响汽温变化的因素

影响汽温变化的因素很多,主要有锅炉负荷、炉膛过量空气系数、给水温度、燃料性质,受热面污染情况、燃烧器的运行方式,以及直流锅炉汽温变化特点等,这些因素还可能互相制约。

1)锅炉负荷

如前所述,过热器和再热器出口蒸汽温度与锅炉负荷之间的关系由于采用不同传热方式其汽温变化特性是不同的,图 7-35 已经给出了负荷变化对汽温的影响。

2)给水温度

给水温度升高,产生一定蒸汽量所需的燃料量减少,燃烧产物的容积也随之减少,烟气流速下降,同时炉膛出口烟温降低。从而使过热汽温下降。在电厂运行中,如果高压加热器出现故障不能投入时,给水温度下降,会使过热器出口汽温显著升高。

3)过剩空气系数

当送入炉膛的过量空气量增加时,炉膛温度水平降低,辐射传热减弱,辐射式过热器出口汽温降低;对于对流过热器,则由于燃烧生成的烟气量增多,烟气流速增大,对流传热加强,导致出口过热汽温升高。风量减小时则相反。

4)燃料性质

当煤粉变粗或煤的挥发分降低时,煤粉在炉内燃尽时间延长,火焰中心位置上移,过热汽温升高,最终导致汽温升高。

燃煤中的水分和灰分增加时,燃煤的发热量降低。为了保证锅炉蒸发量,必须增加燃煤耗量,增大了烟气容积。同时,水分的蒸发和灰分本身温度的提高均需吸收炉内热量,使炉内温度水平降低,辐射传热量减少,辐射式过热器出口汽温降低;但烟气流速增加,对流传热量增大,对流式过热器和再热器的出口汽温升高。

5) 受热面污染情况

过热器之前的受热面发生积灰或结渣时,会使炉内辐射传热量减少,进入过热器区域的烟温增高,因而使过热汽温上升;过热器本身严重积灰、结渣或管内结垢时,将导致汽温下降。

6) 燃烧器的运行方式

改变燃烧器的运行方式,例如,摆动燃烧器喷嘴向下倾斜或是多排燃烧器从上排喷嘴切换至下排时,由于火焰中心下移,会使汽温下降;反之,汽温则会升高。

应当指出的是,由于再热器的对流特性比过热器强,而且由于再热蒸汽的温度高、压力低,因而再热蒸汽的比热容较过热蒸汽要小。这样,等量的蒸汽在获得相同热量时,再热蒸汽的温度变化幅度要比主蒸汽更大。此外,再热汽温不仅受锅炉方面因素变化的影响,而且汽轮机工况的改变对它也有较大影响。在过热器中,进口蒸汽温度始终等于汽包压力下的饱和温度,而在再热器中,进口蒸汽温度则随汽轮机负荷的增加而升高,随汽轮机负荷的减小而降低。所以在单元机组定压运行时,再热蒸汽温度受工况变动的影响要比过热蒸汽温度更敏感,再热蒸汽温度的波动也比主蒸汽温度大。

7) 直流锅炉汽温变化特点

直流锅炉无汽包,加热、蒸发和过热各区段之间无固定界限,是随工况的变化而变化的。在稳定工况下直流锅炉的蒸发量 D 等于给水量 G。因此,直流锅炉过热汽温变化比较复杂,而且在某种程度上与汽包炉中的过热汽温的变化刚好相反。

在锅炉热负荷和其他条件都不变时,若给水量增加,直流锅炉的蒸发量增加,加热段和蒸发段的长度增加,过热汽温则因过热段的长度缩短而降低;反之,给水量减少,过热汽温上升。同样可分析,在给水量和其他条件都不变时,增加燃料量,蒸发量不变,过热汽温上升;减少燃料量则过热汽温下降。由此可见,燃料量与给水量的比值,即燃水比变化时,直流锅炉过热器出口汽温发生显著变动。因此,在运行中热负荷与给水量必须很好配合,也就是要保持准确的燃水比。只要保持适当的燃水比,直流锅炉就可以在任何负荷、任何工况下维持一定的过热汽温。这一特性与自然循环锅炉有明显的区别,汽包锅炉过热汽温的变化与给水量无直接关系,给水量是根据汽包水位变化来调节的。

当增加直流锅炉的负荷时,若燃料量与给水量按同一百分比增加,即燃水比不变,则工质在辐射区少吸收的热量可由对流区多吸收的热量来补偿,过热器出口蒸汽的温度可近似不变。

负荷不变而给水温度变化也会对直流锅炉过热汽温产生很大的影响,给水温度降低时,加热段的长度加长,蒸发段的长度几乎不变,使过热段的长度缩短,过热汽温下降。此时必须改变原有的燃水比,增加燃料量,也即采用较高的燃水比,才能维持过热汽温为额定值。

过量空气系数增大时,因排烟损失增加,锅炉效率降低,这时,如给水温度和燃水比不变,则过热器出口过热汽温是下降的。

燃煤中的水分和灰分增加,燃料在炉内总放热量减小,在其他参数不变的情况下,过热段缩短,直流锅炉过热汽温将下降。

直流锅炉炉内火焰中心下移,炉膛水冷壁多吸收的热量被对流受热面吸热量减少所补偿,过热汽温可近乎不变;若炉膛水冷壁与过热器受热面结焦或积灰,受热面减少,均使过热汽温下降。

3. 过热汽温、再热汽温的调节

为了保证机组安全经济运行,必须维持稳定的蒸汽温度,汽温过高会使金属的许用应力下降,危及机组的安全运行。如对于 12CrlMoV 钢,在 585 ℃时,有 10^5 h 的持久强度,而在 595 ℃时,$3×10^4$ h 之后就会丧失其强度;而汽温下降则会降低机组的循环热效率。当再热汽温变化过于剧烈时,还会引起汽轮机中压缸的转子与汽缸之间的相对胀差变化,使汽轮机激烈振动,同样危及机组安全。

过热蒸汽温度和再热蒸汽温度在锅炉运行中受多种因素的影响,其波动是不可避免的。为保证机组安全、经济运行,必须装设可靠的汽温调节装置,以修正运行因素对汽温波动的影响。

汽包锅炉具有汽包,过热器受热面固定不变,给水量的调节和汽温调节互不相关,调节较简单。直流锅炉受热面加热、蒸发和过热各区段之间无固定界限,一种扰动会对各种被调参数起作用,使得汽温、汽压和蒸发量的调节相互关联;同时由于直流锅炉没有汽包,储热能力差,工况变动时汽压和汽温变动剧烈,参数调节和自动调节系统要比汽包锅炉复杂。

300 MW 以上机组的锅炉由于负荷变动较大,要求具有更大的运行灵活性,维持额定汽温的负荷范围应扩大。一般对燃煤汽包炉为 60%～100%额定负荷;直流锅炉则为 30%～100%额定负荷。

汽温调节装置要求锅炉在上述负荷变动范围内能维持过热汽温及再热汽温的额定值。并且调节灵敏、惯性小、对电厂热效率影响小。同时,结构简单,金属耗量小。

蒸汽温度的调节方法通常分为两类,蒸汽侧的调节和烟气侧的调节。

蒸汽侧的调节是指通过改变蒸汽比热容来调节汽温,主要采用喷水式减温器、表面式减温器;烟气侧的调节则是通过改变锅炉内辐射受热面和对流受热面的吸热量分配比例的方法(如调节燃烧器的倾角,采用烟气再循环等)或改变流经过热器、再热器的烟气量的方法(如烟气挡板等)来调节汽温。

1)喷水减温装置

随着近代给水处理技术的发展,给水品质已相当高。故大型机组锅炉通常采用以给水作为减温水的喷水减温装置。喷水减温装置通常都安装在过热器连接管道或联箱中。

大型机组锅炉的过热器分为多级，因此常采用多次减温方式。即在整个过热器系统上，装设两级或三级喷水减温器。通常过热器的低温段，由于蒸汽温度较低，可以不装减温器。在屏式过热器前设置第一级减温器，以保护屏式过热器不超温，作为过热汽温的粗调节。在末级高温对流过热器前装设第二级减温器作为微调。这样，既可以保证高温过热器的安全，同时又可减小迟滞，提高调节的灵敏度。减温器设计的喷水量为锅炉容量的 3％～5％。

喷水减温器的结构形式很多。按喷水方式有喷头式（单喷头、双喷头）减温器、文丘里管式减温器、旋涡式喷嘴减温器和多孔喷管式减温器（又称笛形管式减温器）（见图 7-36）。

（1）喷头式减温器　在过热器的连接管道或联箱中插入一根或两根喷嘴，水从喷嘴中几个 $\phi 3$ mm 的小孔中喷出，直接与蒸汽混合。为了避免喷入的水滴与管壁接触引起热应力，在喷水处装有长 3～4 m 的保护套管或称混合管，使水与蒸汽混合。这种减温器结构简单，制造方便。但由于其喷孔数量受到限制，喷孔阻力大，而且这种喷嘴悬挂在减温器中成为一悬臂，受高速汽流冲刷易产生振动，甚至发生断裂损坏，从而使其在大容量锅炉中的应用受到一定的限制。

（2）文丘里管式减温器　文丘里管式减温器（又称水室式减温器）是由文丘里喷管、水室及混合管组成的，如图 7-36（a）所示。文丘里喷管喉口处布置有多排 $\phi 3$ mm 小孔，减温水首先引入喉口处的环形水室，再由其中的喷孔喷入汽流，喷孔水速约 1 m/s，喉口处蒸汽流速为 12～70 m/s。采用文丘里喷管可以增大喷水与蒸汽的压差，改善混合状况。

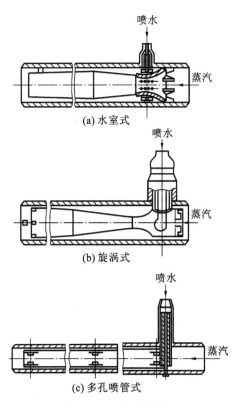

图 7-36　喷水减温器

但文丘里管式减温器结构较复杂、变截面多、焊缝多，喷射给水时温差较大，在喷水量多变的情况下产生较大的温差应力，易引起水室裂纹等损坏事故，应予以特别注意。

（3）旋涡式喷嘴减温器　该减温器由旋涡式喷嘴、文丘里喷管和混合管组成（见

图 7-36(b))。该减温器喷水进入减温器后顺汽流方向流动,由旋涡式喷嘴中喷出的减温水雾化质量较好,故减温幅度较大,能适应减温水频繁变化的工作条件,因而是一种较好的结构形式。

旋涡式喷嘴也是以悬臂的方法悬挂在减温器中,因此,在设计中应采取必要的措施,使其避开共振区,保证喷嘴的安全工作。

(4)多孔喷管式减温器　多孔喷管式减温器由多孔喷管和直混合管组成(见图 7-36(c))。多孔喷管一般为 $\phi 60 \times 8$ mm,在背向汽流方向一侧开有若干喷水孔,喷孔直径通常为 $5 \sim 7$ mm,喷水速度为 $3 \sim 5$ m/s,喷水方向与汽流方向一致。

为了防止悬臂振动,喷管采用上下两端固定,故其稳定性较好。

多孔喷管减温器结构简单,制造安装方便,在 300 MW 及其更大容量机组的锅炉中得到广泛应用。

再热器一般不宜采用喷水减温。因为再热器喷入的水转化为压力较低的蒸汽,使工质做功能力下降,降低了机组的循环热效率。此外,机组定压运行时,因再热器调温幅度较大,为保证低负荷下的汽温,高负荷时,需投入大量减温水,在超高压机组中,每增加 1‰喷水量,降低效率 0.1%～0.2%。因此,再热器常采用烟气侧调节法作为汽温调节的主要手段,而用喷水减温器作为辅助调节方法。再热器事故喷水减温器装设在再热器进口管道中。当出现事故工况,再热器入口汽温超过允许值,可能出现超温损坏时,事故喷水减温器立即投入运行,以保护再热器。在正常运行情况下,只有当积极采用其他温度调节方法尚不能完全满足要求时,再热器微量喷水减温器才投入微量喷水,作为再热汽温的辅助调节。

在滑压运行的机组中,可用喷水减温作为再热汽温的主调手段。如引进的924 t/h苏尔寿直流锅炉系采用滑压运行,再热汽温的主要调节手段即为喷水减温。这是因为滑压运行的机组中,高压缸的排汽温度几乎不随机组功率而变,不像定压运行那样,随负荷的降低而减小。因此,锅炉在低负荷时均能维持额定再热汽温。在锅炉运行中,再热器喷水量比较少,对机组效率影响不大。

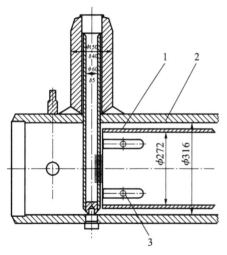

图 7-37　SG 1 025 t/h**自然循环锅炉**
第二级多孔喷管式减温器

1—内套筒;2—筒体;3—喷管

SG 1 025 t/h 亚临界参数自然循环锅炉过热器采用两级多孔喷管式减温器。图 7-37 所示为该锅炉第二级减温器结构图。

该减温器多孔喷嘴的直径为 60 mm、厚度为 5 mm,在背向汽流方向一侧共开有 40 个直径为 5 mm 的喷水孔,共四排,每排10 个(见图 7-38)。这是根据额定工况下该锅炉第二级减温水量 $D=8.16$ t/h 计算确定的。

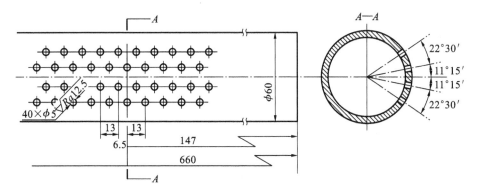

图 7-38 SG 1 025 t/h 自然循环锅炉第二级减温器的多孔喷头

为避免筒壁直接与喷管相焊后,在连接处因减温水与蒸汽的温差,以及减温水量变化所引起的温差应力,在喷管和筒体壁之间加接了保护套筒。

第一级减温器的结构与第二级相似。其多孔喷头直径为 76 mm、厚度为 7 mm,126 个直径为 7 mm 的喷水孔分六排布置在喷嘴背向汽流方向,每排 21 个。

再热器系统采用两个微量喷水减温器和两个事故喷水减温器作为再热汽温的辅助调节方法。均为多孔喷管式减温器。

图 7-39 所示为该锅炉再热器事故喷水减温器结构图。由图可见,它主要由喷水装置和直混合管组成。喷水装置的喷水管直径为 57 mm、厚度为 6 mm。在喷水管背向汽流方向一侧焊有两只直径为 38 mm 的莫诺克喷头(见图 7-40)。喷水装置与减温器筒体间的衬套可以避免因减温水与蒸汽间的温差和减温水量变化引起的温差应力。

再热器微量喷水减温器的结构与事故喷水减温器相似。该喷水装置的喷水管直径为 51 mm、厚度为 6 mm,在背向汽流方向一侧焊有两只直径为 32 mm 的莫诺克喷头。

2)分隔烟道挡板

图 7-41 所示为分隔烟道挡板调温法受热面的布置方式。由图可见,对流后烟道分隔成两个并联烟道。其一布置再热器,另一个布置过热器。在两个烟道受热面后的出口处布置可调的烟气挡板,利用调节挡板开度,改变流经两烟道的烟气量来调节再热汽温。

图 7-42 所示为负荷变化时,由于挡板的调节使流经两个烟道的烟气量变化的情况。在额定负荷时,烟道挡板全开。流经每一烟道的烟气量约占 50%(如图中水平虚线所示)。负荷降低时,关小过热器烟道挡板,使较多的烟气流经再热器,以维持额定的再热汽温。

图 7-43 所示为挡板调节时过热蒸汽和再热蒸汽温度的变化情况。图中曲线 A 表示两组烟道挡板全开时的汽温特性。低负荷时,再热汽温偏低较多,只有在额定负

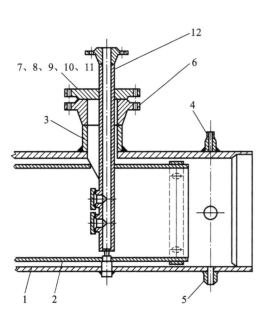

图 7-39　SG 1 025 t/h 自然循环锅炉再热器
　　　　事故喷水减温器

1—简体;2—衬套;3、4、5—管接头;6—法兰;
7—法兰盖;8—垫片;9—双头螺栓;10—螺母;
11—垫回;12—喷水装置

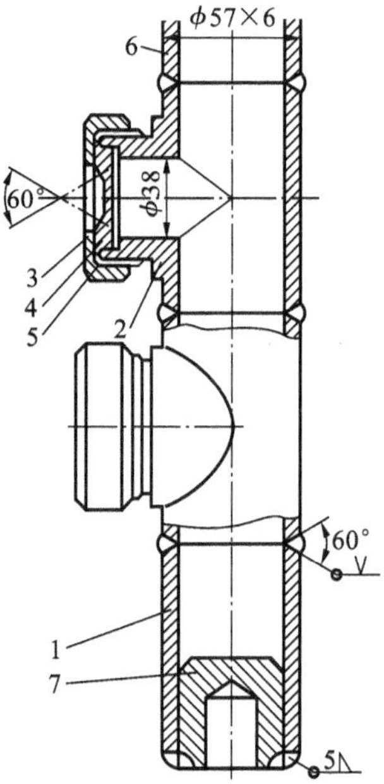

图 7-40　SG 1 025 t/h 自然循环锅炉再热器
　　　　事故喷水减温器喷水装置

1—管子;2—莫诺克喷头;3—压盖螺母;
4—雾化片;5—垫圈;6—管子;7—端盖

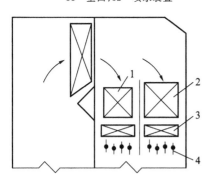

图 7-41　分隔烟道挡板调节法受热面布置方式
1—过热器;2—再热器;3—省煤器;4—挡板

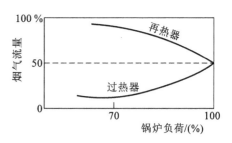

图 7-42　挡板调节时烟气量随锅炉负荷的变化

荷下方可维持额定汽温,而过热蒸汽在额定负荷下超温,以保证部分负荷下能够维持额定汽温。曲线 B 表示挡板调节后的汽温特性。由图可见,在 $70\% \sim 100\%$ 负荷范围内,再热汽温可维持额定值,而过热汽温稍偏高,但可启用喷水减温器维持过热汽温的额定值。

这种调节方法结构简单,操作方便,但挡板宜布置在烟温低于 400 ℃ 的区域,以免产生热变形,并注意尽量减少烟气对挡板的磨损。平行烟道的隔墙要注意密封,最

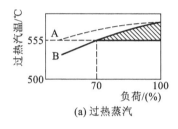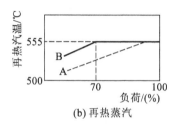

(a) 过热蒸汽　　　　　　　　　(b) 再热蒸汽

图 7-43　挡板调节时汽温随负荷的变化

A—挡板全开时汽温特性；B—挡板调节后汽温特性

好采用膜式壁结构，以防止烟气泄漏。当再热器与过热器并列布置时，过热器的辐射特性应在设计时给予增大，这样，才能使过热器与再热器两者汽温变化的配合较好。

SG 1 025 t/h 自然循环锅炉和直流锅炉均有采用烟气调温挡板作为再热蒸汽温度调节的主要手段，而以微量喷水作为辅助调节。在正常运行时，如关闭低温再热器侧挡板仍不能维持低温再热器出口汽温，则应投入微量喷水减温。

3）烟气再循环

烟气再循环的工作原理是采用再循环风机从锅炉尾部低温烟道中（一般为省煤器后）抽出一部分温度为 250～350 ℃的烟气，由炉子底部（如冷灰斗下部）送回到炉膛，用以改变锅炉内辐射和对流受热面的吸热量分配，从而达到调节汽温的目的。

由于低温再循环烟气的掺入，炉膛温度降低，炉内辐射吸热量随之减少。而炉膛出口烟温一般变化不大。这时，在对流受热面中，因为烟气量增加使其对流吸热量增加，而且受热面离炉膛越远，对流吸热量的增加就越显著。

采用烟气再循环后，各受热面的吸热量的变化（即热力特性）与再循环烟气量、烟气抽出位置及送入炉膛的位置有关。一般每增加 1% 的再循环烟气量，可使再热汽温升高约 2 ℃。如再循环率为 20%～25%，则可调温 40～50 ℃。由此可知，烟气再循环调温幅度大、迟滞小，与喷水调节比较可节省受热面金属耗量，且调节灵敏。在近代大型锅炉中，还常用来减少大气污染，因此得到广泛使用。

4）炉底注入热风

通过在炉膛底部注入热风调节蒸汽温度的调节方式与烟气再循环的形式相似，但机理却不尽一致。烟气再循环是通过调整对流受热面处的烟气流量来调节汽温的，而自炉底注入热风，并随着锅炉负荷的改变相应改变炉底热风量，相应调整燃烧器中二次风或三次风的数量，则可使炉内过量空气系数尽量维持最佳值。也就是说，当自炉底注入热风时，通过适当的调节，可使炉内生成的烟气量不变或变化不大，但却改变了炉膛温度，而再热蒸汽温度的调节主要是靠由炉底注入的这股热风抬高炉膛火焰中心的位置，从而改变炉膛出口烟气温度来实现的。在锅炉最大负荷时，调温空气量为零。随着锅炉负荷的降低，相应增加调温空气量，可使再热汽温维持在额定值。

5）改变火焰中心的位置

调节摆动式燃烧器喷嘴上下倾角，可改变火焰中心沿炉膛高度的位置，从而改变炉膛出口烟气温度,调节锅炉辐射和对流受热面吸热量的比例,可用来调节过热及再热汽温。

摆动式燃烧器多用于四角布置的炉子中。在高负荷时,燃烧器向下倾斜某一角度;而在低负荷时,燃烧器向上倾斜某一角度,使火焰中心位置改变。一般燃烧器上下摆动±20°～30°时,炉膛出口烟温变化为110～140 ℃,调温幅度为40～60 ℃。燃烧器的倾角不宜过大,过大的上倾角会增加燃料的未完全燃烧损失;下倾角过大又会造成冷灰斗的结渣。

SG 1 025 t/h自然循环锅炉及亚临界参数强制循环锅炉采用这种调温方法调节再热蒸汽温度。燃烧器倾角的调节范围为±30°。为保证炉内温度场均匀分布,四组燃烧器的倾角同时动作。当燃烧器角度为−30°再热蒸汽温度仍然高于额定值时,再热器事故喷水减温器则自动投入运行。

采用多层(如4～5层)燃烧器的锅炉,改变燃烧器的运行方式。这种方式是将不同高度的燃烧器喷口投入或停止运行,或将几组燃烧器切换运行,以此来改变炉膛火焰中心的位置高低,实现调节汽温的目的。当负荷降低时,首先停用下排燃烧器,使火焰中心抬高,能起到一定的调温作用,但其调温幅度较小,一般应与其他调温方式配合使用。

改变配风工况。在总风量不变的前提下,可用改变上、下二次风量分配比例的办法改变炉膛火焰中心位置的高低,改变进入过热器区域的烟温,实现调节汽温的目的。当汽温偏高时,可加大上二次风量,减小下二次风量,降低火焰中心;当汽温较低时,则减少上二次风量,增加下二次风量,抬高炉膛火焰中心。

　6)直流锅炉汽温的调节

直流锅炉的汽温调节与自然循环锅炉不同。直流锅炉在稳定工况下,过热蒸汽出口的热焓 h_{gr}'' 可用下式表示为

$$h_{gr}'' = h_{gr} + \frac{B}{G}Q_{ar,net}\eta_{gl} \tag{7-1}$$

式中:h_{gr}''、h_{gr} 分别为过热器出口和给水的热焓,kJ/kg;B、G 分别为燃料量和给水量,kg;$Q_{ar,net}$ 为燃料低位发热量,kJ/kg;η_{gl} 为锅炉效率,%。

如 h_{gr}、$Q_{ar,net}$、η_{gl} 在一定负荷变化范围内保持不变,则过热蒸汽温度(热焓)只取决于燃料量和给水量的比例 B/G,如果比值 B/G 保持不变,则 h_{gr}'' 或 t_{gr}'' 可保持不变。即比值 B/G 变化是造成过热蒸汽温度变化的基本原因。因此,在直流锅炉中,过热汽温的调节主要是通过给水量与燃料量的调整来实现的。考虑到实际运行中锅炉负荷的变化,给水温度、燃料品质、炉膛过量空气系数及受热面结渣等因素的变化,对过热汽温变化均有影响,因此要保持 B/G 的精确值不易做到,特别是燃煤锅炉,控制燃料量较为粗糙,且对 t_{gr} 的调节惯性较大,不能保证良好的调节品质。故直流锅炉一般采用与喷水调节相结合的调节方法,即比值 B/G 作为粗调节,蒸汽通道上的喷水减温器作为细调节。

对于带固定负荷的直流锅炉,蒸汽参数调节的主要任务是调节汽温,因而在燃料量与给水量比例确定后,操作中应尽量减少燃料量的改变。在实际调节中,燃料量的调节精度受到燃料性质变动等影响,因此为进一步校正燃料量与给水量的比例,可借助于喷水调温。喷水调温的惰性小,且无过调现象,特别是以喷水点后汽温作为调节信号进行喷水调节时,从喷水量开始变化只须经过几秒钟时间,很容易实现细调节。所以直流锅炉在带不变负荷时,蒸汽参数的调节是借助喷水调节汽温而尽可能稳住燃料量。但喷水量变化只能维持过热汽温的暂时稳定,过热汽温稳定的关键是调节燃水比 B/G。这是因为直流炉的给水量 G 等于蒸发量 D,若燃料量 B 增加、热负荷增加,而给水量 G 未变,则过热汽温必然升高,喷水量 d 增加;进口水量 $(G-d)$ 相应减少,反过来又会使过热汽温上升,同时影响机组效率,还会引起喷水点前金属和工质温度升高,不利于安全运行(见图 7-44)。

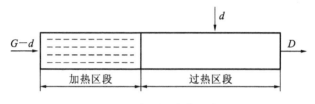

图 7-44　直流锅炉喷水减温

直流锅炉由于不稳定动态过程中交变区内工质的变化及过热器管壁金属储热的影响,过热汽温有比较大的延迟,而且越靠近过热器出口,延迟越大。若以过热器出口汽温作为调节信号,则调节过迟,为了维持锅炉过热蒸汽温度的稳定,按照时滞小、反应明显、工况变化时便于测量等条件,通常在过热区段中取一温度测点,将它固定在相应的数值上,即中间点温度。用中间点汽温作为超前信号,使调节操作提前,以得到稳定的汽温。实际上将中间点至过热器出口之间的过热区段固定,相当于汽包炉固定过热器区段情况。在过热汽温调节中,中间点温度与锅炉负荷存在一定的函数关系,因此,锅炉的燃水比 B/G 可按中间点温度来调整,而中间点至过热器出口区段的过热汽温变化主要依靠喷水来调节。中间点的位置越靠近过热器入口,即过热蒸汽点离工质开始过热点越近,则汽温调节的灵敏度就越高,但应保持中间点的工质状态在 70%~100% 负荷内都是微过热蒸汽(过热度约为 20℃ 的过热蒸汽),因而不易过于提前。在亚临界压力及以下的直流锅炉中,中间点都选择在过热器的起始段(如国产 300 MW 的 UP 单炉膛直流锅炉,它的中间点选择在包覆过热器出口),即中间点工质状态总处于过热区,而不会处于蒸发区,否则,中间点将失去调节信号的作用。

7.2.4　过热器、再热器的热偏差

1. 热偏差的概念

锅炉受热面管子长期安全工作的首要条件是必须保证它的金属工作温度不超过

该金属的最高允许温度。过热器和再热器管段金属壁面平均温度 t_b 可以用式(7-2)进行计算,即

$$t_b = t_g + \Delta t_p + \beta \mu q_{max} \left(\frac{1}{\alpha_2} + \frac{1}{1+\beta} \frac{\delta}{\lambda} \right) \tag{7-2}$$

式中:t_g 为管段内工质温度,℃;Δt_p 为考虑管间工质温度偏离平均值的偏差,℃;β 为管段外径与内径之比;μ 为考虑管子周界方向的热传递系数;q_{max} 为在热负荷最大的管子上,热流密度的最大值,kW/m²;α_2 为工质放热系数,kW/(m² · ℃);δ 为管壁厚度,m;λ 为管段金属的导热系数,kW/(m · ℃)。

由式(7-2)可见,管内工质温度气和受热面的热负荷 q 越高,管壁温度 t_b 就越高;而放热系数 α_2 提高可使金属壁温 t_b 降低。放热系数的大小与管内工质的质量流速也有关,提高蒸汽的质量流速可以加强对管壁的冷却作用,使壁温降低,但将增大压力损失。

由于过热器和再热器中工质的温度最高,同时受热面的热负荷也相当高,而蒸汽的放热系数却较小,故过热器和再热器是锅炉各受热面中金属工作温度最高、工作条件最差的受热面,其管壁温度已接近管子钢材的最高允许温度。因此,必须避免个别管子由于设计不良或运行不当超温损坏。

过热器是由许多并列管子组成的管组。管组中各根管子的结构尺寸、内部阻力系数和热负荷可能各不相同。因此,每根管子中的蒸汽焓增 Δh 也就不同,工质温度也不同。这种现象称为过热器、再热器的热偏差。焓增大于管组平均值的那些管子称为偏差管。

过热器、再热器管组热偏差的程度可用热偏差系数 φ 表示,即

$$\varphi = \frac{\Delta h_p}{\Delta h_{pj}} \tag{7-3}$$

$$\Delta h_p = \frac{q_p F_p}{G_p}$$

$$\Delta h_{pj} = \frac{q_0 F_0}{G_0}$$

式中:Δh_p 为偏差管焓增;Δh_{pj} 为管组平均焓增;q_p、F_p、G_p 分别为偏差管管外壁热负荷、受热面积、工质流量;q_0、F_0、G_0 分别为管组管外壁平均热负荷,受热面积、工质流量。

因此有

$$\varphi = \frac{q_p F_p}{q_0 F_0} \frac{G_p}{G_0} = \frac{\eta_q \eta_F}{\eta_G} \tag{7-4}$$

$$\eta_q = \frac{q_p}{q_0}; \quad \eta_F = \frac{F_p}{F_0}; \quad \eta_G = \frac{G_p}{G_0}$$

式中:η_q 为吸热不均匀系数;η_F 为结构不均匀系数;η_G 为流量不均匀系数。

显然,热偏差系数 φ 越大,管组的热偏差越严重。偏差管段内工质温度与管组工

质温度平均值的偏差 Δt_p 越大,该管段金属管壁平均温度就越高。因此,必须使过热器或再热器管组中最大的热偏差系数 φ_{max} 小于最大允许的热偏差系数,即管壁金属温度不超过最高允许值时的热偏差,否则,将会使管子因过热而损坏。

随着电站锅炉容量的增大及蒸汽参数的提高,在锅炉中越来越多地采用屏式过热器和再热器,同时由于锅炉相对宽度的减小,对流过热器每片蛇形管束所采用的管圈数也相应增多。可见,对于整个管组,不仅存在屏(片)间热偏差,且同时还存在同屏(片)热偏差。

由于过热器、再热器并列工作的管子之间受热面积差异不大,根据式(7-4),产生热偏差的基本原因主要是烟气侧的吸热不均和蒸汽侧的流量不均。显然,对于过热器和再热器来说,最危险的将是热负荷较大而蒸汽流量较小,因而其汽温较高的那些管子。

2. 热偏差分析

1)烟气侧热力不均(吸热不均)

过热器、再热器管组的各并列管是沿着炉膛宽度方向均匀布置的,因此,锅炉炉膛中沿宽度方向烟气的温度场和速度场的分布不均匀,是造成过热器和再热器并列管组热力不均匀的主要原因。而这些原因的产生可能是由于结构引起的,也可能是由于运行工况的改变引起的。

锅炉炉膛很宽,炉膛内烟气温度场与速度场不均匀,炉膛中部的烟温和烟速比炉壁附近的高,布置在炉壁的辐射式过热器沿宽度的吸热不均匀系数可达 $1.3\sim1.4$。烟道内沿宽度方向热负荷的分布如图 7-45 所示,烟气温度场与速度场仍保持中部较高、两侧较低的分布情况。当燃烧器四角布置锅炉运行时,在炉膛内会产生旋转的烟气流,在炉膛出口处,烟气仍有旋转,两侧的烟温与流速存在较大差别,烟温差可达 100 ℃以上,即所谓的"残余旋转"。

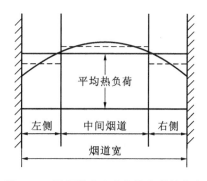

图 7-45　沿烟道宽度方向热负荷的分布

烟气流的残余旋转会使烟道内的烟气温度和流速分布不均匀。

当燃烧工况组织不良,炉膛火焰充满度不好,火焰中心偏斜,燃烧器负荷不一致,粉风分配不好,风粉不均,炉膛部分水冷壁严重结渣,炉膛上部或过热器局部地区发生煤粉再燃烧时,均会造成炉内烟气温度不均,并将不同程度地在对流烟道中延续下去,从而引起过热器和再热器的吸热不均。

由于设计、安装及运行等因素造成的过热器管子节距不同,使个别管排之间有较大的烟气流通截面,形成烟气走廊,导致烟气流通阻力较小,烟速加快,对流传热增强。同时,由于烟气走廊具有较厚的辐射层厚度,又使辐射吸热增加,而其他部分管子吸热相对减少,造成热力不均。

此外,受热面污染也会造成并列工作管子吸热的严重不均。显然,结渣和积灰较多的管子吸热减少;对流烟道部分堵灰结渣时,其余截面因烟速增大,因而吸热增加。

还应指出的是,吸热多的管子由于蒸汽温度高,比体积大,流动阻力增加,使工质流量减少,更加大了热偏差。

现代大容量电站锅炉均采用辐射-对流组合式蒸汽系统,除对流式过热器外,还采用了较多的屏式过热器。

(1)屏式过热器的同屏吸热不均　通常,屏式过热器的外圈管子比较长,因此它的受热面积和吸热量相应要比其他管圈大。且因其阻力系数较大,管内的蒸汽流量比其他各管要小。在接受炉膛(或屏间烟气)辐射中,屏式过热器同屏各管由于角系数各不相同,面对炉膛(或屏前烟气)直接接受火焰辐射的第一排管圈,因其角系数 x(见式(9-27))最大,相应的辐射面积也最大,吸收辐射热量就最多,往往可以达到各排管圈平均吸热量的几倍。对于这种曝露程度较高的管子,不仅吸收辐射热量大,而且由于烟气冲刷面积也大,使对流吸热量也大。因此,最外圈管吸热量为最大。

在传统的屏结构中,上述诸多原因都会使外圈管的焓增和温升比其他各管大,从而造成很大的同屏热偏差和汽温偏差,使之管壁温度升高,可靠性降低。

(2)对流过热器和再热器的同片吸热不均　现代大容量电站锅炉的对流过热器、再热器的同一片管屏都是采用多管圈的结构。从实际运行及试验中发现对流过热器、再热器都存在同片各管之间的热偏差,有的热偏差相当大(达 1.3～1.4),由此引起管壁超温。

对于布置在水平烟道中的高温对流过热器和再热器(悬吊直立式管),造成同片热偏差的主要原因有管束前后烟气空间对各排管子辐射热量不均匀,面向烟气空间第一排管子的角系数最大,吸热量最多,以后各排迅速递减;同片各管接受管束间烟气辐射热量不均匀;同片各管吸收对流热量不均匀等。

对于布置在后部烟道(竖井烟道)的低温再热器或低温过热器(水平管圈),产生同片热偏差的主要原因有后竖井中沿烟道深度的烟温偏差;低温再热器或低温过热器的引出段布置在转弯烟室中,其引出管前后烟气空间对同片各管的辐射热量不均匀,而且还有管束间烟气的辐射和对流吸热不均匀;同片各管受热长度不同,长度大、阻力大、蒸汽流量较小、焓增就会增大。

2)工质侧水力不均匀(流量不均)

在并列工作的过热器蛇形管中,流经每根管子的蒸汽流量主要取决于该管子的流动阻力系数、管子进出口之间的压力差及管中蒸汽的比体积。

并列蛇形管一般均与进、出口集箱相连接,称为分配联箱和汇集联箱,各管进、出口之间的压差与沿联箱长度的压力分布特性有关,而后者取决于过热器的连接方式(见图7-46)。由如图7-46可见,蒸汽由分配联箱左端引入,并从汇集联箱右端导出。在分配联箱中,沿联箱长度方向工质流量因逐渐分配给蛇形管而不断减少。在其右端,蒸汽流量下降到最小值。其动能逐渐转变为压力能,即动能沿联箱长度方向逐渐降低而静压逐渐升高。见图 7-46(a)中的 p_1 曲线。与此相反,在汇集联箱中,静压沿联箱流动方向则逐渐降低,如图 7-46(a)中 p_2 曲线。由此可知,在 Z 形连接管组中,管圈两端的压差却有很大差异,因而在过热器的并列蛇形管中导致较大的流量不均。两联箱左端的压力差最小,故左端蛇形管中的工质流量最小,右端联箱间的压力差最大,故右端蛇形管中工质流量最大,中间蛇形管中流量介于两者之间。

在 U 形连接管组中(见图 7-46(b)),两个集箱内静压变化方向相同,因此,各并列蛇形管两端的压差却相差较小,使管组的流量不均得到改善。

显然,采用多管均匀引入和导出的连接方式可以更好地消除过热器蛇形管间的流量不均,但是要增加联箱的并列开孔(见图 7-47)。

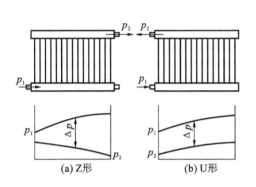
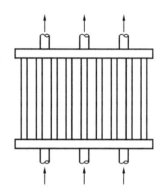

图 7-46　过热器的 Z 形连接和 U 形连接方式　　图 7-47　过热器的多管连接方式

实际运用中多采取从集箱端部引入或引出,以及从联箱中间经向单管或双管引入和引出的连接系统。其原因在于这样的布置具有管道系统简单,蒸汽混合均匀和便于装设喷水减温器等优点。

实际上,即使沿集箱长度各点的静压相同,也就是各并列管圈两端的压差 Δp 相等,也会产生流量不均。在这种情况下,即使管圈之间的阻力系数完全相同,即各平行管子的长度、内径、表面粗糙度相同,由于吸热不均引起工质比体积的差别也会导致流量的不均。而在吸热均匀的情况下,由于过热器(或再热器)各并列管内工质流动的阻力不等,各根管子的流量就不相同,阻力较小的管子蒸汽流量大,而阻力大的管子蒸汽流量则小,流量小的管子蒸汽温度高,比体积大,流动阻力进一步增大,使流动不均更为严重。

由此可见,过热器、再热器并列管中吸热量大的管子其热负荷较高($\eta_q > 1$),工质流量又较小($\eta_G < 1$),因此工质焓增大,管子出口工质温度和壁温也相应提高,更加大了并列蛇形管间的热偏差。

由于锅炉实际工作的复杂性,要完全消除热偏差是不可能的。特别是在近代大型锅炉中,由于锅炉尺寸很大,烟温分布不易均匀,炉膛出口处烟温偏差可达 200～300 ℃,而蒸汽在过热器中的焓增又很大,致使个别管圈的汽温偏差可达 50～70 ℃,严重时可达 100～150 ℃。但是必须尽量减小热偏差来保证过热器和再过热器的安全运行。

3)超临界压力锅炉热偏差的特点

(1)超临界压力锅炉由于出口汽温高,某些过热器管组的设计温升大,从而增大了温度偏差。例如某锅炉后屏过热器的设计温升从 60 ℃增大到 80 ℃时,单单因宽度吸热偏差一个因素就可能使偏差屏的温度与平均屏的出口平均温度差从 15 ℃增加到 20 ℃。

(2)超临界压力锅炉由于出口汽温高,过热器和再热器管子关键部位(管组中偏差管的出口汽温最高处)及前下部热负荷最高处的炉内壁温差不多已经接近所用钢材的耐温极限。由于许多钢材在接近使用限值的高温下,其 10^5 h 的许用应力随温度升高而降低的速度加快,在这种情况下如果超温 10 ℃,将大大减少管子的使用寿命。例如,根据计算,TP347H 钢材在温度 625 ℃,所受应力为 69.8 MPa 时,其设计寿命为 $1.0×10^5$ h。如果温度提高到 635 ℃,同样应力下寿命只有 $0.52×10^5$ h,寿命将降低 48%。相反,如果应力不变而温度降低 10 ℃,则计算寿命将增加到 $1.80×10^5$ h。可见,在设计和运行中控制热偏差,降低关键部位管子的炉内壁温对超临界锅炉的运行安全性和经济性是至关重要的。

(3)瞬态壁温升高　在锅炉启动及快速升负荷的瞬态过程中会发生短时间的过热器吸热量与蒸汽流量的不平衡。因为当锅炉快速增加出力时,过热器开始状态是管内蒸汽流量和放热系数都比较小,这时投入燃料,其热负荷几乎是立即增大的。对于直流锅炉,虽然协调自动控制系统可以使给水流量与燃煤量同步增加,但过热器中的蒸汽流量还是要水冷壁的管壁金属先吸热后才能产生出来,所以有一些时间上的延迟。在这过渡的瞬态时间内,由于管内蒸汽流量和放热系数与热负荷的不匹配,过热器的管壁温度会比稳定工况时高。高出的温度值取决于热负荷增加的幅度和速度。我国一台进口加拿大巴威公司的 350 MW"W"型锅炉的大屏过热器和另一台进口美国 FW 公司的 600 MW 锅炉的前屏过热器都发生过类似的故障。特别是布置在炉膛火焰中心上方的前屏和后屏过热器,对热负荷增加的响应最快,所接触的烟温也最高,这种瞬态的壁温升高也最为显著。

3. 减轻热偏差的措施

由于工质吸热不均和流量不均的影响,使过热器、再热器管组中各管的焓增不同而造成热偏差,完全消除热偏差是不可能的。除了在锅炉设计中应使并联各蛇形管的长度、管径、节距等几何尺寸按照受热的情况合理的分配,燃烧器的布置尽量均匀;在运行操作中确保燃烧稳定,烟气均匀并充满炉膛空间,沿炉膛宽度方向烟气的温度场、速度场尽量均匀,控制左右侧烟温差不过大;根据受热面的污染情况,适时投入吹灰器减少积灰和结渣外,目前,减少热偏差的主要方法有以下几种。

1)分级布置受热面

沿烟气流动方向,将整个过热器或再热器分成串联的几级,使每级的工质焓增减小并且在各级间采用大直径的中间联箱进行充分的混合,不仅使每级出口工质温度和管壁温度的偏差减小,而且可防止每级热偏差叠加,使总热偏差减小。分级后每级的工质焓增通常为 250~400 kg/kg。沿着烟道宽度方向,根据受热面热负荷分布不同,有时将受热面布置成并联混流方式,可减少吸热不均。

在蒸汽过热过程中,随着蒸汽温度的增加,其比热容不断下降,因而在最末级过热器中,蒸汽比热容最小,使得在同样热偏差的条件下,其温度偏差最大。同时,考虑到末级过热器中蒸汽温度又最高,工作条件最差,因而末级过热器的焓增更要小些,一般为 125~200 kg/kg。这样,对减小末级过热器汽温调节的迟滞性也有好处。

再热蒸汽由于压力低,比热容更小,故各级再热器焓增亦不宜过大。尤其是布置在炉膛和靠近炉膛高热负荷区的再热器或高温对流再热器,否则,将产生比过热器更大的汽温偏差。

其次,为了减轻因中间烟温高、流速快,两侧烟温低、流速慢所造成的过热器热偏差,通常沿烟道宽度方向进行分级,即将受热面布置成并联混流方式。如图 7-48 所示,把烟道横向分成四段,这样,如果总的沿宽度上的烟气偏差较大,在分为四段后,每段的热偏差就小了。

"交叉"的方法是过热器分级后用以消除烟道左右侧温度不均的有效方法(见图 7-49)。如果某一级左侧烟气温度高,左侧受热面吸热强,则可以在蒸汽离开这一级过热器时,使之左右交叉,即使原来吸热较强的左侧蒸汽流到吸热较弱的右侧,而原来吸热较弱的右侧的蒸汽流到吸热较强的左侧。在两级焓增相差不多时,即可将热偏差抵消。

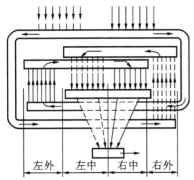
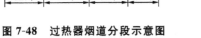

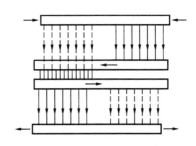

图 7-48 过热器烟道分段示意图   图 7-49 过热器中蒸汽流动"交叉"示意图

2)选择合适的联箱连接方式和联箱连接管布置方式

过热器 U 形连接方式的流量偏差比 Z 形连接方式小;采用多管引入和引出的联箱连接方式时,静压变化最小。采用级与级联箱间的连接管左右交叉布置,可减轻由于烟道两侧吸热不均所导致的热偏差。

3)加装节流圈

在管子入口处加装不同孔径的节流圈,可控制各管内工质流量,使流量比较均匀。

4）使热负荷高的管内具有较高的流速

当热负荷高的管内具有较高的流速时，工质焓增减小，可减少热偏差。对于屏式过热器，热负荷强的外圈采用缩短管圈长度或采用增大管径的方法增加管内工质流速。

5）促进烟气均匀流动

对于燃烧器四角布置的锅炉，应采用多层燃烧器结构，使炉内火焰充满度较好，炉膛温度场分布比较均匀。采用多层燃烧器喷嘴的均等配风方式，可使炉膛内燃烧稳定、火焰减少偏斜。

合理设计折焰角，对半辐射式的屏式过热器来说，可使它既受到炉膛火焰的辐射热，而且也与烟气进行对流换热。而对流换热量的大小与烟气流动均匀性及烟气混合良好与否有关。折焰角设计合理，能使烟气均匀地冲刷屏式过热器，从而减少了烟道左右、上下的流动偏差，也有利于减少高温对流过热器的热偏差。

减少炉膛出口烟气残余扭转，以减少炉膛出口及水平烟道的左、右烟温偏差，减少过热蒸汽、再热蒸汽的左、右汽温偏差，防止过热器、再热器超温爆管。通常采用在炉膛上部加装分隔屏（前屏）过热器，以减少炉膛出口烟气残余旋转的旋转能量，从而使烟气均流，以减少水平烟道受热面（包括折焰角上部受热面）的左、右流动偏差和左、右烟温偏差。另外，对燃烧器采取部分二次风反切，以减少炉膛出口烟气的旋转能量。

6）运行方面的主要措施

在设备投产或大修后，必须做好炉内冷态空气动力场试验和热态燃烧调整试验。在正常运行时，应根据锅炉出力要求，合理投运燃烧器，调整好炉内燃烧。烟气要均匀充满炉膛空间，避免产生偏斜和冲刷屏式过热器。尽量使沿炉宽方向烟气流量和温度分布比较均匀，控制水平烟道左、右烟温偏差不能过大。及时吹灰，防止因结渣和积灰而引起受热不均。

7）超临界压力锅炉运行中应关注的问题

超临界直流锅炉在运行中还可能发生突发性的扰动，这主要是指给水系统的故障、电负荷的大幅度变动和煤水比失调。当超临界直流锅炉发生煤水比失调的故障时，若在某种情况下自动控制未能投入，而人工操纵不当，煤水比失调会使锅炉出口汽温急速飞升，可能会使好几级的过热器管子短时间大幅度超温受损，受损后会在以后的运行中发生频频爆管。

对于瞬态壁温升高，操作人员应在运行中积累这种瞬态过程的操作经验和数据，即从不同的锅炉蒸发量开始，应该以怎样的幅度和速度增加热负荷（调整煤量和风量）才可将过热器瞬态的壁温的升高控制在可接受的范围以内。而在设计时，也应使这些管屏的质量流速适当增大，以减小对这种瞬态工况的敏感性。

7.3　省煤器与空气预热器

7.3.1　概述

省煤器和空气预热器分别是利用锅炉尾部烟气的热量来加热水和空气的热交换装置。省煤器和空气预热器通常布置在锅炉对流烟道的尾部,进入这些受热面的烟气温度较低,因此,常把这两个受热面称为尾部受热面或低温受热面。

省煤器利用锅炉尾部烟气热量加热给水,它可以降低排烟温度,提高锅炉效率,节省燃料。在现代大型锅炉中,一般都利用汽轮机抽汽来加热给水,而且随着工质参数的提高,常采用多级给水加热器。对于亚临界压力和超临界压力的超锅炉,给水温度已达到 250～330 ℃,给水温度的提高对电站总经济性的提高非常有利。

由于给水进入锅炉蒸发受热面之前,先在省煤器中加热,这样,就减少了水在蒸发受热面内的吸热量,因此,采用省煤器可以取代部分蒸发受热面。由于省煤器中的工质是给水,其温度要比给水压力下的饱和温度低得多,而且工质在省煤器中是强制流动,逆流传热,与蒸发受热面相比,在同样烟气温度的条件下,其传热温差更大,传热系数更高。因此,在吸收同样热量的情况下,省煤器可以节省金属材料。在对流受热面的一般烟温范围内,降低同样数值的烟气温度,所需的省煤器受热面差不多仅为蒸发受热面的一半。同时,省煤器的结构比蒸发受热面简单,造价也就较低,因此电厂锅炉中常用管径较小、管壁较薄、传热温差较大、价格较低的省煤器代替部分造价较高的蒸发受热面。此外,给水通过省煤器后,可使进入汽包的给水温度提高,减少了给水与汽包壁之间的温差,从而降低了汽包的热应力。因此,现代大型锅炉的省煤器的作用已不再单纯是为了降低排烟温度。事实上,省煤器已成为现代锅炉中不可缺少的组成部件。

空气预热器不仅能吸收排烟中的热量,降低排烟温度,从而提高锅炉效率;同时,由于空气的预热,改善了燃料的着火条件,强化了燃烧过程,减少了不完全燃烧热损失,这对于燃用难着火的无烟煤及劣质煤尤为重要。使用预热空气,可使炉膛温度提高,强化炉膛辐射热交换,使吸收同样辐射热的水冷壁受热面可以减少。较高温度的预热空气送到制粉系统作为干燥剂,在磨制高水分的劣质煤时更为重要。因此,空气预热器也成为现代大型锅炉机组中必不可少的组成部件。

综上所述,省煤器和空气预热器的应用,主要是为了降低排烟温度,提高锅炉效率,节省燃料。同时,也为了减少价格较贵的蒸发受热面及改善燃烧与传热效果。

省煤器和空气预热在锅炉尾部可以单级布置,也可以双级布置。但在 300 MW 以上的大型锅炉中,由于普遍采用了回转式空气预热器,再加上对流烟道中要布置较多的过热器和再热器受热面,显然比较拥挤。所以通常尾部受热面都采用单级布置。

在尾部受热面中,由于受热面工质温度和烟气温度都比较低,管子金属的工作条件不像过热器和再热器那样恶劣,因此不易烧坏。

在锅炉所有受热面中,空气预热器金属温度最低。由于受热面金属温度低,烟气中的水蒸汽和硫酸蒸汽可能在管壁上凝结,导致金属的低温腐蚀。在低温受热面中,夹带大量温度较低因而较硬的灰粒的烟气,以一定速度冲刷受热面时,也会造成受热面的飞灰磨损,也有可能造成积灰。因此,低温腐蚀、积灰和磨损就成为低温受热面运行中的突出问题。

7.3.2　省煤器

1. 省煤器的一般形式和布置

按照省煤器出口工质状态的不同,可以分成沸腾式和非沸腾式两种。出口水温低于该压力下的饱和温度的省煤器,称为非沸腾式省煤器,而水在省煤器内被加热至饱和温度并产生部分蒸汽的,称为沸腾式省煤器。沸腾式和非沸腾式这两种省煤器并不表示结构上的不同,而只是表示省煤器热力特性的不同。在现代大容量锅炉中,由于参数高,水的汽化潜热所占比例减少,预热所占比例增大,因此,总是采用非沸腾式省煤器,而且为了保证安全,省煤器出口的水都有较大的欠焓。

省煤器按所用材料不同,又可分为钢管省煤器和铸铁省煤器两种。铸铁省煤器耐磨损,耐腐蚀,但不能承受高压,更不能忍受冲击,因此只能用于低压的非沸腾式省煤器。而钢管省煤器则可用于任何压力、容量及任何形状的烟道的锅炉中。它的优点是体积小,重量轻,布置自由,价格低廉。所以现代大、中型锅炉常用它;其缺点是钢管容易受氧腐蚀,故给水必须除氧。

钢管省煤器由许多并列的 $\phi 28 \sim 51$ 的蛇形管组成。为使省煤器结构紧凑,一般总是力求减少管间距离(节距)。错列布置时,蛇形管束的纵向节距 s_2 就是管子的弯曲半径,所以减少节距 s_2 就是减少管子的弯曲半径。而当管子弯曲时,弯头的外侧管壁将减薄。弯曲半径越小,外壁就越薄,管壁强度降低就越厉害。因此,管子的弯曲半径一般不小于 $(1.5 \sim 2.0)d$,即省煤器纵向节距 $s_2 > (1.5 \sim 2.0)d$,其中 d 为蛇形管的外径。

省煤器蛇形管可以错列布置或顺列布置。错列布置可使结构紧凑,管壁上不易积灰,但一旦积灰后吹灰比较困难,磨损也比较严重。顺列布置时的情况正好相反。

省煤器都布置在对流烟道中,蛇形管束大都水平布置,以便在停炉时能放尽管内存水,减少停炉期间的腐蚀。在蛇形管内,一般多保持给水由下向上流动,以便排除给水中的气体,避免造成管内的局部氧腐蚀。烟气一般自上而下流动,既有自身吹灰作用,又能保持烟气相对于给水的逆向流动,以增大传热温差。因此,省煤器通常是布置在烟气下行的对流烟道中。

省煤器蛇形管在对流烟道中的布置,可以垂直于锅炉前墙,也可以与前墙平行,如图 7-50 所示。

当布置省煤器的烟道尺寸和省煤器管子节距一定时,蛇形管布置方式不同,则管子数目和水的流通截面积就不同,因而管内水流速度也不一样。通常,省煤器的尾部烟道的宽度较大而深度较小。当蛇形管垂直于前墙布置时,管子短,但并列管数较多,因而,给水流速较小。蛇形管的支吊比较简单,这是因为深度较小,在弯头两端附近支吊已经足够。在Ⅱ型布置和Γ型布置的锅炉中,省煤器蛇形管垂直于前墙布置方式的主要缺点是:当烟气从水平烟道向下转入尾部烟道时,烟气流要转弯 90°,由于离心力的作用,烟气中的灰粒大多集中于靠后墙一侧,此处的飞灰浓度大,磨损便较严重,结果所有蛇形管靠近后墙侧的弯头附近都会受到飞灰的严重磨损。当蛇形管平行前墙布置时,情况就不同了,只有靠近后墙侧附近的几根蛇形管磨损较为严重,磨损后只需更换少数几根蛇形管就可以了。但蛇形管平行前墙布置,其支吊复杂些,而且由于并列的蛇形管管数相对较少,因而管内水流速度较高。为减低水流速度,可采用如图 7-50(c)、(d)所示的双面进水方式。

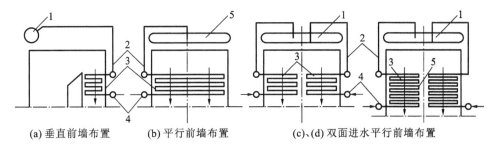

(a) 垂直前墙布置　　　(b) 平行前墙布置　　　(c)、(d) 双面进水平行前墙布置

图 7-50　省煤器蛇形管的布置

1—汽包;2—水连通管;3—省煤器蛇形管;4—进口集箱;5—交混连通管

　　省煤器蛇形管中的水流速度,对管子金属的温度工况和管内腐蚀有一定的影响。当给水除氧不良时,进入省煤器的给水,在受热后就会放出氧气,这时如果水流速度很低,氧气就会附在管子内壁上,造成金属的局部氧腐蚀。运行经验证明,对于水平布置的非沸腾式省煤器,当水的流速大于 0.5 m/s 时,就可以避免金属的局部氧腐蚀。而对于沸腾式省煤器的后段,管内是汽水混合物,这时如果水平管中水流速度较低,就容易发生汽水分层,即水在管子下部流动,而蒸汽在管子上部流动。同蒸汽接触的那部分受热面传热较差,金属温度较高,甚至可能超温。在汽水分界面附近的金属,由于水面的上下波动,温度时高时低,容易引起金属疲劳破裂。因此,对沸腾式省煤器蛇形管的进口水流速度不得低于 1 m/s。

　　钢管省煤器的蛇形管可以采用光管,也可以采用鳍片管、肋片管和膜式受热面,它们的结构示意如图 7-51 所示。光管结构简单,加工方便,烟气流过时的阻力小。而鳍片管则可强化烟气侧的热交换,使省煤器结构更加紧凑,在同样的金属消耗量和通风电耗的情况下,焊接鳍片管(见图 7-51(a))所占空间比光管可减少 20%~25%,而采用轧制鳍片管(见图 7-51(b)),可使省煤器的外形尺寸比光管减少 40%~50%,膜式省煤器(见图 7-51(c))也具有同样的优点。

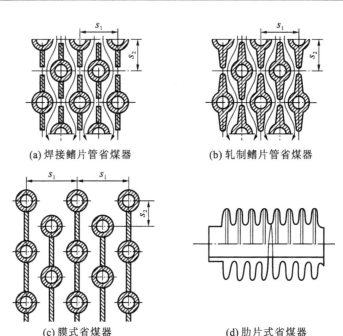

(a) 焊接鳍片管省煤器　　　　　(b) 轧制鳍片管省煤器

(c) 膜式省煤器　　　　　　　(d) 肋片式省煤器

图 7-51　省煤器的管子

鳍片管和膜式省煤器还能减轻磨损。这是因为它们比光管占有的空间小,因此在烟道截面不变的情况下,可以采用较大的横向节距,从而使烟气流通截面增大,烟气流速下降,磨损大为减轻。

肋片式省煤器(见图 7-51(d))的主要特点是热交换面积明显增大,比光管大 4～5 倍,这对缩小省煤器的体积,减少材料消耗很有意义。

为了便于检修,省煤器管组的高度是有限制的。当管子紧密布置($s_2/d<1.5$)时,管组高度不得大于 1 m;布置较稀时,则不得大于 1.5 m。如果省煤器受热面较多,沿烟气行程的高度较大时,就应把它分成几个管组,管组之间留有高度不小于600～800 mm 的空间,以便进行检修和清除受热面上的积灰。

2. 省煤器布置实例

1)配 300 MW 机组的 1 025 t/h 亚临界自然循环锅炉的省煤器

1 025 t/h 亚临界自然循环锅炉采用烟气挡板来调节再热汽温,其尾部烟道为并联双烟道,前烟道为低温再热器烟道,后烟道为低温过热器和省煤器烟道。在低温过热器下面布置了单级省煤器。省煤器由一组水平蛇形管组成,顺列布置,垂直于前墙,省煤器的布置结构如图 7-52 所示。

1 025 t/h 亚临界自然循环锅炉的省煤器蛇形管组是由 $\phi51\times6$ mm 的无缝光钢管制成。沿锅炉宽度方向共有 110 排,每排两根并联,即使用双管圈。每排用 5 个定位装置定位,以保证蛇形管在烟道内的相对位置及管间的排列均匀。

省煤器支吊方式有支撑结构和悬吊结构两种。1 025 t/h 亚临界自然循环锅炉的省煤器采用悬吊结构,每排由两根悬吊杆悬吊在低温过热器的悬吊管上。

省煤器有进口集箱($\phi406\times65$ mm)和出口集箱($\phi365\times55$ mm)各一个,均用材料 SA-106B 制成。集箱放在尾部烟道内,其左端支在后部烟道的左侧墙上。集箱放在烟道内的最大好处是大大减少了因管子穿墙而造成的漏风,但却给检修工作带来困难。

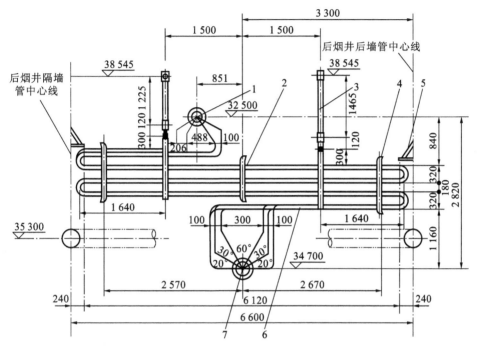

图 7-52 1 025 t/h 亚临界自然循环锅炉的省煤器

1—出口集箱;2—防磨罩;3—吊杆;4—定位管;5—阻流板;6—省煤器蛇形管;7—进口集箱

1 025 t/h 亚临界自然循环锅炉省煤器的特性见表 7-2。

表 7-2 1 025 t/h 亚临界自然循环锅炉省煤器的特性

名　称	单位	数值	备注	名　称	单位	数值	备　注
管径及壁厚	mm	$\phi51\times6$	—	进口烟温	℃	437	—
横向截距	mm	120	—	出口烟温	℃	409	—
纵向截距	mm	114.3	—	进口水温	℃	274	在额定负荷下
管子排数	排	110	—	出口水温	℃	277	在额定负荷下
材　料	—	20G	—	平均烟速	m/s	7.3	在额定负荷下
受热面积	m²	821.2	—	平均水速	m/s	1.14	在额定负荷下

给水由省煤器下集箱的左侧进入,水由下而上流动,这样,便于排除其中的空气和汽泡,避免引起局部氧腐蚀。烟气从上而下流动,既有自身吹灰作用,又使得烟气

相对于水来说是逆向流动,增大了传热温压。在省煤器中加热了的水,由省煤器出口集箱的两端引出,经连接管道引入汽包。

省煤器的引出管与汽包连接处装有套管,这是因为省煤器出口水温低于汽包中水的温度较多,如果省煤器出口引出管直接与汽包相连接,会在汽包壁上造成附加的热应力。特别是在锅炉工况变动时,省煤器出口温度可能变化较大,这就容易使汽包金属因受较大的热应力而产生裂纹。装上套管后,可以避免温差较大的两种金属的直接接触,保护汽包不受损伤。

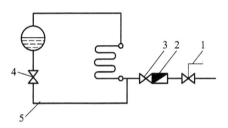

图 7-53 省煤器的再循环管
1—自动调节阀;2—止回阀;3—进口阀;
4—再循环阀;5—再循环管

省煤器在锅炉启动时,常常是不连续进水的。但如果省煤器中水不流动,就可能使管壁温度超温,而使管子损坏。因此 1 025 t/h 亚临界自然循环锅炉在省煤器进口与汽包之间装有再循环管,如图 7-53 所示。

再循环管装在炉外,是不受热的。在锅炉启动时,省煤器便开始受热,因而就在汽包→再循环管→省煤器→汽包之间,形成自然循环。省煤器内有水流动,管子受到冷却,就不会烧坏。但要注意,在锅炉汽包上水时,再循环阀门应关闭;否则,给水将由再循环管短路进入汽包,省煤器又会因失水而得不到冷却。上完水以后,就可关闭给水阀,打开再循环阀。

2)2 000 t/h 超超临界锅炉的省煤器

2 000 t/h 超超临界锅炉的省煤器位于后竖井后烟道内低温过热器的下方,沿烟道宽度方向顺列布置。给水从炉侧直接进入省煤器进口集箱,经省煤器蛇形管,进入省煤器出口集箱,然后从炉侧通过单根下降管、若干根下水连接管引入螺旋水冷壁(见图 7-54)。

省煤器蛇形管由光管组成,若干根管圈绕,为连续管圈可疏水型,无向下流的水回路。采用上、下两组逆流布置,上组布置在后竖井下部环形集箱以上包墙区域,下组布置在后竖井环形集箱以下护板区域。

省煤器系统自重通过包墙系统引出的吊挂管悬吊,悬吊管吊杆将荷载直接传递到锅炉顶部的钢架上。

为防止省煤器管排的磨损,在省煤器管束与四周墙壁间设有阻流板,在每组上排迎流面及边排和在弯头区域设置防磨盖板。在吹灰器有效范围内,省煤器应设有防磨护板,以防止吹坏管子。

省煤器进口集箱位于后竖井环形集箱下护板区域,穿护板处集箱上设置有防旋装置,进口集箱由生根于烟气调节挡板处的支撑梁支撑。

锅炉后部烟道内布置的省煤器等受热面管组之间,留有足够高度的空间,供进人检修、清扫。在省煤器最高点处设置排放空气的接管座和阀门。

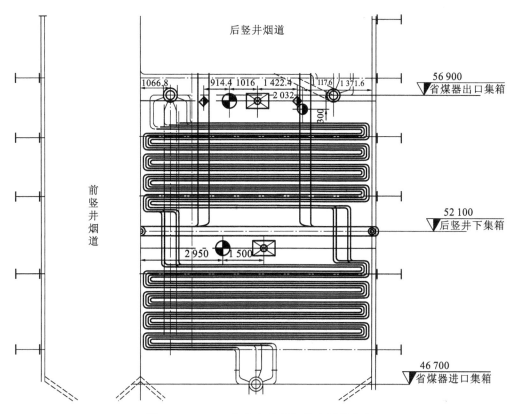

图 7-54 2 000 t/h 超超临界锅炉省煤器布置

在 BMCR 时,通过省煤器的烟气平均流速不超过 9.0 m/s。(平均流速指进、出口流速的平均值)。

7.3.3 空气预热器

1. 空气预热器的作用

空气预热器是利用尾部烟道烟气的余热来加热空气的受热面,是电站锅炉中一个重要的组成部分。空气预热器具有下列作用。

1)改善或强化燃烧

由于送入炉内的空气温度大大提高,使炉膛温度相应得到提高,燃料能够迅速着火,燃烧得以改善或强化。热力试验表明:助燃的空气温度每提高 100 ℃,炉膛的理论燃烧温度可提高 30~40 ℃。

2)进一步降低排烟温度,提高锅炉效率

现代大型锅炉给水温度都较高,若仅用省煤器而不采用空气预热器,排烟温度仍然很高。利用比给水温度低得多的空气来冷却烟气,可近一步降低排烟温度,减少排烟热损失,提高锅炉效率。试验及理论计算表明:排烟温度每降低 10 ℃,可使锅炉效率提高 0.7% 左右。

此外,经空气预热器出来的热风干燥和预热后的煤粉与助燃的热空气一同进入炉膛燃烧,可使煤粉迅速着火,燃烧强烈、完全,可降低燃料的机械和化学不完全燃烧热损失,从而使锅炉的热效率进一步得到提高。

3)强化传热,节约锅炉受热面的金属消耗量

炉膛与受热面的辐射换热量与火焰平均温度的四次方成正比。送入炉膛的助燃空气温度提高,火焰的平均温度也相应提高,炉内的辐射传热增强。在满足相同的蒸发吸热量的条件下,水冷壁管受热面减少,节约了金属消耗量。

4)热空气可作为制粉系统的干燥剂

煤粉炉的制粉系统,采用经空气预热器加热的部分热空气,作为干燥和输送煤粉的介质。当锅炉燃用不易着火的无烟煤、贫煤或劣质烟煤时,采用温度较高的热空气作为送粉介质(350～420 ℃),而当燃用挥发分含量较高的烟煤时,热空气温度可以低一些(200～300 ℃)。

5)改善引风机工作条件,降低锅炉的风机电耗

随着排烟温度的降低,烟气体积随之减小,这不仅改善了引风机工作条件,同时也降低了引风机电耗。

2. 空气预热器的一般形式和布置

现代电站锅炉中,最常用的有管式空气预热器(传热式空气预热器)和回转式空气预热器(储热式空气预热器)。

1)管式空气预热器

管式空气预热器是由外径为 21～51 mm,厚度为 1.25～1.5 mm 的薄钢管构成。焊接到上下管板上形成一个管箱,管子通常呈错列布置,管箱外面装有密封墙板。一组空气预热器管通过下管架板支撑在框架上。管子可以垂直布置(立式),也可以水平布置(卧式)(见图 7-55)。对于煤粉炉,通常采用立式管式空气预热器,此时,烟气

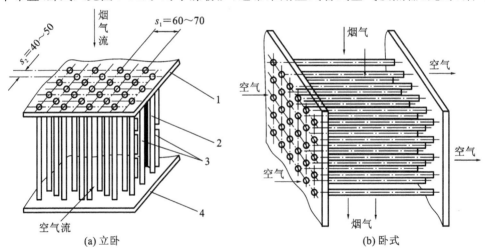

(a) 立卧　　　　　　　　　　　　(b) 卧式

图 7-55　管式空气预热器示意图

1—上管板;2—管子;3—挡风板;4—下管板

在管内纵向冲刷,空气在外侧流动;对于燃油炉,为了减轻空气预热器的低温腐蚀,一般采用卧式管式空气预热器,此时,烟气在管外横向流动,空气在管内纵向冲刷,卧式空气预热器的壁温较立式的高。

管式空气预热器中的空气与烟气流动的方向是相互垂直的,为交叉流动。但当空气预热器较大时,空气预热器常设计为几个流程段,而总方向向上,与烟气流动形成逆流,这样就可以得到较高的传热温差。对容量较大的锅炉,燃烧需要的空气量也较多,此时,常将空气预热器设计成双通道,这样能增加空气流通面积,从而在不增大空气流动阻力的前提下增加空气流程,提高传热效果。

空气预热器内烟气流速一般为 $10\sim14$ m/s,烟气的流速过高会使管子的磨损增大,并增加了烟气的流动阻力。但烟气流速过低,传热效果变差,且容易堵灰。为了保证较好的传热效果,空气流速应为烟气流速的一半左右。

管式空气预热器的优点有:结构简单,制造安装技术要求较低,运行维护方便,漏风量小,无转动机械,不耗电和工作可靠。其缺点是:体积较大,金属消耗量多,布置不够方便,空气进口处相对地容易遭受低温腐蚀等。

2)回转式空气预热器

随着电站锅炉蒸汽参数的提高和容量的增大,管式空气预热器由于受热面增大而使其体积和高度显著增大,给锅炉尾部受热面的布置带来很大困难。因而,在 300 MW 及更大容量的锅炉,通常都采用结构紧凑、重量较轻的回转式空气预热器。

回转式空气预热器有两种布置形式:垂直轴和水平轴布置。国内外常用垂直轴布置。垂直轴布置形式的回转式空气预热器又分为受热面转动和风罩转动两种形式,通常使用的受热面转动的是容克式回转空气预热器,而风罩转动的则是罗特缪勒(Rothemuhle)式回转空气预热器。这两种回转式空气预热器都被广泛采用,而采用受热面转动的回转式空气预热器则更多些。

(1)受热面转动的回转式空气预热器 容克式回转空气预热器是回转式空气预热器中最主要的一种,如图 7-56 所示,有二分仓和三分仓两种形式。它由圆筒形的转子和固定的圆筒形外壳、烟风道及传动装置所组成。圆筒形外壳和烟风道均不转动,而内部的圆筒形转子是转动的,受热面装于可转动的圆筒形转子之中,转子被分成若干个扇形仓格,每个仓格内装满了由波浪形金属薄板制成的作为受热面的传热元件(蓄热板)。圆筒形外壳的顶部和底部上、下对应地分隔成烟气流通区、空气流通区和密封区(过渡区)三部分。烟气流通区与烟道相连,空气流通区与风道相连,密封区中既不流通烟气,也不流通空气,因而烟气与空气不会相混。装有受热面的转子由电动机通过传动装置带动。因此,受热面不断地交替通过烟气流通区和空气流通区。当受热面转到烟气流通区时,烟气自上而下流过受热面,从而将热量传给受热面(蓄热板)。当它转到空气流通区时,受热面又把积蓄的热量传给自下而上流过的空气,这样循环下去,转子每转动一周,就完成一个热交换过程。由于烟气的容积流量比空气大,故烟气流通面积占有转子总截面的 50% 左右,空气流通面积仅占 30%~40%,

其余部分为两者的密封区。

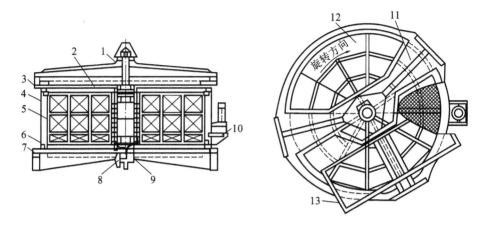

图 7-56　受热面转动的回转式空气预热器示意图

1—上轴承;2—径向密封;3—上端板;4—外壳;5—转子;6—环向密封;7—下端板;
8—下轴承;9—主轴;10—传动装置;11—三叉梁;12—空气出口;13—烟气进口

　　回转式空气预热器的转子一般支撑在上部的主轴承上,而主轴承则可直接固定在与锅炉构架相连的横梁上,或是固定在顶板上,然后通过外壳将转子的重量传到外壳的支撑横梁,横梁又与锅炉构架相连。由于转子重量全部由上部轴承承受,为了运转可靠,应采用平面滚柱轴承,而不应用滚珠轴承。此外,为了防止转子由于空气侧和烟气侧的压力差发生偏斜,可在下轴端部装设径向滚珠轴承来加以限制。

　　回转式空气预热器的外壳,由外壳圆筒、顶板及底板组成。转子是由中心轴、径向隔板、横向隔板及转子外围所组成。中心轴和转子外围均由钢板卷制而成,两者之间依靠径向隔板连接成一个整体。径向隔板的数量取决于密封区的大小和转子的直径。密封区越小和转子直径越大,则分隔的数目也就越多。通常,一个转子安装 12 块径向隔板,划分为 12 个扇形空间,每一个扇形空间的中心角为 30°,当转子直径增大时,转子可分成 24 个扇形空间,每一个扇形空间为 15°。为了增加转子的刚性,以及便于传热元件的安装,在每个扇形空间内再焊接横向隔板,以分隔成许多扇形仓格。传热元件预先组装成扇形组合件,安装时逐一放在转子的扇形仓格内,并由转子下端的支撑杆来支撑。采用这种安装方法,当传热元件受到严重腐蚀或磨损时更换很方便。

　　转子扇形仓格内安装的传热元件——蓄热板,是由厚度为 0.5～1.25 mm 的薄钢板轧制成的波形板和定位板组成的,如图 7-57 所示。波形板与定位板相间放置。波形板的波纹为有规则的斜波纹,定位板则为垂直波纹与斜波纹相间。波形板和定位板的斜波纹与气流方向成 30°的夹角,其目的是为了增强气流扰动,改善传热效果。定位板不仅起受热面作用,而且将波形板相互固定在一定的距离,保证气流有一定的流通截面。传热元件的板型对于热交换情况、气流阻力和受热面的污染程度都有一定的影响。为抵抗低温腐蚀,低温段的传热元件要用较厚的钢板或用耐腐蚀的低合金钢制成。

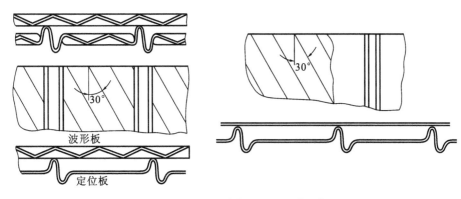

图 7-57　回转式空气预热器的蓄热板

　　二分仓式回转空气预热器,空气只有一个通道,出口热空气具有相同的温度和压力,因此供燃烧用的二次风与供送粉、干燥和燃烧用的一次风也是温度和压力相同的空气。二分仓式回转空气预热器多用于中储式制粉系统,此时供给磨煤用的干燥空气和输送煤粉的一次风的风压与二次风压相当。

　　对于直吹式制粉系统,由于制粉系统的阻力较大,所需的风压较高,因此回转式空气预热器采用三分仓的形式。三分仓回转式空气预热器将空气通道一分为二,即将一次风和二次风分开,以满足一、二次风的风量、风温及风压的不同要求。

　　三分仓回转式空气预热器的空气通道被分为两部分,用径向扇形密封件和轴向密封件将它隔开,成为各自单独的一次风通道和二次风通道。这两个通道的大小,根据锅炉燃烧系统的需要而定。烟气通道则与二分仓的相同。三分仓回转式空气预热的传热元件和二分仓预热器一样,按烟气流动方向,传热元件分为热端层、中层和冷端层。

　　(2)风罩转动的回转式空气预热器　受热面转动的回转式空气预热器,由于转子直径较大,转子的质量相当大,例如配 300 MW 机组的空气预热器转子质量达 200～300 t。为了减少转动部件的质量,减轻支撑轴承的负载,便出现了风罩转动的结构。图 7-58 所示为一般单流道的风罩转动的回转式空气预热器。它由静子,上、下烟罩,上、下风罩及传动装置等组成。静子部分的结构和受热面转动回转式空气预热器的转子相似,但它却是不动的,故称静子或定子。上、下烟罩与静子外壳相连,静子的上、下两端装有可转动的上、下风罩。上、下风罩用中心轴相连,电动机通过传动装置带动下风罩旋转,而上风罩也跟着同步旋转。上、下风罩的空气通道是同心相对的"8"字形,它将静子截面分为三部分:烟气流通区、空气流通区和密封区。冷空气经下部固定的冷风道进入旋转的下风罩,自下而上流过静子受热面而被加热,加热后的空气由旋转的上风罩流往固定的热风道。烟气则自上而下流过静子,加热其中的受热面。这样,当风罩转动一周,静子中的受热面进行两次吸热和放热。因此,风罩转动回转式空气预热器的转速要比受热面转动式要慢一些。

　　与三分仓受热面转动的回转式空气预热器相同,为了得到不同温度的一、二次风,现代大型电站锅炉多采用双流道风罩转动回转式空气预热器。双流道风罩转动的回转式空气预热器由静子、风罩、烟罩和传动装置等组成,如图 7-59 所示。双流道风罩转动回转式空气预热器的静子不动,内装波纹形蓄热板受热面,由外壳的 4 个支座支撑,上、下两烟罩分别位于静子的上、下部,与静子外壳相连接。静子的上、下两端装有可转动的上、下风罩,由静子中心筒的主轴连接,上风罩搁置在主轴上部,下风罩支吊在主轴下端。风罩的重量由静子的中心筒内的轴承座承受。

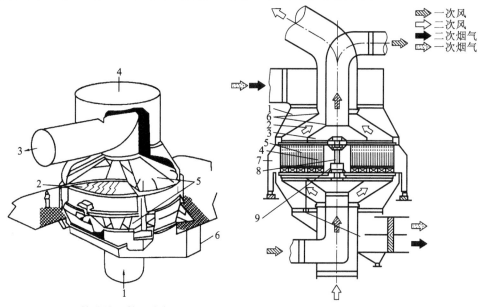

图 7-58　风罩转动的回转式空气预热器

1—冷空气入口;2—静子;3—热空气出口;

4—烟气进口;5—转动的上、下风罩;

6—烟气出口

图 7-59　双流道风罩转动回转式空气预热器

1—烟罩;2—二次风风罩;3—一次风风罩;

4—二次风蓄热板;5—一次风蓄热板;6—密封环;

7—支座;8—轴;9—轴承

空气预热器的上、下风罩分内、外两层,内层是一次风罩,外层是二次风罩。上、下风罩中的一次风和二次风通道是同心相对的"8"字形,如图 7-60 所示,它将静子的截面分为以下几个区域:一次风流通区域、二次风流通区域、一次烟气流通区域、二次烟气流通区域和密封区。在密封区内没有空气或烟气流过,其截面被径向密封面所遮盖,以免空气和烟气混合。当风罩转动一周时,静子中的受热面进行两次吸热和放热。

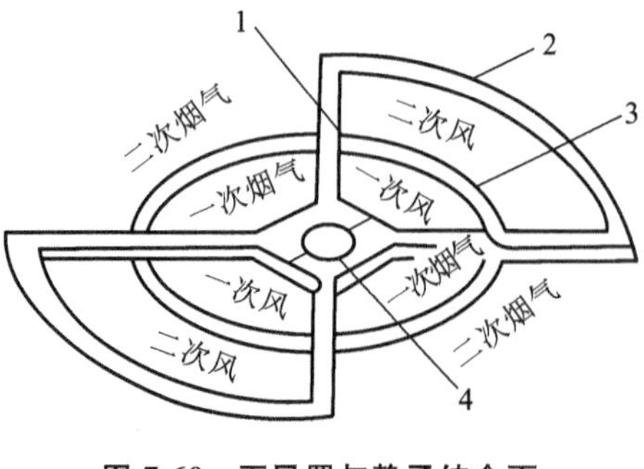

（3）与管式空气预热器相比较,回转式空气预热器有以下特点。

图 7-60　下风罩与静子结合面

1—径向密封面;2—二次风外环向密封面;

3—一次风环向密封面;4—中心环向密封面

①回转式空气预热器由于其传热面密度高达 $500 \text{ m}^2/\text{m}^3$,因而结构紧凑,占地面积小,其体积约为同容量的管式空气预热器的 1/10。

②质量轻。因管式空气预热器的管子壁厚为 1.5 mm,而回转式空气预热器的蓄热板为比管式管壁更薄的波形钢板,其厚度为 $0.5 \sim 1.25$ mm,而且蓄热板布置更为紧凑,故回转式空气预热器金属耗量约为同容量管式空气预热器的 1/3。

③回转式空气预热器布置灵活方便,使锅炉本体容易得到合理的布置方案。

④在同样的外界条件下,回转式空气预热器因其受热面金属温度较高,而且可以采用耐腐蚀材料,因此与管式空气预热器相比较,低温腐蚀的危险相对较轻。

⑤回转式空气预热器的漏风量比较大。一般管式空气预热器的漏风量不超过 5%,而回转式空气预热器的漏风量,在状态良好时为 $8\% \sim 10\%$,密封不良时常达 $20\% \sim 30\%$。

⑥回转式空气预热器的结构比较复杂,制造工艺要求高,运行维护工作较多,检修也较复杂。

3. 回转式空气预热器的漏风及密封装置

1)漏风原因

回转式空气预热器的主要问题是漏风较严重。由于在空气预热器中空气的压力大于烟气,故所谓的漏风,主要是指空气漏入烟气中。当然,也有少量的烟气会进入空气中。漏风量增加将使送风机和引风机的电耗增大,增加排烟热损失,从而使锅炉热效率降低。如果漏风过大,还会使送入炉膛的风量不足,导致锅炉的机械和化学不完全燃烧热损失增加,进一步影响锅炉的出力和效率,并且可能引起炉膛结渣。因此,漏风对锅炉的经济安全运行有很大影响,需要引起足够重视。空气预热器的漏风包括两个方面。

(1)携带漏风　因为受热面或风罩转动时,将留存在受热元件气体流通截面内的一些空气带入烟气中,或将留存的一些烟气带入空气中。携带漏风量可按式(7-5)计算,即

$$Q = \frac{1}{60} \times \frac{\pi}{4} D^2 hn(1-y) \tag{7-5}$$

式中:Q 为携带漏风量,m^3/s;D 为转子直径,m;h 为转子高度,m;n 为转速,r/min;y 为蓄热板金属和灰污所占转子容积的份额。

转子旋转越快,携带漏风量就越大。但总的来说,携带漏风量较小,一般不超过 1%。

(2)密封漏风　回转式空气预热器是一种转动机械,无论是受热面转动还是风罩转动,在预热器的动、静部件之间,总要留有一定的间隙,以便转动部件运动。流经预热器的空气是正压,烟气是负压。空气会在这种压差的作用下,通过这些间隙漏到烟气中去。尽管这间隙中有密封装置,但也不可能将这些间隙密封堵死,因而就造成密封漏风。密封漏风的大小和这些间隙的大小及两侧压力差的平方根成正比。如果是

转子或风罩制造不良,或者受热后变形,或者是运行磨损后未经调整,都会使漏风的间隙增大,也就使漏风量增大。锅炉燃烧器的阻力越大,要求的热空气压力就越高,也会使预热器的漏风量增大。设计制造良好的回转式空气预热器,其漏风量一般小于8%,质量不佳者可达20%。

2)三分仓受热面转动的回转式空气预热器的密封装置

为了减少漏风,通常要在回转式空气预热器内加装密封装置。

三分仓受热面转动的回转式空气预热器的密封系统,通常包括轴向密封、径向密封和环向(周向)密封装置三部分。

轴向密封装置主要由轴向密封片和轴向密封板构成。轴向密封片安装在转子外表面,它由螺栓与各扇形仓格径向隔板的外缘相连接,并沿整个转子的轴向高度布置,且与轴平行,随转子一起转动。轴向密封板主要由两块弧形板和调整装置组成,两块弧形板对称地装在转子密封区的外侧,它通过支架、折角板和调整装置固定在转子壳体上,并通过外部的螺栓来调整转子轴向密封片的间隙。它的作用是防止空气从密封区(过渡区)转子外侧漏入烟气区。

径向密封装置主要由扇形板与径向密封片组成。径向密封片是用螺栓固定在转子的上、下隔板的端部,沿半径方向分成数段,也随转子一起转动。径向密封片可上下适当调整,与扇形板构成整个径向密封装置。它用于阻止转子上、下端面与扇形板动、静部件之间因压力不同而造成的漏风。

环向密封装置设在转子外壳上、下端面的整个外侧圆周上,它主要由旁路密封片与T形钢构成。T形钢与转子外圆周上的角钢相连接,也随转子一起转动。旁路密封片则沿转子外圆布置。环向密封装置是为了防止气流不经过预热器受热面,而直接从转子一端跑到另一端(即从转子外表面与外壳内表面之间的动、静部件的间隙通过)。

除上述密封装置外,三分仓受热面转动的回转式空气预热器通常还装有转子中心筒密封、静密封片和补隙片,这些都有助于减少漏风。此外,还采用了转子热端可弯曲的扇形密封板结构,以减少热态时转子蘑菇状变形时的间隙。并装置了密封自动控制系统。另外,热态运行时,其径向、轴向密封片都可以在空气预热器的外部进行调整。

回转式空气预热器在冷态时,风罩与接触的转子端面为一间隙极小的平面,但在热态运行中,由于烟气自上而下流动,烟气温度逐渐降低;而空气自下而上流动时,空气温度逐渐升高,这就使转子的上端金属温度高于下端金属温度,转子上端的径向膨胀量大于下端的径向膨胀量,再加上转子自重的影响,结果使转子产生了如图7-61所示的蘑菇状变形。显然,热态时转子外侧有向下弯曲的倾向。这种蘑菇状变形与负荷有关,负荷越大,则烟温越高,变形越严重。转子变形以后,就会使风、烟罩与转子两动静部件之间的间隙增大,加重漏风。

转子受热后产生"蘑菇状"变形,给安装、检修时密封间隙的调整带来一些困难。如果在冷态时将径向密封间隙(径向密封片与扇形板密封面之间间隙)沿径向都调整到相同的数值,则运行时必然会造成一些区段的间隙变大,另一些区段的间隙变小,甚至可能发生严重的碰撞。为此,在冷态调整时应充分考虑到转子热变形的影响,沿径向预留不同的间隙量。在热态时通过密封自动控制系统来控制密封间隙。

(4)风罩转动回转式空气预热器的密封装置　在预热器风罩与静子接触处装有密封框架,以减少动、静部件间隙处的漏风。密封结构除上风罩二次风环向密封面

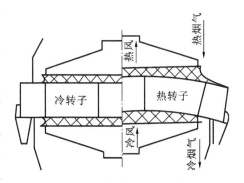

图 7-61　预热器转子的蘑菇状变形

外,均采用如图 7-62 所示的密封装置:铸铁密封块固定在密封框架上,密封框架由 U 形密封片(伸缩节)与风罩的底盘连成一体。风罩转动时,带动密封框架一起转动。弹簧除了平衡重量之外,还能使密封结构在运行中按照风罩与静子接触面之间间隙的变化而上下移动,这样,可减少风罩振动时对密封间隙的影响。U 形密封片能承受密封结构与风罩间的相对移动,并起密封作用。

上风罩二次风环向密封面采用图 7-63 所示的自动膨胀密封间隙调整装置。这

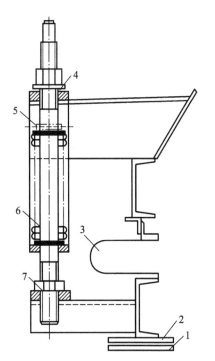

图 7-62　风罩与静子间的密封装置

1—静子端面;2—铁密封块;3—U 形密封片;
4—预留间隙;5—销子;6—弹簧;7—螺帽图

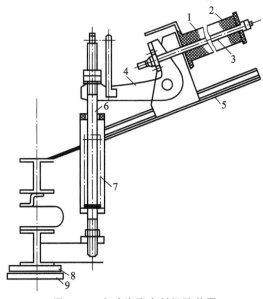

图 7-63　自动膨胀密封间隙装置

1—管子;2—保温材料;3—压杆;4—传动件;5—上风罩
钢架;6—螺杆;7—弹簧;8—密封块;9—静子端面

种密封装置比前一种密封装置增加了一套自动调节装置,当锅炉负荷变化而造成烟气温度变化时,该装置能自动调节环向密封间隙,使预热器环向漏风不致过大。其工作原理是:主轴通过轴承固定在静子上,而上、下风罩又固定在主轴两端,当受热后,静子沿轴向膨胀,将会使密封间隙略为减少,这可用冷态时预留间隙来调节。由于静子的轴向膨胀与径向膨胀是不同的。因而受热后会产生蘑菇状变形,这就使上风罩与静子间的密封间隙沿半径方向逐渐增大,而下风罩与静子间的密封间隙则沿半径方向逐渐减小。负荷越大,烟温越高,则变形越甚,密封间隙也变得越大,故此时漏风也就最严重。

在热态时,调整环向密封间隙要依靠自动膨胀密封间隙装置。当负荷增加时,进入空预器的烟温增大,静子蘑菇状变形增加,上风罩与静子端面的间隙增大,此时自动膨胀密封装置中的管子和压杆都因烟温升高而受热膨胀,但压杆膨胀系数比管子大,同时弹簧的收缩使得螺杆下移,减少密封块与静子端面之间的间隙,使两者之间的间隙基本保持不变。当负荷降低时,烟温降低,静子蘑菇状变形减少,自动膨胀密封装置中的管子和压杆都因烟温下降而收缩,但压杆收缩量比管子大些,压杆相对于管子来说是收缩了,但通过传动杆使螺杆上升,而增大密封块与静子端面之间隙,结果使静子与风罩之间的间隙也基本保持不变。

第8章　汽包及蒸汽净化

8.1　汽　　包

8.1.1　汽包简介

汽包也称锅筒,是自然循环和强制循环锅炉最重要的承压元件,横置于炉外顶部,不受火焰和烟气的加热,并施以绝热保温。

1)汽包的作用

在自然循环和控制循环锅炉中,汽包具有重要的作用,简介如下。

(1)汽包接受从省煤器来的给水,与下降管、水冷壁等连接组成蒸发系统,并向过热器输送饱和蒸汽,因此汽包是加热、蒸发、过热三个过程的连接枢纽。

(2)汽包中存在一定量的汽和水,因而具有一定的储热能力。在负荷变化时,能起到蓄热器和蓄水器的作用。可以缓解汽压变化的速度,有利于锅炉运行。

所谓储热能力是指在锅炉负荷变动而燃烧工况不变时,锅炉工质、受热面及炉墙所吸收或放出热量的能力。例如当锅炉负荷突然增大时,锅炉汽压降低,汽包中锅水的饱和温度也相应降低,与蒸发系统相连的金属壁、炉墙及构架的温度也相应降低,它们将放出蓄热加热锅水,产生附加蒸汽,弥补了部分蒸汽的不足,从而减缓了汽压下降的速度。相反,当锅炉负荷降低时,汽压升高,锅水、金属壁、炉墙及构架等会吸收热量,部分蒸汽凝结,使汽压升高的速度减慢。

(3)汽包内装有汽水分离装置、蒸汽清洗装置、排污装置、锅内加药装置等,可以提高蒸汽品质。

(4)汽包上装有压力表、水位计和安全阀等附件,汽包内还装有事故放水装置等,用来保证锅炉安全运行。

2)汽包的结构及工作原理

强制循环锅炉由于安装了循环泵,压力大,循环倍率小,可以采用高效、体积小但阻力大的分离元件,减少了分离装置的数量。因此,其汽包的尺寸与相同容量、相同参数的自然循环锅炉相比要小。由此可知,汽包的几何尺寸(如内径、长度与壁厚等)与锅炉的循环方式(自然循环或强制循环)、容量、压力,以及内部装置的形式和材质等有关。

由于汽包壁很厚,汽包启动应力很大,在大型锅炉中尤为突出,必须引起足够的重视并采取相应的措施。汽包启动应力是指锅炉启动、停运与变负荷过程中汽包壁

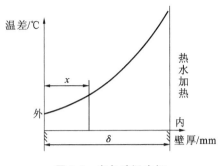

图 8-1　汽包壁温度场

的应力,它主要由工质压力引起的机械应力、汽包壁温度不均匀引起的热应力及汽包与内部介质重量等引起的综合应力组成。其中热应力包括汽包上、下侧温差和汽包内、外壁温差产生的热应力。

锅炉给水一般采用从除氧器来的热水,在进水的过程中,因汽包壁热阻很大,壁内加热很慢,该汽包金属内壁温升比外壁迅速,内壁温度因此高于外壁。在汽包壁厚范围内,温度成抛物线分布(见图 8-1)。由试验可知,汽包内、外壁的温差 Δt 的计算式为

$$\Delta t = \frac{w}{2a}x^2 \tag{8-1}$$

$$a = \frac{\lambda}{c\rho} \tag{8-2}$$

式中:w 为加热介质的温升速度,$w = \frac{\mathrm{d}t}{\mathrm{d}\tau}$;$a$ 为热扩散率;λ 为汽包导热系数,$kW/(m \cdot ℃)$;c 为汽包金属比热容,$kJ/(Kg \cdot ℃)$;ρ 为汽包金属密度,kg/m^3。

因此在图 8-1 中,当 $x = \delta$(壁厚)时,$\Delta t = \frac{w}{2a}\delta^2$。

可见,汽包内、外壁温差是与锅水温升速度 w 成正比的,且汽包壁厚 δ 越大,Δt 越大。

汽包内壁温度较高,力图膨胀,而外壁因温度较低阻止发生膨胀。于是内壁产生压缩应力,外壁产生拉伸应力。如冷水进入锅炉,汽包进行冷却,则与之相反,即内壁温度低于外壁温度,故内壁产生拉伸应力,外壁产生压缩应力。经计算,此应力可以达到很大数值。而且内壁压缩应力为外壁拉伸应力的两倍。

此外,在锅炉启动过程中,汽包的汽空间与水空间的壁温是不一样的。汽包上部汽空间金属壁温高于下部水空间金属壁温,可达 2～3 倍。严重时,这种上、下壁温差将使汽包产生拱背形状的变形。但是与汽包连接的许多管子不允许它自由变形,这样就必然产生热应力。上部金属壁受轴向压应力,下部金属壁受轴向拉应力。根据近似计算,其附加应力为

$$\sigma = aE\Delta t \tag{8-3}$$
$$\Delta t = (t_上 - t_下)/2$$

式中:a 为钢的膨胀系数;E 为钢的弹性模量;Δt 为汽包上、下壁平均温差。

由此可见,上、下壁温差 Δt 越大,则热应力越大。

一般规定,汽包上、下壁温差 $\Delta t \leqslant 50\ ℃$。

8.1.2　汽包的安全性分析

为了保证汽包的安全运行,必须采取以下措施。

(1)严格控制汽包温差,防止内、外壁温差过高而引起过大的温度应力。为此,锅炉进水水温应小于 90 ℃,同时严格控制一定的温升速度,平均温升速度不应超过 1.5～2 ℃/min 或 100 ℃/h。

(2)汽包采用环形夹套结构。整个汽包或仅汽包下部采用内夹套结构(见图 8-2)。

由图可见,汽水混合物由汽包上部进入,沿着汽包两侧流下,进入用挡板形成的环形夹套中。该挡板夹套与汽包筒体是同心的,其中充满具有足够流速的汽水混合物。夹套把从锅水、省煤器来的水与汽包内壁分隔开,其内壁均与汽水混合物接触,从而使汽包上、下壁面温度均匀。在锅炉启、停过程中,不再需要汽包上、下壁温差的监视,可加快启、停时间,确保汽包安全运行。

(3)锅炉启、停初期,采用炉底蒸汽加热系统,即在下集箱通过加热蒸汽引入管,借助邻炉抽汽或启动锅炉产生的蒸汽加热锅水,使整个水冷壁及汽包加热,以减少其热应力;同时,适当地进水与放水,促进锅内水循环的建立,保证

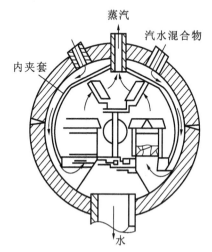

图 8-2　环形夹套汽包结构

汽包及各受热面受热均匀,避免管壁超温。炉膛点火时,燃烧器投入对称且均匀,使炉内温度场分布尽量均匀。

(4)维持汽包正常和平稳的水位是自然循环锅炉安全运行的重要措施之一。汽包水位值的选取原则是既要保证高水位时汽包具有足够的蒸汽空间,避免蒸汽带水,保证蒸汽品质;也要保证低水位时距下降管入口处有充分的高度,避免下降管带汽,保证水循环的安全。

对于 300 MW 单元机组的锅炉,汽包中存水量相对较小,容许变动的水量就更少。汽包水位在运行中必须严密监视,同时,也要求给水系统和给水调整必须安全可靠。因此大型锅炉汽包上通常设置几种不同功能的水位监控仪表。如 1 025 t/h 亚临界自然循环锅炉汽包水位的就地监视,是用两只分设在汽包两端封头上的双色水位计(俗称牛眼式水位计)。水位计的可见高度为 454 mm,每只水位表前均配有一台电视监控器,可以用切换装置交错监视两端汽包水位。水位表的水位窗口朝炉前方向。因此,相应的监控器布置在炉前的汽包平台上。汽包右端封头上设置的一只电接点水位计作水位监控报警用,当水位超过警戒值时,锅炉自动解列。四只单室水位平衡容器分别布置在汽包两端封头上,供运行检测、保护和调节等用。

此外,大型锅炉(设计压力>16.7 MPa)的汽包中通常还设有液面取样器,以便在高压运行时测出汽包内的真实水位,以此对水位表和远方水位指示装置所指示的水位进行校核。取样器通常安置在受下降管和分离器影响较小的汽包端。取样器是一只两头封闭的圆筒,其外侧均布若干只取样管,内侧上下各开一孔与汽包汽水侧相通,使其具有一定的阻尼作用,保证筒内水位平稳。测量真实水位是通过所采得水样的导电度来判断的,其误差在 50 mm 以内。

直流锅炉没有汽包,但一般都装有汽水分离器,并设有专门的启动旁路系统,以排除启动过程中最初排出的热水、汽水混合物、饱和蒸汽及过热度不足的过热蒸汽,回收利用工质和热量,提高发电厂的效率。同时,可为锅炉过热器和再热器提供充分的冷却保护,改善启动条件,以满足锅炉启动和低负荷运行的需要。直流锅炉的汽水分离器(或称启动分离器)有内置式和外置式两种。

8.2 蒸汽净化和汽包内部装置

8.2.1 蒸汽品质及对锅炉、汽轮机工作的影响

1. 蒸汽质量标准

为保证锅炉、汽轮机等热力设备长期安全经济地运行,我国《火力发电厂水汽质量标准》对蒸汽的含盐量提出了明确要求。当前,我国电站锅炉的蒸汽质量,以钠、二氧化硅、铁和铜含量作为主要控制指标。

我国制定的标准《火力发电机组及蒸汽动力设备水汽质量 GB/T 12145—1999》目前主要适用于临界压力以下的火力发电机组及蒸汽动力设备(包括正常运行和停、备用机组启动)。我国临界压力以下的电站锅炉正常运行时的蒸汽品质标准见表 8-1。为防止汽轮机积结金属氧化物,蒸汽中铜和铁的含量也不得超过规定的量。超临界机组正常运行和启动时的蒸汽品质应符合《超临界火力发电机组水汽质量标准 DL/T 912—2005》的规定。

表 8-1 锅炉蒸汽质量标准

序号	炉型	锅炉压力 /MPa	工况	钠($\mu g/kg$)		二氧化硅 /($\mu g/kg$)	铁 /($\mu g/kg$)	铜 /($\mu g/kg$)	电导率 /(S/m)
				磷酸盐处理	挥发性处理				
1	汽包炉	3.8～5.8	正常	≤15		≤20	≤20	≤5	—
		5.9～15.6		≤10	≤10		≤20	≤5	≤0.3
		15.7～18.3					≤20	≤5	
	直流炉	5.9～15.6		≤10			≤10	≤5	
		15.7～18.3					≤10	≤5	

序号	炉型	锅炉压力/MPa	工况	钠(μg/kg) 磷酸盐处理	钠(μg/kg) 挥发性处理	二氧化硅/(μg/kg)	铁/(μg/kg)	铜/(μg/kg)	电导率/(S/m)
2	汽包炉	3.8～5.8	启动	≤50		≤80	—	—	≤3
		5.9～18.3		≤20		≤60	≤50	≤15	≤1
	直流炉	5.9～18.3			≤20	≤30	≤50	≤15	

2. 蒸汽污染对锅炉、汽轮机的危害

锅炉的任务是生产一定数量和质量的蒸汽。蒸汽的质量指标包括蒸汽的压力和温度以及蒸汽的品质。

蒸汽的品质(即蒸汽的洁净程度)是指 1 kg 蒸汽中含杂质的数量。蒸汽中的杂质主要是各种盐类、碱类及氧化物,而其中绝大部分是盐类,因此,通常用蒸汽含盐量来表示蒸汽的洁净程度。饱和蒸汽品质恶化后将严重危害锅炉、汽轮机等的安全经济运行。

蒸汽污染的主要危害如下:

(1)降低了热能的有效利用,影响与蒸汽直接接触的产品的质量及工艺条件;

(2)部分盐分沉积在过热器及再热器的管壁面上,将使管壁温度升高,产生垢下腐蚀,导致钢材强度降低,以致发生爆管事故;

(3)部分盐分沉积在蒸汽管道的阀门处,使阀门动作失灵及泄漏;

(4)部分盐分沉积在汽轮机的通流部分,将使通道的流通截面缩小,叶片表面变得粗糙,叶片形状改变,使汽轮机流阻增大,出力和效率降低,影响转子的动平衡,引起机组振动。严重时甚至造成重大安全事故。

3. 提高蒸汽品质的措施

(1)提高给水品质　在排污量不变时,提高给水品质即减少了炉水含盐量,则蒸汽品质相应提高。给水品质取决于水处理的方法,应通过技术经济比较,采用合理的水处理系统。对于高压以上的电站锅炉,更应采用完善的水处理系统。对于补水量大的热电站,为节省水处理费用,通常采用较为简单的水处理系统,因此给水品质较差。

(2)连续排污　增加排污量,使锅炉水含盐量降低,是提高蒸汽品质主要手段之一,但这将使锅炉热损失增加。根据技术经济比较,对于不同类型电站,其最大允许排污率列于表 8-2 中。由于排污量的增加将使热损失和补水量增大,其最大允许的排污率见表 8-2,而最小排污率取决于腐蚀产物污染炉水的程度,一般 $\rho_{pw} \geqslant 0.3\%$。

表 8-2　最大允许排污率 ρ_{pw}

补给水处理方法	蒸汽式电厂锅炉	热电厂锅炉	工业用汽锅炉
化学除盐或凝结水	≤1	≤2	—
化学软水	≤2	≤5	8～12,无采暖可达 15

(3)锅炉设计方面　应根据采用的水处理系统和排污率改进汽包内部装置,提高

汽水分离效率,减少水滴携带;采用蒸汽清洗装置,减少蒸汽对盐类的选择性携带;采用分段蒸发等方法来提高蒸汽品质。

(4)运行管理方面　既要随时注意控制汽包水位和压力稳定,根据负荷变化控制排污量以保持锅炉水的水质;又要尽量降低热力系统的汽水损失,减少补给水量。

8.2.2　蒸汽污染的原因

进入锅炉的给水,虽经过了炉外水处理,但总含有一定的盐分。当给水进入锅炉汽包以后,由于在蒸发受热面中不断蒸发产生蒸汽,给水中的盐分就会浓缩在锅水中,使锅水含盐浓度大大超过给水含盐浓度。锅水中的盐分是以两种方式进入到蒸汽中的:一是饱和蒸汽带水,称为蒸汽的机械携带;二是蒸汽直接溶解某些盐分,称为溶解携带,也称蒸汽的选择性携带。由此可见,锅炉给水中含有杂质是蒸汽被污染的根源,而蒸汽的机械携带和溶解携带是蒸汽污染的途径。在中、低压锅炉中,由于盐分在蒸汽中的溶解能力很小,因而蒸汽的清洁度取决于机械携带;在高压以上的锅炉中盐分在蒸汽中的溶解能力大大增加,因而蒸汽的清洁度取决于蒸汽的机械携带和溶解携带两个方面。

1. 饱和蒸汽的机械携带

蒸汽机械携带的含盐量,取决于携带水分的多少及锅水含盐量的大小,其关系可用下式表示,即

$$S_q^j = \frac{w}{100} S_{ls} \tag{8-4}$$

式中:S_q^j 为机械携带的盐量,mg/kg;w 为蒸汽湿度,即蒸汽中所带水分的质量占湿蒸汽质量的百分数,%;S_{ls} 为锅水含盐量,mg/kg。

汽水混合物以较高的流速从上升管进入汽包的水容积或蒸汽空间时,具有一定的动能。当蒸汽穿出蒸发面时可能在蒸汽空间形成飞溅的水滴,汽流撞击到蒸发面上也会生成大量水滴。形成的水滴向不同方向飞溅,质量较大的水滴具有较大的动能,升起的高度也较大。如蒸汽空间高度不够,就可能随蒸汽带出,使蒸汽大量带水。细小的水滴动能小,飞溅不高,但因质量小可能被汽流卷吸带走。

一定的汽流速度下,能被汽流带走的最大水滴直径,可根据汽流升力与水滴在蒸汽中的重力之间的平衡关系确定,即

$$\xi \frac{\pi d_{max}^2}{4} \cdot \frac{\rho'' w^2}{2} = \frac{\pi d_{max}^3}{6} (\rho' - \rho'') g \tag{8-5}$$

由式(8-5)可得

$$d_{max} = \frac{3\xi \rho'' w^2}{4g(\rho' - \rho'')} \tag{8-6}$$

式中:d_{max} 为最大水滴直径,m;w 为气流速度,m/s;ρ'、ρ'' 分别为饱和水及饱和蒸汽的密度,kg/m³;ξ 为球形水滴在气流中的阻力系数。

由式(8-6)可知,汽流速度 w 越大,蒸汽压力 p 越高,能被汽流带走的最大水滴直

径 $d_{\max}$ 越大。

当水滴直径一定时,能将水滴带走的最小汽流速度 $w_{\min}$ 可由下式确定,即

$$w_{\min} = \sqrt{\frac{4gd(\rho' - \rho'')}{3\xi\rho''}} = 1.155\sqrt{\frac{gd}{\xi}\left(\frac{\rho'}{\rho''} - 1\right)} \qquad (8-7)$$

由式(8-7)可知:水滴直径越大,蒸汽压力越低,能带走水滴的最小汽流速度越大。

影响蒸汽带水的主要因素为锅炉负荷、工作压力、蒸汽空间高度和锅水含盐量等,下面将分别说明。

1)锅炉负荷的影响

在锅炉负荷增加时,由于产汽量的增加,一方面使进入汽包的汽水混合物的动能增大,导致产生的水滴的数目增加;另一方面,因为汽包蒸汽空间的气流速度增大,带水能力增强,因而蒸汽湿度增大,蒸汽品质恶化。在锅水含盐量一定的情况下,锅炉负荷与蒸汽湿度的关系式为

$$w = AD^n$$

式中:A 为与压力和汽水分离装置有关的系数;n 为与锅炉负荷有关的指数。

这一关系示于图 8-3 中。从图中可以看出,随着锅炉负荷的增加,蒸汽湿度增大。但蒸汽湿度的增加存在着三种不同的情况,相应地把蒸汽负荷分为三个区域。在第一区域内指数 n 为 0.5~1.5,蒸汽只带出细小水滴,蒸汽湿度不超过 0.03%。在第二区域内指数 n 为 3~4,由于蒸汽速度高,一些较大的水滴被带走,蒸汽湿度增加较快,为 0.03%~0.2%。在第三区域内指数 n 为 7~20,大量飞溅水滴被带走,蒸汽湿度急剧增加,这时蒸汽的湿度大于 0.2%。

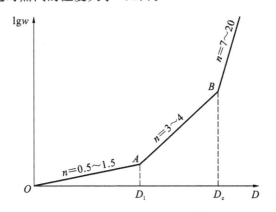

图 8-3　蒸汽湿度与锅炉负荷的关系

现代汽包锅炉,蒸汽湿度一般不允许超过 0.1%,故锅炉应在第二负荷区域前半段工作。点 B 对应的蒸汽负荷称为临界负荷,用 D_c 表示。锅炉的临界负荷和最大允许负荷可由热化学试验来确定。首先调整锅炉在中间水位和允许锅水含盐量下进行,然后逐渐增大蒸汽负荷,蒸汽的含盐量也将增大。当在某一负荷下蒸汽含盐量突然剧增时,这一负荷就是临界负荷。再逐渐降低负荷直到蒸汽含盐量符合标准值,这

时的负荷就是锅炉的最大允许负荷。

汽包内蒸汽流速不仅与负荷有关,而且与汽包的结构尺寸有关,通常,用蒸发面负荷 R_m 和蒸汽空间负荷 R_k 两个指标来实现汽包的合理设计。

蒸发面负荷是指单位时间内通过单位蒸发面积的蒸汽容积,即

$$R_m = \frac{Dv''}{A} \quad (m^3/(m^2 \cdot h)) \tag{8-8}$$

蒸汽空间负荷是指单位时间内通过单位蒸汽空间的蒸汽容积,即

$$R_k = \frac{Dv''}{V} \quad (m^2/(m^3 \cdot h)) \tag{8-9}$$

式中:D 为锅炉蒸发量。kg/h;v'' 为饱和蒸汽比体积,m^3/kg;A 为汽包中蒸发面的面积,m^2;V 为汽包蒸汽空间容积,m^3。

蒸发面负荷 R_m 在一定程度上代表蒸汽在汽包汽空间的上升速度,R_m 越大,蒸汽平均上升速度越高,带水能力就越强。蒸汽空间负荷 R_k 则表示蒸汽在汽包汽空间停留时间的倒数,R_k 越大,蒸汽在汽包汽空间停留时间就越短,水滴来不及分离就被蒸汽带走。R_k 的推荐值如表 8-3 所示。

表 8-3　蒸汽空间负荷 R_k 的推荐值

汽包压力/MPa	4.3	10.8	15.2
蒸汽空间负荷 $R_k/(m^3/(m^3 \cdot h))$	800~1 000	350~400	250~300

2)工作压力的影响

随工作压力的升高,饱和蒸汽与水的密度差减小,汽与水分离困难,蒸汽卷起水滴的能力增强,同时,压力高,饱和温度也高,水的表面张力减小,大水滴更容易破碎成细水滴。所以工作压力愈高,蒸汽愈容易带水。因此,随着锅炉工作压力的提高,汽包蒸汽空间的许可负荷 R_k 越低。

对于运行的锅炉,在压力急剧降低时也会影响蒸汽带水。这是由于汽压降低,相应饱和温度也降低,汽包和蒸发系统中的存水及受热面金属会放出热量产生部分附加蒸汽,致使汽包水容积膨胀,穿过蒸发面的汽量增多,从而造成蒸汽大量带水,蒸汽品质恶化。

3)蒸汽空间高度的影响

蒸汽空间高度对蒸汽带水的影响如图 8-4 所示。在蒸汽空间高度很小时,蒸汽不仅能带出细小的水滴,而且能将相当大的水滴带进汽包顶部蒸汽引出管,使蒸汽带水增多。随着蒸汽空间高度的增加,由于较大水滴在未达蒸汽引出管高度时,便失去自身的速度在重力作用下落回水面,从而使蒸汽湿度减小。但是,当蒸汽空间高度达0.6 m 以上时,由于被蒸汽带走的细小水滴不受蒸汽空间高度的影响,因而蒸汽湿度变化平缓,而达到 1.0~1.2 m 以上时,蒸汽湿度就不再变化。所以采用过大的汽包尺寸来减小蒸汽湿度,只会增加金属的用量,对提高蒸汽品质并无必要。

为了保证汽包有一定的汽空间高度,运行中应严格控制汽包水位。一般汽包正

常水位应在汽包中心线以下 $100 \sim 200$ mm 处,允许波动范围为 $\pm 50 \sim 75$ mm。运行中水位过高或压力突变导致虚假水位现象发生时,都会使蒸汽带水量增加,蒸汽品质恶化,所以运行中应严格监视汽包水位。

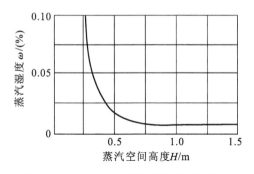

图 8-4　蒸汽湿度与蒸汽空间高度的关系

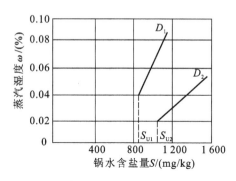

图 8-5　蒸汽湿度与锅水含盐量的关系

4)锅水含盐量的影响

蒸汽湿度与锅水含盐量的关系如图 8-5 所示。锅水含盐量在最初的一定范围内增加时,蒸汽湿度不变。但是,机械携带的盐量却随锅水含盐量的增加成正比增大。当锅水含盐量达到某一数值时,蒸汽湿度会突然增大,从而使蒸汽含盐量急剧增加,蒸汽品质恶化,这时的锅水含盐量称为临界锅水含盐量。出现临界锅水含盐量的原因是由于锅水含盐量增加,特别是锅水碱度增加,会使锅水的黏性增大,使汽泡在汽包水容积中的上升速度减慢,因而汽包水容积中的含汽量增多,促使汽包水容积膨胀。此外,锅水含盐量增加,还将使水面上的泡沫层增厚,这些原因都将使蒸汽空间的实际高度减小,使蒸汽带水量增加。

不同负荷下的临界锅水含盐量是不同的。锅炉负荷越高,临界锅水含盐量越低。对具体锅炉而言,其临界锅水含盐量应通过热化学试验确定,并应使实际锅水含盐量远小于临界锅水含盐量。

2. 饱和蒸汽的溶解携带

蒸汽溶解携带的盐量与分配系数和锅水含盐量的大小有关,用下式表示,即

$$S_q^R = \frac{a}{100} S_{ls} \tag{8-10}$$

其中,

$$a = \left(\frac{\rho''}{\rho'} \right)^n$$

式中:S_q^R 为饱和蒸汽溶解携带的盐量,mg/kg;S_{ls} 为锅水含盐量,mg/kg;a 为分配系数,指某种盐在蒸汽中的溶解量与它在锅水中溶解量的比值的百分数,%。

分配系数的大小与蒸汽压力和盐的种类有关,实验表明,它们之间的关系如式 (8-10)所述。ρ'、ρ'' 分别为饱和水与饱和蒸汽的密度,kg/m³;n 为溶解指数,与盐的种类有关,各种盐类的溶解指数如表 8-4 所示。

表 8-4　几种盐类的溶解指数 n

盐类名称	SiO$_2$	NaOH	NaCl	CaCl$_2$	Na$_2$SO$_4$
n	1.9	4.1	4.4	5.5	8.4

1)高压蒸汽溶盐的特点

(1)饱和蒸汽和过热蒸汽都具有溶解盐分的能力,所有能溶于饱和蒸汽的盐类也能溶于过热蒸汽。

(2)随着压力的提高,蒸汽溶解盐分的能力增强。中、低压蒸汽几乎是不溶解盐分的,而高压及以上压力的蒸汽之所以能直接溶解盐类,主要是因为随着压力的提高,蒸汽的密度不断增大,同时,饱和水的密度相应降低,蒸汽的密度逐渐接近于水的密度,因而蒸汽的性质也逐渐接近水的性质。水能溶解盐类,则蒸汽也能直接溶解盐类。

(3)高压蒸汽的溶盐具有选择性。这也就是说,在相同条件下,蒸汽对各种盐类的溶解能力也是不同的,而且差别很大。

根据饱和蒸汽的溶盐能力,可把锅水中的溶盐分为三类。

第一类盐分为硅酸(如 SiO$_2$、H$_2$SiO$_3$ 等),其溶解系数最大。在不同压力下,硅酸的分配系数如表 8-5 所示。由表中可以看出,当压力为 8 MPa 时,$a^{SO_3^{2-}} = 0.5\% \sim 0.6\%$;压力为 14 MPa 时,$a^{SO_3^{2-}} = 2.8\%$;压力为 18 MPa 时,$a^{SO_3^{2-}} = 8.0\%$。而蒸汽机械携带的水分 w 一般为 $0.01\% \sim 0.1\%$,可见,高压蒸汽溶解硅酸是蒸汽污染的主要原因。

表 8-5　不同压力下硅酸的分配系数

工作压力/MPa	8	10	11	14	15	16	18	20	22.5
pH=7 时的 $a^{SO_3^{2-}}$/(%)	0.5～0.6	0.8	1.0	2.8	—	—	8.0	16.3	～100
pH=10 时的 $a^{SO_3^{2-}}$/(%)	0.16	0.6	0.92	2.2	2.8	3.8	7.3	—	～100

第二类为氢氧化钠(NaOH)、氯化钠(NaCl)、氯化钙(CaCl$_2$)等,它们的 n 值相当,这类盐分的溶解系数比硅酸低得多,但当压力超过 14 MPa,其溶解系数也能达到相当大的数值。例如 NaCl,在 11 MPa 时,$a=0.0006\%$;15 MPa 时,$a=0.06\%$。一般,当压力大于 14 MPa 时就必须考虑第二类溶盐的携带。

第三类为一些难溶于蒸汽的盐分,如硫酸钠(Na$_2$SO$_4$)、硫酸钙(CaSO$_4$)、硫酸镁(MgSO$_4$)、硅酸钠(Na$_2$SiO$_3$)、磷酸钠(Na$_3$PO$_4$)等。它们的分配系数很低,只有当压力超过 20 MPa 时,才考虑第三类溶盐的溶解携带。

2)硅酸在蒸汽中的溶解特性

硅酸在高压蒸汽中的溶解特性有两个:一是硅酸在蒸汽中的溶解度最大;二是硅酸以分子形式溶解在蒸汽中。

硅酸易溶于高压蒸汽,而且在过热蒸汽中也具有相当大的溶解度,因此一般不会在过热器中沉积。在随着蒸汽进入汽轮机后,随着压力降低溶解度下降,并在中、低压缸中开始大量析出,形成难溶于水的 SiO_2,很难用水和湿蒸汽清洗干净,严重时往往迫使汽轮机停机进行机械清理。因此,对于高压以上锅炉,应严格控制硅酸在蒸汽中的溶解量。

在锅水中同时存在着硅酸和硅酸盐,它们在蒸汽中的溶解量差别很大,硅酸属于第一类溶盐,而硅酸盐属于第三类溶盐。锅水中的硅酸和硅酸盐可以根据条件的不同相互转化,酸和强碱作用形成硅酸盐,而硅酸盐又可以水解成硅酸,它们之间有如下的化学平衡关系:

$$Na_2SiO_3 + 2H_2O \leftrightarrow 2NaOH + H_2SiO_3$$
$$Na_2SiO_5 + 3H_2O \leftrightarrow 2NaOH + 2H_2SiO_3$$

可见提高锅水碱度,即增大 pH 值,有利于硅酸转化为难溶于蒸汽的硅酸盐,从而使蒸汽中的硅酸含量减少,提高蒸汽品质。因此,为了减少锅水中的硅酸含量,改善蒸汽品质,应使锅水中的 pH 值大些。但 pH 值不能过大,否则,不仅会使锅水泡沫增多,蒸汽带水量增加,还会引起金属设备的碱腐蚀,一般控制锅水的 pH 值在 9~100 之间。

由以上分析可知,对于高压以下的蒸汽,蒸汽的机械携带是其污染的主要原因。对于高压及以上的蒸汽,蒸汽污染的原因包括蒸汽的机械携带和溶解携带。这时蒸汽携带的盐量为机械携带盐量和溶解携带盐量,蒸汽中所含某种盐的总量为机械携带盐量和溶解携带盐量的和。

8.2.3　汽包内部装置

要提高蒸汽品质,应该针对蒸汽污染的原因采取相应的措施。因此,必须降低饱和蒸汽带水、减少蒸汽中的溶盐量,同时控制锅水的含盐量。减少蒸汽带水量,可采用高效的汽水分离装置;减少蒸汽溶解携带,可采用蒸汽清洗装置;控制锅水含盐量,应尽可能提高给水品质,并采用锅炉排污和进行锅水校正处理。

下面对汽包内部的汽水分离装置和蒸汽清洗装置进行说明。

1. 汽水分离装置

汽水分离装置的任务,是要利用重力、离心力、惯性力等尽可能地把蒸汽中的水分分离出来,以提高蒸汽品质。汽包内的汽水分离过程一般分为两个阶段:一是粗分离阶段,其任务是消除汽水混合物的动能,并进行初步的汽水分离;二是细分离阶段,其任务是将蒸汽中的小水滴进一步分离出来,并使蒸汽从汽包上部均匀引出。

目前,我国电厂锅炉采用的汽水分离装置有进口挡板、旋风分离器、波形板分离器、顶部多孔板等几种,其中:进口挡板、旋风分离器属粗分离设备;而波形板分离器、顶部多孔板属于细分离设备。下面分别就其结构和工作原理进行介绍。

1)进口挡板

当汽水混合物引入汽包的蒸汽空间时,可在其管子进入汽包处装设进口挡板,如

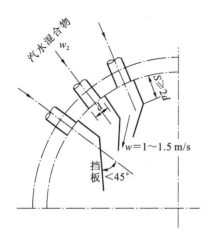

图 8-6　进口挡板

图 8-6 所示。进口挡板的作用,主要是用来消除汽水混合物的动能,使汽水初步分离。当汽水混合物碰撞到挡板上时,动能被消耗,速度降低。同时,汽水混合物从板间流出来时,由于转弯和板上的水膜吸附作用,使蒸汽中的水滴分离出来,从而达到粗分离的目的。

为了避免在分离过程中汽流把水滴打碎或把挡板上形成的水膜撕破,使蒸汽二次带水,影响分离效果,装设进口挡板时应注意以下几点:挡板与汽流间的夹角不应大于 45°;管子出口的汽水混合物流速不应太高,对于中压锅炉应小于 3 m/s;对于高压锅炉为 2~2.5 m/s;挡板出口处的汽流速度,对于中压锅炉为 1~1.5 m/s,对于高压锅炉应小于 1 m/s;管口至挡板的距离应不小于两倍管径,即 $S \geqslant 2 d$。

2)旋风分离器

旋风分离器是一种分离效果很好的粗分离装置,它被广泛应用于近代大、中型锅炉上。旋风分离器的形式有很多,但工作原理基本相同,最常用的是放置在汽包内部的旋风分离器。

旋风分离器的构造如图 8-7 所示。它由筒体、波形板分离器顶帽、底板、导向叶片和溢流环等部件组成。其工作原理是:汽水混合物由连接罩切向进入分离器筒体后,在其中产生旋转运动,依靠离心力作用进行汽水分离。分离出来的水分被抛向筒壁,并沿筒壁流下,由筒底导向叶片排入汽包水容积中;蒸汽则沿筒体旋转上升,经顶部的波形板分离器径向流出,进入汽包的蒸汽空间。

由于汽水混合物的旋转,筒体内的水面将呈漏斗形状。贴在上部筒壁的只是一层薄水膜,为了避免上升的蒸汽流从这层薄水膜中带出水分,在筒体顶部装有溢流环。溢流环与筒体的间隙既要保证水膜顺利溢出,又要防止蒸汽由此窜出。

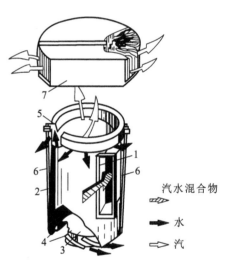

图 8-7　旋风分离器
1—进口法兰;2—拉杆;3—底板;4—导向叶片;
5—筒体;6—溢流环;7—波形板顶帽

在筒体顶部装设的波形板分离器,用来增加分离器蒸汽端的阻力,以使蒸汽沿径向均匀引出并使各旋风分离器的蒸汽负荷分布比较均匀,同时,蒸汽在曲折的波形板间通过时,使水分得到进一步分离。

为了防止蒸汽从筒的下部穿出并使水缓慢平稳地流入筒体下部水室,在筒体下部装有由圆形底板与导向叶片组成的筒底。导向叶片虽能使水平稳流入汽包水空间,但不能消除水的旋转运动。为了得到稳定的汽包水位,在汽包内布置旋风分离器时常采用左旋与右旋交错布置,以互相消除旋转动能。

为了提高内置旋风分离器的分离效果,应采用较高的汽水混合物入口速度和较小的筒体直径。但过高的汽水混合物入口速度又会使阻力过大,对水循环不利,故一般推荐:中压锅炉为 5～8 m/s;高压和超高压锅炉为 4～6 m/s。而筒体直径过小时,会使布置的台数增多,安装检修不便,一般采用的筒体直径为 260、290、315、350 mm。不同尺寸的内置旋风分离器的允许出力推荐值见表 8-6。

表 8-6　不同尺寸的内置旋风分离器的允许主力推荐值

筒体直径	入口尺寸/mm	汽包压力/MPa			
		4.41	10.89	15.30	18.73
$\phi260$	50×249	2.5～3.0	4.0～4.5	—	—
$\phi290$	50×249	3.0～3.5	5.0～6.0	7.0～7.5	—
$\phi315$	50×180	3.5～4.0	6.0～7.0	8.0～9.0	10.0
$\phi350$	50×200	4.0～4.5	7.0～8.0	9.0～11.0	12.0

汽水混合物引入旋风分离器的方式有三种:单位式、总联箱式和分联箱式(见图 8-8)。一根或几根蒸发管与一只分离器连接的方式称为单位式,其优点是阻力小,其缺点是由于水冷壁管的受热不均,各只分离器的蒸汽负荷差别很大。由汽包一侧蒸发管来的汽水混合物汇集在一个总联箱内,然后导入很多并列分离器的方式称为总联箱式。其缺点是:汽水流动阻力大,由于汽包的壁厚与联箱壁厚相差很大,故很长的焊缝容易裂开。国产锅炉大多采用分联箱式。

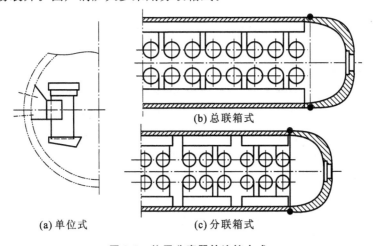

(a) 单位式　　(b) 总联箱式　　(c) 分联箱式

图 8-8　旋风分离器的连接方式

内置式旋风分离器除了以上介绍的外,还有几种形式的旋风分离器,如涡轮分离器(见图8-9)、螺旋臂式分离器(见图8-10)等。

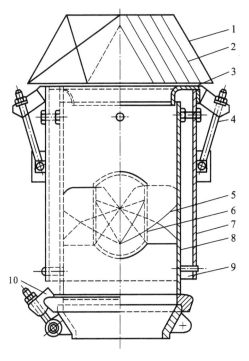

图 8-9　涡轮分离器

1—梯形顶帽;2—波形板;3—集汽短管;
4—钩头螺栓;5—固定式导向叶片;
6—涡轮芯子;7—外筒;8—内筒;
9—排水夹层;10—支撑螺栓

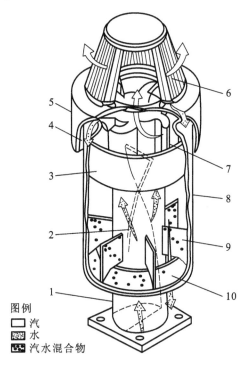

图例
□ 汽
▨ 水
▨ 汽水混合物

图 8-10　螺旋臂式分离器

1—入口上升管;2—旋转挡板;3—内筒;
4—防涡流板;5—外罩;6—人字形二次分离器;
7—螺旋臂;8—外筒;9—防涡流板;10—扩流器

涡轮分离器又称轴流式旋风分离器,它是由内筒、外筒及与内筒相连的集汽短管、螺旋形叶片和梯形波形板顶帽等组成。内筒、外筒为两同心圆结构,组成分离器的筒体;螺旋形叶片固定安装在内筒中;筒体上部装有集汽短管(又称环形导向圈);筒体顶部装有梯形波形板分离器顶帽。涡轮分离器分别布置在汽包前后两侧的座架上,两个座架分别起汇流箱作用。其工作过程是:汽水混合物自筒体底部轴向进入,向上流动通过螺旋形叶片时,汽水混合物产生强烈的旋转运动,在离心力的作用下,把水抛向内筒壁,并依靠汽水混合物的冲力把水推向上部,并由集汽短管与内筒之间的环形截面把水挡住而引向内筒与外筒之间的环形排水夹层中向下流动,返回汽包水空间。蒸汽则在内筒中间向上运动,经梯形波形板顶帽的进一步分离后进入汽包汽空间。

涡轮分离器的分离效率高,分离出来的水滴不会被蒸汽带走,但阻力较大,因此多作为控制循环锅炉的粗分离装置。

螺旋臂式分离器由两同心圆结构的筒体、旋转挡板、螺旋臂、防涡流板、扩散器及人字形波形板顶罩组成。其工作过程是:汽水混合物从下部沿轴向进入分离器,由旋转挡板进行物质分配,通过螺旋臂使汽水混合物产生旋转,在离心力的作用下使大部分汽和水分离。密度较大的水沿螺旋臂外表面流动;密度较小的蒸汽则沿螺旋臂的内表面向上流动。分离出来的水通过内外筒体向下流动,水的旋转运动由防涡流板消除,并通过扩散器将水流分配后流入汽包水容积;分离出来的蒸汽则通过顶部人字形波形板顶帽进一步汽水分离后,进入汽包汽空间。

内置旋风分离器由于装在汽包内,其高度受到限制,因而它的分离效果不能得到充分发挥。故一般把它作为粗分离设备,与其他分离设备配合使用。同时,由于内置旋风分离器的单只出力受汽水混合物入口流速和蒸汽在筒内上升速度的限制,因此,需旋风分离器的数量很多,使汽包内阻塞程度大,给拆装、检修工作带来不便。

外置式旋风分离器的工作原理与内置式旋风分离器的工作原理相同。图 8-11 所示为外置式旋风分离器的示意图。由水冷壁来的汽水混合物沿切向进入筒体内进行汽水分离,分离出来的蒸汽向上流动,经过多孔板,由蒸汽连通管引至汽包的蒸汽空间;分离出来的水向下流动与汽包来的锅水混合,然后进入下降管引至水冷壁的下联

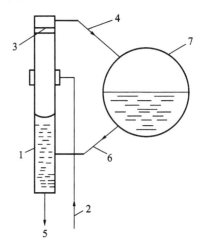

图 8-11 外置式旋风分离器的示意图
1—筒体;2—由水冷壁来的汽水混合物引入管;
3—多孔板;4—蒸汽连通管;5—下降管;
6—水连通管;7—汽包

箱。因其布置在炉外,不受汽包尺寸的限制,故其直径可较大(为 300～500 mm),高度也可较高(能达 4～5 m),汽水分离效果较好。但因其不在汽包内部,需承受很高的内压力,从而使金属耗量增多,制作的难度也大一些,系统也较复杂,所以应用得并不广,一般用于分段蒸发系统的盐段分离。

3)波形板分离器

波形板分离器也称百叶窗分离器,它是由密集的波形板组成,如图 8-12 所示。每块波形板的厚度为 1～3 mm,板间距离约 10 mm,组装时应注意板间距离均匀。它的工作原理是汽流通过密集的波形板时,由于汽流转弯时的离心力将水滴分离出来。黏附在波形板上形成薄薄的水膜,靠重力慢慢向下流动,在板的下端形成较大的水滴落下。

波形板分离器可分为水平布置和立式布置两种。水平布置如图 8-12 所示,其蒸汽流向与水流向平行。立式布置如图 8-7 中的波形板分离器顶帽,其蒸汽流向与水流向垂直。立式波形板分离器由于汽、水流向互相垂直,蒸汽流不易撕

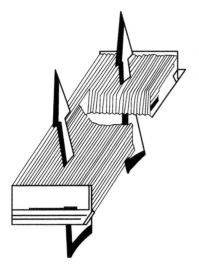

图 8-12　波形板分离器

破水膜,故其分离效果较好,其蒸汽流速也可较高。为了防止波形板分离器内过高的蒸汽流速撕破水膜,降低分离效果,因此对于水平布置的波形板分离器,其蒸汽流速:对于中压,不大于0.5 m/s;对于高压,不大于0.2 m/s;对于超高压,不大于0.1 m/s。对于立式波形板分离器,其蒸汽流速可为卧式波形板分离器的1.5～2倍。为了防止饱和蒸汽从引出管引出时抽出大量蒸汽而影响多孔板的正常工作,除了限制引出管入口的蒸汽流速不能太高外,可在引出管入口下部加一盲板或正对引出管部位的孔板不开孔。

4)顶部多孔板

顶部多孔板也称均汽孔板,它装在汽包上部蒸汽出口处,如图 8-13 所示。其作用是利用孔板的节流作用,使蒸汽空间的负荷分而均匀。在与波形板分离器配合使用时,还可使波形板分离器的蒸汽负荷均匀,提高分离效果。此外,它还能阻挡住一些小水滴,起到一定的细分离作用。

顶部多孔板由厚度为3～4 mm钢板制成,孔径一般为6～10 mm。为了使蒸汽空间的汽流上升速度均匀,从而改善分离效果,蒸汽穿孔速度不应过低,对于中压锅炉为8～12 m/s,对于高压锅炉为6～8 m/s,对于超高压锅炉为4～6 m/s。

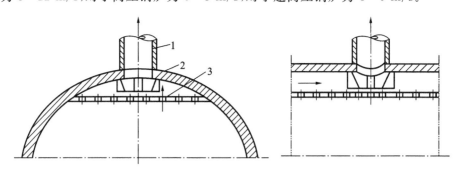

图 8-13　顶部多孔板
1—蒸汽引出管;2—盲板;3—顶部多孔板

2. 蒸汽清洗装置

蒸汽清洗装置的形式较多,按蒸汽与给水的接触方式不同,分为起泡穿层式、雨淋式和水膜式等几种,其中以起泡穿层式的效果最好。它的具体结构又分为钟罩式和平孔板式两种。

钟罩式清洗装置的结构如图 8-14(a)所示。它由槽形底盘和孔板顶罩组成。

底盘上不开孔,顶罩上开有小孔。每一组件有两块槽形底盘和一块孔板顶罩。两块底盘之间的空隙被顶罩盖住,以防止蒸汽直通上部蒸汽空间。蒸汽从底盘两侧间隙进入清洗装置,在钟罩阻力的作用下,经两次转弯,均匀地穿过孔板和孔板上的清洗水层进行起泡清洗后流出。蒸汽流过进口缝隙的流速小于 0.8 m/s,穿过孔板和清洗水层的速度为 1~1.2 m/s。清洗水由配水装置均匀分配到底盘一侧,然后流到另一侧,通过挡板溢流到汽包水室。钟罩式清洗装置工作可靠有效,但因结构较复杂,而且阻力较大,所以使用较少,现代超高压锅炉多采用平孔板式穿层清洗装置。

平孔板式清洗装置的结构如图 8-14(b)所示。它由若干个平孔板组成,相邻的平孔板之间装有 U 形卡。平孔板用 2~3 mm 厚的薄钢板制成,板上均匀钻有直径为 5~6 mm 的小孔,板四周焊有溢流挡板。清洗水由配水装置均匀地分配在平孔板上,形成 30~50 mm 水层,然后通过溢流挡板流到汽包水容积。蒸汽自下而上,经小孔穿过水层,进行起泡清洗。为了既能保证托住清洗水使之不致从小孔落下,又能防止因蒸汽速度太高而造成大量携带清洗水,蒸汽穿孔速度应为 1.3~1.6 m/s。平孔板式清洗装置优点是结构简单,阻力小,清洗面积大,清洗效果好;其缺点是锅炉在低负荷下工作时,清洗水会从小孔漏下,造成干板。

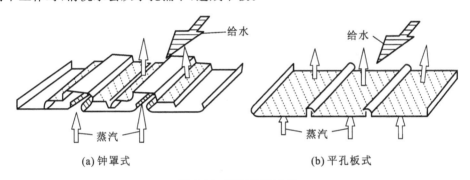

(a) 钟罩式   (b) 平孔板式

图 8-14   蒸汽清洗装置

3. 影响清洗效果的因素

影响蒸汽清洗效果的因素主要有:清洗水量和清洗水品质、水层厚度、清洗前蒸汽的含盐量和蒸汽流速等。

清洗水量大,清洗效果好。清洗水的品质越高,清洗效果越好。目前,一般用 30%~50% 的锅炉给水作为清洗水,其余的给水通过旁路引到下降管入口附近,以防止下降管带汽。之所以不用全部给水作为清洗水,是因为高压以上锅炉的给水都具有一定的欠焓,清洗水量越大,凝结的蒸汽就越多,为保证机组负荷的需要,锅炉实际产汽量就要增加,使蒸发面负荷增大,致使清洗前的蒸汽带水量增加,降低了清洗的效果。

若清洗水层厚度太薄,由于与蒸汽的接触时间短,清洗不充分,而使效果不好;若水层太厚,不但对改善清洗效果不明显,反而会降低分离空间的高度,使蒸汽带水增加。因此,一般水层厚度为 40~50 mm。

清洗前的蒸汽品质越差,清洗后的清洗水含盐量越高,清洗后的蒸汽含盐量也越高。由于各种因素的影响,目前所用的清洗装置实际清洗效率为 60%~70%。

当锅炉给水品质很好,不采用蒸汽清洗装置已能满足蒸汽品质的要求时,可不设置蒸汽清洗装置。对亚临界压力的锅炉,由于硅酸的分配系数较大,蒸汽清洗效果较差,因此主要依靠采用较好的水处理方法来提高给水品质,使给水含盐量降到很低的程度,保证蒸汽品质,即可不用蒸汽清洗装置。

8.3 大型机组锅炉典型的汽包和汽包内部装置

对于不同压力和容量的锅炉,锅筒内部装置有不同的选择和布置方式,大致可以按低压锅炉、中压锅炉及高压以上锅炉分类。

8.3.1 高压、超高压自然循环锅炉汽包内部装置

高压和超高压锅炉典型汽包内部装置及其布置如图 8-15 所示。它是由内置旋风分离器、蒸汽清洗装置、百叶窗分离器、顶部多孔板等组成。内置旋风分离器沿整个汽包长度分前后两排布置在汽包中部。每两个旋风分离器共用一个联箱,且其旋向相反。旋风分离器的上部装有平孔板式蒸汽清洗装置,配水装置布置在清洗装置的一侧或中部,布置于清洗装置一侧的为单侧配水方式,布置于清洗装置中部的为双

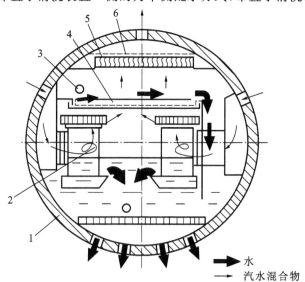

图 8-15 高压和超高压锅炉典型汽包内部装置及其布置

1—汽包;2—内置旋风分离器;3—清洗水配水装置;
4—蒸汽清洗装置;5—波形板;6—顶部多孔板

侧配水方式。清洗水来自锅炉给水。平孔板式蒸汽清洗装置的上部装有百叶窗分离器和顶部多孔板。除上述设备外,汽包内还装有连续排污管、炉内加药管、事故放水管、再循环管等。

8.3.2　亚临界自然循环锅炉汽包内部装置

亚临界参数自然循环锅炉的汽包内部装置的主要特点是:汽包内部一般不设置蒸汽清洗装置;汽包体积相对较小;为了减少汽包的热应力,汽包的下半部设置汽水混合物夹层,将经省煤器来的给水、锅水和汽包壁隔开,尽量减少汽包上、下壁温差,为了避免夹层内水层停滞过冷,必须使夹层内汽水混合物处于流动状态。

图 8-16 所示为 DG 1 025 t/h 亚临界参数自然循环锅炉的汽包内部装置。汽包内径为 φ1 792.8,壁厚为 146 mm,全长 22 250 mm,筒体材质为 13MnNiMo54(BHW35)合金钢,汽包内装置 108 只切向导叶式旋风分离器和波纹板二次分离元件。

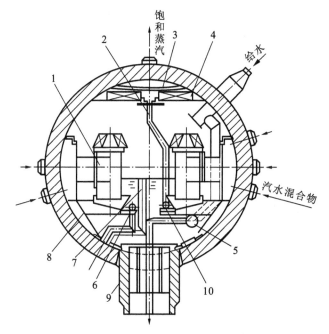

图 8-16　DG 1 025 t/h 亚临界参数自然循环锅炉的汽包内部装置
1—旋风分离器;2—疏水管;3—顶部多孔板;4—波形板分离器;5—给水管;
6—排污管;7—事故放水管;8—汽水加套;
9—下降管;10—加药管

图 8-17 所示为 FWEC 2 020 t/h 亚临界参数自然循环锅炉的汽包内部装置。汽包内径为 φ1 828.8,壁厚为 204 mm,总长为 28 273 mm,直段长为 25 244 mm、封头壁厚为 168 mm,筒体材质为 SA-516GR70 碳钢。汽包内装置有 4 排错列布置的共 224 只螺旋壁式分离器,二次分离元件为整体人字形可排放式百叶窗分离器。

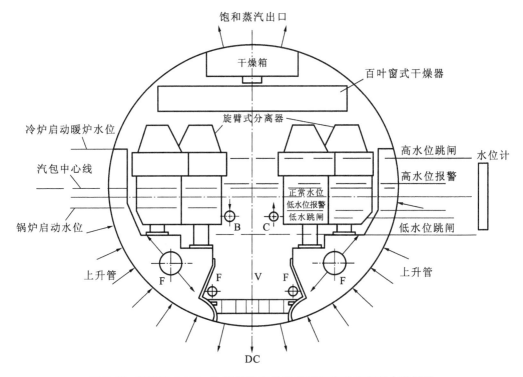

图 8-17　FWEC 2 020 t/h 亚临界参数自然循环锅炉的汽包内部装置
B—连续排污管；C—化学加药管；F—给水管；V—抗涡流元件；DC—下降管

SG 1 025 t/h 自然循环锅炉汽包如图 8-18 所示。该锅炉由于选用了 BHW-35 碳锰钢，壁厚 145 mm，相对较小，故采用上、下等壁厚且内壁不设夹套的汽包结构。排共 18 根汽水混合物引入管。锅筒下部还焊有由 BHW-35 板材制成的 4 个大直径下降管座及 3 根来自省煤器的给水管座。

汽包筒身上还设有 2 个省煤器再循环管座，1 个事故紧急放水管座和 1 个加药管座。在筒身两端下部各设 1 根下降管的连通管，以消除锅筒两端的"死角"。辅助蒸汽管座设在汽包一侧。

由于该锅炉汽包内壁未设环形夹套等减少汽包上、下壁温差的结构，故沿着汽包长度方向分三个断面均匀布置了上、中、下共 9 对内、外壁测温管座，供锅炉启停时监控汽包壁温差，保证锅炉启停过程中，汽包内、外和上、下壁温差小于 50 ℃，饱和温度平均升温速率小于 88 ℃/h，以免产生过大的温差应力。

炉汽包上还布置了 6 个压力测点，其中之一作压力就地监视，其余 5 点接至一次阀门，可按检测、保护、调节等不同要求引至各处。汽包两端封头上布置了三个安全阀阀座（左侧一个，右侧二个）。三个安全阀口径为 7 mm，工作压力为 19.8 MPa，排放量分别为 279 710 kg/h、288 500 kg/h、293 010 kg/h。汽包一端还设有连续排污接口。

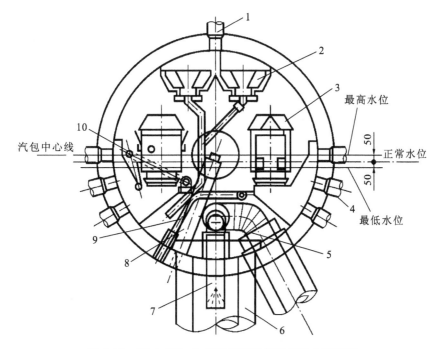

图 8-18　SG 1 025 t/h 自然循环锅炉汽包及内部装置

1—蒸汽引出管座；2—波形板干燥器；3—涡轮式分离器；4—汽水混合物引入管座；5—给水分配管；
6—下降管座；7—给水注入管；8—事故放水管；9—加药管；10—排污管

8.3.3　亚临界控制循环锅炉汽包内部装置

控制循环锅炉的汽包及其内部装置如图 8-19 所示。采用轴流式分离器进行一次分离，然后蒸汽经波形板百叶窗分离器分离后引出。因采用的给水品质好，可以不用蒸汽清洗，给水直接送至下降管入口附近。

与超高压锅炉相比，亚临界压力控制循环汽包锅炉汽包内部装置的主要特点为除可以采用轴流式旋风分离器和不用蒸汽清洗装置外，汽包内装有弧形衬板，与汽包内壁间形成一环形通道，构成汽水混合物汇流箱。汽水混合物从汽包上部引入，沿环形通道自上而下流动，最后进入旋风分离器。这种结构的汽包内壁只与汽水混合物接触，避免了汽包壁受锅水和给水的冲击，减小了汽包上、下壁温差和壁温波动幅度，从而使汽包热应力减小，对汽包起到了较好的保护作用。

CE 2 008 t/h 控制循环锅炉的汽包内径为 $\phi 1\ 778$，全长 27 691 mm，筒体直段长 25 756 mm，上部壁厚为 196 mm，下部壁厚为 164 mm，筒体材质为 SA-299。汽包内部设有 2 排共 110 只涡轮式旋风分离器和 4 个排波纹板分离器。涡轮式分离器分布在汽包两侧的座架上，两个座架分别起汇流箱的作用。每只分离器采用 $\phi 247/\phi 350$ 的筒体，导向叶片芯子直径为 125 mm，高度为 155 mm。汽水混合物经涡轮式分离器及其顶帽分离后，进入位于汽包顶部的百叶窗分离器和均流孔板，饱和蒸汽由蒸汽

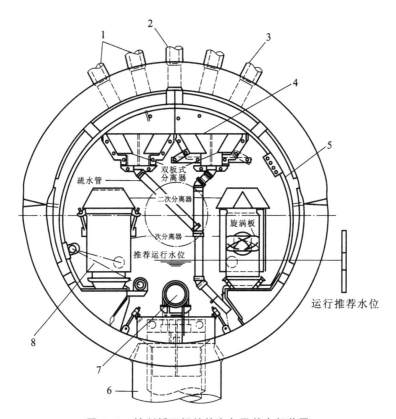

图 8-19 控制循环锅炉的汽包及其内部装置

1、3—汽水混合物进口;2—去过热器进口联箱;4—均流孔板;

5—汽包内附罩;6—下降管;7—给水总管;8—排污连接管

引出管引出汽包进入过热器,而分离出来的水通过疏水管直接引入汽包的水侧,这样,可以防止分离出来的水不产生二次携带。

又如,SG 1 025.7 t/h 亚临界参数强制循环锅炉汽包金属材料也选用 SA-299 碳素钢。汽包内径为 1 778 mm,筒身直段长度为 13 106 mm,汽包容积约为 35 m³,球形封头。为减少汽包的金属耗量,采用了上、下不等厚壁结构。上半部壁厚为 201.6 mm,下半部壁厚为 166.7 mm,制造工艺较为复杂,如图 8-20 所示。

SG 1 025 t/h 亚临界参数强制循环锅炉汽包为了简化制造工艺,采用了上、下等厚壁结构,壁厚均为 203 mm。汽包其他结构与 SG 1 025.7 t/h 锅炉相同。

SG 1 025.7 t/h 强制循环锅炉汽包内壁采用了弧形内套结构,它是由沿着汽包长度延伸的挡板形成的。上升管均连接到汽包的上部,从 870 根上升管来的汽水混合物通过汽包壁与弧形内套环形通道向下流动,均匀加热汽包壁,并与分布在汽包前后两排轴向旋风分离器座架共同构成与汽包内汽水空间的分隔。在锅炉启动、停止过程中,该通道内的工质为汽水混合物,整个汽包壁只与汽水混合物一种工质相接触,无汽包上、下壁温差,因此,在启动过程中,不需进行汽包上、下壁温差的监视,可

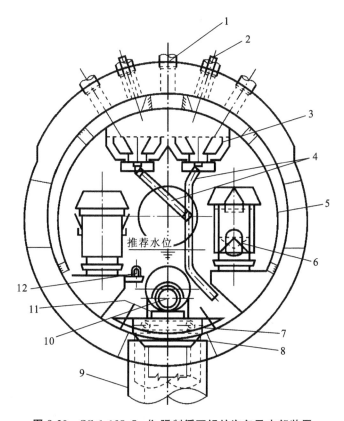

图 8-20　SG 1 025.7 t/h 强制循环锅炉汽包及内部装置

1—蒸汽引出管座;2—汽水混合物引入管座;3—波形板干燥器;4—疏水管;5—弧形衬套;
6—涡轮分离器;7—下降管进口集箱;8—焊接十字架;9—下降管短管;10—给水管;
11—给水管支架;12—连续排污管

加快锅炉的启停速度。此外,在正常运行中,也能经受较大的压力与负荷的变动,从而大大提高了锅炉运行的灵活性。

汽包底部焊有 5 个下降管管接头(其中一个只作试验用),下降管安装在汽包最底部,其目的是使下降管入口的上部有最大的水层高度,有利于防止下降管进口处工质汽化而导致下降管带汽。此外,在下降管入口处装有十字架,用于消除大直径下降管进口处由于水的旋转而产生漏斗形水位面,防止水面以上的蒸汽从旋涡斗深入到下降管,以保证锅炉水循环的安全。

汽包上部焊有 18 个饱和蒸汽引出管接头,每个汽水混合物接入管接头。汽包筒身的下部还焊有 3 个给水管管接头,一个连续排污管管接头和给水调节器管座。

由省煤器来的给水分三路进入位于锅筒底部的给水分配管。给水分配管沿汽包长度方向布置,由 U 形螺杆固定在支架上,支架再固定在汽包的内壁上。给水管穿过汽包壁处采用套管结构,如将给水管直接焊在汽包壁上,则因给水温度的不均匀,会使金属壁产生较大的热应力。给水沿着注水管以较短的路程进入下降管中心,有利于防止下降管进口汽化的发生。

　　汽包筒身上还装有三个安全阀管座(DN80),四个放气阀和四个清洗阀管座(DN50),高、低水位表管座,以及锅水、饱和蒸汽取样管接头等。

　　该锅炉运行中的标准水位在汽包中心线以下 228.6 mm 处。高、低位警报线分别为+127 mm 和-177.8 mm;高、低水位跳闸线分别为+254 mm 和-381 mm。水位允许波动范围达 300 mm,变动幅度比相应的自然循环锅炉大得多。

　　从上升管来的汽水混合物经过 48 根引入管由上部进入汽包,沿着汽包内壁与弧形衬板形成的狭窄通道向前后两侧流下,在汽包下部分别进入沿着汽包长度方向均匀放置的 112 个涡轮式旋风分离器,分离器在汽包内分两排对称布置。它的直径为 254 mm,每个分离器能分离的最大蒸汽流量为 18.6 t/h,分离器间的节距为 457 mm。分离器顶部配置立式波形板(又称顶帽),汽水混合物在涡轮式旋风分离器筒体作一次粗分离后进入立式波形板进一步分离,即第二次分离。经涡轮式旋风分离器分离后的蒸汽中仍带有许多细小的水滴,这些水滴质量轻,难以用重力和离心力将其从蒸汽中分离出来。因此,在汽包顶部沿长度方向对称布置了 72 个立式“V”形波形板分离器,其组合呈“W”形。为了区别于旋风分离器顶部的波形板分离器,CE型锅炉将此波形板分离器称为波形板干燥器,作为第三次分离元件。该锅炉的波形板干燥器分前后两组(每组两排,对称布置),呈鸟翼状倾斜。它由许多平行布置的波形板组成,每块波形板由钢板压制成圆角波浪形。波形板干燥器下装有疏水盘和疏水管。在波形板上形成的水膜沿板下流,集中在疏水盘里,再经疏水管引至汽包水容积,从而可避免锅水水滴的飞溅。蒸汽经三次分离,最后通过顶部布置的多孔板进行均流,然后由 18 根饱和蒸汽引出管将蒸汽引至炉顶过热器。

　　这种锅炉汽包内部采用单段蒸发系统,并且不设蒸汽清洗装置。因此,为了确保锅炉蒸汽品质,必须严格控制锅炉给水品质。锅炉给水、锅水和蒸汽质量要求按 GB/T 12145—2008《火力发电机组及蒸汽动力设备水汽质量》标准的规定。这种锅炉对给水品质的要求为:①总硬度≤2.0 μmol/L;铁量≤15 μg/L;铜量≤3 μg/L;②硅量≤20 μg/L;氧量≤7 μg/L;联氨量≤30 μg/L;③pH 值为 8.8～9.2(铜合金设备);9.2～9.4(无铜设备)。

　　其主要特点是:①汽包内部一般不设置蒸汽清洗装置;②汽包体积相对减小;③为了减小汽包的热应力,汽包下半部设置汽水混合物夹层,将省煤器给水、炉水与汽包壁隔开,尽量减小汽包上下壁温差。为避免夹层内水层停滞过冷,必须使夹层内汽水混合物处于流动状态。

第9章 炉膛传热计算

9.1 炉内的传热基本方程

炉膛是锅炉最重要的部件之一,炉内传热计算的目的是确定炉膛出口烟气温度和炉膛的辐射传热量,以便进行对流受热面的换热计算及锅炉热平衡的校核。

燃料在炉内燃烧时,放出大量热量,燃烧火焰温度迅速上升。在火焰中心区,温度高达 1 500~1 600 ℃,为了吸收高温燃烧产物(烟气)的热量,在炉膛四周及顶部分别布置了内部工质为水、汽水混合物或蒸汽的水冷壁管及过热器管。高温烟气以辐射和对流方式将热量传给被灰垢覆裹的受热面,并加热其中的工质。炉膛出口处烟气被冷却到一定的温度。

为了应用传热学的基本原理分析炉内辐射传热,简化计算,需作以下假设:

(1)把传热过程和燃烧过程分开,在必须计及燃烧工况影响时,引入经验系数予以考虑;

(2)炉内传热只考虑辐射方式的热交换,略去约占总换热量5%的对流换热;

(3)炉内的各物理量(如温度、黑度和热负荷等)视为是均匀的;

(4)把与水冷壁相切的平面看做是火焰的辐射表面。这个平面既是火焰的辐射面,也是水冷壁接受火焰辐射的面积,称为水冷壁面积。

这样,炉内火焰与四周炉壁之间的辐射换热可简化为两个互相平行的无限大平面间的辐射换热来考虑。如果炉膛中火焰的辐射平均有效温度为 T_1,则每小时传给辐射受热面的热量

$$Q_f = a_1\sigma_0(\sum x_i F_i)(T_1^4 - T_2^4)$$

$$= a_1\sigma_0(\sum x_i F_i)T_1^4\left(1 - \frac{T_2^4}{T_1^4}\right) \quad (\text{kW}) \tag{9-1}$$

式中:σ_0 为斯蒂芬-波尔兹曼常数,$\sigma_0 = 5.67\times10^{-11}$ kW/(m² · K⁴);a_1 为炉膛黑度;$\sum x_i F_i$ 为炉内总辐射受热面积,其中 F_i 为布置水冷壁的炉墙面积,m²;x_i 为水冷壁的角系数;T_2 为辐射受热面上灰污层表面温度,K;$1 - \frac{T_2^4}{T_1^4}$ 为因受热面管壁污染而使其吸热量降低的程度,用污染系数 ζ 表示。

污染系数 ζ 的数值与燃料性质、燃烧工况、水冷壁的结构等因素有关,推荐值见表 9-1。当炉膛出口烟窗布置屏式水冷壁时,考虑炉膛与屏之间的热交换,出口烟窗断面的污染系数 ζ_0 应乘以 β,即 $\zeta = \xi_0\beta$,β 的数值与燃料种类和屏区烟温(或炉膛出口

烟温)有关。可由图 9-1 查出。

表 9-1 水冷壁的污染系数

水冷壁形式	燃料种类	污染系数
光管水冷壁和模式水冷壁	气体,气体和重油混合物	0.65
	重油	0.55
	无烟煤煤粉($C_{fh}<12\%$) 贫煤煤粉($C_{fh}<8\%$) 烟煤和褐煤	0.45
	无烟煤煤粉($C_{fh}<12\%$) 贫煤煤粉($C_{fh}<8\%$)	0.35
	层燃一切燃料	0.6
固态排渣炉覆盖耐火涂料水冷壁	一切燃料	0.2
覆盖耐火砖的水冷壁	一切燃料	0.1

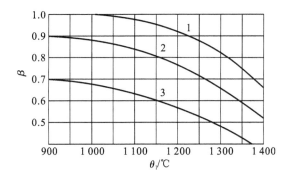

图 9-1 考虑炉膛与屏热交换影响的系数
1—煤;2—重油;3—气体燃料

显然,水冷壁污染越严重,T_2 越大,管壁灰污层反方向辐射越强,造成水冷壁吸收辐射热的能力下降,这时,污染系数 ζ 是减小的。不同受热面污染情况不同,ζ 也不同,故上式可改写为

$$Q_f = a_1 \sigma_0 (\sum \zeta_i x_i F_i) T_1^4 \quad (kW) \qquad (9-2)$$

令 $\psi_i = \zeta_i x_i$,称为炉墙的热有效系数。如果炉墙各部分水冷壁的角系数不同,或水冷壁仅敷设在部分炉墙上,则对整个炉墙,应采用平均热有效系数,即

$$\psi_{pj} = \frac{\sum \psi_i F_i}{F_1} \qquad (9-3)$$

式中:$F_1 = F_1 + F_2 + \cdots$,为总炉墙面积,m^2。

将式(9-3)代入(9-2),即可得到炉内高温烟气(火焰)和水冷壁之间的辐射交换

公式

$$Q_f = a_1 \sigma_0 \psi_{pj} F_1 T_1^4, \text{kW} \tag{9-4}$$

假设 1 kg 计算燃料在炉内完全燃烧产生的有效热量 Q_l 全部用于加热燃烧产物而不与炉壁发生热交换。在这种绝热状态下,燃烧产物所能达到的最高温度称为绝热燃烧温度或理论燃烧温度,用 T_a 表示,这时对应的烟气焓 $h_a = Q_l$;另一方面,炉内燃料在燃烧过程中,同时将热量传给水冷壁,至离开炉膛时烟气已被冷却到 1 000 ℃左右。炉膛出口烟温用 T_1'' 表示,对应的烟气焓为 H_1'';若以 T_1'' 作为定性温度,则烟气在炉内的放热量

$$Q_f = \varphi B_j (Q_l - H_1'') = \varphi B_j VC_{pj}(T_a - T_1'') \quad (\text{kW}) \tag{9-5}$$

式中:B_j 为计算燃料消耗量,kg/s;φ 为保热系数,考虑炉膛内外部环境散热的系数,有

$$\varphi = 1 - \frac{q_5}{\eta_{gl} + q_5} \tag{9-6}$$

VC_{pj} 为温度 T_a 至 T_1'' 之间燃烧产物的平均热容量,有

$$VC_{pj} = \frac{Q_l - H_1''}{T_a - T_1''} \quad (\text{kJ/(kg · K)}) \tag{9-7}$$

炉内有效放热量 Q_l 包括燃料及燃料燃烧所需空气送入的热量,即

$$Q_l = Q_r \frac{100 - q_3 - q_4 - q_6}{100 - q_4} + Q_k \quad (\text{kJ/kg}) \tag{9-8}$$

式中:Q_k 为空气带入炉内的热量,有

$$Q_k = (\alpha_1'' - \Delta\alpha_1 - \Delta\alpha_{zf}) H_{rk}^0 + (\Delta\alpha_1 + \Delta\alpha_{zf}) H_{lk}^0 \quad (\text{kJ/kg}) \tag{9-9}$$

α_1'' 为炉膛出口过剩空气系数;$\Delta\alpha_1$、$\Delta\alpha_{zf}$ 为炉膛、制粉系统的漏风系数;H_{rk}^0、H_{lk}^0 为理论热空气、冷空气的焓,kJ/kg。

高温烟气(火焰)和水冷壁之间的辐射换热量应等于炉内烟气的放热量。由此可得到炉内辐射传热的基本方程式

$$a_1 \sigma_0 \psi_{pj} F_1 T_1^4 = \psi B_j VC_{pj}(T_a - T_1'') \quad (\text{kW}) \tag{9-10}$$

9.2　炉内传热计算的相似理论方法

由于炉内燃烧和传热的复杂性,其辐射传热难以用纯理论方法进行计算。目前,绝大多数计算方法是应用相似理论原理,建立炉内各物理量之间的关系,并根据试验数据引进一些系数,得出半经验公式进行计算,即根据相似理论将炉内传热的基本方程式变换为无因次相似准则方程式。显然,条件不同,简化数学模式的方法不同,就会有不同的炉膛传热计算方法。

为此需引入以下无因次量:

无因次火焰平均温度

$$\theta_1 = \frac{T_1}{T_a} \qquad\qquad (9\text{-}11a)$$

无因次炉膛出口烟气温度

$$\theta''_1 = \frac{T''_1}{T_a} \qquad\qquad (9\text{-}11b)$$

及波尔兹曼常数准则

$$B_0 = \frac{\varphi B_j V C_{pj}}{\sigma_0 \psi_{pj} F_1 T_a^3} \qquad\qquad (9\text{-}12)$$

则式(9-10)可写成

$$\frac{a_1}{B_0}\theta_1^4 + \theta'_1 - 1 = 0 \qquad\qquad (9\text{-}13)$$

根据试验数据的整理,可得到炉内辐射换热的准则方程式

$$\theta''_1 = \frac{B_0^{0.6}}{Ma_1^{0.6} + B_0^{0.6}} = f\left(\frac{B_0}{a_1}, M\right) \qquad\qquad (9\text{-}14)$$

式中:M 为考虑炉内火焰最高温度相对位置的经验系数,与燃料的性质、燃烧方式及燃烧器布置的相对高度等因素有关。可由下述经验公式计算确定。

$$M = A - B(x_r + \Delta x) \qquad\qquad (9\text{-}15)$$

式中:x_r 为燃烧器的相对高度,$x_r = h_r/h_1$,而 h_r 和 h_1 分别为燃烧器和炉膛的高度,即从冷灰斗中心或炉底到燃烧器轴线和到炉膛出口中心的高度。对于多层布置的燃烧器,燃烧器的布置高度按各燃烧器的燃料耗量取加权平均值。

Δx 为火焰最高温度变化的修正值。对于四角切圆燃烧器,$\Delta x = 0$;对于前墙或对冲布置的燃烧器 $\Delta x = 0.05 \sim 0.1$;对于摆动燃烧器,当上、下摆动 $20°$ 时,$\Delta x = \pm 0.1$。

A、B 为经验系数,与燃料种类和炉子的结构有关,数值见表 9-2。

表 9-2　系数 A、B 的数值

燃　　料	开 式 炉 膛		半开式炉膛	
	A	B	A	B
气体、重油	0.54	0.2	0.48	0
高反应性能的固体燃料	0.59	0.5	0.48	0
无烟煤、贫煤和多灰燃料	0.56	0.5	0.46	0

一般,煤粉炉的 M 不允许超过 0.5。

由式(9-14)即可得到炉膛出口烟气温度计算式为

$$T''_1 = \frac{T_a}{M\left(\dfrac{a_1\sigma_0\psi_{pj}F_1T_a^3}{\varphi B_j V C_{pj}}\right)^{0.6} + 1} \quad \text{(K)} \qquad (9\text{-}16)$$

对应 1 kg 燃料的炉膛辐射传热量为

$$Q_f = \varphi(Q_l - H''_1) \quad (kJ/kg) \qquad (9\text{-}17)$$

9.3　炉　膛　黑　度

9.3.1　炉膛黑度

炉膛黑度 a_1 是为了进行炉膛热力计算引进的对应火焰有效辐射的假想黑度,用以反映火焰与水冷壁受热面之间辐射热交换的关系。计算表明,室燃炉炉膛黑度与火焰黑度 a_h 及热有效系数有关,即

$$a_1 = \frac{a_1}{a_h + (1 - a_h)\psi} \qquad (9\text{-}18)$$

为计算方便,式(9-18)已绘成线算图,供计算中查用(见图 9-2)。

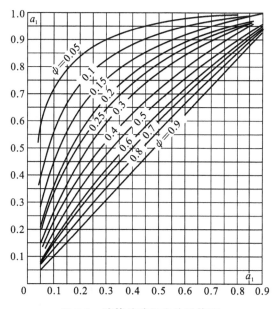

图 9-2　计算炉膛黑度的线算图

9.3.2　火焰黑度

火焰黑度 a_h 表示炉内高温介质的辐射能力。从以上求炉膛黑度的公式可知,火焰黑度和热有效系数是两个决定因素。火焰黑度与火焰中有辐射能力的各种成分的组成及其在炉膛中的分布有关,随燃料种类、燃烧方式和燃烧工况的不同而变化。炉膛中沿火焰行程各处的黑度是变化的,而在炉膛传热计算中,采用的是平均火焰黑度。并以炉膛出口处的烟气温度和成分来计算整个炉膛的火焰黑度。火焰中具有辐射能力的成分通常分为以下四种。

（1）三原子气体　三原子气体辐射和吸收带有选择性，主要集中在红外波长范围，而在其辐射和吸收以外的波带，它对热辐射和吸收呈透明体的性质。其辐射力取决于温度、辐射组分的分压力和辐射层的有效厚度等因素。与固体物质相比，相同温度条件下气体具有较低的辐射力。

（2）焦炭颗粒　煤粉颗粒中的水分和挥发分逸出后剩下的就是焦炭颗粒。火焰中的固体颗粒从其表面发射能量，其辐射力取决于颗粒的尺寸（或表面积）、浓度、温度及其特性。煤粉炉中焦炭的尺寸为 $10 \sim 250~\mu m$，在未燃尽前悬浮在火焰气流中，具有很强的辐射能力，并使火焰发光。火焰中焦炭颗粒的浓度不高，而且基本集中在燃烧器区域。焦炭颗粒的辐射力占火焰总辐射力的 $25\% \sim 30\%$。

（3）飞灰颗粒　焦炭粒子的可燃成分燃尽后就成为飞灰颗粒。飞灰直径为 $10 \sim 20~\mu m$，它充满整个炉膛，在高温火焰中也以一定的辐射能力使火焰发光。烟气中飞灰的浓度主要取决于燃料中灰分的含量和燃烧方式。在煤粉炉中灰分颗粒的辐射力占火焰总辐射力的 $40\% \sim 60\%$。灰粒的辐射能力随温度的升高而下降。

（4）炭黑颗粒　燃料中的烃类化合物在高温下裂解而形成炭黑颗粒。炭黑颗粒的直径约为 $0.03~\mu m$。气体重油在燃烧时所产生的炭黑微粒，在火焰核心区有很高的浓度和很强的辐射力。

目前，火焰黑度常用的计算方法基于以下的简化假设：

①无论固体、液体或气体的燃烧火焰均视为灰体；

②火焰黑度均用公式 $a_h = 1 - e^{-kpS}$ 计算，其中总辐射减弱系数 k 是火焰中各辐射成分辐射减弱系数的代数和；

③计算公式中涉及的温度、烟气成分等均以炉膛出口截面上的数据为准。

固体燃料火焰的主要辐射成分是三原子气体、灰粒和焦碳粒子，其黑度按下式计算

$$\left.\begin{array}{l} a_h = 1 - e^{-(k_y r + k_h \mu_h + 10 C_1 C_2)pS} \\ k = k_y r + k_h \mu_h + 10 C_1 C_2 \end{array}\right\} \tag{9-19}$$

式中：k_y 为三原子气体的辐射减弱系数，按下式计算（或由有关标准中的线算图查出）

$$k_y = \left(\frac{7.8 + 16 r_{H_2O}}{3.16\sqrt{prs}} - 1\right)\left(1 - 0.37\frac{T''_1}{1\,000}\right) \quad (1/(m \cdot MPa)) \tag{9-20}$$

r 为三原子气体总的容积份额，$r = r_{H_2O} + r_{R_2O}$，其中，r_{H_2O}、r_{R_2O} 为水蒸汽和三原子气体的容积份额，分别用式 $r_{H_2O} = \dfrac{V_{H_2O}}{V_Y}$ 和 $r_{R_2O} = \dfrac{V_{R_2O}}{V_Y}$ 计算；

k_h 为灰分颗粒的辐射减弱系数，按下式计算（或由有关标准中的线算图查出）

$$k_h = \frac{5\,900}{\sqrt[3]{T''^2_1 d^2_h}} \quad (1/(m \cdot MPa)) \tag{9-21}$$

d_h 为烟气中灰粒子直径，μm，其值取决于磨煤机类型，对钢球磨，取 $d_h = 13$；对中速磨，取 $d_h = 16$；

μ_h 为烟气中的灰分浓度,kg/kg,$\mu_h = \dfrac{A_{ar}\alpha_{fh}}{100G_y}$。其中烟气质量 $G_y = 1 - \dfrac{A_{ar}}{100} + G_{wh} + 1.306\alpha V^0$,$G_{wh}$ 为雾化蒸汽质量;

C_1、C_2 为考虑焦碳颗粒浓度影响的无因次量,其中,C_1 取决于燃料种类,无烟煤、贫煤取 $C_1 = 1$,C_2 取决于燃烧方式,室燃炉取 $C_2 = 0.1$;

p 为炉内介质压力,常压锅炉 $p = 0.1$ MPa;

S 为炉内介质的辐射层有效厚度,m(见第 10 章)。

液体及气体燃料火焰的主要辐射成分是三原子气体及碳黑粒子。一般在燃烧器区域,碳黑粒子较多,使火焰发光。远离燃烧器区域碳黑粒子燃尽。辐射成分以三原子气体为主,为不发光火焰。所以液体、气体燃料火焰可分为发光部分和不发光部分。其火焰黑度

$$a_h = ma_f + (1 - m)a_{bf} \tag{9-22}$$

式中:a_h 为发光部分火焰黑度;a_{bf} 为不发光部分火焰(三原子气体)黑度;m 为表示火焰发光程度的系数。与燃料种类和炉膛容积热强度等因素有关。在一般情况下,对液体燃料,取 $m = 0.55$;对气体燃料,取 $m = 0.1$。

发光部分火焰黑度

$$a_f = 1 - e^{-(k_y r + k_c)pS} \tag{9-23}$$

式中:k_c 为碳黑粒子辐射减弱系数,即

$$k_c = 0.3(2 - a''_1)\left(1.6\frac{T''_1}{1\,000} - 0.5\right)\frac{C_{ar}}{H_{ar}} \quad (1/(\text{m} \cdot \text{MPa})) \tag{9-24}$$

当 $a''_1 > 2$ 时,取 $k_c = 0$。

不发光部分火焰黑度

$$a_{bf} = 1 - e^{-k_y rpS} \tag{9-25}$$

式中:k_y 为三原子气体辐射减弱系数,按式(9-20)计算。

9.4 炉膛水冷壁的面积及角系数

炉膛水冷壁面积 F_1 是按包覆炉膛有效容积的炉膛面积计算的。图 9-3 所示为炉膛有效容积的边界。对于敷设水冷壁的炉墙,其边界为水冷壁中心线所在的平面或卫燃带的向火表面;对于未敷设水冷壁的炉墙,则为炉墙的内表面;对于炉膛出口烟窗,则以屏式受热面、凝渣管第一排管子中心线的平面作为边界;对于有冷灰斗的炉子,炉膛下部的容积边界为冷灰斗的二等分水平面。如果屏式过热器布置在炉膛上部,并充满炉膛截面积,则屏区容积不计算在炉膛有效容积内,屏式过热器的热力计算与炉膛热力计算分别进行;当屏式过热器布置在炉膛上部,而未充满炉膛截面积时,则屏束之间的容积计算在炉膛有效容积里,屏式过热器的热力计算随炉膛一起计算。带有屏式过热器和不带屏式过热器的炉膛热力计算方法大致是相同的,只是前

者炉膛的结构计算较为复杂。对于其他复杂炉膛,可以参阅有关资料。

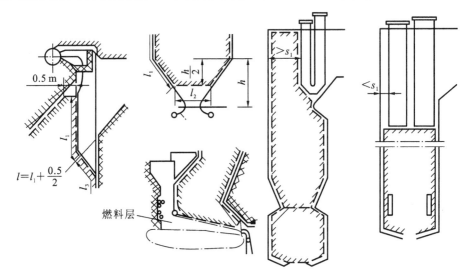

图 9-3　炉膛有效容积示意图

水冷壁的面积(布置水冷壁的炉墙面积),等于该水冷壁边界管子中心线之间的距离与水冷壁管子的曝光长度的乘积即

$$F = bl \quad (m^2) \qquad (9\text{-}26)$$

炉内总辐射受热面积

$$H = \sum (Fx) \quad (m^2) \qquad (9\text{-}27)$$

式中:x 为水冷壁的角系数。

炉膛水冷壁角系数表示火焰投射到炉壁上的热量落在水冷壁上的份额。角系数是个几何量,仅取决于物体表面的形状及相对位置,而与表面的温度、黑度无关。对于光管水冷壁,角系数的大小取决于水冷壁的相对节距 s/d 及管子与炉墙的相对节距 e/d(见图9-4)。对于 $s/d=1$ 的密集管子、膜式水冷壁及敷设卫燃带的水冷壁,由于火焰的所有辐射能均落到受热面或卫燃带上,角系数等于1;对于炉膛出口烟窗的屏式受热面、凝渣管,其第一排管子中心面应计入炉膛水冷壁面积之内。而火焰向炉膛出口烟窗发出的能量不是落在这些受热面上,就是落在其后的受热面上,因此,尽管这些管子的实际角系数小于1,但在炉膛计算时,仍取角系数等于1。显

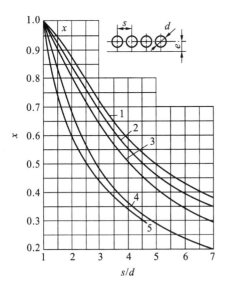

图 9-4　水冷壁的角系数

1—$e/d \geqslant 1.4$ 时,考虑炉墙辐射;

2—$e/d = 0.8$ 时,考虑炉墙辐射;

3—$e/d = 0.5$ 时,考虑炉墙辐射;

4—$e/d = 0$ 时,考虑炉墙辐射;

5—$e/d \geqslant 0.5$ 时,不考虑炉墙辐射

然对于没有敷设水冷壁的炉墙,如燃烧器、人孔等区域,取 $x=0$。

9.5　炉膛热负荷分配

炉膛有效辐射受热面的平均热负荷可以用下式计算,即

$$q_{\mathrm{f}} = \frac{\varphi B_{\mathrm{j}}(Q_{\mathrm{l}} - H_{\mathrm{l}}'')}{H_{\mathrm{l}}} \quad (\mathrm{kW/m^2}) \tag{9-28}$$

式中:H_{l} 为炉膛水冷壁的辐射受热面,$H_{\mathrm{l}} = \sum F_i x_i$,$\mathrm{m^2}$。

由于炉内温度场、黑度场等的不均匀,炉内热负荷沿炉膛的宽度、深度和高度是变化的。为了确定炉膛某区域受热面的实际热负荷,引入沿炉膛高度热负荷不均匀系数 η_{g}、沿炉膛宽度或深度热负荷不均匀系数 η_{rl} 及沿各侧炉壁热负荷不均匀系数 η_{b},这样,炉内某一区段受热面上的热负荷可以近似地用以下公式计算确定,即

$$q_{\mathrm{fi}} = \eta_i q_{\mathrm{f}} \quad (\mathrm{kW/m^2}) \tag{9-29}$$

系数 η_{g} 可从图 9-5 中查得。当炉膛出口烟窗布置屏式受热面时,考虑屏间烟气对炉膛的反辐射,炉膛出口截面的热负荷还应乘以图 9-1 所示的 β,即

$$q_{\mathrm{fp}} = \beta q_{\mathrm{fi}} \quad (\mathrm{kW/m^2}) \tag{9-30}$$

式中:系数 η_{rl}、η_{b} 的数值可根据具体情况参考有关专著确定。

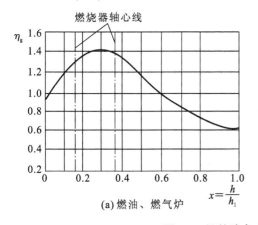
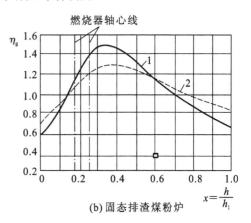

(a) 燃油、燃气炉　　　　　　　　　(b) 固态排渣煤粉炉

图 9-5　沿炉膛高度热负荷分布曲线
1—无烟煤、贫煤和烟煤;2—褐煤

第 10 章　半辐射和对流受热面的传热计算

10.1　对流传热计算的基本公式

烟气离开炉膛后,进入半辐射受热面(即屏式受热面)和对流受热面,如凝渣管、对流过热器、再热器、省煤器和空气预热器等,这些受热面主要是以对流方式吸收烟气中的热量。布置在炉膛出口的屏式过热器,虽然吸收较多的炉内辐射,但主要仍按对流吸热方式计算。炉膛辐射传给出口烟窗的能量,大部分被炉膛出口处的受热面所吸收,少量则"透过"该受热面落到其后(按烟气流向)的对流受热面(如高温过热器)上并被它们所吸收。在这些受热面中,还要考虑管间高温烟气的辐射。墙式和前屏受热面以辐射换热为主,通常与炉膛传热计算一并进行。

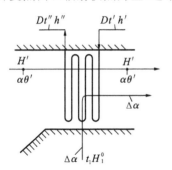

图 10-1　对流受热面热量平衡图

对流受热面中烟气与工质间的换热过程由烟气对管外壁的放热(包括辐射与对流)、管外壁到管内壁的导热和管内壁对工质的对流放热组成。因此,对流传热计算的基本公式应包括烟气对流放热公式、工质(蒸汽或水或空气)的对流吸热公式和对流传热公式。

当烟气流过对流受热面时,烟气通过受热面管壁对工质放热,烟气温度由 θ' ℃降到 θ'' ℃,而工质温度则由 t' ℃提高到 t'' ℃。漏入烟道的冷空气(其量用漏风系数 $\Delta\alpha$ 表示)同时被加热,其温度由 t_1 ℃提高到 θ'' ℃,如图 10-1 所示。

10.1.1　烟气对流放热量

烟气在对流烟道中放出的热量在考虑烟道的散热损失(用保热系数 φ 表示)后可用以下公式计算,即

$$Q_{df} = \varphi(H' - H'' + \Delta\alpha H_1^0) \quad (kJ/kg) \tag{10-1}$$

式中:H' 为受热面进口烟气焓,$H' = [H_y^0 + (\alpha-1)H_1^0]$,kJ/kg;$H''$ 为受热面出口烟气焓,$H'' = [H_y^0 + (\alpha+\Delta\alpha-1)H_1^0]$,kJ/kg;$H_1^0$ 为 $\alpha=1$ 时漏入空气的焓,kJ/kg;$\Delta\alpha$ 为受热面的漏风系数。

对于空气预热器以外的各对流受热面,H_1^0 取冷空气温度(20~30 ℃);对管式空气预热器,按该段空气预热器进、出口空气温度的平均值计算;对回转式空气预热器,

H_1^0 取冷段与热段空气焓的平均值。

10.1.2 工质对流吸热量

（1）对于过热器和省煤器，工质对流吸热量按下式计算

$$Q_{dx} = \frac{D}{B_j}(h'' - h') \quad (kJ/kg) \tag{10-2}$$

（2）对于屏式过热器及吸收炉内辐射热的对流过热器，则有

$$Q_{dx} = \frac{D}{B_j}(h'' - h') - Q_f \quad (kJ/kg) \tag{10-3}$$

其中，屏式过热器吸收来自炉膛的辐射热量 Q_f 为

$$Q_f = Q_f' - Q_f'' \tag{10-4}$$

屏进口处截面（炉膛出口截面）所吸收的炉膛辐射热量 Q_f' 为

$$Q_f' = \frac{\eta_g \beta q_f F_p'}{B_j} \tag{10-5}$$

式中：η_g 为屏区（在炉膛高度方向）热负荷分布不均匀系数，可查图 9-5；β 为考虑屏间烟气向炉膛反辐射影响的修正系数，可查图 9-1；q_f 为炉膛辐射受热面的平均热负荷，kW/m^2，按式（9-28）计算确定；F_p' 为屏进口处烟窗面积，m^2。

从炉膛（透过屏）向屏后受热面（第二级屏或凝渣管或过热器）的直接辐射热量 Q_f'' 为

$$Q_f'' = \frac{Q'(1-a)x_p''}{\beta} \tag{10-6}$$

式中：a 为屏间烟气黑度，用本章 10.3 节有关公式计算确定；x_p'' 为屏进口截面对出口截面的角系数，表示炉膛辐射热透过屏间空间而落在屏后受热面的部分，有

$$x_p'' = \sqrt{\left(\frac{b}{s_1}\right)^2 + 1} - \frac{b}{s_1} \tag{10-7}$$

式中：b、s_1 分别为屏间烟气空间的深度和宽度，后者即为屏间节距（见图 10-2）。

对于屏后受热面（第二级屏或凝渣管或过热器），其入口断面的辐射热 Q_{f2}' 应为炉膛穿透辐射热 Q_f'' 与第一级屏屏区高温烟气对其后受热面的辐射热 Q_{ph} 之和，即

$$Q_{f2}' = Q_f'' + Q_{ph}$$

其中

$$Q_{ph} = \frac{5.67 \times 10^{-11} a F_p'' T_p^4 \xi_r}{B_j}$$

式中：F_p'' 为屏向其后受热面辐射的面积，可取为屏出口面积，m^2；T_p 为屏间烟气的平均温度，K；ξ_r 为考虑燃料种类影响的修正系数，对煤和重油，$\xi_r = 0.5$；对天然气，$\xi_r = 0.7$；对油页岩，$\xi_r = 0.2$。

（3）对于空气预热器，空气的吸热量按下式计算

$$Q_{dx} = \left(\beta' + \frac{\Delta\alpha}{2}\right)(H_k^{0''} - H_k^{0'}) \quad (kJ/kg) \tag{10-8}$$

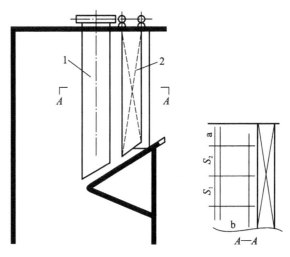

图 10-2　屏式过热器结构图

1—屏式过热器；2—屏后对流过热器

式中：β' 为空气预热器出口处空气量与理论空气量之比，$\beta' = \alpha''_1 - \Delta\alpha_1 - \Delta\alpha_{zf}$，其中 α''_1 为炉膛过剩空气系数；$\Delta\alpha_1$ 和 $\Delta\alpha_{zf}$ 分别为炉膛和制粉系统的漏风系数；$H_k^{0'}$、$H_k^{0''}$ 为空气预热器进、出口理论空气焓，kJ/kg。

10.1.3　对流传热量

对应于 1 kg 计算燃料，对流传热量按下式计算

$$Q_{dc} = \frac{KH\Delta t}{B_j} \quad (kJ/kg) \tag{10-9}$$

式中：K 为传热系数，$kW/(m^2 \cdot ℃)$；H 为传热面积，m^2；Δt 为传热温压，℃。

下面讨论上述公式中各物理量的计算方法。

10.2　传热温压

在对流传热过程中加热介质和受热介质的温度沿着受热面是不断变化的，传热温压是参与换热的两种介质在整个受热面中的平均温差。温压大小与两种介质相互间的流动方向有关。

在对流受热面中，逆流流动方式的传热温压最大，顺流方式的温压最小，其他流动方式（如串联混合流、平行混合流、交叉流等）的温压介于两者之间。锅炉常用的流动方式如图 10-3 所示。

顺流或逆流的传热温压按对流平均温差计算

$$\Delta t = \frac{\Delta t_d - \Delta t_x}{\ln\dfrac{\Delta t_d}{\Delta t_x}} = \frac{\Delta t_d - \Delta t_x}{2.3\lg\dfrac{\Delta t_d}{\Delta t_x}} \quad (℃) \tag{10-10}$$

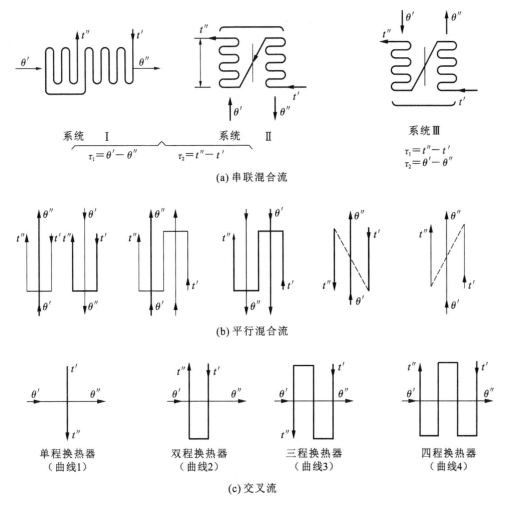

(a) 串联混合流

(b) 平行混合流

单程换热器
（曲线1）

双程换热器
（曲线2）

三程换热器
（曲线3）

四程换热器
（曲线4）

(c) 交叉流

图 10-3　锅炉常用的流动方式

式中：Δt_{d} 为受热面两端的温度差中的较大值，℃；Δt_{x} 为受热面两端的温度差中的较小值，℃。

当 $\dfrac{\Delta t_{\mathrm{d}}}{\Delta t_{\mathrm{x}}} \leqslant 1.7$ 时，传热温压可取算术平均值，即

$$\Delta t = \frac{\Delta t_{\mathrm{d}} - \Delta t_{\mathrm{x}}}{2} = \theta_{\mathrm{pj}} - t_{\mathrm{pj}} \quad （℃） \tag{10-11}$$

式中：θ_{pj}、t_{pj} 为烟气与工质进、出口温度算术平均值。

其他流动方式的温压，则按逆流温压 Δt_{n} 乘以修正系数 ψ 来计算

$$\Delta t = \psi \Delta t_{\mathrm{nl}} \quad （℃） \tag{10-12}$$

系数 ψ 可由图 10-4 至图 10-6 查出，为此，需先计算一些辅助参数。

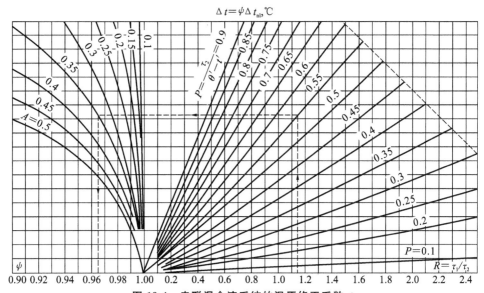

$\Delta t = \psi \Delta t_{nl}$，℃

图 10-4　串联混合流系统的温压修正系数 ψ

A—顺流区段受热面积和整个受热面积之比

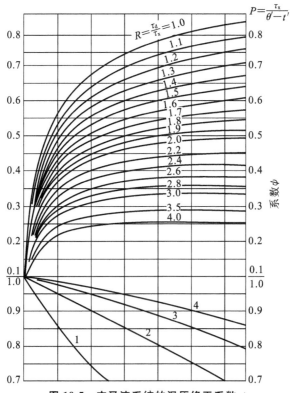

图 10-5　交叉流系统的温压修正系数 ψ

1——次交叉流；2—二次交叉流；3—三次交叉流；4—四次交叉流

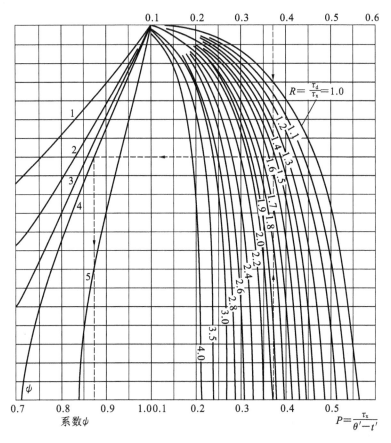

图 10-6　平行混合流系统的温压修正系数 ψ

1—多行程介质的两个行程均为顺流；2—多行程介质的三个行程中，两个为顺流，一个为逆流；

3—多行程介质的两个行程中，一个为逆流，一个为顺流；

4—多行程介质的三个行程中，两个为逆流，一个为顺流；

5—多行程介质的两个行程均为逆流

对串联混合流系统（见图 10-3(a)）有

$$A = \frac{H_{sl}}{H} \tag{10-13}$$

$$P = \frac{\tau_2}{\theta' - t'} \tag{10-14}$$

$$R = \frac{\tau_1}{\tau_2} \tag{10-15}$$

式中：θ'、t' 为加热介质和受热介质的初温，℃；H、H_{sl} 为总受热面积和顺流受热部分受热面积，m^2；τ_d、τ_x 分别为两种介质中总温降较大或较小的那一介质的温降，℃；τ_1、τ_2 分别为两种介质总温降。对于图 10-3 中的系统 I 和 II，$\tau_1 = \theta' - \theta''$，$\tau_2 = t'' - t'$；对于系统 III，$\tau_1 = t'' - t'$，$\tau_2 = \theta' - \theta''$。

对平行混合流及交叉流系统(见图 10-3(b)、(c)),辅助参数只有 P 与 R。这时只需将上述对应参数中的 τ_1、τ_2 分别换成 τ_d、τ_x 即可。

以上各种流动系统的 ψ 值可分别查图 10-4、图 10-5 及图 10-6 得到。

对于任何一种复杂的链接方式,如果系统中顺流部分的传热温压 Δt_s 与逆流部分的传热温压 Δt_n 之比大于 0.92,则系统温压的计算可简化为

$$\Delta t = \frac{(\Delta t_s + \Delta t_n)}{2} \quad (℃) \tag{10-16}$$

其他计算方法见有关资料。

10.3　传　热　系　数

10.3.1　传热系数 K 的表达式

管式受热面的传热系数可简化为多层平壁的传热系数进行计算,即

$$K = \cfrac{1}{\cfrac{1}{\alpha_1} + \cfrac{\delta_h}{\lambda_h} + \cfrac{\delta_b}{\lambda_b} + \cfrac{\delta_g}{\lambda_g} + \cfrac{1}{\alpha_2}} \quad (kW/(m^2 \cdot ℃)) \tag{10-17}$$

式中:α_1、α_2 分别为加热介质对管壁及管壁对受热介质的放热系数,$kW/(m^2 \cdot ℃)$;δ_h、δ_b、δ_g 分别为烟气侧灰层、管壁及工质侧水垢层的厚度,m;λ_h、λ_b、λ_g 分别为烟气侧灰层、管壁及工质侧水垢层的导热系数,$kW/(m \cdot ℃)$。

在实际传热过程中,管壁金属的热阻 δ_b/λ_b 很小,可略去不计。在锅炉正常运行时,不允许管内水垢层厚度达到明显影响传热的程度,因此,其热阻 δ_g/λ_g 也可忽略不计。而管外灰污层的热阻 δ_h/λ_h 影响因素很多(如燃料种类、灰粒尺寸、烟气流速、管子直径和布置方式等),热力计算中常用污染系数 ε 或热有效系数 ψ 来考虑灰污层的污染。对于空气预热器则采用利用系数 ξ 综合考虑积灰污染、烟气和空气对受热面冲刷不均匀等的影响。此外,由于水、汽水混合物和超临界压力锅炉中过热蒸汽的放热系数 α_2 相对很大($\alpha_2 \gg \alpha_1$),对应这些受热面管内工质的热阻 $\dfrac{1}{\alpha_1}$ 也可忽略不计。因此,不同情况下的传热系数可作如下简化。

(1)过热器　对于燃用固体燃料、横向冲刷错列布置的光管管束有

$$K = \cfrac{1}{\cfrac{1}{\alpha_1} + \varepsilon + \cfrac{1}{\alpha_2}} \tag{10-18}$$

对于燃用固体燃料、横向冲刷顺列布置的光管管束,燃用气体燃料、重油横向冲刷错列或顺列布置的光管管束有

$$K = \cfrac{\psi}{\cfrac{1}{\alpha_1} + \cfrac{1}{\alpha_2}} \tag{10-19}$$

（2）对于受热介质为水、汽水混合物和超临界压力过热蒸汽的受热面,式(10-18)、式(10-19)可变为

$$K = \frac{\alpha_1}{1 + \varepsilon\alpha_1} \qquad (10\text{-}20)$$

$$K = \psi\alpha_1 \qquad (10\text{-}21)$$

（3）空气预热器。

对于管式空气预热器有

$$K = \frac{\xi}{\dfrac{1}{\alpha_1} + \dfrac{1}{\alpha_2}} \qquad (10\text{-}22)$$

对于回转式空气预热器有

$$K = \frac{\xi C_n}{\dfrac{1}{x_y\alpha_1} + \dfrac{1}{x_k\alpha_2}} \qquad (10\text{-}23)$$

式中:α_1、α_2 分别为烟气对蓄热板(或管壁)、蓄热板(或管壁)对空气的放热系数;x_y、x_k 分别为烟气、空气冲刷转子的份额,当烟气冲刷 180°,空气冲刷 120° 时,$x_y = 0.5$,$x_k = 0.333$;当烟气冲刷 200°,空气冲刷 100° 时,$x_y = 0.555$,$x_k = 0.278$;ξ 为利用系数;C_n 为考虑在转数较低时热交换不稳定性影响的修正系数,是转数的函数。当蓄热板厚度 $\delta = 0.6 \sim 1.2$ mm 时,C_n 可从表 10-1 中选取。

表 10-1　回转式空气预热器热交换不稳定影响系数

转　　　数	0.5	1.0	≥1.5
C_n	0.85	0.97	1.0

（4）屏式受热面应考虑较大的炉内辐射热,使管壁温度尤其是灰层外表面温度升高,从而导致对流传热减少的影响。这时有

$$K = \frac{\alpha_1}{1 + \left(1 + \dfrac{Q_f}{Q_d}\right)\left(\varepsilon + \dfrac{1}{\alpha_2}\right)\alpha_1} \qquad (10\text{-}24)$$

式中:Q_f 为屏从炉膛中吸收的辐射能量,kJ/kg;Q_d 为屏以对流方式(包括管间空间的烟气辐射)传递的能量,kJ/kg。

（5）肋片和鳍片式受热面的传热系数,除应考虑上述影响因素外,还应考虑在带肋片或带鳍片受热面上面积的扩展,以及肋片或鳍片本身传热性能与管壁的差异,对于肋片或鳍片式省煤器(取 $\dfrac{1}{\alpha_2} = 0$),采用下述方法计算其传热系数。

当以热有效系数 ψ 来考虑灰污层污染时,按烟气侧全部受热面 H(包括肋片或鳍片表面 H_1 和管子无肋或无鳍部分的受热面 H_2)的传热系数为

$$K = \psi\left(\frac{H_1}{H}\eta + \frac{H_2}{H}\right)\alpha_1 = \psi\eta'\alpha_1 \qquad (10\text{-}25)$$

对于以污染系数 ε 来考虑灰污层污染的肋片或鳍片式省煤器,按烟气侧全部受热面的传热系数为

$$K = \cfrac{1}{\left(\cfrac{1}{\alpha_1} + \varepsilon\right)\cfrac{1}{\eta'}} = \eta' \cfrac{\alpha_1}{1 + \varepsilon\alpha_1} \tag{10-26}$$

式中:ψ 为受热面的热有效系数;ε 为受热面的污染系数;α_1 为烟气对肋片或鳍片受热面的放热系数,对于肋片式受热面,烟气的辐射层厚度因有大量肋片而变得很小,故烟气的辐射放热可不予考虑,α_1 取为烟气的对流放热系数;H_1 为肋片或鳍片的表面积;H_2 为管子无肋或无鳍部分的受热面面积;$H = H_1 + H_2$ 为烟气侧全部受热面面积;η 为肋片或鳍片效率,它是肋(鳍)片的实际传热量与肋(鳍)片全部表面都处于肋(鳍)根温度时的理想传热量之比,由于有径向热流,肋(鳍)片表面温度沿径向是变化的,并沿热流方向降低,在肋(鳍)根达到与圆管表面相同的温度,因此,肋(鳍)片效率总是小于 1 的;η' 为肋(鳍)片管受热面的总效率,即

$$\eta' = 1 - \cfrac{H_1}{H}(1 - \eta) \tag{10-27}$$

10.3.2 放热系数 α

烟气对管壁的放热系数 α_1 一般包括烟气的对流放热系数 α_d 和管间烟气容积的辐射放热系数 α_f。

对流管束烟气侧放热系数为

$$\alpha_1 = \xi(\alpha_d + \alpha_f) \quad (kW/(m^2 \cdot ℃)) \tag{10-28}$$

式中:ξ 为受热面的利用系数,考虑烟气冲刷受热面的不均匀性、部分烟气绕流或停滞等引起受热面吸热量减少的影响。大型锅炉机组管子被横向冲刷时,可取 $\xi = 1$;对于空气预热器受热面,因传热系数 K 中已考虑了 ξ,故 ξ 也可取为 1;其他情况可查有关资料。

屏式受热面烟气侧的放热系数为

$$\alpha_1 = \xi\left(\cfrac{\pi d}{2s_2 x}\alpha_d + \alpha_f\right) \quad (kW/(m^2 \cdot ℃)) \tag{10-29}$$

式中:α_d 为对应于屏的全部外表面积的对流放热系数;s_2、d 分别为屏中的管间纵向节距和管子外径;x 为屏管角系数,根据屏式受热面的 $\cfrac{s_2}{d}$,由图 9-4 查得。

管壁对管内受热介质的放热系数 α_2 只与对流放热系数 α_d 有关。

1. 对流放热系数 α_d

对流放热系数是表征对流换热过程强弱的指标,它与气流速度和温度、定性尺寸、受热面的冲刷方式(纵向或横向)、受热面的布置方式(顺列或错列,节距和排数)、表面形式(光管或鳍片管)、冲刷介质的物理性质等都有关系。其数值是在试

验台上用试验方法得出的,再用相似理论整理出实用的计算公式。以下的计算公式就是锅炉的顺列和错列管束在烟气流的 Re 数为 1.5×10^3 到 100×10^3 范围内进行试验得出的。

1)横向冲刷

烟气对屏式受热面、过热器、再热器、省煤器及空气预热器的传热,均属横向冲刷方式。

对于顺列管束,有

$$\alpha_d = 0.2 C_s C_z \frac{\lambda}{d} Re^{0.65} Pr^{0.33} \quad (kW/(m^2 \cdot ℃)) \tag{10-30}$$

式中:Re 为雷诺数,反映流动状态对热交换的影响,$Re = \frac{wd}{\nu}$;Pr 为普朗特数,反映流体物性对热交换的影响,$Pr = \frac{\mu c_p}{\lambda}$;$\mu$ 和 ν 分别为动力黏度和运动黏度,$\mu = \rho\nu$,Pa·s;w 为介质流速,m/s;d 为受热面管子外径,m;c_p 为比定压热容,kJ/(kg·℃);C_z 为沿烟气流向管排 Z_2 的修正系数,当管子排数 $Z_2 \geqslant 10$ 时,取 $C_z = 1$;当 $Z_2 < 10$ 时,有

$$C_z = 0.91 + 0.012\,5(Z_2 - 2) \tag{10-31}$$

C_s 为管子几何布置方式的修正系数,与横向相对节距 $\sigma_1 = \frac{s_1}{d}$ 和纵向(沿烟气流动方向)相对节距 $\sigma_2 = \frac{s_1}{d}$ 有关,可按下式计算

$$C_s = \left[1 + (2\sigma_1 - 3)\left(1 - \frac{\sigma_2}{2}\right)^3\right]^{-2} \tag{10-32}$$

当 $\sigma_1 \leqslant 1.5$ 或 $\sigma_2 \geqslant 2$ 时,取 $C_s = 1$;

当 $\sigma_2 < 2$ 且 $\sigma_1 > 3$ 时,取 $\sigma_1 = 3$。

对于错列管束,有

$$\alpha_d = C_s C_z \frac{\lambda}{d} Re^{0.6} Pr^{0.33} \quad (kW/(m^2 \cdot ℃)) \tag{10-33}$$

式中:C_z 为管子 Z_2 的修正系数,与 Z_2 与 σ_1 有关,即

$$\left.\begin{array}{ll} 当 Z_2 < 10 \ 且 \ \sigma_1 < 3 \ 时, & C_z = 3.12 Z_2^{0.05} - 2.5; \\ 当 Z_2 < 10 \ 且 \ \sigma_1 \geqslant 3 \ 时, & C_z = 4 Z_2^{0.02} - 3.2; \\ 当 Z_2 \geqslant 10 \ 时, & C_z = 1; \end{array}\right\} \tag{10-34}$$

C_s 为与管子节距有关的修正系数,由横向相对节距 σ_1 和系数 φ_σ(与 σ_1 和斜向相对节距 σ_2' 有关)确定,即

$$\left.\begin{array}{ll} 当 \ 0.1 < \varphi_\sigma \leqslant 1.7 \ 时, & C_s = 0.34 \varphi_\sigma^{0.1} \\ 当 \ 1.7 < \varphi_\sigma \leqslant 4.5、\sigma_1 < 3 \ 时, & C_s = 0.275 \varphi_\sigma^{0.5} \\ 当 \ 1.7 < \varphi_\sigma \leqslant 4.5、\sigma_1 \geqslant 3 \ 时, & C_s = 0.34 \varphi_\sigma^{0.1} \end{array}\right\} \tag{10-35}$$

其中，
$$\varphi_\sigma = \frac{\sigma_1 - 1}{\sigma_2' - 1}, \quad \sigma_2' = \sqrt{\frac{\sigma_1^2}{4} + \sigma_2^2}$$

　　式(10-30)至式(10-35)已分别绘成线算图，见图 10-7 和图 10-8；温度及烟气成分等物理性能的变化对放热系数的影响体现在 C_w 中，使用该图时，$\alpha_d = \alpha_0 C_s C_z C_w$。

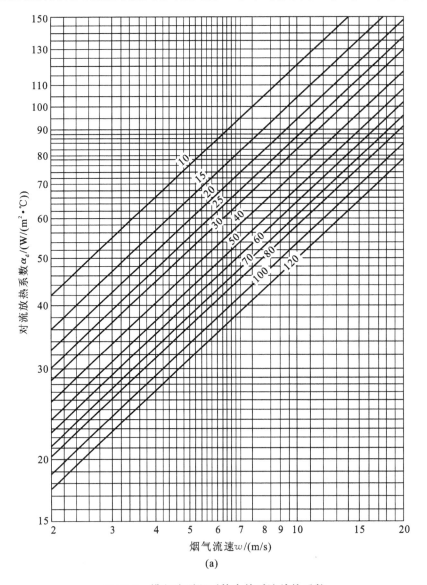

图 10-7　横向冲刷顺列管束的对流放热系数

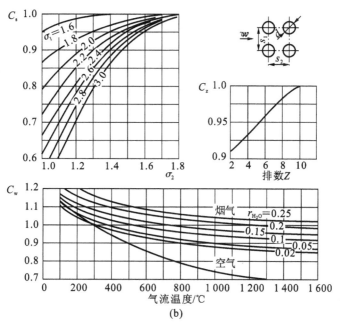

续图 10-7

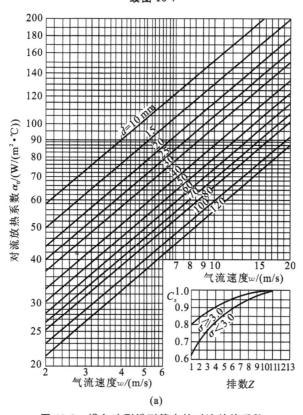

图 10-8　横向冲刷错列管束的对流放热系数

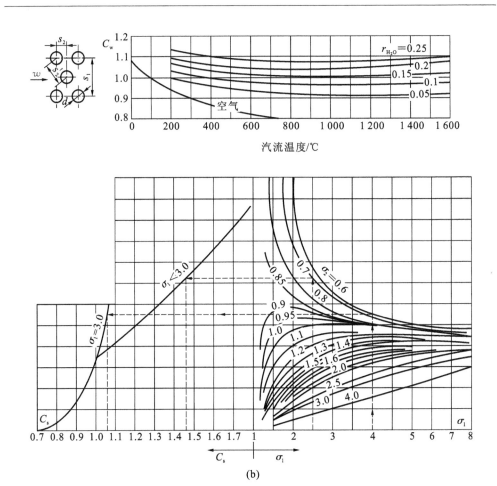

续图 10-8

2)纵向冲刷

过热器、再热器和省煤器等受热面中的受热介质(蒸汽、水等)以及空气预热器的烟气均在管内作纵向冲刷,当 Re 数在 $10^4 \sim 5 \times 10^5$,Pr 数在 $0.6 \sim 120$ 范围内时,其放热系数为

$$\alpha_d = 0.023 \frac{\lambda}{d_{dl}} Re^{0.8} Pr^{0.4} C_t C_l \quad (kW/(m^2 \cdot ℃)) \qquad (10\text{-}36)$$

式中:d_{dl} 为当量直径,对圆管内的纵向冲刷,应为管子内径,即 $d_{dl}=d_n$;对非圆形断面、环形通道或纵向冲刷管束外表面时,$d_{dl}=\dfrac{4F}{U}$,m。其中 F 为介质流通截面,m²;U 为被流体湿润的全部固体周界,m;C_l 为相对长度修正系数,即考虑传热的入口效应对 α_d 的影响,当 $\dfrac{l}{d} \geqslant 50$ 时,$C_l=1$;C_t 为考虑介质温度与壁温差别的影响系数(即物性

随温度变化的影响），水和蒸汽被加热或烟气被冷却时，$C_t = 1$，空气被加热时，$C_t =$ $\sqrt{\dfrac{T}{T_b}}$；其中 T、T_b 分别为空气和管壁的绝对温度，K。式（10-36）已绘成线算图（见图 10-9）。

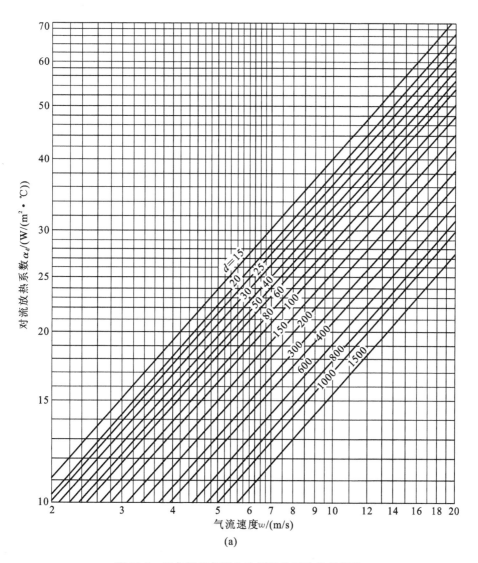

图 10-9　烟气及空气纵向冲刷时的对流放热系数

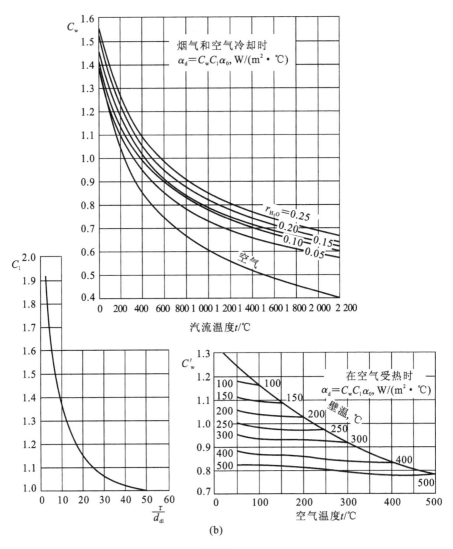

续图 10-9

3)回转式空气预热器对流换热系数 α_d

Re 数在 $10^2 \sim 10^5$ 范围内的回转式空气预热器烟气和空气侧的放热系数

$$\alpha_d = C \frac{\lambda}{d_{dl}} Re^{0.8} Pr^{0.4} C_t C_l \quad (kW/(m^2 \cdot ℃)) \tag{10-37}$$

式中:d_{dl}、C_t、C_l 可按式(10-30)中的规定求取,传热元件的平均壁温为

$$\bar{t}_b = \frac{\bar{\theta}_y x_y + \bar{t}_k x_k}{x_y + x_k} \quad (℃) \tag{10-38}$$

式中:$\bar{\theta}_y$、$\bar{t}_k$ 分别为烟气和空气的平均温度,℃;x_y、x_k 分别为烟气侧和空气侧受热面

占总受热面的份额。

系数 C 是与蓄热板形式有关的系数。对波形板带平定位板（见图 10-10(b)），$C=0.027$；对平板带平定位板（见图 10-10(a)），当波形板总高度 $a+b=2.4$ mm 时，$C=0.027$；当总高度 $\geqslant 4.8$ mm 时，则 $C=0.037$。

按式(10-37)绘成的线算图示于图 10-11 中。

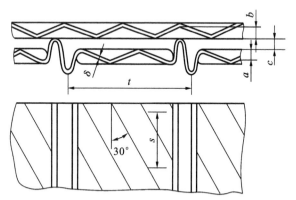

(a) 强化型传热元件，波形板＋波形定位板

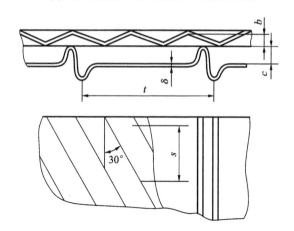

(b) 普通型传热元件，波形板＋平定位板

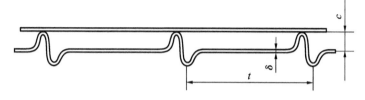

(c) 冷段传热元件，平板＋平定位板

图 10-10　回转式空气预热器的蓄热板

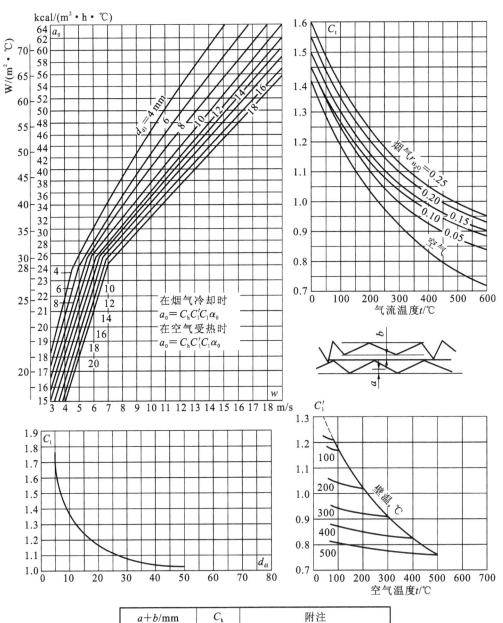

图 10-11　回转式空气预热器的放热系数

2. 辐射放热系数 α_f

在对流受热面中,除了对流传热外,管间空间的高温烟气与受热面之间还进行着辐射热交换。因为烟气与管壁都不是黑体,所以辐射热能要经过多次吸收、反射过程才能被完全吸收。为简化计算,仅考虑一次吸收部分,而用加大壁面黑度的办法对多次吸收进行补偿。设烟气温度为 θ ℃(T,K)、黑度为 a;灰污层外表面温度 t_h℃(T_h,K)、黑度为 a_h,一般取 $a_h=0.8$;两者之间单位受热面的热交换为 q,kW/m^2,则烟气辐射放热系数 α_f 定义为

$$\alpha_f = \frac{q}{\theta - t_h} = \frac{q}{T - T_h} \quad (\text{kW}/(\text{m}^2 \cdot \text{℃})) \tag{10-39}$$

烟气和灰污层受热面之间的第一次辐射热交换能量为(设吸收率与黑度相等)

$$q_1 = a_h a T^4 - a \sigma_0 a_h T_h^4 = a_h \sigma_0 a (T^4 - T_h^4) \quad (\text{kW}/\text{m}^2) \tag{10-40}$$

考虑多次辐射热吸收的影响,把壁面黑度取为实测灰污层黑度与绝对黑体的黑度之间的平均值,即$(a_h+1)/2$,则辐射传热量为

$$q = \frac{a_h+1}{2} \sigma_0 a (T^4 - T_h^4) \quad (\text{kW}/\text{m}^2) \tag{10-41}$$

由此可得固体含灰燃料的辐射放热系数计算式为

$$\alpha_f = \sigma_0 \frac{a_h+1}{2} a T^3 \frac{1 - \left(\dfrac{T_h}{T}\right)^4}{1 - \dfrac{T_h}{T}} \quad (\text{kW}/(\text{m}^2 \cdot \text{℃})) \tag{10-42}$$

对于燃用气体和液体燃料的不含灰气流,其辐射放热系数计算式为

$$\alpha_f = \sigma_0 \frac{a_h+1}{2} a T^3 \frac{1 - \left(\dfrac{T_h}{T}\right)^{3.6}}{1 - \dfrac{T_h}{T}} \quad (\text{kW}/(\text{m}^2 \cdot \text{℃})) \tag{10-43}$$

(1)烟气黑度 a 的计算式为

$$a = 1 - e^{-kpS} \tag{10-44}$$

其中辐射减弱系数 $k = k_r r + k_h \mu_h$,对于气体和液体燃料,式中右边第二项不予考虑。其中符号的物理意义及计算同 9.3 节。

(2)密封空间内烟气向周围受热面辐射时的辐射层有效厚度为

$$S = 3.6 \frac{V_1}{F_1} \quad (\text{m}) \tag{10-45}$$

式中:V_1 为辐射空间的容积,m^3;F_1 为参与辐射热交换的周界面积,m^2。

对直径、横向和纵向节距分别为 d、s_1、s_2 的光管管束,有

$$S = 0.9 d \left(\frac{4}{\pi} \cdot \frac{s_1 s_2}{d^2} - 1 \right) \tag{10-46}$$

对相邻两屏间的容积,当烟气室的高度、宽度及深度分别为 A、B、C 时,有

$$S = \frac{1.8}{\dfrac{1}{A} + \dfrac{1}{B} + \dfrac{1}{C}} \tag{10-47}$$

当烟气在管内(管子内径为 d_n)作纵向冲刷时,有

$$S = 0.9d_n \tag{10-48}$$

对鳍片管束,可按式(10-31)求得 S 后再乘以 0.4;对于肋片受热面,由于辐射层有效厚度很小,可不考虑烟气的辐射换热。

(3)对墙式和屏式受热面以及对流过热器,可按下式计算灰污层温度,即

$$t_h = t + \left(\varepsilon + \frac{1}{\alpha_2}\right)\frac{B_j}{H}(Q_d + Q_f) \quad (\text{℃}) \tag{10-49}$$

式中:t 为管内受热工质平均温度,℃;ε 为污染系数,m² · ℃/kW,ε 值的选取见10.3节。

在其他情况下,灰污层壁温按下式计算

$$t_h = t + \Delta t \quad (\text{℃}) \tag{10-50}$$

对炉膛出口处的凝渣管,取 $\Delta t=80$ ℃;对于燃用固体和液体燃料的高温省煤器和 $\theta'>400$ ℃ 的单级省煤器,取 $\Delta t=60$ ℃;对于低温省煤器和 $\theta'\leqslant 400$ ℃ 的单级省煤器,取 $\Delta t=25$℃;对于燃气锅炉所有的受热面积取 $\Delta t=25$℃;对于高温管式空气预热器,壁温取烟温之和的一半。低温管式空气预热器及回转式空气预热器,不考虑辐射换热。

式(10-42)、式(10-43)已绘成线算图,如图 10-12 所示。

对流管束前面或管束之间烟气空间的辐射,可近似地用加大管束辐射放热系数 α_f 的方法来考虑。修正后的辐射放热系数

$$\alpha'_f = \alpha_f\left[1 + A\left(\frac{T_{yk}}{1\,000}\right)^{0.25}\left(\frac{l_{yk}}{l}\right)^{0.07}\right] \tag{10-51}$$

式中:T_{yk} 为烟气空间(或管束前)的烟温,K;l_{yk}、l 为烟气空间和管束的深度,m;A 为与燃料有关的系数,对于气体和液体燃料,$A=0.3$;对于烟煤和无烟煤,$A=0.4$;对于褐煤和页岩,$A=0.5$。

位于管束后的烟气空间对该管束的辐射可不予考虑。

10.3.3　污染系数、热有效系数和利用系数

1. 污染系数 ε

对于燃用固体燃料的错列管束、燃用所有燃料的屏式受热面及肋片管束,计算传热系数时常采用污染系数 ε 来考虑由于管子外表面积灰引起的热阻对传热的影响。

污染系数与烟速、烟温、燃料性质、管子排列方式及其节距、直径和灰粒尺寸等众多因素有关。

对于燃用固体燃料的错列管束(包括鳍片管束),污染系数可按如下经验公式计算,即

$$\varepsilon = C_d C_h \varepsilon_0 + \Delta\varepsilon \quad ((\text{m}^2 \cdot \text{℃})/\text{kW}) \tag{10-52}$$

式中:ε_0 为基准污染系数,由实验获得,查图 10-13(a);C_d 为管径修正系数,查图

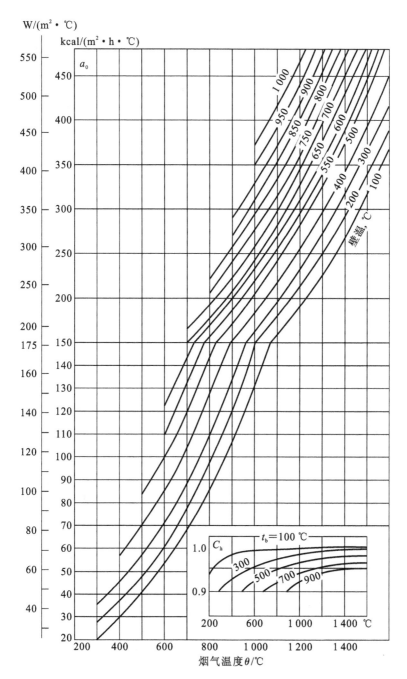

图 10-12 烟气辐射放热系数

10-13(b);C_h 为灰粒组分修正系数,对于煤和页岩,取 $C_h = 1.0$;对于泥煤,取 $C_h = 0.7$;$\Delta\varepsilon$ 为附加值,由表 10-2 查得。

表 10-2　污染系数的附加值 $\Delta\varepsilon((m^2 \cdot ℃)/kW)$

受热面名称	积松灰的煤	无　烟　煤		褐煤、泥煤 有吹灰
		钢珠吹灰	无吹灰	
第一级省煤器，$\theta \leqslant 400 ℃$的单级省煤器 及其他受热面	0	0	1.7	0
$\theta > 400 ℃$的单级省煤器，第二级省煤器， 直流锅炉过渡区	1.7	1.7	4.3	2.6
错列布置过热器	2.6	2.0	4.3	3.4

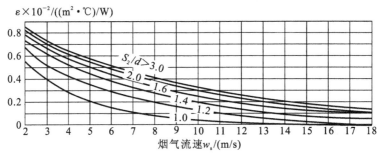

(a) 错列光管管束

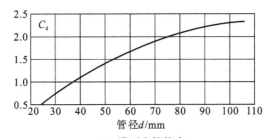

(b) 错列光管管束

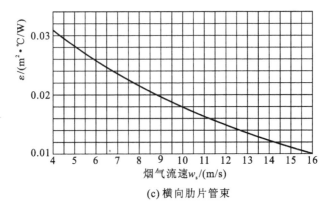

(c) 横向肋片管束

图 10-13　燃用固体燃料时错列管束的污染系数

对于燃用固体燃料的屏式受热面,其污染系数由图 10-14 查得;当燃用液体燃料时,取 $\varepsilon=5.2$（m²·℃）/kW;燃用气体燃料时 $\varepsilon=0$。

对于燃用固体燃料的肋片管束,污染系数由图 10-13(c)查得;当肋片管束燃用液体燃料时,取 $\varepsilon=17$（m²·℃）/kW;燃用气体燃料时,取 $\varepsilon=4.3$（m²·℃）/kW。对于燃用液体燃料的过热器(顺列和错列)和包墙管,取 $\varepsilon=2.6$（m²·℃）/kW;对于燃用固体燃料的顺列过热器和包墙管,取 $\varepsilon=4.3$（m²·℃）/kW。

2. 热有效系数 ψ

对于燃用固体燃料的顺列管束、燃用液体燃料和气体燃料的光管管束及燃用所有燃料的凝渣管均采用热有效系数 ψ 来考虑灰污对传热的影响。

热有效系数 ψ 的数值,可按不同情况,由表 10-3、表 10-4、表 10-5 查得。

表 10-3　燃用固体燃料并采用吹灰时凝渣管、顺列布置的过热器和省煤器的 ψ

燃 料 种 类	热有效系数 ψ
无烟煤和贫煤	0.6
烟煤、褐煤、烟煤的洗中煤	0.65
页岩	0.5

表 10-4　燃用液体燃料（$\alpha''_1>1.03$）时的凝渣管、过热器和省煤器的 ψ

受热面名称	烟速/(m/s)	ψ
第一、二级省煤器,采用钢珠吹灰	1~12	0.7~0.65
	12~20	0.65~0.6
布置在对流竖井的过热器(带钢珠除灰)、水平烟道的顺列过热器(无吹灰)、凝渣管	4~12	0.65~0.6
	12~20	0.6

表 10-5　燃用气体燃料的 ψ

受热面名称	ψ
$\theta'\leqslant400$ ℃的第一级省煤器及单级省煤器(包括鳍片式和肋片式)	0.9
$\theta'>400$ ℃的第二级省煤器、过热器及其他受热面(包括鳍片式和肋片式)	0.85

当燃用混合燃料时,ε 或 ψ 均按污染程度较严重的燃料取用。

3. 利用系数 ξ

利用系数 ξ 表示气流对受热面冲刷不均匀等因素的影响。对大型电站锅炉机组的横向冲刷,可取 $\xi=1.0$;对屏式受热面系数 ξ 可由图 10-14 查出;当烟气流速 $w_y>4.0$ m/s 时,取 $\xi=0.85$。

对于空气预热器,考虑冲刷不完善、管子污染等原因综合影响的利用系数 ξ 可由表 10-6 查出。

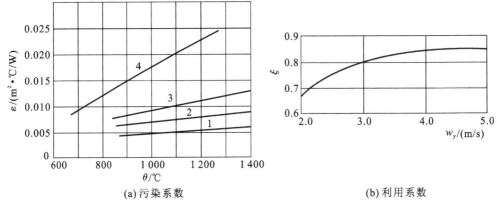

(a) 污染系数   (b) 利用系数

图 10-14   屏式受热面的污染系数和利用系数

1—不结渣煤；2—带吹灰时的中等结渣性煤；

3—无吹灰时的中等结渣性和带吹灰时的强结渣性煤；4—可燃页岩

表 10-6   管式和回转式空气预热器的 ξ

燃 料 种 类	没有中间板管的管式空气预热器		再生式空气预热器
	低 温 级	高 温 级	
无烟煤、泥煤	0.80	0.75	当漏风系数 $\Delta\alpha=0.15$ 时，$\xi=0.9$；
重油、木材	0.80	0.85	当 $\Delta\alpha=0.2\sim0.25$ 时，$\xi=0.8$
其他燃料	0.85	0.85	

当各空气行程间有中间管板时，ξ 值有所下降。如只有一层中间管板，ξ 值下降 0.1；二层中间管板时，ξ 值下降 0.15。

10.4   对流受热面面积与介质速度

10.4.1   受热面的面积

对于管式受热面，当按平壁公式计算传热系数 K 时，为减少计算误差，受热面积的计算方法取决于烟气对管壁的放热系数 α_1 与管壁对吸热工质的放热系数 α_1 比值的大小。

当 $\alpha_1/\alpha_2 \ll 1$（如凝渣管、过热器、再热器和省煤器等）时，以烟气侧管子外表面的面积作为计算受热面的面积。

当 α_1 与 α_2 相差不大（如空气预热器）时，则取相应于管子平均直径的面积作为计算受热面的面积。

对于屏式受热面，考虑到屏间空间的烟气辐射热强度较对流强度大得多，其计算受热面的面积取为屏风面积（由屏最外圈管子的外轮廓线所围成的平面面积）的两倍再乘以角系数 x。角系数 x 由图 9-4 曲线 5 查得。而烟气的对流放热系数仍应按屏的全部管子外表面面积计算。

鳍片或肋片本身受热面的面积和回转式空气预热器受热面的面积,按进行热交换的板面两侧(回转式空气预热器为蓄热板两侧)的面积计算。

10.4.2　介质流速

在进行对流传热计算时,介质流速按其平均温度和流通截面的最窄面积计算。烟气流速 w_y 的计算公式为

$$w_y = \frac{B_j V_y(\theta_{pj} + 273)}{273F} \quad (m/s) \tag{10-53}$$

式中:B_j 为计算燃料消耗量,kg/s;V_y 为烟气容积,Nm³/kg;θ_{pj} 为烟气平均温度,℃;F 为烟气流通截面的面积,m²。

空气预热器中空气的流速 w_y 按下式计算

$$w_y = \frac{B_j \beta_{pj} V^0 (t_{pj} + 273)}{273F} \quad (m/s) \tag{10-54}$$

式中:V^0 为燃烧所需的理论空气量,Nm³/kg;t_{pj} 为空气平均温度,℃;F 为空气流通截面的面积,m²;β_{pj} 为平均空气量和理论空气量之比,$\beta_{pj} = \beta'_{ky} + \dfrac{\Delta \alpha_{ky}}{2}$。

水和蒸汽的流速 w 为

$$w = \frac{D \nu_{pj}}{f} \quad (m/s) \tag{10-55}$$

式中:D 为工质流量,kg/s;ν_{pj} 为工质平均比容,m³/kg;f 为工质流通截面的面积,m²。

介质横向冲刷管束时,其流通截面按下式计算

$$F = ab - Z_1 ld \quad (m^2) \tag{10-56}$$

式中:a、b 为烟道截面的尺寸,m;Z_1 为每排管子的数目;d、l 为管子外径和长度,m。

介质在管内流动时,流通截面为

$$F = Z \frac{\pi d_n^2}{4} \quad (m^2) \tag{10-57}$$

式中:d_n 为管子外径,m;Z 为并列管子的数目。

介质在管外作纵向冲刷时,流通截面为

$$F = ab - Z \frac{\pi d_n}{4} \quad (m^2) \tag{10-58}$$

如果烟道进、出口截面的面积不同,可采用其几何平均值

$$F = \frac{2F'F''}{F' + F''} \quad (m^2) \tag{10-59}$$

式中:F'、F'' 为烟道进、出口截面的面积,m²。

第11章 锅炉受热面运行问题

11.1 积灰与结渣

煤中都含有一些矿物质,当炉膛燃烧时,这些矿物质就转化为灰,煤灰会沉积在锅炉的各种受热面上。当锅炉水冷壁结渣或对流受热面积灰严重时,可以直接影响锅炉的安全与经济运行。

积灰是指灰沉积物的温度已低于灰熔点时在受热面上的积聚,多发生在锅炉的对流受热面(如过热器、省煤器和空气预热器等)上。结渣是指在受热面壁上熔化了的灰沉积物的积聚,主要由烟气中夹带的全部或部分熔化的灰颗粒碰撞在墙、水冷壁管上被冷却凝固而形成,多发生在炉内辐射受热面(如水冷壁、屏式过热器等)上。

积灰、结渣对锅炉的危害如下。

(1)积灰、结渣会降低炉内受热面的传热能力,在传热作用减弱的情况下,为了维持同样的蒸发量,就需要提高燃室内和各部位的烟气温度,消耗更多的燃料。

(2)由于积灰和结渣容易引起烟气通道的局部堵塞,增加了烟道的阻力,必须提高引风机的负荷来保证通风量,故使厂用电增大,当引风量不足时,会导致燃烧室内产生正压,甚至限制锅炉出力。

(3)炉内结渣使得炉内火焰中心后移,炉膛出口烟温相应提高,使过热器金属处于超温状态,导致过热蒸汽温度过高,危害过热器的安全运行。同时,也会使排烟温度提高,降低锅炉运行的经济性。

(4)结渣严重时。炉内会形成大块的焦渣,焦渣自行脱落时可能压灭炉膛火焰,导致熄火,并会砸坏冷灰斗处的水冷壁管,造成设备损坏。

11.1.1 水冷壁积灰、结渣的特点及对锅炉运行的影响

1. 积灰、结渣的形态

在锅炉实际运行中只有当一部分灰粒的黏度足以使其附着在壁面上时才有可能在炉膛壁面上产生结渣。然后可以在壁面上形成一层灰层,这一灰层不断地由受热面向炉膛内延伸,直至达到熔融相为止。图11-1所示为炉膛受热面(如水冷壁)上结渣的进程。

结渣过程与炉内空气动力学的组织和温度水平的分布等有密切关系。当炉内某部分烟气停滞不动或在原地回旋(一般称为寄生风)时,则烟气流所携带的灰渣粒由于惯性作用可能就会部分地沉淀在炉墙上,如果炉墙是炽热的或是被分离的灰渣具有高于熔点的温度,那么,在炉墙上积聚一定数量后因重力作用会向下流动。

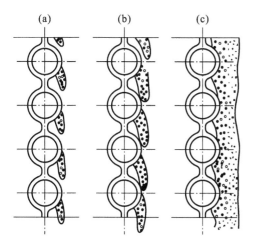

图 11-1　水冷壁结渣的进程

°∘°∘°∘—多孔干燥；░—熔化

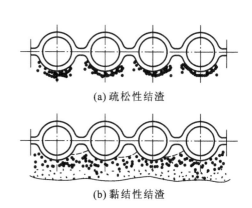

(a) 疏松性结渣

(b) 黏结性结渣

图 11-2　水冷壁的结渣

结渣分为疏松性结渣和黏结性结渣。对于疏松的结渣，通常，其灰渣层厚度在 10 mm 左右(见图 11-2(a))，当熔化灰颗粒不断撞在灰渣层上使其厚度增加时，由于受炉内气流的扰动和重力的作用，灰渣层会自动脱落。疏松性结渣仅对炉内水冷壁吸热产生轻微的影响。对于黏结性很强的灰渣(见图 11-2(b))，一旦结渣发生，灰渣层会逐渐增厚，厚度在 100 mm 以上，严重的可达 400～500 mm，灰渣层的增厚使得其表面温度不断升高，直到灰渣层表面成为熔化的液态沿炉墙向下流动。当炉内水冷壁发生黏结性结渣时，对锅炉的正常运行将会产生极大的危害。应该避免发生炉内黏结性结渣，一旦发生必须找出原因，彻底解决。

对于灰颗粒已低于灰熔点时在水冷壁沉积，通常只能附在水冷壁管表面上薄薄一层，不影响炉内的燃烧过程和水冷壁的吸热。

2. 水冷壁结渣的机理

锅炉结渣是个很复杂的物理化学过程，它涉及煤的燃烧、炉内传热和传质、煤的潜在结渣倾向、煤灰粒子在炉内运动，以及煤灰与管壁间的黏附等复杂过程。

煤中的灰是指存在于煤中的所有的无机物质，同时，也包括存在于煤有机化合物中的无机元素。灰分在煤中的存在形态不同，在燃烧过程中的形态变化也不同，对于灰分中与煤中有机物相联系的钠离子、钾离子及其氧化物在高温下挥发成气态；而与煤有机体相连的钙和镁离子，当煤燃烧，煤颗粒表面边界层中的含氧量足够低时，也会导致钙和镁的挥发，但是挥发性的钙和镁一旦到达氧化性气氛中(含氧量约为3％)便会迅速氧化生成粒径小于 1 μm 的小颗粒。挥发态的钠、钙、钾一方面在残留灰粒表面发生非均相的冷凝，生成低熔点灰粒相；另一方面，也发生均相成核凝结，生成粒径为 0.02～0.05 μm 灰尘微粒。对于离散分布在煤中的次生灰分，在煤粒燃烧过程中，随着碳的消耗，离散的灰粒发生积聚过程。或者，碳燃烧时发生破裂，灰粒也跟着破碎，形成不同粒径的灰粒。对于外在灰分，有些灰粒在燃烧过程中熔化，黏结在一起形成较大的灰粒,而有些灰粒随着碳粒在熔化过程中的爆破,形成粒径较小的残留飞灰。由于飞灰在炉内的生成机理不同,使得飞灰颗粒尺寸呈双峰形分布,第一个峰值在 1 μm 左右,第二个峰值为 $10\sim12$ μm。第一个峰值是由于挥发性灰的冷凝所至,第二个峰值是指灰分积聚和碎裂后的残留飞灰。

　　灰粒向水冷壁的输运过程是结渣的重要环节。灰粒的输运机理主要有三类,第一类为挥发性灰的气相扩散,第二类为热迁移,第三类为惯性迁移。对于粒径小于 1 μm 的灰粒和气相灰分,费克扩散、小粒子的布朗扩散和湍流旋涡扩散是重要的输运机理。对于粒径小于 10 μm 的灰粒,热迁移是一种重要的输运机理。热迁移是由于炉内温度梯度的存在而使小粒子从高温区向低温区运动。研究表明,热迁移是造成灰分沉积的重要因素之一。对于粒径大于 10 μm 的灰粒,惯性力是造成灰粒向水冷壁面输运的重要因素。当含灰气流转向时,具有较大惯性动量的灰粒离开气流而撞击到水冷壁面。灰粒撞击水冷壁面的概率取决于灰粒的惯性动量、灰粒所受阻力、灰粒在气流中的位置及气流速度。在典型的煤粉锅炉中,当气流速度为 $10\sim25$ m/s 时,直径为 $5\sim10$ μm 的灰粒就有脱离气流冲击水冷壁面的可能性。

　　灰渣在管上黏结和积聚长大,由于灰粒形成机理及输运机理的不同,灰渣在管壁上沉积存在两个不同的过程,一个为初始沉积层的形成过程,初始沉积层为厚度 0.2~0.5 mm 的化学活性高的薄灰层,它是由粒径小于 5 μm 的灰颗粒所组成。对于具有潜在结渣倾向的煤,初始沉积层主要是由挥发性灰组分在水冷壁上冷凝而形成。对于潜在结渣倾向小的煤,初始沉积层由挥发性灰组分的冷凝和微小颗粒的热迁移沉积共同作用而形成。初始沉积层中碱金属类和碱土金属类硫酸盐含量较高,这些微小的颗粒由范德瓦尔力和静电力保持在管壁上,并与管壁金属反应生成低熔点化合物,强化了微小颗粒与壁面的连接。初始沉积层具有良好的绝热性能,它的形成使管壁外表面温度升高。另一个沉积过程为较大灰粒在惯性力作用下冲击到管壁的初始沉积层上,当初始沉积层具有黏性时,它捕获惯性力输运的灰颗粒,并使渣层厚度迅速增加。由于初始沉积层主要是由挥发分灰组分的冷凝及微小颗粒的热迁移而引起,因而从工程角度考虑,很难防止初始沉积层的形成。但是初始沉积层的厚度较薄,它并不会对锅炉的安全运行构成威胁。造成炉内结渣迅速增加,并对锅炉安全运行构成威胁的主要因素是惯性沉积。由惯性输送的灰粒在初始沉积层上的黏结除与初始层的性质有关外,还与撞击灰粒的温度水平有关,当撞击灰粒的温度很高,呈熔融状液态时,很容易发生黏结,使结渣过程加剧。因此,在水冷壁壁面的灰层处于熔化状态或者炉内飞灰在迁移到水冷壁面本身处于熔化状态时,水冷壁容易发生结渣,如图 11-3 所示。

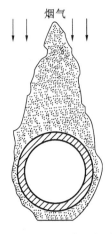

**图 11-3　管子表面灰的
　　　　沉积烧结**

3. 结渣的影响因素

影响锅炉结渣的因素主要有以下几点。

1)煤灰成分及特性

燃料中灰分含量高,灰熔点低,是锅炉易结渣的原因之一。对煤种及燃烧方式的选择,应尽量选择与设计煤种相符的煤种,当燃煤为低灰熔点时,应与灰熔点高的煤混烧。

研究表明,结渣是否产生取决于燃煤的矿物质特性。处于锅炉燃烧中心(温度为 1 450～1 650℃)的粉煤灰可能已全部熔化或表面熔化。在正常情况下,熔渣离开燃烧中心碰到受热面以前应当已冷却成固体状态,这样与受热面碰撞后仍被烟气带走,只会引起磨损,不致酿成结渣。若熔渣在与受热面撞击时,仍保持熔化状态,则黏附在管壁上,形成结渣。造成锅炉结渣的主要原因是灰分的成分及其熔点。

2)锅炉设计方面的影响

在设计锅炉时,基本上是以煤种成分来确定锅炉的有关参数。参数的取值大小,对锅炉是否结渣影响很大。当炉膛容积热负荷过高,说明炉膛容积小,水冷壁受热面面积布置少,炉内火焰温度高,往往容易造成结渣。因此,保持合适的炉膛热负荷,严格控制锅炉超负荷运行对防止锅炉结渣具有一定的作用。

3)锅炉运行方面的影响

锅炉在燃烧时,燃用煤种与设计煤种相差大,锅炉负荷过高或过低,煤粉细度变粗和均匀度下降,一次、二次风速与风量配合不适当,往往会造成燃烧器出口结渣或烧坏;吹灰和除渣不及时也是锅炉结渣原因之一。因此,应正确控制一次、二次风速和比例,使燃料能稳定地着火和良好地燃烧,维持适当的火焰中心位置,使煤粉气流在进入对流受热面以前应当燃尽,并冷却至一定温度,对防止或减轻锅炉结渣具有一定的作用。

锅炉负荷越高,炉膛中心温度越高,使得灰分的软化程度加剧,尤其是当火焰偏斜或燃烧器长期下摆或上摆,造成局部区域热负荷过高,使灰更容易在此处黏结。当炉内风量不足或燃料与空气混合不充分,会产生大量还原性气体,降低灰的熔点,使结渣加剧。

4. 结渣的防治措施

1)改进炉膛结构

改进炉膛结构的目的是要控制炉膛容积的大小和烟温的高低,防止结渣通常要将炉膛出口烟温控制在煤灰变形温度以下 50～100℃。要控制炉膛出口烟温,就要选取适当的炉膛热负荷。炉膛容积热负荷的高低还取决于炉膛内水冷壁布置的多少,水冷壁太少,炉膛容积热负荷过高,就会严重结渣。特别是炉膛出口的凝渣管不要布置得太密,否则,容易挂渣堵死。

降低炉膛热负荷和烟温的措施是改进炉膛结构。如将暗管改为明管或拆除部分卫燃带;炉膛两侧增加水冷壁或防渣联箱;煤粉炉适当加高炉膛,增大炉膛容积,改进燃烧器喷粉角度等。

2)防止超负荷运行

超负荷运行会引起结渣。对于裕量较大的风机来说,超负荷时就要较大幅度调大风量,提高送、引风和二次风的风速及烟速,增加过剩空气量。这种强化燃烧的结果使火焰温度偏高,烟气里携带大量熔融状态的煤粒煤灰黏结在炉膛出口凝渣管上,此处平均温度很快高于灰熔点,形成结渣。

3)加强运行操作的调整

(1)加强燃料管理 从锅炉运行的经验来看,煤种的变化是导致结渣的主要原因之一,特别是燃用灰熔点低、挥发分相对较高的煤种,其在下部炉膛燃烧时着火点早,火焰相对密集,造成扩散性燃烧,下部炉膛容积热负荷较大,从而造成局部高温区壁面结渣。因此,燃用设计煤种是防止炉膛结焦最重要的措施。为此,应加强燃料管理,对入炉煤进行搭配混烧。尤其是灰分大的煤,要与灰分小的煤掺混,以降低入炉煤的平均灰分。混合掺烧不同煤种,合理掌握煤块粒度及煤粉细度,特别是混烧结渣性强和结渣性差的烟煤,是预防结渣方法之一。

(2)加强运行管理和调整 增加吹灰的次数,尤其是炉膛的吹灰的次数,加强清焦工作,对看火孔、检查孔的焦,应当随时清除。

(3)保持炉膛内火焰的均匀分布和磨煤机运行方式合理性 在锅炉运行时,给粉要均匀,启停给粉机要对称,使火焰均匀充满炉膛,两侧吸送风机出力应均匀,不使烟风偏斜。对于直吹式制粉系统,要保持磨煤机燃烧器对称运行,尽量不用炉膛边角的燃烧器嘴,同时,应保持合适的煤粉细度和均匀度。

(4)加强运行监视 运行中,可根据仪表指示和实际观察来判断是否结焦。锅炉结焦后,煤粉消耗量增加,炉膛出口烟温升高,过热汽温升高且减温水量增大,锅炉排烟温度升高。炉膛出口结焦时,炉膛的负压值还会减小,严重时甚至有正压出现。此时应及时除焦,防止结焦的加剧。另外,运行中要保证能及时吹灰。

4)堵漏风

炉膛漏风,破坏了正常燃烧工况,造成火焰的充满度和搅拌混合情况恶化,火焰中心升高或偏斜,会加速结渣的形成。解决的办法是减少漏风量,使炉膛出口负压不致过大。

5)应用药剂解决锅炉结焦

某些锅炉清灰除渣剂(简称清渣剂)能够防止锅炉受热面结渣或结焦,清除锅炉受热面和烟气系统的灰垢,减少受热面的热阻,降低排烟温度,提高锅炉热效率。所以,近年来国内锅炉清灰除渣剂的研究、生产和使用都有很大的发展。

除渣剂主要有以下六项功能。

(1)通过除渣剂与锅炉渣垢的盐类进行复分解反应,生成易挥发性物质和新的质地松脆多孔物质,使渣垢变得疏松、龟裂、翘起以至脱落。

(2)除渣剂中含有熔点较高的物质,在高温结渣时,由于这些物质的混入,可以提高结渣的熔点,从而防止在受热面黏附、堆积和对受热面的腐蚀。

(3)除渣剂在高温下可分解成具有强氧化性的物质,在催化剂作用下与灰垢反应,燃尽余炭并使焦油状物质氧化、降解、燃烧,达到清灰除垢的目的。

(4)除渣剂为弱碱性混合物,在高温下可分解成强碱性物质,并可升华而附着在受热面上或混在烟气中,不断中和燃料燃烧所产生的酸性气体或酸性物质,减少或防止酸性腐蚀,降低酸性气体的含量,减轻烟气对环境的污染。

(5)除渣剂中还含有锌等活性金属及其氧化物,在高温下升华,可附着在高温受热面形成金属镀层或形成致密的金属氧化膜,对受热面金属表面起到保护作用。

(6)除渣剂中一部分物质在高温下分解,瞬间产生大量的气体,冲击翘裂的渣垢和附灰,使其脱落或被吹除。

11.1.2　燃煤矿物成分的化学物理特性

1. 煤灰主要元素及其成碱成分

煤粉中的杂质(灰分)由多种元素组成,其主要矿物成分是八种元素,即硅 Si、铝 Al、铁 Fe、钙 Ca、镁 Mg、钛 Ti、钾 K、钠 Na,一般占煤灰含量的 95% 以上。

在灰分分析中,灰组分均以氧化物成分给出。煤灰中的金属离子,按其化学性质(反应性能)可分为碱性金属离子和酸性金属离子。煤灰中八种主要元素的金属离子及其氧化物酸碱性的区分简介如下。

在煤灰分析中,铁一般以三价铁 Fe_2O_3 给出。其实灰中铁元素约 90% 以上是二价铁的化合物,尤其以硫铁矿(黄铁矿)FeS_2 居多,也有氧化亚铁 FeO 或 Fe_2O_4 和 Fe-CO_3,只有不到 10% 为三价铁 Fe_2O_3。

碱金属又分为强碱(如 Na^+、Ka^+ 等)弱碱(如 Fe^+、Ca^+ 和 Mg^+ 等)。碱金属常常与弱酸的阴离子(如硅酸、铝硅酸、黏土等)结合在一起,但在煤的燃烧过程中,会与烟气中的水蒸气发生水解作用,产生碱性化合物。

强碱(Na^+、Ka^+)的水解反应如下(以硅酸钠水解为例):

$$\left.\begin{array}{l} Na_2SiO_3 + 2H_2O \longrightarrow 2NaOH + H_2SiO_3 \\ NaOH \longrightarrow Na^+ + OH^- \end{array}\right\} \tag{11-1}$$

这个反应导致很强的碱性,因为 Na^+OH^- 几乎可以完全离解出 Na^+ 和 OH^-,而 H_2SiO_3 只能微弱地发生分解。

其他碱离子(Fe^+、Ca^+ 和 Mg^+ 等)与二价阴离子的弱碱(如 CO_3^{2-}、硫 S^{2-} 等)结合着,水解产生的碱性较弱,其反应式为

$$\left.\begin{array}{l} CaCO_3 + H_2O \longrightarrow CaHCO_3^+ + OH^- \\ FeS_2 + H_2O \longrightarrow FeOH^+ + HS_2^- \\ FeOH \longrightarrow Fe^{2+} + OH^- \end{array}\right\} \tag{11-2}$$

水解产生的化合物为弱酸或弱碱金属,水溶性较差。

碱性化合物的金属元素正电位较高,负电位较低,会产生迁移率(活动性的象征)

很高的离散阳离子;酸性化合物的金属元素(如 Si、Al、Ti 等)正电位较低,负电位较高,所产生的离散阳离子少,阳离子的活动性也低。

碱性化合物(特别是强碱化合物)具有很强的化学反应性,在炉内结渣和高温积灰过程中成为结渣和积灰沉积物的中间媒介。

钠、钾化合物在高温时反应性更高。会发生分解和挥发,K_2O 在 350 ℃时发生分解。Na_2O 在 1 275 ℃时发生升华。气态 K、Na 离子在温度降低到约为 700 ℃时就发生凝结。所以气态碱金属在碰到壁温 700 ℃以下的受热面时,会凝结并牢固地黏附在受热面上。

由于煤灰中酸碱成分化学反应性的差别,在分析煤灰的结渣或积灰性能时,常常将酸碱分别归类。酸成分以 A 表示,碱成分以 B 表示。对于煤灰中八种主要金属元素的氧化物,可写出

$$\left.\begin{array}{l} A = SiO_2 + Al_2O_3 + TiO_2 + Fe_2O_3 \\ B = K_2O + Na_2O + CaO + MgO + FeO \end{array}\right\} \tag{11-3}$$

煤灰的碱酸比为

$$\frac{B}{A} = \frac{K_2O + Na_2O + CaO + MgO + FeO}{SiO_2 + Al_2O_3 + TiO_2 + Fe_2O_3} \tag{11-4}$$

可以预期,比值 B/A 的数值越大,煤灰的结渣和高温积灰倾向越强。

传统上对煤灰中铁元素化合物的化学分析均以三价铁 Fe_2O_3 的数据给出,没有二价铁 FeO 的分析数据,并把 Fe_2O_3 的分析数据列入碱性成分,即

$$\left.\begin{array}{l} A' = SiO_2 + Al_2O_3 + TiO_2 \\ B' = K_2O + Na_2O + CaO + MgO + Fe_2O_3 \end{array}\right\} \tag{11-5}$$

根据上述分析,比值 B/A 不能可靠地反映煤灰的结渣和高温积灰性能,但煤灰分析中又缺乏 FeO 的数据,因此,实际上也不可能采用煤灰酸碱比来判断煤种的结渣或高温积灰性能。

2. 煤灰主要矿物质的熔化温度

煤灰中的矿物质,按熔化温度的高低大致可分为以下三类。

低熔点化合物。其熔化温度在 700~850 ℃之间,主要是碱和碱土金属的氧化物、碳酸盐和部分硫酸盐,以及碱金属的氧化物。

中熔点化合物。其熔化温度在 900~1 100 ℃之间,如碱和碱土金属的硫酸盐、碱金属的硅酸盐。

高熔点化合物。熔点在 1 600 ℃以上,酸性成分的纯氧化物如 SiO_2、Al_2O_3、TiO_2 等熔点很高。在 1 700~2 000 ℃之间。碱土金属纯氧化物熔点更高,在 2 600~2 800 ℃之间。

某些煤灰化合物的熔化温度各有不同。例如,纯氧化物,如 SiO_2、Al_2O_3 和 CaO 等熔点很高,但其与 FeO、Na_2O 或硅酸盐等组成的共熔体熔点较低,如 Al_2O_3-Na_2O-$6SiO_2$ 的熔点为 1 100 ℃,$Na_3Al(SO_4)_3$ 熔点为 920 ℃,CaO-FeO-SiO_2 共熔体的熔点

为 1 093 ℃,SiO_2-CaO-Na_2O 的熔点更低为 720 ℃。

3. 结渣趋势的预测

由于结渣过程的复杂性和影响因素较多,对锅炉内结渣趋势难于准确的预测。燃料结渣特性的预测是炉内结渣趋势分析的基础,在锅炉设计和运行中是不可少的。

现有的预测燃煤结渣倾向的方法很多,如灰熔点(包括灰熔融特性)、灰渣黏度法(酸碱比、碱-硫-酸比、硅比、硅铝比、铁钙比)等,但至今还没有一个公认的方法,下面介绍一些常见的预测方法。

一般认为,煤中碱性成分熔点低,容易造成结渣,而酸性成分的熔点较高。煤灰中铁的含量在煤灰分析中均以三价铁存在,一般视之为碱性成分。实际上,只有二价铁才是碱性,三价铁是酸性的。因此,在煤灰中铁的含量全部当做碱性或酸性都是不准确的。俄罗斯全俄热工研究院提出的燃煤结渣倾向用下判别式比较合理,即

$$R_S = \sqrt{0.5\left\{\left[1 - \frac{0.025(SiO_2 + Al_2O_3 + TiO_2)}{(CaO + MgO + K_2O + Na_2O)}\right]^2 + \left(1 - \frac{0.008A_d}{S_d}\right)^2\right\}} \quad (11\text{-}6)$$

式中:S_d、A_d 分别为煤中干燥基硫的含量和灰分量,%;SiO_2 为灰中 SiO_2 等物质的含量,%;$R_S > 0.78$ 煤种结渣倾向严重;$R_S < 0.65$ 煤种结渣倾向轻微。

判别煤种结渣特性强弱的上述边界数据是根据俄罗斯的煤种试验整理的,是否适合中国煤种有待检验。

我国电力行业标准《大容量煤粉燃烧锅炉炉膛选型导则》(DL/T831—2002)建议采用一维炉对煤粉烧结的结渣(结焦)特性进行试验评价。根据试验结果,确定煤种的结渣特性指数 S_C,并根据 S_C 的大小确定结渣等级特性等级,如表 11-1 所示。当结渣特性指数 S_C 与某些结渣判别指标进行相关联对比时,发现结渣判据 R_T 与 S_C 的关联度较好,结渣判据 R_T 的计算式为

$$R_T = \frac{HT_{max} + 4DT_{min}}{5} \quad (11\text{-}7)$$

式中:HT_{max} 为氧化性气氛中灰的半球温度,℃;DT_{min} 为还原性气氛中灰的变形温度,℃。

表 11-1 煤粉燃烧结渣等级特性

S_C	<2.5	2.5～4.5	4.5～6.5	>6.5
结渣等级特性	低	中	高	严重

表 11-2 列出了采用判据 R_T 评判结渣等级的界限。

表 11-2 结渣特性等级的特性

R_T/℃	>1 400	1 400～1 320	1 320～1 250	<1 250
结渣特性	低	中	高	严重

11.1.3 高温受热面结渣的化学机理

1. 黄铁矿 FeS_2 反应

煤中灰分的铁元素 90% 以上是以亚铁(二价铁)Fe^{2+} 的形式存在的,并以黄铁矿(硫铁矿)FeS_2 居多,少量以硫酸亚铁 $FeSO_4$、磷铁矿 $FeCO_3$、含铁黏土等形式出现,只有不到 10% 是以正铁(三价铁)的形式存在。因此,煤粉燃烧过程中研究 FeS_2 的反应是分析炉内受热面污染不可缺少的。

FeS_2 易燃,含量较多时煤容易发生自燃。FeS_2 凡在较低温度时就会发生反应,其反应受环境气氛影响很大。

氧化气氛中的反应。在氧化气氛中,FeS_2 可以通过直接或间接反应转化为 Fe_2O_3。当温度为 $400\sim600$ ℃时,FeS_2 就会与氧发生反应,直接生成 Fe_2O_3,并放出 SO_2,即

$$\underset{(碱性)}{4FeS_2} + 11O_2 \longrightarrow 2Fe_2O_3 + \underset{(酸性)}{8SO_2} \tag{11-8}$$

Fe_2O_3 熔点高,约为 1 600 ℃。在上述温度范围内也有一定量 FeS_2 转化为硫酸铁 $Fe_2(SO_4)_3$,即

$$2FeS_2 + 7O_2 \longrightarrow Fe_2(SO_4)_3 + SO_2 \tag{11-9}$$

$Fe_2(SO_4)_3$ 又会部分转化为 Fe_2O_3,即

$$Fe_2(SO_4)_3 \longrightarrow Fe_2O_3 + 3SO_3 \tag{11-10}$$

FeS_2 的热分解产物 FeS 在氧化气氛中还会部分转化为磁性氧化铁 Fe_3O_4,即

$$3FeS + 5O_2 \longrightarrow Fe_3O_4 + 3SO_2 \tag{11-11}$$

Fe_3O_4 也常写为 $FeO \cdot Fe_2O_3$,其中的亚铁部分在 540 ℃时会发生如下氧化反应:

$$\underset{(碱性)}{4FeO} + O_2 \longrightarrow \underset{(酸性)}{2Fe_2O_3} \tag{11-12}$$

煤粉在氧化气氛中燃烧时,煤灰中的铁主要转化为高熔点的三价铁 Fe^{3+} 的氧化物 Fe_2O_3,只有少量(约 10%)转化为 $Fe_2(SO_4)_3$。

还原气氛中的反应。在缺氧的还原气氛中,黄铁矿在 200 ℃时开始发生分解,生成磁黄铁矿 FeS 或 Fe_nS(n 为小于 1 的数值),放出气态硫。FeS_2 在 700 ℃时完成全部分解。

$$\left.\begin{array}{l} FeS_2 \longrightarrow FeS + 1/2S_2 \\ 7FeS_2 \longrightarrow Fe_7S_8 + 3S_2 \end{array}\right\} \tag{11-13}$$

反应生成的磁黄铁矿 $FeS(Fe_nS)$ 是碱性铁,呈液态,在煤粉燃烧过程中,会与煤灰中其他杂质成分构成低熔点的复合物,也会直接黏附在水冷壁管子上造成结渣。

当温度在 1 000 ℃或更高时,在还原气氛中,FeS 和 FeS_2 会将酸性三价铁 Fe^{3+}(高熔点的 FeS_2)转化为低熔点的碱性二价铁 Fe^{2+},即

$$\underset{(碱性)}{FeS} + \underset{(酸性)}{3Fe_2O_3} \longrightarrow \underset{(碱性)}{7FeO} + SO_2 \tag{11-14}$$

$$7FeS_2 + 2Fe_2O_3 \longrightarrow 11FeS + 3SO_2 \qquad (11\text{-}15)$$
（碱性）　（酸性）　　　　（碱性）

在还原气氛中,煤中的炭粒也会将三价铁 Fe^{3+} 转化为碱性二价铁,即

$$2Fe_2O_3 + C \longrightarrow 4FeO + CO_2 \qquad (11\text{-}16)$$
（酸性）　　　　（碱性）

亚铁的熔点低,一般为 $1\,000\ ℃$ 左右。在还原气氛中亚铁还会与煤灰中酸性的二氧化硅发生反应,生成偏硅酸亚铁 $FeSIO_3$ 或正硅酸亚铁 Fe_2SiO_4,即

$$\left.\begin{array}{l} FeO + SiO_2 \longrightarrow FeSiO_3 \\ 2FeO + SiO_2 \longrightarrow Fe_2SiO_4 \end{array}\right\} \qquad (11\text{-}17)$$

硅酸亚铁是低熔点成分(熔点约为 $1\,150\ ℃$),还会与 FeS 组成低熔共晶体。此外,氧化亚铁 FeO 也是组成低熔共晶体的重要成分。其组成的共晶体,如 CaO—FeO、CaO—FeO—SiO_2 和 FeS—FeO 等熔点分别为 $1\,130\ ℃$,$1\,090\ ℃$ 和 $940\ ℃$。

所以,在还原气氛中,灰的熔点随铁含量的增加而迅速降低。

一般认为,煤中黄铁矿(硫铁矿)FeS_2 的含量与有机硫含量存在一定的正比例关系,而煤中硫含量的增加,主要是硫铁矿含量增加所致。因此,硫对锅炉受热面污染的影响与硫铁矿 FeS_2 的存在是相伴相随的。此外,硫铁矿在炉内缺氧气氛加热分解时放出的气态硫,随温度的升高越加活跃。还原气氛下生成的气态硫 S 和 H_2S,会通过灰渣层向管子表面扩散,对炉膛水冷壁的高温腐蚀起催化作用;在氧化条件下生成的 SO_2 和 SO_3,在高温对流受热面中通过灰层由外向里扩散,与管子表面的钠、钾、铁、铝等成分长时间作用会生成熔融性腐蚀介质,对高温对流受热面产生强烈的腐蚀作用。

2. 碱金属反应

与碱土金属(如 Ca^{2+}、Mg^{2+} 等)相比,煤中碱金属(如 Na^+、K^+ 等)的含量不多。但碱金属最活跃,反应性高,熔点也低。对炉膛水冷壁结渣和高温对流受热面积灰有重要影响。

钠、钾化合物在中温时就开始分解和挥发,如 K_2O 在 $350\ ℃$ 开始分解,NaO 在 $1\,275\ ℃$ 就已升华。

煤灰中的钠、钾化合物常以与弱酸的阴离子(如硅酸、铝硅酸、黏土等)相结合的形式存在,很容易形成 Na^+、K^+ 离子。在煤粉燃烧早期温度较低时,钠、钾化合物就会与水蒸气发生作用生成强碱 NaOH、KOH,也可能通过氧化作用生成 Na_2O、K_2O,再与水蒸气作用生成强碱,即

$$\left.\begin{array}{l} Na^+ + 1/2O_2 \longrightarrow Na_2O \\ Na_2O + H_2O \longrightarrow NaOH \end{array}\right\} \qquad (11\text{-}18)$$

在 $1\,000 \sim 1\,200\ ℃$ 的温度下,煤灰中的盐类和碱的氧化物与水蒸气发生气相反应,也会生成气态强碱,即

$$NaCl + H_2O \longrightarrow NaOH + HCl \qquad (11\text{-}19)$$

燃料含硫对碱金属的行为有重要影响。烟气中的 SO_2、SO_3 在温度$>1\,200\ ℃$ 时

使碱金属生成低熔点的凝结性硫酸盐(熔化温度 850~900 ℃),即

$$2NaOH + SO_2 + 1/2O_2 \longrightarrow Na_2SO_4$$
$$2NaOH + SO_2 + 1/2O_2 \longrightarrow Na_2SO_4 + H_2O$$
$$2NaOH + SO_3 \longrightarrow Na_2SO_4 + H_2O$$
$$2NaCl + SO_2 + 1/2O_2 + H_2O \longrightarrow Na_2SO_4 + 2HCl$$

$$(11\text{-}20)$$

在高温(1 000~1 600 ℃)下,煤中挥发性钠与 SiO_2 反应生成硅酸钠。其中绝大多数 Na^+(75%以上)为玻璃状黏性二硅酸钠 $Na_2Si_2O_5$,少数为偏硅酸钠 $NaSiO_3$ 和正硅酸钠 Na_4SiO_4。典型反应为

$$2NaOH + 2SiO_2 \longrightarrow Na_2Si_2O_5 + H_2O \qquad (11\text{-}21)$$

当烟气中含有氧化硫时,二硅酸钠会生成附加的硫酸钠,即

$$SO_2 + Na_2Si_2O_5 + 1/2O_2 + H_2O \longrightarrow Na_2SO_4 + 2SiO_2 \qquad (11\text{-}22)$$

释放出的 SiO_2 又将碱金属钠转化为二硅酸钠,这样,在高温下,煤灰中的碱金属钠转化为凝结性 $Na_2Si_2O_4$ 和很黏的 $Na_2Si_2O_5$。气态碱金属和黏性很强的 $Na_2Si_2O_5$ 是高温积灰的重要媒介。凝结性 $Na_2Si_2O_4$ 在金属表面的反应则是造成高温对流受热面腐蚀的重要原因。

3. SiO_2 的反应和酸碱反应

SiO_2 一般认为是高熔点的酸性氧化物。SiO_2 是一种玻璃结晶体,在加热过程中随温度升高会发生晶型的转变。纯 SiO_2 在 1 700 ℃以上转变为液态,气化温度更高。但在煤粉燃烧条件下,由于有碳、硫、氢等催化物质的存在,在炉内温度 1 500~1 600 ℃时就会发生气化反应:

$$SiO_2 + C \longrightarrow SiO + CO$$
$$SiO_2 + H_2 \longrightarrow SiO + H_2O$$

$$(11\text{-}23)$$

并生成气态一氧化硅 SiO。亚微米级雾状 SiO 遇到受热面时就会发生凝结,形成灰渣层。

由此可见,纯 SiO_2 熔点虽高,但在煤粉燃烧条件下,它会部分与碱金属、亚铁等形成黏性很强的低熔复合物;还会被催化气化,生成亚微米级气态 SiO,遇到受热面时就凝结固化,黏结在受热面上。

炉内煤粉燃烧时矿物质的行为十分复杂,甚至被认为会发生酸碱成分之间的反应,包括低熔点的碱性成分与高熔点的酸性成分之间的反应。酸碱之间的反应,常常生成低熔点的复合物或低熔共晶体。

在还原气氛中,低熔点的碱性亚铁会将高熔点的酸性正铁(Fe_2O_3)转化为亚铁;也会使高熔点的二氧化硅 SiO_2 转化为低熔点的硅酸铁。

在还原气氛中,酸碱反应使熔化灰分的比例增加。碱性 FeO 通过与 Al_2O_3(酸性)和 SiO_2(酸性)组成低熔共晶体,使高熔点的 Al_2O_3 也进入熔化灰分的行列。

在氧化气氛中,煤灰中最重要的流动成分是钾。在 1 200 ℃以下,钾与亚铁、二氧化硅组成低熔共晶体:K_2O(碱性)-FeO(碱性)-SiO_2(酸性);当温度在 1 200 ℃以上

时,碱土金属 Ca^{2+} 等高熔点氧化物也加入流动介质的行列。

11.1.4　对流受热面的积灰与防止

1. 尾部受热面的积灰

当带灰的烟气流经各受热面时,部分灰粒会沉积到受热面上形成积灰。这是锅炉运行中常见的现象。积灰会影响传热和烟气的流通,尤其是通道截面较小的对流受热面,严重的积灰还会堵塞烟气通道,以致降低锅炉出力甚至被迫停炉。

低温受热面积灰与烟气流动、烟气温度、飞灰成分和壁面金属温度等因素有关。在烟温低于 $600 \sim 700\,℃$ 的尾部受热面上的积灰,大多是松散的积灰。这是因为烟气中碱金属盐蒸气的凝结已结束,在受热面管子外表面不再会有坚实的沉积层。这时的积灰可能有两种不同情况:一是由于气流扰动使烟气中携带的一些灰粒沉积到受热面上,形成松散性积灰层;另一种是由于烟气中的酸蒸汽和水蒸气在低温金属壁面上凝结,将灰粒黏聚而成的准松散性积灰或黏结性积灰。

1) 松散性积灰

烟气中的灰粒是一种宽筛分组成,但尺寸大都小于 $200\ \mu m$,其中多数尺寸为 $10 \sim 30\ \mu m$。当含灰气流横向冲刷管束时,管子背风面产生漩涡运动。较大的灰粒子由于惯性大,不会被卷进去。进入旋涡并沉积在管子背风面上的,大多数是尺寸小于 $30\ \mu m$ 的灰粒子。灰粒之所以能黏附到管壁表面,是由于金属表面层原子的不饱和引力场所引起的。灰粒越小相对表面积越大,当它与管壁接触时,就很容易地被吸附到金属表面上。但灰中极微小的无惯性组分,可以沿气流的流线运动,在受热面上沉积的可能性也不大。实验证明,沉积在受热面上的主要是尺寸为 $10 \sim 30\ \mu m$ 的灰粒。

对流受热面管子上的积灰,主要集中在管子的背风面,而迎风面很少。这是因为管子的正面部分从一开始就受到大灰粒的撞击,因此,只有在烟速很低或灰中缺乏大颗粒时才出现积灰。而在管子的侧面,由于受到飞灰的强烈磨损,即使在很低的烟气速度下也不会有灰沉积。

灰粒在受热面上的沉积,最初增加很迅速。但很快达到动平衡状态。这时,一方面仍有细灰沉积,另一方面烟气流中的大灰粒又把沉积到受热面上的细灰粒剥落下来。达到积聚的灰和被大颗粒冲掉的灰相平衡时,就处于动平衡状态,积灰也就不再增加。只有当外界条件改变,如烟气速度变化时,才会改变积灰情况,一直到建立新的动平衡为止。

受热面上松散灰的积聚情况与烟气速度有关。随着烟气速度的增大,管子背风面积灰逐渐减少,而迎风面甚至可能没有积灰,如图 11-4 所示。这是因为在错列管束中气流的扰动随烟速升高而加剧,气流速度较高时,松散积灰将被吹走,错列管束管子纵向节距越小,气流扰动越大,气流冲刷管子背风面的作用越强,管子上的积灰也就越小;反之,在顺列管束中,除第一排管子外,烟气冲刷不到其余管子的正面和背面,只能冲刷管子的两侧。因此,不论管子正面或背面均将会发生较严重的积灰。

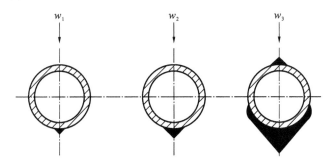

图 11-4　不同烟速下错列管束的积灰情况

$w_1 > w_2 > w_3$

研究还表明,积灰程度与气流横向冲刷受热面的方向无关。不论气流自上而下或自下而上,或者在水平方向流动,都会发生类似图 11-4 所示的情况。

当烟气流速降低到 2.5~3 m/s 时。就很容易发生受热面堵灰。考虑到锅炉可能降低负荷运行,那么,在设计锅炉时,额定负荷下尾部受热面内的烟速应不低于 6 m/s。这样,就可避免在低负荷运行时,因烟速过低而发生堵灰。但烟速也不能太高,否则,受热面将受到严重的飞灰磨损。

2)准松散性积灰或黏结性积灰

对于低温受热面的烟气出口冷端,烟气和工质温度均低。在金属壁面温度低于烟气酸露点时,飞灰除受物理作用产生松散性积灰外,同时还会受到硫酸甚至水的凝结作用。当硫酸凝结在清洁受热面上时,一方面要溶解管壁上的氧化膜(Fe_3O_4)和金属(Fe);另一方面,会捕捉飞灰颗粒并与其中的某些成分发生化学反应,生成酸性凝结灰。当受热面已受到灰污染时(松散性积灰),硫酸蒸汽则会通过分子扩散凝结在受热面上。也会与沉积物中的成分及受热面金属发生化学反应,生成酸性凝结灰。酸性凝结灰的主要成分是 $Al_2(SO_4)_3$、$CaSO_4$、$Fe_2(SO_4)_3$。

由于硫酸在这两方面的作用,积灰层之间、积灰层与受热面表面之间的黏附强度明显提高。大量飞灰在毛细管效应、惯性效应和拦截效应等作用下沉积下来,造成黏结性积灰有无限增涨趋势,且随着时效烧结和硬化,导致积灰难以用吹灰方法清除,最后造成搭桥和堵灰。与此同时,硫酸带来的低温腐蚀也伴随着出现,受热面金属遭到破坏。

2. 空气预热器的积灰

1)管式空气预热器的积灰

管式空气预热器正常运行时,无论是管子的热端还是冷端,在管子进、出口处都存在回流区灰的黏附。

图 11-5 所示为烟气在管式空气预热器进、出口处回流区的示意图。上游烟道的烟气进入空气预热器内时,气流在进口一小段长范围内发生脱体,并形成自由剪切层。自由剪切层内压力梯度大,处于层流状态;而其下游,流态产生变化,气流以紊流边界层的形式撞击壁面,这便在管内四周形成灰分沉积的回流区。回流区的大小与

烟气进口的速度及其紊流的特征有关,通常距管端 $1\sim3d$。同样,在管子出口处,由于管内气流扩入下游烟道内,也会产生一范围较小的回流区。

在飞灰中,粒径小的灰粒在紊流扩散、热泳力和静电力的作用下,将会被卷入回流区并大量黏附在回流区壁面上;粒径大的灰粒,因惯性大则不会被卷入回流区,或卷入后往往又被壁面弹回到气流中。通常,在烟温高的预热器管进口热端,回流区积灰是松散性的,在一定雷诺数时积到一定程度后不再发展,出现飞灰中小颗粒黏附和大颗粒磨蚀的动平衡现象;而在烟温低的预热器管出口冷端,往往由于凝结有较多的酸溶液,回流区不仅存有飞灰的小颗粒,而其较大飞灰颗粒也会被捕捉,出现发展的低温黏结性积灰。

回流区沉积飞灰后,回流区处烟气对空气的热交换强度显著降低,回流区的金属壁温 t_w 不再是高于空气温度 t_a,而是近似相等,即 $t_w \approx t_a$

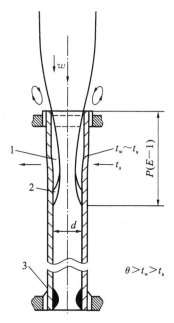

图 11-5 管式空气预热器进、出口处回流区示意图

1、3—回流区;2—最大磨损处

(见图 11-5)。同时,出口的烟温也相应提高,出口烟温的提高,意味着预热器热交换的平均烟温的提高、有利于烟气酸沉积量的减少及灰沉积率的降低。但应指出,管式空气预热器由许多并列管子所组成,烟气进入各管的温度和烟量客观上存在着偏差,管箱四周管子内的烟温和烟量通常要比中间管子低和少。此外,沿空气流程,空气进口温度比出口温度低得多。显然,就整个管式空气预热器而言,空气进口冷端的第一和第二排边管,其壁温最低。它们回流区的酸沉积量最多,酸沉积速度最快,最容易发生积灰和腐蚀。

当这些冷段的边管积灰后,最终往往会被堵塞。因为,在它们积灰后,管内气流冲刷能量(速度)明显地比中间管内低得多而导致积灰增多,继而进入烟量进一步减少,如此恶性循环,直至发生堵管为止。

当这些边管堵灰后,通过这些管子的烟气停止流动,热交换遭破坏,空气得不到加热而以同初温一样的温度流经后面的中间管,使中间管的壁温降低,相继发生堵塞,导致整个空气预热器堵管程度加大,使参与燃烧的热空气温度降低过多,导致排烟热损失明显增加,锅炉正常工作受到影响。

管式空气预热器的烟气进口热端,有时也会由于前面受热面的吹灰或上部省煤器随机落下的大灰块而被堵塞。

2)回转式空气预热器

回转式空气预热器积灰的轻重,与其传热元件即波纹板的形式和板间间隙的大小有很重要的关系。

　　DU 型传热元件由波纹板和波纹定位板组成,通常用于空气预热器的热端和中间端。波纹板上的线型均与烟气流方向呈 30°角。能保证烟气流具有较高的湍流度,加强与空气的换热效能,但缺点是较容易积灰。积灰除将窄凹沟槽首先堵塞外,烟气流经波纹板时产生的小回流区也会发生积灰。CU 型传热元件由波纹板和平板定位板组成,传热效果不如 DU 型,但不容易积灰,且便于吹灰。NF 型传热元件是由平板和平板定位板组成,传热效果不如前两种,但防积灰效果和吹灰效果更好。后两种传热元件常用于空气预热器的冷端。

　　回转式空气预热器积灰与管式空气预热器积灰相比的另一明显特征是,烟气进口热端容易被大灰块所堵塞,原因是波纹板间的间隙比管式空气预热器的管径窄小得多。回转式空气预热器堵塞的产生,往往是由于锅炉吹灰落入的渣块卡在进口板间狭窄通道内,随后再被飞灰沉积物堵塞。研究报道,一台 500 MW 燃煤锅炉,8 h 的吹灰间隔约有 50 t 飞灰沉积在水冷壁和对流受热面上,其中大部分将在下一次吹灰时被吹掉。吹掉落下的颗粒,尺寸从不足 1 μm 到超过 100 μm,有大的烧结和熔融灰片和灰块,也有小的松散的灰粒。其中,中等尺寸的颗粒和部分质量小而被烟气流输送至空气预热器的大颗粒,以及部分质量大靠自身重力而能落到空气预热器的巨大颗粒。它们都会卡塞在波纹板间隙内,并捕捉烟气中携带的小颗粒以填满通道,造成通道堵塞。

　　省煤器的泄漏,往往会使回转式空气预热器进口被湿灰堵塞。由于水可起黏结媒介作用,湿的灰粒在表面张力作用下结合成紧密的颗粒团,颗粒团干燥后具有较高的强度。干燥的颗粒团之所以有较高的强度,原因是灰中通常含有 2%～5% 的可溶性物质;而这些可溶性物质又主要是钙和碱金属的硫酸盐和少量的可溶性硅酸盐成分,干燥时它们形成的针状或层状结晶基质,能牢固地阻塞空气预热器窄小的板间通道。研究发现,湿灰在无添加剂时,会形成 20 mm 大小的球粒,能在 1 200～1 400 K 烧结;而球粒在干燥后未烧结前的 400～1 200 K 内的强度,取决于高温水泥结晶基质的形成和数量。故对于含钙高的富钙灰遭水湿润后,其积灰的黏结强度很高。

　　回转式的空气预热器的烟气出口冷端的积灰和管式空气预热器一样,会形成低温黏结性积灰。黏结性积灰的严重程度取决于波纹板温度、排烟温度、酸露点和硫酸凝结量等因素。

　　回转式空气预热器受热面的运行特点是烟气和空气反向交替运动。热段传热元件上的松散性积灰灰粒易被反向流过的空气吹走,而不致越积越多、越积越硬;但其传热元件间隙窄小,易堵塞。回转式空气预热器壁温较管式空气预热器高,凝结的液体对积灰的影响比管式空气预热器的轻。

　　3.尾部受热面积灰的减轻和防止

　　1)改善布置

　　图 11-6(a)所示为布置在省煤器下部的回转空预器,热端进口易被灰块堵塞和易

遭省煤器漏水堵灰。如图 11-6(b)所示的布置改变了气流流过预热器的方向,可减少进口堵灰,但因冷端板间隙比热端的宽,酸凝结将使冷端积灰深度增加。如图 11-6(a)所示的布置一般多用于燃煤锅炉;如图 1-6(b)所示的布置适用于低硫高钙煤。图 11-6(c)、1-6(d)所示为两种水平布置方式,利于减轻热端进口的灰块堵塞。

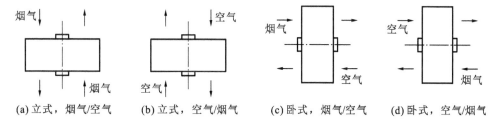

| (a)立式,烟气/空气 | (b)立式,空气/烟气 | (c)卧式,烟气/空气 | (d)卧式,空气/烟气 |

图 11-6　回转式空气预热器布置图

为防止回转式空气预热器烟气进口灰块的堵塞,在过热器、再热器和省煤器烟道下部部位可装设灰斗或集灰器;在空气预热器入口烟道内可装设垂直棒栅和挡板。

2)选择适当的烟气通道截面积

对燃烧易积灰和腐蚀的煤,除适当加厚传热元件的壁厚以延长其使用寿命外,必要时应加大烟气通道截面积。管式空预器管径可选择 $\phi15$ 代替 $\phi40$,并且可选择低温级的管径和管箱边界处管径,使其大于高温级和大于低温级中间管处的管径。

回转式预热器的下部冷端可采用 12~15 mm 板间隙。热管式空气预热器烟气侧的肋片间距可取 8~10 mm 或更高些。

3)设计时采用足够的烟气流速

在额定负荷下对于回转式空气预热器,在锅炉最大连续蒸发量下,烟气速度一般不小于 8~9 m/s,空气流速不小于 6~8 m/s。对于具有升华物质的燃料,延期速度应选用更高点。

4)控制燃烧、防止炭黑生成

锅炉启停炉和低负荷运行期间,往往会由于燃烧不易控制而生成较多的炭黑。炭黑会吸附硫酸使其黏性增加,导致受热面黏结性积灰。

5)保证吹灰和定期清洗

运行中保证吹灰器按时吹灰十分必要。它可减轻受热而的积灰,并使积灰不至于通过烧结、硬结、时效和化学反应等过程,造成的积灰黏性硬度增加和腐蚀加重。对强黏结积灰,可用高压高速水射流进行清洗。

11.2　受热面的磨损

11.2.1　磨损及危害

燃煤锅炉尾部受热面飞灰磨损是一种常发生的现象。当携带大量固态飞灰的烟气以一定速度流过受热面时,灰粒撞击受热面。在冲击力的作用下会削去管壁微小金属屑而造成磨损。磨损使受热面管壁逐渐减薄、强度降低,最终将导致泄漏或爆管事故,直接威胁锅炉安全运行。锅炉的受热面都会发生不同程度的磨损,尤其以省煤器最为严重。

根据设计要求,对流受热面管壁允许的最大磨损量为 2 mm、安全运行时间应在 6×10^4 h 以上。某些电站锅炉机组由于设计不当、燃料变劣、运行水平下降或防磨经验不足等原因,运行近万小时,即磨损严重,出现泄漏和爆管现象。当锅炉燃用高灰分的煤种时,磨损现象更加严重。因此,必须了解飞灰磨损的主要机理和防止磨损的主要措施。

11.2.2　磨损的机理

烟气气流对受热面管子的冲击有垂直冲击和斜冲击两种情况:冲击角(气流方向与管子表面切线之间的夹角)为 90℃时,为垂直冲击,小于 90℃时,为斜向冲击,如图 11-7 所示。

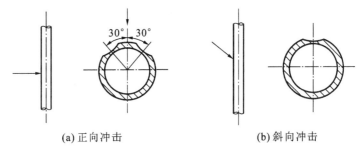

(a) 正向冲击　　　　　　　　　　　　　　(b) 斜向冲击

图 11-7　烟气冲刷管外时磨损最大的部位

垂直冲击引起的磨损称为冲击磨损。垂直冲击时,灰粒对管子作用力的方向是管子表面的法线方向,因此,其现象是在正对气流方向管子表面有明显的麻点。斜向冲击时,灰粒对管子的作用力可分解为切向分力和法向分力。法向分力产生冲击磨损;切向分力对管壁起切削作用,称为切削磨损。两者的大小取决于烟气对管子的冲击角度。

受热面的磨损是不均匀的,严重的磨损都发生在某些特定的部位。从烟道截面上来看,不同部位的受热面磨损是不均匀的,这主要是由于烟气在转向室转弯时,在离心力的作用下,使得靠近烟道后墙部位的飞灰浓度要大于前墙,所以后墙部位的受热面磨损要严重些。

从管子周界上来看,磨损同样也是不均匀的。管外横向冲刷错列管束时磨损情况如图 11-8(a)所示。位于第一排的管子最大磨损发生在管子迎风面两侧 30°～40° 的范围内,第一排以后各排管子的磨损集中在管子两侧 25°～30° 的对称点上。对于顺列管束,第一排以后的各排管子的磨损集中在 60° 的对称点上。

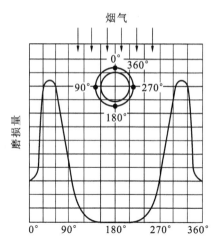

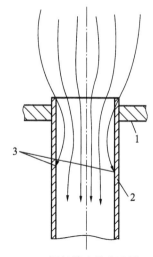

(a) 管外横向冲刷错列管束时磨损的情况　　(b) 烟气管内纵向冲刷

图 11-8　受热面管子的飞灰磨损

1—上管板；2—空气预热器管子；3—最大磨损处

从管排上来看，错列管束中磨损最严重的是第二排，这是由于第一排管子前的烟气流速较低，受灰粒的撞击较轻。第一排管子以后，气流速度增大，第二排管子受到更大的撞击。固体灰粒撞击到第二排管子以后，动能减小，因此，以后各排管子的磨损又减轻。顺列管束第五排磨损严重，这是因为灰粒有加速过程，到第五排达到全速。

当烟气在管内纵向冲刷时（如管式空气预热器），磨损最严重点发生在距管子进口 150～200 mm 长的不稳定流动区域的一段管子内，如图 11-8(b) 所示。这是由于在管子进口段气流尚未稳定，由于气流的收缩和膨胀，灰粒较多的撞击管壁的缘故。在以后的管段中，气流稳定，灰粒运动方向与管壁平行，故管壁磨损减轻。

11.2.3　煤及煤灰的磨损特性

1.原煤中的磨蚀性矿物质

引起锅炉受热面磨损的是飞灰中的磨蚀成分，它们主要来自原煤中一些具有磨蚀性能的矿物质。

对于含碳量一定的煤，其可磨性系数的大小取决于煤质的硬度，而影响煤质硬度的因素是煤中的碳含量。纯煤的硬度不高，维氏硬度在 $(10 \sim 70) \times 9.8$ N/mm² 以内，比一般的锅炉用钢的维氏硬度 $(200 \times 9.8$ N/mm² 左右) 低得多。因此，不含矿物质的纯煤不会引起明显的金属磨损。

表 11-3 列出了烟煤中不同矿物质的硬度值。从表中可以看出，高岭土、伊利石、白云母在煤中的含量虽多，但维氏硬度都低于 80×9.8 N/mm²，属软性矿物质。长石、蓝晶石、黄玉等硬度虽高，但其含量甚微，对磨损影响不大。只有石英、黄铁矿才

是引起磨损的主要成分,这是因为它们的含量高,且硬度大。

表 11-3　典型的煤中矿物质的硬度值

成　　分		煤中质量分数/(%)	莫 氏 硬 度	维氏硬度/(9.8 N/mm²)
煤质		85	1.5～2.6	10～70
石英		1.6	7	1 200～1 300
黄铁矿		1.5	6～7	1 100～1 300
硅酸盐	高岭土	5	2～2.5	30～40
	伊利石	2	2～2.5	20～35
	白云母	2	2～2.5	40～80
	长石	<0.1	6	700～800
	蓝晶石	<0.1	6～7	500～2150
	黄玉	<0.1	8	1 500～1 700
碳酸盐	方解石	0.5	3	130～170
	菱镁矿	0.1	4	370～520
	菱铁矿	0.2	4	370～430
矾土		稀少	9	1 200

　　黄铁矿是铁的二硫化物,其硬度与石英的接近,但所引起受热面的磨损比相同含量的石英的磨损轻得多。这是因为黄铁矿大部分是以分散的形式存在于煤基体或黏土内,为它们所包围,削弱了其磨蚀作用。石英化学式为 SiO_2,天然石英石的主要成分为石英,常含有少量杂质成分,如 Al_2O_3、CaO、MgO 等。煤中石英除一部分存在于黏土中与 Al_2O_3 及其他氧化物结合外,其余则以较大颗粒的自由形式存在,磨蚀性相对较强。撞击磨蚀试验表明,黄铁矿的磨蚀性约为石英的 0.3 倍。

2. 煤粉灰的磨损特性

　　煤中矿物质经过炉内燃烧以后,其磨蚀特性将发生很多变化。

　　1)铝硅酸盐的玻璃化

　　煤灰中的铝硅酸盐,主要是软性矿物质高岭土、伊利石和白云母,多以尺寸小于

5 μm 的颗粒存在。在锅炉火焰中,非磨蚀性的铝硅酸盐颗粒玻璃化、聚集球化。代表性的铝硅酸盐球形颗粒,表面常有相同成分的尺寸为 0.5~1 μm 的小颗粒及大量的由硫酸盐蒸汽凝结、固化而成的尺寸为 0.1~0.3 μm 的微粒。玻璃基质内部嵌有较硬的针状结晶。灰粒的维氏硬度可达 $(550\sim560)\times9.8$ N/mm^2,与原煤中无磨蚀性的黏土矿物质相比,具有较大的磨蚀性。

2) 石英颗粒的部分玻璃化

石英是煤中最硬的矿物成分,常以较粗的颗粒出现。纯石英熔化温度接近 2 000 K,但由于煤中铝、铁和碱金属等成分的存在,石英在较低的温度下就被玻璃化和部分球化。石英玻璃化后,其含量通常比低温灰中的含量少,一般为 1%~10%。

粉煤灰中石英的形状与炉内火焰温度有关,炉温高的旋风炉,灰中尖角形石英颗粒较少,而煤粉炉中较多。灰中尖角形石英颗粒和不易玻璃化的粗颗粒灰一样,都具有较高的磨蚀性。

3) 黄铁矿转化成氧化铁球粒

火焰中黄铁矿迅速分解,在氧化气氛中氧化成磁性氧化铁(Fe_3O_4)。磁性氧化铁颗粒呈球形,表面似"橘皮",硬度比黄铁矿的硬度低。

4) 碳酸盐的分解

碳酸盐颗粒在煤粉火焰中分解,生成的碱金属氧化物,一部分被熔化的硅酸盐灰所捕获,剩余部分转变成以 $CaSO_4$ 和 $MgSO_4$ 为主的硫酸盐。后者颗粒尺寸小于 1 μm,是组成蒸汽颗粒的主要成分,不至于引起撞击磨损。

5) 粉煤灰颗粒的外表特征

煤粉灰颗粒多呈球形,但表面不光滑,大部分表面被许多尺寸为 0.1~0.3 μm 的硫酸盐颗粒、难熔的硅酸盐晶体和氧化铁所覆盖。硫酸盐硬度低,不会提高基质颗粒的撞击强度。但粉煤灰表面上的晶体物质会增加磨损强度。因此,在颗粒大小和硬度相同时,晶体物质的磨损性能要比玻璃球强。

煤粉炉飞灰中,通常还有少量的尺寸为 100~500 μm 的大颗粒,这些大颗粒主要是吹灰吹落的烧结灰块。这些大的灰块呈非球形,磨损性强。

灰颗粒尺寸对磨损有显著的影响。用石英进行试验表明,粒径小于 5 μm 的灰粒,由于惯性小,易绕过管子被气流带走,管子的磨损较小。粒径 5~45 μm 的灰粒,管子的磨损将随灰粒变粗相应增加。但粒径更大时,磨损率变化减缓,近似保持为常数。表 11-4 列出了一些烟煤灰样的磨损指数的数值。与原煤粉相比,煤燃烧后生成煤灰的磨损指数大了一个数量级。

表 11-4　粉煤灰的磨损指数(烟煤)

灰样号	灰 粒 尺 寸/(%)			石 英 份 额/(%)		磨损指数 I_{ab}
	$>45\ \mu m$	$5\sim45\ \mu m$	$<5\ \mu m$	$>45\ \mu m$	$5\sim45\ \mu m$	
1	25.5	64.7	9.8	4.5	3.3	0.25
2	7.5	69.5	23.0	5.1	4.0	0.18
3	27.0	64.0	9.0	5.3	4.7	0.27
4	12.8	68.2	19.0	5.7	4.8	0.21
5	16.2	69.5	14.3	6.7	5.3	0.23
6	24.0	65.6	10.4	11.0	9.7	0.28

综上所述,灰中化学组成、颗粒形状和尺寸是影响煤粉灰磨蚀性的重要因素。

3. 煤粉灰的磨蚀特性的判断

对于低温受热面,可用下列方法评价飞灰的磨蚀特性。

1)灰的相对磨损指数

$$I_{ab}=[x_1(1-l_1)+0.5x_2(1-l_2)]I_{lg}+(x_1l_1+0.5x_2l_2)I_{lq} \tag{11-24}$$

式中:I_{lg}、I_{lq} 为粒径大于 45 μm 的玻璃质颗粒和石英颗粒的磨蚀指数;x_1、l_1 为粒径大于 45 μm 的灰粒和石英颗粒的质量份额;x_2、l_2 为粒径大于 45 μm 的灰粒和石英颗粒的质量份额。

当灰中石英份额不多时($l_1<0.1,l_2<0.1$),有

$$I_{ab}=[x_1(l_1+0.4)+x_2(0.5l_2+0.2)]I_{lq} \tag{11-25}$$

相对磨蚀指数越大,则灰的磨蚀性越强。由上述可知,相对磨蚀指数与灰和石英的颗粒尺寸、质量份额有关。

2)普华磨损特性指数

计算相对磨蚀指数时必须先知道灰中不同尺寸颗粒的份额,对于新机组的设计来说较为不便。普华磨损特性指数主要基于燃用煤种煤灰的成分计算磨损特性指数,以此判定磨蚀程度。磨损特性指数为

$$H_{ab}=A(SiO_2+0.8Fe_2O_3+0.35Al_2O_3) \tag{11-26}$$

式中:A 为收到基灰分的百分份额;SiO_2、Fe_2O_3、Al_2O_3 分别为灰中 SiO_2、Fe_2O_3、Al_2O_3 的份额。H_{ab} 越大,表示磨损越严重(见表 11-5)。

3)根据灰中 SiO_2 含量判别灰磨损性

美国电力研究协会(EBRI)基于煤灰的化学成分分析,提出判别灰磨损性的等级界限(见表 11-6)。

<table>
<tr><td colspan="2">表 11-5　煤灰的磨损程度</td></tr>
</table>

H_{ab}	磨损程度
<10	轻微
10~20	中等
>20	严重

<table>
<tr><td colspan="2">表 11-6　煤灰的磨损性判别</td></tr>
</table>

灰中 SiO_2 的质量分数/(％)	灰的磨损性能
<40	低
40~50	中等
50~60	中至高

4. 管壁磨损量的近似计算

综合考虑各种因素的影响,锅炉受热面管束含灰烟气冲击磨损的最大磨损量可按照下列公式近似计算

$$E_{max} = aM\mu k_\mu \tau (k_v \nu_g)^{3.3} \left(\frac{1}{2.85 k_d}\right)^{3.3} R_{90}{}^{2/3} \left(\frac{s_1 - d}{s_1}\right)^2 \tag{11-27}$$

式中：E_{max} 为管壁最大磨损厚度,mm,为了便于判别管壁的磨损程度,常用磨损厚度来表示磨损量；a 为与煤灰磨损特性及管束结构有关的磨损系数,a 通过实验测定,可近似取 14×10^9 mm·s²/(g·h)；k_w,k_μ 为烟气速度场和飞灰浓度场不均匀系数,当管束前烟气坐 90°拐弯时,$k_w = 1.25$,$k_\mu = 1.2$,当做 180°拐弯时,$k_w = 1.6$,$k_\mu = 1.6$；w 为管束间最窄处界面处的烟气平均流速,m/s；μ 为在管束计算断面处烟气中飞灰浓度,g/m³；τ 为管子的运行周期,h；k_d 为锅炉额定负荷时烟速与平均运行负荷下烟速的比值,对于蒸发量 $D \geqslant 120$ t/h 的锅炉,$k_d = 1.15$,$D = 50 \sim 70$ t/h 锅炉,$k_d = 1.3 \sim 1.4$；M 为管材的抗磨系数,对碳钢管 $M = 1$,对于加入合金元素的钢管 $M = 0.7$；R_{90} 为飞灰细度,％；d 为受热面管子直径,mm；s_1 为管束横向节距,mm；η 为灰粒撞击管壁的频率因子。

$\left(\dfrac{s_1 - d}{s_1}\right)^2$ 为考虑管束节据变化的修正项,当计算第一排管的磨损量时不必乘上该修正项,同时烟气流速取烟气进入管束前的平均烟速。

灰粒不可能全部撞上管壁,总有部分灰粒随烟气绕流,没有碰撞管壁,碰撞频率因子 η 小于 1。η 的大小与准则数 st 有关,可从图 11-9 得到。

$$st = \rho_h d_h^2 w / \rho \nu d \tag{11-28}$$

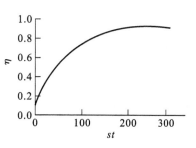

图 11-9　$\eta = f(st)$ 曲线

式中：ρ_h、ρ 分别为灰粒和烟气速度的密度,kg/m³；d_h、d 分别为灰粒和管子的直径,m；ν 为烟气的运动黏度系数,m²/s；w 为烟气速度,m/s。

11.2.4　磨损的影响因素

影响飞灰磨损的主要因素有烟气流速、飞灰浓度、灰粒特性、管束结构特性等。

(1)烟气速度　受热面金属表面的磨损与冲击管壁的灰粒动能和冲击次数成正比。研究表明,金属磨损与烟气速度的 3~3.5 次方成正比。可见,烟气速度对受热

面磨损的影响很大。在"烟气走廊"区域,因烟气流速大,管子的磨损严重。

(2)飞灰浓度　飞灰浓度大,灰粒冲击受热面次数多,磨损加剧。

(3)灰粒特性　灰粒越粗、越硬,冲击与切削作用越强,磨损越严重。另外,灰粒形状对磨损也有影响,具有锐利棱角的灰粒比球形灰粒磨损严重。如沿烟气流向,烟气温度逐渐降低,灰粒变硬,磨损加重。因此,省煤器的磨损一般比过热器、再热器严重。又如燃烧工况恶化,灰中未燃尽的残碳增多,由于焦炭的硬度大,也会加剧受热面的磨损。

(4)管束的结构特性　烟气纵向冲刷时,因灰粒运动与管子平行,冲击管子的机会少,故比横向冲刷磨损轻。烟气横向冲刷时,错列管束因烟气扰动强烈,灰粒对管子的冲击机会多,则比顺列管束磨损重。对错列管束,第二、三排管子的磨损最严重,后面的管子磨损较轻,因为烟气刚进入管束时,烟气加速,使飞灰动能增大,磨损加剧,而流经后面的管子时,飞灰的动能被消耗,使磨损减轻;对顺列管束,由于灰粒在管束中有一个加速过程,一般到第五排时速度最大、动能最大,因此,第五排后的受热面管子磨损较严重。

(5)飞灰的撞击率　飞灰的撞击率是指飞灰撞击受热面管壁的几率。飞灰的撞击率越大,则受热面磨损越严重。飞灰的撞击率与飞灰粒径、飞灰的密度、烟气流速、烟气黏度等有关。一般说来,飞灰的粒径和密度越大、烟气流速越高、烟气黏度越小,则飞灰的撞击率就越大。因为飞灰粒径、密度越大,烟气流速越小,黏度越低,飞灰越容易从烟气中分离出来,撞击受热面管壁。

11.2.5　磨损的防止

(1)合理地选择烟气流速　降低烟气流速是减轻磨损的最有效方法。但烟气流速的降低,不仅会影响传热,同时还会增大受热面的积灰和堵灰,因此,应合理地选择烟气流速。根据国内外调查资料,省煤器中烟气流速最大不宜超过 9 m/s,否则,会引起较严重的磨损。

(2)采用合理的结构和布置　对飞灰磨损严重的受热面,可用顺列代替错列,以减轻烟气中飞灰对管子的冲刷。避免受热面与炉墙之间的间隙过大,尽量保证管间节距均匀等。

(3)加装防磨装置　运行中,由于种种原因,烟气的速度和飞灰浓度不可能分布均匀,在局部区域出现烟气流速过高或飞灰浓度过大的现象不可避免,因此,受热面磨损也必然存在。为防止受热面局部磨损严重,在受热面管子易发生磨损的部位加装防磨装置,这样被磨损的不是管子,而是保护部件,检修时只需更换这些部件即可。

省煤器的防磨装置如图 11-10 所示。图 11-10(a)所示为在弯头处加装护瓦和护帘;图 11-10(b)所示为在"烟气走廊"区加装护瓦,以增大"烟气走廊"区的阻力,使烟气流速降低;图 11-10(c)所示为在弯头处加装护瓦;图 11-10(d)所示为在磨损最严重部位焊接圆钢等局部防磨装置。

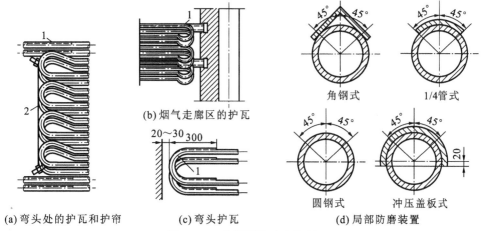

图 11-10　省煤器的防磨装置

1—护瓦；2—护帘

　　管式空气预热器的防磨装置是加装防磨短管，如图 11-11 所示。它是在管子入口段内套或外部焊接一段保护短管，该保护短管磨损后，在检修时可以更换。

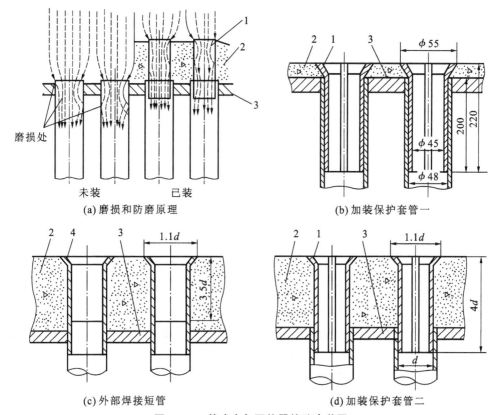

图 11-11　管式空气预热器的防磨装置

1—内套管；2—耐火混凝土；3—预热器管板；4—焊接短板

（4）涂搪瓷或涂防磨涂料　在管子外表面涂搪瓷，厚度为 0.15～0.3 mm，一般可延长寿命 1～2 倍。在管子外表面上涂防磨涂料或渗铝，也可有效地防止磨损。

（5）采用膜式省煤器　由于管子和扁钢条的绕流作用，使灰粒向气流中心集中，因此，减轻了磨损和积灰。

11.3　受热面的腐蚀

11.3.1　腐蚀及其危害

火电厂锅炉水冷壁、过热器、再热器等部件的烟气侧常常因为氧化、腐蚀而早期失效，特别是一些液态排渣炉的水冷壁及大容量、高参数锅炉的上述部件，由于腐蚀速率较快而严重影响电厂安全运行。

发生高温腐蚀的部件主要是水冷壁、过热器和再热器，其腐蚀区域有一定的规律性。液态排渣炉的水冷壁管腐蚀，高度一般从炉底到三次风喷口以上 1 m 左右处，再向上，腐蚀不很明显。在四角切圆的锅炉上，靠近燃烧器两边的炉管腐蚀较轻，一般宽度为 20 根左右的管排，其他管排均有腐蚀。最严重的腐蚀区为燃烧器扩散角范围，腐蚀速率为 0.7～1.9 mm/10^4 h。

固态排渣护水冷壁腐蚀无一定规律，同参数、同结构、同煤种的锅炉，有的运行良好，有的则腐蚀严重。并且，腐蚀只集中在某一面或两面炉墙。燃烧器在侧墙、前、后墙即有腐蚀，燃烧器在前、后墙、侧墙腐蚀。腐蚀区域一般也在高温燃烧区，腐蚀速率不一，有的为 0.4～0.8 mm/10^4 h，有的则达到 2.0 mm/10^4 h。

过热器、再热器的高温腐蚀主要发生在迎烟气侧表面，以弯头处最严重，直管段稍轻，而背气侧腐蚀则不明显。在向火面，腐蚀集中在炉管周长二分之一处，有明显的腐蚀界面。

据调查，我国 100 MW 以上机组由于腐蚀和冲蚀使锅炉管壁减薄，导致锅炉"四管"爆漏事故而造成的停机抢修时间约占整个机组非计划停用时间的 40%，占锅炉设备本身非计划停用时间的 70% 以上。锅炉的突发性爆管事故对电厂安全、稳定发电的危害是十分严重的。产生事故的原因除管材和焊接质量问题外，主要是由于锅炉腐蚀、磨损等引起，锅炉管道的腐蚀问题是久未解决的技术问题。

锅炉的低温腐蚀发生在空预器受热面上。空预器在运行中常常因为低温烟气段中硫酸蒸气的凝结造成金属壁面的腐蚀，引起壁面穿孔漏风，大量的空气从穿孔处漏入烟气中被引风机吸走，故而降低了热量的回收率，使排烟损失增加，送风不足，风机负荷加大，电耗增加，严重时还会引起炉内燃烧不完全，锅炉出力降低。

国内电站锅的高温腐蚀和低温腐蚀都占有一定比例，受腐蚀机组容量从 25 MW 到 600 MW 都有，其蒸汽参数有次高温高压、高温高压、超高温高压及亚临界压力，受腐蚀机组使用的燃料有无烟煤、贫煤和烟煤。

11.3.2　受热面的高温腐蚀与防治措施

由水冷壁玷污和结渣引起的水冷壁的腐蚀主要有硫酸盐腐蚀和硫化物腐蚀,此外炉内的 SO,HS,HCl 气体也会对水冷壁产生高温腐蚀。

1. 水冷壁的高温腐蚀

火电厂锅炉的高温腐蚀与部件的工作环境温度、近壁面烟气成分和空燃比、煤质成分(硫含量)、煤粒的运动状态、炉膛结构、管壁上积灰的性质及水冷壁的热流量有关。根据高温腐蚀发生的原因及腐蚀产物的成分差别,煤粉锅炉水冷壁高温腐蚀一般有以下几种形式:硫酸盐型高温腐蚀、硫化物型高温腐蚀、氯化物型高温腐蚀和由还原性气氛引起的高温腐蚀。通过对国内大多数电厂燃煤特性、燃烧状况及腐蚀产物成分测定综合分析,我国发生高温腐蚀的腐蚀类型基本上属于还原性气氛下的硫化物型高温腐蚀。

1)硫酸盐型腐蚀

对发生水冷壁高温腐蚀的腐蚀产物进行分析,发现部分锅炉的高温腐蚀积灰中含有大量的硫与碱金属元素,它们通常以硫酸盐、焦硫酸盐及三硫酸铁钠等复合硫酸盐存在。

硫酸盐型腐蚀主要有两种说法:一种说法是,碱金属氧化物首先沉积在水冷壁管子表面,然后与燃烧产生的硫的氧化物反应(在铁的硫氧化物的催化作用下),生成硫酸盐与焦硫酸盐,然后这种硫酸盐或焦硫酸盐与金属铁铝或其氧化物发生反应生成三硫酸铁钠等复合硫酸盐。在液态条件下,这些反应大大加剧,从而导致严重的高温腐蚀;另一种说法是,在煤粉火焰中,矿物质中的钠挥发、升华,非挥发性的硅酸铝中的钾通过置换反应,被释放出来,钠与钾与烟气中的 SO_3 反应生成硫酸盐,其露点温度在 1 150 K 左右,在温度梯度的作用下,向较冷的管子表面扩散,沉积在水冷壁管子上,随着灰层的增厚,灰层中的温度升高,其温度梯度也较大,从而使碱金属在沉积物中沿着温度梯度向管子表面进行扩散。并且也有研究证明,在高温受热面上沉积的硫酸盐是由于温度梯度所引起的自然对流作用的结果。同时,燃烧产物中硫的氧化物也在灰中扩散,使金属表面的灰中含有大量的碱金属硫酸盐。

硫酸盐腐蚀过程主要有以下两种途径:一种是附着层中碱性硫酸盐参与作用下的气体腐蚀,即受热面上熔融的硫酸盐吸收 SO_3,并在 Fe_2O_3 与 Al_2O_3 的作用下,生成复合硫酸盐 $(Na,K)(Fe,Al)(SO_3)_3$。

$$\left.\begin{array}{l} 3Na_2SO_4 + Fe_2O_3 + 3SO_3 \longrightarrow 2Na_3Fe(SO_4)_3 \\ 3K_2SO_4 + Fe_2O_3 + 3SO_3 \longrightarrow 2K_3Fe(SO_4)_3 \\ 3K_2SO_4 + Al_2O_3 + 3SO_3 \longrightarrow 2K_3Al(SO_4)_3 \end{array}\right\} \tag{11-29}$$

复合硫酸盐不像 Fe_2O_3 那样在管子表面形成稳定的保护膜,当 $K_3Fe(SO_4)_3/Na_3$ $Fe(SO_4)_3$ 混合物中钾与钠的摩尔比值在 1∶1 与 1∶4 之间时,熔点降低至 825K。当硫酸盐厚度增加后,表面温度升高到熔点温度时,氧化保护膜被复合硫酸盐溶解破坏,使管壁继续腐蚀。

　　另一种途径是碱金属的焦硫酸熔盐腐蚀。燃烧产生硫的氧化物穿过疏松多孔的表面熔渣和浮灰层与沉积在水冷壁管子表面的碱金属硫酸盐反应,生成熔点较低的酸性硫酸盐——焦硫酸盐:

$$\left.\begin{array}{l} Na_2SO_4 + SO_3 \longrightarrow Na_2S_2O_7 \\ Na_2SO_4 + SO_2 + 1/2O_2 \longrightarrow Na_2S_2O_7 \end{array}\right\} \tag{11-30}$$

　　焦硫酸盐存在的温度范围为 $400\sim590\ ℃$,受气氛中 SO_3 含量的影响。当 SO_3 的浓度低于其存在温度所要求的浓度时,焦硫酸盐不会存在。在 $400\sim480\ ℃$ 的温度范围内,烟气侧的腐蚀以焦硫酸盐为主。焦硫酸盐与金属表面的氧化膜反应形成相应的硫酸盐,而硫酸盐在此温度分解为不具保护性的金属氧化物。外露的金属进一步氧化而导致腐蚀加速。

$$\left.\begin{array}{l} 3Na_2S_2O_7 + Fe_2O_3 \longrightarrow 2Na_3Fe(SO_4)_3 \\ 3K_2S_2O_7 + Fe_2O_3 \longrightarrow 2K_3Fe(SO_4)_3 \end{array}\right\} \tag{11-31}$$

　　在附着层中有碱焦硫酸盐时,由于它的熔点低,在通常的壁温下即在附着层中呈熔融状态,形成反应速度更快的熔盐型腐蚀。

　　熔融硫酸盐积灰层对金属壁面的腐蚀速度比气相状态要快得多。当温度在 $680℃$ 左右时,熔融硫酸盐的腐蚀速度要比气相状态大 4 倍。

　　综上所述,硫酸盐高温腐蚀随温度变化的规律如下。

　　(1)烟气中存在 SO_3,碱金属氧化物的升华物 SO_3 反应,形成硫酸盐。低熔点的硫酸盐在壁面处形成熔融积灰层,从而引起比气相硫酸盐腐蚀更强烈的高温腐蚀,硫酸盐的熔点与碱金属的种类、比例和浓度有关。

　　(2)熔融硫酸盐对金属管壁的腐蚀随着壁面温度的升高而加剧。

　　(3)腐蚀速度最大时的温度是硫酸盐形成速率比分解速率快的温度点。

　　(4)随着壁面温度的进一步提高,硫酸盐的分解速率大于其形成速率,腐蚀将减小。

　　(5)当温度在 $720\ ℃$ 左右时,熔融硫酸盐积灰层的腐蚀速度和气相时相同。

　　(6)温度高于 $720\ ℃$ 以后,气相硫酸盐的腐蚀速率将比熔融硫酸盐的大。

　　2)硫化物型腐蚀

　　硫化物型腐蚀,其腐蚀基本原因是由黄铁矿硫造成的,也与 H_2S 气体及腐蚀区域的还原性气氛有关,即煤粉在缺氧的条件下燃烧生成原子态的硫和硫化物(H_2S),然后这些产物再与铁及铁的氧化物反应,生成铁的硫化物。

　　(1)原子态硫引起的高温腐蚀　煤粉在燃烧过程中生成一定量的原子态的硫,在一定的条件下这些游离的硫原子会与金属铁发生反应生成硫化铁,从而腐蚀管壁。主要有以下几种情况。

　　①黄铁矿粉末随未燃尽的煤粉到达管壁上,受热分解放出自由原子硫与硫化亚铁:

$$FeS_2 \longrightarrow FeS + [S] \tag{11-32}$$

②当管子附近有一定浓度的 H_2S 和 SO_2 时,也可以生成自由的原子硫:

$$2H_2S + SO_2 \longrightarrow 2H_2O + 3[S] \tag{11-33}$$

③硫化氢与氧气也会发生反应生成自由的原子硫:

$$2H_2S + O_2 \longrightarrow 2H_2O + 2[S] \tag{11-34}$$

④FeS_2 与碳的混合物在有限的空气中燃烧时发生如下反应:

$$3FeS_2 + 12C + 8O_2 \longrightarrow Fe_3O_4 + 12CO + 6[S] \tag{11-35}$$

在还原性气氛当中,单独的原子硫,在管壁温度达到 350 ℃时,便发生硫化作用:

$$Fe + [S] \longrightarrow FeS \tag{11-36}$$

尽管碳钢烟气侧由于高温氧化形成三层连续的由外向内依次为 $Fe_2O_3 - Fe_3O_4 - FeO$ 的具有保护性的氧化膜,但[S]对金属氧化膜仍具有破坏作用,它可以直接渗透的方式穿过氧化膜,并沿金属晶界渗透,促使内部硫化,同时使氧化膜疏松、开裂,甚至剥落。

(2)H_2S 气体引起的腐蚀 烟气中的硫化氢气体是在一定的条件下随煤的燃烧过程中形成的,它的形成与煤燃烧时的缺氧有很大的关系。实践证明,当燃烧器区域缺氧时,会使水冷壁附近出现大量的硫化氢气体。当过量空气系数 $\alpha < 1$ 时,硫化氢气体的含量会急剧增加。另外,当水冷壁附近因煤粉浓度过高,空气量不够而出现还原性气氛时,H_2S 的含量也会急剧增加。

在水冷壁面附近,由于烟气中含氧量较低并存在($CO + CO_2$)等还原性气氛时,可燃硫在生成 SO_2 和微量的 SO_3 的同时,还会生成少量的 H_2S。试验表明,当 $CO/(CO + CO_2)$ 的浓度由 8% 上升到 24% 时,H_2S 的浓度则由 0.002% 上升到 0.007%。从而引起水冷壁强烈的高温腐蚀。还原性气氛与 H_2S 的关系如图 11-12 所示。

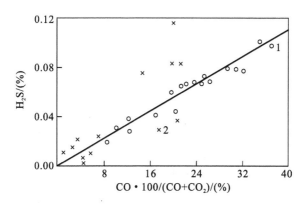

图 11-12 还原性气氛与 H_2S 关系图

煤在燃烧过程中生成的硫化氢也会破坏氧化物保护膜,H_2S 可以透过 Fe_2O_3 与磁性氧化铁层 Fe_3O_4(Fe_2O_3-FeO)中复合的 FeO 发生作用,即

$$FeO + H_2S \longrightarrow FeS + H_2O \tag{11-37}$$

保护膜破坏后,硫化氢还会与基体铁发生反应,即

$$Fe + H_2S \longrightarrow FeS + H_2 \tag{11-38}$$

由于 S-具有较强的还原性,在还原性气体中能保持稳定,当烟气中氧化性气体达到一定分压时,则会被氧化成单质硫或更高价的氧化物,其反应式为

$$2FeS + O_2 \longrightarrow 2FeO + 2[S] \tag{11-39}$$

生成的原子硫又进一步腐蚀管壁。

3)氯化物型腐蚀

(1)氯化物的生成　氯化物型腐蚀主要是 HCl 气体对锅炉水冷壁的腐蚀。煤中存在的 NaCl 是产生 HCl 的根源。煤粉在炉膛中燃烧,产生很高的火焰温度,由于 NaCl 的熔点较低,约为 801℃,其远远低于炉膛火焰温度,所以形成了 NaCl 蒸汽。

燃料中所含的 NaCl,大部分是燃烧室蒸发的,NaCl 在炉膛里可能发生的反应为

$$\left.\begin{array}{l} 2NaCl + H_2O \longrightarrow Na_2O + 2HCl \\ NaCl + H_2O \longrightarrow NaOH + 2HCl \\ 2NaCl + H_2O + SO_2 \longrightarrow Na_2SO_3 + 2HCl \\ 2NaCl + H_2O + SO_3 \longrightarrow Na_2SO_4 + 2HCl \\ 2NaCl + H_2O + SO_2 + \frac{1}{2}O_2 \longrightarrow Na_2SO_4 + 2HCl \\ 2NaCl + H_2S \longrightarrow Na_2S + 2HCl \\ 2NaCl + H_2O + SiO_2 \longrightarrow Na_2SiO_3 + 2HCl \end{array}\right\} \tag{11-40}$$

一般认为,在炉膛条件下,NaCl 在高温时既能生成氢氧化钠(NaOH)、硫酸钠(Na_2SO_4)、硅酸钠(Na_2SiO_3)和硅酸铝,也能生成氯化氢(HCl),而 HCl 在适当的条件下会引起受热面的腐蚀。

(2)HCl 对炉内受热面高温腐蚀的机理　HCl 气体对管壁可能发生的腐蚀反应为

$$\left.\begin{array}{l} 2HCl + FeO \longrightarrow FeCl_2 + H_2O \\ 2HCl + Fe_2O_3 + CO \longrightarrow FeCl_2 + FeO + H_2O + CO_2 \\ 2HCl + Fe_3O_4 + CO \longrightarrow 2FeO + FeCl_2 + H_2O + CO_2 \\ 2HCl + Fe \longrightarrow FeCl_2 + H_2 \end{array}\right\} \tag{11-41}$$

上述的反应在 400~600 ℃范围内最为活跃,HCl 的存在使管壁的氧化膜受到严重的破坏,所生成的 $FeCl_2$ 汽化点又很低,随即挥发殆尽。从而使管壁直接受到 HCl 的腐蚀。同时,由于氧化膜受到破坏,使 H_2S 也能到达金属表面,加速管壁金属的腐蚀。

HCl 腐蚀一般在 HCl 分压达到 9.8×10^5 Pa 时较为显著,当烧低氯化物煤种时,烟气中 HCl 气体,实际分压仅为 9.8×10^5 Pa,往往又被碳酸盐分解形成活性 CaO 所吸附,因而致腐作用不明显,对燃煤锅炉,可用煤中含氯量来判别高温腐蚀的倾向(见表 11-7)。

表 11-7　高温腐蚀倾向

煤中的氯含量/(%)	高温腐蚀倾向
<0.15	低
0.15~0.35	中
>0.35	高

4) 还原性气氛引起的腐蚀

在煤粉喷入炉膛以后,在一定区域内煤粉(包括挥发分)还没有完全燃烧,存在一定的还原性气氛,一般情况下,此时氧量也较高。因此,不会发生还原性气氛的高温腐蚀。但是,当燃烧组织不良或局部缺氧时,近壁的还原性气体(如 CO、H_2、CH_4 等)的含量将很高(同时氧量很低),在一定的炉内条件下,这些还原性气体(这里以 CO 为例)会对水冷壁的氧化铁保护膜产生破坏作用,把致密的氧化铁保护膜还原成疏松多孔的氧化亚铁,即

$$\left.\begin{aligned}
&CO+3Fe_2O_3 \longrightarrow 2Fe_3O_4+CO_2\\
&CO+Fe_3O_4 \longrightarrow 3FeO+CO_2\\
&3FeO+5CO \longrightarrow Fe_3C+4CO_2\\
&Fe_3C \longrightarrow 3Fe+C\\
&Fe+CO \longrightarrow FeO+C
\end{aligned}\right\} \tag{11-42}$$

同时,硫与硫化氢等腐蚀性气体能够渗透进入氧化膜,对之产生腐蚀作用,而且还会大大加快其腐蚀速度。在水冷壁腐蚀区域发现,化学不完全燃烧,存在硫化氢,可燃物及可燃硫的含量高等现象。由此可得出:产生高温腐蚀的原因是某些部位的空气不足和煤粉燃烧的过程拖长,未燃尽的煤粉在炉管附近分离,使碳和硫聚集在边界层,未燃尽的碳进一步燃烧形成缺氧区;由于缺氧,硫的完全燃烧的 SO_2 的形成便发生困难,因而游离的硫和硫化物便开始与铁发生急剧的反应,还原作用的影响,特别是还原与氧化作用的互相交替的影响更大。

5) 高温对流受热面的高温腐蚀

高参数锅炉的高温过热器与高温再热器受热面,以及管束的固定件和支吊件,它们的工作温度很高,烟气和飞灰中的有害成分会与管子金属发生化学反应,使管壁变薄,强度降低,造成爆管事故。

2. 高温腐蚀的机理

高温腐蚀主要发生在金属壁温度高于 540 ℃迎风(迎烟气)面,当金属壁温度在 650~700 ℃时腐蚀速率最高。高温过热器与高温再热器管表面的内灰层含有较多的碱金属,黏性灰层中的碱金属(如 K、Na 等)与飞灰中的 Fe、Al 等成分,以及随烟气扩散进入的氧化硫气体,经过长时间的化学作用,生成碱金属复合硫酸盐 $Na_3Fe(SO_4)_3$、$K_3Fe(SO_4)_3$ 的复合物,对高温过热器与高温再热器金属发生强烈的腐蚀。复合物的熔点较低,在 550~710 ℃内熔化成液态。

正硫酸盐在高温区(如过热器的支吊件上)也呈液态而具有腐蚀作用,但腐蚀性比复合硫酸盐要轻。焦性硫酸盐在过热器区域,因温度高,不可能稳定存在,并易迅速与灰中 Fe_2O_3 化合而形成复合硫酸盐。由此可见,燃煤锅炉的过热器与再热器的外部腐蚀,主要由于沉积层中有 $M_3Fe(SO_4)_3$ 的存在和管壁具有使它溶化成液态的温度。因为液态 $M_3Fe(SO_4)_3$ 相当于腐蚀剂,在有氧供给的情况下,少量的腐蚀剂能够腐蚀大量的金属。

液态 $M_3Fe(SO_4)_3$ 发生的腐蚀是沿金属晶体周界进行的,在腐蚀过程中所产生的 FeS 也有腐蚀作用,而这是穿过金属晶粒的腐蚀。因此,FeS 对加速复合硫酸盐的腐蚀作用很大。

烟气中的 SO_3 含量低时,高温腐蚀速度减慢。但应注意在过热器区域,SO_3 几乎可直接由烟气中 SO_2 催化而来。此外,复合硫酸盐具有由高温向低温移聚的能力。由于沉积层外层温度高而贴壁层温度低,于是沉积层中陆续形成的复合硫酸盐不断移聚到贴壁层而使腐蚀过程继续进行。

在燃煤中,如果 K、Na 等成分含量较多,要防止过热器和再热器管壁外部的腐蚀,应严格控制管壁温度。管壁温度高的管子,腐蚀速度也高。现在主要以限制汽温来控制腐蚀。因此,国内外对高压、超高压和亚临界压力锅炉的过热蒸汽温度趋向于采用 540 ℃,在设计和布置过热器时,应注意高温蒸汽出口段不要布置在烟气温度过高的区域。

3. 影响高温腐蚀的因素

(1)燃煤品质的影响　　燃煤品质差是水冷壁高温腐蚀的内因条件,燃煤中高含量的硫元素和氯元素是硫化物型和氯化物型高温腐蚀的根源。燃煤中的硫、碱金属及其氧化物的含量越高,腐蚀性介质浓度越大,出现高温腐蚀的可能性就越大。高硫煤产生的大量 H_2S、SO_2、SO_3 和原子硫不仅破坏管壁的 Fe_2O_3 保护膜,而且还浸蚀管子表面,致使金属管壁不断减薄,最终导致爆管事故。

(2)煤粉细度的影响　　煤粉细度对高温腐蚀的影响也较为明显。煤粉的颗粒越大、也就越不易燃尽,比较容易形成还原性气氛,产生高温腐蚀。同时,颗粒越大、对壁面的磨损也越严重,破坏了水冷壁管外氧化保护膜,使烟气中腐蚀介质直接与管壁金属发生反应使腐蚀加剧。特别是当燃用低挥发分、高硫分的劣质煤时,这种作用就会更加严重。

(3)燃烧设备的影响　　不同的燃烧设备,燃烧方式不同,产生高温腐蚀的原因也就不同。而在炉膛内部产生腐蚀的部位也不同。目前,电站锅炉一般采用直流燃烧四角切圆燃烧、对冲燃烧和拱顶燃烧器 W 型火焰燃烧方式。

①四角切圆燃烧方式。其特点是炉内火焰形成大旋涡作旋转上升运动,一次风射流受上游旋转气流挤压,炉内切燃烧圆增大。当燃烧器的高宽比加大时,热态切圆增大,煤粉火焰容易冲刷墙壁,导致水冷壁高温腐蚀。

②对冲布置燃烧方式。对冲燃烧布置锅炉的高温腐蚀通常发生在炉内两侧墙水

冷壁上,这主要是因这类锅炉采用双调风旋流燃烧器前后墙对冲布置,该燃烧器的一次风不旋转,可调节内外二次风量比例和内二次风的旋流强度。由于一次风并不旋转,故当一次风速度较大时,造成前后墙的一次风碰撞后煤粉气流冲向两侧水冷壁,从而导致煤粉在水冷壁附近燃烧,产生较高的温度和煤粉冲刷水冷壁,以及腐蚀性气氛的形成,使得水冷壁易受腐蚀和磨损。

③W 型火焰燃烧方式。对于 W 型火焰炉膛,无论是何种拱顶燃烧器结构与布置形式,拱顶煤粉气流在二次风引射下都基本上与前、后墙平行向下流动,然后转折向上形成 W 型火焰,因此煤粉不会冲刷墙壁,并在前、后墙上有氧化性气氛。只有当一次风喷口与炉膛中心线之间倾角不够或一次风动量和射流扩展角偏大的情况下,煤粉才有冲刷前、后墙上部的可能。所以 W 型火焰护膛水冷壁易腐蚀部位主要是在前、后墙上部区域特别是卫燃带脱落部位。当燃煤含硫较高,空气预热器腐蚀堵灰严重的情况下,因炉内缺氧,导致浓度较高,在前、后墙上就容易发生腐蚀。

(4)炉内燃烧工况的影响　主要有以下四个方面的影响。

①还原性气氛的影响。还原性气氛是由于煤粉在炉膛内缺氧燃烧形成的,其对锅炉水冷壁的腐蚀影响非常大。一方面,它可以渗透到水冷壁的氧化膜中,并发生反应,生成疏松多孔的 FeO,而 FeO 是吸附腐蚀介质的理想载体,从而加速腐蚀的进程;另一方面,它对腐蚀性气体的生成起促进作用。

②煤粉贴壁燃烧的影响。如果炉内空气动力场不理想,对于四角切圆燃烧方式,一次风偏斜或切圆偏斜,而对于对冲布置的锅炉,如果一次风碰撞后煤粉气流冲向两侧墙,很容易产生煤粉贴壁燃烧现象从而造成水冷壁高温腐蚀。贴壁燃烧使局部水冷壁管壁温度急剧上升,为高温腐蚀创造了良好的管壁温度条件。同时,贴壁燃烧产生的气流直接冲刷水冷壁管,由于气流中夹带的煤粉具有尖锐的棱角,有巨大的磨损作用,能够破坏水冷壁管的保护膜,使腐蚀产物不断脱落,烟气便急剧地与纯金属发生反应,进而加速了腐蚀的进程。

③水冷壁管壁温度的影响。管壁的温度对腐蚀的影响很大,在 300～500 ℃ 的范围内,管壁外表面温度每升高 50 ℃,腐蚀程度则增加一倍。图 11-13 所示为锅炉金属壁温对腐蚀速度的影响。

④热负荷的影响。随着锅炉容量的增加,将引起燃烧器热负荷 q 的增大,从而使水冷壁热负荷升高,导致水冷壁管壁温度升高,使高温腐蚀加快。

(5)运行工况的影响　主要有以下三个方面的影响。

①给水品质的影响。给水品质对锅炉高温腐蚀的影响主要体现在水冷壁的管壁温度

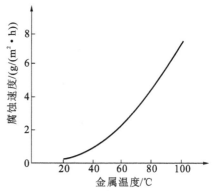

图 11-13　金属壁温对腐蚀的影响

条件上。若给水品质控制不严,很容易造成水冷壁管内结垢,这样,就会增加管壁的热阻,阻碍热量的传递,从而使管壁温度上升,加速高温腐蚀的进程。

②煤粉细度的控制问题。将煤粉细度控制在$8\%\sim12\%$范围内,才能保证良好的运行经济性及减缓高温腐蚀的发生。但有时由于煤质的变化而造成制粉系统出力不足,运行人员将煤粉调粗以满足运行的需要或由于运行人员对控制煤粉细度的重要性认识不足,使煤粉细度增加,从而影响锅炉水冷壁的高温腐蚀。

③炉内配风不当的影响。配风不当对锅炉水冷壁高温腐蚀的影响有两方面:一方面,是送风不足,使炉内缺氧形成还原性气氛,影响水冷壁的高温腐蚀;另一方面,是形成不良的炉内的空气动力场,造成一次风或切圆偏斜,或对于旋流燃烧的锅炉造成一次风碰撞后冲墙,一、二次风配合不好,造成风粉混合不均等,炉内氧量及温度的波动过于剧烈,氧化气氛与还原气氛交替在水冷壁附近出现,一、二次风混合不完全,煤粉着火和燃尽程度差。从而使未燃尽的煤粉颗粒磨损水冷壁及贴壁燃烧,加速高温腐蚀的进程。

4. 防止高温腐蚀的措施

(1)控制入炉煤质　降低燃煤中的硫含量和氯含量,提高燃煤品质。

(2)合理组织配风和强化炉内的湍流混合　合理配风和强化炉内湍流混合的目的是避免出现局部还原性气氛。由于配风不良,即使总的过量空气系数$\alpha_2>1$,也会在水冷壁附近出现高浓度的还原性气氛,因此要合理配风。

(3)严格控制煤粉细度　对于电厂的煤粉细度一般控制在$R_{90}=8\%\sim12\%$。

(4)控制给水品质　控制给水品质,避免管内结垢,减少热阻,从而可以防止水冷壁管壁温度过高,预防高温腐蚀的发生。

(5)采用低氧燃烧技术　过量空气系数小的时候生成的自由氧原子的数量少,三氧化硫浓度低,发生高温腐蚀的几率就低。

(6)加强一次风煤粉输送的调整,尽可能使各个燃烧器煤粉流量相等,以及燃烧器横断面上煤粉浓度分布均匀。避免局部缺氧、着火困难、燃烧不稳定及局部结渣。

(7)过高的水冷壁管壁温度是引起水冷壁结渣和高温腐蚀的重要因素,应当避免出现水冷壁局部管壁温度过高的现象。燃烧器区域是炉内温度最高的区域,火焰中心的偏斜会造成水冷壁局部热负荷过高而造成结渣和腐蚀。

(8)在腐蚀的水冷壁壁面附近喷入空气保护膜　在受腐蚀的水冷壁区域的炉壁上布置一些小孔,人为地喷入一些空气,在壁面形成氧化性气氛,避免高温腐蚀。比如,常采用的侧边风技术。

(9)提高水冷壁的抗腐蚀能力　比如采用渗铝管、在管壁外喷涂抗腐蚀涂层等。

(10)对出现高温腐蚀的管系及时更换,避免发生爆管。

11.3.3　受热面的低温腐蚀与防治措施

1. 低温腐蚀机理及其危害

烟气进入低温受热面后。其中的水蒸气可能因烟温降低或在接触湿度较低的受热面时发生凝结。烟气中水蒸气开始凝结的温度称为水露点。纯净水蒸气的露点取决于它在烟气中的分压力。常压下燃用固体燃料的烟气中,水蒸气的分压力 $p_{H_2O}=0.01\sim0.015$ MPa,水蒸汽的露点低达 45～54 ℃。可见,一般不易在低温受热面发生结露。

锅炉燃用的燃料中含有一定的硫分,燃烧时将生成二氧化硫,其中一部分又会进一步氧化生成三氧化硫。三氧化硫与烟气中的水蒸气结合形成硫酸蒸汽。当受热面的壁温低于硫酸蒸汽露点(烟气中的硫酸蒸汽开始凝结的温度,简称酸露点)时,硫酸蒸汽就会在壁面上凝结成为酸液而腐蚀受热面。这种由于金属壁温低于酸露点而引起的腐蚀称为低温腐蚀。

烟气中的三氧化硫在两种情况下会发生向三氧化硫转化:一是燃烧反应中火焰里的部分氧分子会离解成原子状态,并与二氧化硫反应生成三氧化硫;二是烟气流经对流受热面时,二氧化硫遇到三氧化二铁(Fe_2O_3)或五氧化二钒(V_2O_5)等催化剂作用,会与烟气中的过剩氧反应生成三氧化硫,即 $2SO_2+O_2\longrightarrow 2SO_3$。

烟气中的三氧化硫的数量是很少的,但极少量的三氧化硫也会使酸露点提升到很高的程度,如烟气中硫酸蒸汽的含量为 0.005％时,其酸露点可达 130～150℃。

低温腐蚀一般出现在烟温较低的低温级空气预热器的冷端,它带来的危害是:

(1)导致空气预热器穿孔,一方面使送、引风机负荷增加,大量空气漏入烟气中,一方面因空气不足造成燃烧恶化,使电耗增大;

(2)造成低温黏结性积灰,在锅炉运行中难以清除,不仅影响传热,使排烟温度升高,而且严重时堵塞烟气通道,引风阻力增加,锅炉出力下降,严重时被迫停炉清灰;

(3)严重的腐蚀将导致大量受热面更换,造成经济上的巨大损失。

2. 烟气露点(酸露点)的确定

烟气露点与燃料中的硫分和灰分有关。燃料中的折算硫分 $S_{ar,zs}$ 越高,燃烧生成的 SO_2 进一步氧化生成的 SO_3 就越多,烟气的露点也越高;烟气携带的飞灰粒子中所含的钙镁和其他碱金属的氧化物以及磁性氧化铁,有吸收烟气中部分硫酸蒸汽的能力,从而可减小烟气中硫酸蒸汽的浓度。由于硫酸蒸汽分压力减小,烟气露点也就降低。烟气中灰粒子数量愈多,这个影响就愈显著。烟气中飞灰粒子对烟气露点的影响可用折算灰分 $A_{ar,zs}$ 和飞灰份额 a_{fh} 来表示。

考虑上述各影响因素,烟气露点可用下面的经验公式进行计算

$$t_1=t_{s1}+\frac{125\cdot\sqrt[3]{S_{ar,zs}}}{1.05A_{ar,zs}a_{fh}} \tag{11-43}$$

式中:t_1 为烟气露点,℃;t_{s1} 为按烟气中水蒸气分压力计算的水蒸气露点,℃;$S_{ar,zs}$ 为燃料收到基折算硫分,％;$A_{ar,zs}$ 为燃料收到基折算灰分,％;a_{fh} 为飞灰系数。

3. 腐蚀速度

腐蚀速度与管壁上凝结的酸量、硫酸浓度及管壁温度等因素有关。凝结酸量越多,腐蚀速度越快,但当凝结酸量大到一定程度时,对腐蚀的影响减弱;金属壁温对腐

蚀的影响如图 11-13 所示,腐蚀处壁温越高,化学反应速度越快,低温腐蚀速度也越快;碳钢腐蚀速度与硫酸浓度的关系如图 11-14 所示。即随着硫酸浓度的增大,腐蚀速度先是增加,当浓度为 56% 时达到最大值,随后急剧下降。在浓度为 60% 以上时,腐蚀速度基本不变并保持在一个相当低的数值。

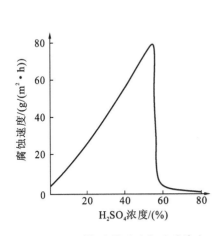

图 11-14　碳钢腐蚀速度与硫酸浓度
　　　　　的关系

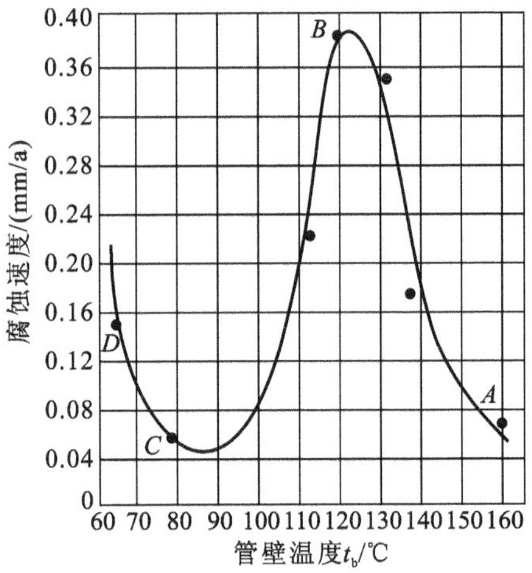

图 11-15　沿烟气流向受热面腐蚀速度
　　　　　的变化情况

当尾部受热面发生低温腐蚀时,腐蚀速度将同时受到金属壁温、硫酸浓度等因素的共同影响。因此,沿烟气流向,腐蚀速度的变化比较复杂。图 11-15 所示为沿烟气流向受热面腐蚀速度的变化情况。由图 11-15 可知,在受热面壁温达到酸露点 A 时,硫酸蒸汽开始凝结,腐蚀随之发生。但由于此时硫酸浓度极高(80% 以上),且凝结酸量少,因而虽然壁温较高,腐蚀速度却并不高。沿着烟气流向,金属壁温逐渐降低,凝结酸量逐渐增多,其影响超过温度降低的影响,因而腐蚀速度很快上升,至点 B 达到最大值。以后壁温继续降低,凝结酸量减少,且硫酸浓度仍处于较弱腐蚀浓度区,因而腐蚀速度随壁温下降而逐渐减小,至点 C 达到最低值。以后虽然壁温已经降到更低的数值,但因酸浓度也在下降并逐渐接近于 56%,因此,腐蚀速度再次上升。至点 D 壁温达到水蒸气露点(简称水露点),大量水蒸气会凝结在管壁上并与烟气中的 SO_2 结合,生成亚硫酸溶液(H_2SO_3),严重地腐蚀金属管壁,烟气中的 HCl 也会溶于水并对金属起腐蚀作用,故壁温下降到水露点 D 以后,腐蚀速度急剧上升。实际上,在锅炉本体中受热面壁温不可能低于水露点,但有可能低于酸露点。因此,为了避免尾部受热面的严重腐蚀,金属壁温应避开腐蚀速度高的区域。

对于管式空气预热器,最低壁温的计算式为

$$t_{b,min}=\frac{0.8\alpha_y\theta_{py}+\alpha_k t'_k}{0.95\alpha_y+\alpha_k}\tag{11-44}$$

式中:$t_{b,min}$ 为最低壁温,℃;θ_{py} 为排烟温度,℃;t'_k 为低温级空气预热器空气入口温度,℃;α_y、α_k 分别为烟气侧和空气侧的放热系数,kW/(m² · ℃);系数 0.8 和 0.95 为考虑烟气侧管壁污染和烟气温度场分布不均的影响系数。

对于回转式空气预热器,烟气出口部位受热面金属最低壁温可按下式进行计算

$$t_{b,min} = \frac{x_y \alpha_y \theta_{py} + x_k \alpha_k t_k'}{x_y \alpha_y + x_k \alpha_k} \approx \frac{x_y \theta_{py} + x_k t_k'}{x_y + x_k} \tag{11-45}$$

式中:x_y、x_k 分别为烟气和空气流通截面积占总流通截面积的份额。

4. 影响低温腐蚀的因素

从低温腐蚀发生的过程来看,发生低温腐蚀的条件是管壁温度低于烟气露点。壁温越低,发生低温腐蚀的可能性越大;烟气露点越高,腐蚀越严重。酸露点的高低主要取决于烟气中三氧化硫的含量,随烟气中三氧化硫含量的增加,硫酸蒸汽的含量也相应增加,酸露点会有明显提高。烟气中三氧化硫的含量与下列因素有关:

(1)燃料中的硫分越多,则烟气中的三氧化硫含量也越多;

(2)火焰温度高,则火焰中原子氧的含量增加,因而三氧化硫含量也增多;

(3)过量空气系数增加会使火焰中原子氧的含量增加,从而使三氧化硫含量也增加;

(4)飞灰中的某些成分,如钙镁氧化物和磁性氧化铁(Fe_3O_4),以及未燃尽的焦炭粒等有吸收或中和二氧化硫和三氧化硫的作用,故烟气中飞灰含量增加、且飞灰含上述成分又较多时,则烟气中三氧化硫含量将减小;

(5)当烟尘中氧化铁(Fe_2O_3)或氧化钒(V_2O_5)等催化剂含量增加时,烟气中三氧化硫含量将增加。

由以上分析可知,燃油炉的低温腐蚀会更严重,因为油中有钒的氧化物,且燃油炉的燃烧强度大而飞灰量少,因而燃油炉生成的三氧化硫较多,烟气露点也高,腐蚀程度将更严重。

5. 防止或减轻低温腐蚀的措施

减轻低温腐蚀可从两个方面着手:一是提高金属壁温或使壁温避开严重腐蚀的区域;二是减少烟气中三氧化硫的含量,降低酸露点;此外,还可采用抗腐蚀材料制作的低温受热面。

1)提高受热面壁温

(1)采用热风再循环　将空气预热器出口的热空气,一部分引回到送风机入口,称为热风再循环。如图 11-16 所示,在热风管道和冷风管道之间装有再循环风道,依靠送风机抽吸或专门设置的再循环风机,将部分热空气送入空气预热器进口与冷风混合。热风再循环使管壁温提高,有利于减轻低温腐蚀和受热面的积灰。但是,这种方法可使排烟温度提高、锅炉效率降低,同时,还使送风机电耗加大。再者这种方法只能将空气预热器的进口风温提高到 50~65℃,再高就将使排烟温度提高到更加不合理的程度,送风机的电耗也显著增加。

(2)空气预热器进口装设暖风器　如图 11-17 所示,暖风器装在送风机与预热器

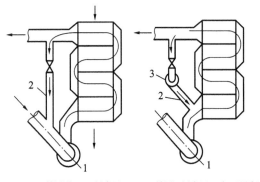

(a) 利用热风再循环　　(b) 利用再循环风机再循环

图 11-16　热风循环系统

1—送风机；2—再循环管；3—再循环风机

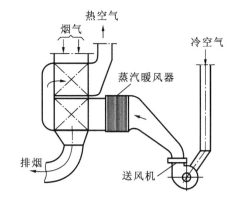

图 11-17　蒸汽暖风系统

之间,利用汽轮机低压抽汽来加热冷空气。加装暖风器可使预热器进口的空气温度提高到 80℃左右,但也会使排烟温度提高。

此外,管式空气预热器也可采用螺旋槽管结构,通过增强烟气的扰动,提高烟气侧的放热系数,达到提高管壁温度减轻腐蚀的目的。

2)减少烟气中的 SO_3 含量

燃料脱硫。原煤洗选可除去 40% 的硫分,将原煤加工成水煤浆燃烧,可使70%～90% 的黄铁矿去除。

3)低氧燃烧

将燃油炉的炉膛出口过量控制系数控制在 1.03 及以下,烟气露点可显著下降。

4)加入添加剂

用粉状石灰石或白云石混入燃料中直接吹入炉膛内燃烧,使烟气中的 SO_3 和石灰石粉($MgCO_3$ 或 $CaCO_3$)发生反应生成 $MgSO_4$ 或 $CaSO_4$,从而减少了烟气中 SO_3 的含量。但由于在煤粉炉中的脱硫反应的条件较差,因而脱硫效率很低,同时反应生成的硫酸盐为松散粉尘,会使受热面污染加重,应采取相应的吹灰及防磨措施。

此外,当采用烟气再循环时,若将从空气预热器前抽出的部分烟气,通过炉底或燃烧器送入炉内再循环,降低火焰中心温度并增加了惰性气体含量,可使 SO_3 生成量减少。但当再循环烟气从炉顶引入时,减轻低温腐蚀的作用不大。

5)空气预热器冷端采用耐腐蚀材料

在燃用高硫分燃料的锅炉中,管式空气预热器的低温置换段可用耐腐蚀的玻璃管、搪瓷管、ND 钢管或其他耐腐蚀的材料制作的管子。回转式空气预热器的冷端受热面可采用耐腐蚀的搪瓷、蜂窝陶瓷砖等。采用引进技术制造的回转式空气预热器大多采用耐腐蚀的低合金钢材 CORTEN 钢制造冷端受热面,并将底部框架制成可拆除式,以便于更换或检修冷端受热面。采用耐腐蚀材料可以减轻低温腐蚀,但不能防止低温黏结积灰,因而,必须加强吹灰。

11.4　材 料 问 题

11.4.1　材料缺陷

在锅炉内,水冷壁管,高、低温过热器管,再热器管及省煤器管都是重要的高温部件。空气预热器管也是重要的单面受热管。过热器管在运行时,外部受高温烟气的作用,内部则流通着高压蒸汽。另外,蒸汽管道包括主蒸汽管道、主蒸汽母管、导汽管和再热蒸汽管等,它们外部不受高温烟气的作用,仅受其内部过热蒸汽的温度和压力的作用。过热器管的管壁温度(即金属温度)要比蒸汽温度高,而蒸汽管道的管壁温度(即金属温度)则可以近似地看成与过热蒸汽温度相同。锅炉受热面管大都处在高温应力的条件下,即在产生蠕变的条件下运行,对它们所用钢材性能的要求是由它们的运行条件和加工工艺要求决定的,对各种钢材的要求都比较具体,但是生产和运行实践证明,国内外生产的锅炉热管钢材都可能存在某种缺陷。白点、发纹、裂缝、折叠、分层、结疤、气泡(包括蜂窝气泡)及夹杂等缺陷均能严重影响钢材的力学性能与热加工成形性能,甚至导致零部件的破坏。因此在生产钢材过程中,必须按钢材用途的不同,对上述各类缺陷及其他缺陷加以控制。有的缺陷使钢材报废;有的缺陷经清理后仍可使用;有的缺陷,当其数量不多(级别不高)时并不影响使用。一旦这些不合格的材料投入运行,就可能造成事故,必须采取措施防止漏检。对于常见的缺陷,可按国家标准、冶金部标准及与钢种有关的标准和技术条件的规定验收使用。可是在生产中常遇到一些特殊的缺陷,在这类缺陷中,有的是很容易判定它是否可以用,但也有一部分是不能轻易判断的。要鉴别热管材料中各种缺陷,并判别其是否能用,首先须知道钢中缺陷的特征、产生原因及其影响后果。下面简要介绍锅炉钢在制造使用中常见的缺陷。

(1)疏松　疏松是指材质不致密的一种缺陷。它是由于钢中气体的析集和试验过程中夹杂物被腐蚀脱落等原因而形成的。钢管形变量较大,管坯中的疏松在制管过程中已被轧合,所以在钢管断面上很少看到"疏松";但如果是由于夹杂物析集所造成的疏松,在钢管横断面上便能以孔隙或黑点的形态表现出来。

(2)偏析　偏析是指钢中成分分布不均匀的缺陷。偏析倾向最大的元素是硫、磷,所以往往偏析区硫、磷含量较高。按不均匀成分分布的特点,可将偏析分为微观偏析与宏观偏析。微观偏析有晶间偏析与晶内偏析之分;宏观偏析又有比重偏析与区域偏析之分。形成各种偏析的主要原因是夹杂物分布不均匀。为了减少偏析,必须使钢中杂质,尤其是硫、磷含量减少。偏析是一种成分不均匀的缺陷,它将影响到钢材性能的均一性,偏析严重的钢材,各处性能相差很悬殊,所以对钢材偏析的程度必须加以限制。

(3)白点　此种缺陷主要在焊缝中(如水冷壁鳍片等)可能发现。白点是一种微细裂纹,它是由于钢中含氢及冷却时缓冷不当,应力过大所产生的。当钢在某一温度范围内冷却较快时,过饱和的氢原子脱溶析集到疏松等空隙中合成氢分子,随着氢分子聚集产生巨大的应力。这种应力与钢相变时产生的局部应力相符合,致使钢材内部产生微细裂纹。所以,白点实质上就是小裂缝,在纵向断面上呈现圆形或椭圆形银色斑点。为了减少钢中的白点,从冶金时就应该采取措施,尽量使钢中含氢量达到最低的程度。

(4)裂缝　在各种钢材上均有产生裂缝的可能。一般来讲,裂缝底都较尖。在钢管的内外表面上,裂缝呈直线形或螺旋形,有的呈网状。冷拔钢管,如果拉拔量较大,变形后不及时应力消除处理,有可能产生笔直的纵向穿壁裂缝,常称"开裂"。冷拔钢管未经良好退火,存在有较大的应力,在冷弯加工中会产生裂缝。产生裂缝的原因是很复杂的,有些是因为原坯原料中有缺陷(如裂纹、气泡等)或非金属夹杂物过多、过于集中所引起的;有些是因为工艺不当而引起的。加热不均匀、温度过低、冷却不当等造成应力过大的因素均能引起热轧钢材形成裂缝;冷拔后不及时热处理、冷拔变形量选择不当或有酸洗、脆性等因素均能引起冷拔钢材产生裂缝。

(5)开裂　这种缺陷实际上属于裂缝的范畴,唯其裂开的程度较大而已。钢管呈现穿透管壁的纵向开裂,一般发生在全长,有时发生在一端。这种缺陷是由于加工过程的某些工艺不当所造成的,例如:在退火加热过程中,管坯受热不均匀,同时加热速度较快,致使管坯产生沿周向温度相差悬殊的现象,在以后加工热变形的过程中便由于各部位延伸性能不一致而造成钢管开裂。开裂是一种不允许存在的缺陷。

(6)拉裂　在钢管表面上,可能产生"人"字形或"之"字形的近似横向的裂缝;冷拔钢材呈横向裂缝。拉裂特征为,裂开程度较大,而且很深,不光滑,外形也不整齐。钢管可形成穿壁拉裂。产生拉裂的原因较多,原坯料上有裂缝未清除,在进一步轧制过程中,原坯料的裂缝便成为被拉裂的起源地,经轧制演变为拉裂;材料本身塑性差或变形量过大。在轧制过程中强力迫使它变形拉薄,可以硬性拉裂。如果坯料中因某种原因在局部产生较厚的氧化铁皮,或者是坯料中有较严重的非金属夹杂物或个别较大的夹杂物,在轧制过程中,这些变形性能很差的氧化物或其他类型的夹杂物便成为拉裂的裂源;加热温度选择不当或加热温度不均匀、加热温度过低或轧制过程中由于某些原因造成局部温度下降、塑性下降则能轧制出拉裂缺陷;变形量选择不当,拔制速度过快,润滑不良,模具不合理;酸洗氢脆性的钢材,可因氢脆而产生拉裂;坯料退火不均匀,造成坯料沿纵向力学性能不一致,变形过程沿塑性低的部分被拉裂;坯料表面被划伤,有严重翘皮或内部缺陷。拉裂是一种不允许存在的缺陷。

(7)横裂　产生于钢管内外表面,呈连续或不连续的细小横向裂缝。它主要是由于钢管酸洗温度过高、时间过长及退火后在钢管温度高于酸洗温度时就进行了酸洗,引起钢管氢脆而造成的横裂;或者是由于钢管未能烘干、氢未能脱除及某些能使钢管沿纵向部位塑性不均匀等因素所造成的。横裂是一种不允许存在的缺陷。

(8)网状裂纹　在钢管表面上形成一种深度和宽度都比较大的网状破裂缺陷,无一定方向,轻微的呈橘皮状或蛇皮形的龟纹,比过烧裂纹显得轻微些。这种缺陷主要是钢的组织及成分的不均匀性所造成的。例如:含硫高而含锰低,或含铜、锡等元素过高的钢易产生热脆性,在轧制时使型钢产生网状裂纹。如果在高温区具有两相组织,该两相组织变形性能不同,也可能产生网状裂纹。网状裂纹是一种严重的、不允许存在的缺陷。

(9)折叠　折叠外形近似于裂缝。它可产生于钢管的内、外表面或型钢表面,其长度可为钢材的全长或局部,深浅不一,有的内部尚有氧化铁皮。钢管外折叠是表面呈螺旋形,其螺旋方向与钢管在穿孔机上的旋转方向相反且螺距较大,但也有钢管表面呈纵向折叠状态的。当管坯中原有较大的裂缝,在穿管过程中形成折叠,甚至穿透壁厚,构成裂缝。某些大口径钢管的内壁折叠,它的危害性甚至比钢管外表面缺陷的危害性还大,因为不能轻易检验出来,同时它在工作条件下,由于接触介质和应力的作用,可以使它扩展,不便于监督。有时在钢管中可发现,钢管内壁呈直线分布的鳞片状折叠。这种折叠的特征在于它发生于钢管的内壁,且大体上是在一条直线上,沿钢管长度方向可长可短,一般均有相当长的长度。这种折叠起源于酸洗,酸洗可以是在钢管制造过程中或运行结垢后。酸洗之后,往往由于钢管中那些未除净的酸液沉积在钢管内壁的最低位置,对金属将发生腐蚀作用,这种腐蚀作用的大小取决于酸的浓度、腐蚀时间长短、环境温度及金属种类等因素。由于残酸的腐蚀作用,钢管被腐蚀区金属材质变弱,那些经过酸蚀的区域便发生破裂,成为沿直线分布的鳞片状折叠,严重的可造成穿壁的横向裂纹,往往是腐蚀程度愈深,而后所产生的鳞片状折叠愈严重。为避免这种缺陷,可在酸洗之后尽量将钢管清洗干净。

(10)分层　在钢管中分层可将钢管分成两根钢管套在一起的复合管的形态。在钢管管壁中或内表面呈螺旋形或块状的分层破裂称为"离层"。宏观上来看,多数具有分层的钢管,其分层较为均匀地将钢管分为内、外两圈,这内、外两层管紧密套合在一起,不能轻易脱离开,分层交界处无夹杂类物质。分界面色泽不一,可有氧化色或有金属光泽。

钢管分层的主要原因是生产工艺引起的钢坯加热温度提高,而加热时间相应缩短,这就可能使圆坯加热不透,内外温度不均匀,在穿管过程中出现了"周向撕裂"。由于在制管(如穿、拔等)过程中管内壁有顶头或芯棒,外径又是逐渐缩小,所以形成的分层是均整而紧密结合的。个别部位的氧化是由于在形成分层以后的各(高温)加热过程,空气进入分层所造成的。

(11)结疤(包括翘皮)　结疤,即斑疤。它的外形多呈"舌头形"或"指甲形",也有呈块状或鱼鳞状的,外形不规则,嵌在钢管表面上。结疤一端翘起的通常称为"翘皮"。生产过程产生的结疤易翘起或张开,而且结疤下常有氧化铁皮。由于原坯料缺陷或冷拔产生结疤的原因很多,坯料质量缺陷(如有耳子、凹坑、气泡等)、工艺及外物夹入均能在拔或轧制过程中形成结疤。外物落在金属表面上形成的结疤是黏合在金属表面上的,易剥落,常称为不生根结疤;凡起源于金属本身的结疤均称为生根结疤。

（12）翻皮　在钢管横断面的低倍组织中,呈现亮白色或暗色的弯曲而规则的长带,但形状不一。其附近可能伴有气泡和夹杂。在显微镜下观察,沿翻皮金属有脱碳现象,且有较多的氧化物夹杂存在。它可在钢材的任一个部位出现,但通常出现在靠近边缘的部分。这种缺陷一般是由于注锭时钢水表面氧化膜翻入钢水凝固时未能浮出所造成的。这是一种不允许存在的缺陷。

（13）气泡　在钢管表面上,分布着无规律的且大小不同的圆形凸泡称为气泡。气泡是浇注过程中产生的,而后在各工艺过程中未能消除。在钢材横截面上呈现蜂窝状的气泡称为蜂窝气泡。在钢材横截面上,皮下气泡呈现为垂直于表皮的细长缝隙形态。气泡主要是炼钢脱氧不良或低温快速浇注等易使钢液内保存过多气体的因素所造成的。

（14）夹杂　在钢中夹杂可分为钢材内在夹杂与表面夹杂。钢材表面夹杂一般呈点状、块状或条状分布,其颜色有暗红（红棕）色、淡黄色、灰白色等,机械地黏结在型钢表面上,不易剥落。有时具有一定深度,其大小、形状和分布位置都没有一定规律。这类夹杂起源于炼钢、浇注及热处理过程。在炼钢时造渣不好或由于盛钢桶、中注管等不清洁,于钢锭表面形成夹杂,轧后即成为型钢表面夹杂物。

14.4.2　长期高温下热管材料的组织结构变化

在室温条件下,钢材的金相组织及性能一般都相当稳定,不随时间而改变。但是,在高温条件下,金属原子的扩散活动能力增大,在长期工作过程中,钢材的金相组织将不断发生变化,并会导致性能的改变。锅炉热管钢材长期在高温条件下具有危害性的组织变化主要为珠光体的球化、石墨化及合金元素的重新分配等。

1. 珠光体的球化

锅炉热管常用的各种碳素钢及低合金钢大都是珠光体耐热钢。这种钢的正常组织是由珠光体晶粒与铁素体晶粒组成的。珠光体晶粒中的铁素体及渗碳体是呈薄片状相互间夹的。因为片状物的表面积与体积的比值比球状物的表面积与体积的比值大得多,即在同样体积的情况下,片状物比球状物具有更大的表面积,因此,片状物的表面能也就远比球状物的表面能大。根据热力学第二定律,具有较大能量的状态有自行向能量较小的状态转变的趋势。所以可以认为,片状珠光体是一种不稳定的组织,其中的渗碳体有自行转变成球状并聚集成大球团的趋势。这种球化过程是以扩散为基础的,在低温下,由于原子扩散条件差,这种趋势不能实现;当温度较高时,原子的活动力增强,扩散速度增加,片状渗碳体便逐渐转变成球状,再逐渐聚集成大球团（见图11-18）,这种现象称为珠光体的球化。珠光体的球化过程就是碳化物的扩散过程,因此在球化过程进行的同时,碳化物在钢中的分布也将发生变化。因为晶粒间界上的扩散速度较大,所以球化现象总是首先在晶界处发生。碳钢最容易球化,碳含量愈高,球化的速度愈快。珠光体球化对材料性能的影响主要表现在室温力学性能和高温力学性能的变化上。

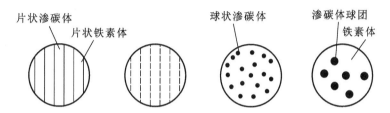

图 11-18　球光体球化过程示意图

珠光体球化对材料高温强度的影响是很大的,它加速了高温承压组件在使用过程中的蠕变速度,缩短其工作寿命,导致钢材在高温和应力作用下的加速破坏。根据试验和运行实践表明,影响球化过程发展的主要因素是温度、时间和化学成分。由于珠光体的球化和碳化物的聚集是基于扩散的一种过程,因而温度对球化过程必然有很大的影响。根据有关实验研究,完全球化所需的时间与温度有如下的关系式,即

$$\tau = A e^{b/T} \tag{11-46}$$

式中:T 为绝对温度;A 为由化学成分、组织特征等而决定的常数;b 为常数,对退火碳素钢为 33 000;t 为达到某一球化程度所需的时间。

由此关系式可以绘成图。可以看出,温度稍有升高完全球化所需的时间便明显减少。例如,低碳钢在 454 ℃时,完全球化所需的时间为 5×10^5 h;但在 482 ℃时,仅需 9×10^4 h,即温度升高不到 30 ℃,球化所需的时间下降了 5 倍多。

如上所述,珠光体球化是以扩散为基础的,而碳的扩散速度与合金元素对碳在固溶体中扩散的影响有关。因而,凡是能形成稳定碳化物的合金元素,或进入固溶体中可降低其原子扩散系数的合金元素,均能阻止或减缓球化及其积聚过程。单纯的碳素钢最易发生球化,钼钢的球化速度小于碳素钢,铬钼钢的球化速度还要小,铬钼钒钢则更小。总之,钢中加入钼、铬、钒、钛、铌等合金元素均能提高珠光体的稳定性,减缓球化过程,其中以钛、钼的作用最大,它们在钢中形成热稳定性很高的碳化物,并减慢了扩散速度,所以能起到上述作用。

此外,在钢的化学成分和温度相同的条件下,球化速度还与钢的晶粒度、冷加工变形度和渗碳体片的大小等因素有关,这是因为细晶粒钢的总表面积大,易于发生球化。因此,从球化的观点来看,高温承载组件不应选用晶粒很细的钢。如果钢经受了塑性变形,则在晶界及滑移面处的晶格产生畸变,导致内能增加、扩散速度加快,促使球化过程首先在该处发生。再者,过分细小的渗碳体片缩短了扩散的距离,从而也会加速球化过程。

2. 石墨化

石墨化是低碳钢长期在高温条件下发生的一种使脆性急剧增大的、危险的组织结构变化。石墨化是渗碳体在高温长期作用下自行分解的一种现象,也称析墨现象,其反应过程为

$$Fe_3C \longrightarrow 3Fe + C(石墨) \tag{11-47}$$

　　开始时,石墨以微细的点状出现在金属内部,此后,逐渐聚集成愈来愈粗的颗粒。石墨的强度极低,实际上相当于在金属内部产生了空穴。在空穴周围形成了复杂的受力状态,并出现应力集中的现象,使金属发生脆化。石墨化使金属材料的常温及高温强度均有所下降。如果石墨呈链状出现,则尤为危险。

　　石墨化过程是一个扩散过程。钢材在高温下,首先开始的是渗碳体的球化过程,随着球化程度级别的升高,升高到一定程度(大致在 3 级左右)时,有的渗碳体就开始分解为石墨,随着运行使用时间的增加,球化向更高的级别发展,已生成的石墨点逐渐长大成球,同时又有新的石墨点出现。这样,碳的扩散聚集和渗碳体的分解过程随着在高温条件下使用时间的继续延长而逐步发展,当碳化物分解成游离碳的量增加到钢材总碳含量的左右时,石墨化已发展到了危险的程度。根据钢材中石墨化现象的发展程度,通常将石墨化分为不明显、明显、严重、很严重级。

　　石墨化现象只出现在高温下,对于碳钢约在 450 ℃ 以上,温度升高,使石墨化现象加快发展,但温度过高(约 700 ℃ 时),非但不出现石墨化现象,反而使已生成的石墨与铁化合成渗碳体。此外,在焊缝的热影响区最易发生石墨化现象,而且往往会出现链状石墨,造成脆裂。这主要是由于在热影响区冷却不均匀,产生了残余内应力,促进了石墨化的发展。

3. 合金元素在固溶体和碳化物相之间的重新分配

　　钢材长时间在高温下除了会发生珠光体球化和石墨化现象外,还会发生合金元素在固溶体和碳化物相之间的重新分配。这是由于高温使合金元素原子的活动力增加,而产生转移过程。长期在高温下,固溶体的合金元素会逐渐减少,即合金元素由固溶体向碳化物转移。高温下合金元素原子活动能力增强,对一些起固溶强化作用的合金元素,如铬、钼、锰(固溶体)脱落,转移至碳化物中。

　　对于合金元素从固溶体中转移到碳化物中的原因可作如下解释。对于常用的珠光体热强钢,其组织中只有两种相,就是固溶体和碳化物。钢中的合金元素不是存在于固溶体中,就是存在于碳化物中,当形成固溶体时,合金元素的原子要溶到铁素体中,由于合金元素的原子直径与铁原子的直径不相同,因而形成固溶体就会产生晶格畸变。有畸变的晶格是不稳定的,在长期的高温作用下,只要温度水平能使合金元素的原子具有足够的活动能力,它就力图从固溶体中转移到结构稳定的碳化物中,这种过程也称固溶体的贫化。合金元素的转移使固溶强化作用显著降低,因而使材料的高温强度(如蠕变极限、强度等)下降。生产实践及试验研究表明,合金元素的重新分配过程包含两个方面:一是固溶体和碳化物中合金元素质量分数的变化,亦即碳化物成分的变化;二是在高温下运行过程中同时发生碳化物结构类型、数量和分布形式的变化。众所周知,对于常用的珠光体型热强钢来说,合金元素是固溶在铁素体中的。这类钢长期在高温下工作,合金元素将从铁素体中析出并转移到碳化物相中去。

14.4.3　受热面管的过热与过烧

　　在锅炉的使用过程中,由于管理不善或运行不当,也会造成锅炉某些主要部件的材料局部超温,导致严重损坏。根据超温的程度和超温时间的长短,钢材会发生氧化脱碳、过热和过烧现象。它们对材料的损伤是不同的,因此,必须正确判断这些现象,才能对之采取相应的措施。研究钢的过热和过烧现象的目的,首先是为了在生产和使用过程中有效地防止钢材产生过热与过烧;其次是在材料发生超温后正确地加以判断,并采取相应的补救措施;最终是寻找矫正或尽量减少钢材过热与过烧的危害程度的工艺途径。钢的过热是指钢被加热到以上的某一温度后,随着奥氏体晶粒的长大,在粗大的奥氏体晶界上发生了化学成分的明显变化(主要是硫的偏析),在冷却时,或者在原始奥氏体晶界上保持了硫的偏析,或者产生了第二相(主要是硫化物)质点的网状沉积,导致晶界脆化,而使钢的拉伸塑性和冲击韧度明显降低的现象。钢的过烧是指钢被加热到接近固相线或固液两相温度范围内的某一温度后,在十分粗大的奥氏体晶界上不仅发生了化学成分的明显变化(主要是硫和磷的偏析),而且局部或整个晶界出现烧熔现象,从而在晶界上形成了富硫、磷的液相。在随后的冷却过程中,晶界上产生富硫、磷的烧熔层,并伴随着形成硫化物、磷化铁等脆性相的沉积,导致晶界严重弱化,从而剧烈降低钢的拉伸和冲击韧度的现象。这种力学性能的恶化是无法予以补救的。

1. 钢的过热现象

过热钢的断口特征随其过热程度和化学成分而异。碳素钢和合金结构钢被加热到过热温度以上,呈不稳定过热状态时,其断面为具有金属光泽的、棱面晶莹发亮的结晶状断面,这种宏观断口称为晶亮菱面断口,这是典型的不稳定过热断口。晶亮菱面的典型微观特征是晶间脆性断裂。在断面上无第二相质点的沉淀。低、中碳钢和低合金高强度钢被加热到呈稳定过热状态时,断口的宏观特征是在断口的纤维状基体上呈现着不同取向的、无金属光泽的灰白色粒状断面。粒状断面的尺寸与钢在高温加热时奥氏体晶粒的大小相吻合,因而从粒状断面的尺寸可以大致上确定钢的原始奥氏体晶粒大小或过热程度。此外,有些合金结构钢的稳定过热断口在其断面上具有呈弱金属光泽的、不同尺寸的结晶面,当用不同角度的掠射光照断口时,由于不同位向的晶面有着不同的反射能力,许多晶面闪烁着如同萘晶那样的光泽,因而把这种穿晶脆性断口称为萘状断口。萘状断口上结晶面尺寸相当巨大,它是由钢在高温加热时,奥氏体各晶粒大小所规定的,因而反过来通过宏观断口上结晶面尺寸的大小可以大致上估计奥氏体晶粒的大小。萘状断口的一般微观特征是解理断裂或准解理断裂,其主要取决于钢中碳的质量分数、所含合金元素的种类及其质量分数及钢的热处理状态。低碳钢的条状断口以准解理断裂为主;当碳的质量分数稍高时,则大都为解理断裂。钢发生过热后的显微组织变化是十分复杂的,它与加热温度、冷却速度、热处理状态等因素有关。一般来说,过热钢的显微特征可归纳为:粗大的奥氏体晶粒;严重的铁素体魏氏组织,以及在原始奥氏体晶界上存在着明显的硫偏析(对于不稳定过热)或存在着大量细微硫化锰质点的网状沉淀(对于稳定过热)。由此显微特征可知,区分钢在高温加热后是否发生过热的主要标志是在原始奥氏体晶界上是否存在着硫的偏析或大量细微硫化锰质点的沉积。

钢在发生过热后力学性能的变化主要表现为塑性和冲击韧度的明显降低,而对钢的强度和硬度基本无影响。这是由于钢在不同温度下加热时,引起塑性和冲击韧度降低的原因不同所造成的。当加热温度低于钢的过热温度时,其塑性、韧度的降低是由于奥氏体晶粒粗大以及存在着一定量的铁素体魏氏体组织造成的,所以这种塑性、韧度的降低可以采用热处理的方法,在加热时使之发生重结晶,细化奥氏体晶粒,从而使钢的力学性能得到恢复。当加热温度高于钢的过热温度时,其塑性、韧度的显著降低是由于在钢的原始奥氏体晶界上沉积着大量细微的硫化锰质点,降低了晶界的结合能,使晶界弱化,导致晶间断裂,形成石状断口。此时,由于硫化钙质点在钢中溶解温度在 1 200 ℃以上,因而采用正常热处理方法不可能改变它在钢中的溶解与沉淀中的溶解温度的行为,亦即不能改善晶界的脆化状态,所以过热钢采用正常热处理方法不能使其塑性和韧度恢复。过热对钢的力学性能的影响与钢所受到的过热程度有很大的关系。研究结果表明,当钢的加热温度等于或稍高于其过热温度时,过热对钢的塑性和韧度的影响往往不很明显,随着过热程度的增加,钢的塑性和韧度显著降低。另外,过热对钢的疲劳强度也有一定的影响;随着钢过热程度的增加,其疲劳强度降低。

2. 钢过烧现象

一般碳素钢和低合金钢的过烧断口都是石状断口,断口棱面呈灰白色,无金属光泽,棱面为原始奥氏体晶界。过烧钢的石状断口与过热钢石状断口的主要差别是在过烧钢的石状断口上可观察到金属熔化的痕迹和晶界严重氧化的特征。过烧钢断口的微观特征主要取决于钢的化学成分和钢的过烧程度。一般用电子显微镜在过烧钢的断口上可以观察到许多局部熔化的晶界区所形成的熔融晶间小岛。这种晶界熔化现象主要发生于三晶交界处。另外,还可看出过烧钢的晶界层变得更厚的现象。过烧钢的显微特征可归纳为:十分粗大的奥氏体晶粒;严重的铁素体魏氏组织;在原始奥氏体晶界上存在着局部的富硫、磷烧熔层以及在原始奥氏体晶界上产生细微硫化锰质点的网络状沉积和薄片状磷化铁的沉淀。

由此可知,过烧钢与上述过热钢的显微组织既有联系,又有着根本的区别,其中有的与过热钢的显微特征相同,它们之间的主要区别是在过烧钢的原始奥氏体晶界上存在磷的显著偏析,或者有薄片状磷化铁的沉淀。必须指出,尽管在过烧钢的显微组织中会存在着严重的晶界氧化与脱碳现象,但它与钢的过烧没有本质联系,只是伴随产生的现象。因而,绝不能单纯从晶界是否发生严重氧化与脱碳来判断钢是否过烧。

观察过烧钢的显微特征可以发现,随着加热温度的升高,钢的过烧过程大致上可以分为四个阶段:在高温加热时,随着硫和磷向晶界的偏析,晶界局部(主要是在三晶交界处)开始烧熔,形成一个个富硫、磷的晶间熔融小岛。整个晶界被烧熔,形成连续的晶间液相,并在三晶交界处出现明显的烧熔孔洞;奥氏体晶粒表层被烧熔,在液态金属表面张力的作用下收缩成许多表面圆滑的颗粒,从而形成大量的微空隙或微空洞。钢材表面局部烧熔,冷却后在其表面上产生橘皮状熔坑。从过烧第一阶段或第四阶段,钢的过烧程度愈来愈严重,相应地钢的机械性能也剧烈降低。

过烧对钢的力学性能的影响主要取决于钢的过烧程度。当钢发生过烧后,其塑性和冲击韧度剧烈降低,形成裂纹的敏感性明显增加。因而过烧钢的脆性比过热钢大得多,严重时过烧钢几乎没有抵抗塑性变形的能力。由于过烧对钢的力学性能有着十分严重的危害,因而过烧钢一般不能通过其他途径补救,必须报废。

第 12 章　电站锅炉本体的设计与布置

12.1　锅炉热力计算方法

12.1.1　热力计算方法

锅炉的热力计算是锅炉机组的重要计算之一。锅炉的设计、改造及运行工况的分析都要以热力计算为基础。锅炉的热力计算一般都是从燃料的燃烧计算和热平衡计算开始,然后按烟气流向对锅炉的各个受热面(如炉膛、屏式过热器、对流过热器及尾部受热面等)进行计算。锅炉热力计算分为设计计算和校核计算,两者的计算方法基本相同,其区别在于计算任务和所求的数据不同。

设计计算的任务是根据给定的锅炉容量、参数和燃料特性去确定锅炉的炉膛尺寸和各个部件的受热面面积,并确定锅炉的燃料消耗量、锅炉效率、各受热面交界处介质的温度和焓、各受热面的吸热量和介质速度等参数,为选择辅助设备和进行空气动力计算、水动力计算、管子金属壁温计算和强度计算等提供原始资料,常用于新锅炉的设计。设计计算是在锅炉的额定负荷下进行的。

为了考核锅炉在其他负荷或燃用非设计燃料时的热力特性及经济指标,为锅炉结构改进、选择辅助设备(或检验原有辅助设备的适用性)和进行上述其他各项计算提供原始资料,需要进行校核热力计算。校核计算的任务是在给定的锅炉负荷和燃料特性的前提下,按锅炉已有的结构和尺寸,求取各个受热面交界处介质的温度、速度、锅炉热效率、燃料消耗量等。

对锅炉进行校核计算时,由于烟气的中间温度、内部介质温度、排烟温度、热空气温度及过热蒸汽温度都是未知数。因此,在进行计算时,上述温度需先假设,然后用逐步逼近法去确定。

在进行锅炉热力计算时,主要是采用校核热力计算方法,即先设计布置好各个部件的受热面或已知某型锅炉的各个部件的受热面,然后用校核-逐步逼近法去计算。

12.1.2　热力计算的步骤

锅炉校核热力计算的主要步骤有如下几点。

(1)按计算任务书列出原始数据。

(2)燃料的燃烧计算　选取各烟道的过量空气系数 α_i,计算三原子气体的容积 V_{R_2O} 和容积份额 R_{R_2O}、烟气和空气的焓等,绘制烟气焓温表等。

(3)锅炉的热平衡计算　假设排烟温度 θ_{py} 和热风温度 t_{rk},用以确定热损失 q_i、锅

炉效率 η_{gl} 和燃料消耗量 B。

(4)炉膛传热计算　假设炉膛出口处的烟温 θ_1''，事先确定或求出烟气的有效放热量 Q_1、烟气的平均热容量 VC_{pj}、水冷壁的面积 F、受热面的热有效系数 ψ、系数 M 和炉膛黑度 a_1 等，按式(9-16)、式(9-17)计算炉膛出口的烟温 θ_1'' 及炉膛辐射传热量 Q_f。如果计算得出的炉膛出口烟温与假设的炉膛出口烟温之差未超过 ±100 ℃，则炉膛传热计算结束；如超过误差，则需重新假设炉膛出口处的烟温进行计算。

(5)按烟气流程对炉膛出口与空气预热器之间的各对流受热面进行传热计算已知受热面每种介质任一端的温度，假定另一端的一个温度，根据两种介质的热平衡，由式(10-1)、式(10-2)和式(10-3)可求出另一端的温度及烟气的放热量 Q_{df}；根据介质的流动方式求出传热温压；根据受热面布置情况及燃料特性等，确定各放热系数及污染系数或热有效系数，并计算传热系数；按式(10-9)求出对流传热量 Q_{dc}。如果 $\Delta Q = \dfrac{Q_{df} - Q_{dc}}{Q_{df}} \leqslant \pm 2\%$，(如锅炉炉膛上部布置有凝渣管，由于凝渣管的吸热量较少，故允许 ΔQ 为 $\pm5\%$)，则计算结束；否则，重新假设介质温度进行计算，直至满足条件为止。

(6)锅炉热力计算数据的修正　如果计算得出的排烟温度与假设的排烟温度之差未超过 ±10 ℃，同时热空气温度与假设值之差未超过 ±40 ℃，则可认为锅炉的换热计算结束。如超过误差，则需重新假设排烟温度及热空气温度从燃料的燃烧计算开始重新进行计算。

对于双级布置的尾部受热面，在一般的情况下，计算第一级省煤器时按已知的进口烟温和进口水温；计算第一级空气预热器按已知的进口烟温和进口空气温度；计算第二级省煤器按已知的进口烟温和假设的出口工质焓；计算第二级空气预热器按已知的进口烟温和假设的热风温度；分别用逐步逼近法求出口烟温和进口(出口)工质温度。所求出的第一级省煤器出口水温和第二级省煤器进口水温之差不超过 10 ℃。同样，要求空气预热器的第一级出口与第二级进口空气的温差小于 10 ℃。

(7)锅炉机组热平衡计算的校核。

$$\Delta Q = Q_r \eta_{gl} - (Q_f + Q_{dn} + Q_{dg} + Q_{dz} + Q_{ds})\left(1 - \frac{q_4}{100}\right) \tag{12-1}$$

式中：Q_r 为锅炉输入热，kJ/kg；η_{gl} 为锅炉热效率，%；q_4 为机械不完全燃烧热损失，%；Q_f、Q_{dn}、Q_{dg}、Q_{dz}、Q_{ds} 分别为炉膛辐射受热面、凝渣管、过热器(包括屏式受热面)、再热器和省煤器等的吸热量，kJ/kg，均由各受热面的烟气放热公式求得的值代入；$\left(1 - \dfrac{q_4}{100}\right)$ 为考虑机械未完全燃烧热损失后的修正系数。

计算误差应不超过 Q_r 的 0.5%，即

$$\Delta Q / Q_r < 0.5\% \tag{12-2}$$

(8)最后将整台锅炉的主要计算数据组成汇总表。

12.1.3　大容量锅炉热力计算方法分析

300 MW 以上的大容量锅炉受热面的设计与布置,尤其是锅炉炉膛辐射受热面的设计布置对于锅炉运行性能影响极大。

长期以来,我国电站锅炉设计热力计算一直引用前苏联的《锅炉机组热力计算标准方法》(以下简称《标准方法》)。20 世纪 80 年代以后,各大锅炉制造厂先后引进了世界各国 300 MW 和 600 MW 电站锅炉的设计与计算方法,其中具有代表性的设计计算方法是美国 CE 公司、B&W 公司和 FW 公司的方法,同时结合国内电站锅炉运行和试验的大量实际数据,针对中国煤质燃烧特性进行修正。但是由于引进的设计计算方法尚未公开,因此,目前科研院所在锅炉设计、锅炉性能研究,以及计算机模拟电站锅的热力过程等方面,仍然将《标准方法》作为一种主要的方法。

(1)《标准方法》是以相似理论为基础,在对 100 MW 以下的锅炉机组进行大量试验研究的基础上,建立的具有较强的理论解析性和可靠的经验数据的计算方法。

大容量锅炉机组由于炉膛横断面上温度场不均匀性对传热的影响,以及炉膛黑度、热有效系数的变化等原因,使火焰辐射的有效平均温度减小,从而使炉膛辐射吸热量减小,炉膛出口烟温增加,故采用《标准方法》进行炉膛传热计算有较大的误差。试验数据表明,其计算值比锅炉实际运行值低 $100 \sim 130 \ ℃$,从而造成过热器超温或减温水量过大等诸多问题。

为此,前苏联学者杜卜斯基-卜洛赫(简称杜-卜)提出了炉内换热计算的新方法,这个方法主要考虑了炉膛横断面上温度场非等温性对炉内换热的影响。

杜-卜方法将炉膛出口烟温度的函数关系整理为

$$\theta_1'' = f\left(\frac{B_0}{a_1}, \frac{T_{hy}}{T_0}, M\right) \tag{12-3}$$

式中:T_{hy} 为炉膛横断面上实际温度,K;T_0 为炉膛假想温度,当受热面热负荷的试验值与《标准方法》计算值相等时,$T_0 = 1\ 470 \ K$。

在大量试验的基础上,建立了新的炉膛出口烟温计算公式,即

$$\theta_1'' = 1 - 0.96M\left(\frac{T_0}{T_a}\right)^{1.2}\left(\frac{a_1}{B_0}\right)^{0.6}$$

或

$$\theta_1'' = 1 - M\left(\frac{a_1\psi T_1''}{10\ 800 q_f}\right)^{0.6} \tag{12-4}$$

式中:$q_f = \dfrac{\varphi B_j Q_l}{F_1}$,其中,$Q_l$ 为 1 kg 计算燃料量送入炉内的有效热量。

比较式(12-4)与式(9-14),可以看出炉膛温度对传热的影响。

由式(9-14)可得

$$\frac{1-\theta_1''}{\theta_1''} = M\left(\frac{a_1}{B_0}\right)^{0.6} \tag{12-5}$$

而由式(12-4)可得

$$\frac{1-\theta_1''}{\theta_1''}=0.96\ \frac{M}{\left(\frac{T_1''}{T_0}\right)\left(\frac{T_a}{T_0}\right)^{0.2}}\left(\frac{a_1}{B_0}\right)^{0.6}=MM'\left(\frac{a_1}{B_0}\right)^{0.6} \tag{12-6}$$

比较式(12-5)与式(12-6),可以得出

$$M'=\frac{0.96}{\left(\frac{T_1''}{T_0}\right)\left(\frac{T_a}{T_0}\right)^{0.2}} \tag{12-7}$$

从上述比较结果可以看出,M' 是考虑炉膛温度对传热影响的参数。如取 $T_0=$ 1 470 K,则

$$M'=\frac{6\ 068}{T_1''T_a^{0.2}} \tag{12-8}$$

由此可见,新的炉膛传热计算方法是用 $T_1''T_a^{0.2}$ 来代表炉膛横断面上的实际温度 T_{hy}(即 $T_{hy}=T_1''T_a^{0.2}$),而用 T_{hy}/T_0 来反映炉膛温度场不均匀性对炉膛传热的影响。同时表明,锅炉燃用的煤质特性对炉内换热的影响很大,即煤质的发热量越大,理论燃烧温度 T_a 越高,对炉膛出口烟温的影响就越大。大量试验表明,对 1 600～2 650 t/h 范围各种容量的锅炉,用式(12-4)计算得出的炉膛出口烟气温度与实测值相比,其偏差均不超过 ±30 ℃。

(2)上述两种方法中的对流受热面的传热计算方法相近。

(3)美国各公司的计算方法是以运行反馈、试验统计的数据为基础,建立了以经验公式为主的炉膛换热计算方法。

美国燃烧工程公司(CE)计算方法的特点是,将炉膛分为下炉膛和上炉膛两部分,用分段法进行计算。下炉膛仍按斯蒂芬-波尔兹曼公式计算辐射传热,但引入了公司积累的试验数据对其进行修正,主要考虑烟气实际黑度修正、火焰中心(最高火焰温度)所处高度方向上的相对位置、炉膛截面热负荷、过量空气系数和水冷壁污染程度等。上炉膛作为冷却室进行计算,确定沿炉膛高度的吸热负荷分布曲线,以及确定炉膛出口烟温偏差在 ±27.8 ℃(±50 ℉)以内。

由于国外对我国煤质的燃烧特性、结渣和积灰特性研究有限,而我国电站锅炉燃用的煤质比较复杂,因此根据美国 CE 公司的方法进行大容量锅炉炉膛换热计算,仍然有较大的偏差,致使部分引进锅炉机组对运行条件变化的适应性比较差,或汽温达不到额定值,或可靠性不高,设计裕量较小。

12.2　锅炉本体的典型布置特点

12.2.1　锅炉本体的典型布置

锅炉本体的布置包括确定炉膛及炉膛中的辐射受热面、对流烟道及其中的各对流受热面之间的相互关系和相对位置。根据锅炉容量参数、燃料种类、燃烧方式、循环方式和

厂房布置等因素的不同,可选用不同的锅炉本体布置形式。电站锅炉容量大,参数高,受热面部件较多,因此,本体布置比较复杂,其常用的炉型如图 12-1 所示。

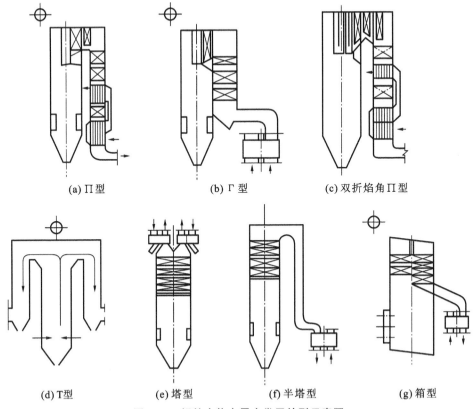

(a) Ⅱ型　　　　　(b) Γ型　　　　　(c) 双折焰角Ⅱ型

(d) T型　　　(e) 塔型　　　(f) 半塔型　　　(g) 箱型

图 12-1　锅炉本体布置中常用炉型示意图

1. Ⅱ型

Ⅱ型布置是电站锅炉采用最多的一种炉型。它由垂直柱体炉膛、水平烟道和下行对流烟道(尾部竖井)组成,如图 12-1(a)所示。采用这种炉型,锅炉高度较低,安装起吊方便;燃料输送设备和锅炉排烟口均在锅炉底层,送风机、引风机、除尘器等笨重设备都可布置在地面,减轻了厂房和锅炉构架的负载;在水平烟道布置的受热面可采用简单的悬吊方式支吊;在下行对流烟道(尾部竖井)中,受热面易于布置成逆流传热方式,强化了对流传热,烟气向下流动也有利于吹灰,同时,使尾部受热面检修比较方便;锅炉本身、锅炉与汽轮机之间的连接管道系统耗用金属量适中。Ⅱ型布置的主要缺点是占地面积较大;烟道转弯不仅造成烟气流速和飞灰浓度分布不均匀,影响传热性能,还容易引起飞灰对受热面的局部磨损;炉顶穿墙管多,密封复杂,易造成炉顶漏烟;转弯气室部分难以利用,当锅炉容量增大时,由于锅炉高度较低,又要求下行对流烟道与锅炉高度一致,使尾部受热面布置困难,特别是当燃用发热值低的劣质燃料时,热空气温度要求较高,省煤器和空气预热器均采用双级布置,尾部受热面布置显得更加困难。

2. Γ 型

Γ 型布置是Ⅱ型布置的一种变形,如图 12-1(b)所示。Γ 型布置取消了水平烟道、可缩小占地面积,保留了Ⅱ型布置的许多优点,同时又使锅炉结构更为紧凑,密封性好,包墙管系统简单。但尾部受热面的检修不方便,大容量锅炉如采用管式空气预热器时,因为不便于支吊,而且尾部烟道高度不够,就不宜采用这种布置方式,如果采用回转式空气预热器时,可考虑采用这种布置形式。

双折焰角Ⅱ型布置方式目的是改善烟气在水平烟道的流动状态,利用转弯烟道的空间,可布置更多的受热面,如图 12-1(c)所示。

3. T 型

T 型布置是将Ⅱ型布置的下行对流烟道(尾部竖井)对称地分成左右两个布置在炉膛两侧,以解决Ⅱ型炉尾部受热面布置困难的问题,如图 12-1(d)所示。这种布置方式可使炉膛出口烟窗高度和下行对流烟道(尾部竖井)深度减小;可改善水平烟道中的烟气沿高度的热力不均匀性,进而减少烟气高度的热偏差;下行对流烟道(尾部竖井)中的烟气流速可以降低,减少磨损。但占地面积比Ⅱ型布置更大,汽水管道连接系统较复杂,金属消耗量也较大。前苏联应用较多,在燃用灰分较高的劣质煤时可考虑采用此炉型。

4. 塔型

塔型布置是大容量超(超)临界锅炉采用较多的一种炉型,国内外锅炉设备生产厂家均有应用。在这种布置中,常将对流烟道布置在炉膛上方,锅炉笔直向上发展,无转弯室和下行对流烟道,如图 12-1(e)所示。采用这种布置方式的锅炉占地面积小;锅炉烟道有自身通风作用,因此相比其他炉型烟气阻力最小;烟气不改变流动方向,对受热面冲刷均匀,减轻了磨损,对于燃用含灰分高的燃料非常有利;对流受热面全部水平布置,有利于疏水;磨煤机可围绕炉膛四周布置,煤粉管道短,供粉均匀;过热器和再热器管束均在前后墙面上水平方向引入或引出,较Ⅱ型及 T 型布置在炉顶顶棚引出的密封要简单得多,因此,密封性较好。但是塔型锅炉的高度很高,过热器、再热器和省煤器等都布置得很高,支承较困难,连接汽、水的管道较长;此外,空气预热器、送风机、引风机、除尘器和烟囱都布置在锅炉顶部,加重了锅炉构架和厂房的负载,使制造成本增加;安装和检修均较复杂。为了减轻转动机械和笨重设备施加给锅炉和厂房的载荷,有时把空气预热器、送风机、引风机、除尘器等布置在地面,构成所谓半塔型布置,如图 12-1(f)所示。

5. 箱型

箱型布置如图 12-1(g)所示,广泛应用于容量较大的燃油、燃气锅炉。其特点是除空气预热器外的各个受热面部件都布置在一个箱型炉体中,结构紧凑、占地小、密封性好、胀缩缝少、构架简单,燃烧器主要采用前、后墙对冲布置,上排燃烧器到炉膛出口距离较长,有利于燃料燃尽,水冷壁受热均匀,有利于锅炉快速启动和停炉,可作为调峰锅炉;与汽轮机连接的蒸汽管道较短,连接方便。其缺点是锅炉较高,卧式布置的对流受热面的支吊结构复杂,制造工艺要求高。

12.2.2　影响锅炉本体布置的因素

影响锅炉本体布置的因素很多,主要有蒸汽参数、锅炉容量、燃料特性等。

1. 蒸汽参数

蒸汽参数对锅炉本体布置有重大的影响,它除了对炉型的选择有决定性的影响外,蒸汽参数的变化还影响到锅炉受热面的布置。

蒸汽参数的变化使得锅炉内加热、蒸发和过热(再热)吸热量的比例发生变化,锅炉中工质吸热量的分配比例如表 12-1 所示。由表可见,随着蒸汽参数提高,蒸发吸热的比例下降,过热吸热的比例则大幅度增加,而加热水的比例增加不多。因此,直接影响到参与这三部分吸热的省煤器、蒸发受热面和过热器(再热器)在锅炉内的布置。

表 12-1　锅炉中工质吸热量的分配比例

蒸汽参数及给水温度			总焓增	吸热量分配比例/(%)		
汽压/MPa	汽温/℃	给水温度/℃	/(kJ/kg)	加热 Q_{jr}	蒸发 Q_{zf}	过热/再热 Q_{gr}/Q_{zr}
1.3	350	105	2 708	14.3	72.4	13.3
3.9	450	150	2 697	17.6	62.6	19.8
9.9	540	215	2 522	20.3	49.7	30.0
13.8	540/540	240	2 777	20.5	36.2	29.6/13.7
16.8	540/540	265	2 645	22.5	28.1	34.3/15.1

在低参数、小容量锅炉(工业锅炉)中,加热吸热量和蒸发吸热量所占比重很大,除了布置省煤器和炉膛水冷壁外,对流烟道中还需布置大量的锅炉管束。

在中压锅炉中,加热吸热量和过热吸热量增加,而蒸发吸热量比例减少,一般用布置在炉膛中的水冷壁就可满足蒸发吸热的要求。此外,可在炉膛出口处布置几排从后墙水冷壁延伸的凝渣管或采用沸腾式省煤器。

在高压锅炉中,蒸发吸热量比例进一步减少,仅靠布置在炉膛中的水冷壁不足以完全吸收炉膛中燃烧放出的辐射热,而过热吸热量进一步增加,因此,有必要将一部分过热器布置在炉膛上部,如顶棚过热器,布置在炉膛出口处的屏式受热面,并在锅炉烟道内布置再热器。

在超高参数锅炉中,蒸发吸热量比例进一步大幅减少,相应的过热和再热吸热量比例明显增加,这时必须将更多的过热受热面移入炉内。与高压锅炉相比,在炉膛上部还布置了前屏过热器,再热器则置于水平烟道后部和尾部烟道上部。

对亚临界参数、带中间再热的锅炉,随着过热和再热吸热量比例的增大,过热器和再热器受热面积要进一步增加。在减少水冷壁蒸发受热面的同时,将再热器受热面也移入炉膛上部,布置墙式再热器,并在尾部烟道中并列或上下分开布置再热器和过热器。

超(超)临界压力锅炉的工质是单相流体,不存在蒸发受热面,唯有采用直流锅炉类型,其加热吸热量比例约占 30%,其余均为过热吸热量。相变点附近最大的比热区类似于亚临界以下参数的蒸发区,工质比容也有较大变化,这部分管屏应布置在炉膛四角或中辐射区这样热负荷较低的区域,以免发生传热恶化引起爆管。

中、高参数的中小容量锅炉通常采用管式空气预热器,并布置在尾部烟道最下方。当热空气温度低于 300 ℃时,尾部受热面采用单级布置,超过 300℃时应采用双级布置(即将一部分省煤器从较高的烟温区移到较低烟温区,而将一部分空气预热器从较低的烟温区移到较高烟温区)。这是因为烟气的热容量大于空气的热容量,此时在空气预热器中,烟气的温降小于空气的温升;另一方面,省煤器中水的热容量比烟气的热容量大得多,在传热过程中,水的温升要比烟气的温降小得多。因此,预热空气的温度越高,烟气进口截面的温压就越小,如仍用单级布置,则会达不到预期的热风温度或使传热面积大增。

尾部受热面采用双级布置,需合理选择两级分界点介质温度,使其效果最佳。可按以下原则考虑。

(1)第一级省煤器水的出口温度应比其饱和温度低 40~50 ℃,以保证水在进入第二级省煤器时不发生汽化或过大的流量偏差。

(2)第一级空气预热器空气出口端的温差介于 25~30 ℃,第一级省煤器的进口端的温差介于 40~50 ℃。

(3)第一级空气预热器空气出口温度高于给水温度 10~15 ℃。

(4)第二级空气预热器的进口烟温不应超过 500~550 ℃,避免空气预热器管板烧坏。

随着锅炉容量的增加和空气预热温度的提高(如 350 ℃以上),单用管式空气预热器会因所需受热面太大而布置不下,这时可联合使用管式和回转式空气预热器。高温段用管式,低温段则用回转式。回转式空气预热器直径较大,需布置在尾部烟道的外面。

现代大型电站锅炉大都采用回转式空气预热器,它所占的空间尺寸要比管式空气预热器小。在 300 MW 和 600 MW 以上的大容量锅炉中,将省煤器之后的烟道一分为二,在这两条平行烟道中分别放置一台大直径的回转式空气预热器。国外有的锅炉在省煤器与回转式空气预热器之间放置惯性烟气除尘器,以减少飞灰对空气预热器的磨损。

2. 锅炉容量

锅炉容量增大时,由于炉膛面积的增幅较容量的增幅小,因此大容量锅炉的炉膛壁面面积相对较小,仅布置水冷壁将使炉膛出口烟气温度过高,必须再布置双面露光水冷壁或辐射式、半辐射式过热器才能使炉膛出口烟气温度降到允许值。同时,随着锅炉容量的增大,锅炉的宽度相对减小,单位宽度上的蒸发量则迅速增大。图 12-2

所示为统计得出的锅炉蒸发量 D 和炉膛宽度 B 的比值 D/B 随锅炉蒸发量变化的曲线。此时为了保持对流烟道的烟速不至过高,必须增加尾部对流烟道的深度。而为了确保规定的过热蒸汽流速,过热器和再热器的管束布置也将相应改变。对于小容量锅炉,过热器采用单管圈的布置方式;随着容量的增大,单管圈和双管圈的过热布置方式已不能满足要求。中等容量的锅炉,过热器已采用双管圈或三管圈蛇形管;大容量锅炉,过热器和再热器则采用双面进水及多重管圈结构以保证蒸汽流速不过高,管式空气预热器也要采用双面进风结构以免风速过大。

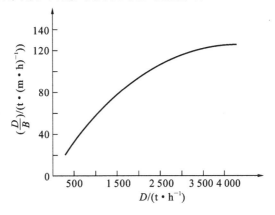

图 12-2 $D/B=f(D)$ 的关系曲线

3. 燃料

燃料种类和特性对锅炉本体的布置影响很大。对于固体燃料,以挥发分、水分、灰分、硫分的含量和灰分的性质的影响较为显著。

挥发分低的煤,一般不容易着火和燃尽。燃用这种燃料的锅炉,炉膛容积热强度一般取得小些,而炉膛截面热强度需较大,炉膛呈瘦长形,以保持燃烧器区域的高温及足够的火焰长度,同时有利于尾部烟道的合理布置。

燃料的水分增多,将引起炉温下降,使炉内辐射传热量减少,对流受热面的吸热量增大。因此,燃用含水分高的燃料时,要求较高的热空气温度,使空气预热器受热面增多。

燃料的灰分增多,将加剧对流受热面的磨损,应采用较低的烟速,锅炉宜选用"塔型"布置方式。灰的熔点则影响到炉膛出口温度的选择,从而影响炉膛吸热量与对流部件吸热量的分配比例,因而也影响到受热面的结构和尺寸。

燃料中含硫增多,会造成锅炉尾部低温受热面的低温腐蚀和堵灰,同时还会引起高温腐蚀,因此,在锅炉设计时应注意有关参数的选取和受热面的布置,并采取相应的预防措施。

燃料的各种性质,往往又是相互牵连的,有时还会出现几种不利因素结合在一起的情况。例如对于高灰分、高水分和低发热量的燃料,在锅炉设计和布置上需要考虑更多的问题。

12.3　锅炉主要设计参数的选择

12.3.1　炉膛热强度

1. 炉膛容积热强度 q_v

炉膛容积热强度表明在炉膛单位容积内每小时燃料燃烧所释放的热量,是设计炉膛时必须考量的一个重要热力参数,用 q_v 表示。

$$q_v = \frac{BQ_{ar,net}}{V_1} \quad (kW/m^3) \tag{12-9}$$

式中:B 为每小时燃料消耗量,kg/h;$Q_{ar,net}$ 为燃料的收到基低位发热量,kJ/kg;V_1 为炉膛容积,m^3。

当锅炉燃料消耗量确定后,根据炉膛容积热强度即可确定炉膛容积,q_v 越小、则炉膛容积 V_1 越大。炉膛容积热强度的大小应能保证燃料燃烧完全(即燃料在炉膛内有足够的停留时间),又使烟气在炉膛内冷却到不使炉膛出口后面的对流受热面结渣的程度(即炉膛内要布置足够的受热面)。锅炉容量不同,按这两个要求选取的 q_v 是不同的。对于容量较小的锅炉,按这两个要求选取的 q_v 较接近。锅炉容量增大后,由于炉膛壁面面积增加的幅度小于容量增加的幅度,按烟气冷却到合适的温度来选取 q_v 值要比保证燃烧完全所需的 q_v 值小。因此,对于大容量锅炉应以烟气的冷却条件来选取 q_v,以便在炉内能布置足够的水冷壁受热面积,使烟气在炉膛出口处能冷却到合适的温度,避免对流受热面结渣。显然,大容量锅炉的 q_v 要比中、小容量锅炉选得小一些。

q_v 的选取与锅炉容量、燃烧方式、燃料特性等有关。对于固态排渣煤粉炉,当燃用无烟煤时,q_v 取 $110 \sim 140 \ kW/m^3$;用贫煤时,q_v 取 $120 \sim 165 \ kW/m^3$;用烟煤时,q_v 取 $140 \sim 200 \ kW/m^3$;用褐煤时,q_v 取 $90 \sim 150 \ kW/m^3$。

2. 炉膛截面热强度 q_a

炉膛截面热强度 q_a 表示燃烧器区域炉膛单位截面上每小时燃料的释热强度,其计算式为

$$q_a = \frac{BQ_{ar,net}}{A} \quad (kW/m^2) \tag{12-10}$$

式中:A 为燃烧器区域炉膛截面积,m^2。

根据选用的 q_a 可以确定炉膛容积,再按选用的 q_a 可确定炉膛截面积,并由此确定炉膛宽度 a、深度 b 及高度 h,三个特性尺寸构成了炉膛的几何特性,乘积 $A = a \cdot b, m^2$,称为炉膛截面。显然,q_a 的大小决定了炉膛横截面的周界长度,亦即决定了燃烧器区域内每米高度内所能敷设的水冷壁数量,从而决定了燃烧器区域的温度水平。这对燃料的着火以及燃烧器区域水冷壁的结渣都有很大影响。q_a 值选得过高,说明炉膛截面积小,炉膛横截面周界也小,燃料在燃烧器区域放出的热量,周围没

有足够的水冷壁受热面来吸收它,从而使温度过高,对燃料着火有利,但却容易引起燃烧器区域的受热面结渣。对于亚临界参数锅炉,还可能使水冷壁发生膜态沸腾,使水冷壁管子过热烧坏甚至爆管。

q_a 的选取与燃料特性、灰渣特性、燃烧方式、排渣方式,以及燃烧器的形式和布置等因素有关。q_a 值一般可在 3~4.5 MW/m² 之间选用。当燃用灰熔点较高的煤种时,q_a 可适当取得高些。

对于多层布置燃烧器的大容量锅炉,还必须考虑每层燃烧器的截面热负荷,以考核各层燃烧器局部地区的温度水平。一般各层燃烧器的截面热负荷 q_{ac} 近似相等,其计算式为

$$q_{ac} = \frac{q_a}{n} \quad (kW/m^2) \tag{12-11}$$

式中:n 为燃烧器层数。

对固态排渣煤粉炉,q_{ac} 为 0.93~1.74 MW/m²。

3. 燃烧器区域壁面热强度 q_r

燃烧器区域壁面热强度 q_r 表示炉膛燃烧器区域单位炉壁面积上燃料每小时释放的平均热量。大容量锅炉一般采用单个热功率较小的燃烧器多层布置方式来减少 NO_x 的排放量,为了全面反映炉内的热力特性和判别燃烧器区域的工作性能,在设计大容量锅炉炉膛时要用 q_r 作为 q_v、q_a 的补充指标,其计算式为

$$q_r = \frac{BQ_{ar,net}}{F_r} \quad (kW/m^2) \tag{12-12}$$

$$F_r = 2(a+b)(n+1)S_r \quad (m^2) \tag{12-13}$$

式中:F_r 为燃烧器区域的炉壁面积,m²;a、b 分别为炉膛宽度和深度,m;n 为燃烧器的层数;S_r 为各层燃烧器的间距,m。

燃烧器区域壁面热强度 q_r 不仅反映了燃烧器区域的温度水平,还能反映炉内火焰的情况。q_r 愈大,说明火焰愈集中,燃烧器区域的温度水平越高,越有利于燃料的及时着火和稳定燃烧,但却容易造成燃烧器区域的壁面结渣。

q_r 的选取与燃料种类、炉膛壁面结渣情况,以及燃烧器结构和布置等因素有关,其推荐值为:对于褐煤可取 0.93~1.16 MW/m²;对于无烟煤及贫煤可取 1.4~2.1 MW/m²;对于烟煤可取 1.4~2.32 MW/m²。

这里需要补充说明的是,部分国家在计算燃烧器区域的炉壁面积 F_r 时,是以距最上排和最下排燃烧器的一次风喷嘴约 1.5 m(5 ft)的标高之间的距离所构成的炉壁面积,再加上炉膛截面积来计算的,按这种方法计算得出的 q_r 值,可选取为1.3 MW/m² 左右。

4. 炉膛壁面热强度 q_f

炉膛壁面热强度 q_f 是指单位炉膛壁面每小时所吸收的平均热量,也称炉膛辐射受热面的热强度(或炉膛辐射受热面的热流密度),主要用以计算锅炉水动力工况及

判断管壁温度的大小,其计算式为

$$q_f = \frac{B_j Q}{F_1} \quad (kW/m^2) \tag{12-14}$$

式中:B_j 为计算燃料消耗量,kg/h;Q 为炉膛辐射吸热量,kJ/kg;F_1 为炉膛水冷壁面积,m^2。

炉膛壁面热强度 q_f 的数值愈高,表明单位壁面所吸收的热量愈大,炉内烟气平均温度水平愈高。q_f 过高会造成水冷壁结渣。此外,q_f 的数值也是判断膜态沸腾是否会发生的主要指标之一。

q_f 的数值主要取决于燃料性质,其建议值为:对于褐煤可取 100 kW/m^2;对于烟煤和无烟煤可取 140 kW/m^2;对于油和天然气可取 180 kW/m^2。

12.3.2　炉膛出口烟气温度 θ''_1

炉膛出口烟气温度 θ''_1,对于中、小容量的锅炉是指凝渣管或锅炉管束前的温度;对于大容量的锅炉是指屏式过热器前的烟温。

炉膛出口烟气温度的大小与辐射受热面和对流受热面的大小有关。根据锅炉受热面中辐射和对流传热的最佳比值(辐射受热面和对流受热面的金属耗量及总成本最小),维持炉膛出口烟气温度约为 1 250 ℃ 是最经济的。但是,对大多数燃料,很难满足上述要求,因为炉膛出口处对流受热面前的烟气温度,不应超过灰分开始变形的温度 DT,以防对流受热面结渣,而大部分燃料的灰分变形温度小于 1 250 ℃。如灰分软化温度 ST 与 DT 之差小于 100℃,则取 $\theta''_1 < (ST - 100)$。当没有可靠的灰熔点资料时,则炉膛出口烟气温度取值不应超过 1 050 ℃。当炉膛出口处布置有屏式受热面时,炉膛出口烟气温度一般在 1 100～1 200 ℃ 之间选取。但是,对于易结渣的燃料,这一温度应在 1 000～1 050 ℃ 之间选取。

对于不受结渣条件限制的燃料,如液体和气体燃料,炉膛出口烟气温度可适当提高,但考虑过热器壁温和高温腐蚀的限制,炉膛出口烟气温度 θ''_1 一般也不应超过 1 250 ℃。

12.3.3　排烟温度 θ_{py}

锅炉的排烟温度 θ_{py} 主要是根据燃料的价格和锅炉尾部受热面金属耗量的经济比较来选择,排烟温度 θ_{py} 低,排烟热损失 q_2 变小,锅炉热效率 η_{gl} 提高,可节约燃料,但是,由于尾部受热面传热温压降低,金属耗量增多。因此,锅炉的最佳排烟温度 θ_{py},应该是燃料费用和尾部受热面金属费用总和最少时所对应的温度。

最佳排烟温度的选取,还与锅炉的给水温度、燃料的性质(燃料的水分和硫分)、省煤器与空气预热器的金属价格比值等因素有关。给水温度较高时,尾部受热面的传热温压下降,最佳的排烟温度应稍为提高。燃料中水分增加时,空气和烟气的热容量之比减小,则最经济的排烟温度趋于升高。此外,当燃料的硫含量较高时,排烟温度的选取还应考虑锅炉尾部受热面低温腐蚀和堵灰对锅炉工作可靠性的影响,并采取相应措施。

锅炉设计时用下列经验公式进行计算

$$\theta_{py} = (t_{gs} + \Delta t_{sm})(1-m) + m(t_{lk} + \Delta t_{ky}) \tag{12-15}$$

$$m = \frac{\beta_{ky} V^0 c_{lk}}{\alpha_{py} V_y^0 c_y} \tag{12-16}$$

式中：θ_{py} 为排烟温度，℃；t_{gs} 为给水温度，℃；t_{lk} 为冷空气温度，℃；Δt_{sm} 为省煤器出口烟气温度与给水温度之差，℃；Δt_{ky} 为空气预热器进口烟气温度与热空气温度之差，℃；β_{ky} 为空气预热器中空气量与理论空气量之比；α_{py} 为锅炉排烟处的过量空气系数；c_{lk}、c_y 为空气与烟气的比热容。

m 值表示空气预热器中空气热容量与烟气热容量之比。它与燃料的水分和排烟处的过量空气系数有关。m 值一般在 0.7～0.9 之间。如果 m 值偏小，此时由于烟气热容量较大，不易被冷却，如要达到较低的排烟温度值，就需要布置更多的空气预热器受热面积，金属耗量就会增加，因此，θ_{py} 就应选得高些。

经济排烟温度的推荐值见表 12-2。

表 12-2　大中型锅炉($D > 75t/h$)的排烟温度　　　　　单位：℃

给水温度 t_{gs}/℃ 燃料(折算水分)/(%)	150	215～235	265
干燃料($M_{zs,ar} \leqslant 3$)	110～120	120～130	130～140
湿燃料($M_{zs,ar} = 4 \sim 20$)	120～130	140～150	150～160
很湿燃料($M_{zs,ar} > 20$)	130～140	160～170	170～180

12.3.4　热空气温度 t_{rk}

锅炉热空气的作用主要是辅助燃料在炉内迅速着火、稳定燃烧及燃尽，此外，在煤粉制备中还起干燥及预热作用。热空气温度的选取与燃料的性质、锅炉的燃烧方式和排渣方式、锅炉制粉系统的干燥剂种类等因素有关，其中燃料性质具有决定性影响。着火性能好和水分低的燃料，可以采用较低的热空气温度 t_{rk}。着火性能差或水分多的燃料，一般要求采用较高的 t_{rk} 值。大、中型锅炉热空气温度的推荐值见表 12-3。

表 12-3　热空气温度的推荐值

炉　型	燃 料 种 类		热空气温度/℃
固态排渣煤粉炉	褐煤	热风干燥剂	350～400
		烟气干燥剂	300～350
	烟煤、洗中煤		280～350
	无烟煤		380～400
	贫煤、劣质煤		330～380

炉　型	燃 料 种 类	热空气温度/℃
液态排渣炉和旋风炉	—	360～400
重油及天然气炉	—	250～300
高炉气炉	—	250～300
流化床炉	—	150～250
火床炉	—	<200

12.3.5　工质的质量流速 ρw

受热面中水和蒸汽的质量流速对受热面运行的安全性和经济性有很大影响。例如,对于过热器,如果工质流速太低,工质的传热能力下降,受热面管壁温度升高,将影响受热面的安全运行;反之,如果流速太高,工质的流动阻力就很大。通常,要求过热器系统的总阻力应不大于过热器出口压力的 10%;再热系统的总阻力应不大于再热蒸汽进口压力的 10%;省煤器中水的阻力应不大于汽包压力的 10%。根据受热面内工质的特性,以及各受热面所处的烟温及其对循环经济性影响的不同,工质质量流速的推荐值见表 12-4。对于非沸腾式省煤器,质量流速的下限由排除受热面内部(氧)腐蚀的条件来确定;对于沸腾式省煤器,则由消除汽水分层的条件所确定。

表 12-4　工质质量流速 ρw 的推荐值

受 热 面		$\rho w/(\mathrm{kg}/(\mathrm{m}^2 \cdot \mathrm{s}))$
对流省煤器　非沸腾式　沸腾式		500～600　800
对流式再热器		250～400
对流过热器　中压		250～400
高压　低温段		400～700
高压　高温段		700～1 000
屏式过热器		800～1 100
辐射式过热器		1 000～1 500

12.3.6　烟气速度 w_y

烟气流速 w_y 对受热面运行的安全性和经济性也有影响。烟速 w_y 过低,除需布置更多的受热面外,还会加重受热面的积灰,同时影响传热。一般在锅炉的额定负荷下,对于横向冲刷的对流受热面,w_y 应大于 6 m/s。烟气流速的上限则受飞灰磨损条件的限制,因为管子金属的磨损量与烟气流速的三次方成正比。飞灰磨损还与受热面所处的烟气温度 θ、飞灰浓度和颗粒特性等因素有关。当 $\theta \leqslant 700$ ℃时,飞灰颗粒变硬,磨损问题相对突出。这时,按磨损条件确定的横向冲刷受热面的极限烟速,对于一般的煤极限烟速为 9～10 m/s;对于灰多和磨蚀性较强的煤极限烟速为 7～8 m/s;对于灰少和磨蚀性较弱的煤极限烟速为 10～12 m/s。

参 考 文 献

[1] 车得福.锅炉[M].西安:西安交通大学出版社,2008.

[2] 陈刚.锅炉设备及系统(华能井冈山电厂660MW超超临界火电机组培训教材) [M].武汉:2009.

[3] 陈鹏.中国煤的分类、性质和用途[M].北京:化学工业出版社,2001.

[4] 陈学俊,陈听宽.锅炉原理(上、下册)[M].2版.北京:机械工业出版社,1991.

[5] 丁立新.电厂锅炉原理[M].北京:中国电力出版社,2006.

[6] 樊泉桂,阎维平,闫顺林,等.锅炉原理[M].北京:中国电力出版社,2008.

[7] 樊泉桂.超超临界及亚临界参数锅炉[M].北京.中国电力出版社,2007.

[8] 范从振.锅炉原理[M].北京:水利电力出版社,1986.

[9] 冯俊凯,沈幼庭.锅炉原理及计算[M].2版.北京:科学出版社,1992.

[10] 韩才元,徐明厚,周怀春,等.煤粉燃烧[M].北京:科学出版社,2001.

[11] 韩昭沧,燃料及燃烧[M].2版.北京:冶金工业出版社,2005.

[12] 胡荫平.电站锅炉手册[M].北京:中国电力出版社,2005.

[13] 华东六省一市电机工程(电力)学会.锅炉设备及系统(600MW火力发电机组培训教材)[M].2版.北京:中国电力出版社,2006.

[14] 林宗虎,张永照.锅炉手册[M].北京:机械工业出版社,1989.

[15] 毛健雄,毛健全,赵树民.煤的清洁燃烧[M].北京:科学出版社,1998.

[16] 容銮恩.电站锅炉原理[M].北京:中国电力出版社,1997.

[17] 西安热工研究院.燃煤发电技术(超临界、超超临界)[M].北京:中国电力出版社,2008.

[18] 徐旭常,周力行.燃烧技术手册[M].北京:化学工业出版社,2008.

[19] 姚强.洁净煤技术[M].北京:化学工业出版社,2005.

[20] 叶江明,潘效军,陈广利.电厂锅炉原理及设备[M].北京:中国电力出版社,2004.

[21] 叶江明.电厂锅炉原理及设备[M].北京:中国电力出版社,2007.

[22] 曾汉才.燃烧与污染[M].武汉:华中理工大学出版社,1990.

[23] 张磊,李广华.锅炉设备与运行[M].北京:中国电力出版社,2007.

[24] 张晓梅,丘纪华.电站锅炉[M].武汉:华中科技大学出版社,2003.

[25] 张晓梅. 燃煤锅炉机组(300MW 火力发电机组丛书)[M]. 2 版. 北京:中国电力出版社,2006.

[26] 赵坚行. 热动力装置的排气污染与噪声[M]. 北京:科学出版社,1995.

[27] 中国动力工程学会. 火力发电设备技术手册(第一卷锅炉)[M]. 北京:机械工业出版社,2000.

[28] 周强泰,周克毅,冷伟,等. 锅炉原理[M]. 2 版. 北京:中国电力出版社,2009.

[29] 周强泰. 两相流动和热交换[M]. 北京:水利电力出版社,1990.

[30] 朱全利. 锅炉设备及系统[M]. 北京:中国电力出版社,2006.